气象标准汇编

2018

（上）

中国气象局政策法规司 编

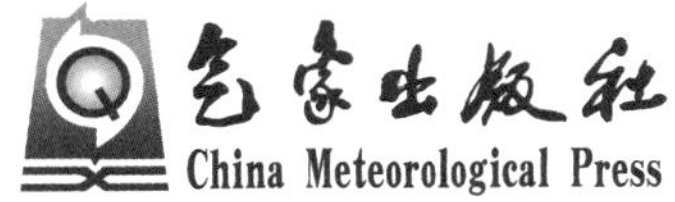

图书在版编目(CIP)数据

气象标准汇编. 2018 / 中国气象局政策法规司编
. — 北京 ：气象出版社，2019.11
ISBN 978-7-5029-7097-0

Ⅰ.①气… Ⅱ.①中… Ⅲ.①气象-标准-汇编-中国-2018 Ⅳ.①P4-65

中国版本图书馆 CIP 数据核字(2019)第 249071 号

气象标准汇编 2018

中国气象局政策法规司　编

出版发行:气象出版社
地　　址:北京市海淀区中关村南大街 46 号　　**邮政编码**:100081
电　　话:010-68407112(总编室)　010-68408042(发行部)
网　　址:http://www.qxcbs.com　　**E-mail**:　qxcbs@cma.gov.cn
责任编辑:王萃萃　　**终　　审**:吴晓鹏
责任校对:王丽梅　　**责任技编**:赵相宁
封面设计:王　伟
印　　刷:三河市君旺印务有限公司
开　　本:880mm×1230mm　1/16　　**印　　张**:92.25
字　　数:2980 千字　　**彩　　插**:5
版　　次:2019 年 11 月第 1 版　　**印　　次**:2019 年 11 月第 1 次印刷
定　　价:258.00 元(上下册)

前　言

标准是国家核心竞争力的基本要素，是规范经济社会秩序的重要技术保障，也是国家治理体系和治理能力现代化的基础性制度。气象事业属于科技型、基础性社会公益事业，专业技术性强、工作涉及面广，标准和标准化渗透于气象事业发展的各个领域，在全面推进气象现代化、全面深化气象改革、全面推进气象法治中发挥着重要的作用。近年来，党中央、国务院高度重视标准化工作，习近平总书记强调指出：标准决定质量，有什么样的标准就有什么样的质量，只有高标准才有高质量。因此，新形势下，对标对表国计民生需求和气象改革发展需求，加强气象标准化建设，提升气象标准化水平，对于推动气象事业高质量发展，更好地服务保障经济社会发展和人民安全福祉具有十分重要的意义。

为了进一步加大对气象标准的学习、宣传和贯彻实施工作力度，使各有关方面和广大气象工作者做到了解标准、熟悉标准、掌握标准、正确运用标准，充分发挥气象标准支撑和保障气象事业高质量发展的基础性、战略性、引领性作用，中国气象局政策法规司对颁布实施的气象行业标准按年度进行编辑，已出版了 14 册。本册是第 15 册，汇编了 2018 年颁布实施的气象行业标准共 66 项，供有关人员学习使用。

中国气象局政策法规司

2019 年 4 月

目　录

下　册

ICS 07.060
A 47
备案号：65855—2019

中华人民共和国气象行业标准

QX/T 10.1—2018
代替 QX 10.1—2002

电涌保护器
第1部分：性能要求和试验方法

Surge protective devices—
Part 1: Performance requirements and testing methods

2018-11-30 发布　　2019-03-01 实施

中 国 气 象 局　发 布

前　言

QX/T 10《电涌保护器》分为四个部分：

——第1部分：性能要求和试验方法；

——第2部分：在低压电气系统中的选择和使用原则；

——第3部分：在电子系统信号网络中的选择和使用原则；

——第4部分：在光伏系统直流侧的选择和使用原则。

本部分为QX/T 10的第1部分。

本部分按照GB/T 1.1—2009给出的规则起草。

本部分代替QX 10.1—2002《电涌保护器　第1部分：性能要求和试验方法》。与QX 10.1—2002相比，除编辑性修改外，主要技术变化如下：

——删除了引言内容；

——修改了适用范围（见1，2002年版的1）；

——修改了规范性引用文件（见2，2002年版的2）；

——修改了以下的术语及其定义：电涌保护器（见3.1.1，2002年版的3.1）、无串联阻抗的SPD（见3.1.3，2002年版的3.4）、有串联阻抗的SPD（见3.1.4，2002年版的3.5）、无限流元件的SPD（见3.1.5，2002年版的3.6）、有限流元件的SPD（见3.1.6，2002年版的3.7）、电压开关型SPD（见3.1.7，2002年版的3.8）、电压限制性SPD（见3.1.8，2002年版的3.9）、组合型SPD（见3.1.9，2002年版的3.10）、后备过电流保护（见3.1.10，2002年版的3.11）、SPD的脱离器（见3.1.13，2002年版的3.17）、剩余电流保护器（见3.1.14，2002年版的3.18）、状态指示器（见3.1.15，2002年版的3.19）、保护模式（见3.1.16，2002年版的3.21）、最大持续工作电压（见3.1.17，2002年版的3.22）、系统的标称交流电压（见3.1.20，2002年版的3.24）、电压开关型SPD的放电电压（见3.1.21，2002年版的3.26）、电压保护水平（见3.1.23，2002年版的3.27）、残压（见3.1.24，2002年版的3.29）、最大中断电压（见3.1.25，2002年版的3.34）、续流（见3.1.26，2002年版的3.35）、供电电源的预期短路电流（见3.1.27，2002年版的3.36）、额定断开续流值（见3.1.28，2002年版的3.37）、残流（见3.1.29，2002年版的3.38）、额定负载电流（见3.1.30，2002年版的3.39）、热稳定（见3.1.31，2002年版的3.44）、劣化（见3.1.32，2002年版的3.45）、响应时间（见3.1.33，2002年版的3.46）、盲点（见3.1.34，2002年版的3.47）、绝缘电阻（见3.1.35，2002年版的3.48）、外壳防护等级（IP代码）（见3.1.36，2002年版的3.49）、插入损耗（见3.1.37，2002年版的3.51）、推荐选用值（见3.1.38，2002年版的3.52）、冲击电流（见3.1.42，2002年版的3.58）、标称放电电流（见3.1.43，2002年版的3.59）、冲击试验分类（见3.1.44，2002年版的3.61）、I类试验的比能量（见3.1.45，2002年版的3.62）、复合波（见3.1.46，2002年版的3.63）、退耦器（见3.1.47，2002年版的3.64）、误码率（见3.1.48，2002年版的3.65）、频率范围（见3.1.49，2002年版的3.66）、数据传输速率（见3.1.50，2002年版的3.67）、纵向平衡（见3.1.52，2002年版的3.69）、近端交扰（见3.1.53，2002年版的3.70）；

——增加了以下术语及其定义：多脉冲SPD（见3.1.2）、SPD的电流支路（见3.1.18）、光伏系统的持续工作电流（见3.1.19）、1.2/50 μs冲击电压（见3.1.40）、8/20 μs冲击电流（见3.1.41）、暂时过电压试验值（见3.1.55）、额定短路电流（见3.1.56）、多极SPD（见3.1.57）、总放电电流（见3.1.58）、参考试验电压（见3.1.59）、电气间隙确定电压（见3.1.60）、交流耐受能力（见

3.1.61)、冲击耐受能力(见 3.1.62)、电流恢复时间(见 3.1.63)、额定电流(见 3.1.64)、最大放电电流(见 3.1.65)、开路模式(见 3.1.66)、短路模式(见 3.1.67)、短路型 SPD 的额定转换电涌电流(见 3.1.68);

——删除了以下术语及其定义:限压(见 2002 年版的 3.2)、限流(见 2002 年版的 3.3)、非恢复限流(见 2002 年版的 3.12)、多级 SPD(见 2002 年版的 3.15)、退耦元件(见 2002 年版的 3.16)、输出触头(见 2002 年版的 3.20)、额定电压(见 2002 年版的 3.23)、箝位电压(见 2002 年版的 3.25)、残压比(见 2002 年版的 3.30)、电压降(用百分比表征)(见 2002 年版的 3.31)、暂时过电压(TOV)性能(见 2002 年版的 3.32)、方均根值(见 2002 年版的 3.33)、泄露电流(见 2002 年版的 3.40)、短路电流承受能力(见 2002 年版的 3.41)、待机功耗(见 2002 年版的3.42)、热崩溃(见 2002 年版的 3.43)、双口 SPD 负载端耐电涌能力(见 2002 年版的 3.50)、冲击波实验(见 2002 年版的 3.54)、冲击电压波(见 2002 年版的 3.55)、冲击波发生器(见 2002 年版的 3.56)、冲击波性表示(见 2002 年版的 3.57)、Ⅰ级分类试验中最大放电电流(见 2002 年版的 3.60);

——将冲击试验分类的Ⅰ级、Ⅱ级、Ⅲ级相应修改为Ⅰ类、Ⅱ类、Ⅲ类(见 3.1.44,2002 年版的 3.61);

——将电信和信号网络的系统修改为电子系统信号网络;

——将生产厂修改为制造商,室内型修改为户内型,室外型修改为户外型,双口修改为二端口,单口修改为一端口,负载端修改为负载侧;

——将直流或交流供电频率修改为 48 Hz～62 Hz(见 4.2.1.1,2002 年版的 4.2.1.1),增加光伏系统的最大持续工作电压 U_{CPV}(见 4.2.1.2),海拔高度修改为－500 m～＋2000 m(见 4.2.1.4,2002 年版的 4.2.1.4);

——增加电气间隙确定电压 U_{max} 相关内容(见 4.3.2.1.2.1),爬电距离增加两个材料组划分的相关内容,并修改电气间隙和爬电距离各部分值的相关要求(见 4.3.2.1.2,2002 年版的 4.3.2.1.2);

——将耐漏电起痕修改为耐电痕化,删除了试验电压 175 V 的要求,增加试验电压的决定因素为爬电距离和材料类别,并在性能要求部分增加了本试验的豁免条件(见 4.3.2.1.3,2002 年版的 4.3.2.1.3);

——删除了Ⅰ级分类冲击电流试验要求(见 2002 年版的 4.3.2.2.1)、Ⅱ级分类标称放电电流试验要求(见 2002 年版的 4.3.2.2.2)、Ⅲ级分类混合波试验要求(见 2002 年版的 4.3.2.2.3),并将后续性能要求项目编号递进;

——SPD 的脱离器性能要求增加 SPD 有内部脱离器时,应在型式试验中进行的试验增加 TOV 试验、短路电流性能试验(见 4.3.2.2.3,2002 年版的 4.3.2.2.6);

——短路电流承受能力性能要求把内部或外部脱离器、后备过电流保护动作前修改为内部或外部过电流保护脱离器动作前(见 4.3.2.2.4,2002 年版的 4.3.2.2.7);

——机械性能要求接线端子电气连接方式增加了太阳能光伏发电系统连接器及相应的试验方法(见 4.3.3.1);

——删除了待机功耗 P_c 的相关内容(见 2002 年版的 4.3.5.4);

——将残流缩写 I_{res} 修改为 I_{PE},并增加了连接至光伏系统直流侧的 SPD 的性能要求和试验方法(见 4.3.5.7,2002 年版的 4.3.5.5);

——状态指示器的性能要求部分增加了条文注(见 4.3.5.8,2002 年版的 4.3.5.5);

——增加了光伏系统直流侧 SPD 过载特性的性能要求(见 4.3.5.9)和试验方法(见 6.3.3.2.4.4);

——增加了负载侧短路电流耐受能力的性能要求(见 4.3.6.1.3)和试验方法(见 6.3.7.1.3);

——增加了总放电电流 I_{Total}(对多极 SPD)的性能要求(见 4.3.6.1.5)和试验方法(见 6.3.7.1.5);

——I 类分类试验中冲击电流 I_{imp} 推荐选用值增加 12.5 kA 和 25 kA 两组值,并增加了比能量W/R 一组推荐选用值(见 4.4.1.1);

——在标准额定值中的连接至低压电气系统的 SPD 后增加了连接至光伏系统直流侧的 SPD 的各主要参数的推荐选用值，并将连接至电子系统信号网络的 SPD 的项目编号延后(见 4.4.2)；

——删除了连接至电子系统信号网络的 SPD 中 SPD 的额定电压 U_C 推荐选用值(V)(见 2002 年版的 4.4.2.1)、A 类和 C 类产品进行Ⅰ类分类试验中冲击电流 I_{imp} 推荐选用值(kA)(见 2002 年版的 4.4.2.2)、B 类产品进行Ⅱ类分类试验中标称放电电流 I_n 推荐选用值(kA)(见 2002 年版的 4.4.2.3)，增加了 SPD 的最大持续运行电压 U_C(d.c 或 a.c 有效值)推荐选用值(V)(见 4.4.3.1)；

——将连接至低压配电系统的 SPD 分类修改为连接至低压电气系统和光伏直流侧的 SPD 分类(见 5.1.1，2002 年版的 5.1.1)，并在表 3 前增加相关文字描述，增加按冲击脉冲个数、按安装环境和按有无智能监测的分类方式(见表 3)，删除按后备过电流保护的分类方式(见 2002 年版的 5.1.1)；

——连接至电子系统信号网络的 SPD 分类中在表 4 前增加相关文字描述，并增加按冲击脉冲个数和按有无智能监测的分类方式(见 5.1.2)，将表 4 的注改为脚注(见 5.1.2，2002 年版的 5.1.2)，并增加了两个脚注(见 5.1.2)；

——试验规则将连接至低压配电系统的 SPD 扩展为连接至低压配电系统的 SPD 和连接至光伏系统直流侧的 SPD(见 6.1)，并删除测试时关于 SPD 整体所包含的相关部件(见 2002 年版的 6.1)。增加了对于电子系统信号网络的电涌保护器的试验室环境条件要求以及试验时对于电压的允差要求(见 6.1)；

——型式试验增加了试验用薄纸和金属屏栅的要求(见 6.3.1)，修改了表 5 低压配电系统的 SPD 的型式试验内容(见表 5，2002 年版的表 5)，增加了表 6 连接至光伏系统直流侧的 SPD 的型式试验内容(见表 6)，增加了表 5 中对二端口及输入/输出分开的一端口 SPD 的附加试验和户外型 SPD 的环境试验(见表 5)，删除了原表 5 的第 3 和第 4 条表注(2002 年版的表 5)，修改了表 7 的注(见表 7，2002 年版的表 7)；

——铭牌耐久性试验增加了己烷溶剂的替代方案(见 6.3.2.2)；

——电气间隙和爬电距离的检验依据表 1 和表 2 做相应的修改，在其试验的测量方法中增加有关污染等级和可不应被考虑的空气间隙电极间的距离相关内容(见 6.3.3.1.2)；

——电气强度试验修改了户内型试验依据(见 6.3.3.1.4，2002 年版的 6.3.2.1.4)，并增加了连接至光伏系统直流侧的 SPD 的试验方法(见 6.3.3.1.4)；

——把电涌保护器电气性能试验中的Ⅰ、Ⅱ、Ⅲ类分类试验修改为试验用波形和试验设置，修改了 6.3.3.2.1.1～6.3.3.2.1.4 的标题(见 6.3.3.2.1，2002 年版的 6.3.2.2.1)，并修改了用于Ⅰ类附加动作负载试验的冲击放电电流的规定(见 6.3.3.2.1.1，2002 年版的 6.3.2.2.1 a))，在表 14 中增加了 W/R 参数(见表 14)，并增加了 12.5 kA 和 25 kA 两组Ⅰ类试验参数(见表 14)，修改了表注(见表 14，2002 年版的表 13)，修改了定义中 Q 的允差(见表 14，2002 年版的表 13)，增加了 W/R 的允差(见 6.3.3.2.1.1)，删除了最后一段测量精度的要求(见 2002 年版的 6.3.2.2.1 b))，修改了复合波的要求(见 6.3.3.2.1.4，2002 年版的 6.3.2.2.1 d))，并增加了条文注(见 6.3.3.2.1.4)，修改了开路电压和短路电流允差后相应的测量要求(见 6.3.3.2.1.4，2002 年版的 6.3.2.2.1 d))，增加了对于电子系统信号网络的电涌保护器的试验波形(见 6.3.3.2.1.5)，删除了原表 14 Ⅲ类试验波形参数的容差(见 2002 年版的表 14)，增加了复合波试验中去耦网络相关的相关要求(见 6.3.3.2.1.5)；

——修改了确定电压保护水平 U_p 的试验流程图，将用 8/20 μs 冲击电流测量残压的试验和用 1.2/50 μs 冲击电压测量放电电压的试验顺序互换(见图 3，2002 年版的图 3)；

——增加了确定测量限制电压需进行的试验表(见表 15)；

——修改了连接至低压电气系统 SPD 实测限制电压的试验条件(见 6.3.3.2.2.1，2002 年版的

6.3.2.2.2.1)；

——修改了用 8/20 μs 冲击电流测量残压的试验步骤，其中用 I_{imp} 代替 I_{peak}(见 6.3.3.2.2.1 b)，2002 年版的 6.3.2.2.2.1 c))，增加了条文注和 U_{max} 的确定方法(见 6.3.3.2.2.1 b))；

——将确定是否存在开关型元件(见 2002 年版的 6.3.2.2.2.1 b))和续流大小(见 2002 年版的 6.3.2.2.3.1 c))的试验放置在附录中，并增加了连接至光伏系统直流侧的 SPD 的相关部分(见附录 L)；

——修改了测量波前放电电压的试验步骤，明确了试验电压(见 6.3.3.2.2.1 c)，2002 年版的 6.3.2.2.2.1 d))；

——用复合波测量限制电压的试验程序增加了 U_{max} 的确定方法和条文注(见 6.3.3.2.2.1 d))；

——修改了连接至电子系统信号网络的 SPD 实测限制电压试验步骤(见 6.3.3.2.2.2，2002 年版的 6.3.2.2.2.2)；

——增加了连接至光伏系统直流侧的 SPD 的实测限制电压试验(见 6.3.3.2.2.3)、动作负载试验(见 6.3.3.2.3.3)、过载特性试验(见 6.3.3.2.4.4)、湿热条件下的寿命试验(见 6.3.5.3)；

——修改了表 16 的内容(见表 16，2002 年版的表 15)，增加了表注(见表 16)；

——修改了用于低压交流配电系统的 SPD 的动作负载试验的流程图、一般要求、两组冲击间隔时间、Ⅱ类的动作负载试验和合格判别标准(见图 6，2002 年版的图 6)；

——增加了用于低压交流配电系统的 SPD 的动作负载试验的条文注、Ⅰ类试验的附加动作负载试验和合格判别标准的条款(见 6.3.3.2.3.1)；

——把连接至电子系统信号网络的 SPD 动作负载试验的交流负载试验修改为交流耐受试验(见 6.3.3.2.3.2 a)，2002 年版的 6.3.2.2.3.2 a))、冲击负载试验修改为冲击耐受试验(见 6.3.3.2.3.2 b)，2002 年版的 6.3.2.2.3.2 b))，并对交流耐受试验方法的第一段作了修改(见 6.3.3.2.3.2 a)，2002 年版的 6.3.2.2.3.2 a))，增加了冲击耐受试验和过载故障模式的测试电路(多端子试验电路)(见图 12)；

——SPD 的脱离器和过载安全性能删除了一般要求和 SPD 脱离器的动作负载耐受试验(见 2002 年版的 6.3.2.2.4.1)，把 SPD 热稳定试验分列为两个并列的条款，耐热试验(见 6.3.3.2.4.1，2002 年版的 6.3.2.2.4.2)和热稳定试验(见 6.3.3.2.4.2，2002 年版的 6.3.2.2.4.2)，并修改了试验方法和合格判别标准(见 6.3.3.2.4，2002 年版的 6.3.2.2.4)；

——SPD 的脱离器和过载安全性能删除了对带有后备保护 SPD 短路电流承受能力的试验(见 2002 年版的 6.3.2.2.4.3)，增加了短路电流性能试验(见 6.3.3.2.4.3)，其中包含声明的额定短路电流试验和低短路电流试验(见 6.3.3.2.4.3 a)、b))，I_{fi} 低于声明的额定短路电流(I_{SCCR})的 SPD 的补充试验(见 6.3.3.2.4.3 c))和模拟 SPD 失效模式的附加试验(见 6.3.3.2.4.3 d))；

——SPD 的脱离器和过载安全性能删除了暂时过电压(TOV)故障试验和暂时过电压(TOV)耐受特性试验(见 2002 年版的 6.3.2.2.4)，增加了在高(中)压系统的故障引起的暂时过电压(TOV)下试验(见 6.3.3.2.4.5)和在低压系统故障引起的 TOV 下试验(见 6.3.3.2.4.7)；

——SPD 的脱离器和过载安全性能删除了待机功耗和残流试验(见 2002 年版的 6.3.2.2.6)，增加了残流试验(见 6.3.3.2.4.6)；

——修改了误码率(BER)中表 22 中后两种伪随机位模式(见表 22，2002 年版的表 21)；

——删除了机械性能试验中带有软电缆(或电线)的可移式 SPD 及其连接(见 2002 年版的 6.3.3.1)和可移式 SPD 在如图 19 所示滚动桶中进行试验(见 2002 年版的 6.3.3.3)，并将后续试验项目号提前；

——删除了金属的耐腐蚀相关试验方法(见 2002 年版的 6.3.3.4)；

——工作环境要求试验增加了户外型 SPD 的环境试验(见 6.3.5.2)和光伏系统直流侧 SPD 的湿热条件下的寿命试验(见 6.3.5.3)；

——把安全要求试验中的绝缘性能修改为绝缘电阻(见 6.3.6.4,2002 年版的 6.3.5.4),并修改了温湿度箱和环境温度的范围,增加了条文注,把连接至低压配电系统 SPD 的测量修改为连接至低压电气系统 SPD 的测量(见 6.3.6.4.2,2002 年版的 6.3.5.4.2),修改了连接至电子系统信号网络的 SPD 测量的试验方法(见 6.3.6.4.3,2002 年版的 6.3.5.4.3);

——删除了连接 SPD 脱离器(生产厂要求的,如果有时)的负载端短路耐受能力试验(见 2002 年版的 6.3.6.1.3),增加了负载侧短路特性试验(见 6.3.7.1.3);

——修改了负载侧电涌耐受能力的试验方法和合格判别标准(见 6.3.7.1.4,2002 年版的 6.3.6.1.4);

——在特殊 SPD 的附加试验中增加总放电电流的试验方法(见 6.3.7.1.5);

——将冲击复原时间修改为冲击复位时间,修改了试验方法(见 6.3.7.2.1,2002 年版的 6.3.6.2.1),增加了条文注,并增加了表 24 的一条脚注(见 6.3.7.2.1);

——修改了第 7 章标志、铭牌、使用说明书(见 7,2002 年版的 7);

——删除了附录 A(I 级分类试验 SPD 的 I_{peak} 的选择)(见 2002 年版的附录 A),后续附录的项目号依次提前;

——删除了附录 H(本规范用词说明)(见 2002 年版的附录 H);

——修改了附录 P(TOV 值)(见附录 P,2002 年版的附录 G);

——增加了"SPD 的电流支路和保护模式示意图"(见附录 A)、"连接至低压电气系统 SPD 的参考试验电压 U_{REF}"(见附录 B)、"符号和缩略语"(见附录 C)、"连接至光伏系统直流侧的 SPD 的试验电源特性"(见附录 I)、"图 I.1a)中 PV 试验电源的瞬态特性"(见附录 J)、"金属屏栅的试验布置"(见附录 K)、"确定是否存在开关型元件和续流大小的试验"(见附录 L)、户外型 SPD 的环境试验"(见附录 M)、"连接至光伏系统直流侧的 SPD 的连接结构和过载特性试验的试品准备"(见附录 O)、"高(中)压系统故障引起 TOV 下低压配电系统 SPD 试验的可选电路"(见附录 Q)、"连接至低压电气系统和光伏直流侧的 SPD 的温升限值"(见附录 R)。

本部分由全国雷电灾害防御行业标准化技术委员会提出并归口。

本部分起草单位:上海市防雷中心、北京雷电防护装置测试中心、深圳市气象公共安全技术支持中心。

本部分主要起草人:赵洋、张利华、周歧斌、王媛媛、蒋劢、张峻、刘敦训、杨悦新。

本部分所代替标准的历次版本发布情况为:

——QX 10.1—2002。

电涌保护器　第1部分:性能要求和试验方法

1　范围

QX/T 10 的本部分规定了电涌保护器的性能要求和试验方法。

本部分适用于连接至低压电气系统、光伏系统直流侧和电子系统信号网络的电涌保护器。

2　规范性引用文件

下列文件对于本文件的应用是必不可少的。凡是注日期的引用文件,仅注日期的版本适用于本文件。凡是不注日期的引用文件,其最新版本(包括所有的修改单)适用于本文件。

GB 2099.1—2008　家用和类似用途插头插座　第1部分:通用要求(IEC 60884-1:2006,E3.1,MOD)

GB/T 2423.3—2016　环境试验　第2部分:试验方法　试验Cab:恒定湿热试验(IEC 60068-2-78:2012,IDT)

GB/T 2423.4—2008　电工电子产品环境试验　第2部分:试验方法　试验Db:交变湿热(12h+12h循环)(IEC 60068-2-30:2005,IDT)

GB/T 2423.17—2008　电工电子产品环境试验　第2部分:试验方法　试验Ka:盐雾(IEC 60068-2-11:1981,IDT)

GB/T 2423.22—2012　电工电子产品环境试验　第2部分:试验方法　试验N:温度变化(IEC 60068-2-14:2009,IDT)

GB/T 4207—2012　固体绝缘材料耐电痕化指数和相比电痕化指数的测定方法(IEC 60112:2009,IDT)

GB 4208—2017　外壳防护等级(IP代码)(IEC 60529:2013,IDT)

GB/T 5169.11—2017　电工电子产品着火危险试验　第11部分:灼热丝/热丝基本试验方法　成品的灼热丝可燃性试验方法(GWEPT)(IEC 60695-2-11:2006,IDT)

GB/T 16896.1—2005　高电压冲击测量仪器和软件　第1部分:对仪器的要求(IEC 61083-1,MOD)

GB/T 16927.1—2011　高电压试验技术　第1部分:一般定义及试验要求(IEC 60060-1:2010,MOD)

GB/T 16935.1—2008　低压系统内设备的绝缘配合　第1部分:原则、要求和试验(IEC 60664-1:2007,IDT)

3　术语、定义、符号和缩略语

3.1　术语和定义

下列术语和定义适用于本文件。

3.1.1

电涌保护器　surge protective device;SPD

用于限制瞬态过电压和泄放电涌电流的电器,它至少包含一个非线性的元件。

注1:SPD具有适当的连接装置,是一个装配完整的部件。

注2:改写GB/T 18802.1—2011,定义3.1。

3.1.2

多脉冲 SPD　multi pulse surge protective device

能够承受同一时序多个脉冲组合波冲击的电涌保护器。

3.1.3

无串联阻抗的 SPD　SPD without impedance in series

一端口 SPD

与被保护低压电气系统电路并联连接，在输入端和输出端之间没有附加的串联阻抗的 SPD。

3.1.4

有串联阻抗的 SPD　SPD with impedance in series

二端口 SPD

有两组输入和输出接线端子，并联接入低压电气系统电路中，在输入端和输出端之间有附加的串联阻抗的 SPD。

3.1.5

无限流元件的 SPD　SPD without current limiting component

〈连接至电子系统信号网络〉有用于限制过电压的元件，而没有电流限制元件的 SPD。

3.1.6

有限流元件的 SPD　SPD with current limiting component

〈连接至电子系统信号网络〉既有限制过电压的元件，又有电流限制元件的 SPD。

3.1.7

电压开关型 SPD　voltage switching type SPD

开关型 SPD

无电涌出现时在线 SPD 呈高阻状态；当线路上出现电涌电压且达到一定的值时，SPD 的阻抗突然下降变为低值的 SPD。

注 1：电压开关型 SPD 常用的元件有：放电间隙、气体放电管、闸流管和三端双向可控硅元件等。有时也称这类 SPD 为“克罗巴型”SPD。

注 2：改写 GB/T 18802.1—2011，定义 3.4。

3.1.8

电压限制型 SPD　voltage limiting type SPD

限压型 SPD

无电涌出现时在线 SPD 呈高阻状态；随着线路上的电涌电流及电压的增加，到一定值时 SPD 的阻抗跟着连续变小的 SPD。

注 1：电压限制型 SPD 常用的元件有压敏电阻、抑制二极管等。有时也称这类 SPD 为“箝压型”SPD。

注 2：改写 GB/T 18802.1—2011，定义 3.5。

3.1.9

组合型 SPD　combination type SPD

由开关型元件和限压型元件组合而成的 SPD。随着施加的电压特性不同，SPD 时而呈现电压开关型 SPD 特性，时而呈现电压限制型 SPD 特性，时而同时呈现开关型和电压限制型特性，这取决于所施加电压的综合特性。

3.1.10

后备过电流保护　backup overcurrent protection

安装在 SPD 外部前端的一种用于防止 SPD 不能阻断工频短路电流而引起发热和损坏的过电流保护（如熔断器、断路器）。

为保护设备免受长时间的持续过电流的损害，有时也单独串联在被保护线路中。

3.1.11

可恢复限流　resettable current limiting

有限流功能的SPD,它具有在骚扰电流消失后手动恢复原状的功能。

3.1.12

自恢复限流　self-resetting current limiting

有限流功能的SPD,它具有在骚扰电流消失后能自动恢复的功能。限流元件多为正温度系数(PTC)热敏电阻、PTC陶瓷热敏电阻或PTC高分子热敏电阻。

3.1.13

SPD的脱离器　SPD disconnector

脱离器

把SPD全部或部分从电源系统脱离的装置(内部的和/或外部的)。

注1:这种脱离装置不要求具有隔离能力,它防止系统持续故障并可用来给出SPD故障的指示。脱离器可以是内部的(内置的)或者外部的(制造商要求的)。它可具有不止一种脱离功能,例如过电流保护功能和热保护功能。这些功能可以分开在不同装置中。

注2:改写GB/T 18802.21—2016,定义3.29。

3.1.14

剩余电流保护器　residual current device;RCD

在规定的条件下,当剩余电流达到给定值时便断开电路的一种机械式开关电器或电器的组合。

注:改写GB/T 18802.1—2011,定义3.37。

3.1.15

状态指示器　status indicator

指示SPD脱离器工作状态的器件。

注1:这些指示器与SPD一体,并具有声或光报警,或具有遥控信号装置等功能。

注2:改写GB/T 18802.1—2011,定义3.43。

3.1.16

保护模式　modes of protection

在端子间保护被保护元器件的电流路径。

注:改写GB/T 18802.1—2011,定义3.7。

3.1.17

最大持续工作电压　maximum continuous operating voltage

3.1.17.1

最大持续工作电压　maximum continuous operating voltage

U_C

〈低压电气系统〉可连续地施加在各种保护模式SPD上的最大交流电压有效值或直流电压。

3.1.17.2

最大持续工作电压　maximum continuous operating voltage

U_C

〈电子系统信号网络〉可连续施加在SPD端子上,且不致引起SPD传输特性降低的最大交流电压有效值或直流电压。

注:本部分覆盖的U_C可超过1000 V。

3.1.17.3

最大持续工作电压　maximum continuous operating voltage

U_{CPV}

〈光伏系统直流侧〉可连续施加在各种保护模式SPD上的最大直流电压。

注：改写 GB/T 18802.31—2016，定义 3.1.11。

3.1.18

SPD 的电流支路　current branch of a SPD

电流支路

一条在两个节点之间既定的电流通路，包含一个或多个保护元器件。

注 1：SPD 的一条电流支路可能等同于 SPD 的一种保护模式。

注 2：该既定电流通路不包括额外的端子。

注 3：SPD 的电流支路和保护模式示意图参见附录 A。

注 4：改写 GB/T 18802.31—2016，定义 3.1.7。

3.1.19

光伏系统的持续工作电流　continuous operating current for PV application

I_{CPV}

当 SPD 依据制造商的说明连接，在光伏系统直流侧，施加最大持续工作电压 U_{CPV} 时，流过其带电导线间的电流。

[GB/T 18802.31—2016，定义 3.1.12]

3.1.20

系统的标称交流电压　nominal a. c voltage of the system

U_0

低压配电系统相线对中性线的交流电压有效值。

3.1.21

电压开关型 SPD 的放电电压　sparkover voltage of a voltage switching SPD

放电电压

电压开关型 SPD 的启动电压

电压开关型 SPD 击穿放电前瞬间的最大电压值。

注：改写 GB/T 18802.1—2011，定义 3.38。

3.1.22

实测限制电压　measured limiting voltage

在规定幅值和波形的冲击试验中，在 SPD 接线端子两端测得的最大电压幅值。

注：改写 GB/T 18802.1—2011，定义 3.16。

3.1.23

电压保护水平　voltage protection level

U_P

由于施加规定陡度的冲击电压和规定幅值及波形的冲击电流而在 SPD 两端之间预期出现的最大电压。

注 1：电压保护水平由制造商提供，并不可被按照如下方法确定的测量限制电压超过：

——对于Ⅱ类和/或Ⅰ类试验，由波前放电电压（如适用）和对应于Ⅱ类与Ⅰ类试验中直到 I_n 和/或 I_{imp} 峰值处的残压确定；

——对于Ⅲ类试验，取决于复合波直到 U_{OC} 的测量限制电压。

注 2：电压保护水平需低于相应位置被保护设备的耐冲击过电压多脉冲额定值，还需考虑 SPD 连接导线和外部脱离器上的感应电压降。

注 3：改写 GB/T 18802.1—2011，定义 3.15。

3.1.24

残压　residual voltage

U_{res}

当冲击电流通过 SPD 时，在 SPD 端子间呈现的电压峰值。

注 1：U_{res} 与冲击电流通过 SPD 时的波形和峰值有关。

注 2：改写 GB/T 18802.1—2011，定义 3.17。

3.1.25

最大中断电压　maximum interrupting voltage

可以施加于 SPD 的限流元件上而不致引起 SPD 劣化的最大交流电压有效值或直流电压。

注 1：该电压可等于也可高于 U_C，取决于 SPD 内部限流元件的配置。

注 2：改写 GB/T 18802.21—2016，定义 3.7。

3.1.26

续流　follow current

I_f

SPD 被施加冲击电流以后，由电源系统流入 SPD 的电流峰值。

注 1：I_f 与电流 I_C 及 I_{CPV} 有明显区别。

注 2：改写 GB/T 18802.1—2011，定义 3.13。

3.1.27

供电电源的预期短路电流　prospective short-circuit current of a power supply

I_p

在电路中 SPD 安装点，如果用一个抗阻可忽略的导体短路时可能流过的电流。

注：改写 GB/T 18802.1—2011，定义 3.28。

3.1.28

额定断开续流值　follow current interrupting rating

I_{fi}

SPD 本身能切断的预期续流值。

注：改写 GB/T 18802.1—2011，定义 3.41。

3.1.29

残流　residual current

3.1.29.1

残流　residual current

I_{PE}

〈低压电气系统〉当 SPD 按制造商的说明连接，施加参考试验电压 U_{REF} 时，流过 PE 接线端子的电流。

3.1.29.2

残流　residual current

I_{PE}

〈光伏系统直流侧〉当 SPD 按制造商的说明连接，施加最大持续工作电压 U_{CPV} 时，流过其 PE 接线端子的电流。

3.1.30

额定负载电流　rated load current

I_L

由电源提供给负载，流经连接至低压电气系统的 SPD 和光伏系统直流侧的 SPD 的最大持续交流电流有效值或直流电流。

注：改写 GB/T 18802.1—2011，定义 3.14。

3.1.31

热稳定　thermal stability

当进行动作负载试验时会引起 SPD 温升，在动作负载实验完成后，在规定的环境条件下对 SPD 两端施加最大持续工作电压，在一定时间内，流过 SPD 的电流 I_C 的阻性分量峰值或功耗出现下降的趋势或没有升高。

注：改写 GB/T 18802.1—2011，定义 3.26。

3.1.32

劣化　degradation

老化

任何设备的工作性能偏离其预定性能的非期望偏差。在 SPD 长时间工作或处于恶劣工作环境时，或直接受雷击电涌而引起其性能下降、原始性能参数的改变。

注：改写 GB/T 18802.1—2011，定义 3.27。

3.1.33

响应时间　response time

t_a

SPD 限制过电压和过电流的动作时间。

注：SPD 的 t_a 除与元件特性有关外，尚与输入 SPD 输入端的电压(或电流)变化率 dU/dt(或 di/dt)相关。

3.1.34

盲点　blind spot

当 SPD 由多级组合而成时，如果能量配合不当，在大于 U_C 的电涌电压时引起 SPD 不完全动作的区段。

注：改写 GB/T 18802.21—2016，定义 3.18。

3.1.35

绝缘电阻　insulation resistance

3.1.35.1

绝缘电阻　insulation resistance

R_{iso}

〈低压电气系统和光伏系统直流侧〉以规定的直流电压施加于 SPD 的用绝缘材料隔开的载流部件与壳体之间或主电路载流部件与辅助电路载流部件之间的电阻值。

3.1.35.2

绝缘电阻　insulation resistance

R_{iso}

〈电子系统信号网络〉SPD 指定的端子之间施加最大持续工作电压 U_C 时呈现的电阻。

3.1.36

外壳防护等级(IP 代码)　degrees of protection provided by enclosure(IP code)

分类前的 IP 符号表征外壳接近危险部件提供防护的程度，防止固体异物和水的有害进入。

注：改写 GB/T 18802.1—2011，定义 3.30。

3.1.37

插入损耗　insertion loss

3.1.37.1

插入损耗　insertion loss

〈低压电气系统和光伏系统直流侧〉在给定频率和负载阻抗下，试验时插入 SPD 前后，出现在横跨干线紧靠插入点之后的电压比。

注:单位用 dB(分贝)表示。

3.1.37.2

插入损耗 insertion loss

〈电子系统信号网络〉在系统中接入 SPD 前后系统的功率之比值。

注:单位用 dB(分贝)表示。

3.1.38

推荐选用值 preferred values

在各种试验中所列的参数优选值,用于标准额定值的推荐。

注 1:使用该值有利于提供一种对各种同类型 SPD 之间相比较的统一标准。它为 SPD 制造商和用户提供了一种共用的工程语言。

注 2:推荐选用值不能囊括所有情况,在用户有特殊要求时,可能需选用不同于该值的其他参数值。

3.1.39

电涌 surge

冲击

沿线路传送的电流或电压的瞬态波。其波形特性是先快速上升后缓慢下降。

3.1.40

1.2/50 μs 冲击电压 1.2/50 μs voltage impulse

视在波前时间为 1.2 μs,半峰值时间为 50 μs 的冲击电压。

注 1:GB/T 16927.1—2011 第 7 章定义了冲击电压的波前时间,半峰值时间和波形允差。

注 2:改写 GB/T 18802.1—2011,定义 3.22。

3.1.41

8/20 μs 冲击电流 8/20 μs current impulse

视在波前时间为 8 μs,半峰值时间为 20 μs 的冲击电流。

注 1:IEC 60060-1:1989 第 8 章定义了冲击电流的波前时间,半峰值时间和波形允差。

注 2:改写 GB/T 18802.1—2011,定义 3.23。

3.1.42

冲击电流 impulse current

I_{imp}

流过 SPD 具有指定转移电荷量 Q 和在指定时间内具有指定比能量 W/R 的放电电流峰值。

注:改写 GB/T 18802.1—2011,定义 3.9。

3.1.43

标称放电电流 nominal discharge current

I_n

流过 SPD 具有 8/20 μs 冲击电流的峰值。

注:改写 GB/T 18802.1—2011,定义 3.8。

3.1.44

冲击试验的分类 impulse test classification

3.1.44.1

Ⅰ类试验 class Ⅰ test

使用冲击电流 I_{imp},峰值等于冲击电流 I_{imp}的 8/20 μs 冲击电流和 1.2/50 μs 冲击电压进行的试验。

注:改写 GB/T 18802.1—2011,定义 3.35.1。

3.1.44.2

Ⅱ类试验 class Ⅱ test

使用标称放电电流 I_n 和 1.2/50 μs 冲击电压进行的试验。

注：改写 GB/T 18802.1—2011，定义 3.35.2。

3.1.44.3

Ⅲ类试验　class Ⅲ test

使用开路电压为 1.2/50 μs，短路电流为 8/20 μs 的复合波发生器(CWG)进行的试验。

注：改写 GB/T 18802.1—2011，定义 3.35.3。

3.1.45

Ⅰ类试验的比能量　specific energy W/R for class Ⅰ test

比能量

W/R

冲击电流 I_{imp} 在流过 1 Ω 单位电阻时消耗的能量。此能量在数值上等于电流平方对时间的积分，$W/R=\int I^2\ dt$。

3.1.46

复合波　combination wave

由复合波发生器产生的开路电压波形为 1.2/50 μs，短路电流波形为 8/20 μs 的冲击波。复合波的开路电压峰值与短路电流峰值之比为 2 Ω(虚拟阻抗 Z_f)。

注 1：当发生器与 SPD 相连，SPD 上承受的实际电压、电流大小及波形由复合波发生器(CWG)内阻和 SPD 阻抗决定。

注 2：开路电压 U_{OC} 是指在复合波发生器连接试品端口处的开路电压。

注 3：短路电流 I_{SC} 是指在复合波发生器连接试品端口处的预期短路电流，当 SPD 连接到复合波发生器，流过试品的电流通常小于复合波发生器的短路电流 I_{CW}。

注 4：改写 GB/T 18802.1—2011，定义 3.24。

3.1.47

去耦网络　decoupling network

退耦滤波器

反向滤波器

当对 SPD 施加工频电压并进行冲击试验时，用来防止电涌能量反馈到供电网的装置。

注：改写 GB/T 18802.1—2011，定义 3.34。

3.1.48

误码率　bit error ratio；BER

在单位时间内，信息传输系统中错误的传输比特数与总比特数之比。

注：改写 GB/T 18802.21—2016，定义 3.25。

3.1.49

频率范围　frequency range of SPD

f_G

连接至电子系统信号网络的 SPD 在接入线路后，在 3 dB 的插入损耗下，起始频率至截止频率之间的范围。

3.1.50

数据传输速率　transmission rate SPD bps

连接至电子系统信号网络的 SPD 在接入网络系统后不降低系统误码时的上限数据传输速率，用1 s 内传输比特值表示，即 bit/s。

3.1.51

回波损耗　return loss

AR

在高频工作条件下，前向波在 SPD 插入点产生反射的能量与输出能量之比，它是衡量 SPD 与被保护系统波阻抗匹配程度的一个参数。

AR 是反射系数倒数的模量,单位为分贝(dB)。当阻抗能确定时,AR 可用下列公式确定:

$$AR = 20\lg \mathrm{MOD}[(Z_1 + Z_2)/(Z_1 - Z_2)]$$

式中:

Z_1 ——阻抗不连续点之前传输线的特性阻抗,即源阻抗;

Z_2 ——不连续点之后的特性阻抗或从源和负载间的结合点所测到的负载阻抗;

MOD——是阻抗模的计算,即绝对值。

注:改写 GB/T 18802.21—2016,定义 3.24。

3.1.52

纵向平衡 longitudinal balance

骚扰的对地共模电压与受试 SPD 的合成差模电压之比。用来表示对共模干扰的敏感度。

3.1.53

近端串扰 near-end crosstalk;NEXT

在受干扰信道中的交扰,其传播方向与在干扰信道中的电流传播方向相反。在受干扰信道中产生的交扰,其端口通常与干扰信道的供能端接近或重合。

注:改写 GB/T 18802.21—2016,定义 3.27。

3.1.54

过载故障模式 overstressed fault mode

模式 1:SPD 中限压元件由于过载而与主电路脱离,此时线路仍能正常工作,但 SPD 已不起作用。

模式 2:SPD 中限压元件已短路,因短路启动过电流保护而致使线路不能正常工作,但信息设备因 SPD 短路而不会受损。

模式 3:SPD 的限压部分的网络侧出现内部开路,此时线路不能正常工作,信息设备因线路开路而不会受损。

注:改写 GB/T 18802.1—2011,定义 3.3。

3.1.55

暂时过电压试验值 temporary overvoltage test value

U_T

施加在 SPD 上并持续一个规定时间(t_T)的试验电压,以模拟在暂时过电压(TOV)条件下的应力。

[GB/T 18802.1—2011,定义 3.18]

3.1.56

额定短路电流 short-circuit current rating

3.1.56.1

额定短路电流 short-circuit current rating

I_{SCCR}

〈低压电气系统和电子系统信号网络〉电源系统的最大预期短路电流参数,用于评定连接指定脱离器的 SPD。

3.1.56.2

额定短路电流 short-circuit current rating

I_{SCPV}

〈光伏系统直流侧〉SPD 与指定脱离器连接后可以承受的光伏系统直流侧的最大预期短路电流额定值。

注:改写 GB/T 18802.31—2016,定义 3.1.23。

3.1.57

多极 SPD　multipole SPD

多于一种保护模式的 SPD,或者电气上相互连接的作为一个单元供货的 SPD 组件。

[GB/T 18802.1—2011,定义 3.46]

3.1.58

总放电电流　total discharge current

3.1.58.1

总放电电流　total discharge current

I_{Total}

〈低压电气系统和光伏系统直流侧〉在总放电电流试验中,流过多极 SPD 的 PE 或 PEN 导线的电流。

注 1: 这个试验的目的是用来检查多极 SPD 的多种保护模式同时作用时发生的累积效应。

注 2: I_{Total} 与根据 GB/T 21714 系列标准用作雷电保护等电位连接的 Ⅰ 类试验 SPD 特别有关。

3.1.58.2

总放电电流　total discharge current

I_{Total}

〈电子系统信号网络〉在总放电电流试验中,流过多端子 SPD 接地端(公共端)的电流。

注 1: 这个试验的目的是用来检查多极 SPD 的多种保护模式同时作用时发生的累积效应。

注 2: I_{Total} 与根据 GB/T 21714 系列标准用作雷电保护等电位连接的 Ⅰ 类试验 SPD 特别有关。

3.1.59

参考试验电压　reference test voltage

U_{REF}

用于 SPD 试验的电压有效值。它取决于 SPD 的保护模式,系统标称电压,系统结构和系统内的电压调整。

注: 参考试验电压可基于制造商根据 7.1b)需随 SPD 提供的信息 10)中提供的信息从附录 B 中选取。

3.1.60

电气间隙确定电压　voltage for clearance determination

U_{max}

根据 6.3.3.2.2.1 或 6.3.3.2.2.3 得到的施加冲击时的最大测量电压,用于确定电气间隙。

3.1.61

交流耐受能力　a.c durability

〈电子系统信号网络〉表征 SPD 容许通过规定幅值的交流电流,并耐受规定次数的特性。

注: 改写 GB/T 18802.21—2016,定义 3.19。

3.1.62

冲击耐受能力　impulse durability

〈电子系统信号网络〉表征 SPD 容许通过规定波形和峰值的冲击电流,并耐受规定次数的特性。

注: 改写 GB/T 18802.21—2016,定义 3.20。

3.1.63

电流恢复时间　current reset time

〈电子系统信号网络〉一个自恢复电流限制器恢复到正常或静止状态所需要的时间。

注: 改写 GB/T 18802.21—2016,定义 3.21。

3.1.64

额定电流　rated current

〈电子系统信号网络〉一个电流限制型 SPD 不引起电流限制元件的阻抗产生变化的能持续流过的

最大电流。

注1:这也适用于线性串联元件。

注2:改写 GB/T 18802.21—2016,定义3.22。

3.1.65

最大放电电流　maximum discharge current

I_{max}

流过SPD具有制造商声称幅值和8/20 μs波形的电流峰值。I_{max}大于或等于I_n。

注:改写 GB/T 18802.1—2011,定义3.10。

3.1.66

开路模式　open circuit mode;OCM

在光伏系统过载条件下,装置发生脱离的特性。

[GB/T 18802.31—2016,定义3.1.38]

3.1.67

短路模式　short-circuit mode;SCM

在光伏系统过载条件下,装置转变成类似短路状态的特性。

[GB/T 18802.31—2016,定义3.1.39]

3.1.68

短路型SPD的额定转换电涌电流　transition surge current rating for short-circuiting type SPD

I_{trans}

导致短路型SPD进入短路状态的8/20 μs冲击电流,该电流值大于标称放电电流。

3.2　符号和缩略语

本文件中的缩略语见附录C。

4　要求

4.1　总则

本部分对SPD提出的要求有:使用条件(分正常使用条件、非正常使用条件)、产品要求(包括标志、铭牌、使用说明书要求,电气性能要求,机械性能要求,工作环境要求,安全要求,特殊SPD的性能附加要求)、标准额定值(连接至低压配电系统SPD、连接至光伏系统直流侧的SPD、连接至电子系统网络的SPD)等,其中大量的要求为低压电气设备的通用要求。

4.2　使用条件

4.2.1　正常使用条件

4.2.1.1　供电频率范围

直流或交流供电频率为48 Hz～62 Hz。

4.2.1.2　供电电压

SPD端子之间的持续供电电压应低于U_C或U_{CPV}。适用于连接至系统额定电压交流值(r.m.s)不超过1000 V或直流值不超过1500 V的范围内。

4.2.1.3 周围空气温度

周围空气温度在－5 ℃～＋40 ℃之间。

4.2.1.4 海拔高度

安装地点的海拔高度为－500 m～＋2000 m。

注:对用于海拔高度高于 2000 m 的 SPD,制造商和用户协议时需要考虑到空气冷却作用和电气强度的下降。

4.2.1.5 空气相对湿度

周围空气温度为＋40 ℃时,空气的相对湿度不超过 50％。在较低的温度下可以允许有较高的相对湿度,例如 20 ℃时达 90％。对由于温度变化产生的凝露应采取特殊的措施。

4.2.1.6 污染等级

制造商应说明其产品适应的污染等级,并根据不同的污染等级设计 SPD 的电气间隙和爬电距离。污染等级的划分应符合附录 D 的规定。

4.2.2 非正常使用条件

非正常使用条件下的 SPD 可按制造商和用户的协议确定,如周围空气温度扩展至－40 ℃～＋70 ℃时,应进行附录 M 中规定的试验。

4.3 产品要求

4.3.1 标志、铭牌、使用说明书要求

标志、铭牌、使用说明书的要求见第 7 章,试验方法见 6.3.2。

4.3.2 电气性能要求

4.3.2.1 一般电气性能要求

4.3.2.1.1 电气连接

SPD 应具有接线端子,可采用螺钉、螺母、插头、插座及其他有效的连接方法。

SPD 的接线端子应能连接制造商标称的额定连接容量规定的最大截面积和最小截面积的线缆。

连接可靠性试验,应在最大截面积和最小截面积情况下均能连接可靠。

测试方法见 6.3.3.1.1。

除非有关产品标准另有规定,否则,每个夹紧件除了应具备其额定连接容量之外,还应至少能连接两种相邻的更小横截面积的导线。例如:额定连接容量为 1 mm^2 的夹紧件应能牢牢地夹紧同一类型的 0.5 mm^2,0.75 mm^2 或 1 mm^2 的一根导线。

4.3.2.1.2 电气间隙和爬电距离

4.3.2.1.2.1 电气间隙

电气间隙是指 SPD 中两个载流部件之间在空气中的最短直线距离。SPD 的绝缘配合是建立在瞬态过电压被限制在 SPD 电压保护水平 U_P 之内并以电气间隙确定电压 U_{max} 为基础规定的。电气间隙要求见表 1。测试方法见 6.3.3.1.2。

电气间隙测量方法见附录 E。

表 1　SPD 的电气间隙

电气间隙的位置	电气间隙 mm			
	$U_{max}\geqslant$2000 V[a]	$U_{max}\leqslant$4000 V	4000 V<$U_{max}\leqslant$6000 V	6000 V<$U_{max}\leqslant$8000 V
不同极的带电部件之间	1.5	3	5.5	8
带电部件与安装 SPD 时应拆卸的固定盖的螺钉或其他工件之间	1.5	3	5.5	8
带电部件与安装表面之间(注 2)	3	6	11	16
安装 SPD 的螺钉或其他工件之间(注 2)	3	6	11	16
壳体之间(注 1 和注 2)	1.5	3	5.5	8
脱离器机构的金属部件与壳体之间(注 1)	1.5	3	5.5	8
脱离器机构的金属部件与安装 SPD 的螺钉或其他工具之间	1.5	3	5.5	8

注 1：壳体之间的定义见 6.3.6.4.2 a)注 1。

注 2：如果 SPD 的带电部件与金属隔板或 SPD 安装平面之间的电气间隙仅与 SPD 的设计有关，使得 SPD 在最不利的位置下(甚至在金属外壳内)安装，其电气间隙也不会减少时，则采用第一行的值就足够了。

[a] 该栏仅适用于 U_C 小于或等于 180 V 的 SPD。

4.3.2.1.2.2　爬电距离

爬电距离是指两个载流部件之间，沿绝缘材料表面的最短距离。SPD 的爬电距离最小值与 SPD 的最大持续工作电压 U_C 值、各种不同部件、绝缘材料组别等有关。就本部分而言，绝缘材料应依据 GB/T 4207—2012 中方案 A 的要求，以相比电痕化指数(材料表面能经受住 50 滴电解液而没有形成起痕的最高电压值，单位为伏(V)，CTI)为标准，划分为以下四个组别：

——绝缘材料组别Ⅰ：$CTI\geqslant600$；

——绝缘材料组别Ⅱ：$600>CTI\geqslant400$；

——绝缘材料组别Ⅲa：$400>CTI\geqslant175$；

——绝缘材料组别Ⅲb：$175>CTI\geqslant100$。

SPD 的爬电距离应符合表 2 中的规定值要求，测试方法见 6.3.3.1.2。

爬电距离测量方法见附录 E。

表 2　SPD 的爬电距离

电压[a,b] V	最小爬电距离 mm								
	印刷电路材料		非印刷电路材料						
	1[c]	2[c]	1[c]	2[c]			3[c]		
	材料组[d]	除Ⅲb以外的材料组[d]	材料组[d]	Ⅰ	Ⅱ	Ⅲ	Ⅰ	Ⅱ	Ⅲ[e]
10	0.025	0.04	0.08	0.4	0.4	0.4	1	1	1
12.5	0.025	0.04	0.09	0.42	0.42	0.42	1.0	1.05	1.05
16	0.025	0.04	0.1	0.45	0.45	0.45	1.1	1.1	1.1
20	0.025	0.04	0.11	0.48	0.48	0.48	1.2	1.2	1.2
25	0.025	0.04	0.125	0.5	0.5	0.5	1.2	1.25	1.25
32	0.025	0.04	0.14	0.53	0.53	0.53	1.3	1.3	1.3
40	0.025	0.04	0.16	0.56	0.8	1.1	1.4	1.6	1.8
50	0.025	0.04	0.18	0.6	0.85	1.2	1.5	1.7	1.9
63	0.04	0.063	0.2	0.63	0.9	1.25	1.6	1.8	2
80	0.063	0.1	0.22	0.67	0.95	1.3	1.7	1.9	2.1
100	0.1	0.16	0.25	0.71	1	1.4	1.8	2	2.2
125	0.16	0.25	0.28	0.75	1.05	1.5	1.9	2.1	2.4
160	0.25	0.4	0.32	0.8	1.1	1.6	2	2.2	2.5
200	0.4	0.63	0.42	1	1.4	2	2.5	2.8	3.2
250	0.56	1	0.56	1.25	1.8	2.5	3.2	3.6	4
320	0.75	1.6	0.75	1.6	2.2	3.2	4	4.5	5
400	1	2	1	2	2.8	4	5	5.6	6.3
500	1.3	2.5	1.3	2.5	3.6	5	6.3	7.1	8
630	1.8	3.2	1.8	3.2	4.5	6.3	8	9	10
800	2.4	4	2.4	4	5.6	8	10	11	12.5
1000	3.2	5	3.2	5	7.1	10	12.5	14	16

如果实际电压不同于表格中的值，允许使用内插法得到中间电压。当使用内插法时，应采用线性内插法。数值应修约到和表格中的值一样的位数。

[a] 这个值是用于绝缘功能的工作电压(r.m.s)。对于主电源供电的电路的基本绝缘和附加绝缘，是在设备的额定电压或额定绝缘电压的基础上，通过 GB/T 16935.1—2008 的表 F.3a 或表 F.3b 进行电压合理化。对于系统、设备和不直接从主电源供电的内部电路的基本绝缘和附加绝缘，是在额定电压和在设备等级内操作条件最繁重的组合下，系统、设备和内部电路上发生的最大电压有效值。

[b] 针对主保护电路，该栏参考 U_C。

[c] "1、2、3"指污染等级，具体分类见 4.2.1.6。

[d] 材料组包括Ⅰ、Ⅱ、Ⅲ类，具体分类见 4.3.2.1.2.2。

[e] 材料Ⅲb 不可用于 630 V 以上的污染等级 3 中。

4.3.2.1.2.3　分开电路间的电气间隙

SPD 如有一个与主电路电气上隔离开的电路时，制造商应提供分隔开的电路间有关电气间隙、爬电距离、电气强度等技术参数，并通过试验验证。

4.3.2.1.3 耐电痕化

电痕化是指固体绝缘材料表面在电场和电解液的共同作用下逐渐形成导电通路的过程。通过6.3.3.1.3的试验可检验在不同电极之间产生导电路径的绝缘材料的电痕化指数，电解液配方和浓度见GB/T 4207—2012。

如果爬电距离大于或等于4.3.2.1.2.2规定值的2倍，或者绝缘材料是由陶瓷、云母或类似材料制成，则不需进行试验。

4.3.2.1.4 电气强度

SPD在正常的工作电压下，应不失去其良好的绝缘性能，在SPD介电性能试验时，不允许有飞弧或击穿现象。如果出现局部放电，电压变化应低于5%。SPD的外壳也应有足够的电气强度。

测试方法见6.3.3.1.4。

4.3.2.1.5 外壳防护等级(IP代码)

SPD应具备符合制造商声明的IP代码的外壳，用以防止固体和水的进入。IP代码等级见附录F。测试方法见6.3.3.1.5。

4.3.2.2 电涌保护电气性能要求

4.3.2.2.1 实测限制电压

SPD的实测限制电压不应超过制造商标称的电压保护水平 U_P 值。

测试方法见6.3.3.2.2。

4.3.2.2.2 动作负载试验

对SPD施加一系列规定次数和规定波形及幅值的放电电压或冲击电流的试验，来模拟SPD在 U_C 运行条件下，能否承受制造商标称的放电电压或冲击电流而不使其性能劣化。

测试方法见6.3.3.2.3。

4.3.2.2.3 SPD的脱离器

SPD可在内部或外部，或内部和外部均连接脱离器。脱离器动作时应有明显的指示。如果SPD内部有脱离器(参见附录G中G.4)，应在型式试验中对其进行动作负载试验、TOV试验、短路电流性能试验、耐热试验和热稳定试验，并验证其是否符合技术要求。

对剩余电流保护器(RCD)，则在动作负载试验时无需对其测试；如RCD是SPD的组成件时，则应符合RCD有关标准的要求。

在型式试验中SPD的脱离器应与SPD一起试验，测试方法见6.3.3.2.4。

4.3.2.2.4 短路电流承受能力

在SPD内部或外部过电流保护脱离器动作前，SPD应具有荷载短路电流的能力。制造商应给出最大荷载短路电流值，通过试验验证其是否符合制造商的标称值。

测试方法见6.3.3.2.4.3。

4.3.2.2.5 暂时过电压(TOV)特性

SPD应具有安全的过载故障模式，或能耐受规定的暂时过电压。

测试方法见 6.3.3.2.4.5 和 6.3.3.2.4.7。

注：SPD 电涌保护性能是本部分区别于一般低压电器的性能要求。

4.3.2.3 适应传输特性要求

4.3.2.3.1 电容

制造商应提供指定 SPD 端子间的电容值，并通过 6.3.3.3.2 的试验验证。

4.3.2.3.2 插入损耗(*AE*)

根据传输信号的不同特性，对插入损耗(*AE*)提出如下要求：

——参考值为 1 dB；

——常规值为 0.5 dB；

——推荐选用值为 0.3 dB。

测试方法见 6.3.3.3.3。

4.3.2.3.3 回波损耗(*AR*)

根据传输信号的不同特性，如阻抗、频率、传输线类型等，一般情况回波损耗 $AR \geqslant 23$ dB(驻波比 $SWR \leqslant 1.15$)，测试方法见 6.3.3.3.4。

4.3.2.3.4 纵向平衡

制造商应提供决定纵向平衡的 SPD 的串联电阻的匹配值，一般情况下纵向平衡值可规定为串联电阻值的最大值，或串联电阻之间差值的最大百分数，并通过 6.3.3.3.5 的试验验证。

4.3.2.3.5 误码率(BER)

制造商应提供接入数字传输系统的 SPD 的误码率值，并通过 6.3.3.3.6 的试验验证。

4.3.2.3.6 近端串扰(NEXT)

制造商应提供 SPD 接入线路后近端串扰的信号量参数值，并通过 6.3.3.3.7 的试验验证。

4.3.2.3.7 频率范围(f_G)

制造商应提供接入不同信息网络的 SPD 在插入损耗为 3 dB 时的频率范围，并通过 6.3.3.3.8 的试验验证。

4.3.2.3.8 数据传输速率

制造商应提供接入数据通信网络的 SPD 的最大数据传输速率，并通过 6.3.3.3.9 的试验验证。

用于保护信息线路及设备的 SPD 尚应与电子系统信号网络的传输特性相匹配，以满足信息系统的传输要求。具体见表 19。

4.3.3 机械性能要求

4.3.3.1 一般要求

SPD 应装有接线端子。可用下列方式进行电气连接：

——螺钉接线端子；

——螺母；

——插头；

——插座；

——非螺钉型接线端子；

——绝缘刺穿连接或等效方法；

——太阳能光伏发电系统连接器。

注:连接端子的结构参见附录 H。

4.3.3.2 机械连接

4.3.3.2.1 螺钉、螺母

在机械连接中的螺钉、螺母被紧固时，SPD 接线端子应固定在 SPD 上，在螺钉或螺母拧紧或松开时应不会松掉。应使用工具才能松开夹紧螺钉或锁紧螺母。

4.3.3.2.2 插头插座

装有 SPD 的插头和插座应符合相关国家标准要求，见 GB 2099.1—2008 的有关条款。

4.3.3.2.3 螺钉、载流部件和连接

无论是电气连接或机械连接均应能承受正常使用时发生以及大电流通过时产生的机械应力。安装 SPD 时使用的螺钉不能用切削式自攻螺钉。

电气连接的设计应使接触压力不是通过绝缘材料(陶瓷或纯净云母除外)传递，除非金属部件具有足够的弹性以补偿绝缘材料的收缩或变形。通过直观检查其是否符合要求。还应从几何尺寸的稳定性，来考虑材料的适用性。

载流部件和连接件，包括用于接地保护的导体(如有的话)，应采用：

——铜；

——铜的质量分数至少为 58% 的铜合金(冷加工零件)，或铜的质量分数至少为 50% 的铜合金(非冷加工零件)；

——耐腐蚀性能不低于铜，且具有合适的机械性能的其他金属或适当涂(镀)层的金属。

用于连接接地保护导体的连接端子应不存在可能导致腐蚀的电池效应。测定抗腐蚀性的新要求和适当的试验项目待定。这些要求应允许使用其他涂层或镀层的材料，如：

——铬的质量分数大于 13%；

——碳的质量分数低于 0.09% 的不锈钢；

——锌镀层大于 5 μm 的钢；

——镍铬镀层大于 20 μm 的钢；

——锡镀层大于 12 μm 的钢等。

本条款不适用于触头、磁路、加热元件、双金属片、限流材料、分流器、电子装置元件以及螺钉、螺母、垫圈、紧夹板等部件。

4.3.3.2.4 连接外部导体的螺钉接线端子

连接外部导体的螺钉接线端子应保证其连接的导体永久保持必需的接触压力，这些部件可以是插入式或用螺栓连接。在正常使用的条件下，接线端子应易于拆装。测试见 6.3.3.1.1.2。

接线端子中用于紧固导体的螺钉或螺母不应用作固定其他零部件，但可以用来固定接线端子或者防止其转动。测试见 6.3.3.1.1.2。

接线端子应有足够的机械强度。用于紧固导体的螺钉和螺母应具有 ISO 规定公制的螺纹或节距

和机械强度相类似的螺纹，如SI、BA或UN螺钉。测试见6.3.3.1.1.2。

接线端子应设计和制造成使得其能紧固连接导体时不会过度损伤导体。测试见6.3.3.1.1.2。

接线端子应设计和制造成能将导体牢固夹紧在金属表面之间。测试见6.3.3.1.1.2。

接线端子应设计成在螺钉或螺母拧紧时使放置其中的硬单芯导体或绞合导体的线丝不能滑出(本条款不适用于接线片式连接端子)。测试见6.3.3.1.1.2。

接线端子应这样固定或定位，当紧固螺钉或螺母在拧紧或松动时，接线端子不应从SPD的固定位置上松脱。

接线端子的转动或移位应严格限制在GB 2099.1—2008标准要求范围之内。

密封化合物或树脂的使用，只要满足下列条件便可认为能防止接线端子从工作位置上松脱：密封化合物或树脂在正常使用时不遭受应力，且密封化合物或树脂的功能不因接线端子的温升而失效。通过检查和6.3.3.1.1.2规定的方法测试。

用于连接保护导线的连接端子的紧固螺钉或螺母应充分锁定，以防止意外的松动，而且，应是不借助工具就不能将它们拧松。通过手动来检查其是否符合要求。

4.3.3.2.5 连接外部导体的非螺钉型接线端子

连接端子应设计成如下结构：

——能分别地紧固每根导线。在连接或脱开导线时，能同时或分别地连接或脱开。

——能可靠地紧固所有规定的最大数量的导线。接线端子设计和制作成能紧固连接导体(线)而不致过度损伤连接导体。

通过直观检查和6.3.3.1.1.3试验验证是否符合上述要求。

4.3.3.2.6 绝缘刺穿连接外部导体

绝缘刺穿连接应具有可靠机械连接性能。

产生接触压力的螺钉不应用来固定其他器件，即使它们是用来固定SPD或者防止其转动。

螺钉不应用软金属或易于变形的金属制成。

通过直观检查和6.3.3.1.1.4试验验证是否符合上述要求。

4.3.3.2.7 太阳能光伏发电系统连接器

太阳能光伏发电系统连接器的试验参考EN 50521。

4.3.3.3 金属的耐腐蚀

夹紧件应使用含有耐抗蚀金属，如铜、黄铜等，夹紧螺钉、锁紧螺母以及止推的垫圈、导线和类似的零件等除外。

4.3.4 工作环境要求

户外型SPD应装备有防恶劣气候、强辐射、腐蚀、耐电痕化等由玻璃、上釉陶瓷等材料组成的防护罩。

在两个具有不同电位的部件之间应有足够的表面爬电距离。

按GB 4208—2017进行试验和校核IP代码。

4.3.5 安全要求

4.3.5.1 防直接接触

在最大持续工作电压 U_C 高于交流有效值 50 V 和直流 71 V 时，对易触及的 SPD，都应符合以下要求：

——为了防止直接接触，当 SPD 安装使用时，所有这些载流部分应是不易触摸到的。按 GB 4208—2017 标准试验方法试验验证。

——当 SPD(除不易触及型 SPD 外)正常接线安装使用时，载流部分是不易触及的，即使是在那些不用工具便可拆下的部件被拆除之后也应如此。

——接线端子所有与其连接的易触及的部件之间应是低阻抗连接。

测试方法见 6.3.6.1。

4.3.5.2 机械强度

SPD 组件中防止直接接触的部件应具有足够的机械强度。

测试方法见 6.3.6.2。

4.3.5.3 耐热性

SPD 组件中所有防止直接接触的部件应具有足够的耐热性。

测试方法见 6.3.6.3。

4.3.5.4 绝缘性能

SPD 绝缘部分应具有足够的绝缘电阻，用于低压电气系统的 SPD 按不同部件要求其值应不小于 2 MΩ 或不小于 5 MΩ；用于电子系统信号网络的 SPD 其值应大于或等于制造商的标称值。

测试方法见 6.3.6.4。

4.3.5.5 阻燃性

SPD 的壳体上的绝缘材料应具有阻燃性或自熄性。

测试方法见 6.3.6.5。

4.3.5.6 色标

当 SPD 是由多级组合，各级之间使用线缆连接时，线缆色标应符合色标的规定要求。如相线可用黄、绿、红色，中性线用淡蓝色，保护线用绿/黄双色线。

直观检查。

4.3.5.7 残流 I_{PE}

将 SPD 按制造商提供的方法连接，测量在 U_{REF} 或 U_{CPV} 电压下和不带负载条件下经 SPD 流过保护导线端子的电流值。

通过 6.3.3.2.4.6 试验验证。

4.3.5.8 状态指示器

在型式试验全过程中，指示器所显示的状态应明确地指示出与其相连部件的状态。对带有中间状态指示器的 SPD，不可将中间状态指示认定是指示器的故障。在状态指示器具有多种显示型式时，如本身具有声、光报警或遥信功能时，应对每种型式进行试验。制造商应提供状态指示器的功能性说明。

状态指示器可由一耦合器连接的两部分组成，耦合器可为机械的、光的、声响的或电磁的。在更换SPD时一并更换的那一部分，应进行上面所述的试验；而不被更换的那一部分应至少具有继续工作50次的功能，且应符合各相关标准的要求。

注：在本部分规定的正常工作环境下，SPD的操作是安全的。

4.3.5.9 光伏系统直流侧SPD过载特性

SPD失效应不会造成危险的后果，或SPD应能承受在SPD失效过程中可能出现的声称的预期短路电流 I_{SCPV}。

通过6.3.3.2.4.4的试验检验其是否符合要求。

本试验不适用于只包含电压开关型SPD。

本试验也不适用于保护模式中一条电流支路仅含电压开关元件的SPD。如果SPD的一条电流支路只包含电压开关元件，并且这条支路接地，那么这种SPD不能使用在接地的PV系统中。如果制造商声明这种SPD不能使用在接地的PV系统中，在这种情况下，即使该SPD没有进行6.3.3.2.4.4的试验，也可以声称具有相应的保护模式。

如果如6.3.3.2.4.4中描述的内部和外部脱离器先后动作，则需要做一个附加试验。该试验的电流设定为外部脱离器的额定电流的5倍（如果没有超过 I_{SCPV}），且对时间不作要求。

由于在更换时产生的直流电弧可能危及人身和财产的安全，具有短路过载特性的插座式SPD（更换时不需要借助工具）需要制造商声称合适的断开方式。可通过检查安装说明来验证其是否符合要求。

注：检查制造商声称措施效能的特别试验正在考虑中。

4.3.6 特殊SPD的附加要求

4.3.6.1 对二端口SPD和输入/输出端分开的一端口SPD的附加要求

4.3.6.1.1 电压降

制造商的标称电压降百分比应通过6.3.7.1.1试验验证。

4.3.6.1.2 额定负载电流 I_L

制造商应标注SPD可通过的额定负载电流 I_L 值，并通过6.3.7.1.2试验验证。

4.3.6.1.3 负载侧短路电流耐受能力

SPD应能承受由在负载侧短路产生的电流，指导它被SPD自身内部或外部的脱离器切断，应通过6.3.7.1.3试验验证。

4.3.6.1.4 负载侧电涌耐受能力

当制造商提供SPD负载侧耐电涌能力时，应通过6.3.7.1.4试验验证。

4.3.6.1.5 总放电电流 I_{Total}（对多极SPD）

当制造商声明总放电电流时才进行该试验，通过6.3.7.1.5试验验证。

4.3.6.2 连接至电子系统信号网络的SPD的附加要求

4.3.6.2.1 冲击复位时间

如SPD内部仅有开关型限压元件，在型式试验中，在施加了规定的冲击电压和冲击电流后，开关型限压元件应在冲击电流通过后的30 ms内复原到初始的高阻值状态。

测试方法见6.3.7.2.1。

4.3.6.2.2 过载故障模式

在制造商提供其产品过载故障的冲击电流或交流电流值时，应对其值进行验证。试验过程中SPD不应有着火、爆炸、发生电击的危险和施放出有毒气体。试验后再次验证试品的绝缘电阻，实测限制电压及串联电阻(如果有)值。

测试方法见6.3.7.2.2。

4.3.6.2.3 盲点

在制造商提供的产品是由多级SPD组成时，应进行盲点测试以确定其多级SPD元件间的能量配合状况。要求在测试中SPD不应出现不完全动作的情况。

测试方法见6.3.7.2.3。

4.3.6.2.4 对含有限流元件的SPD的附加要求

4.3.6.2.4.1 额定负载电流 I_L

用制造商标称的额定负载电流对SPD进行1 h的试验后，SPD的外壳达到热稳定，且正常使用时可接触部件的温度不超过环境温度，限流元件应不动作。

测试方法见6.3.7.2.4.1。

注：此要求同4.3.6.1.2，区别是本条要求适用于电子系统信号网络用的SPD。

4.3.6.2.4.2 串联电阻

通过试验，计算出SPD的串联电阻值是否与制造商标称值一致。

测试方法见6.3.7.2.4.2。

4.3.6.2.4.3 电流响应时间

限流元件应在制造商标称的响应时间内动作，对PTC热敏电阻的要求可参考ITU-T.K30。

测试方法见6.3.7.2.4.3。

4.3.6.2.4.4 电流恢复时间

对于SPD内含一个或一个以上自恢复限流元件的，应进行电流恢复时间测试，要求恢复时间小于120 s。

测试方法见6.3.7.2.4.4。

4.3.6.2.4.5 最大中断电压

对SPD内含有可恢复限流或自恢复限流元件的，应用制造商所标称的最大中断电压值进行1 h测试，试验后SPD限流元件的工作性能应不下降。

测试方法见6.3.7.2.4.5。

4.3.6.2.4.6 工作状态

当 SPD 内含有可恢复限流或自恢复限流元件的,应用制造商最大中断电压标称值进行循环试验,在试验完成后,试品的串联电阻、电流响应时间和电流恢复时间等性能应无变化。

测试方法见 6.3.7.2.4.6。

4.3.6.2.4.7 交流耐受能力

在 SPD 指定的端子间施加工频短路电流的试验,在重复试验完成后,SPD 的额定电流、串联电阻和电流响应时间等性能应无变化。

测试方法见 6.3.7.2.4.7。

4.3.6.2.4.8 冲击耐受能力

在 SPD 指定的端子间施加冲击电流,经过规定的电流、波形和次数的试验后,SPD 的额定电流、串联电阻和电流响应时间的性能应无变化。

测试方法见 6.3.7.2.4.8。

4.3.6.2.4.9 高温高湿耐受能力

对制造商标称的在高温高湿环境中能正常运行的 SPD 应进行高温高湿耐受能力试验。在进行了长时间(10 d 至 56 d)循环试验后,SPD 的绝缘电阻和限制电压性能应无变化。

测试方法见 6.3.7.2.5。

4.4 标准额定值

4.4.1 连接至低压配电系统的 SPD

4.4.1.1 Ⅰ类分类试验中冲击电流 I_{imp} 推荐选用值

Ⅰ类分类试验中冲击电流 I_{imp} 推荐选用值如下:

——电流峰值(kA):1、2、5、10、12.5、20 和 25 ;

——电荷量(A·s):0.5、1、2.5、5、6.25、10 和 12.5;

——比能量 W/R(kJ/Ω):0.25、1.0、6.25、25、39、100 和 156。

4.4.1.2 Ⅱ类分类试验中标称放电电流 I_n 推荐选用值

Ⅱ类分类试验中标称放电电流 I_n 推荐选用值(kA)如下:

0.05、0.1、0.25、0.5、1.0、1.5、2.0、2.5、3.0、5、10、15 和 20。

4.4.1.3 Ⅲ类分类试验中开路电压 U_{OC} 的推荐选用值

Ⅲ类分类试验中开路电压 U_{OC} 的推荐选用值(kV)如下:

0.1、0.2、0.5、1、2、3、4、5、6、10 和 20。

4.4.1.4 电压保护水平 U_P 推荐选用值

电压保护水平 U_P 推荐选用值(kV)如下:

0.08、0.09、0.10、0.12、0.15、0.22、0.33、0.4、0.5、0.6、0.7、0.8、0.9、1.0、1.2、1.5、1.8、2.0、2.5、3.0、4.0、5.0、6.0、8.0 和 10。

4.4.1.5 最大持续工作电压 U_C(d.c 或 a.c 有效值)推荐选用值

最大持续工作电压 U_C(d.c 或 a.c 有效值)推荐选用值(V)如下：

52、63、75、95、110、130、150、175、220、230、240、250、260、275、280、320、420、440、460、510、530、600、630、690、800、900、1000 和 1500。

4.4.2 连接至光伏系统直流侧的 SPD

4.4.2.1 Ⅰ类分类试验中冲击电流 I_{imp} 推荐选用值

Ⅰ类分类试验中冲击电流 I_{imp} 推荐选用值如下：

——电流峰值(kA)：5、10、12.5、15、20 和 25；

——电荷量(A·s)：2.5、5、6.25、7.5、10 和 12.5；

——比能量 W/R(kJ/Ω)：6.25、25、39、56、100 和 156。

4.4.2.2 Ⅱ类分类试验中标称放电电流 I_n 推荐选用值

Ⅱ类分类试验中标称放电电流 I_n 推荐选用值(kA)如下：

5、10、15、20 和 40。

4.4.2.3 电压保护水平 U_P 推荐选用值

电压保护水平 U_P 推荐选用值(kV)如下：

3.0、4.0、5.0、6.0 和 8.0 。

4.4.2.4 光伏系统的最大持续工作电压 U_{CPV} 推荐选用值

光伏系统的最大持续工作电压 U_{CPV} 推荐选用值(V)如下：

600、800、1000、1200、1400 和 1800。

4.4.3 连接至电子系统信号网络的 SPD

4.4.3.1 SPD 的最大持续工作电压 U_C(d.c 或 a.c 有效值)推荐选用值

SPD 的最大持续工作电压 U_C(d.c 或 a.c 有效值)推荐选用值(V)如下：

5、6、8、15、24、30、48、60、130、170 和 280。

4.4.3.2 电压保护水平 U_P 推荐选用值

电压保护水平 U_P 推荐选用值(kV)如下：

0.015、0.02、0.025、0.03、0.035、0.04、0.045、0.05、0.055、0.06、0.065、0.07、0.075、0.08、0.085、0.09、0.095、0.1、0.12、0.15、0.18、0.2、0.25、0.3、0.35、0.4、0.5、0.6、0.7、0.8、0.9、1、1.2、1.5、1.8、2 和 2.5。

4.4.3.3 功率(用于天馈系统的 SPD)推荐选用值

功率(用于天馈系统的 SPD)推荐选用值(kW)如下：

0.1、0.12、0.15、0.2、0.25、0.4、0.5、0.8、1、1.5 和 2。

5 分类和命名

5.1 SPD 的分类

5.1.1 连接至低压电气系统和光伏系统直流侧的 SPD 分类

连接至低压电气系统和光伏系统直流侧的 SPD 分类见表 3，适用于连接至低压配电系统和/或连接至光伏系统直流侧的 SPD。

表 3 连接至低压电气系统和光伏系统直流侧的 SPD 分类

大类序号	分类方式	小类序号	具体分类
1	按有无串联	1	无串联阻抗（一端口）
	按附加阻抗	2	有串联阻抗（二端口）
2	按电路设计拓朴	3	电压开关型
		4	电压限制型
		5	组合型
3	按冲击脉冲个数	6	单脉冲
		7	多脉冲
4	按冲击试验类型	8	Ⅰ类分类试验
		9	Ⅱ类分类试验
		10	Ⅲ类分类试验
5	按使用地点	11	户外型
		12	户内型
6	按安装环境	13	普通型
		14	防爆型
7	按可触及性	15	易触及型
		16	不易触及型
8	按安装方式	17	固定式
		18	移动式
9	按有无智能监测	19	智能型（故障、雷击、过电压等实时监测）
		20	非智能型（普通型）
10	按脱离器安装位置	21	安在 SPD 内部
		22	安在 SPD 外部
		23	内外部均有
11	按脱离器保护功能	24	有防过热功能
		25	有防泄漏电流功能
		26	有防过电流功能

表 3　连接至低压电气系统和光伏系统直流侧的 SPD 分类(续)

大类序号	分类方式	小类序号	具体分类
12	按温度范围	27	工作在正常温度范围
		28	工作在异常温度范围
13	按外壳防护等级	29 29+1 29+2 …… 29+n	按 IP 代码规定划分

5.1.2　连接至电子系统信号网络的 SPD 分类

连接至电子系统信号网络的 SPD 分类见表 4。

表 4　连接至电子系统信号网络的 SPD 分类

大类序号	分类方式	小类序号	具体分类
1	按有无限流元件	1	无限流元件
		2	有限流元件
2	按不同防雷区(LPZ)的使用	3	A 类[a]:LPZ0 和 LPZ1 区交界处
		4	B 类[a]: LPZ1 区以内
		5	C 类[a]:LPZ0～LPZ2 区均可使用
3	按过载故障模式	6	模式 1
		7	模式 2
		8	模式 3
4	按使用地点	9	户外型
		10	户内型
5	按线路对数	11	一对线的
		12	一对线以上的
6	按限流器件的可复位性能	13	非复位的
		14	可复位的
		15	自动复位的
7	按温度范围	16	工作在正常温度范围
		17	工作在异常温度范围
8	外壳防护等级	18 18+1 …… 18+ n	按 IP 代码规定划分

表 4 连接至电子系统信号网络的 SPD 分类(续)

大类序号	分类方式	小类序号	具体分类
9	按冲击脉冲个数	19	单脉冲
		20	多脉冲[b]
10	按有无智能监测	21	智能型[c]
		22	非智能型(普通型)

[a] A 类、C 类试验用 10/350 μs 或 10/250 μs 波形，B 类只用 1.2/50 μs(8/20 μs)复合波或 1000 V/μs 波形。

[b] 多脉冲试验方法由用户和制造商之间进行协商。

[c] 智能型 SPD 是指配套采用的监测系统具有无线或有线信号传输方式，可对 SPD 故障报警、雷击及过电压工作计数、波形等参数进行记录并实时在线监测。

5.2 SPD 的命名

5.2.1 SPD 命名原则

SPD 命名宜采用六段命名原则(制造商选用)。

5.2.2 SPD 命名代码

第一段代表制造商代号，由三个字母组成。

第二段表示 SPD 分类，可选用 A、D、X、T、S、MS 中的一个，其中：

——A 表示用于交流配电线路上的 SPD；

——D 表示用于直流线路上的 SPD；

——X 表示用于数据传输线或信号控制线上的 SPD；

——T 表示用于同轴电缆上的 SPD；

——S 表示用于视频传输线路上的 SPD；

——MS：对于多脉冲 SPD，除选用上述字母外，另需加入 MS 标明。

第三段表示 SPD 的额定电压值，由三个数字组成。可分别表示交流电压值、直流电压值或数据传输和视频传输中允许的最大工作电压值 U_{max}，当电压值低于 100 V 时，第一位应补 0。

第四段表示 SPD 的冲击电流 I_{imp}(10/350 μs)或标称放电电流 I_n(8/20 μs)值，由三个数字组成。当电流值低于 100 kA 时，第一位应补 0。

第五段表示 SPD 的其他特征量，制造商可按表 3、表 4 的内容选用，也可用说明产品的其他特征量，如接口型式、插入损耗、频率范围、功率、特征阻抗等。第五段可由字母和数字混合组成，字数无限制。

第六段表示 SPD 的电压保护水平 U_P。

5.2.3 SPD 命名示意

六段组成示意如下(其中，× 表示字母；□表示数字，具体规定见 5.2.2)：

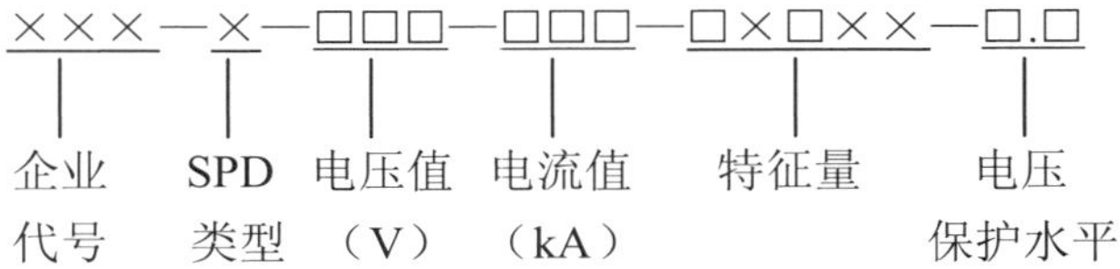

6 试验方法

6.1 试验规则

6.1.1 型式试验又称设计试验,当一个新产品设计定型投产前或产品转厂生产前而样品试制完成之后,应对其进行一系列的全面试验,以验证是否符合标准。当产品设计改变、材料和工艺有重大改变、在正常生产条件下在规定的生产周期(批量)后以及产品停产一年以后重新生产时均应作型式试验。

注1:型式试验的内容和方法包含了例行试验、验收试验和定期试验等试验的全部内容。

注2:连接至低压电气系统的SPD和连接至电子系统信号网络的SPD在试验上有共性也有各自的要求。其中连接至低压电气系统的SPD又分为连接至低压配电系统的SPD和连接至光伏系统直流侧的SPD,本章内容将在描述共性要求的同时对有各自要求的特性分别说明。

6.1.2 所有试品,无论是由某一单元件构成或是复杂构成,都应把试品作为一个整体测试,不得随意拆卸和进行额外的维护或修理。

6.1.3 SPD的试品应按制造商提供的连接方法连接后进行试验,除非这种连接方法是明显与有关技术标准相悖的。如果SPD有多组连接端子,如用于三相配电系统的SPD、用于多条线路的信息SPD,应对每一组线路单独测试,也可能需要对所有线路同时进行试验。

6.1.4 对具有一种以上保护模式的低压电气系统用的SPD,应对每一保护模式进行试验,每一种保护模式用一个新试品(一次试验用三个新试品,三个试品可对应三种保护模式)。

6.1.5 试验室环境条件应符合下列要求:

a) 气压范围:80 kPa~106 kPa。
b) 试品在试验之前,应在试验室内或与试验室条件一致的环境中置放一段时间,一般不应少于15 min。
c) 对于连接至低压电气系统和光伏系统直流侧的电涌保护器,当没有其他规定时,试验应在大气中进行,周围温度应是20 ℃±15 ℃。
d) 对于电子系统信号网络的SPD,测试时的温度为23 ℃±10 ℃,相对湿度为25%~75%。
e) 如果制造商和客户有要求,SPD应在其所选用温度范围的极限温度处测试,所选的温度范围可比4.2.1.3的整个温度范围窄。
f) 对于特定的SPD工艺,所选择温度范围中只有一个代表最不利测试条件的极限温度可能是预先知道的,在这种情况下应在最不利测试条件的极限温度下试验。
g) 对同样的SPD工艺,在进行第6章中所述的各种测试时,这个极限温度可能不同。
h) 当要求在极限温度下测试时,SPD应有足够的时间逐渐地加热或冷却到极限温度,以免其受到热冲击。除非另有规定,最少宜用1 h的时间。
i) 在试验前,应使SPD在规定的温度下保持足够的时间,以达到热平衡。除非另有规定,最少宜用15 min的时间。

6.1.6 所有试验的波形和数据均应用仪器正确记录结果。所有试验仪器均应达到有关仪器设备的技术标准,并符合国家对仪器设备的计量规定,如示波器应符合GB/T 16896.1—2005的要求,冲击波发生器的容差不应大于本部分中的有关规定。

6.1.7 试验中需使用的试验连接导线应尽可能的短,多股铜线最小截面宜符合Ⅰ类分类试验中大于16 mm^2 和Ⅱ、Ⅲ类分类试验中大于6 mm^2 的要求。

6.1.8 型式试验的试品应从交收检验的合格批中随意抽取,其中三只试品是按6.2.3做重复试验的备用品。

6.1.9 若没有其他规定,当试验中的电源电压等于 U_{REF} 或 U_C 时,其允差为 $U_{-5}^{\ 0}\%$ 。当试验中要求的线性直流电源电压等于 U_{CPV},在流过1 A的负载电流时(包括纹波在内的试验电压瞬时值)应保持在

$U_{CPV}{}_{-5}^{0}\%$ 。试验电源试验电压的瞬时值应保持在 $U_{test}{}_{-5}^{0}\%$ 。

连接至光伏系统直流侧 SPD 的试验电源特性见附录 I,PV 试验电源的瞬态特性见附录 F。

6.2 试验程序

6.2.1 试品 SPD 应抽样逐级进行试验。对于制造商标称具有某种特殊功能的 SPD 或用于特殊环境、特殊用途的 SPD 尚应进行对应的试验。对制造商标称除具有电涌保护功能外,还有其他功能的产品,也应对其按有关标准进行不影响电涌保护性能的试验。

6.2.2 如果制造商对 SPD 外部的脱离器按供电电源的预期短路电流规定了不同的要求,则应对每个要求的断路器和相应预期短路电流组合进行相关试验。

6.2.3 型式试验按表 5 或表 6 规定的项目进行。每项试验均用三个试品,当三个试品均通过了某项试验,则认定该型号 SPD 符合此项试验要求,可转入下一项试验。如果有一个试品没有通过这项试验,应重新抽取三个新试品重复这项试验。重复试验的三个新试品中如有一个试品没能通过试验,试验至此结束,不再继续下一项的试验,即可判定该产品未通过型式试验。

注:高电压试验程序可参见 GB/T 17627.1—1998。

6.3 型式试验

6.3.1 基本要求

6.3.1.1 本部分对使用薄纸的要求如下:

a) 对于固定式 SPD:薄纸需固定在除安装面之外,距离试品各个方向 100 mm±20 mm;

b) 对于移动式 SPD:薄纸需松散地包裹在 SPD 的所有面(包括底面)。

注:薄纸指薄、软和有一定强度的纸,一般用于包裹易碎的物品,其质量密度在 12 g/mm^2～25 g/mm^2 之间。

6.3.1.2 本部分对使用金属屏栅的要求:

a) 一个金属屏栅需固定靠近在 SPD 所有表面,最小距离根据 7.1b)16)条的规定。具体细节,包括金属屏栅和 SPD 的距离需记录在测试报告中。金属屏栅需具备以下特性:

   1) 结构:编织金属丝网,穿孔金属或金属板网;

   2) 孔面积/总面积的比例:0.45～0.65;

   3) 孔尺寸不超过 30 mm^2;

   4) 面处理:裸露或导电电镀;

   5) 电阻:金属屏栅最远处点到金属屏栅连接点的电阻应足够小,不会限制屏栅电路的短路电流。

b) 金属屏栅需通过一个 6 A(gL/gG)熔断器连接到 SPD 待测试的一个端子上。每次施加短路后,屏栅的连接应更换到 SPD 的另一个端子。

c) 金属屏栅的试验布置见附录 K。

6.3.1.3 本部分对型式试验中 SPD 的试验内容要求:

表 5、表 6 和表 7 分别规定了连接到低压配电系统、光伏系统直流侧和电子系统信号网络的 SPD 型式试验的试验内容要求。

表5 连接至低压配电系统的SPD的型式试验内容

试验项目		对应条款	易触及						不易触及		
			固定式			移动式			固定式		
			试验类别								
			Ⅰ	Ⅱ	Ⅲ	Ⅰ	Ⅱ	Ⅲ	Ⅰ	Ⅱ	Ⅲ
标志、铭牌、说明书		6.3.2	●	●	●	●	●	●	●	●	●
接线端子和连接		6.3.3.1.1	●	●	●	●	●	●	●	●	●
电气间隙和爬电距离		6.3.3.1.2	●	●	●	●	●	●	●	●	●
耐电痕化		6.3.3.1.3[a]	●	●	●	●	●	●	●	●	●
电气强度试验		6.3.3.1.4	●	●	●	●	●	●	●	●	●
IP代码试验		6.3.3.1.5[b]	●	●	●	●	●	●	●	●	●
Ⅰ、Ⅱ、Ⅲ类分类试验		6.3.3.2.1[c]	●	●	●	●	●	●	●	●	●
测量限制电压		6.3.3.2.2.1 b)	●	●	—	●	●	—	●	●	—
		6.3.3.2.2.1 c)	●	●	—	●	●	—	●	●	—
		6.3.3.2.2.1 d)或e)	—	—	●	—	—	●	—	—	●
动作负载试验	确定续流大小的试验	附录L	●	●	●	●	●	●	●	●	●
	Ⅰ、Ⅱ类动作负载试验	6.3.3.2.3.1 c)	●	●	—	●	●	—	●	●	—
	Ⅰ类试验的附加动作负载试验	6.3.3.2.3.1 d)	●	—	—	●	—	—	●	—	—
	Ⅲ类动作负载试验	6.3.3.2.3.1 e)	—	—	●	—	—	●	—	—	●
总放电电流试验		6.3.7.1.5	●	●	—	●	●	—	●	●	—
脱离器试验	耐热试验	6.3.3.2.4.1	●	●	●	●	●	●	●	●	●
	热稳定试验	6.3.3.2.4.2	●	●	●	●	●	●	●	●	●
	短路电流性能试验	6.3.3.2.4.3	●	●	●	●	●	●	●	●	●
	高中压侧故障引起的TOV	6.3.3.2.4.5	●	●	●	●	●	●	●	●	●
	低压侧故障引起的TOV	6.3.3.2.4.7	●	●	●	●	●	●	●	●	●
残流		6.3.3.2.4.6	●	●	●	●	●	●	●	●	●
撞击试验		6.3.6.2[d]	●	●	●	●	●	●	●	●	●
防直接接触试验		6.3.6.1	●	●	●	●	●	●	—	—	—
耐热性试验		6.3.6.3	●	●	●	●	●	●	●	●	●
绝缘电阻		6.3.6.4	●	●	●	●	●	●	●	●	●
阻燃性试验		6.3.6.5[e]	●	●	●	●	●	●	●	●	●

表 5　连接至低压配电系统的 SPD 的型式试验内容(续)

<table>
<tr><td colspan="2" rowspan="3">试验项目</td><td rowspan="3">对应条款</td><td colspan="6">易触及</td><td colspan="3">不易触及</td></tr>
<tr><td colspan="3">固定式</td><td colspan="3">移动式</td><td colspan="3">固定式</td></tr>
<tr><td colspan="9">试验类别</td></tr>
<tr><td colspan="3"></td><td>Ⅰ</td><td>Ⅱ</td><td>Ⅲ</td><td>Ⅰ</td><td>Ⅱ</td><td>Ⅲ</td><td>Ⅰ</td><td>Ⅱ</td><td>Ⅲ</td></tr>
<tr><td rowspan="5">对二端口及输入/输出端分开的一端口 SPD 的附加试验</td><td>电压降试验</td><td>6.3.7.1.1</td><td>●</td><td>●</td><td>●</td><td>●</td><td>●</td><td>●</td><td>●</td><td>●</td><td>●</td></tr>
<tr><td>额定负载电流 I_L 的附加试验</td><td>6.3.7.1.2</td><td>●</td><td>●</td><td>●</td><td>●</td><td>●</td><td>●</td><td>●</td><td>●</td><td>●</td></tr>
<tr><td>负载侧短路特性试验</td><td>6.3.7.1.3</td><td>●</td><td>●</td><td>●</td><td>●</td><td>●</td><td>●</td><td>●</td><td>●</td><td>●</td></tr>
<tr><td>负载侧电涌耐受能力</td><td>6.3.7.1.4</td><td>●</td><td>●</td><td>●</td><td>●</td><td>●</td><td>●</td><td>●</td><td>●</td><td>●</td></tr>
<tr><td>总放电电流</td><td>6.3.7.1.5</td><td>●</td><td>●</td><td>●</td><td>●</td><td>●</td><td>●</td><td>●</td><td>●</td><td>●</td></tr>
<tr><td colspan="2">户外型 SPD 的环境试验</td><td>6.3.5.2</td><td>—</td><td>—</td><td>—</td><td>—</td><td>—</td><td>—</td><td>●</td><td>●</td><td>●</td></tr>
<tr><td colspan="12">●:表示应当作该试验;—:表示可以不做该试验。</td></tr>
<tr><td colspan="12">注 1:对二端口 SPD 和输入/输出端口分开的一端口 SPD 因进行 6.3.6.1 项试验,未列入表 5 中。
注 2:对移动性 SPD,因进行 8.3.4 试验,未列入表 5 中。
注 3:脱离器试验只有在有脱离器时才进行。</td></tr>
<tr><td colspan="12">[a] 此项试验对陶瓷绝缘物质和爬电距离大于表 1 或表 2 所列值 2 倍时可不进行。
[b] IP 代码试验在制造商有标称值时才进行。
[c] 此项试验分别对应进行,如Ⅱ类分类试验产品无须做Ⅰ类分类试验。
[d] 撞击试验仅对与防直接接触的有关部件进行。
[e] 阻燃性试验只对用绝缘材料制成的外部零件的 SPD 进行。</td></tr>
</table>

表 6　连接至光伏系统直流侧的 SPD 的型式试验内容

<table>
<tr><td colspan="2">试验项目</td><td>分条款</td><td>连接外部脱离器[a]</td><td>使用薄纸</td><td>Ⅰ类试验</td><td>Ⅱ类试验</td></tr>
<tr><td colspan="2">标识与标志</td><td>7</td><td>—</td><td>—</td><td>●</td><td>●</td></tr>
<tr><td colspan="2">安装</td><td>4.3.3.1</td><td>—</td><td>—</td><td>●</td><td>●</td></tr>
<tr><td colspan="2">接线端子和连接</td><td>4.3.3.2</td><td>—</td><td>—</td><td>●</td><td>●</td></tr>
<tr><td colspan="2">防直接接触</td><td>4.3.5.1/6.3.6.1</td><td>—</td><td>—</td><td>●</td><td>●</td></tr>
<tr><td colspan="2">环境,IP 代码等级</td><td>4.3.2.1.5</td><td>—</td><td>—</td><td>●</td><td>●</td></tr>
<tr><td colspan="2">残流</td><td>4.3.5.7/6.3.3.2.4.6</td><td>—</td><td>—</td><td>●</td><td>●</td></tr>
<tr><td rowspan="2">动作负载试验[d]</td><td>Ⅰ类或Ⅱ类动作负载试验</td><td>6.3.3.2.3.3 c)[b]</td><td>●</td><td>—</td><td>●</td><td>●</td></tr>
<tr><td>Ⅰ类试验的附加负载试验</td><td>6.3.3.2.3.3 d)[b]</td><td>●</td><td>—</td><td>●</td><td></td></tr>
</table>

表 6　连接至光伏系统直流侧的 SPD 的型式试验内容(续)

试验项目		分条款	连接外部脱离器[a]	使用薄纸	Ⅰ类试验	Ⅱ类试验
电气间隙和爬电距离		4.3.2.1.2/6.3.3.1.2	—	—	●	●
球压试验		6.3.6.3.2	—	—	●	●
耐非正常热和火		4.3.5.5/6.3.6.5	—	—	●	●
耐电痕化		4.3.2.1.3/6.3.3.1.3	—	—	●	●
电压保护水平	残压	6.3.3.2.2.1 b)	—	—	●	●
	波前放电电压试验	6.3.3.2.2.1 c)	—	—	●	●
绝缘电阻		4.3.5.4/6.3.6.4	—	—	●	●
电气强度		4.3.2.1.4/6.3.3.1.4	—	—	●	●
机械强度		6.3.6.2	—	—	●	●
耐温		6.3.3.2.4.1[b]	—	—	●	●
输入/输出端子分开的一端口 SPD 的附加试验[c]	额定负载电流	4.3.6.1.2/6.3.7.1.2	●	—	●	●
分离电路的隔离性		4.3.2.1.2.3/6.3.6.4.2/6.3.3.1.4	—	—	●	●
耐热[c]		6.3.6.3.1	—	—	●	●
SPD 过载特性试验[c]		4.3.5.9/6.3.3.2.4.4	●	●	●	●
湿热条件下的寿命试验[b]		6.3.5.3	—	—	●	●
总放电电流试验		4.3.6.1.5/6.3.7.1.5[b]		—	●	●
户外型 SPD 的环境试验		6.3.5.2/ 附录 M	—	—	●	●

● 表示应当作该试验;— 表示可以不做该试验。

[a] 制造商指定的外部脱离器应和 SPD 一起测试。

[b] 对于这些要求初始泄漏电流测量的试验,可能需用到合格判别依据 E。

[c] 对于这个试验序列,可能会用到多于一组的样品。

[d] 对于整个动作负载试验(包括附加负载试验,如适用),可能需要多于一组独立的样品。

表 7　连接至电子系统信号网络的 SPD 的型式试验内容

试验项目	对应条款	只有限压功能的 SPD	具有限压和限流功能的 SPD	具有限压功能以及在接线端子之间有限性元件的 SPD	具有限压和限流功能以及增强传输能力的 SPD	只有限压功能并打算在不受控制的环境中使用的 SPD	具有限压和限流功能并打算在不受控制的环境中使用的 SPD
标志、铭牌	6.3.2	●	●	●	●	●	●
接线端子和连接	6.3.3.1.1	●	●	●	●	●	●

表 7　连接至电子系统信号网络的 SPD 的型式试验内容(续)

试验项目		对应条款	只有限压功能的 SPD	具有限压和限流功能的 SPD	具有限压功能以及在接线端子之间有限性元件的 SPD	具有限压和限流功能以及增强传输能力的 SPD	只有限压功能并打算在不受控制的环境中使用的 SPD	具有限压和限流功能并打算在不受控制的环境中使用的 SPD
电气间隙和爬电距离		6.3.3.1.2	●	●	●	●	●	●
耐电痕化		6.3.3.1.3	●	●	●	●	●	●
电气强度试验		6.3.3.1.4	—	—	—	—	●	●
IP 代码试验		6.3.3.1.5	●	●	●	●	●	●
测量限制电压		6.3.3.2.2.2	●	●	●	●	●	●
适应传输特性电气性能试验		6.3.3.3	●	●	●	●	●	●
动作负载试验	交流耐受试验	6.3.3.2.3.2 a)	●	●	●	●	●	●
	冲击耐受试验	6.3.3.2.3.2 b)	●	●	●	●	●	●
撞击试验		6.3.4	●	●	●	●	●	●
防直接接触试验		6.3.6.1	●	●	●	●	●	●
耐热性试验		6.3.6.3	●	●	●	●	●	●
绝缘性能试验		6.3.6.4.3	●	●	●	●	●	●
阻燃性试验		6.3.6.5	●	●	●	●	●	●
冲击复位时间试验		6.3.7.2.1[a]	●	●	●	●	●	●
过载故障模式试验		6.3.7.2.2	●	●	●	●	●	●
限流元件试验	额定电流	6.3.7.2.4.1	●[b]	●	●	●	●[b]	●
	串联电阻	6.3.7.2.4.2	—	●	●	●	—	●
	电流响应时间	6.3.7.2.4.3	—	●	—	●[c]	—	●
	电流复位时间	6.3.7.2.4.4	—	●	—	●[c]	—	●[c]
	最大中断电压	6.3.7.2.4.5	—	●	—	●[c]	—	●[c]
	工作状态	6.3.7.2.4.6	—	●	—	●[c]	—	●[c]
	交流耐受能力	6.3.7.2.4.7	—	●	—	●[c]	—	●[c]
	冲击耐受能力	6.3.7.2.4.8	—	●	—	●[c]	—	●[c]
高温高湿耐受能力试验		6.3.7.2.5	—	—	—	—	●	●

适应传输性能试验选择内容见表 19,测试方法见 6.3.3.3.1～6.3.3.3.9。6.3.7.2.3 项试验仅对多级 SPD 进行。表 5 中的注、脚注(去除脚注 a、e)适用于本表。

[a] 6.3.7.2.1 项试验仅对有开关元件的 SPD 进行。

[b] 仅适用于 4 个或 5 个端子 SPD(见图 5d 和图 5e)。

[c] 当接线端子之间有限性元件时不适用。

6.3.2 标志、铭牌、使用说明书

6.3.2.1 标志与使用说明书

逐项检查标志和使用说明书的内容是否符合本部分第7章的内容。

6.3.2.2 铭牌耐久性试验

除了用压印、模印、冲压和雕刻方法制成的以外，其他所有铭牌均应进行以下试验。

用一块浸湿水的棉布在铭牌上来回擦15次，约每秒钟一次，之后再用一块浸湿聚脂族已烷溶液（溶液内含芳香体积分数最大为0.1%，贝壳松脂丁醇值为29，初沸点约65 ℃，干点约为69 ℃，密度为0.68 g/cm^3）的棉花擦15 s。

作为替代方案，也可以使用浓度最低为85%正己烷（直链烷烃（$CH_3CH_2CH_2CH_2CH_2CH_3$），该溶剂被ACS（美国化学学会）确定为试剂级正己烷（CAS＃110-54-3））。

试验后，铭牌上标志应是牢固清晰可见的，不应发生铭牌卷曲或脱落。

6.3.3 电气性能试验

6.3.3.1 一般电气性能试验

6.3.3.1.1 连接端子及其连接

6.3.3.1.1.1 一般试验步骤

SPD的连接端子（每种结构使用三个试品）应按下列要求连接导体（除非另有规定）：

——对于二端口SPD及输入/输出端口分开的一端口SPD，连接导体的截面积应符合表8要求。Ⅰ类试验的SPD和一端口、I_n值大于（或等于）5 kA的Ⅱ类试验的SPD，其连接端子的额定连接容量不应小于4 mm^2。

——对于其他一端口SPD，根据制造商的安装指南连接。

然后将SPD按制造商推荐的固定方法固定在一块20 mm厚涂有无光泽黑漆的木板上。

试验中，不得拆卸SPD部件或施加额外维护。

表8 螺钉型或非螺钉型接线端子能连接的铜导体的截面积

最大连续负载电流值 A	能夹紧的标称截面范围（单根导体）	
	国际单位制（IS） mm^2	北美线规号（AWG）
I≤13	1～2.5	18～14
13<I≤16	1～4	18～12
16<I≤25	1.5～6	16～10
25<I≤32	2.5～10	14～8
32<I≤50	4～16	12～6
50<I≤80	10～25	8～3
80<I≤100	16～35	6～2
100<I≤125	25～50	4～1

表 8　螺钉型或非螺钉型接线端子能连接的铜导体的截面积(续)

对于电流值小于或等于 50 A,要求接线端子的结构能紧固实心导体以及硬性多股绞线,允许使用软导体。但对于标称截面积为 1 mm² ～6 mm² 的接线端子,允许其结构只能紧固实心导体。

注 1:AWG 为北美线规号,对应国际单位制如下:

AWG	18	16	14	12	10	8	6	4	3	2	1
mm^2	0.82	1.3	2.1	3.3	5.3	8.4	13.3	21.1	26.7	33.6	42.4

注 2:连接端子额定连接容量(是指制造商规定的可连接的最粗硬导线的横截面积(单位为平方毫米(mm^2))的推荐选用值由如下系列:

0.5　0.75　1　1.5　2.5　4　6　10　16　25　35

6.3.3.1.1.2　**螺钉型接线端子**

包括螺钉、导电部分和连接件可靠性试验。

拧紧及拧松螺钉或螺母次数要求:

——10 次(对于与绝缘材料螺纹啮合的螺钉);

—— 5 次(其他情况)。

与绝缘材料螺纹啮合的螺钉或螺母,每次应完全旋出后再旋入,除非螺钉有防松结构。

试验过程中,可借助合适的螺丝刀或扳手施加表 9 所列的扭矩拧紧。不得用力猛拧螺钉或螺母。每次拧松螺钉或螺母时,要更换新导线或移开导体。

表 9　螺钉的螺纹直径和应施加的扭矩

标称螺纹直径(d) mm	扭矩 N·m		
	Ⅰ[a]	Ⅱ[b]	Ⅲ[c]
$d \leqslant 2.8$	0.2	0.4	0.4
$2.8 < d \leqslant 3.0$	0.25	0.5	0.5
$3.0 < d \leqslant 3.2$	0.3	0.6	0.6
$3.2 < d \leqslant 3.6$	0.4	0.8	0.8
$3.6 < d \leqslant 4.1$	0.7	1.2	1.2
$4.1 < d \leqslant 4.7$	0.8	1.8	1.8
$4.7 < d \leqslant 5.3$	0.8	2.0	2.0
$5.3 < d \leqslant 6.0$	1.2	2.5	3.0
$6.0 < d \leqslant 8.0$	2.5	3.5	6.0
$8.0 < d \leqslant 10.0$	—	4.0	10.0

[a] 第Ⅰ栏扭矩适用于螺钉拧紧后不露出孔外的无头螺钉以及不能用刀口宽于螺钉直径的螺丝刀拧紧的螺钉。

[b] 第Ⅱ栏扭矩适用于利用螺丝刀拧紧的螺钉。

[c] 第Ⅲ栏扭矩适用于除用螺丝刀之外的工具来拧紧的螺钉和螺母。

如果螺钉带有可用螺丝刀紧固的带槽六角头，以及表 9 第Ⅱ和第Ⅲ栏的数值不同时，则应进行二次试验，第一次对六角头施加表 9 第Ⅲ栏扭矩（不用螺丝刀），第二次在更换试品后（共有三个试品）用螺丝刀施加表 9 第Ⅱ栏扭矩；如果两列扭矩数值相等，则仅用螺丝刀进行此试验。

在试验过程中，已被螺钉紧固的连接件不应松动，并且不应有妨碍 SPD 继续使用的损坏，例如螺钉断裂或螺钉头上的槽、螺纹、垫圈、螺纹钉夹头损坏等。

此外，通过直观检查，外壳和盖子也不应损坏。

连接外部导体的接线端子的可靠性试验，可通过直观检查和试验来检查（这些试验应用合适的螺丝刀或其他工具施加表 9 所列的扭矩）：

a) 与连接端子相连的铜质导体截面积应选表 8 所规定的最大截面积或最小截面积、实心或多股绞合铜导体中最不利的一种导体。要求：第一步把导体插入连接端子深度为规定的最小深度，如果制造商没有规定插入深度，则可将外部导体插入连接端子至刚好露出另一端止，并且是处于最易使线松脱的位置。第二步用螺丝刀施加表 9 所列对应扭矩的 2/3，把外部导体与连接端子用螺钉紧固。第三步用表 10 所规定的拉力沿外部导体方向拉每根导体 1 min，注意不能猛拉。在试验过程中，插入的导体不应有可察觉的位移。

表 10　拉力（螺钉型接线端子）

接线端子能连接导体的截面积 mm²	≤4	≤6	≤10	≤16	≤50
拉力 N	50	60	80	90	100

b) 与连接端子相连的铜质导体截面积应选表 8 所规定的最大截面积或最小截面积，实心或多股绞合铜导体中最不利的一种导体。符合如下规定：把导体插入连接端子深度为规定的最小深度，如果制造商没有规定插入深度，则可将外部导体插入连接端子至刚好露出另一端止，并且处于最易松脱的位置。之后用表 9 所示对应的扭矩的 2/3 拧紧螺钉，再松开，检查外部导体及端子，外部导体不能有压痕等过度疲劳及伤痕等。在试验过程中，连接端子的螺钉不能变松，也不能出现影响连接端子继续使用的损伤，如螺钉断裂、螺钉头和螺纹、垫圈等出现伤痕。

c) 连接端子与符合表 11 的硬的绞合导线的连接。要求：在插入端子前，导线束的接头应进行适当的整形。硬绞合导线插入连接端子深度为规定的最小深度，如果制造商没有规定插入深度，则可将绞线插入连接端子至刚好露出另一端口，并且是处于最易使绞线脱出的位置；之后用螺丝刀施加表 9 所列对应扭矩的 2/3，把硬绞合导线与连接端子用螺钉紧固。试验后，绞线束中应没有一根丝线脱离 SPD 端子。

表 11　硬的绞合导线尺寸

能被夹紧的标称截面范围 mm²	硬的绞合导线	
	绞线股数	每股绞线直径 mm
1～2.5[a]	7	0.67
1～4[a]	7	0.85
1.5～6[a]	7	1.04
2.5～10	7	1.35

表 11　硬的绞合导线尺寸(续)

能被夹紧的标称截面范围 mm²	硬的绞合导线	
	绞线股数	每股绞线直径 mm
4～16	7	1.70
10～25	7	2.14
16～35	19	1.53
25～50	正在考虑中	正在考虑中
[a] 如果接线端子仅用来夹紧实心导体时不进行此试验。		

6.3.3.1.1.3　非螺钉型连接端子与导体的连接的拉力试验

对于二端口 SPD,外部导体与端子连接截面积按表 8 规定的最大截面积与最小截面积各取一根试验,对于一端口 SPD 则根据制造商提供的标准额定连接截面积连接好端子与外部导体。然后对每一根外接导体施加表 10 所列拉力,方向为导线的轴向,均匀施力时间为 1 min,不能猛拉。

在试验过程中,导体相对于端子不能有明显位移,且无伤痕。

6.3.3.1.1.4　绝缘刺穿连接

单芯线缆与 SPD 端子的拉力试验:

a) 把具有表 8 规定的最大截面积与最小截面积的铜质实心或绞合导线中最不利的一种导体与接线端子卡接。
b) 如果有螺钉,则按表 9 规定的扭矩紧固螺钉。
c) 连接和脱离导体 5 次,每次使用新的导体。每次连接紧固后,沿导线轴向方向施加表 12 所列拉力 1 min。施加拉力时应无冲击。
d) 试验后,导体与接线端子不能有明显位移,也不能有伤痕。

表 12　拉力(非螺钉型接线端子)

截面积 mm²	0.5	0.75	1.0	1.5	2.5	4	6	10	16	25	35
拉力 N	30	30	35	40	50	60	80	90	100	135	190

多芯线缆与 SPD 端子的拉力试验:

a) 多芯线缆与 SPD 端子连接的拉力试验步骤与单芯线缆与 SPD 端子连接的拉力试验步骤一样,只是拉力要均匀施加在多芯线上而不是单芯线上。
b) 总拉力按下面公式计算:

$$F = F(x)\sqrt{n}$$

式中:

F ——施加的总拉力,单位为牛顿(N);

n ——多芯线缆芯数;

$F(x)$——按单根导线的截面积施加在单芯线上的拉力(见表12)。

c) 在试验过程中,线缆不应滑动或脱出端子。

注:非螺钉型插入式接线端子只需将导线简单地插入来实现连接,脱开导线要使用工具或合适的器件来打开,然后再拔出导体。不能只靠拉拔导线来脱开。

6.3.3.1.1.5 插头和插座

通过直观检查和安装来检验其是否符合要求。插头和插座试验见GB 2099.1—2008。

6.3.3.1.1.6 太阳能光伏发电系统连接器

太阳能光伏发电系统连接器的试验参考EN 50521:2008+A1:2012。

6.3.3.1.2 电气间隙及爬电距离的检验

6.3.3.1.2.1 SPD的电气间隙

SPD的电气间隙应符合表1的要求。

6.3.3.1.2.2 SPD的爬电距离

SPD的爬电距离应符合表2的要求。

6.3.3.1.2.3 测试方法

方法、要求如下:

a) 用于室内和类似环境中的SPD应按污染等级2来设计。

b) 在更加严酷环境中使用的SPD可要求特别的预防措施,例如加一个合适的SPD罩子或附加外壳,确保SPD满足污染等级2。

注:没有通风口的SPD防护罩可认为对限制污染提供了充分的保护,可对爬电距离采用污染等级2的要求设计。

c) 对于户外和无法触及的SPD应按污染等级4设计。

d) 如果SPD覆盖了足够的外壳确保满足污染等级3,爬电距离可按污染等级3的要求设计。

e) 在确定电气间隙和爬电距离时,电极间空气间隙的距离不应被考虑。

f) 应在不接导线和连接制造商指定的最大截面的导线时,分别测量电气间隙和爬电距离。

g) 在用圆头螺钉和螺母的情况下,假定它们处于最不利的紧固位置(能起紧固作用,但使空气间隙最小)。如果内部有隔板,测量时要越过隔板;如果隔板由不连在一起的两部分组成(中间有空气间隙),则直接通过分开间隙进行测量。如果绝缘物质外表部分具有缝或洞孔,则测量时用一片金属薄膜贴在可触及的表面对着它测量距离(注意不要将金属薄膜压进孔内)。

h) 在测量爬电距离时,如果有一宽度不小于1 mm的凹痕或槽,把槽侧面计入爬电距离;对于小于1 mm的槽,只考虑其宽度。

i) 当出现由不粘连在一起的两部分组成的隔板时,直接通过分开间隙测量爬电距离。

j) 如果载流部件与隔板之间的间距小于1 mm,则只考虑通过分开表面的距离,将这一距离看作是爬电距离;如果间距不小于1 mm,则要考虑全部距离,即空气间隙和通过分开表面的距离之和,将它作为电气间隙。

k) 如果金属部分覆盖着厚度不小于2 mm的凝固树脂(或绝缘物)且能承受表13中所规定的试验电压,则不必测量电气间隙和爬电距离。

l) 中间填料不应满过槽孔的边缘,而应牢固地附着在槽孔壁及其中的金属物上,并符合目检和不使用工具即可取出填料的要求。

6.3.3.1.3 耐电痕化

进行试验时应采用 GB/T 4207—2012 的溶液 A，试验电压取决于根据 6.3.3.1.2.3 测量到的爬电距离和要求的材料类别。

注：对于陶瓷、云母或类似材料及爬电距离大于或等于 4.3.2.1.2.2 中所列值的 2 倍的 SPD，可不进行此项试验。

6.3.3.1.4 电气强度试验

本试验只在户外型 SPD 外壳的接线端子之间进行，试验按 GB/T 16927.1—2011 的规定对试品喷洒一些其他物质(如水)。

对于户内型 SPD，按 6.3.6.4.2 的 a)、b)所述要求进行试验。

应用表 13 所规定交流电压值进行试验，起始电压不超过规定值的一半，并且在 30 s 之内把电压升高到规定值，保持 1 min。对于连接至光伏系统直流侧的 SPD，应使用直流电压对 SPD 进行试验，表 13 中的 U_C 改为 U_{CPV}。

表 13 电气强度试验电压值

最大持续工作电压(U_C) V	试验电压[a] kV
$U_C \leqslant 100$	1.1
$100 < U_C \leqslant 200$	1.7
$200 < U_C \leqslant 450$	2.2
$450 < U_C \leqslant 600$	3.3
$600 < U_C \leqslant 1200$	4.2
$1200 < U_C \leqslant 1500$	5.8
[a] 该试验电压对于交流 SPD 时为交流电压有效值，对于直流 SPD 时为直流电压。	

在试验过程中不允许有飞弧或击穿现象(如果出现局部放电而电压的变化小于 5%是允许的)。

用于试验的电源变压器应设计成在开路的接线端子间将电压调到试验电压后，如将接线端子短路，应产生不小于 200 mA 短路电流。如有过电流继电器，仅当试验电路电流超过 100 mA 时才应动作。测试试验电压的仪表误差要求为±3%。

注：分开电路间电气强度的试验可参见 GB 14048.5—2008。

6.3.3.1.5 防止固体物和水的进入

按 GB 4208—2017 规定进行试验(核对 IP 代码)。

6.3.3.2 电涌保护电气性能试验

6.3.3.2.1 试验用波形和试验设置

6.3.3.2.1.1 用于Ⅰ类附加动作负载试验的冲击电流

具体要求如下：

a) 流过试品(SPD)的冲击电流由其峰值 I_{imp}，电荷量 Q 和比能量 W/R 参数来确定。冲击电流不应表现出极性反向并应在 50 μs 内达到峰值 I_{imp}，电荷量 Q 转移应在 5 ms 内发生，比能量 W/R 应在 5 ms 内释放。

b） 冲击持续时间不应超过 5 ms。

c） 表 14 给出了与 I_{imp}(kA)的值相对应的 Q(A・s)值和 W/R(J/Ω)值。I_{imp}(A)、Q(A・s)和 W/R(kJ/Ω)的关系如下：

$$Q= I_{imp}\times a,\quad 其中\ a=5\times10^{-4}\,s;$$
$$W/R= I_{imp}^2\times b,\quad 其中\ b=2.5\times10^{-4}\,s。$$

表 14　Ⅰ类试验参数

I_{imp}(在 50 μs 内) kA	Q(在 5 ms 内) A・s	W/R(在 5 ms 内) J/Ω
25	12.5	156
20	10	100
12.5	6.25	39
10	5	25
5	2.5	6.25
2	1	1
1	0.5	0.25
注:符合上述参数的冲击电流波形可能是 GB/T 21714.1 中推荐的 10/350 μs 波形之一。		

d） 电流峰值 I_{imp}、电荷量 Q 和比能量 W/R 的允差：

1） I_{imp}：${}^{+10}_{-10}\%$；

2） Q：${}^{+20}_{-10}\%$；

3） W/R：${}^{+45}_{-10}\%$。

6.3.3.2.1.2　用于Ⅰ类、Ⅱ类残压与动作负载试验的冲击电流

具体要求：

a） 电流波形是 8/20 μs。

b） 流过试品的电流波形的允差：

1） 峰值：${}^{+10}_{-10}\%$；

2） 波前时间：${}^{+10}_{-10}\%$；

3） 半峰值时间：${}^{+10}_{-10}\%$。

c） 允许冲击波上有小过冲或振荡，但其幅值应不大于峰值的 5%。在电流下降到 0 后的任何极性反向的电流值应不大于峰值的 20%。

d） 对于二端口 SPD，反向电流的幅值应小于 5%，不影响限制电压。

6.3.3.2.1.3　用于Ⅰ类和Ⅱ类放电试验的冲击电压

具体要求：

a） 标准电压波形是 1.2/50 μs。在试品(DUT)连接处的开路电压波形的允差：

1） 峰值：${}^{+3}_{-3}\%$；

2） 波前时间 ：${}^{+30}_{-30}\%$；

3） 半峰值时间：${}^{+20}_{-20}\%$。

b） 在冲击电压的峰值处可以发生振荡或过冲。如果振荡的频率大于 500 kHz 或过冲的持续时

间小于 1 μs,应画出平均曲线,并用平均曲线的最大幅值确定试验电压的峰值;

c) 在冲击电压峰值的 0%到 80%的上升部分上的振幅不允许超过峰值的 3%;

d) 测量设备整个带宽至少应为 25 MHz,并且过冲应小于 3%;

e) 试验发生器的短路电流应小于 20%的标称放电电流 I_n。

6.3.3.2.1.4 用于Ⅲ类试验的复合波

复合波发生器的标准冲击波的特征用开路条件下的开路电压 U_{OC} 和短路条件下的短路电流 I_{SC} 来表示。开路电压的波前时间为 1.2 μs,至半峰值时间为 50 μs。短路电流的波前时间为 8 μs,至半峰值时间为 20 μs。

注:为进一步了解本条款,可见 IEEE C62.45:2002。

在发生器没有反向滤波器时进行测量。

在试品(DUT)连接处的开路电压 U_{OC} 的允差如下:

a) 峰值:$^{+3}_{-3}$%;

b) 波前时间:$^{+30}_{-30}$%;

c) 半峰值时间:$^{+20}_{-20}$%。

这些允差只针对发生器本身,不连接任何 SPD 或者电源线路。

在冲击电压的峰值处可以发生振荡或过冲。如果振荡的频率大于 500 kHz 或过冲的持续时间小于 1 μs,应画出平均曲线,并用平均曲线的最大幅值确定试验电压的峰值。

在冲击电压峰值的 0%到 80%的上升部分上的振幅不应超过峰值的 3%。

测量设备整个带宽至少应为 25 MHz,并且过冲应小于 3%。

在试品(DUT)连接处的短路电流的允差如下:

a) 峰值:$^{+10}_{-10}$%;

b) 波前时间:$^{+10}_{-10}$%;

c) 半峰值时间:$^{+10}_{-10}$%。

无论连接或者不连接电源线路,这些发生器的允差都需要满足。是否连接电源线路取决于试验是否需要加电。

允许冲击波上有小过冲或振荡,但其幅值应不大于峰值的 5%。在电流下降到 0 后的任何极性反向的电流应小于峰值的 30%。

6.3.3.2.1.5 对于电子系统信号网络的电涌保护器的试验波形

1.2/50 μs 或 10/700 μs 的允差如下:

a) 峰值:$^{+10}_{-10}$%;

b) 波前时间:$^{+30}_{-30}$%;

c) 半峰值时间:$^{+20}_{-20}$%。

8/20 μs 或 5/300 μs 的允差如下:

a) 峰值:$^{+10}_{-10}$%;

b) 波前时间:$^{+20}_{-20}$%;

c) 半峰值时间:$^{+20}_{-20}$%。

其他波形的允差如下:

a) 峰值:$^{+10}_{-10}$%;

b) 波前时间:$^{+30}_{-30}$%;

c) 半峰值时间:$^{+20}_{-20}$%。

试验设置的发生器的虚拟阻抗标称值为 2 Ω。

注：虚拟阻抗定义为开路电压 U_{OC} 的峰值和短路电流 I_{SC} 的峰值之比。

发生器耦合元件倾向于使用压敏电阻元件，其额定值应尽可能接近被测元件的最大持续工作电压 U_C，从而确保不同测试实验室间结果的可比性。

开路电压的峰值和短路电流的峰值的最大值分别为 20 kV 和 10 kA。如果在这些值(20 kV/10 kA)以上，应进行Ⅱ类试验。

加电试验中是否使用去耦网络取决于 SPD 的内部设计：

a) 如果 SPD 不包含电抗元件，不需要去耦网络；

b) 如果 SPD 包括电抗元件，但不包含任何电压开关元件，首选不使用去耦网络，或根据 6.3.3.2.2.1 e)使用备选试验流程来进行 6.3.3.2.2.1 d)中的限制电压试验；

c) 如果 SPD 包括电抗元件和电压开关元件，不应使用去耦网络。

耦合元件和去耦网络只在加电试验中需要用到。

去耦网络的例子见图 1 或图 2。

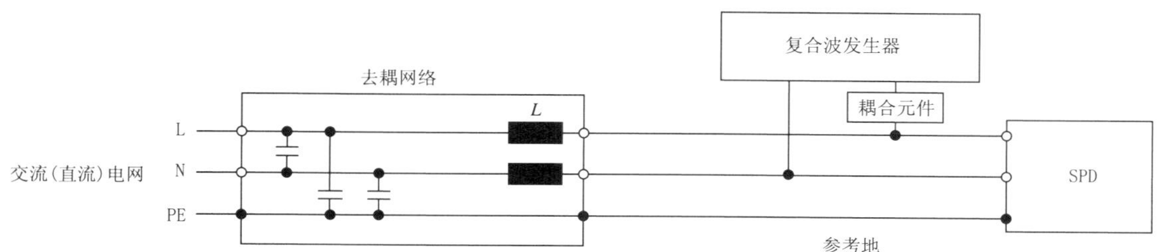

说明：

L ——相线；

N ——中性线；

PE ——地线；

L ——电感。

图 1 用于单相电源去耦网络的示例

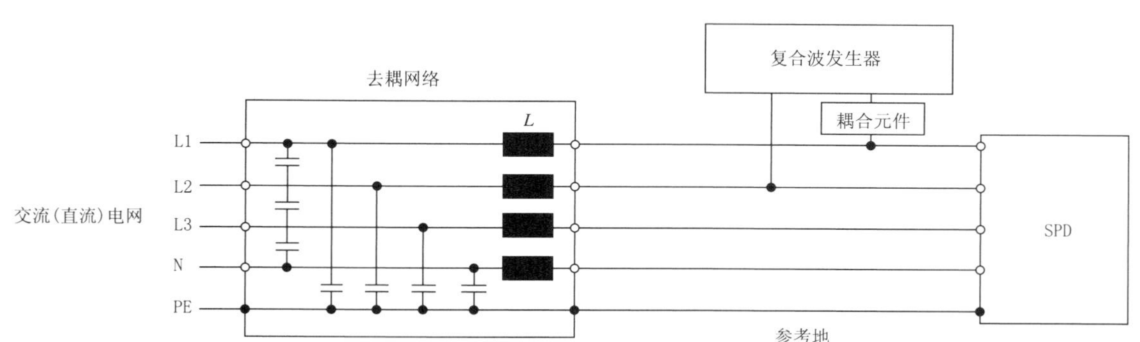

说明：

L1，L2，L3 ——相线；

N ——中性线；

PE ——地线；

L ——电感。

图 2 用于三相电源去耦网络的示例

6.3.3.2.2 测量限制电压

6.3.3.2.2.1 连接至低压配电系统 SPD 实测限制电压

连接至低压配电系统 SPD 实测限制电压试验方法如下：

a) 限制电压的确定：
   1) 按表 15 和图 3，对不同类型的 SPD 进行试验。
   2) 所有一端口 SPD 应不通电试验。
   3) 所有二端口 SPD 应根据 6.3.3.2.2.1 b)和 6.3.3.2.2.1 d)进行通电试验，其电源电压在 U_C时的标称电流至少 5 A。在电压正弦波的(90±5)°施加正极性脉冲，在(270±5)°施加负极性脉冲。
   4) 对于具有端子的一端口 SPD，进行试验时不带外接脱离器，在端子上测量限制电压。对于具有连接导线的一端口 SPD，用 150 mm 长度的外接导线测量限制电压。对于二端口 SPD 和具有负载接线端子分开的一端口 SPD，在 SPD 的输出/负载侧口或端子测量限制电压，在输入端口或端子测量 U_{max}。
   5) 限制电压和 U_{max}应根据表 15、图 3 以及相应 SPD 试验级别的获得。

表 15 测量限制电压需进行的试验

	Ⅰ类	Ⅱ类	Ⅲ类
6.3.3.2.2.1 b)试验	√	√	—
6.3.3.2.2.1 c)试验	√ [a]	√ [a]	—
6.3.3.2.2.1 d)试验	—	—	√
“—”表示无需做该试验。			
[a] 仅对电压开关型和复合型 SPD 进行试验。			

b) 用 8/20 μs 冲击电流测量残压的试验：
   1) 当测试Ⅰ类 SPD 时，应依次施加峰值约为 0.1 I_{imp}、0.2 I_{imp}、0.5 I_{imp}、1.0 I_{imp}的 8/20 μs 冲击电流。
   2) 当测试Ⅱ类 SPD 时，应依次施加峰值约为 0.1 I_n、0.2 I_n、0.5 I_n、1.0 I_n 的 8/20 μs 冲击电流。
   3) 如果 SPD 仅包含电压限制元件，对Ⅰ类 SPD 仅在 I_{imp}峰值进行本试验，对Ⅱ类 SPD 仅在 I_n 峰值进行本试验。
   4) 对 SPD 施加一个正极性和一个负极性序列。
   5) 如果制造商声明 I_{max}，应施加一次额外的峰值为 I_{max}的 8/20 μs 冲击电流，电流极性为 a)试验中残压较大的极性。
   6) 每次冲击的间隔时间应足以使试品冷却到环境温度。
   7) 每次冲击应记录电流和电压波形图。把冲击电流和电压的峰值(绝对值)绘成放电电流与残压的关系曲线图。画出最吻合数据点的曲线，曲线上应有足够的点，以确保直至 I_n 或 I_{imp}的曲线没有明显的偏差。限制电压的残压由相应变化曲线的最高电压值来确定，Ⅰ类：直到 I_{imp}；Ⅱ类：直到 I_n。

注：电流峰值的 3%之前的电压值不予考虑。任何由于发生器的特殊设计，例如 crowbar 发生器，在电流产生之前或期间产生的高频干扰或毛刺都不予考虑。

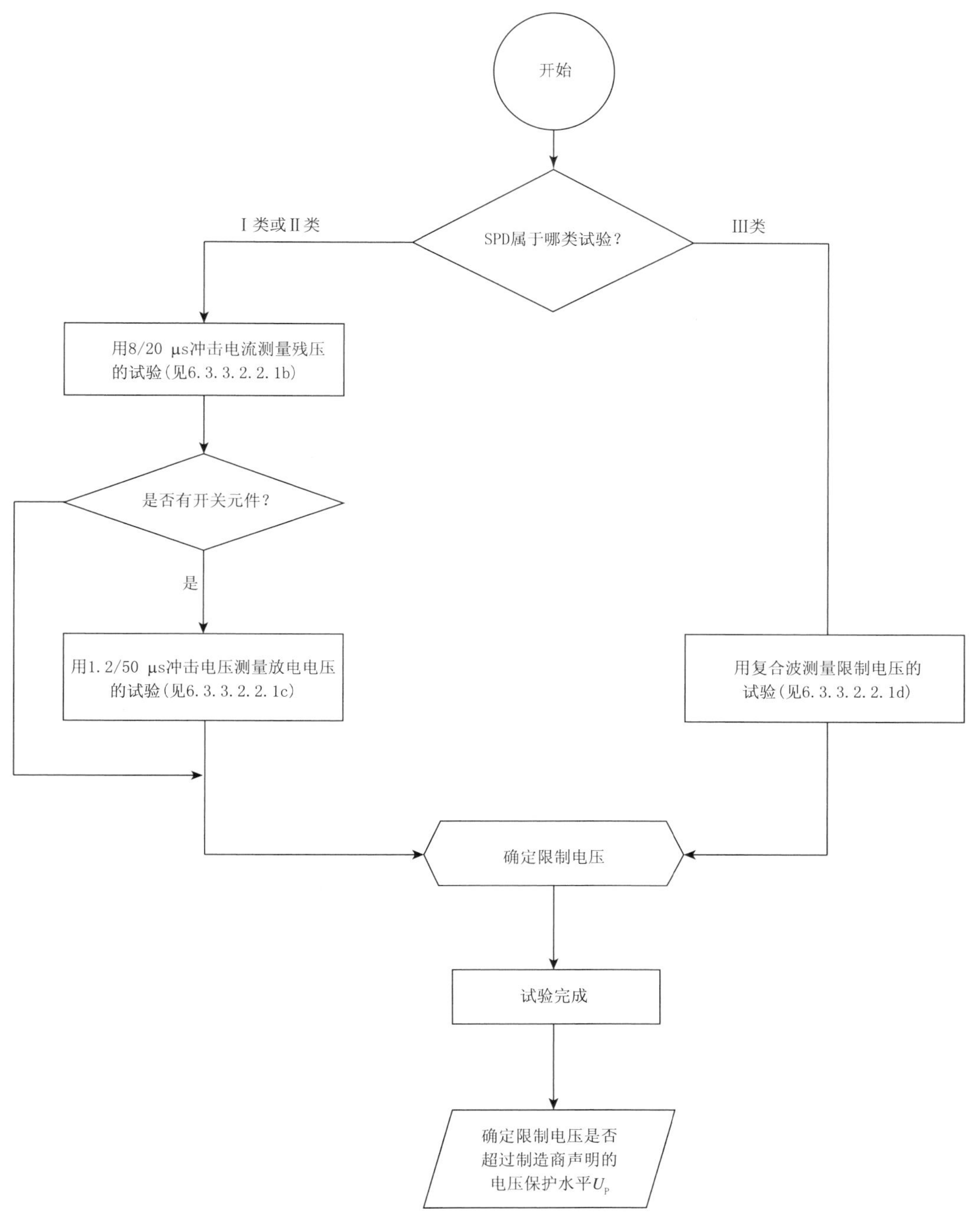

图3　确定电压保护水平 U_p 的试验流程图

8）　直到电涌电流 I_n，I_{max} 或 I_{imp}（取决于 SPD 的试验类别）下的最高残压用于确定 U_{max}。

c）　测量最大放电电压的试验步骤及要求：

1）　使用 1.2/50 μs 冲击电压，发生器开路输出电压设定为 6 kV；

2）　对 SPD 施加 10 次冲击，正负极性各 5 次；

3）　每次冲击的间隔时间应足以使试品冷却到环境温度；

4）　如果对波前施加的 10 次冲击中的任一次没有观察到放电，则把发生器的开路输出电压设定为 10 kV，重复上述 1）和 2）试验；

5） 用示波器记录 SPD 上的电压；
6） 整个试验中记录的最大放电电压用于确定限制电压和 U_{max}。

d） 用复合波测量限制电压的试验程序及要求：

1） 每次冲击的间隔时间应足以使试品冷却到环境温度。
2） 设定复合波发生器的电压，使输出的开路电压为制造商对 SPD 规定 U_{OC} 的 0.1、0.2、0.5 和 1.0 倍。如果 SPD 仅包括电压限制元件，仅需要在 U_{OC} 下进行本试验。
3） 用 2）规定的每种开路电压对 SPD 施加 4 次冲击，正负极性各 2 次。
4） 每次冲击时，应用示波器记录从发生器流入 SPD 的电流和在 SPD 输出端口的电压。
5） 整个试验中记录的最大电压用于确定限制电压和 U_{max}。

注：最大电压可能是放电电压或残压，取决于 SPD 的设计。

e） 在不用退耦滤波器时，复合波试验 d）的替代试验：
对于内部串接有感抗元件的二端口 SPD，应用图 4 所示的替代试验方法，按照以下步骤和要求进行：

1） 试验发生器按图 4 连接。
2） 对用于交流配电系统的 SPD 通过二极管施加 $\sqrt{2}\,U_C$ 直流电压；对用于直流供电系统的 SPD，通过二极管施加 U_C 直流电压。按图 4 冲击通过二极管、气体放电管或压敏电阻施加在试品上。
3） 在开关 S_1 合上至少 100 ms 后施加冲击。直流电压应在冲击施加后 10 ms 内断开。
4） 反向连接发生器，对 SPD 进行负极性冲击。
5） 两次冲击时间间隔应足以使试品冷却至环境温度。
6） 复合波发生器依次提供以下的开路电压：$0.1U_{OC}$、$0.2U_{OC}$、$0.5U_{OC}$、$1.0U_{OC}$。U_{OC} 值应由制造商提供。
7） 在发生器设定的上述每个冲击波振幅上对 SPD 施加四次冲击，其中二次正极性和二次负极性。
8） 对每次冲击用示波器观测和记录发生器输给 SPD 的电流波形及 SPD 输出端口的电压波形。
9） 实测限制电压是整个试验系列中在 SPD 输出端测得的最大电压值。

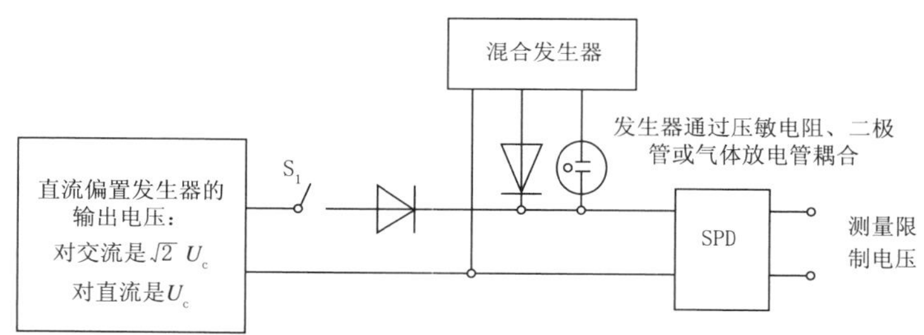

图 4　测量限制电压的替代试验

6.3.3.2.2.2　连接至电子系统信号网络的 SPD 实测限制电压

连接至电子系统信号网络 SPD 有开关型、电压限制型、组合型，在 SPD 内部可能串有限流元件或无限流元件。电子系统信号网络用 SPD 的端口数量一般较多，有时含公共端口（见图 5）。

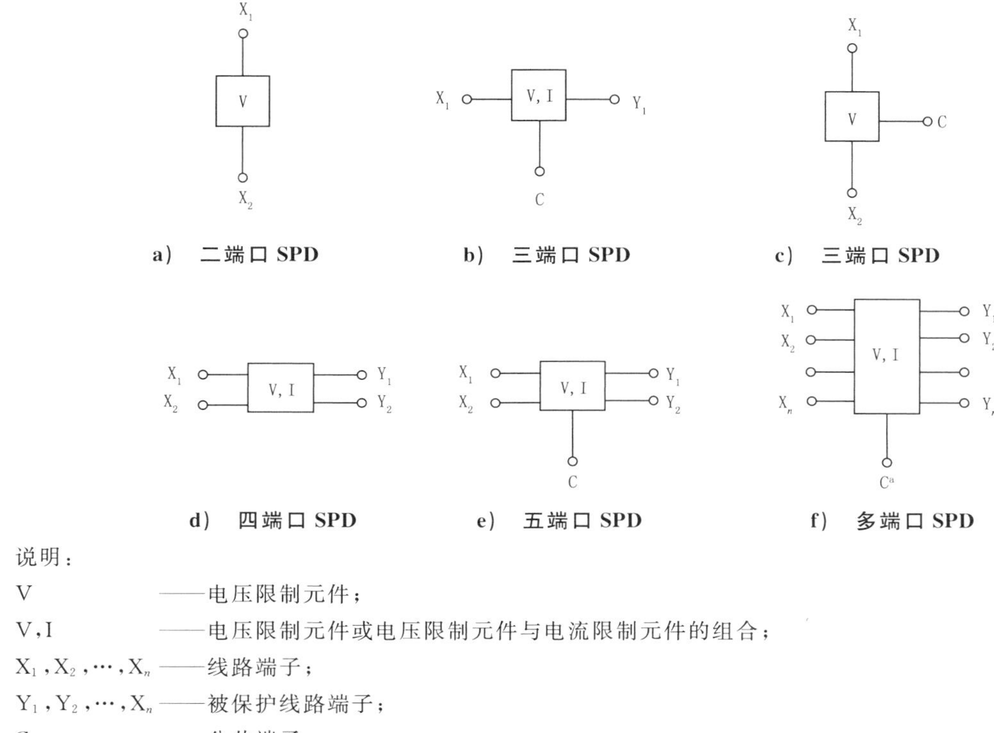

说明：

V ——电压限制元件；

V,I ——电压限制元件或电压限制元件与电流限制元件的组合；

X_1,X_2,…,X_n ——线路端子；

Y_1,Y_2,…,X_n ——被保护线路端子；

C ——公共端子。

[a] 可能不提供公共端子。

图 5 连接至电子系统信号网络的 SPD 各种结构

试验 SPD 时，应把从表 16 中 C 类选取的冲击电压施加到适当的端子上。应根据冲击耐受试验(见 6.3.3.2.3.2 b))确定的 SPD 电流容量选择电流水平。应使用相同的冲击进行冲击限制电压和冲击耐受试验。表 15 所列的值都是最低要求，其他电涌电流额定值可以在相关 ITU-T 标准中查找。

注：对于试验类别 A,B 和 D，不必要测试冲击限制电压。

施加负极性冲击五次和正极性冲击五次。所使用的冲击发生器应具有从表 16 中选取的开路电压和短路电流。

在不带负载的情况下，测量每次冲击的限制电压。在适当的端子上测得的最大电压不应超过规定的电压保护水平 U_P。在两次冲击试验之间应允许有充分的时间，以防止热量积累。不同的 SPD 存在不同的热特性，因此在两次冲击之间需要有不同的时间。

注：详细的冲击记录仪器的设置可参阅附录 N。

如有需要，可在图 5c)和图 5e)所示的 X_1—X_2 端子上施加冲击。

对图 5c)和图 5e)所示的 SPD 应分别或同时以相同的极性对每对端子(X_1—C 和 X_2—C)进行试验。

带有公共电流电路的 SPD(参见 4.3)，试验时应测量没有施加冲击的线路端子上的电压。这个电压不应超过电压保护水平 U_P。

表 16　冲击限制电压试验用的电压波形和电流波形

<table>
<tr><th>类别</th><th>试验类型</th><th>开路电压[a]</th><th>短路电流</th><th>最小试验</th><th>类别</th></tr>
<tr><td>A1</td><td>很慢的上升率</td><td>≥1 kV，
上升率：0.1 kV/μs～100 kV/s</td><td>10 A，
≥1000 μs(持续时间)</td><td>不适用</td><td rowspan="11">X_1—C
X_2—C
X_1—X_2^b</td></tr>
<tr><td>A2</td><td>AC</td><td colspan="2">从表 17 中选择试验项目</td><td>单次循环</td></tr>
<tr><td>B1</td><td rowspan="3">慢的上升率</td><td>1 kV，
10/1000 μs</td><td>100 A，
10/1000 μs</td><td>300</td></tr>
<tr><td>B2</td><td>1 kV～4 kV，
10/700 μs</td><td>25 A～100 A，
5/320 μs</td><td>300</td></tr>
<tr><td>B3</td><td>≥1 kV，
100 V/μs</td><td>10 A～100 A，
10/1000 μs</td><td>300</td></tr>
<tr><td>C1</td><td rowspan="3">快的上升率</td><td>0.5 kV～2 kV，
1.2/50 μs</td><td>0.25 kA～<1 kA，
8/20 μs</td><td>300</td></tr>
<tr><td>C2</td><td>2 kV～10 kV，
1.2/50 μs</td><td>1 kA～<5 kA，
8/20 μs</td><td>10</td></tr>
<tr><td>C3</td><td>≥1 kV
1 kV/μs</td><td>10 A～100 A，
10/1000 μs</td><td>300</td></tr>
<tr><td>D1</td><td rowspan="2">高能量</td><td rowspan="2">≥1 kV</td><td>0.5 kA～2.5 kA
10/350 μs</td><td>2</td></tr>
<tr><td>D2</td><td>0.6 kA～2.0 kA
10/250 μs</td><td>5</td></tr>
<tr><td colspan="6">为验证 U_P，应施加一种上述 C 类的冲击。施加 5 次正极性和 5 次负极性冲击。
对于冲击耐受测试，应施加一次上述 C 类的冲击，A1、B 和 D 类是可选的。
B1，B2，C1，C2 和 D2 类是电压驱动试验，因此“短路电流”这一栏显示的是在 DUT 连接点处的预期短路电流。B3，C3 和 D1 类是电流驱动试验，因此要求的电流是通过 DUT 来调节。不应超过 6.3.3.2.1.5 中给出的最大波形允差。对于电压驱动试验，所使用的发生器的有效输出阻抗，对于 B1 类应为 10 Ω，对于 B2 类为 40 Ω，对于 C1，C2 和 D2 类为 2 Ω。
注：表 16 所列的值是最低要求。</td></tr>
<tr><td colspan="6">[a] 使用的开路电压可与 1 kV 不同。但应足以使被试的 SPD 动作。
[b] 如有需要时，才进行端子 X_1－X_2 的试验。</td></tr>
</table>

6.3.3.2.2.3　连接至光伏系统直流侧的 SPD 的实测限制电压

对于本试验，方法同 6.3.3.2.2.1 的 a)、b)、c)，试验流程参考图 3。

6.3.3.2.3　动作负载试验

6.3.3.2.3.1　用于低压交流配电系统的 SPD 动作负载试验

动作负载试验的流程见图 6。

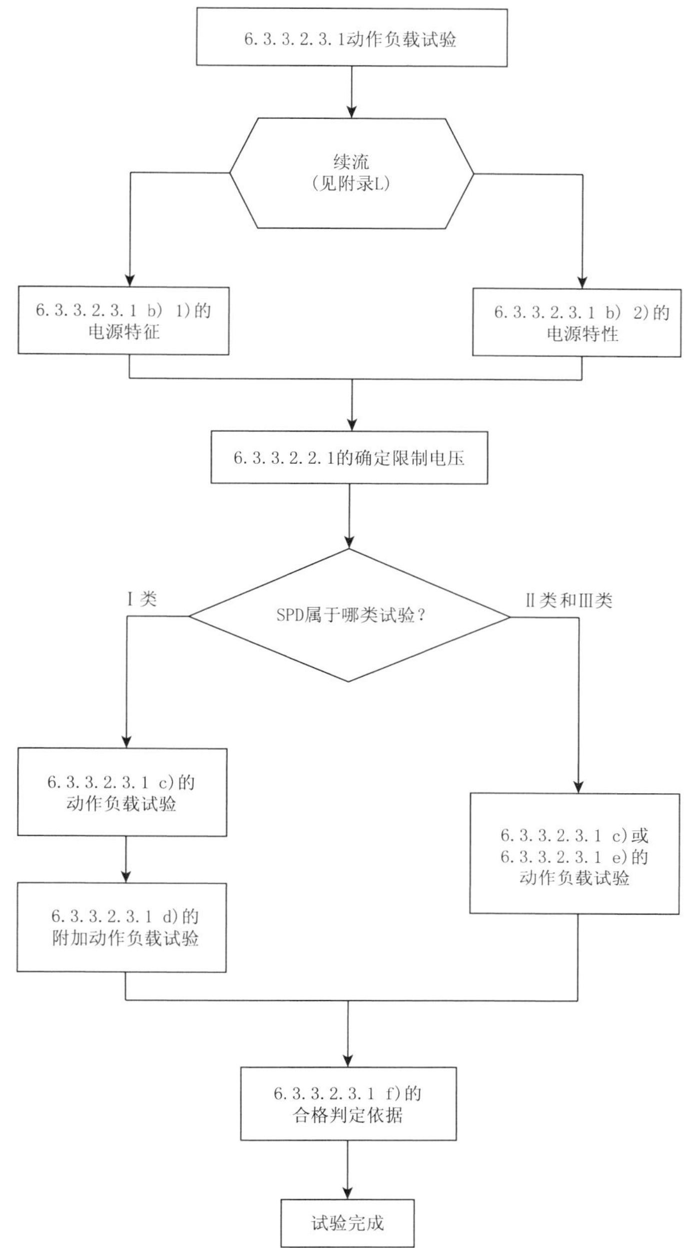

图6　动作负载试验的流程图

以下分别介绍此试验的一般要求及具体规定：

a）　一般要求：

1）　本试验是通过对SPD施加规定次数和规定波形的冲击来模拟其工作条件，试验时用符合6.3.3.2.3.1 b)要求的交流电源对SPD施加最大持续工作电压U_C。

2）　应根据图7设置试验电路图。

3）　应用6.3.3.2.2.1的试验确定限制电压。

4）　为避免试品的过载，根据6.3.3.2.2.1 b)，对于Ⅰ类试验仅在I_{imp}对应的峰值处进行；根据6.3.3.2.2.1 b)，对于Ⅱ类试验仅在I_n下进行；根据6.3.3.2.2.1 d)或e)，对于Ⅲ类试验仅在U_{OC}下进行。

5) 正负极性冲击各一次。

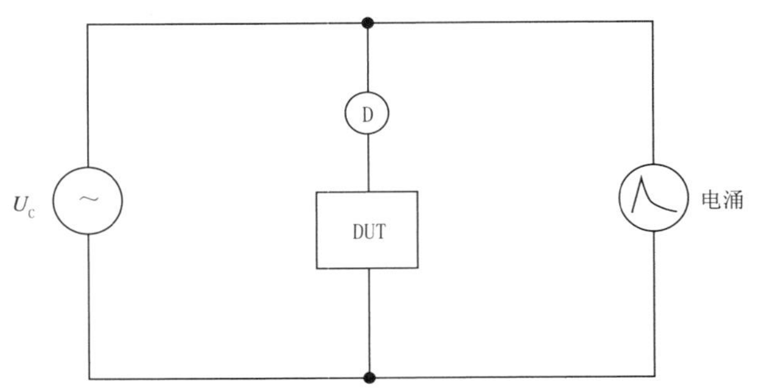

说明：

U_C ——6.3.3.2.3.1b)的工频电源；

D ——制造商指定的SPD外部脱离器；

DUT——待测设备(SPD)；

电涌——根据6.3.3.2.3.1c)进行Ⅰ类和Ⅱ类动作负载试验的8/20 μs电流；根据6.3.3.2.3.1 d)进行附加动作负载试验的冲击电流；根据6.3.3.2.3.1 e)进行Ⅲ类动作负载试验的复合波。

图7 动作负载试验的试验设置

表17 交流负载试验的推荐短路电流值

48 Hz～62 Hz每个被测端子上的短路电流(r.m.s) A	持续时间 s	施加次数
0.1	1	5
0.25	1	5
0.5	1	5
0.5	30	1
1	1	5
1	1	60
2	1	5
2.5	1	5
5	1	5
10	1	5
20	1	5

b) 动作负载试验的工频电源特性：

1) 续流小于500 A的SPD：试品应连接到工频电源。在续流流过时，在SPD的接线端子处测量的工频电压峰值的下降不能超过U_C峰值的10%。

2) 续流大于500 A的SPD：试品应与工频电压为U_C的电路连接。试验电路的预期短路电流应等于制造商按表18规定的额定断开续流值I_{fi}或500 A，二者取较大值。对于仅连接在TT和/或TN系统的中线和保护接地间的SPD，预期短路电流至少为100 A。

注:SPD的额定断开续流值和安装处的电源系统可提供的预期短路电流值参考 GB/T 18802.12—2014 和 GB 16895.22—2004 的 534.2.3.5。

c) Ⅰ类和Ⅱ类的动作负载试验:

1) 施加15次8/20 μs正极性的冲击电流,分成3组,每组5次冲击。试品与6.3.3.2.3.1b)的电源连接。每次冲击应与电源频率同步。从0°角开始,同步角应以30°±5°的间隔逐级增加。试验如图8所示。

2) SPD施加电压U_C,在施加每组冲击时,电源的预期短路电流应符合6.3.3.2.3.1 b)的要求。在施加每组冲击之后和最后的续流(如有)遮断之后,应继续加电至少1 min来检查复燃。在最后一组冲击后继续加电1 min后,SPD保持加电;或在少于30 s内加电到U_C,保持15 min来检查稳定性。为了该目的,电源(在U_C下)的短路电流容量可减少到5 A。

3) 当SPD按Ⅰ类试验时,施加峰值为I_{imp}的8/20 μs冲击电流。

4) 当SPD按Ⅱ类试验时,施加峰值为I_n的8/20 μs冲击电流。

注:如果SPD被分类为Ⅰ类试验和Ⅱ类试验,本试验可只进行一次,但应使用两种试验等级下最严酷的一组参数,可与制造商协商。

5) 两次冲击之间的间隔时间为50 s~60 s,两组之间的间隔时间为30 min~35 min。

6) 两组冲击之间,试品无需施加电压。

7) 每次冲击应记录电流波形,电流波形不应显示试品有击穿或闪络的迹象。

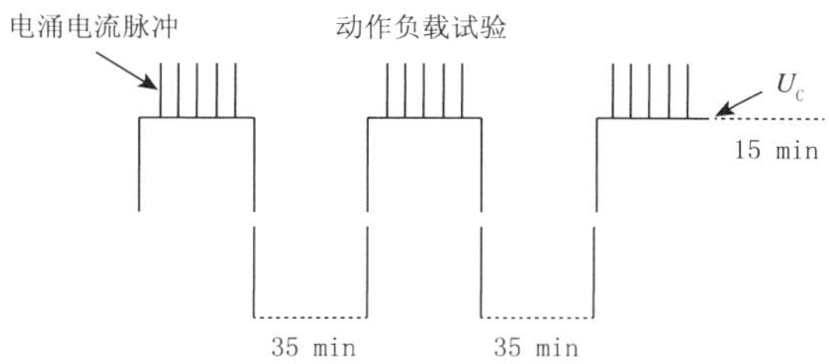

图8 Ⅰ类、Ⅱ类试验的动作负载时序图

d) Ⅰ类试验的附加动作负载试验:

1) 通过SPD的冲击电流逐步增加至I_{imp}。

2) SPD施加电压U_C,在施加每组冲击时,电源的预期短路电流为5 A。在施加每组冲击之后和最后的续流(如有)遮断之后,需继续加电至少1 min来检查复燃。在最后一组冲击和继续加电1 min后,SPD保持加电,或在少于30 s内加电到U_C,保持15 min来检查稳定性。电源(在U_C)的短路电流容量5 A。

3) 对通电的试品,应按下列方式在相应的工频电压的正峰值时,施加正极性的冲击电流:用$0.1I_{imp}$电流冲击一次,检查热稳定性,冷却至环境温度;用$0.25I_{imp}$电流冲击一次,检查热稳定性,冷却至环境温度;用$0.5I_{imp}$电流冲击一次,检查热稳定性,冷却至环境温度;用$0.75I_{imp}$电流冲击一次,检查热稳定性,冷却至环境温度;用$1.0I_{imp}$电流冲击一次,检查热稳定性,冷却至环境温度。时序如图9所示。

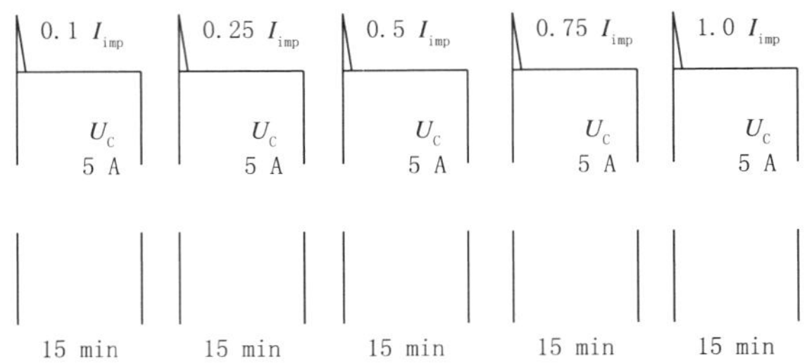

图9　Ⅰ类试验的附加动作负载试验时序图

e) Ⅲ类动作负载试验：

SPD使用下列三组对应 U_C 的冲击进行试验：

1) 在正半波峰值处触发5次正极性冲击；
2) 在负半波峰值处触发5次负极性冲击；
3) 在正半波峰值处触发5次正极性冲击。

时序如图10所示。

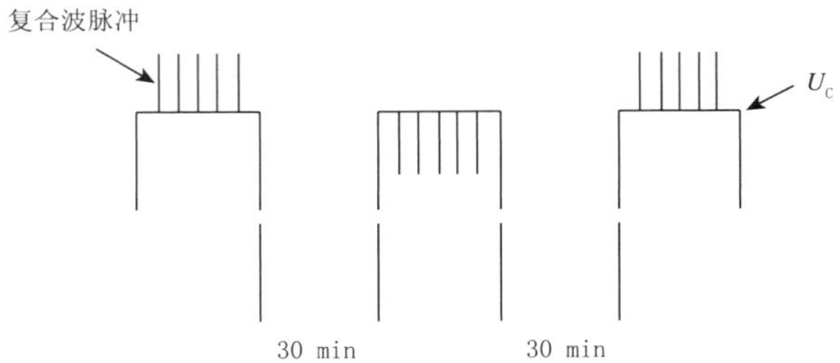

图10　Ⅲ类试验的动作负载试验时序图

f) 所有动作负载试验和Ⅰ类试验的附加动作负载试验的合格判别标准：

1) 应达到热稳定。在施加 U_C 电压的最后15 min，如果电流 I_C 的阻性分量峰值或功耗呈现出下降的趋势或没有升高，则认为SPD是热稳定的。如果试验本身是加电 U_C 进行的，则不间断地继续保持加电15 min，或在30 s内重新加电。
2) 电压和电流波形图及目测检查，试品应没有击穿或闪络的迹象。
3) 试验过程中不应发生可见的损害。试验后，检查发现的细小的凹痕或裂缝如不影响防直接接触，则可以忽略，除非SPD的防护等级（IP代码）被破坏。试品上不应有燃烧的痕迹。
4) 试验后，不应有过量的泄漏电流。判断方法见6.3.7.1.3中的合格判别标准的b)。
5) 试验时，制造商规定的外部脱离器不应动作；试验后，脱离器应处在正常工作状态。

注：本条款中正常工作状态是指脱离器未发生损坏，可继续操作。操作性可通过手动进行检查（在可能的地方），或在制造商和实验室协议下通过简单的电气试验来检查。

6.3.3.2.3.2 连接至电子系统信号网络的SPD动作负载试验

连接至电子系统信号网络的SPD动作负载试验如下：

a) 交流耐受试验：

1) 按图11所示连接SPD。从表16选取交流短路电流值。施加规定幅值和次数的电流于受试SPD上，施加电流的时间间隔应足以防止试品过热。开路电压应足够高以使SPD完全导通。在测试之前以及施加规定次数交流电流之后，SPD应符合绝缘电阻、限制电压、冲击复位时间（如适用时）和串联电阻值的要求。

2） 应在 X_1－C、X_2－C 间测试，见图 11 所示。在特殊需要时，对图 11 的 c）、e），也可在 X_1－X_2 间测试。

3） 对有公共分流元件的 SPD 测试时，制造商应说明公共分流元件的最大冲击电流值。

4） 最大冲击电流值可小于每一线路端子最大电流容量的 n 倍（n 为线路端子数）。应对公共端和所有线路端子同时进行测量。带有各自分流元件的 SPD，应分别在每个线路端子与共用端子间进行测试。

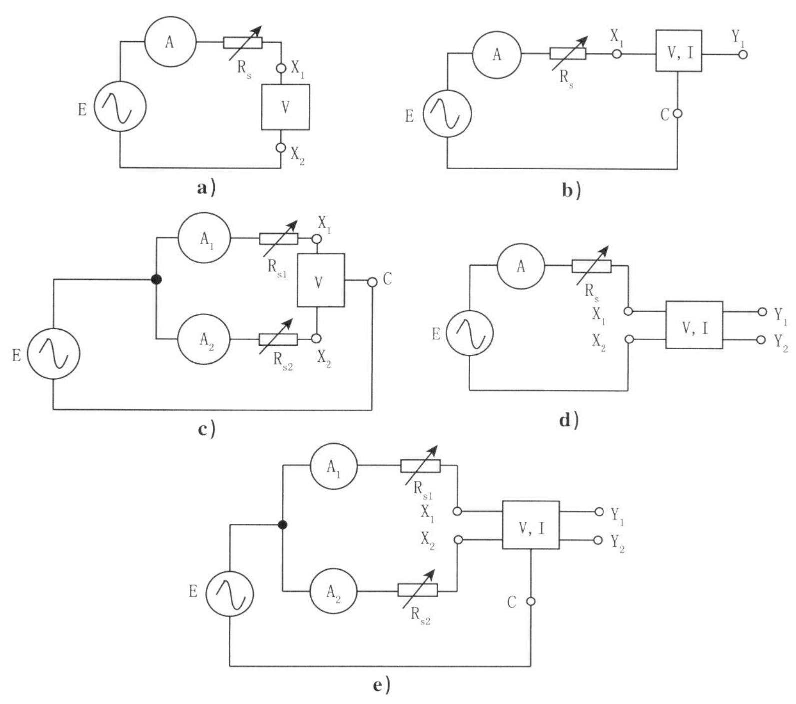

说明：

A，A_1，A_2 ——电流表；

E ——交流电压源；

R_s，R_{s1}，R_{s2} ——电压源无感电阻；

V ——限压元件；

V，I ——限压元件和限流元件的组合；

X_1，X_2 ——线路端子；

Y_1，Y_2 ——被保护线路端子；

C ——公共端子。

图 11　交流耐受试验和过载故障模式的测试电路

b） 冲击耐受试验：

1） 从表 16 的 C 类中选取一种冲击施加于 SPD 的适当端子上。

2） 本试验的冲击波形应与 6.3.3.2.2.2 的冲击限制电压试验相同的冲击，可采用从 A1、B、C 和 D 类中选取的冲击波形进行附加的试验。但这些试验是可选的，仅对适用的 SPD 进行。

3） 如图 12 连接 SPD。

4） 以表 16 中规定的最小施加次数施加冲击电流，冲击电流的施加间隔时间应足以防止试品上热量的积累。规定次数的一半施加一种极性的冲击电流，剩下的一半以另一极性。另一方面，一半的试品以一种极性测试，另一半试品则以另一极性测试。在测试之前及施加规定次数的电流之后，SPD 应符合对绝缘电阻、限制电压、冲击复位时间和串联电阻的要求。

5) 测试端子如图 12 所示，应在 X_1-C、X_2-C 间进行测试，如需要，冲击可施加到图 12c)、e)的 SPD 的 X_1-X_2 端子上。

6) 对有公共分流元件的 SPD 的测试，要求与 6.3.3.2.3.2 a)相同。

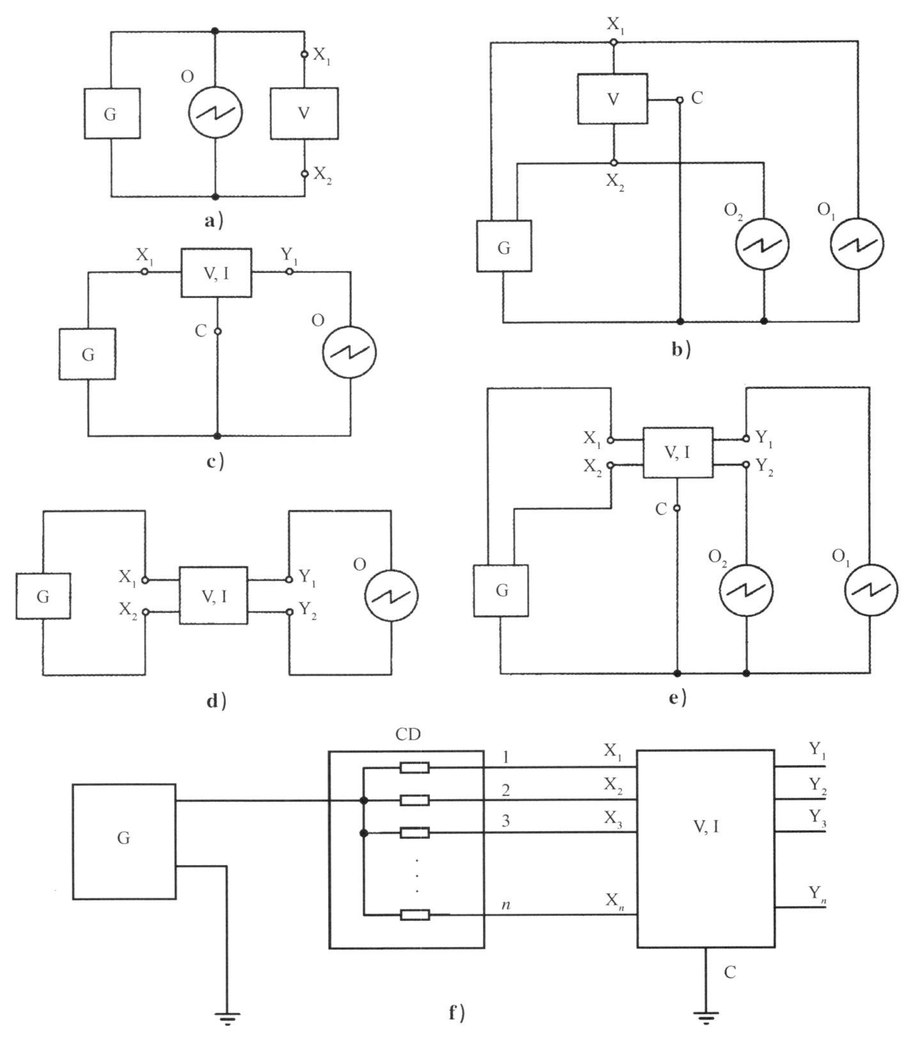

说明：

O, O_1, O_2 ——示波器，用于冲击耐受试验期间监视 U_P；

G ——冲击发生器；

CD ——分流元件；

V ——限压元件；

V,I ——限压元件和限流元件的组合；

X_1, X_2 ——线路端子；

Y_1, Y_2 ——被保护的线路端子；

C ——公共端子。

图 12 冲击耐受试验和过载故障模式的测试电路

6.3.3.2.3.3 连接至光伏系统直流侧的SPD的动作负载试验

包括：

a) 流程：动作负载试验的流程参考图6(仅适用Ⅰ类和Ⅱ类试验)。

b) 一般要求：

1) 本试验是通过对SPD施加规定次数和规定波形的冲击来模拟其工作条件，试验时应用符合附录I要求的电源对SPD施加U_{CPV}；

2) 主要的试验装置应符合图7，但图7中的U_C用U_{CPV}替代；

3) 根据6.3.3.2.2.1的试验确定限制电压，但是对应6.3.3.2.2.1 b)的试验只采用8/20 μs的电流波形；

4) 检查测得的限制电压应小于或等于U_P；

5) 对于Ⅰ类试验，电流峰值为I_{imp}；对于Ⅱ类试验，电流峰值为I_n。

c) Ⅰ类和Ⅱ类动作负载试验：试验方法同6.3.3.2.3.1 c)，施加的电压改为U_{CPV}，电源预期短路电流应符合附录I的I.2的要求。

d) Ⅰ类试验的附加负载试验：

1) 试验方法同6.3.3.2.3.1 d)，施加的电压改为U_{CPV}，电源预期短路电流应符合附录I的I.2的要求；

2) 合格判别标准：与6.3.3.2.3.1相同，仅将其中的U_C改为U_{CPV}。

6.3.3.2.4 SPD的脱离器和过载安全性能

6.3.3.2.4.1 耐热试验

SPD在环境温度为80 ℃±5 ℃的加热箱中保持24 h。

其合格判别标准如下：

a) 试验过程中不应发生可见的损害。试验后，检查发现的细小的凹痕或裂缝如不影响防直接接触，则可以忽略，除非SPD的防护等级(IP代码)被破坏。试品上不应有燃烧的痕迹。

b) 试验时，制造商规定的内部脱离器不应动作；试验后，脱离器应处在正常工作状态。

注：本条款中，正常工作状态是指脱离器未发生损坏，可继续操作。操作性可通过手动进行检查(在可能的地方)，或在制造商和实验室协议下通过简单的电气试验来检查。

6.3.3.2.4.2 热稳定试验

包括实验设计、试品准备、试验步骤和合格判别标准：

a) 本试验程序有两种不同的设计：

1) 仅包括电压限制元件的SPD，采用本条款的c)1)的试验程序；

2) 包括电压限制元件和电压开关元件的SPD，采用本条款的c)2)的试验程序。

b) 试品准备：

1) 具有并联连接的非线性保护元件的SPD，应对分开的独立脱离器单元的每一个电流路径分别进行试验，试验时可以通过断开其他的电流路径来实现；

2) 如果相同类型和参数的元件并联连接成部件，相同的部件被用于每个脱离器单元，任何三个这种相同的电流路径的试验应满足三个样品的要求；

3) 任何与电压限制元件串联的电压开关元件应用一根铜线短路，铜线的直径应使其在试验时不熔化；

4) 制造商应提供符合上述要求的试品。

c) 试验步骤：

1) 没有开关元件与其他元件串联的 SPD 的试验要求：试品应连接到工频电源。电源电压应足够高使 SPD 有电流流过。电流调整到一个恒定值，试验电流的误差为±10%。对于第一个试品，试验从 2 mA（有效值）开始（如果试品在 U_C 下的泄漏电流超过 2 mA，从 U_C 开始）。然后，试验电流以 2 mA 或先前调节的试验电流 5% 的步幅（两者取较大）增加。对于另外两个试品，起始点应从 2 mA 变到第一个样品脱扣时的电流值的前 5 步的电流值，每一步保持达到热平衡状态（即 10 min 内温度变化小于 2 ℃）。连续监测 SPD 最热点的表面温度（仅对易触及的 SPD）和流过 SPD 的电流。如果所有的非线性元件断开，则试验终止。试验电压不应再增加，以避免脱离器故障。试验时，如果 SPD 端子间的电压跌到低于 U_{REF}，则停止调节电流，电压调回 U_{REF} 并保持 15 min，不需要再进行连续的电流监测。电源应具有短路电流能力，在任何脱离器动作前它不会限制电流。最大可达到的电流值不应超过制造商声明的短路耐受能力。

注 1：最热点可以通过初始试验确定，或进行多点监测确定。

注 2：可通过目测检查非线性元件是否脱扣。

注 3：只是元器件的分裂不认为是脱扣。

2) 有开关元件与其他元件串联的 SPD 的试验要求：SPD 采用电压为 U_{REF} 的工频电源供电，电源应具有短路电流能力，在任何脱离器动作前它不会限制电流。最大可达到的电流值不应超过制造商声明的短路耐受能力。如果没有明显的电流流过，应接着进行 a）的设计。

注：“没有明显的电流”是指 SPD 没有进入导通转换的突变状态，即 SPD 保持热稳定。

d) 合格判别标准：

1) 试验过程中不应发生可见的损害。试验后，试品上不应有燃烧的痕迹。
2) 脱离应通过一个或多个内部和/或外部脱离器来实现，应检查它们是否给出正确的状态指示。
3) 对防护等级大于或等于 IP20 的 SPD，使用标准试指施加一个 5 N 的力（见 GB 4208—2017）不应触及带电部件，除了 SPD 按正常使用安装后在试验前已可触及的带电部分外。
4) 如果试验过程中发生脱离（内部或外部），对应保护元件的有效脱离应该有清晰的指示。如果发生内部脱离，试品按正常使用连接到额定频率的最大持续工作电压 U_C 保持 1 min。试验电源应有大于或等于 200 mA 的短路电流容量，流过相关保护元件的电流不应超过 1 mA。流过与相关保护元件并联的元件或其他电路（如指示器电路）的电流可忽略，只要它们不会造成电流流过相关保护元件。此外，如果有的话，流过 PE 端子的电流，包括并联电路和其他电路（如指示器电路），不应超过 1 mA。正常使用中如果有超过一个的接线方式，应检查每一个可能的接线方式。
5) 不应有对人员或设备产生的爆炸或其他危险。
6) 试验结束后，试品应冷却到室温后，并连接到电压为 U_C 的电源 2 h。加电过程中应监测残流，残流增量不应超过试验开始时测量值的 10%。
7) 对于户内型 SPD，在试验期间和之后表面温升应小于 120 ℃。在脱离器动作 5 min 后，表面温度不应超过周围环境温度 80 ℃。

6.3.3.2.4.3 短路电流性能试验

本试验不适用于户外使用并且安装在伸臂距离以外的 SPD；也不适用于在 TN 系统和/或 TT 系统中仅用于连接 N-PE 的 SPD。

试品应按制造商提供的说明书安装，并且连接表 8 中的最大截面积的导线，连接试品的电缆最大长度为每根 0.5 m，并使用金属屏栅。如果制造商推荐使用外部脱离器，应使用外部脱离器。

具有并联连接的一个或多个电压开关元件的 SPD，对每个电流路径应分别准备三个一组的试品。

试品在正常运行条件下具有大于或等于6 kV的冲击耐压水平和大于或等于2500 V的1 min工频耐压水平。具有集成脱离器功能并包含电压开关元件的电流回路，测试时应采用适当的铜块(模拟替代物)来代替，以确保内部连接，连接的截面和周围的材料(例如，树脂)以及包装不变。

应由制造商提供符合上述要求的试品。

仅含电压限制元件的SPD或组合式SPD的电压限制元件部分不适用于本部分试验，但仍应进行6.3.3.2.4.3c)和模拟SPD失效模式的附加试验。

表18 预期短路电流和功率因数

$I_{p\,0}^{+5}$ % kA	$\cos\varphi_{-0.05}^{0}$
$I_p \leqslant 1.5$	0.95
$1.5 < I_p \leqslant 3.0$	0.9
$3.0 < I_p \leqslant 4.5$	0.8
$4.5 < I_p \leqslant 6.0$	0.7
$6.0 < I_p \leqslant 10.0$	0.5
$10.0 < I_p \leqslant 20.0$	0.3
$20.0 < I_p \leqslant 50.0$	0.25
$I_p > 50.0$	0.2

本试验应对两个不同的试验配置进行试验，对每个配置采用一组单独准备的试品。试验包括：

a) 声明的额定短路电流试验：
   1) 试品连接至电压为U_{REF}的工频电源。SPD端口处调整至制造商声明的预期短路电流及符合表18的功率因数；在电压U_{REF}过0后的(45±5)°电角度和(90±5)°电角度处接通短路进行二次试验；如果可更换的或可重新设定的内部或外部的脱离器动作，每次应更换或重新设定相应的脱离器。如果脱离器不能更换或重新设定，则试验停止。
   2) 合格判别标准：试验过程中不应发生可见的损害试验后。试验后，检查发现的细小的凹痕或裂缝如不影响防直接接触，则可以忽略，除非SPD的防护等级(IP代码)被破坏。试品上不应有燃烧的痕迹。脱离应通过一个或多个内部和/或外部脱离器来实现，应检查它们是否能给出正确的状态指示。对防护等级大于或等于IP20的SPD，使用标准试指施加一个5 N的力(见GB 4208—2017)不应触及带电部件(SPD按正常安装后在试验前已可触及的带电部件除外)。如果试验过程中发生脱离(内部或外部)，对应保护元件的有效脱离应该有清晰的指示。如果发生内部脱离，试品按正常使用连接到额定频率的U_C保持1 min。试验电源应有大于或等于200 mA的短路电流容量，流过相关保护元件的电流不应超过1 mA(流过与相关保护元件并联的元件或其他电路(如指示器电路)的电流可忽略，只要它们不会造成电流流过相关保护元件)。此外，如果有的话，流过PE端子的电流，包括并联电路和其他电路(如指示器电路)，不应超过1 mA。正常使用中如果有超过一个的接线方式，应检查每一个可能的接线方式。电源流出的短路电流，如果有的话，应该在5 s内通过一个或多个内部和/或外部脱离器切断。不应有对人员或设备产生的爆炸或其他危险。不应有对屏栅的闪络。试验过程中连接屏栅的6 A熔断器不应动作。

b) 低短路电流试验：
   1) 将试品接到电压为U_{REF}的工频电源上，电源的预期短路电流应为产品的最大后备过电流保护电流值(如果制造商声明)的 5 倍,其功率因数按表 18 规定,通电时间为 5 s±0.5 s。如果制造商没有要求有外部的后备过电流保护,采用 300 A 的预期短路电流。

2) 在电压 U_{REF} 过 0 后的(45±5)°电角度处接通短路电流进行一次试验。

3) 合格判别标准:试验过程中不应发生可见的损害。试验后,检查发现的细小的凹痕或裂缝如不影响防直接接触,则可以忽略,除非 SPD 的防护等级(IP 代码)被破坏。试品上不应有燃烧的痕迹。对防护等级大于或等于 IP20 的 SPD,使用标准试指施加一个 5 N 的力(见 GB 4208—2017)不应触及带电部件(SPD 按正常安装后在试验前已可触及的带电部件除外)。不应有对人员或设备产生的爆炸或其他危险。不应有对屏栅的闪络。试验过程中连接屏栅的 6 A 熔断器不应动作。如果试验中脱离器动作,脱离应通过一个或多个内部和/或外部脱离器来实现,应检查它们是否给出正确的状态指示。如果试验过程中发生脱离(内部或外部),对应保护元件的有效脱离应有清晰的指示。如果发生内部脱离,试品按正常使用连接到额定频率的 U_C 保持 1 min。试验电源应有大于或等于 200 mA 的短路电流容量,流过相关保护元件的电流不应超过 1 mA。流过与相关保护元件并联的元件或其他电路(如指示器电路)的电流可忽略,只要它们不会造成电流流过相关保护元件。此外,如果有的话,流过 PE 端子的电流,包括并联电路和其他电路(如指示器电路),不应超过 1 mA。电源流出的短路电流,如果有的话,应该在 5 s 内通过一个或多个内部和/或外部脱离器切断。正常使用中如果有超过一个的接线方式,应检查每一个可能的接线方式。

c) I_{fi} 低于声明的额定短路电流(I_{SCCR})的 SPD 的补充试验:

1) 试验要求:重复 6.3.3.2.4.3 a)4)的试验,但不根据 6.3.3.2.4.3 a)进行样品准备;用一个正极性的电涌电流(8/20 μs 或其他合适的波形)在正半波的电压过 0 后的(35±5)° 电角度处触发 SPD 的电压开关元件,接通短路。电涌电流应足够高以产生续流,但任何情况下均不应超过 I_n。为确保在触发电涌下外部脱离器不动作,所有的外部脱离器应如图 13 所示与工频电源串联放置。

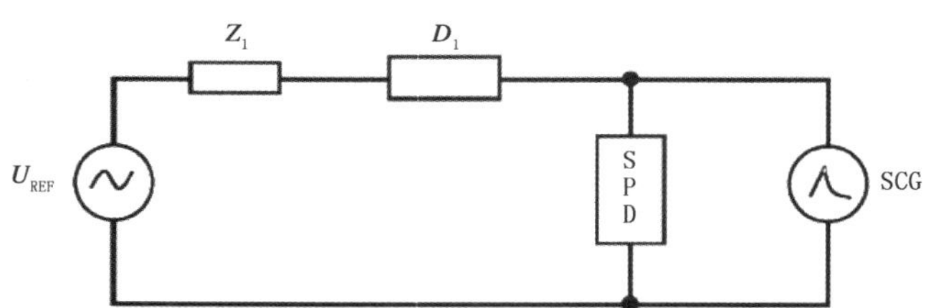

说明:

Z_1 ——调节预期电流的阻抗(按表 18);

D_1 ——外部脱离器;

SCG——带耦合装置的电涌电流发生器。

图 13 I_{fi}低于声明的短路耐受能力的 SPD 的试验电路

2) 合格判别标准:试验过程中不应发生可见的损害。试验后,检查发现的细小的凹痕或裂缝如不影响防直接接触,则可以忽略,除非 SPD 的防护等级(IP 代码)被破坏。试验后,试品上不应有燃烧的痕迹。脱离应通过一个或多个内部和/或外部脱离器来实现,应检查它们是否能给出正确的状态指示。对防护等级大于或等于 IP20 的 SPD,使用标准试指施加一个 5 N 的力(见 GB 4208—2017)不应触及带电部件(SPD 按正常安装后在试验前已可触及的带电部件外)。如果试验过程中发生脱离(内部或外部),对应保护元件的有效脱离应该有清晰的指示。如果发生内部脱离,试品按正常使用连接到额定频率的 U_C 保持1 min。试验电源应有大于或等于 200 mA 的短路电流容量,流过相关保护元件的电流不应超过

1 mA。流过与相关保护元件并联的元件或其他电路(如指示器电路)的电流可忽略,只要它们不会造成电流流过相关保护元件。此外,流过PE端子的电流(如果有的话),包括并联电路和其他电路(如指示器电路),不应超过1 mA。正常使用中如果有超过一个的接线方式,应检查每一个可能的接线方式。电源流出的短路电流(如果有的话)应在5 s内通过一个或多个内部和/或外部脱离器切断。不应有对人员或设备产生的爆炸或其他危险。不应有对屏栅的闪络,试验过程中连接屏栅的6 A熔断器不应动作。

d) 模拟SPD失效模式的附加试验:
 1) 任何电子指示器电路可以脱开。
 2) 试品应按制造商提供的说明书安装,并且用表8中的最大截面积的导线连接。连接试品的电缆最大长度为每根0.5 m。如果制造商推荐了外部脱离器,应使用其推荐的外部脱离器。
 3) 样品与工频电源应满足:U_C不超过440 V的SPD,施加1200 V $_{0}^{+5}$%电压;U_C超过440 V的SPD,施加等于3倍$U_{C}{}_{0}^{+5}$%的电压。
 4) 预备电压施加的时间为5 s$_{0}^{+5}$%,电源的预期短路电流(r.m.s)应调整到1 A～20 A $_{0}^{+5}$%之间,符合7.1 d)5)。
 5) 施加预备电压之后,应在试品上施加一个大小等于U_{REF}的电压,时间为5 min或在电流被内部或外部脱离器切断之后至少0.5 s。
 6) 从施加预备电压到U_{REF}的转换应没有间断,流过SPD的电流应被监测。图14和图15为符合要求的试验电路和时序图。
 7) 试品安装在U_{REF}电压下,电源的预期短路电流应该有+5%的允差,电源的功率因数应满足表18。
 8) 每个试验都应在一组新的三个样品上进行,三个样品在U_{REF}下,分别经过短路电流100 A、500 A和1000 A下的预处理,除非这些值超过了制造商的声明值。
 9) 进一步试验应在三个经过预处理的样品上进行,在U_{REF}下的预期短路电流等于制造商声明的额定短路电流。
 10) 在处理试验结束和施加U_{REF}之间的时间间隔应尽可能短,不应超过100 ms。
 11) 如果第一组样品(100 A试验设置下)的所有试验波形显示在施加预处理电压的5 s内脱扣,则不需要进一步试验。

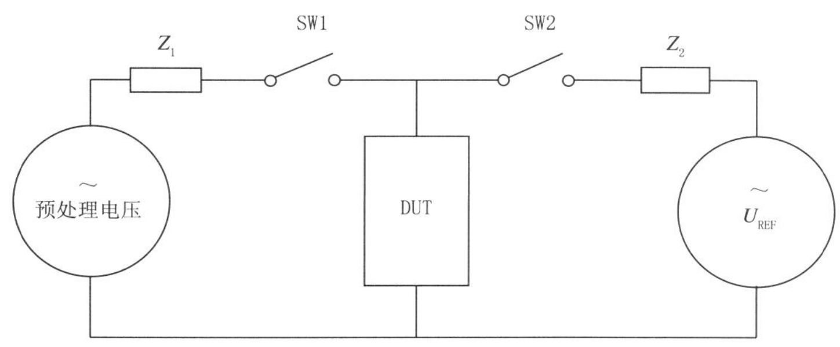

说明:

Z_1 ——调节预处理发生器的预期电流的阻抗;

Z_2 ——调节U_{REF}的预期电流的阻抗;

SW1 ——机械开关或静态开关,用以在SPD上施加处理电压;

SW2 ——机械开关或静态开关,用以在处理过的SPD上施加参考试验电压;

DUT ——待测试品。

图14 模拟SPD失效模式的试验电路

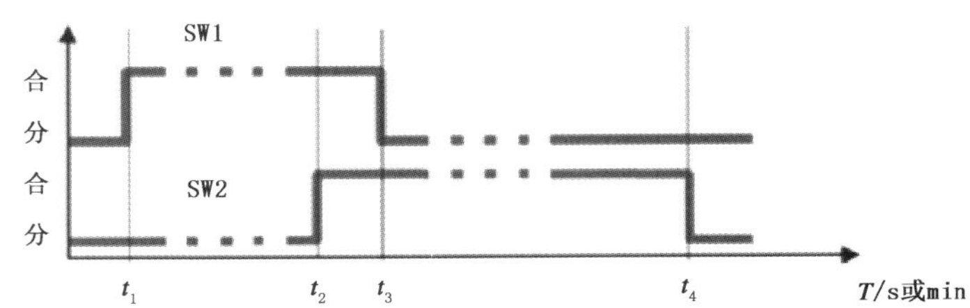

说明：

$t_1=0$；

$t_3 \geqslant t_2 \geqslant 5$ s；

$t_2 \leqslant t_3 < 5\ \mathrm{s}_{0}^{+5}\%$；

$t_4 = 5\ \mathrm{min}_{0}^{+5}\%$或在电流切断后 $\geqslant 0.5$ s。

图 15　模拟 SPD 失效模式的时序图

12）合格判别标准：试验过程中，试品不应发生可见的损害。试验后，检查发现的细小的凹痕或裂缝如不影响防直接接触，则可以忽略，除非 SPD 的防护等级（IP 代码）被破坏。试品上不应有燃烧的痕迹。对防护等级大于或等于 IP20 的 SPD，使用标准试指施加一个 5 N的力（见 GB 4208—2017）不应触及带电部件（SPD 按正常安装后在试验前已可触及的带电部件除外）。不应有对人员或设备产生的爆炸或其他危险。不应有对屏栅的闪络。试验过程中连接屏栅的 6 A 熔断器不应动作。脱离应通过一个或多个内部和/或外部脱离器来实现，应检查它们是否给出正确的状态指示。如果试验过程中发生脱离（内部或外部），对应保护元件的有效脱离应该有清晰的指示。如果发生内部脱离，试品按正常使用连接到额定频率的 U_C 保持 1 min。试验电源应有大于或等于 200 mA 的短路电流容量，流过相关保护元件的电流不应超过 1 mA。流过与相关保护元件并联的元件或其他电路（如指示器电路）的电流，只要它们不会造成电流流过相关保护元件，可忽略。此外，如果有的话，流过 PE 端子的电流，包括并联电路和其他电路（如指示器电路），不应超过 1 mA。正常使用中如果有超过一个的接线方式，应检查每一个可能的接线方式。

6.3.3.2.4.4　光伏系统直流侧的 SPD 过载特性试验

要求如下：

a）试验设置：

1）SPD 本身及其脱离器应当按照制造商的要求安装，并且用最大截面积的导线连接。

2）SPD 应当与一个满足附录 I 要求的电源连接。为适用于不同的工作环境，附录 I 中不同种类的试验电源的预期短路电流，对于试验电源 PV4，可取值 $I_{\mathrm{SCPV}}{}_{0}^{+5}\%$ 或 10 A ${}_{0}^{+5}\%$（仅当 I_{SCPV} 大于 10 A 时）；对于试验电源 DC_3，可取值 2.7 I_{SCPV} 或 I_{SCPV} 或 10 A（仅当 I_{SCPV} 大于 10 A 时）。

b）试品准备：

1）制造商提供的试品中，所有串联的电压开关元件应采用适当的铜块（模拟替代物）来代替，确保内部连接，连接的截面和周围的材料（如树脂）以及包装均不被改变。

2）附录 O 中 O.2、O.5 和 O.6 中的 SPD：连接在＋和－、或－和 PE、或＋和 PE 之间的两条电流支路中的一条上的所有电压限制元件，每次测试应预备三个一组的试品。如果当前电流支路不相同，每条电流支路应再准备三个一组试品，如图 O.4 和图 O.10 所示。电压限制元件应采用适当的铜块（模拟替代物）来代替，确保内部连接，连接的截面和周围的材料（如树脂）以及包装均不被改变；或者，连接在＋和－之间的电流支路中的所有电压限制元件应采用相同特性的新元件来替代，新元件的压敏电压 U_{1mA} 应为原限压元件压敏电压 U_{1mA} 的 50%～60%。用来替代的元件除与 U_{1mA} 相关的参数外，其他参数（如标称放电电流、尺寸等）应与原元件相同。SPD 的其他部件（如脱离器、端子、连接器等）不应做改变。

3) O.1、O.3 和 O.4 中的 SPD：针对由不同的结构、元件或回路构成的每种保护模式，每次试验需准备三个一组的试品。电压限制元件应采用相同特性的新元件来替代，新元件的压敏电压 U_{1mA} 应为原限压元件压敏电压 U_{1mA} 的 50%～60%。用来替代的元件除与 U_{1mA} 相关的参数外，其他参数（如标称放电电流、尺寸等）应与原元件相同。SPD 的其他部件（如脱离器、端子、连接器等）不应做改变，如图 O.2、O.6 和 O.8 所示。

c) 试验程序：

1) 每个试验电压和预期短路电流的组合（无论电源是根据附录 I 要求的 PV_4 或 DC_3），应施加在已准备的新试品与附录 O 的表 O.1 中的端子之间。

2) 如果电压限制元件不能用合适的元件替代，则应将开路测试电压增大一倍并施加到一个未改动过的 SPD。

3) 当使用电源 DC_3 时，针对预期短路电流为 I_{SCPV} 的 2.7 倍的试验，应采用一个额定电流为 80%至 120%的 I_{SCPV}，特性为 gPV 的熔断器（用于探测）与试品串联。

4) 针对不满足合格判别标准中对于分段时间的要求的 SPD，可重复测试，但剩余的电压限制元件可被相同性质且比原元件的压敏电压低的元件替代，也允许增大测试电压而不必更换限压元件。如果再次不满足时间要求，可重复此程序。

5) 如果内部和外部脱离器在上述试验中分别都动作，则需要进行一个附加试验。试验电流设定为外部脱离器额定电流的 5 倍（如果没有超过 I_{SCPV}），但对脱离器动作时间无要求。

6) 如果使用线性直流电源，在试验过程中未达到预期的开路失效模式，则应使用模拟 PV 电源重复试验。

d) 合格判别标准：

1) 开路模式：对于制造商声明过载特性模式为开路模式的 SPD，应满足以下要求：电源电流应被一个内部或外部的脱离器分断；当使用预期短路电流为 I_{SCPV} 的电源 PV_4 或预期短路电流为 2.7 倍 I_{SCPV} 的电源 DC_3 时，分断时间应少于 20 s；当采用电流为 2.7 倍 I_{SCPV} 的电源 DC_3 进行试验时，用于探测的熔断器不应动作；当使用预期短路电流为 I_{SCPV} 的电源 DC_3 时，分断时间应少于 1 min；当使用预期短路电流为 10 A 的电源 PV_4 和 DC_3 时，分断时间应少于 20 min。应通过一个或多个内部和/或外部脱离器来实现脱离，应检查是否给出正确的状态指示。对防护等级大于或等于 IP20 的 SPD，使用标准试指施加一个5 N 的力（见 EN 60529）不应触及带电部件（SPD 按正常安装后在试验前已可触及的带电部件除外）。如果试验过程中发生脱离（内部或外部），对应保护元件的有效脱离应该有清晰的指示。如果发生内部脱离，试品按正常使用连接到 U_{CPV} 保持 1 min。试验电源应有大于或等于 200 mA 的短路电流能力，流过相关保护元件的电流不应超过 1 mA。流过与相关保护元件并联的元件或其他电路（如指示器电路）的电流，只要其不会造成电流流过相关保护元件，可忽略。此外，如果有的话，流过 PE 端子的电流，包括并联电路和其他电路（如指示器电路），不应超过 1 mA。正常使用中如果有超过一个的连接方式，应检查每一个可能的连接方式。薄纸不应燃烧。

2) 短路模式：对于制造商声明的过载特性模式为短路模式的 SPD，应满足：当使用预期短路电流为 I_{SCPV} 的电源 PV_4，试验过程中 SPD 应在少于 20 s 的时间内进入短路模式；当达到短路模式后（由电流表监测），使用另一个直流电源继续提供与 I_{SCPV} 大小相同的短路电流；当使用预期短路电流为 10 A 的电源 PV_4，SPD 应在少于 20 min 内进入短路模式。不同电源的切换应当在 10 s 内完成，短路电流应当从试验开始后保持 2 h 或保持至达到稳定状态。在试验过程中,在最热点的表面温升不应超过 120 ℃。应通过状态指示器检测和确认短路模式的指示是否正确;薄纸不应燃烧。

注:如果温度变化在 10 min 内小于 2 ℃,则视为达到稳定状态。

6.3.3.2.4.5 在高(中)压系统的故障引起的暂时过电压(TOV)下试验

有如下要求:

a) 一般要求:

1) 应该选取附录 P 的相关表格中的 TOV 电压 U_T,或者制造商在 7.1c)1)中声明的 TOV 电压,两者中取大者;

注:表 P.1 适用于所有的 SPD。

2) 应采用新的试品并按制造商要求的正常使用条件安装,试品连接至图 16 所示的试验电路或等效的电路。

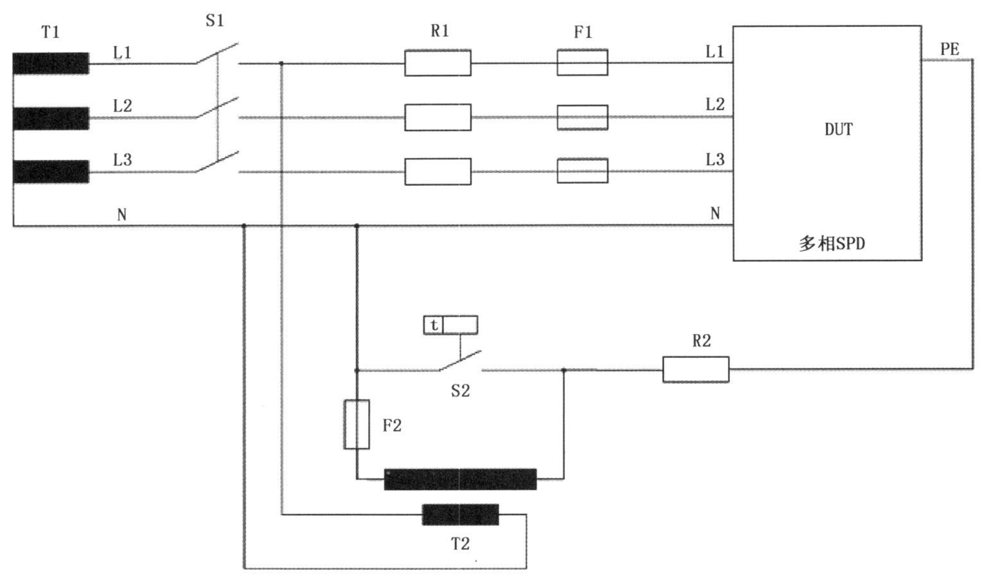

说明:

S1 ——主开关;

S2 ——定时开关,在主开关闭合 200 ms 后闭合;

F1 ——按制造商的说明推荐的最大后备过电流保护;

F2 ——TOV 变压器保护熔断器(需要耐受 300 A 持续 200 ms);

T1 ——二次绕组电压为 U_{REF} 的电源变压器;

T2 ——TOV 变压器,一次绕组电压为 U_{REF},二次绕组电压为 1200 V;

R1 ——调节 U_{REF} 电源的预期短路电流的限流电阻;

R2 ——调节 TOV 电路的预期短路电流至 300 A 的限流电阻(约 4 Ω);

DUT——被试装置。

图 16 在高(中)压系统故障引起的 TOV 下试验 SPD 时采用的电路示例

b) 试验程序：

1) 通过闭合 S1 在 L1 相的 90°电角度处对试验试品施加 $U_{T}{}_{-5}^{0}\%$。

2) 在 TOV 施加时间 $t_{T}{}_{-5}^{0}\%$后，S2 自动闭合。

3) 通过短路 TOV—变压器(T2)的二次绕组把 SPD 的 PE—端子连接至中性线(经过限流电阻 R2)，这将使保护 TOV 变压器的熔断器 F2 动作。

4) 图 16 和图 17 是试验电路的实例和该试验相应的时序图。允许采用其他的试验电路，只要它们确保对 SPD 有相同的应力。其他试验电路的示例见附录 Q。

5) 电源 U_{REF} 的预期短路电流应等于制造商声明的最大后备过电流保护的额定电流的 5 倍，如果没有声明最大后备过电流保护，则为 300 A。电流允差为${}_{0}^{+10}\%$。

6) TOV 变压器输出的预期短路电流应通过 R2 调节至 300 $A_{0}^{+10}\%$。

7) U_{REF}施加到试品上保持 15 min 不断开，直至开关 S1 重新断开(中性线接地的 SPD 例外)。

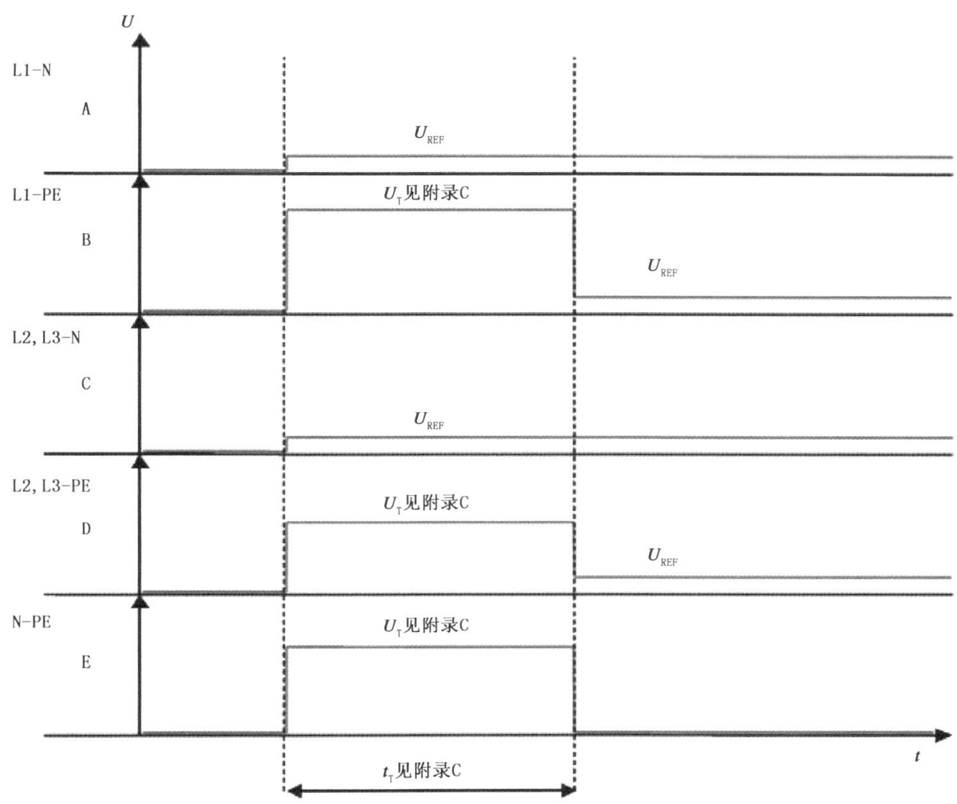

图 17 在高(中)压系统故障引起的 TOV 下 SPD 端子上预期电压的相应时序图

c) 合格判别标准：

1) TOV 故障模式：试验过程中，试品不应发生可见的损害。试验后，检查发现的细小的凹痕或裂缝如不影响防直接接触，则可以忽略，除非 SPD 的防护等级(IP 代码)被破坏。试品上不应有燃烧的痕迹。脱离应通过一个或多个内部和/或外部脱离器来实现，应检查它们是否给出正确的状态指示。对防护等级大于或等于 IP20 的 SPD，使用标准试指施加一个 5 N 的力(见 GB 4208—2017)不应触及带电部件(SPD 按正常安装后在试验前已可触及的带电部件除外)。如果试验过程中发生脱离(内部或外部)，对应保护元件的有效脱离应该有清晰的指示。如果发生内部脱离，试品按正常使用连接到额定频率的 U_C 保持1 min。试验电源应有大于或等于 200 mA 的短路电流容量，流过相关保护元件的电流不应超过

1 mA。流过与相关保护元件并联的元件或其他电路(如指示器电路)的电流,只要它们不会造成电流流过相关保护元件,可忽略。此外,如果有的话,流过 PE 端子的电流,包括并联电路和其他电路(如指示器电路),不应超过 1 mA。电源流出的短路电流,如果有的话,应该在 5 s 内通过一个或多个内部和/或外部脱离器切断。薄纸不应燃烧。不应有对人员或设备产生的爆炸或其他危险。正常使用中如果有超过一个的接线方式,应检查每一个可能的接线方式。

2) TOV 耐受模式:试验过程中不应发生可见的损害。试验后,试品上不应有燃烧的痕迹。试验后的限制电压值应小于或等于 U_P。应按照 6.3.3.2.2.1 的试验来确定限制电压。但 6.3.3.2.2.1 b)的试验,对Ⅰ类试验采用峰值为 I_{imp} 的 8/20 μs 冲击电流;对Ⅱ类试验采用峰值为 I_n 的 8/20 μs 冲击电流;Ⅲ类试验则仅用 U_{OC} 按照 6.3.3.2.2.1 d)进行试验。试验后,不应有过量的泄漏电流。试品根据制造商要求按正常使用连接到参考试验电压 U_{REF} 的电源,测量流过每个端子的电流。电流的阻性分量(在正弦波峰值处测量)不应超过 1 mA,或者电流增量不超过相关试验序列开始时初值的 20%。任何可重置或装配的脱离器应手动分断(如适用)。应施加 2 倍 U_C 或 1000 V 交流电压(二者间高的)来检查绝缘强度。试验过程中,绝缘体不得出现闪络或穿破,包括内部的(穿孔)或外部的(起痕)以及其他击穿放电的现象。此外,对于仅连接 N-PE 的 SPD 模式,应测量流过 PE 端子的电流,此时将 SPD 的端子连接到 U_C 的电源,电流的阻性分量(在正弦波峰值处测量)不应超过 1 mA,或者电流不应超过在相关试验初始时测量结果的 20%。试验时,制造商规定的内部脱离器不应动作;试验后,脱离器应处在正常工作状态。对防护等级大于或等于 IP20 的 SPD,使用标准试指施加一个 5 N 的力(见 GB 4208—2017)不应触及带电部件(SPD 按正常安装后在试验前已可触及的带电部件除外);电源流出的短路电流,如果有的话,应该在 5 s 内通过一个或多个内部和/或外部脱离器切断。薄纸不应燃烧。不应有对人员或设备产生的爆炸或其他危险。正常使用中如果有超过一个的接线方式,应检查每一个可能的接线方式。试验后,试品应达到热稳定。检查发现的细小的凹痕或裂缝如不影响防直接接触,则可以忽略,除非 SPD 的外壳防护等级(IP 代码)被破坏。试品应没有击穿或闪络的迹象。

注:正常工作状态是指脱离器未发生损坏,可继续操作。操作性可通过手动进行检查(在可能的地方),或在制造商和实验室协议下通过简单的电气试验来检查)。

6.3.3.2.4.6 残流试验

残留试验的要求与合格判别标准如下:

a) 试验要求:

1) SPD 按制造商的要求正常连接,电压调整到参考试验电压(U_{REF})。

2) 对于连接至光伏系统直流侧的 SPD,连续在+对 PE 和一对 PE 端子间施加的电源应满足:直流电源,电压为 U_{CPV};交流电源,应能提供峰值相当于最大持续工作电压 U_{CPV} 的 50 Hz正弦电压。

3) 测量流过 PE 端子的残流。对于连接至光伏系统直流侧的 SPD,流过 PE 端的(直流或交流)的残流都要求被记录。

注 1:如果制造商允许 SPD 安装有几种配置,本试验应对每种配置进行。

注 2:测量是真有效值的电流。

注 3:如果 SPD 包括一个专门的只连接到 PEN 导线上的端子,该端子不认为是 PE 端子。

b) 合格判别标准:测量得到的残留不应超过制造商根据 7.1b)13)提供的值。

6.3.3.2.4.7 在低压电气系统故障引起的 TOV 下试验

包括电压要求、试验程序、合格判别标准：

a) 电压要求：

SPD 应该使用附录 P 的相关表格中 TOV 电压 U_T，或者制造商在 7.1c) 1)中声明 TOV 电压，两者中取大者。

注：表 P.1 适用于所有的 SPD。

b) 程序要求：

1) 应采用新的试品并按制造商要求的正常使用条件安装。
2) 试品应连接到 $U_{T}{}^{0}_{-5}\%$ 的工频电压，持续时间为 $t_{T}{}^{+5}_{0}\%$。
3) 除了失零试验，U_T 电源应能输出足够大的电流，以确保在试验过程中 SPD 端子上的电压不会跌落到超过 U_T 的 5%。对于失零试验，电源应能输出 10 A 的预期短路电流。
4) 紧接着在施加 U_T 后，应在试品上施加等于 $U_{REF}{}^{0}_{-5}\%$ 并具有同样电流能力的电压 15 min。
5) 对于失零试验，U_{REF} 的电源应能输出等于 SPD 声明的额定短路电流的预期短路电流。
6) 试验周期之间的时间间隔应尽可能短，并且在任何情况下不应超过 100 ms。试品连接至图 18 的试验电路。图 18 和图 19 是试验电路的实例和试验相应的时序图。

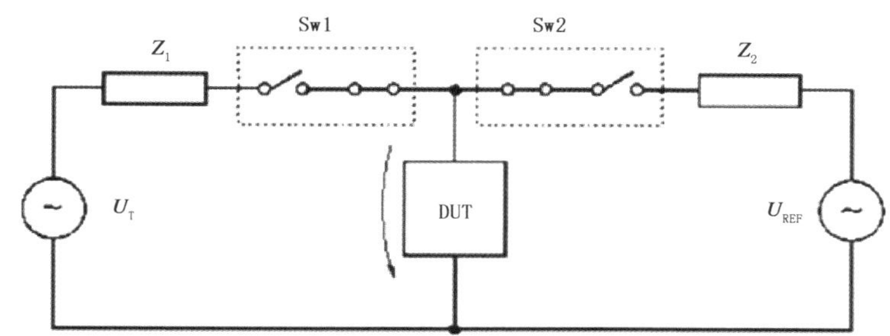

说明：

U_T ——根据附录 P 的 TOV；
U_{REF} ——根据附录 B 的参考试验电压；
Z_1 ——调节 U_T 电源的预期短路电流的阻抗；
Z_2 ——调节 U_{REF} 电源的预期短路电流的阻抗；
Sw1 ——施加 TOV 的开关；
Sw2 ——施加参考试验电压的开关；
DUT——被试装置(SPD+脱离器，如适用)。

图 18 在低压电气系统故障引起的 TOV 下进行试验的电路示例

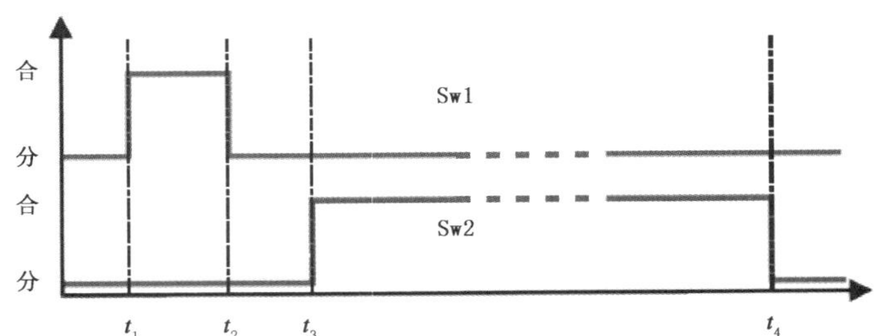

说明：

$t_1=0$；

$t_2=t_{T}{}_{0}^{+5}\%$；

$t_2\leqslant t_3<(t_2+100\ \mathrm{ms})_{0}^{+5}\%$；

$t_4=t_T+15\ \mathrm{min}_{0}^{+5}\%$。

图19　在低压电气系统故障引起的TOV下进行试验的时序图

c) 合格判别标准：

1) TOV故障模式：试验过程中，不应发生可见的损害。试验后，检查发现的细小的凹痕或裂缝如不影响防直接接触，则可以忽略，除非SPD的防护等级(IP代码)被破坏。脱离应通过一个或多个内部和/或外部脱离器来实现，应检查它们是否给出正确的状态指示。对防护等级大于或等于IP20的SPD，使用标准试指施加一个5 N的力(见GB 4208—2017)不应触及带电部件(SPD按正常安装后在试验前已可触及的带电部件除外)。如果试验过程中发生脱离(内部或外部)，对应保护元件的有效脱离应该有清晰的指示。如果发生内部脱离，试品按正常使用连接到额定频率的U_C保持1 min。试验电源应有大于或等于200 mA的短路电流容量，流过相关保护元件的电流不应超过1 mA。流过与相关保护元件并联的元件或流过其他电路(如指示器电路)的电流，只要它们不会造成电流流过相关保护元件，可忽略。此外，如果有的话，流过PE端子的电流，包括并联电路和其他电路(如指示器电路)，不应超过1 mA。电源流出的短路电流，如果有的话，应该在5 s内通过一个或多个内部和/或外部脱离器切断。薄纸不应燃烧。不应有对人员或设备产生的爆炸或其他危险。试验后，试品上不应有燃烧的痕迹。正常使用中如果有超过一个的接线方式，应检查每一个可能的接线方式。

2) TOV耐受模式：试品按照制造商要求连接到参考试验电压U_{REF}的电源，测量流过每个端子的电流。电流的阻性分量(在正弦波峰值处测量)不应超过1 mA，或者电流增量不超过相关试验序列开始时初值的20%。任何可重置或装配的脱离器应手动分断(如适用)。应施加2倍U_C或1000 V交流电压(二者间高的)来检查绝缘强度。试验过程中，绝缘体不允许出现闪络或穿破，包括内部的(穿孔)或外部的(起痕)以及其他击穿放电的现象。对于仅连接N-PE的SPD模式，应测量流过PE端子的电流，此时将SPD的端子连接到U_C的电源。电流的阻性分量(在正弦波峰值处测量)不应超过1 mA，或者电流不应超过在相关试验初始时测量结果的20%。试验时，制造商规定的内部脱离器不应动作；试验后，脱离器应处在正常工作状态。对防护等级大于或等于IP20的SPD，使用标准试指施加一个5 N的力(见GB 4208—2017)不应触及带电部件(SPD按正常安装后在试验前已可触及的带电部件除外)。电源流出的短路电流，如果有的话，应该在5 s内通过一个或多个内部和/或外部脱离器切断。薄纸不应燃烧。不应有对人员或设备产生的爆炸或其他危险。试验过程中，试品不应发生可见的损害。试验后，试品应达到热稳定，试品上不应有燃烧的痕迹，应没有击穿或闪络的迹象，不应有过量的泄漏电流。试验后的限制电压值

应小于或等于 U_P。限制电压应按照 6.3.3.2.2.1 的试验确定，6.3.3.2.2.1 b)的试验，对Ⅰ类试验采用峰值为 I_{imp} 的 8/20 μs 冲击电流；对Ⅱ类试验采用峰值为 I_n 的 8/20 μs 冲击电流；Ⅲ类试验则仅用 U_{OC} 按照 6.3.3.2.2.1 d)进行试验。

注：本条款中，正常工作状态是指脱离器未发生损坏，可继续操作。操作性可通过手动进行检查（在可能的地方），或在制造商和实验室协议下通过简单的电气试验来检查。

6.3.3.3 适应传输特性电气性能试验

6.3.3.3.1 一般要求

连接至电子系统信号网络的 SPD，其传输特性应符合电子系统信号网络的要求。表 19 提供了适用的传输特性试验选择内容，但是这些选择并非是固定或强制的。一般情况下，试验选择内容依据制造商给出的标称值或由用户提出的要求确定。

表 19 适用的传输特性试验选择内容

传输特性测试项目	应用于模拟信号系统（＜20 kHz）	应用于数字信号系统	应用于视频系统
分布电容（见 6.3.3.3.2）	●	●	●
插入损耗（见 6.3.3.3.3）	●	●	●
回波损耗（见 6.3.3.3.4）	—	●	●
纵向平衡（见 6.3.3.3.5）	●	●	●
误码率（见 6.3.3.3.6）	—	●	—
近端串扰（见 6.3.3.3.7）	●	●	●
频率范围（见 6.3.3.3.8）	—	—	—
传输速率（见 6.3.3.3.9）	—	—	—
● 表示适用；—表示不适用。			

6.3.3.3.2 分布电容测试

SPD 的电容用信号发生器测量，测量频率为 1 MHz，电压为 1 V（有效值），每次测量一对端子，所有未参与测量的端子连接在一起，并在信号发生器处接地。不应施加直流偏置。

注：某些 SPD 的电容是与偏置电压有关的。在某些应用中，这种偏置电压可只出现于一对通信线的一条线上，从而导致电容明显不平衡。

6.3.3.3.3 插入损耗测试

试验电路见图20,用不长于1 m且有合适特性阻抗的导线代替图中的SPD进行测量,然后,用试品SPD替换这根导线测量分贝值。插入损耗是二次测量的矢量差。表20列出各种特性阻抗、频率范围以及电缆类型。测试电平宜采用−10 dBm。

在传输频率范围内,图20中组合的平衡—不平衡变换器及测试导线上所测损耗应不超过3 dB。应在拟用SPD的传输系统的传输频段范围内测量插入损耗并作出记录。

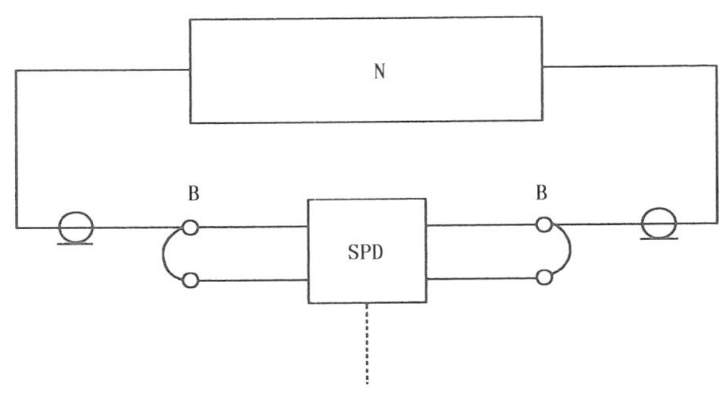

说明:

N——网络分析仪;

B——平衡—不平衡转换器。

图20 插入损耗测试电路

表20 图20的标准参数

频率范围	特性阻抗 Z_0 Ω	电缆类型
300 Hz～4 kHz	600	双绞线
4 kHz～300 MHz	100、120或150	双绞线
≤1 GHz	50或75	同轴电缆
>1 GHz	50	同轴电缆

6.3.3.3.4 回波损耗测试

电路图见图21,用不长于1 m且具有合适特性阻抗的导线代替SPD测量回波损耗。然后,插入SPD再作测量。各种特性阻抗、频率范围及电缆类型见表20。测试电平宜采用−10 dBm。

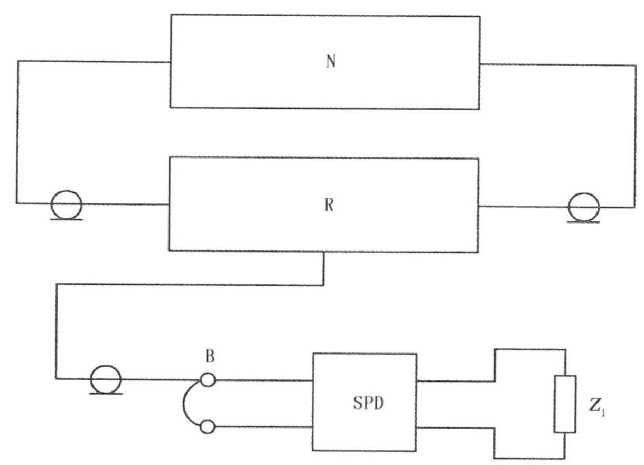

说明：

N ——网络分析仪；

R ——反射电桥；

B ——平衡—不平衡转换器；

Z_1 ——终端阻抗 100 Ω 或 120 Ω 或 150 Ω。

图 21　回波损耗测试电路

信号施加到 SPD 上，在施加信号的端子上测量反射回来的信号。应在拟用 SPD 的传输系统的传输频段范围内测量回波损耗并作出记录。

6.3.3.3.5　纵向平衡测试

图 22 为三端、四端及五端 SPD 平衡测试的连接方式。对于四端及五端 SPD，应在开关 S1 打开和闭合两种情况下测试。纵向平衡的计算公式为：

$$K_{LCL}=20\lg(V_s/V_m)$$

式中：

K_{LCL}——纵向平衡，单位为分贝(dB)；

V_s ——纵向电压；

V_m ——受试 SPD 产生的电压，V_s，V_m 两种信号具有相同的频率。

除非另有规定，对模拟音频系统，应在 200 Hz、500 Hz、1000 Hz 及 4000 Hz 频率下测试；而对数据传输系统，应在 5 kHz、60 kHz、160 kHz 及 190 kHz 频率下测试。图 22 中的阻抗值见表 21。如果 SPD 的纵向平衡受直流偏置电压影响，则应在每个 SPD 端子上施加合适直流偏置电压的情况下测试。

表 21　纵向平衡测试的阻抗值

f/kHz	Z_1/Ω	Z_2/Ω
＜4	300	350
＜190	55 或 67.5[a]	[a]

[a] 由制造商规定。

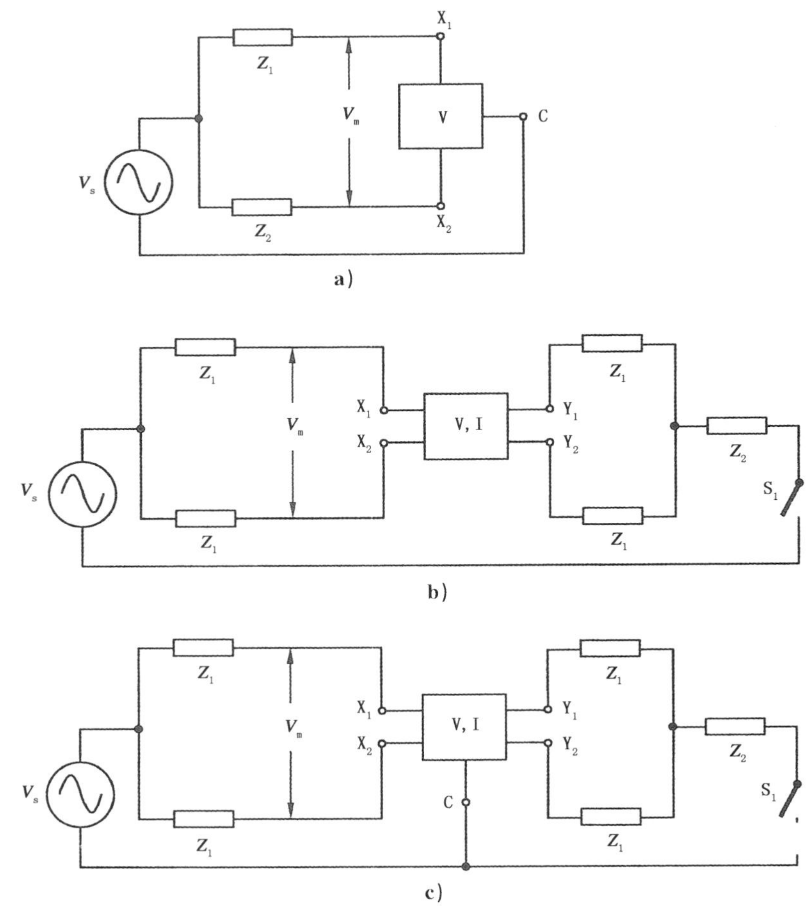

说明：

V_s ——干扰共模电压(纵向的)；

V_m ——差模电压(导线间)；

Z_1,Z_2 ——终端阻抗；

V ——电压限制元件；

V,I ——电压限制元件或电压限制元件与电流限制元件的组合；

X_1,X_2 ——线路端子；

Y_1,Y_2 ——被保护的线路端子；

C ——公共端子。

图 22 纵向平衡测试电路

当纵向平衡取决于SPD的串联电阻的匹配情况时，纵向平衡值可规定为串联电阻最大偏差的欧姆值或串联电阻之间差值的百分数。

6.3.3.3.6 误码率(BER)测试

误码率可用来判定通信或数据存储产品的性能，比如，在传输100000个码中有2.5个不正确，其误码率即为2.5除以10^5，即2.5×10^{-5}。图23为误码率(BER)测试电路(分有SPD及无SPD两种情况下测量误码率)。不同传输速率的测试时间见表22。误码率测试仪的发送阻抗及接收阻抗应等于传输应用系统的特性阻抗。

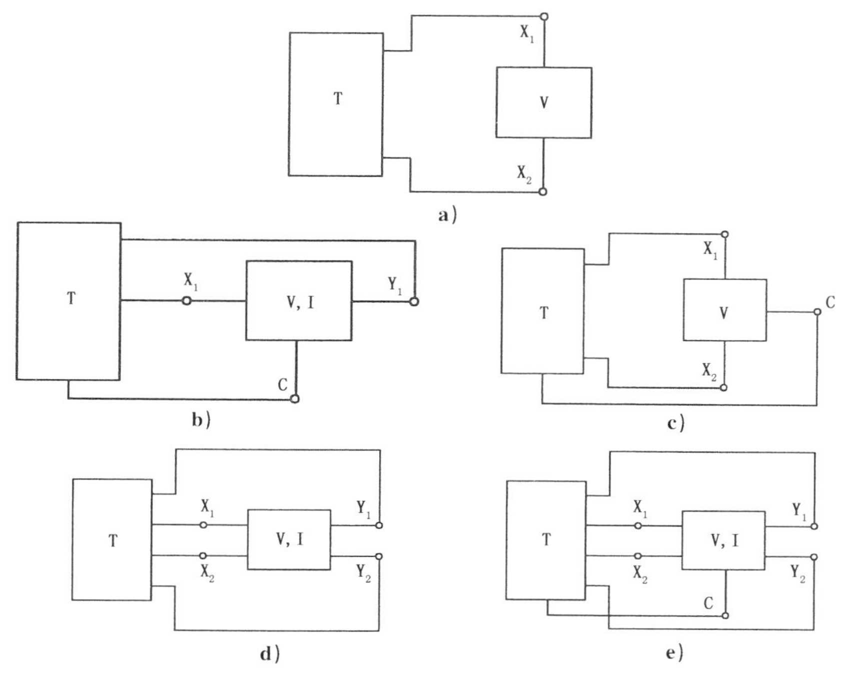

说明：

T ——BER 检测器；

V ——电压限制元件；

V,I ——电压限制元件或电压限制元件与电流限制元件的组合；

X_1,X_2 ——线路端子；

Y_1,Y_2 ——被保护的线路端子；

C ——公共端子。

图 23 误码率测试电路

表 22 误码率测试的测试时间

伪随机位模式(R)	测试时间
R<64 kbit/s	1 h
64 kbit/s≤R<1554 kbit/s	30 min
R≥1554 kbit/s	10 min

6.3.3.3.7 近端串扰(NEXT)测试

近端串扰是将一根短的平衡测试导线按图 24 接于 SPD 的情况下测量的。一个平衡的输入信号施加到被 SPD 串扰线路上，在测试导线的近端测量被串扰线路的感应信号。测试信号电平宜采用−10 dBm。

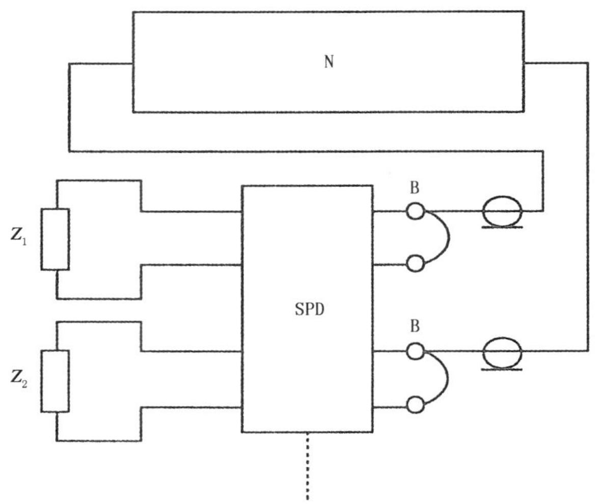

说明：

N ——网络分析仪；

B ——平衡—不平衡转换器；

Z_1,Z_2——终端阻抗。

图24 近端串扰测试电路

在传输频段范围内组合的平衡—不平衡变换器及测试导线上测量到的损耗不应超过3 dB。应在拟用SPD的传输系统的传输频段范围内测量近端串扰并作出记录。

6.3.3.3.8 SPD频率范围(f_G)测试

如图20所示，首先将网络分析仪校零，然后放置3 dB插入损耗导线。接入SPD后读出小于3 dB插入损耗的频率范围。打印出测试结果。

6.3.3.3.9 SPD数据传输速率测试

直接测量SPD数据传输速率有困难，但可由频率范围(f_G)进行推导。SPD的数据传输速率(V_s)与频率范围(f_G)有如下近似公式。

$$V_s = 2f_G$$

式中：

V_s——SPD的数据传输速率，单位为比特每秒(bit/s)；

f_G——频率范围，单位为赫兹(Hz)。

注：实际应用中 $V_s = 1.25f_G$

6.3.4 机械性能试验

SPD组件应有足够机械强度以便承受安装和使用过程中遭受的机械应力。

摆锤撞击试验装置见图25。

单位为毫米

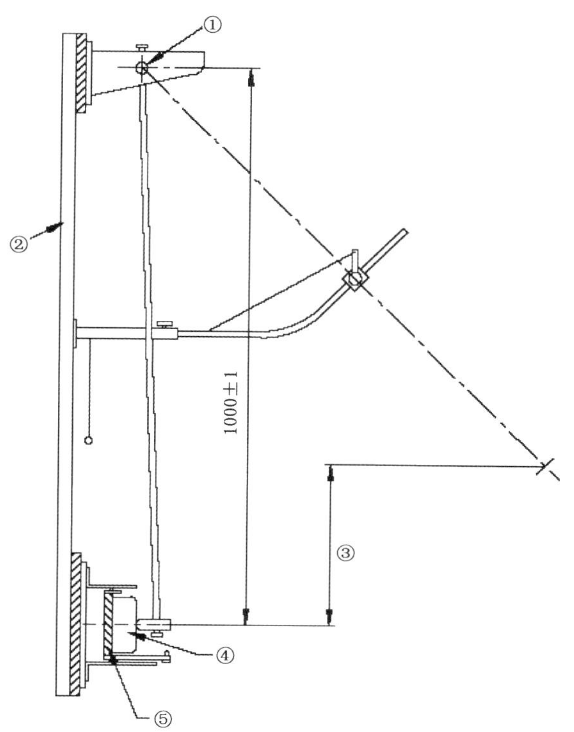

a） 试验装置

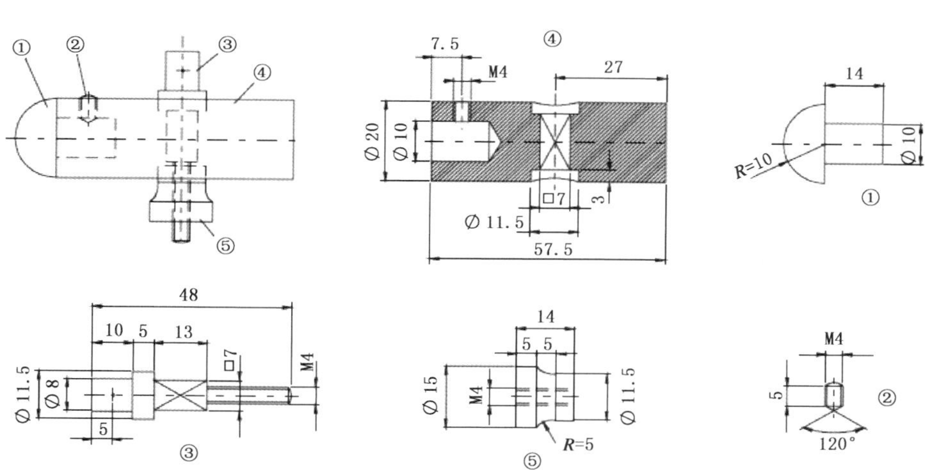

b） 储能摆锤的撞击元件

说明：

①——摆；

②——框架；

③——下落高度；

④——试品；

⑤——安装架。

图 25 撞击试验装置

撞击件的头部为半球形面，其半径为10 mm，由聚酰胺材料制成，硬度为洛氏硬度HR100。撞击件的质量为150 g±1 g，牢固地固定在一个外径为9 mm，厚为0.5 mm的钢管下端，钢管上端装于枢轴上，使撞击件只能在垂直面内摆动，枢轴位于撞击件轴上面1000 mm±1 mm处。

注：洛氏硬度测定可参考ISO 2039-2：1987。

试验装置应这样设计：应在撞击元件表面上施加1.9 N～2.0 N的力，才能将钢管保持在水平位置。试品安放在一块层压板上，层压板为正方形，每边长175 mm，厚度为8 mm。层压板的上端和底部固定在隆起的安装支持件上，安装支持件由钢或铸铁制成，重10 kg±1 kg，安装支持件用轴销装在坚固的支架上，支架固定在砖、水泥或类似物品的墙上。

对于嵌入式SPD，试品安装在由硬质木材或类似材料做成的枕块的凹洞内，凹洞固定在支持件固定的层压板上。

如果枕块是由木板制成的，木材木纹的走向应与撞击方向垂直。

撞击试验设备应这样设计：

——试品安放的位置，能使撞击点正好位于通过撞锤的枢轴的垂直平面内；

——试品可水平移动并且可围绕垂直于层压板面的轴旋转；

——层压板可围绕垂直轴转动。

在施加撞击之前，底部、盖子及类似件的固定螺钉都要用规定的扭矩规定值的2/3拧紧。

可移式SPD试验与固定式的SPD试验一样，在试验前应使用辅助方法将其固定在层压板上。SPD应用螺钉固定安装在轨道上，或用螺钉固定在层压板上试验。

撞击元件应由表23规定的高度坠落。

表23　用于撞击试验的下落高度

下落高度 cm	受撞击的外壳部件	
	普通SPD[a]	其他SPD[b]
10	A和B	—
15	C	A和B
20	D	C
25	—	D

A：前面部件，包括凹进部件。
B：正常使用安装后，从安装表面突出小于15 mm的部件（距墙壁），A件除外。
C：正常使用安装后，从安装表面突出大于15 mm且小于25 mm的部件（距墙壁），A件除外。
D：正常使用安装后，从安装表面突出25 mm以上的部件（距墙壁），A件除外。

[a] 普通SPD指正常使用安装时，IP代码为IPX0或IPX1。
[b] 其他SPD指IP代码高于IPX1的SPD。

下落高度由试品表面最突出部件计算，且应将机械应力施加在除A部件以外的所有部位。

下落高度应为摆锤释放时检查点位置和撞击时该点位置之间的垂直距离，检查点标在撞击件的表面上，通过摆的钢管和撞击件的轴线与穿过两条轴线的平面垂直的交点与试品表面相撞。试品应受到均匀分布在试品上的撞击力，撞击力不应施加于敲落孔上。

应对A部件进行五次撞击，一次击在中心。当试品水平移动后，在中心与各边缘间薄弱的点各撞击一次，然后把试品绕它的垂直于层压板的轴线转动90°之后对各类似点各做一次撞击。

对于B（适用时）、C和D部件进行四次撞击：在层压板转动60°后对试品的一个侧面进行一次撞击试验；之后，在保持层压板位置不变下，将试品绕其垂直于层压板的轴线旋转90°后撞击另一侧面一次。

把层压板向另一方向旋转60°后，在试品的另两侧面各撞击一次。

试验后，试品应无损伤。特别是带电部件用标准试指不应触及。

注：对外表损伤以及不导致爬电距离或电气间隙减小的小凹痕以及不会对防直接接触保护或防止有害水进入产生不利影响的小碎片等均可忽略不计。

6.3.5 工作环境要求试验

6.3.5.1 户外型SPD的爬电距离和IP代码

户外型SPD的爬电距离试验见表2和本部分6.3.3.1.2的试验。户外型SPD的IP代码试验见GB 4208—2017。

6.3.5.2 户外型SPD的环境试验

户外型SPD的环境试验见附录M。

6.3.5.3 光伏系统直流侧SPD的湿热条件下的寿命测试

包括试验程序要求及合格判别标准：

a) 试验程序要求：
   1) 试验按照GB/T 2423.3—2016进行(适用于每种保护模式的样品)；
   2) 在试验开始前先测量 I_{CPV} 以备参考。试品随后放入温度为40 ℃±2 ℃、相对湿度为93%±3%的环境箱500 h；
   3) 在试验过程中，每种保护模式被连接在一个预期短路电流至少为100 mA的试验电源上，将直流电压调节至 U_{CPV}；
   4) 试验后，将样品从环境箱中取出1 h±10 min后测量 I_{CPV}；
   5) 正常使用中如果有超过一个的连接方式，应检查每一个可能的连接方式。

b) 合格判别标准：
   1) 试验后，将样品从环境箱中取出1 h±10 min后测量 I_{CPV}。
   2) 将样品从环境箱中取出1 h±10 min后，试品不应发生可见的损坏，检查发现的细小的凹痕或裂缝如不影响防直接接触，则可以忽略，除非无法保持SPD的防护等级(IP代码)。试品上不应有燃烧的痕迹。
   3) 试验后，不应有过大的泄漏电流。判断方法见6.3.7.1.3中的合格判别标准的b)。
   4) 试验时，制造商规定的内部脱离器不应动作；试验后，脱离器应处在正常工作状态。

注：正常工作状态是指脱离器未发生损坏，可继续操作。操作性可通过手动进行检查(在可能的地方)，或在制造商和实验室协议下通过简单的电气试验来检查。

6.3.6 安全要求试验

6.3.6.1 防直接接触试验

6.3.6.1.1 绝缘部件

按SPD正常使用安装方法安装好试品，先用表8中的最小截面积的连接导体连接试品进行试验，然后用表8中的最大截面积导体连接试品进行试验。

根据GB 4208—2017，用标准试指试着触模每个可能的位置。

对于插拔式SPD，当可插拔模块部分地或完全插入卡座后，用标准试指试着触摸每个可能的地方。

用一个额定电压值大于40 V且小于50 V的电气指示器(灯)来显示接触状态。

6.3.6.1.2　金属部件

按正常使用条件安装及连接SPD。除了与载流部件隔离的用于紧固基座、盖板、插座盖的小螺钉和类似零件外，把其他可触及的金属部件用低阻抗导线与接地端子相连。

在每一个连接的可触及的金属部件与接地端子之间依次通上电流（交流电源无负载电压不超过12 V），电流为25 A或1.5倍额定负载电流（两者中选较大值）。

测量金属部件与接地端子之间的电压降，并以电压降与电流之比计算电阻值，其值不应大于0.05 Ω。

测量仪表电极端与被测物之间的接触电阻不应过大以至影响试验结果。

6.3.6.2　机械强度试验

机械强度试验见本部分6.3.3的要求。

6.3.6.3　耐热性

6.3.6.3.1　耐热试验

把SPD放置在烘箱内保持1 h，温度设置为100 ℃±2 ℃。试验中SPD内部装配所用的密封混合物不应有明显的外流。从烘箱取出试品自然冷却至环境温度后，试品按正常使用安装时用标准试指施加不超过5 N的力不能触及载流部件。即使SPD的脱离器断开也认为该SPD通过了试验。

6.3.6.3.2　球压试验

用绝缘材料制成的SPD的外部零件应用图26所示的装置进行球压试验。

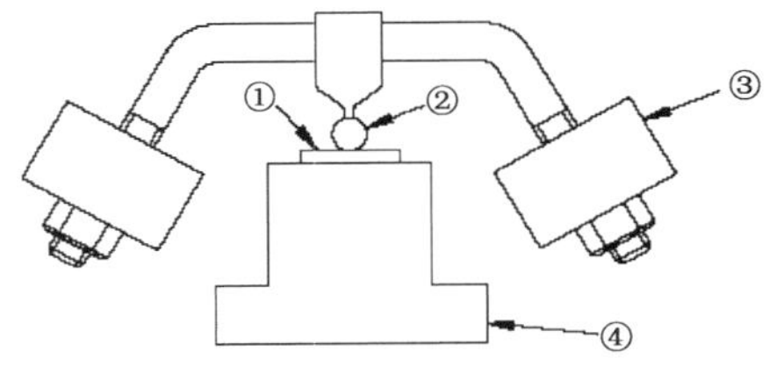

a）　球压试验装置

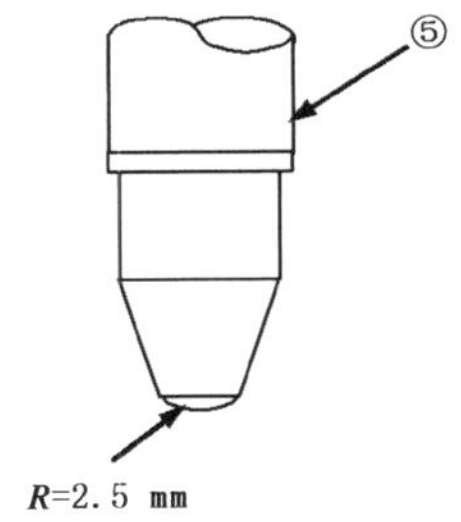

b）　球压试验装置的载荷杆

说明：

①——试品；

②——压力球；

③——重物；

④——试品支架；

⑤——载荷杆。

图26　球压试验装置

用于把载流部件同接地电路隔开并固定在一定位置上的绝缘材料制成的外部零件（用于把载流部件同接地电路隔开并固定在一定位置上），在 125 ℃±2 ℃环境下进行试验。

其他绝缘材料制成的外部零件，在 70 ℃±2 ℃环境下进行试验。

试品固定在钢架上并使其表面处于水平位置，然后把一直径为 5 mm 的钢球用 20 N 的力压在其表面。

1 h 后，移开钢球。把试品浸入冷水中，使其温度在 10 s 内下降至室温。试品表面的钢球凹痕直径应不大于 2 mm。

注：如果绝缘材料为陶瓷材料，则不进行本试验。

6.3.6.4 绝缘电阻

6.3.6.4.1 预处理

试品应按以下规定进行预处理：如果预留有供电缆进出的孔，应让其敞开着；如果有敲落孔，则敲落其中的一个孔。把不借助工具就能卸下的盖子或其他部件取下与主要部件一起进行潮湿试验。把试品放置入温湿度箱前，应预热至环境温度 T ℃至（T+4）℃。

把试品置于温湿度箱中保持 48 h。

注 1：潮湿试验环境为一个相对湿度为 93%±3%、各点温度相同的温湿度箱（温度范围为 20 ℃～30 ℃）。

注 2：大多数情况下，试品在进入温湿度箱前应在所要求的温度下至少保持 4 h，即能达到环境温度 T ℃至（T+4）℃。

注 3：温湿度箱中放置硫酸钠（Na_2SO_4）或硝酸钾（KNO_3）的饱和水溶液，并使其与箱内空气有一个足够大的接触面，就可获得所需湿度。

6.3.6.4.2 连接至低压电气系统 SPD 的测量

在温湿度箱中取出试品放置 30 min～60 min，然后用直流 500 V 电压测量其绝缘电阻，直流电压持续时间为 60 s。

测试在温湿度箱内或在使试品达到规定温度的房间内进行。依次测试如下部位：

a） 所有互相连接的带电部件和 SPD 易偶尔接触的壳体之间；

注 1：本试验术语“壳体”包括：

——所有容易触及的金属部件和按正常使用安装后可触及的绝缘材料表面覆盖的金属箔；

——安装 SPD 的平面，表面可能覆盖的金属箔；

——把 SPD 固定在支架上的螺钉和其他工件。

注 2：连接至 PE 的保护元件在本试验时可断开。

b） SPD 主电路的带电部件和辅助电路的带电部件（如果有的话）之间。

对于这些测量，覆盖的金属箔应使可能存在的模铸件受到有效的试验。

所测量的绝缘电阻应满足（试验的合格判别标准）：

——a）中测量值应不低于 5 MΩ；

——b）中测量值应不低于 2 MΩ。

6.3.6.4.3 连接至电子系统信号网络的 SPD 的测量

应按两种极性分别各测一次一对端子的绝缘电阻。试验电压应等于 U_C。如果 SPD 的 U_C 有直流值和交流值，SPD 应用直流测量；如果 SPD 的 U_C 只有交流值，也采用直流测量（其直流电压为交流值的 $\sqrt{2}$倍）。对于有极化结构（依赖于极性）的直流 SPD，试验应仅在单极下进行。应测量流过被测端子间的电流。

绝缘电阻应等于或高于制造商给定的值。

6.3.6.5 阻燃性能试验(灼热丝试验)

试验可在一台试品上进行。

根据 GB/T 5169.11—2017 中第 4 章至第 10 章要求进行下列试验：

a) 对于 SPD 中用绝缘材料制成的把载流部件和保护电路的部件保持在位置上的外部零件，试验应在 850 ℃±15 ℃温度下进行；

b) 对于所有由绝缘材料制成的其他零件，试验应在 650 ℃±10 ℃温度下进行。

注 1：就本试验而言，平面安装式 SPD 的基座可看作是外部零件。

注 2：对于陶瓷绝缘材料可不进行本试验。

如果绝缘件是由同一种材料制成，则仅对其中一个零件按相应的灼热丝试验温度进行试验。

在有疑问的情况下，可再用两台试品重复此项试验。

试验期间，试品应处于其规定使用的最不利的位置(被试部件的表面处于垂直位置)。

考虑加热元件或灼热元件可能与试品接触的使用条件，灼热丝的顶端应施加在试品规定的表面上。

不应点燃薄纸火烧焦松木板。

如果符合下列条件，试品可看作通过了灼热丝试验：

a) 没有可见的火焰或持续火光；

b) 灼热丝移开后试品上的火焰和火光在 30 s 内自行熄灭。

注：灼热丝试验是用来保证电加热的试验丝在规定的实验条件下不会引燃绝缘部件，或保证在规定的条件下可能被加热的试验丝点燃的绝缘材料部件在一个有限的时间内燃烧，却不会由于火焰或燃烧的部件或从被试部件上落下的微粒而蔓延火焰。

6.3.7 特殊 SPD 的附加试验

6.3.7.1 对二端口及输入/输出端分开的一端口 SPD 的附加试验

6.3.7.1.1 电压降试验

二端口 SPD 的输出端可能因安装了 SPD 而引起输出端电压波动，而造成系统功能改变，因此需进行此项试验，验证制造商的标称值。

在试品的输入端口施加 U_C，并保持电压容差在－5%以内。试验时，应使额定负载电流流过阻性负载。在连接负载的同时测量输入端及输出端电压，通过下式计算电压降：

$$\Delta U\% = [(U_{in} - U_{out})/U_{in}] \times 100\%$$

式中：

ΔU ——电压降；

U_{in} ——输入端电压，单位为伏特(V)；

U_{out} ——输出端电压，单位为伏特(V)。

应记录下测量值并与制造商标称值相比较，制造商标称值应与实测值一致。

6.3.7.1.2 额定负载电流 I_L 的附加试验

二端口 SPD 接入被保护线路后，由于被保护设备(如计算机负载)可能存在达到 3 的峰值系数(最大值与有效值之比)，电流峰值将是有效值的三倍，因此会在二端口 SPD 的串联阻抗上累积热量，导致温度升高，所以需进行本试验。

按 6.3.7.1.1 的规定对 SPD 试品施加工频电流，电缆应用表 8 中的最小截面，电流为制造商规定的额定电流，温度为环境温度，不允许对试品强行冷却。

如果 SPD 外壳能达到热稳定，且正常使用时可触及的金属部件的温度不超过房间环境温度 40 ℃，则认为SPD通过试验。

低压电气系统SPD的温升限值参考附录R。

6.3.7.1.3 负载侧短路特性试验

除了那些声明用于户外和安装在不可触及，以及只连接在TT和/或TN系统中的N-PE的SPD外，该试验适用于所有SPD。

不短路任何元件，用6.3.3.1.1.1中的最大截面积及500 mm长的短路导体连接到下列SPD的输出端子，重复6.3.3.2.4.3的试验设置和试验程序：

——短路导体穿过负载侧所有的相端子和中性线端子（如适用）；

——短路导体穿过负载侧的所有端子。

图27给出了相应的试验电路。

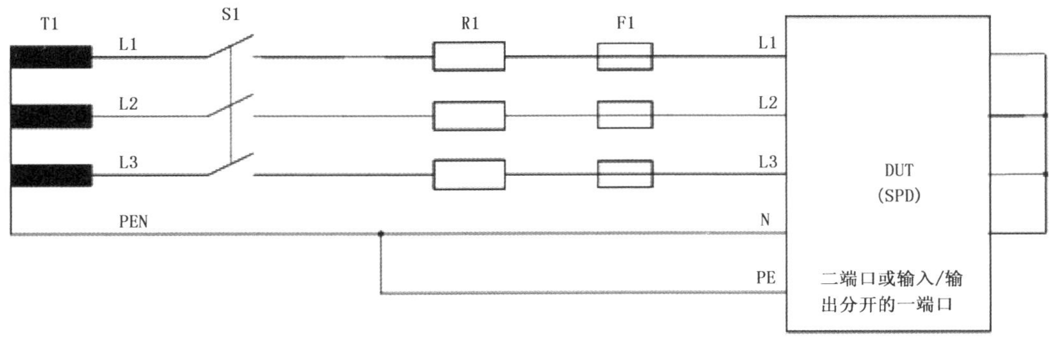

a） 负载侧所有相端子和中性线端子短路的测试

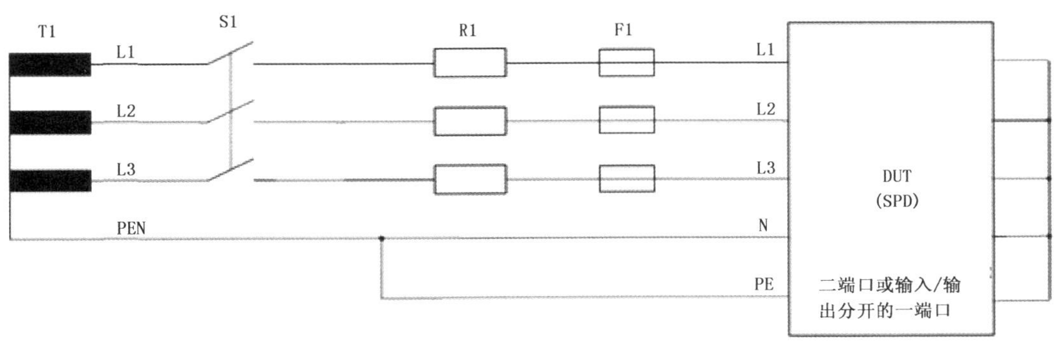

b） 负载侧所有端子短路的测试

说明：

S1 ——制造商要求的所有脱离器，包括根据制造商推荐的最大后备过电流保护；

T1 ——二次绕组电压为U_{REF}的电源变压器；

R1 ——用来调整电源预期短路电流的限流电阻；

DUT——待测试品。

图27 负载侧短路电流试验的试验电路范例

试验的合格判别标准：

a） 试验过程中不应发生可见的损害。试验后，检查发现的细小的凹痕或裂缝如不影响防直接接触，则可以忽略，除非SPD的防护等级（IP代码）被破坏。试品上不应有燃烧的痕迹。

b) 试验后，不应有过量的泄漏电流。判断方法：
   1) 试品根据制造商要求按正常使用连接到参考试验电压 U_{REF} 的电源，测量流过每个端子的电流。电流的阻性分量（在正弦波峰值处测量）不应超过 1 mA，或者电流增量不超过相关试验序列开始时初值的 20%。
   2) 任何可重置或装配的脱离器应手动分断（如适用），施加 2 倍 U_C 或 1000 V 交流电压（二者间高的）来检查绝缘强度。试验过程中，绝缘体不允许出现闪络或穿破，包括内部的（穿孔）或外部的（起痕）以及其他击穿放电的现象。
   3) 对于仅连接 N-PE 的 SPD 模式，应测量流过 PE 端子的电流，此时将 SPD 的端子连接到最大持续工作电压 U_C 的电源。电流的阻性分量（在正弦波峰值处测量）不应超过 1 mA，或者电流不应超过在相关试验初始时测量结果的 20%。
   4) 正常使用中如果有超过一个的接线方式，应检查每一个可能的接线方式。

c) 脱离应通过一个或多个内部和/或外部脱离器来实现，应检查它们是否给出正确的状态指示。
d) 对防护等级大于或等于 IP20 的 SPD，使用标准试指施加一个 5 N 的力（见 GB 4208—2017）不应触及带电部件（SPD 按正常使用安装后在试验前已可触及的带电部件除外）。
e) 如果试验过程中发生脱离（内部或外部），对应保护元件的有效脱离应该有清晰的指示。如果发生内部脱离，试品按正常使用连接到额定频率的最大持续工作电压 U_C 保持 1 min。试验电源应有大于或等于 200 mA 的短路电流容量，流过相关保护元件的电流不应超过 1 mA。流过与相关保护元件并联的元件或其他电路（如指示器电路）的电流可忽略，只要它们不会造成电流流过相关保护元件。此外，如果有的话，流过 PE 端子的电流，包括并联电路和其他电路（如指示器电路），不应超过 1 mA。正常使用中如果有超过一个的连接方式，应检查每一个可能的连接方式。
f) 电源流出的短路电流（如果有），应该在 5 s 内通过一个或多个内部和/或外部脱离器切断。
g) 不应有对人员或设备产生的爆炸或其他危险。
h) 不应有对屏栅的闪络，试验过程中连接屏栅的 6 A 熔断器不应动作。

6.3.7.1.4 负载侧电涌耐受能力

进行如下两类试验：

——当测试Ⅰ类、Ⅱ类 SPD 时，施加 15 次 8/20 μs 电流冲击；

——当测试Ⅲ类 SPD 时，施加 15 次复合波冲击，开路电压为 U_{OC}。

对试品的输出端口施加制造商标称的负载侧电涌耐受能力值的冲击，冲击分成三组，每组五次，用标称电流至少为 5 A 的电源对 SPD 施加 U_C 值电压。每次冲击应与电源频率同步，相位角应从 0°开始，以 30°±5°的间隔逐级增加。

两次冲击之间的间隔时间为 50 s～60 s，两组之间的间隔时间为 25 min～30 min。

整个试验过程中，试品应施加工作电压。

应记录输出端子上的电压。

试验的合格判别标准：

a) 应达到热稳定。试验后在立即施加电压 U_C 的 15 min 内，如果电流 I_C 的阻性分量峰值或功耗呈现出下降的趋势或没有升高，则认为 SPD 是热稳定的。如果试验本身是施加 U_C 进行的，则不间断或在 30 s 内重新加电继续保持加电 15 min。
b) 电压和电流波形图及目测检查试品应没有击穿或闪络的迹象。
c) 试验过程中不应发生可见的损害。试验后，检查发现的细小的凹痕或裂缝如不影响防直接接触，则可以忽略，除非 SPD 的防护等级（IP 代码）被破坏。试品上不应有燃烧的痕迹。
d) 试验后，不应有过量的泄漏电流。判断方法：

1) 试品根据制造商要求按正常使用连接到参考试验电压 U_{REF} 的电源，测量流过每个端子的电流。电流的阻性分量（在正弦波峰值处测量）不应超过 1 mA，或者电流增量不超过相关试验序列开始时初值的 20%。

2) 任何可重置或装配的脱离器应手动分断（如适用），施加 2 倍 U_C 或 1000 V 交流电压（二者间高的）来检查绝缘强度。试验过程中，绝缘体不允许出现闪络或穿破，包括内部的（穿孔）或外部的（起痕）以及其他击穿放电的现象。

3) 对于仅连接 N-PE 的 SPD 模式，应测量流过 PE 端子的电流，此时将 SPD 的端子连接到最大持续工作电压 U_C 的电源。电流的阻性分量（在正弦波峰值处测量）不应超过 1 mA，或者电流不应超过在相关试验初始时测量结果的 20%。

4) 正常使用中如果有超过一个的接线方式，应检查每一个可能的接线方式。

e) 试验时，制造商规定的外部脱离器不应动作；试验后，脱离器应处在正常工作状态。

注：本条款中，正常工作状态是指脱离器未发生损坏，可继续操作。操作性可通过手动进行检查（在可能的地方），或在制造商和实验室协议下通过简单的电气试验来检查。

6.3.7.1.5 总放电电流

包括试验要求、合格判别标准及对于连接至电子系统信号网络的多端子 SPD 要求：

a) 试验要求：

1) 试验发生器的一端连接至多极 SPD 的 PE 或 PEN 端子。其余的每个端子通过一个典型的阻抗（由一个 30 mΩ 的电阻和一个 25 μH 的电感组成）串联连接至发生器的另外一端。

注 1：这些阻抗模拟和电源系统的连接，并且不宜因测量系统而增加，例如分流器。

注 2：本试验的配置不代表所有系统的配置。特殊的配置或应用可能需要其他的试验程序。

2) 如果满足表 24 均衡电涌电流的误差，可使用较小的阻抗。

注：均衡电涌电流是总的放电电流除以 N，N 表示带电端子（相线和中性线）的数量。

3) 多极 SPD 应采用制造商声明的总放电电流 I_{total} 进行一次试验。

表 24 均衡电涌电流的误差

试验类别	均衡电流和误差	
Ⅰ类试验	$I_{imp(1)}=I_{imp(2)}=I_{imp(N)}=I_{imp}/N$	${}^{+10}_{-10}\ \%$
	$Q_{(1)}=Q_{(2)}=Q_{(N)}=Q_{(I_{total})}/N$	${}^{+20}_{-10}\ \%$
	$W/R_{(1)}=W/R_{(2)}=W/R_{(N)}=W/R_{(I_{total})}/N^2$	${}^{+45}_{-10}\ \%$
Ⅱ类试验	$I_{8/20\mu s\ (1)}=I_{8/20\mu s\ (2)}=I_{8/20\mu s\ (N)}=I_{total}/N$	${}^{+10}_{-10}\ \%$
1：线路端子 1；2：线路端子 2；N：SPD 极数。		

b) 合格判别标准：

1) 电压和电流波形图及目测检查试品应没有击穿或闪络的迹象。

2) 试验过程中不应发生可见的损害。试验后，检查发现的细小的凹痕或裂缝如不影响防直接接触，则可以忽略，除非 SPD 的防护等级（IP 代码）被破坏。试品上不应有燃烧的痕迹。

3) 试验后的限制电压值应小于或等于 U_P。应按照 6.3.3.2.2.1 的试验来确定限制电压。6.3.3.2.2.1 b）的试验，对Ⅰ类试验采用峰值为 I_{imp} 的 8/20 μs 冲击电流，对Ⅱ类试验采用峰值为 I_n 的 8/20 μs 冲击电流；Ⅲ类试验则仅用 U_{OC} 按照 6.3.3.2.2.1 d）进行试验。

4) 试验后，不应有过量的泄漏电流，判断方法见 6.3.7.1.4 中的合格判别标准的 d）。

5) 试验时，制造商规定的内部脱离器不应动作；试验后，脱离器应处在正常工作状态。

注：本条款中，正常工作状态是指脱离器未发生损坏，可继续操作。操作性可通过手动进行检查（在可能的地方），或在制造商和实验室协议下通过简单的电气试验来检查。

6） 对防护等级大于或等于 IP20 的 SPD，使用标准试指施加一个 5 N 的力（见 GB 4208—2017）不应触及带电部件，除了 SPD 按正常安装后在试验前已可触及的带电部分外。

7） 不应有对人员或设备产生的爆炸或其他危险。

8） 正常使用中如果有超过一个的接线方式，应检查每一个可能的接线方式。

c） 对于连接至电子系统信号网络的多端子 SPD：

1） 如果 SPD 的总放电电流能力等于单根线路冲击电流能力（如总放电电流＝10 kA，单根线路放电电流＝10 kA），则不需要进行该试验。

2） 多端子 SPD（图 12c），图 12f），图 12e））的总放电电流可能流过公共元件并连接到接地端。图 28 显示了两个例子。所有被保护线路的放电电流等于总放电电流除以线数。同时施加冲击是为证明共同的保护元件有足够的通流能力。试验后 SPD 不应损坏。该试验也证明 SPD 的内部连接有足够的通流能力。

3） 耦合网络不应显著影响到试验冲击。C1 类和 C2 类试验冲击的 8/20 μs 波形的波前和半峰值时间的允差为±30％。

4） 如果无法达到上述的波形参数，可使用制造厂提供的改动过的 SPD 进行试验，其中图 28 所示的星形保护电路的每个“独立保护单元”被短路。试验期间，所有的输入端 X_1 到 X_n 都连接在一起。

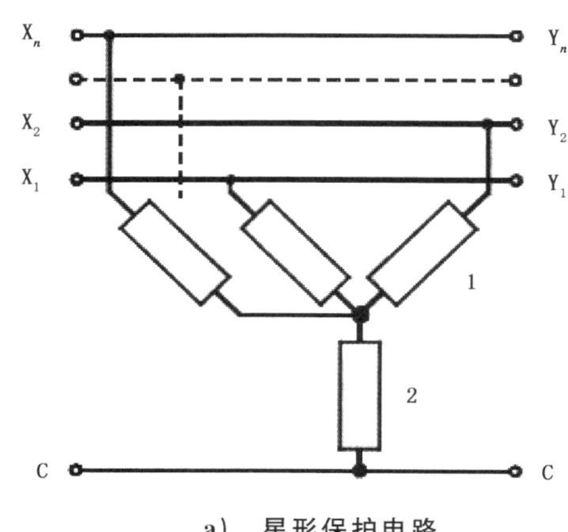

a） 星形保护电路

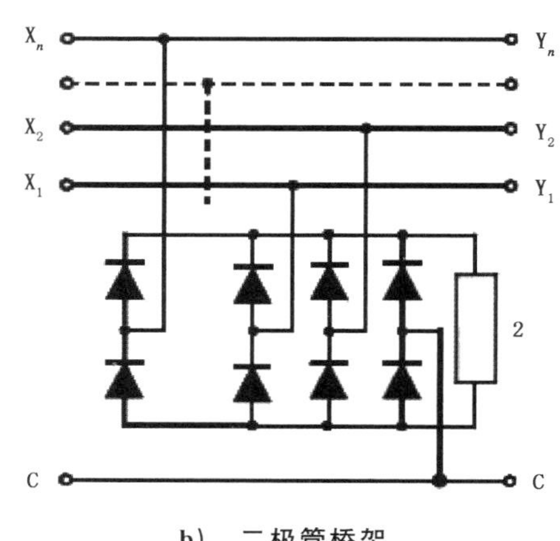

b） 二极管桥架

其中：

X_1，X_2……X_n ——接线端子；

Y_1，Y_2……Y_n——被保护线路端子；

C ——公共端。

1——独立保护元件；

2——公共保护元件；

图 28 有公共电流通路的多端子 SPD 的示例

6.3.7.2 连接至电子系统信号网络的 SPD 附加试验

6.3.7.2.1 冲击复位时间测试

SPD 应按图 29 所示进行接线。冲击复位电压和电流值应从制造商的参数表中选取，或根据制造商的说明从表 25 中的电压/电流组合中选取。交流 SPD 应用交流进行测试，直流 SPD 应用直流进行测试，交/直流两用的 SPD 应用直流。

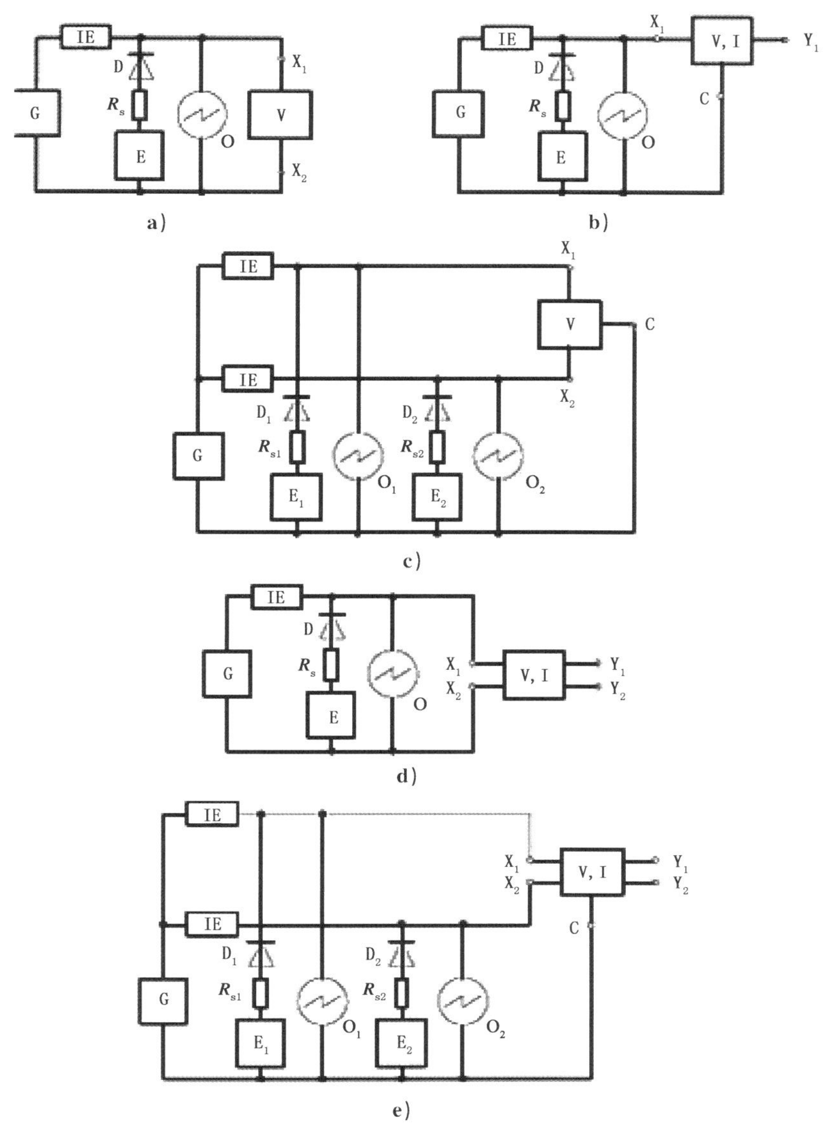

说明：

O、O_1、O_2 ——示波器；

E、E_1、E_2 ——直流或交流电压源；

G ——冲击发生器；

IE ——隔离单元；

R_s、R_{s1}、R_{s2} ——无感电源电阻；

D、D_1、D_2 ——用于直流电源的二极管，用于交流电源的去耦元件；

V ——电压限制元件；

V、I ——电压限制元件或电压限制元件与电流限制元件的组合；

X_1、X_2 ——线路端子；

Y_1、Y_2 ——被保护的线路端子；

C ——公共端子。

图 29　冲击复位时间的测试电路

根据直流 SPD 的结构，测试可仅在单极性上进行。如果进行交流试验，冲击发生器应和交流电源同步(通常在 30°和 60°相位角)。

应从表 16 的 B1 或 C1 中选取冲击电压和冲击电流的波形，开路电压的峰值应足够大，以保证 SPD 的电压限制元件能动作。冲击电压的极性与电压源的极性相同。

施加正极性和负极性冲击各一次，两次冲击的间隔时间不大于 1 min，并测量每次冲击的恢复时间。

注 1：冲击复位时间定义为从施加冲击时开始至 SPD 返回到它的高阻抗状态的一段时间。

注 2：当直流电源和冲击发生器的极性反转时，去耦装置(图 29)中二极管的极性应反转。

表 25　冲击复位时间测试的源电压及源电流

开路电压[a] V	短路电流 mA
12	500
24	500
48	260
97	80
135	200[b]

[a] 允差(包括纹波)$^{+1}_{-1}$%。

[b] SPD 可以并联一条由 135 Ω～150 Ω 电阻与 0.08 μF～0.1 μF 电容器组成的串联支路。

6.3.7.2.2　过载故障模式测试

SPD 应以安全的方式进入其过载故障模式而无引起着火、爆炸、触电的危险或者放出有毒烟气。应进行绝缘电阻、限制电压及串联电阻的测试。

注：以上试验是为了确定 SPD 是否进入可接受的过载故障模式的试验。

应在冲击电流及交流电流的作用下对 SPD 作过载故障模式的测试。对图 5c)及图 5e)所示的 SPD，可分别测试每一对端子(X_1-C 及 X_2-C)。

应采用不同试品按下列方法作冲击电流或交流电流的过载故障模式测试：

a)　冲击电流过载故障模式测试：如图 12 所示连接 SPD。按下式将 8/20 μs 冲击电流 i_n 施加到 SPD 上，测试过程以 $N=0(i_{test}=i_n)$开始，接着的每次测试，N 递增 1。测试以 $N=6$ 为限。施加这些冲击电流后，如果 SPD 不进入过载故障模式，则应以交流电流作过载故障模式测试。

$$i_{test}=i_n(1+0.5N)$$

式中：

i_{test}——测试冲击电流，单位为安培(A)；

i_n ——标称过载故障冲击电流，单位为安培(A)；

N ——冲击电流系数。

b)　交流电流过载故障模式测试：按制造商提供信息决定是否作交流电流过载故障模式测试。如图 11 所示连接 SPD。应施加 15 min 的交流电流(50 Hz 或 60 Hz)。电源的开路电压应足够高以使 SPD 完全导通。测试结束，安装支架应无损伤，绝缘电阻、限制电压和串联电阻应符合要求。

6.3.7.2.3　盲点测试

为了确定在多级 SPD 中是否存在盲点，应以一个新试品进行以下的测试：

a) 选取在确定 U_p 时采用的相同的的冲击波形。施加冲击期间，用示波器测量冲击限制电压及电压-时间波形；

b) 将开路电压减至 a)中所用的电压值的 10%，施加一个正极性冲击于 SPD 上，同时用示波器监视限制电压。限制电压波形应不同于 a)中所得波形。如波形相同，则选择一较低开路电压值。但是此电压应大于 U_C；

c) 施加幅值等于 a)中所用电压的 20%、30%、45%、60%、75%及 90%的正极性冲击于 SPD 上，同时监视限制电压的波形。在限制电压波形回到 a)中所得波形时，停止改变电压；

d) 将该开路电压百分数减 5%重新开始测试，开路电压每次降 5%，直至得到 b)中所记录的波形；

e) 用 d)中取得 b)波形时的开路电压，施加两个正极性及两个负极性的冲击。

作完 a)至 e)的测试后，SPD 应符合绝缘电阻的要求。

6.3.7.2.4 对有限流元件的 SPD 的附加测试

6.3.7.2.4.1 额定电流测试

如图 30 所示连接 SPD。测试电压源应足以供给制造商标称的额定电流值，电流频率应为 0(d.c)或 48 Hz～62 Hz。

在额定电流试验期间，限流功能(若有的话)应不起作用。对各种结构的 SPD，应通过调节电阻 R_s 或 R_{s1} 及 R_{s2} 来施加试验电流。被试验的限流功能通过额定电流的时间最少应达 1 h。在试验期间内，可接触的部件不应过热(见 GB 4943.1—2011 中的 4.5.4)。

6.3.7.2.4.2 串联电阻测试

如图 30 所示连接 SPD。电源电压应小于制造商标称的最大中断电压。电流频率应为 0(d.c)或 48Hz～62Hz。

应通过调节电阻 R_s 或 R_{s1} 和 R_{s2}，使测试电流等于额定电流。串联电阻由下式求出：

$$R=(e-IR_s)/I$$

式中：

R ——串联电阻，单位为欧姆(Ω)；

e ——电源电压，单位为伏特(V)；

R_s ——可变电阻，单位为欧姆(Ω)；

I ——为图 29 中电流表测出的额定电流。

6.3.7.2.4.3 电流响应时间测试

如图 30 所示连接 SPD。电源电压应小于制造商标称的最大中断电压，频率应为 0 Hz 或 48 Hz～62 Hz。

对每一种 SPD 结构，通过调节电阻 R_s 或 R_{s1} 及 R_{s2}，使起始负荷电流等于额定电流，待电流稳定后，调 R_s、R_{s1} 或 R_{s2} 使测试电流分别为额定电流的 1.5 倍、2.1 倍、2.75 倍、4 倍及 10 倍。响应时间为加电开始至电流降为额定电流的 10%为止的时间。如果测试电流超过限流元件的最大电流容量，则测试电流应为限流元件能够承受的最大电流。对每个测试电流，记录限流功能的响应时间。并与制造商标称值比较。

6.3.7.2.4.4 电流恢复时间测试

如图 30 所示连接 SPD。电压源应小于制造商标称的最大中断电压。频率应为 0(d.c)或 48 Hz～62 Hz。

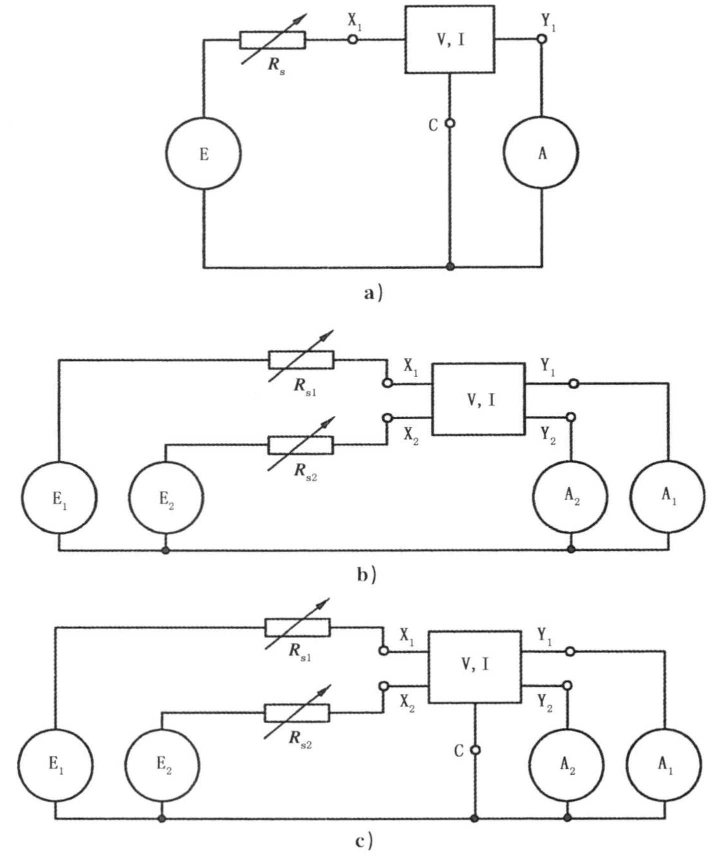

说明：

A，A_1，A_2 ——电流表；

E，E_1，E_2 ——直流或交流电压源；

R_s，R_{s1}，R_{s2}——无感电源电阻；

V ——电压限制元件；

V，I ——电压限制元件或电压限制元件与电流限制元件的组合；

X_1，X_2 ——线路端子；

Y_1，Y_2 ——被保护的线路端子；

C ——公共端子。

图 30 额定电流、串联电阻、电流响应时间、电流复位时间、最大中断电压和工作状态测试的测试电路

对每一种 SPD 结构，通过调节电阻 R_s 或 R_{s1} 及 R_{s2}，使起始负荷电流等于额定电流。电流稳定后，调小 R_s 或 R_{s1} 及 R_{s2}，增加测试电流使 SPD 的限流元件动作。在测试电流减至额定电流的 10%后，维持此测试条件 15 min。

然后，调节 R_s 或 R_{s1} 及 R_{s2} 值，使电流升至起始数值。记录负荷电流恢复到 90%以上额定电流所用时间，该时间应小于 120 s。依照应用情况，对自恢复限流功能可在小于额定电流的情况下进行测试。对可恢复限流元件，电源电流被遮断的时间应小于 120 s。此后可恢复限流功能应传导额定电流 5 min，以确保限流功能已返回其静止状态。

6.3.7.2.4.5 最大中断电压测试

如图 30 所示连接 SPD。测试电压应为制造商规定的最大中断电压。频率应为 0(d.c)或 48 Hz～

62 Hz。

调节电阻 R_s 或 R_{s1} 及 R_{s2}，使 SPD 的限流元件动作。维持此测试条件 1 h。1 h 后，SPD 的限流功能应满足串联电阻、电流响应时间和电流复位时间的要求。

6.3.7.2.4.6 工作状态测试

如图 30 所示连接 SPD。测试电压应为制造商声称的最大中断电压。频率应为 0(d.c)或 48 Hz～62 Hz。

对每一种 SPD 结构，用短路导线替代 SPD，通过调节 R_s 或 R_{s1} 及 R_{s2}，使负荷电流为表 26 所选的电流值。所选电流值应足以使限流元件动作。将短接线去掉，接入 SPD，施加测试电流直至测试电流降至低于额定电流的 10%以下为止。

在每个 SPD 动作后，至少断开电源 2 min 使限流元件返回其静止状态。施加测试电流之后紧接着是个不加电期，如此循环往复至达到表 26 所示的次数。

最后一个循环之后，SPD 应符合串联电阻、电流响应时间和电流复位时间的要求。

表 26 工作状态测试的推荐电流值

电流(d.c 或 a.c(r.m.s)) A	施加次数
0.5	30
1	10
3	5
5	5
10	3

6.3.7.2.4.7 交流耐受能力测试

如图 31 所示连接 SPD。从表 27 选取交流短路电流值，施加规定次数的交流电流到试品上，施加电流的间隔时间应足够长，以防止试品中热量的积累。交流源电压的峰值不应超过制造商标称的最大中断电压。在测试之前和完成施加规定次数的电流之后，SPD 应符合额定电流、串联电阻和电流响应时间的要求。

电流应施加到表 27 所选定的合适的端子上。对于三端及五端 SPD，如需要，电流可施加到 X_1-X_2 端子上。对三端及五端 SPD，可同时或分别以同一极性对未受保护侧的每一对端子(X_1-C 及 X_2-C)进行测试。

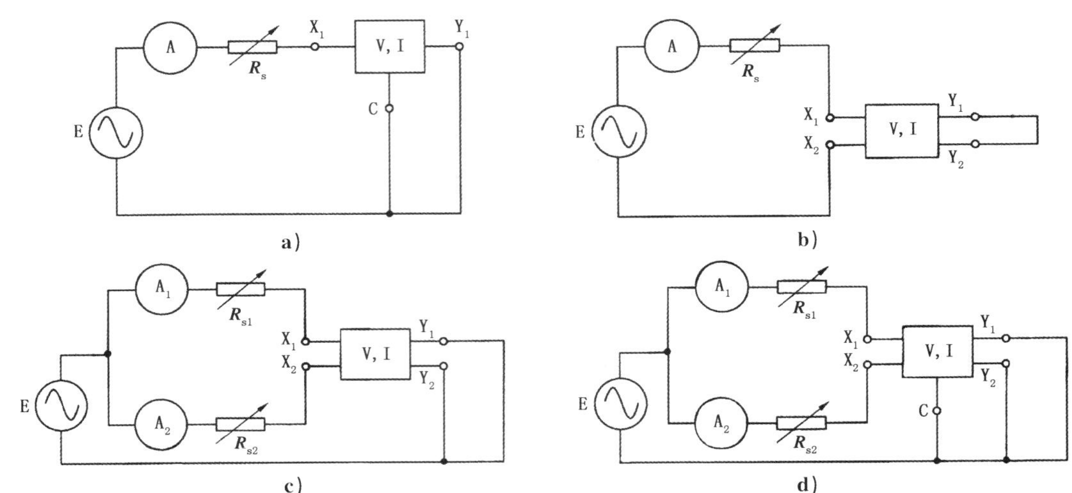

说明：

A，A_1，A_2 ——电流表；

E ——交流电压源；

R_s，R_{s1}，R_{s2} ——无感电源电阻；

V ——电压限制元件；

V，I ——电压限制元件或电压限制元件与电流限制元件的组合；

X_1，X_2 ——线路端子；

Y_1，Y_2 ——被保护的线路端子；

C ——公共端子。

图 31　交流耐受能力的测试电路

表 27　交流耐受能力(限流)测试的推荐电流值

短路电流(r. m. s) (48 Hz～62 Hz) A	持续时间 s	施加次数	测试端子
0.25	1	5	X_1-C X_2-C X_1-X_2
0.5	1	5	
0.5	30	1	
1	1	5	
1	1	60	
2	1	5	
2.5	1	5	
5	1	5	

6.3.7.2.4.8　冲击耐受能力测试

如图 32 所示连接 SPD。从表 28 选取冲击电压和冲击电流。施加规定次数的冲击电流于试品上，施加冲击的间隔时间应足够长，以防止热量的积累。规定次数的一半以一种极性进行，另一半则以相反极性进行。另一方法是，一半的试品以一种极性测试，而另一半试品以相反极性进行。测试之前和完成施加规定次数的冲击电流之后,SPD应符合额定电流、串联电阻和电流响应时间的要求。

应从表27选取冲击电流值并施加到合适的端子上。在需要时可对三端子及五端子SPD的X_1-X_2端子施加冲击。对三端及五端SPD,可同时地或分别地以同一极性对未受保护侧的每一对端子(X_1-C及X_2-C)进行测试。

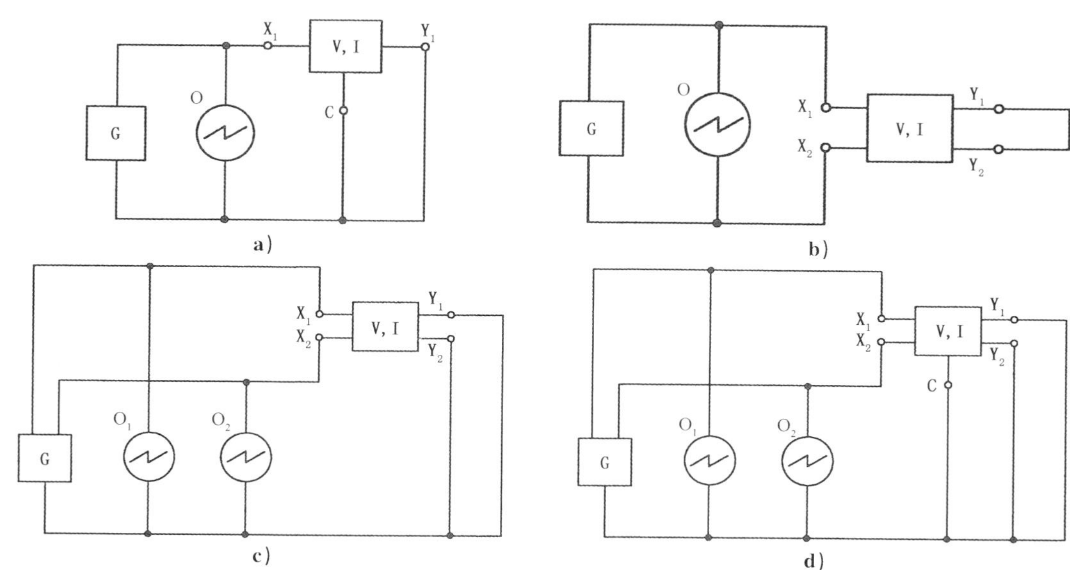

说明:

O,O_1,O_2 ——示波器;

G ——冲击发生器;

V ——电压限制元件;

V,I ——电压限制元件或电压限制元件与电流限制元件的组合;

X_1,X_2 ——线路端子;

Y_1,Y_2 ——被保护的线路端子;

C ——公共端子。

图32 冲击耐受能力测试电路

在试验时,可要求把小电流熔断器的$I^2 \cdot t$水平减小到SPD的额定值以内。电子限流器(如以电弧方式工作的气体放电管)可以设计成随最小保护的负载阻抗或动作电压。如有需要,这种电子限流器应增加到测试电路中。

表28 冲击耐受能力(限流)测试的电流推荐值

开路电压	短路电流	施加次数	测试端子
1 kV	100 A,10/1000 μs	30	X_1-C X_2-C X_1-X_2
1.5 kV,10/700 μs	37.5 A,5/300 μs	10	
最大中断电压	25 A,10/1000 μs	30	
最大中断电压	ITU-T K.44中的图A.3-1(R=25 Ω)	10	
4 kV,1.2/50 μs	2 kA,8/20 μs	10	

6.3.7.2.5 高温高湿耐受能力试验

SPD应按表29选取的时间持续暴露在高温度和高湿度的环境中,其温度为80 ℃±2 ℃,相对湿度为 90%～96%。

表 29　高温高湿耐受能力试验时间优选值

测试持续时间 d
10
21
30
56

可用图 33 提供的相应试验电路对 SPD 进行测试，试验期间以直流或交流电源给 SPD 加电，试验电压应为制造商标称的 SPD 的 U_C 值。电源应有足够的电流量给试品 SPD 供电。试验结束后，应将 SPD 冷却至 23 ℃±10 ℃的环境温度。

循环试验方法包括两种：

a) 通过冲击电流的环境循环试验方法如下：

1) 以表 31 选定的循环对应时间，将试品置于非冷凝循环条件下，在试验期间，采用表 30 规定特性的冲击发生器，以提供足够高的开路电压。

表 30　限制电压测试类型与复合波，施加次数选择

类别	测试类型	开路电压[a]	短路电流	最小施加次数	被测端子
C1	快上升速率 (di/dt)	0.5 kV 或 1 kV 1.2/50 μs	0.25 kA 或 0.5 kA 8/20 μs	300	X_1-C X_2-C X_1-X_2^b
C2		2 kV，4 kV 或 10 kV 1.2/50 μs	1 kA，2 kA 或 5 kA 8/20 μs	10	
C3		≥1 kV 1 kV/μs	10 A、25 A 或 100 A 10/1000 μs	300	

[a] 开路电压采用 1 kV 以下时，应能使 SPD 动作。

[b] 一般情况下不需要对 X_1-X_2 的端子进行测试。

2) 当选用 A 类循环时，在连续的五天中每天施加两次冲击电流，接着后两天不施加冲击电流。

3) 当选用 B 类循环时，在第一天及最后一天，每天施加两个冲击。施加冲击时，在表 31 所给出的上限温度 T_1 时施加一次，在表 31 所给出下限温度 T_2 时施加另一次冲击。应在上下限温度恒定段的中心前后 1 h 范围内施加。同一天中所施加的冲击电流应具有相同的极性，下一天则应为另一极性。此过程周而复始直至完成环境循环试验。

4) 采用图 33 的适合测试电路对 SPD 进行试验，在整个环境试验过程中，用直流电源给 SPD 加电。直流电源的正、负电压值均不应超过 U_C 值。施加冲击电流期间，不应由直流电源对 SPD 供电。

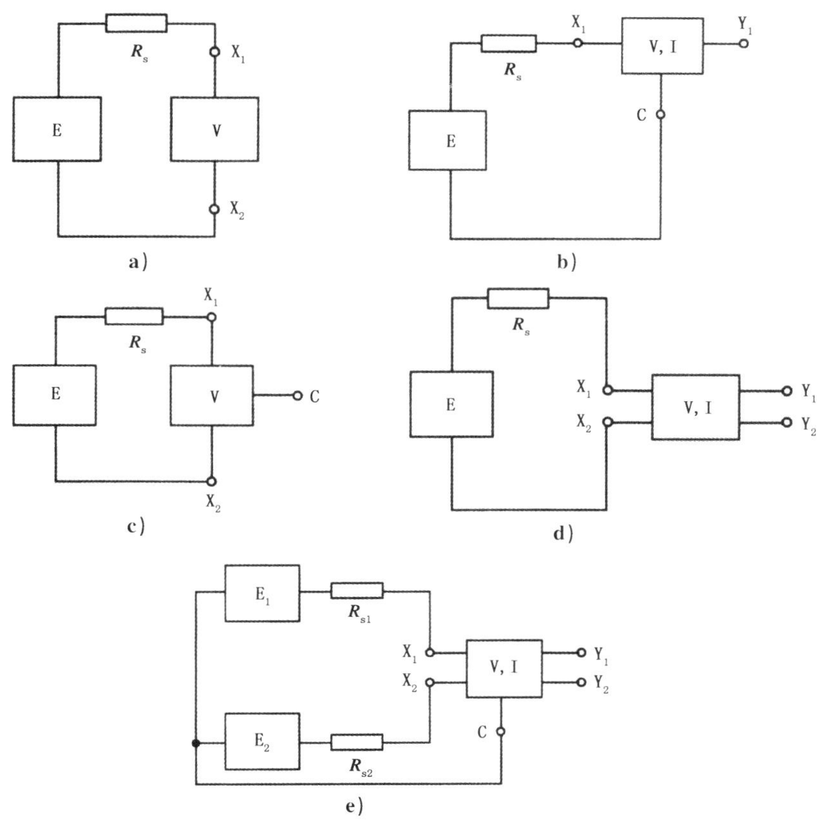

说明：

E,E_1,E_2 ——直流或交流电压源；

R_s,R_{s1},R_{s2}——无感电源电阻；

V ——电压限制元件；

V,I ——电压限制元件或电压限制元件与电流限制元件的组合；

X_1,X_2 ——线路端子；

Y_1,Y_2 ——被保护的线路端子；

C ——公共端子。

图 33 高温/高湿耐受能力和环境循环的测试电路

表 31 环境循环试验的推荐温度及时间

循环类型	上限温度(T_1) ℃	下限温度(T_2) ℃	循环天数 d
A 类循环——图 34	32±2	4±2	30
B 类循环——图 35 (依据 GB/T 2423.4—2008 中 7.3.3 方法 2)	40 或 55±2	25±3	5

5) 施加每一电流冲击时应测量限制电压。施加每次冲击后，1 h 内应测量绝缘电阻。如果已知直流电源极性对 SPD 影响显著，则应在正负两种极性下作绝缘电阻测量。

6) 环境循环试验完成后 1 h 内，SPD 应满足绝缘电阻的要求和限制电压低于 U_P 的要求。

b) 通过交流电涌的循环试验方法如下：

1) SPD 应置于非冷凝循环条件下，由表 31 中选取相应的循环天数。试验的交流开路电压应足够大，以使试品 SPD 完全导通，试验电流可从表 16 中选取。
2) 当选择 A 类循环时，在连续五天中每天施加两次交流电涌，接着后两天不施加交流电涌。当选择 B 类循环时，第一天及最后一天每天施加两次交流电涌。施加交流电涌时，在表 31 所给出的上限温度 T_1 时施加一次，在下限温度 T_2 时施加另一次。交流电流施加的时间应在温度上限与下限恒定段的中心前后 1 h 范围内。此过程周而复始，直到完成环境循环试验。
3) 应采用图 33 的适合测试电路对 SPD 进行试验，在整个环境试验过程中由直流电源供电。该直流电源的正、负电压值不应超过 U_C 值。在施加交流电涌期间，不应由直流电源对 SPD 供电。
4) 施加每一交流电涌时应测量交流限制电压。施加每次交流电涌后的 1 h 内应做绝缘电阻测量。如果已知直流电源极性对 SPD 影响显著，则应正负两种极性下作绝缘电阻测量。
5) 环境循环试验完成 1 h 内，SPD 应满足绝缘电阻的要求和限制电压低于 U_P 的要求。

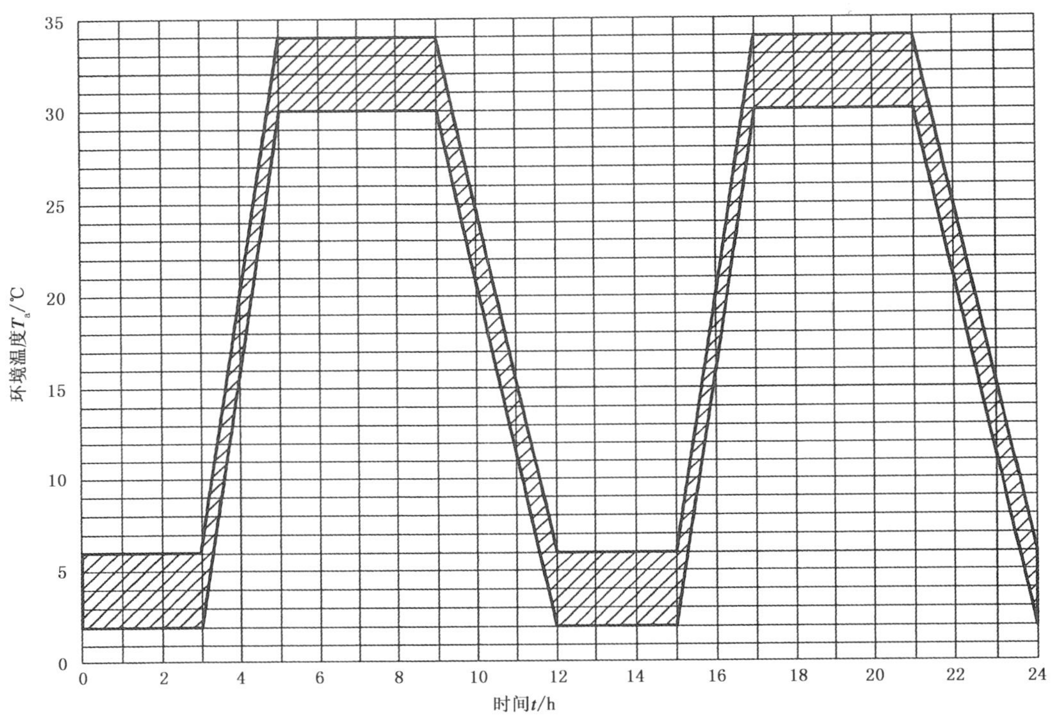

图 34　相对湿度大于 90%的 A 类环境循环

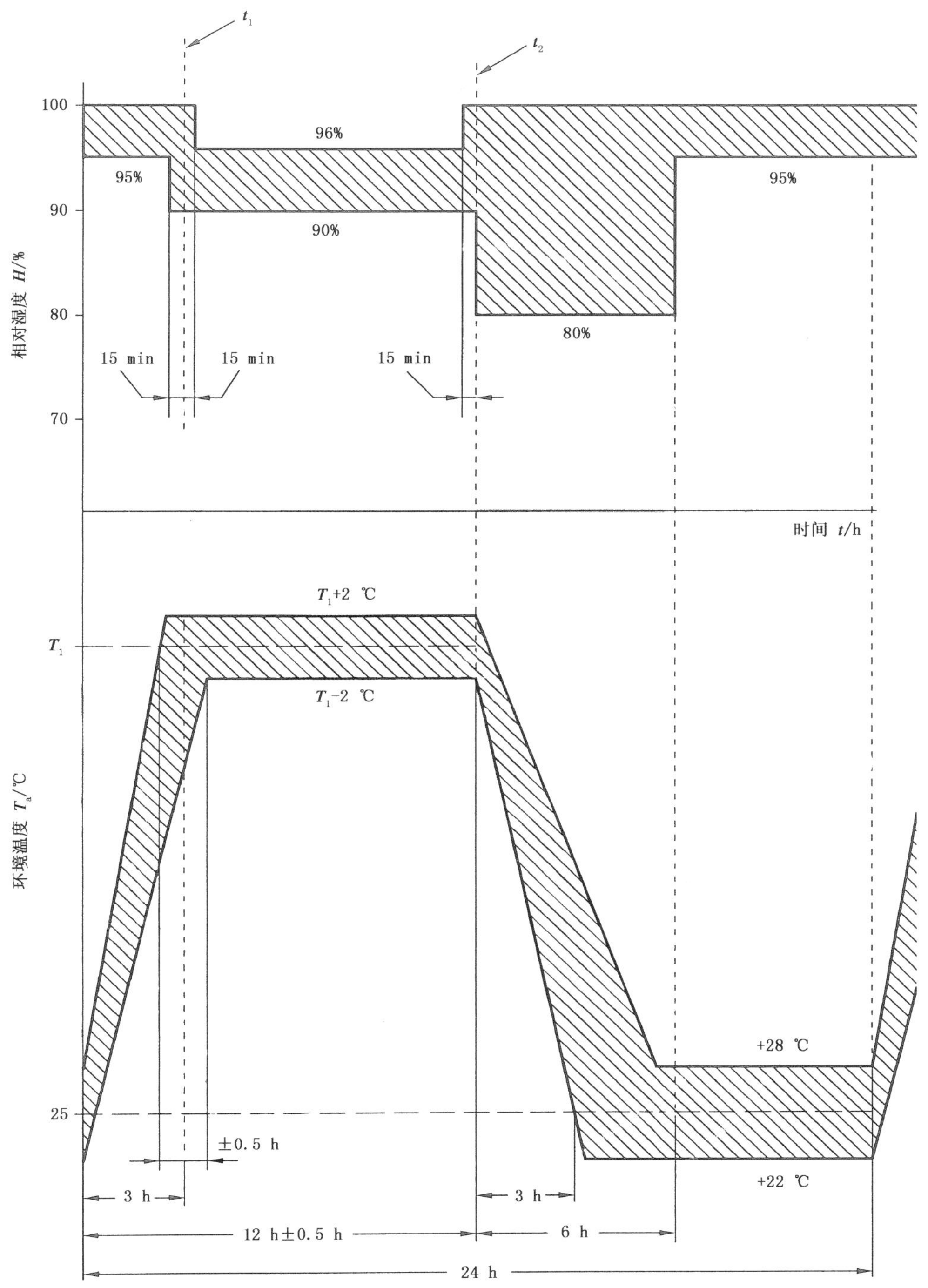

说明：

T_1 ——上限温度，＋40 ℃或＋55 ℃；

t_1 ——温度上升结束的时间；

t_2 ——温度下降开始的时间。

图 35　B 类环境循环

6.4 例行试验和验收试验

6.4.1 例行试验

SPD 出厂前制造商应按规定进行例行试验，以验证 SPD 是否满足相关的技术要求。在各项技术要求中主要是 SPD 的电涌保护性能要求，重点是 U_P 值、动作负载试验和 I_{res}值的试验。例行试验方法与型式试验采用的方法相同。

6.4.2 验收试验

验收试验是在订货方与制造商(或代理商)之间按合同进行的。抽取试品数量为订货数目立方根的整数值。任何数目和试验类型的变更均需购销双方协商达成一致。

如果没有特别的申明。验收试验主要应包括：

a) 标识和铭牌的试验；

b) 标志和铭牌的试验；

c) 有关电气性能的试验。

7 标志、铭牌、使用说明书

7.1 信息内容

SPD 包含的信息内容：

a) 制造商应提供下列信息：

要求于 SPD 的本体上，或持久地附着在 SPD 本体上的标识：

1) 制造商名或商标和型号。

2) 最大持续工作电压 U_C 和/或光伏系统的最大持续工作电压 U_{CPV}(每种保护模式有一个电压值，若每种保护模式的电压值都相同，则只需一个值)。

3) 电流类型：a.c 或"～"，或标明频率，仅连接至光伏系统直流侧的 SPD 可不标明电流类型。

4) 制造商声明的每种保护模式的试验类别和放电参数，并相互靠近打印这些参数。包括：Ⅰ类试验(仅适用于连接至低压配电系统的 SPD 和/或连接至光伏系统直流侧的 SPD)："Ⅰ类试验"和"I_{imp}"及以 kA 为单位数值，或者"[T1]"(T1 在方框内)和"I_{imp}"及以 kA 为单位数值若是连接至光伏系统的 SPD，还应在[T1]前加注"PV"的英文字母。Ⅱ类试验(仅适用于连接至低压配电系统的 SPD 和/或连接至光伏系统直流侧的 SPD)："Ⅱ类试验"和"I_n"及以 kA 为单位的数值，或者"[T2]"(T2 在方框内)和"I_n"及以 kA 为单位的数值；若是连接至光伏系统的 SPD，还应在[T2]前加注"PV"的英文字母。Ⅲ类试验(仅适用于连接至低压配电系统的 SPD)："Ⅲ类试验"和"U_{oc}"及以 kV 为单位的数值，或者"[T3]"(T3 在方框内)和"U_{OC}"及以 kV 为单位数值。

5) 电压保护水平 U_P(每种保护模式有一个电压值，若每种保护模式的电压值都相同，则只需一个值)。

注：一个 SPD 可被分类成多于一个试验类别(例如Ⅰ类试验和Ⅱ类试验)。在这种情况下，对所有试验类别的试验要求应实施。如果此时制造商只声明一个电压保护水平，标识中应出现最高的电压保护水平。

6) 外壳防护等级(当 IP>20)。

7) 接线端的标志（如果需要)。

8） 二端口或输入输出分开的一端口 SPD 的额定负载电流 I_L。

如果受空间限制不能标注以上所有标识，产品型号以及制造商名称或商标应标在电器上，其他标志应标在安装指导书上。

b） 需随 SPD 提供的信息：

1） 安装位置（见 5.1.1 和 5.1.2 的第 4 类）；

2） 若连接至光伏系统直流侧的 SPD 声明了附录 O 中 O.6 的结构，需提供光伏系统的最大持续工作电压 U_{CPV}（每种保护模式有一个 U_{CPV} 值，若每种保护模式的 U_{CPV} 都相同，则只需一个值）；

3） 若连接至光伏系统直流侧的 SPD 声明了附录 O 中 O.6 的结构，需提供有电压保护水平值 U_P ＋→PE，－→PE 和＋←→－，如适用（每种保护模式有一个电压值，若每种保护模式的电压值都相同，则只需一个值）；

4） 端口数量；

5） 安装方法；

6） 光伏系统的低压电气系统和电子系统信号网络额定短路电流 I_{SCPV} 和/或额定短路电流 I_{SCCR}（如豁免，见 6.3.3.2.4.3）；

7） 外部脱离器的等级和特性（如有要求）；

8） 脱离器动作指示（如果有的话）；

9） 正常的使用位置（如果重要时）；

10） 安装说明：低压系统的类型（TN 系统、TT 系统和 IT 系统），光伏系统的类型（接地、不接地），预期的连接方式（L-N、L-PE、N-PE、L-L、＋→PE，－→PE 和＋←→－），SPD 设计用于系统的标称交流电压和最大允许的电压波动、机械尺寸和导线长度等；

11） 温度和湿度范围（见 4.2.1.3 和 4.2.1.5）；

12） 额定断开续流值 I_{fi}（除电压限制 SPD 外）；

13） 残流 I_{PE}，特别的，连接至光伏系统直流侧的 SPD 应提供交流和直流两个值；

14） SPD 过载特性模式，OCM 或 SCM，如果是短路模式（SCM）SPD，那么 SPD 的制造商应给出特定信息；

15） 短路型 SPD 的额定转换电涌电流 I_{trans}；

16） 至任何可安装 SPD 的接地导电表面的最小距离；

17） I_{max}（可选）；

18） 关于接地 PV 系统使用的信息（见 4.3.5.6）。

c） 制造商在产品数据表中特别声明的信息：

1） 暂时过电压试验值 U_T 和/或根据附录 P 和相应连接细节中的 SPD 设计用于的配电系统类型；

2） 多极 SPD 的总放电电流 I_{total}（如果制造商声明）和相应的试验类别；

3） 二端口 SPD 的电压降；

4） 二端口 SPD 的负载侧电涌耐受能力（如果制造商声明）；

5） 可更换部件的信息（指示器，熔断器等，如适用）；

6） 电压上升率 du/dt（如制造商声明）；

7） 电流系数 k；

8） 保护模式（对于多于一个保护模式的 SPD）；

9） 额定电流；

10） 冲击复位时间（如果需要）；

11） 交流耐受能力（如果需要）；

12） 过载故障模式（如果需要）；
13） 传输特性（传输速率、插入损耗、驻波比、带宽等）（如果需要）；
14） 工作频段（如果需要）；
15） 接口型式（如果需要）；
16） 串联电阻（如果需要）；
17） 连接至电子系统信号网络的SPD的类别和额定值（当类别印刷在SPD上，建议在类别上加方框，如[C2]）；
18） 附加信息：可替换元件，使用放射性同位素，电涌电流，如i_n、I_{Total}等。

d） 型式试验时制造商应提供的信息：
1） 是否有开关元器件（见附录L）；
2） 预处理试验中预期的续流（$I_f \leqslant 500$ A或$I_f > 500$ A，对于连接至光伏系统的SPD为$I_f \leqslant 5$ A或$I_f > 5$ A，见附录I）；
3） 如果状态指示器使用未认证过的器件，或使用的器件不在额定范围内工作，制造商需提供合适的试验标准进行试验；
4） 分开电路之间的隔离和电气强度；
5） 根据6.3.3.2.4.3 d)进行预备试验的预期短路电流。

7.2 铭牌

7.1a)的1)～8)需以铭牌形式固定在SPD上。所有标志应是牢固及清晰明了，不应标在螺钉和可拆卸的物体上（如垫圈等）。如受条件限制，除a)项外，其他信息可标在小包装上。一端口SPD，无须提供额定负载电流。

8 包装、运输、贮存

8.1 包装

SPD的包装应保证在运输中，不因包装不良而使产品损坏。在包装箱上应标明如下信息：

a） 制造商名、产品名称及型号；
b） 发货单位、收货单位及详细地址；
c） 产品净重、毛重、体积等；
d） “小心轻放”“向上”“防潮”等字样和标记，字样和标记应符合有关标准的要求。

8.2 随产品提供的技术文件

随产品提供的技术文件如下：

a） 包装清单；
b） 产品出厂合格证明书；
c） 安装、使用说明书。

8.3 运输和贮存

整只产品或分别运输的部件和包装，都要适用运输、装卸的要求。如果产品对运输、装卸和贮存有其他特殊要求时，制造商在包装箱上明确标志。

附　录　A
(资料性附录)
SPD的电流支路和保护模式示意图

SPD的电流支路和保护模式示意图见图A.1。

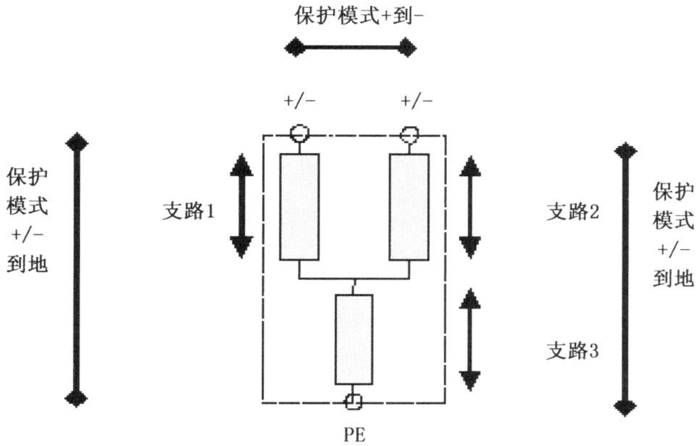

图A.1　SPD的电流支路和保护模式示意图

附 录 B
（资料性附录）
低压电气系统SPD的参考试验电压 U_{REF}

参考试验电压取决于SPD根据制造商提供的安装指南在低压配电系统中预期的应用，见表B.1：

——低压系统的类型（TN系统，TT系统和IT系统）；

——预期的连接（相线对中性线，相线对地，中性线对地）；

——系统的标称交流电压和最大允许工作波动。

表B.1 参考试验电压 U_{REF}

配电系统		系统的标称交流电压 L-PE/L-L	配电系统的最大预期电压波动（+%）	参考试验电压 U_{REF}（取决于保护模式） V			
				L-N (PEN)	L-PE	L-L	N-PE
无地线和中性线的三相TT系统	3线	220/380	10	—	242	418	—
无地线的三相TT系统	4线 N	220/380	10	242	242	418	242
有PEN线的三相TN-C系统	4线 PEN	220/380	10	242	242	418	242
有地线和中性线的三相TN-S系统	5线 N PE	220/380	10	242	242	420	242
有中性线的三相IT系统	4线 N	220/380	10	242	418	418	242
无中性线的三相IT系统	3线	220	10	—	242	242	—

表 B.1 参考试验电压 U_{REF}（续）

配电系统		系统的标称交流电压 L-PE/L-L	配电系统的最大预期电压波动（+%）	参考试验电压 U_{REF}（取决于保护模式）V			
				L-N (PEN)	L-PE	L-L	N-PE
单相 TN-S 系统	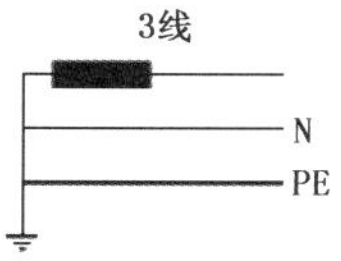 3线 N PE	220	10	242	242	—	242
一角接地的三相（Delta）的 TN，TT 和 IT 系统	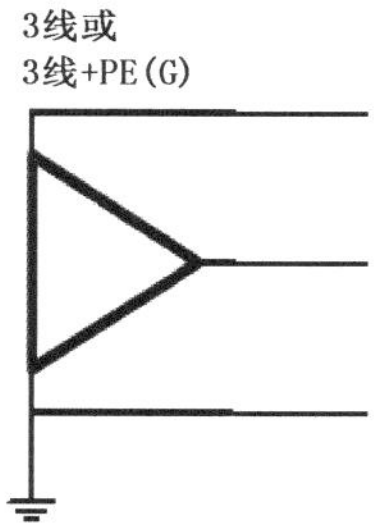 3线或 3线+PE(G)	220	10	—	254	254	—
注：如果对于某些应用需要更高的电压波动（如 15%），依据制造商和用户的特别协议。							

附　录　C
（规范性附录）
符号和缩略语

表 C.1 是本部分使用的符号和缩略语列表。

表 C.1　符号和缩略语列表

符号或缩略语	含义	英文全称	定义/条款
一般缩略语和符号			
CWG	复合波发生器	Combination wave generator	3.1.44.3
RCD	剩余电流保护器	Residual current device	3.1.46
DUT	待测试品	Device under test	通用
IP code	外壳防护等级	Degree of protection provided by enclosure	3.1.36
TOV	暂时过电压	Temporary overvoltage	通用
SPD	电涌保护器	Surge protective device	3.1.1
Z_f	（复合波发生器的）虚拟阻抗	Fictive impedance(of combination wave generator)	3.1.46
W/R	I 类试验的单位能量	Specific energy for class I test	3.1.45
T1，T2 和/或 T3	Ⅰ，Ⅱ和/或Ⅲ类试验产品记号	Product marking for test classes Ⅰ，Ⅱ and/or Ⅲ	7.1
OCM	开路模式	Open circuit mode	3.1.66
SCM	短路模式	Short-circuit mode	3.1.67
t_T	试验时 TOV 施加的时间	TOV application time for testing	3.1.55
与电压相关的符号			
U_C	最大持续工作电压	Maximum continuous operatiing voltage	3.1.17.1，3.1.17.2
U_{CPV}	光伏系统的最大持续工作电压	Maximum continuous operating voltage for PV application	3.1.17.3
U_{REF}	参考试验电压	Reference test voltage	3.1.59
U_{OC}	复合波发生器的开路电压	Open circuit voltage of the combination wave generator	3.1.46
U_P	电压保护水平	Voltage protection level	3.1.23
U_{res}	残压	Residual voltage	3.1.24
U_{max}	电气间隙确定电压	Voltage for clearance determination	3.1.60
U_T	暂时过电压试验值	Temporary overvoltage test value	3.1.55
与电流相关的符号			
I_{imp}	冲击电流	Impulse current	3.1.42

表 C.1 符号和缩略语列表(续)

符号或缩略语	含义	英文全称	定义/条款
I_{max}	最大放电电流	Maximum discharge current	3.1.65
I_{f}	续流	Follow current	3.1.26
I_{fi}	额定断开续流值	Follow current interrupt rating	3.1.28
I_{L}	额定负载电流	Rated load current	3.1.30
I_{CW}	复合波发生器的短路电流	Short-circuit current of the combination wave generator	3.1.46
I_{SCCR}	低压电气系统和电子系统信号网络的额定短路电流	Short-circuit current rating	3.1.56.1
I_{SCPV}	光伏系统的额定短路电流	Short-circuit current rating for PV application	3.1.56.2
I_{p}	供电电源的预期短路电流	Prospective short-circuit current of a power supply	3.1.27
I_{PE}	残流	Residual current	3.1.29
I_{Total}	总放电电流	Total discharge current	3.1.58
I_{trans}	短路型 SPD 的额定转换电涌电流	Transition surge current rating for short-circuiting type SPD	3.1.68

附　录　D
(规范性附录)
污染等级的划分

D.1　污染等级定义

根据导电的或吸湿的尘埃、游离气体或盐类和相对湿度的大小以及由于吸潮或凝露导致表面电气强度和(或)电阻率下降事件发生的频率而对环境条件作出的分级。

D.2　污染等级分级

污染等级分级如下：

a)　污染等级1:无污染或仅有干燥的非导电性污染；

b)　污染等级2:一般仅有非导电性污染,然而应预期到凝露会偶然发生短暂的导电性污染；

c)　污染等级3:有导电性污染或由于预期的凝露使干燥的非导电性污染变为导电性污染；

d)　污染等级4:有持久性的导电性污染,如由于导电尘埃或雨雪等造成的污染。

附 录 E
（规范性附录）
电气间隙和爬电距离测量方法

E.1 基本要求

图 E.1 至图 E.10 给出规定的槽的宽度 X 基本上适用于与污染等级相关的所有示例。污染等级和槽宽度的最小值见表 E.1。

表 E.1 污染等级和槽的宽度最小值

污染等级	槽宽的最小值 mm
1	0.25
2	1.0
3	1.5
4	2.5

注：污染等级见 4.2.1.6 的说明。

如果有关的电气间隙小于 3 mm，槽最小宽度可减小至该电气间隙的 1/3。

E.2 测量方法

在图 E.1 至图 E.10 的示例中，气隙与槽之间或绝缘形式之间没有区别。

而且：

——假定任意角被宽度为 X mm 的绝缘联接在最不利的位置下桥接（见图 E.3）；

——当横跨槽顶部的距离为 X mm 或更大时，沿着槽的轮廓测量爬电距离（见图 E.2）。

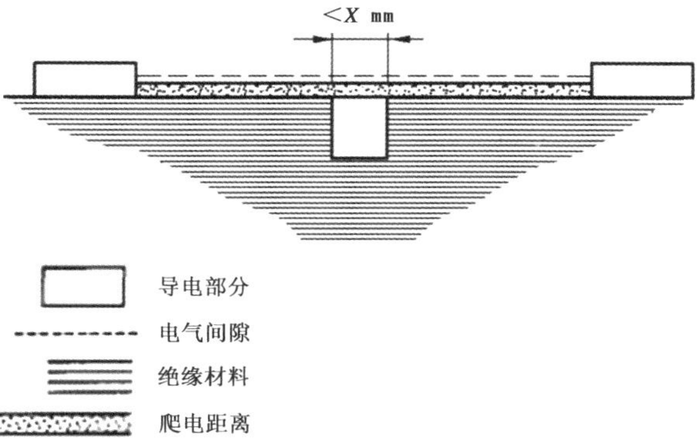

图 E.1 宽度小于 X mm 而深度为任意额平行边或收敛形边的槽的电气间隙和爬电距离路径

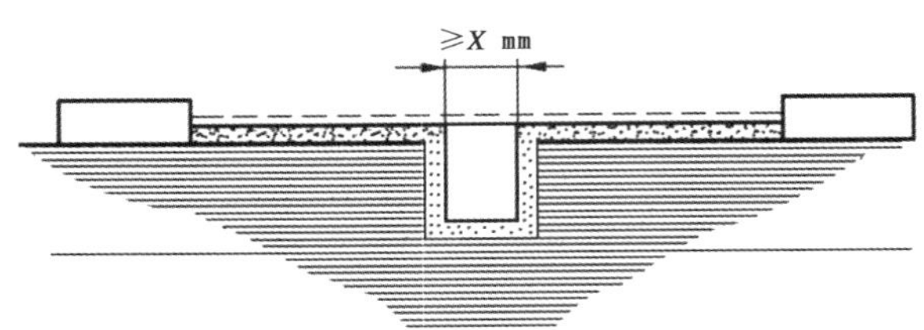

图 E.2 宽度大于或等于 X mm 的平行边的槽电气间隙和爬电距离路径

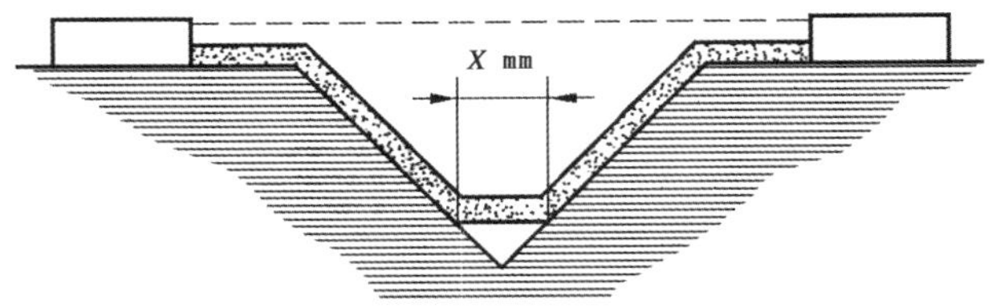

图 E.3 宽度大于 X mm 的 V 形槽的电气间隙和爬电距离路径

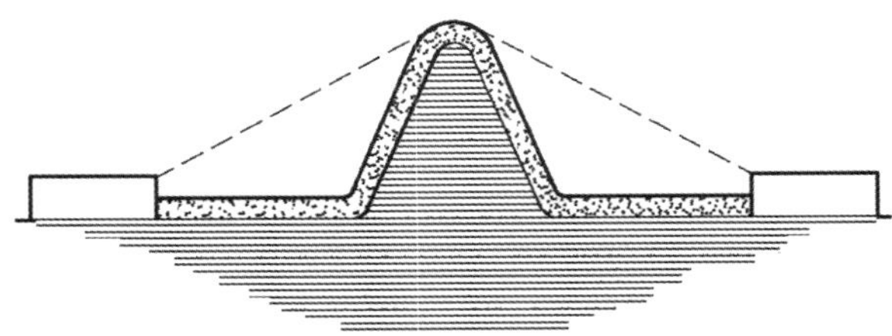

注：由于筋受污染物的影响小和干透效果好，当筋高于 2 mm 时，爬电距离可减至规定值的 0.8。

图 E.4 通过筋的电气间隙和爬电距离路径

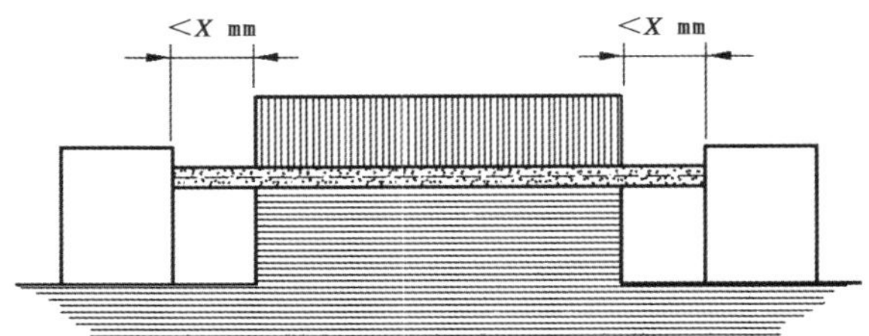

注：电气间隙和爬电距离值相等。

图 E.5 一未粘合的接缝以及每边的宽度小于 X mm 槽的电气间隙和爬电距离路径

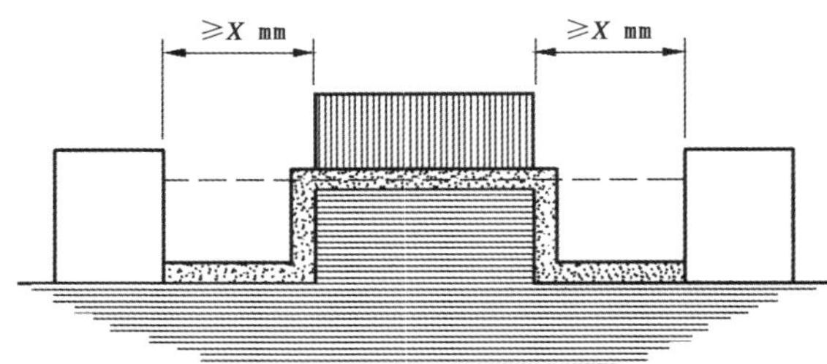

图 E.6 一未粘合的接缝以及每边的宽度等于或大于 X mm 槽的电气间隙和爬电距离路径

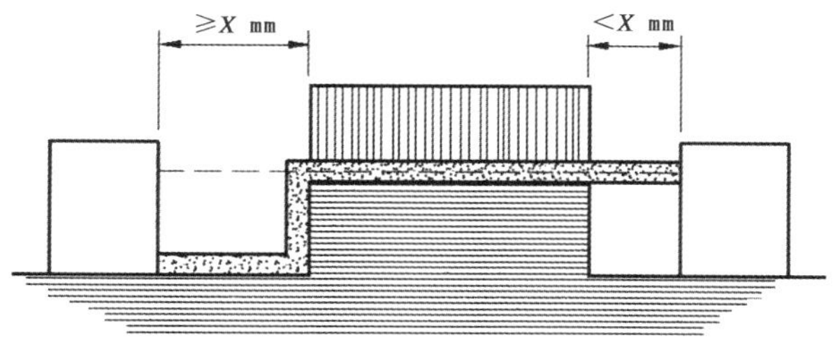

图 E.7　一未粘合的接缝以及一边槽宽大于(或等于)X mm,另一边的槽宽小于 X mm 的电气间隙和爬电距离路径

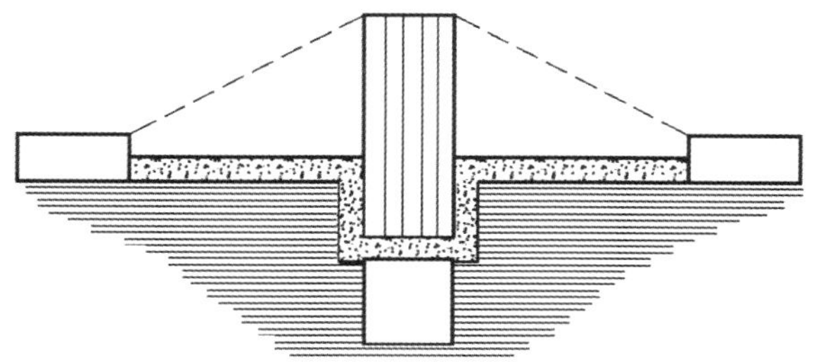

图 E.8　有绝缘隔板时电气间隙和爬电距离的路径

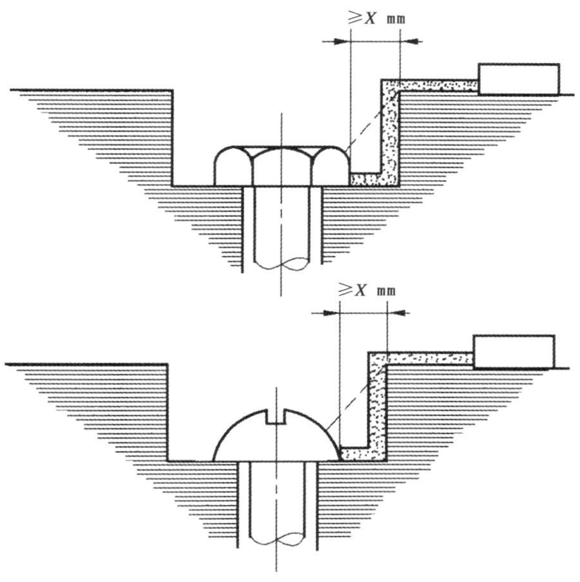

图 E.9　螺钉头与凹壁之间的间隙足够宽时电气间隙和爬电距离路径

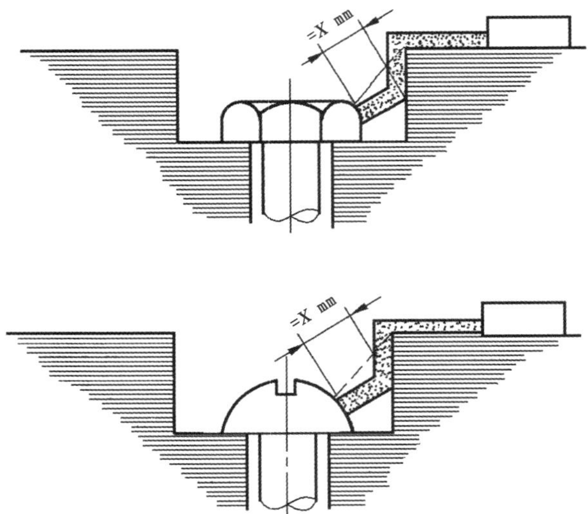

图 E.10 螺钉头与凹壁之间的间隙过分窄时电气间隙和爬电距离路径

附 录 F
（规范性附录）
外壳防护等级（IP 代码）

F.1 IP 代码的组成和含义

F.1.1 IP 代码组成

IP 代码由以下五部分组成：

——代码字母 IP；

——第一位特征数字；

——第二位特征数字；

——附加字母；

——补充字母。

在不要求规定特征数字时，可用“X”代替。不要求规定附加字母或补充字母时可以省略，不需代替。

F.1.2 IP 代码的组成和含义

IP 代码的组成和含义见表 F.1。

表 F.1 IP 代码的组成和含义

组成	数字或字母	对设备防护的含义	对人员防护的含义	参照章条（GB 4208—2017）
代码字母	IP	—	—	—
第一位特征数字		防止固体异物进入	防止接触危险部件	第 5 章
	0	无防护	无防护	
	1	≥∅50 mm	手	
	2	≥∅12.5 mm	手指	
	3	≥∅2.5 mm	工具	
	4	≥∅1.0 mm	金属线	
	5	防尘	少量尘埃	
	6	尘密	全无尘埃	
第二位特征数字	防止进水造成有害影响			
	0	无防护		第 6 章
	1	垂直滴水		
	2	15°滴水		
	3	淋水		
	4	溅水		

表 F.1 IP 代码的组成和含义(续)

组成	数字或字母	对设备防护的含义	对人员防护的含义	参照章条（GB 4208—2017）
第二位特征数字	5	喷水		第 6 章
	6	猛烈喷水		
	7	短时间浸水		
	8	连续浸水		
附加字母（可选择）			防止接近危险部件	第 7 章
	A		手	
	B		手指	
	C		工具	
	D		金属线	
补充字母（可选择）		专门补充的信息		第 8 章
	H	高压设备		
	M	做防水试验时试品运行		
	S	做防水试验时试品静止		
	W	气候条件		

F.2 常用的外壳防护等级

常用的外壳防护等级见表 F.2。

表 F.2 常用外壳防护等级

等级	0	1	2	3	4	5	6	7	8
0	IP00	—	—	—	—	—	—	—	—
1	IP10	IP11	IP12	—	—	—	—	—	—
2	IP20	IP21	IP22	IP23	—	—	—	—	—
3	IP30	IP31	IP32	IP33	IP34	—	—	—	—
4	IP40	IP41	IP42	IP43	IP44	—	—	—	—
5	IP50	—	—	—	IP54	IP55	—	—	—
6	IP60	—	—	—	—	IP65	IP66	IP67	IP68

附　录　G
（资料性附录）
连接至低压电气系统和光伏系统直流侧的SPD设计拓扑

G.1　限压元件

SPD限压元件可分为电压开关型和电压限制型，定义见本部分第3章的内容，其名称和图形符号如图G.1所示。

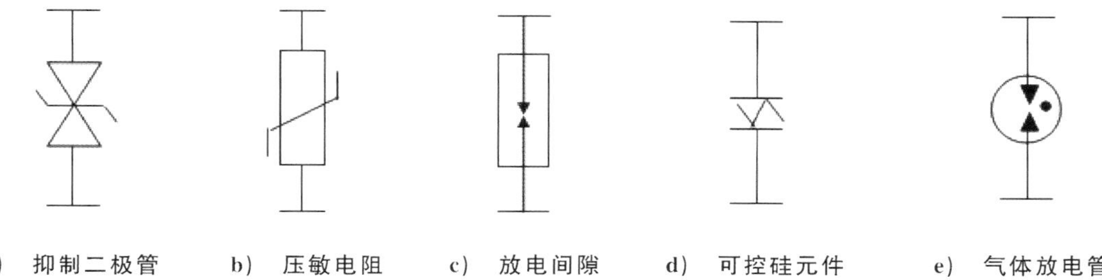

图G.1　限压元件的名称和图形

G.2　一端口SPD（无串联阻抗SPD）

一端口SPD是指SPD与被保护的低压电气线路并联连接，它们可能没有专门的输入/输出端（如图G.2中的a)、b)、c)、d)、e)），也可能设有专门的输入/输出端（如图G.2中的f)、g)、h)、i)、j)）。在有专门的输入/输出端且并联使用两个元件的SPD的元件之间没有附加的串联阻抗。

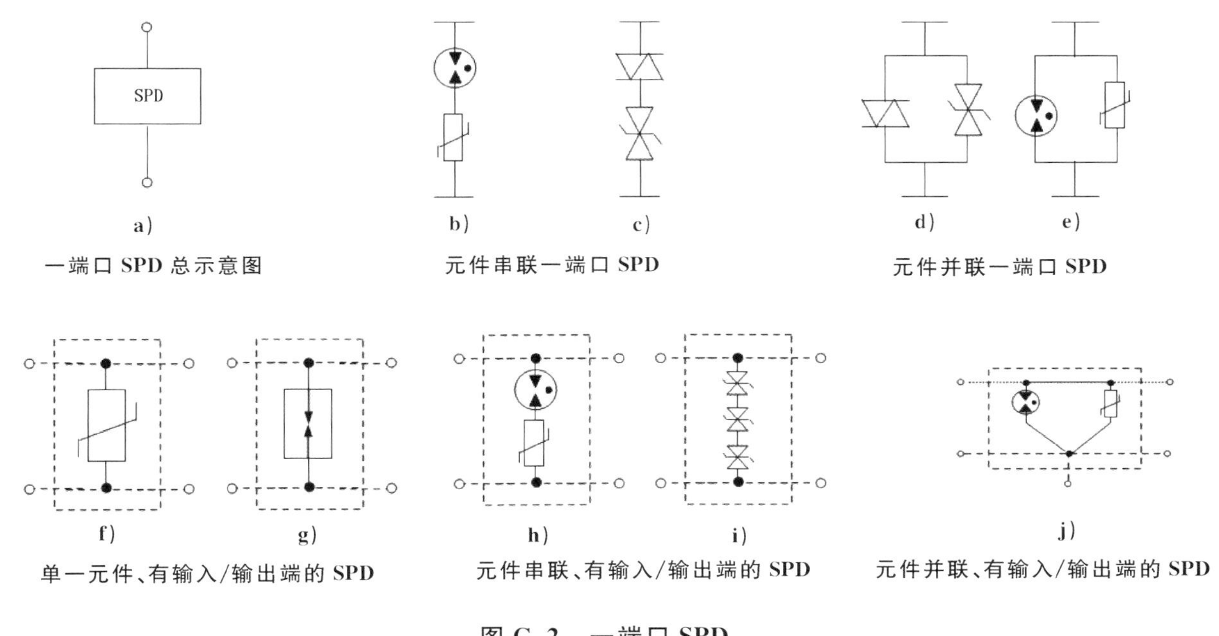

图G.2　一端口SPD

G.3　两个端口 SPD(有串联阻抗 SPD,又称二端口 SPD)

二端口 SPD 是指具有两组输入和输出端子的 SPD,并联接入低压电气系统电路中,在输入端和输出端之间设有串联阻抗。其设计拓朴如图 G.3 所示。

注:用于光伏系统直流侧的 SPD 没有二端口的设计。

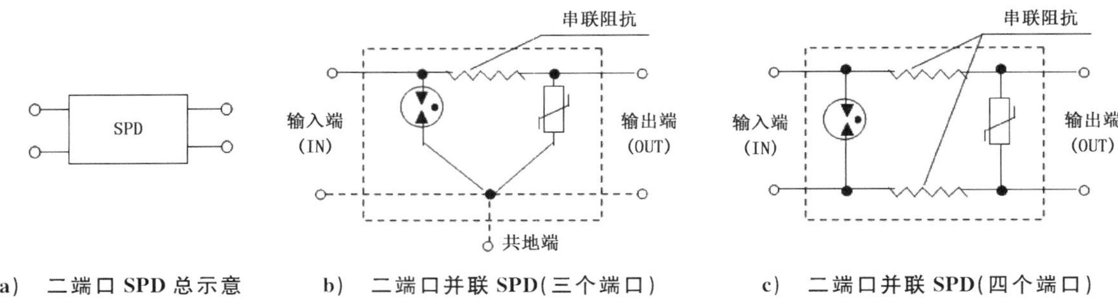

a)　二端口 SPD 总示意　　b)　二端口并联 SPD(三个端口)　　c)　二端口并联 SPD(四个端口)

图 G.3　二端口 SPD

G.4　SPD 内置脱离器

SPD 内置脱离器的设计拓朴如图 G.4 所示。

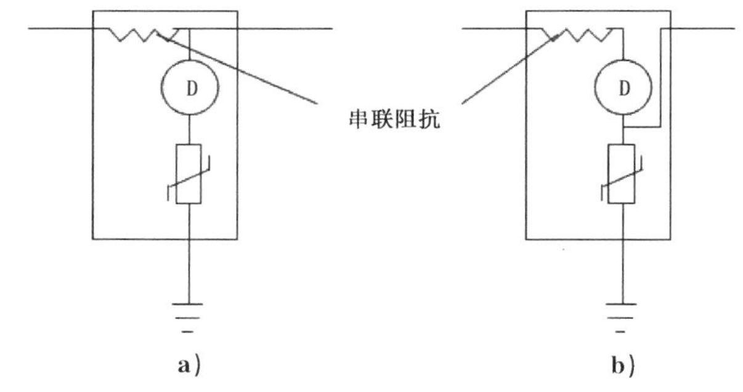

a)　　b)

说明:

D——断路器。

图 G.4　SPD 内置脱离器

附 录 H
（资料性附录）
连接端子的结构

H.1 定义

H.1.1 接线端子(terminal)

SPD与外部电路进行电气连接的导电部分。可采用螺钉、螺母、插头、插座等方法。

H.1.2 螺钉型接线端子(Screw-type terminal)

用于连接一个或两个以上导体,随后可拆卸这些导体的接线端子,其连接可直接或间接地用各种螺钉或螺母来完成。

H.1.3 螺钉接线端子(Screw terminal)

靠螺钉端部来压紧导体的螺钉型接线端子。紧固压力可直接由螺钉端部或通过一个过渡零件,如垫圈、夹紧板或防松装置来施加。

H.1.4 螺栓接线端子(Stud terminal)

靠螺母来紧固导体的螺钉型接线端子。紧固压力可直接由适当形状的螺母或通过过渡元件,如垫圈、夹紧板或防松装置来施加。

H.1.5 柱式接线端子(Pillar terminal)

导线插入一个孔内或型腔内,靠螺钉下端来压紧导体的螺钉型接线端子。紧固压力可直接由螺钉端部或通过一个由螺钉下端的过渡元件来施加。

H.1.6 鞍型接线端子(Saddle terminal)

靠两个或几个螺钉或螺母紧固导体的鞍型板下的螺钉型接线端子。

H.1.7 接线片式接线端子(Lug terminal)

通过螺钉或螺母来紧固电缆或母线接线片的螺钉接线端子或螺栓接线端子。

H.1.8 非螺钉型接线端子(Screwless terminal)

用于连接一个或两个以上随后可拆卸这些导体的接线端子。该连接是直接或间接地靠弹簧、契形块、偏心轮或锥形轮等来实现,除了剥去绝缘外,无需另对其进行加工。

H.1.9 插入式接线端子(Plug-in terminal)

无须移动相应电路中的导体来达到电气连接和分开的接线端子。该连接无需使用工具,而是由固定的弹性和/或运动的部件和/或弹簧来提供。

H.1.10 刺穿绝缘式连接器件(insulation Piercing connecting device)

能接、拆一根导线或者互连两根或多根导线;对未经事先剥除的导线绝缘通过穿孔、打眼、切穿、剥离、移位或其他使绝缘失效的方法来进行连接的一种连接器件,在本部分中称绝缘刺穿连接(IPCD)。

注:必要时,可剥去电缆护套,这种做法不视作“事先剥除”。

H.2 接线端子示例图

接线端子示例图见图H.1至图H.6。

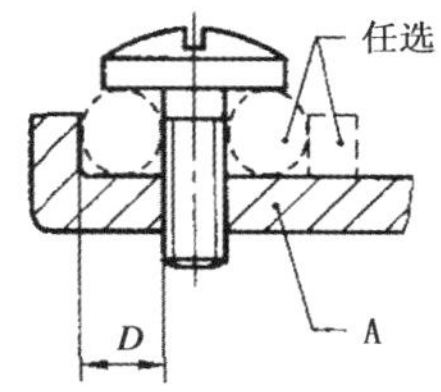

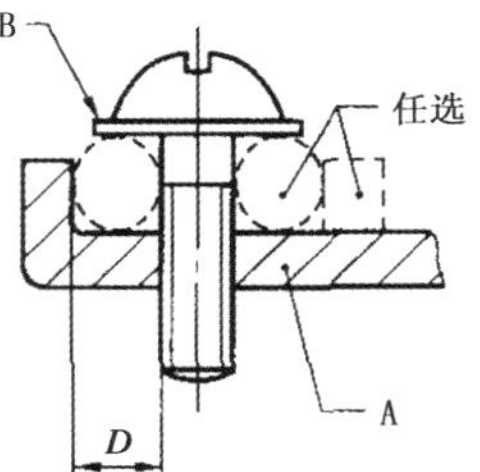

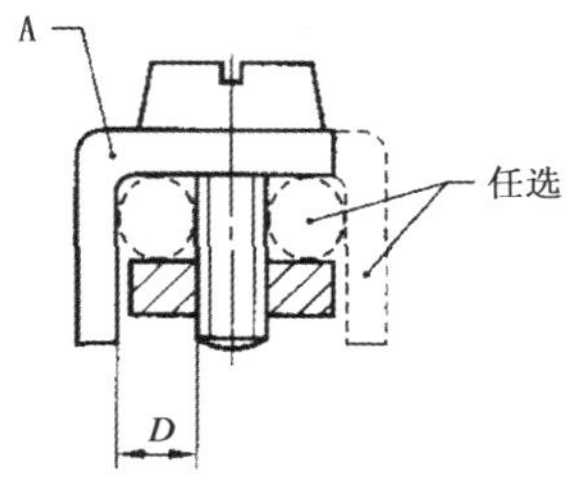

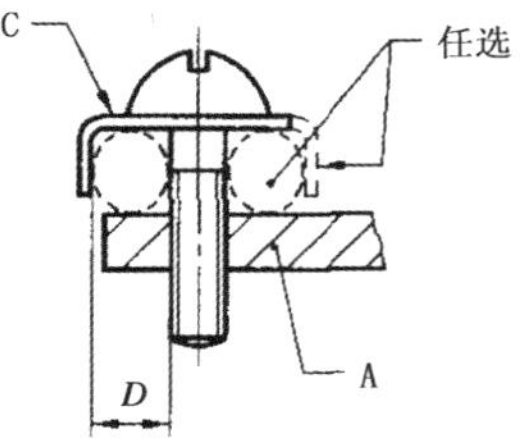

a) 无需垫圈或夹紧板的螺钉　　b) 需要垫圈、夹紧板或防松装置的螺钉

A——固定部件;

B——垫圈或夹紧板;

C——防松脱板;

D——导体空间;

E——螺栓。

图H.1 螺钉接线端子示例

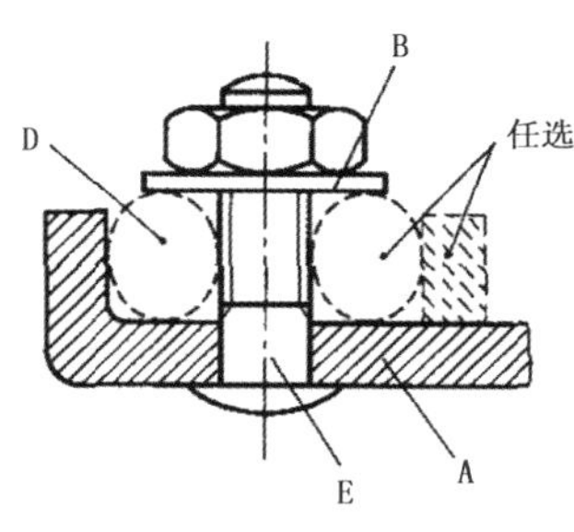

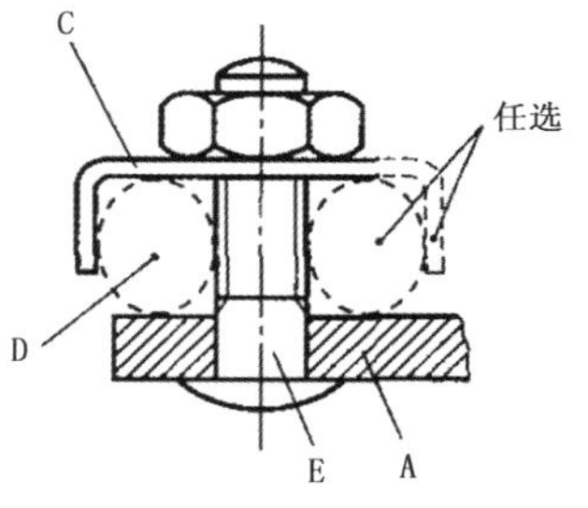

A——固定部件;

B——垫圈或夹紧板;

C——防松脱板;

D——导体空间;

E——螺栓。

图H.2 螺栓接线端子示例

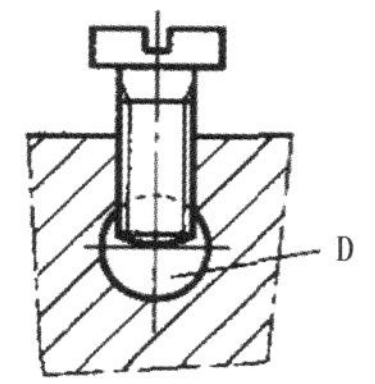

a） 无压板的柱式接线端子

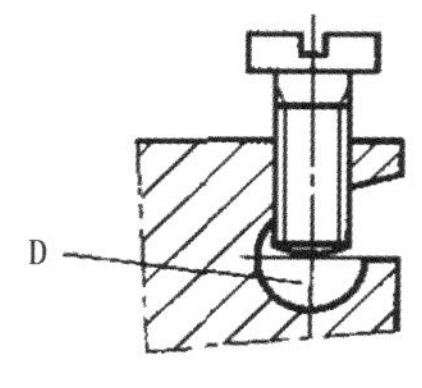

b） 直接施加压力的柱式接线端子

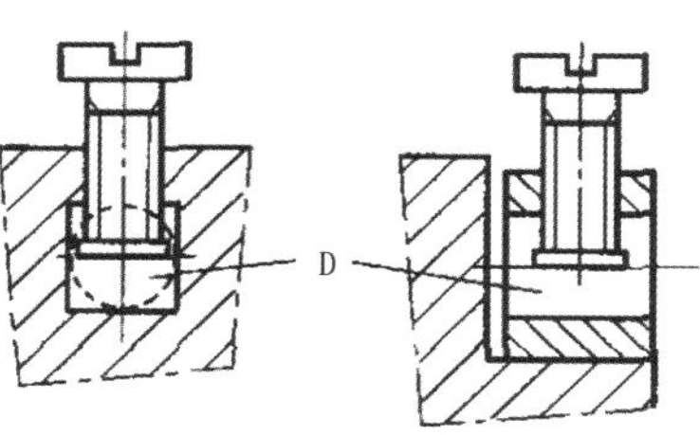

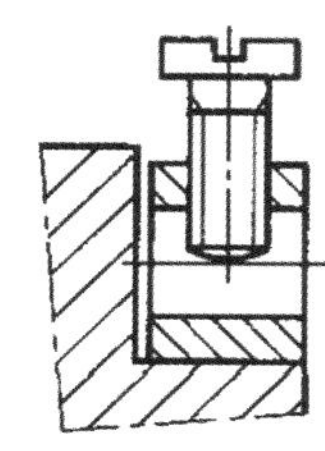

c） 有压板的柱式接线端子

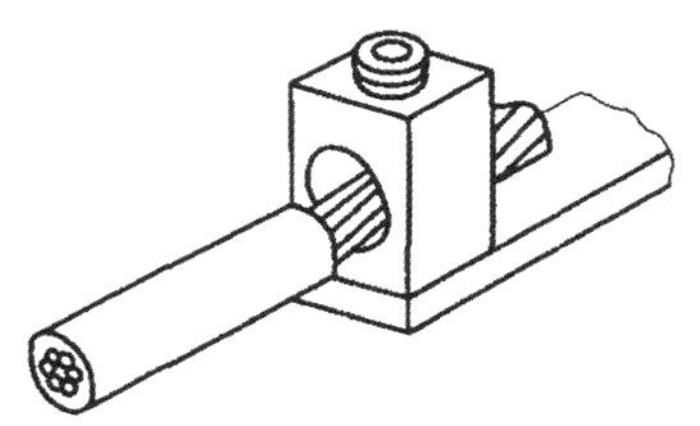

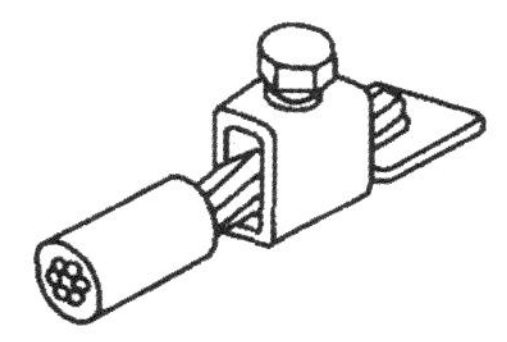

d） 有直接压力的柱式接线端子

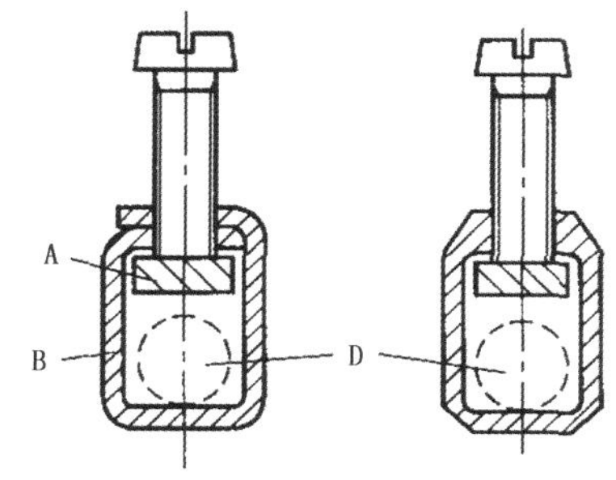

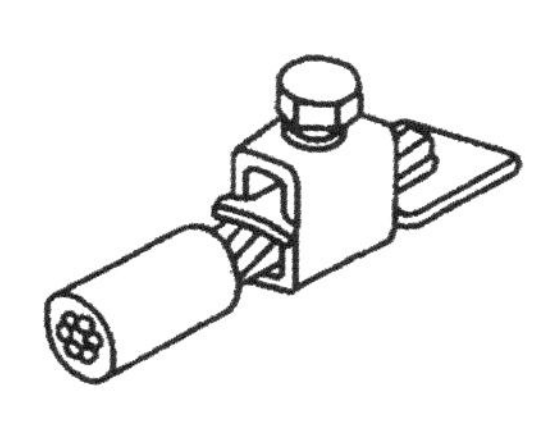

e） 有间接压力的柱式接线端子

A——固定部件；

B——压紧装置本体；

C——导体空间。

图 H.3 柱式接线端子示例

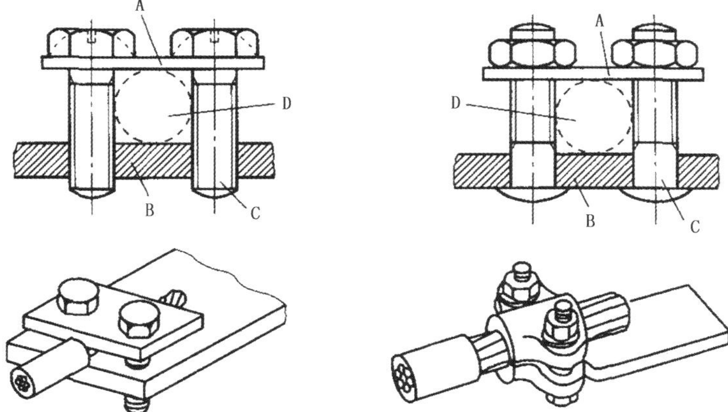

鞍型接线端子：是一种借助两个或多个螺母或螺钉由鞍形压板压紧导体的螺钉型接线端子。

A——鞍型压板；

B——固定部件；

C——螺栓；

D——导体空间。

图 H.4 鞍形接线端子示例

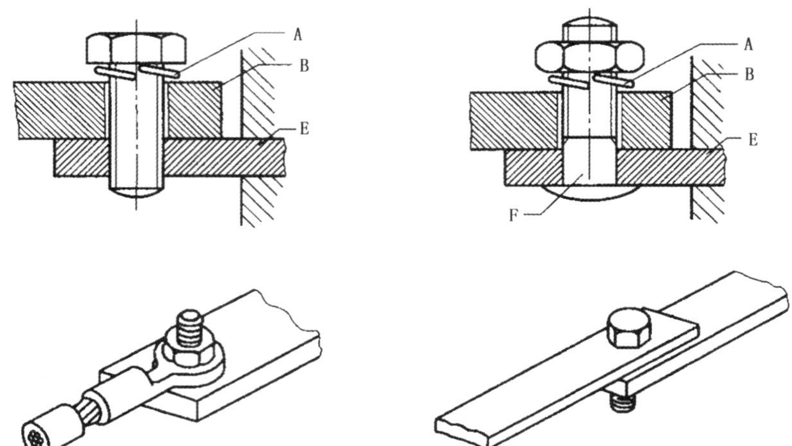

接线片式接线端子：是一种利用螺钉或螺母压紧电缆接线片或接线杆的螺钉接线端子或螺栓接线端子。

A——弹簧垫圈；

B——电缆接块或接杆；

E——固定部件；

F——螺栓。

图 H.5　接线片式接线端子示例

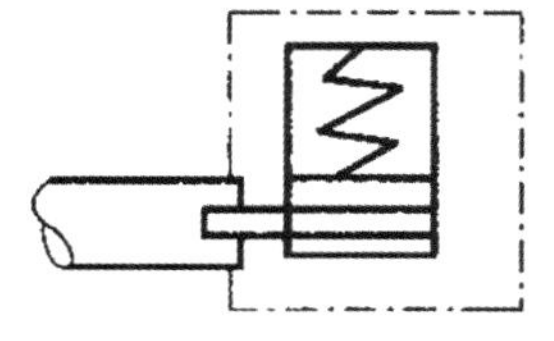

a）间接施加压力的非螺钉型接线端子

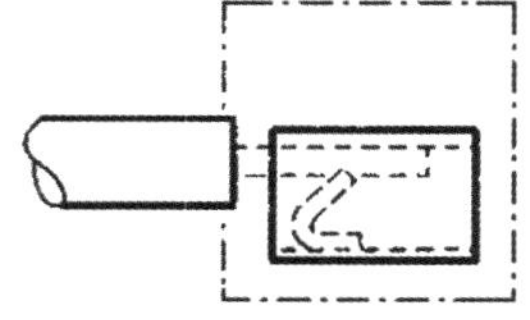

b）直接施加压力的非螺钉型接线端子

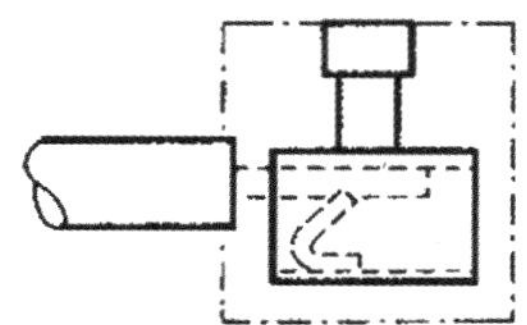

c）带调节机构的非螺钉型接线端子

图 H.6　非螺钉型接线端子示例

附　录 I
（规范性附录）
连接至光伏系统直流侧的 SPD 的试验电源特性

I.1　通用电源特性

试验电路的电感量应为 100 μH $^{+10}_{0}$% 。通用电源的 I/U 特性曲线见图 I.1。

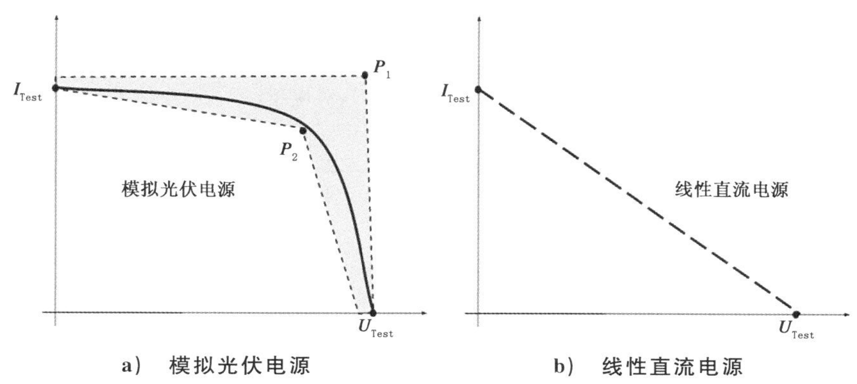

a）　模拟光伏电源　　　　b）　线性直流电源

图 I.1　I/U 特性

模拟光伏电源的允差由 P_1 和 P_2 之间的阴影区域定义，P_1、P_2 的坐标特性为：

——P_1：[U_{Test}，1.05×I_{Test}]；

——P_2：[0.7×U_{Test}，0.7×I_{Test}]。

该区域可根据 SPD 制造商的协定趋向更高的电压或者电流值。

应在 100 μs 内的静态和动态条件下确认以上要求。附录 J 给出了相应的试验程序，用以确认是否符合这一要求。

I.2　动作负载试验的电源特性

根据不同的 SPD 续流，以下电压为 U_{CPV} 的电源应被应用于试验，见表 I.1。

表 I.1　动作负载试验的特殊电源特性

通过附录 K 确定的续流值	≤5 A	>5 A
6.3.2.2.3.3 c）动作负载试验	DC_1 或 PV_1	PV_2
6.3.2.2.3.3 d）Ⅰ类试验的动作负载附加试验	DC_2 或 PV_3	DC_2 或 PV_3
DC_1：线性直流电源，其阻抗应满足：在续流流过时，从 SPD 的接线端子处测量的电压降不能超过 U_{CPV} 的 5%。 DC_2：线性直流电源，其预期短路电流值至少为 5 A，对应于图 I.1b）中的 I_{Test}。 PV_1：模拟光伏电源，其预期短路电流值至少为 20 A，对应于图 I.1a）中的 I_{Test}。 PV_2：模拟光伏电源，其预期短路电流值等于 I_{SCPV}，对应于图 I.1a）中的 I_{Test}。 PV_3：模拟光伏电源，其预期短路电流值至少为 5 A，对应于图 I.1a）中的 I_{Test}。		

I.3 过载特性试验的特殊电源特性

根据不同的SPD设计，试验应采用电压为U_{CPV}/1.2的电源，见表I.2。

表I.2 过载特性试验的特殊电源特性

7.1b)14)预期过载特性	开路模式 (OCM)	短路模式 (SCM)
6.3.3.2.4.4 SPD失效特性试验	DC_3 或 PV_4	PV_4
DC_3:线性直流电源，其预期短路电流值满足6.3.3.2.4.4a)1)，对应于图I.1b)中的I_{Test}。 PV_4:模拟光伏电源，其预期短路电流值满足6.3.3.2.4.4a)1)，对应于图I.1a)中的I_{Test}。		
注:仅基于制造商协定。		

附　录　J
（资料性附录）
图 I.1 a）中 PV 试验电源的瞬态特性

J.1　概述

为了确保在动作负载试验和过载特性试验中使用的 PV 电源给出可比较的结果，有必要找到一个对试验电源的特性精确定义的过程。

PV 电源的暂态 i/u 特性取决于关断时间 t_{OFF}，并和具有相同 U_{OC} 和 I_{SC} 的线性电源的关断时间不同。

注：此处 U_{OC} 特指线性电源的开路电压，I_{SC} 特指线性电源的短路电流。

J.2　利用半导体开关确定 PV 试验电源瞬态特性的试验设置

图 J.1 展示了用于确定 PV 试验电源瞬态特性的试验装置。

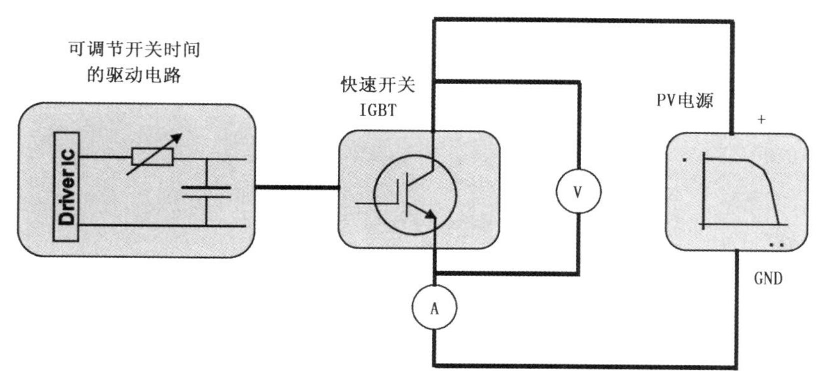

图 J.1　使用可调半导体开关的用于确定 PV 试验电源瞬态特性的试验装置

半导体开关应调整到可在 50 μs 到 100 μs 的时间内关断 PV 试验电源（图 J.2）。

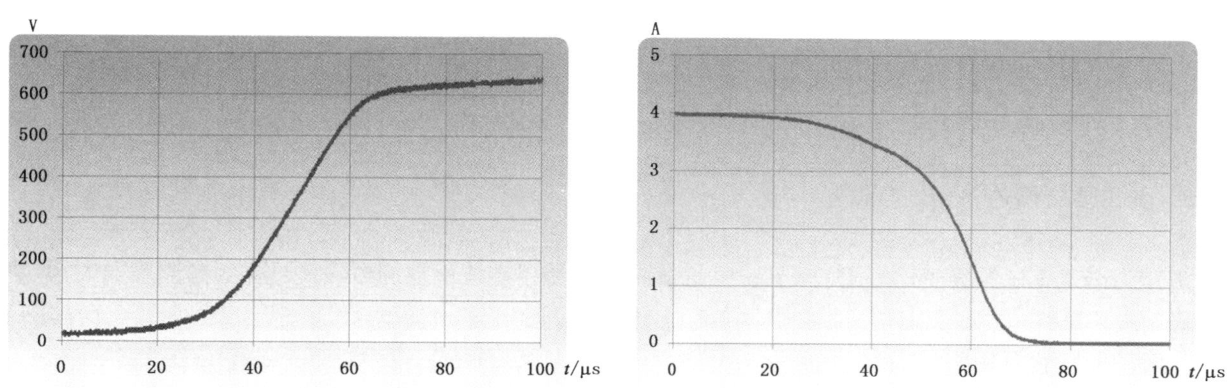

图 J.2　在 I_{SC}=4 A，U_{OC}=640 V 的 PV 电源下半导体开关关断过程的电压和电流特性曲线

将测量得到的 $i(t)$ 和 $u(t)$ 曲线按比例放大到 100%，可得到归一化的、和 U_{OC} 与 I_{SC} 无关的关断曲线（图 J.3）。

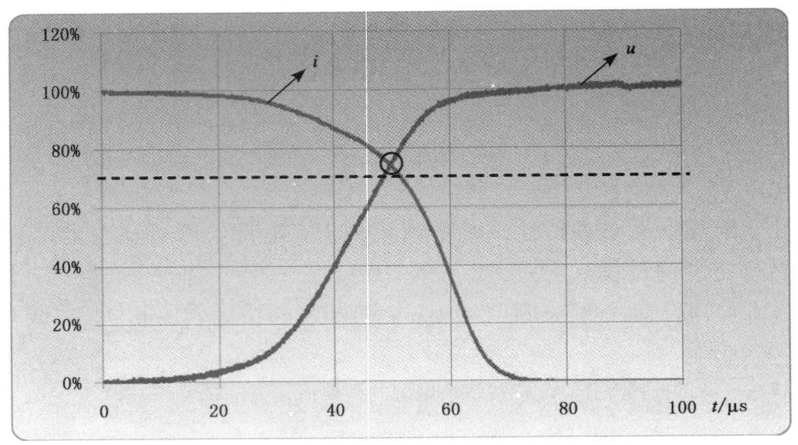

图 J.3　含交汇点 $i(t)/u(t)$ 的半导体开关分断特性曲线(归一化)

在按比例放大的 $i(t)$ 和 $u(t)$ 线之间的交汇点应等于或大于 70%。

对于关断时间 t_{OFF} 大于 50 μs，计算的 PV 试验电源的 i/u 特性应对应于 PV 试验电源的静态特性 $i=f(u)$（图 J.4）。

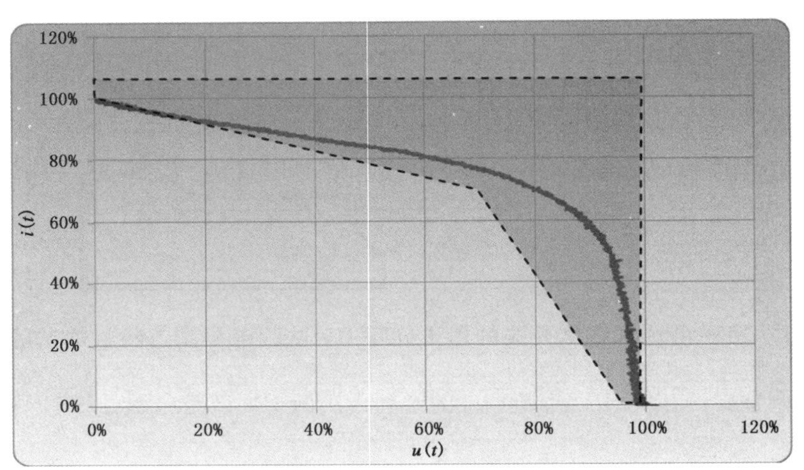

图 J.4　从归一化电流和电压记录中计算得到的 PV 试验电源的 i/u 特性

J.3　使用熔断器的替代试验设置

作为图 J.1 试验设置的代替，图 J.5 中的试验电路使用额定电流为 $0.1\times I_{SCPV}$ 的熔断器(PV 类型)来确定 PV 试验电源的特性，图 J.6 是含交汇点 $i(t)/u(t)$ 的 PV 电源的额定电流为 $0.1\times I_{SCPV}$ 的熔断器动作时的归一化分断特性。

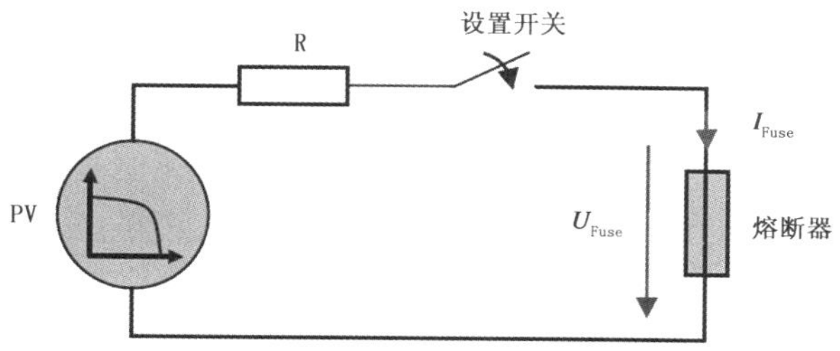

图 J.5　使用熔断器(PV 类型)来确定 PV 试验电源特性的试验设置

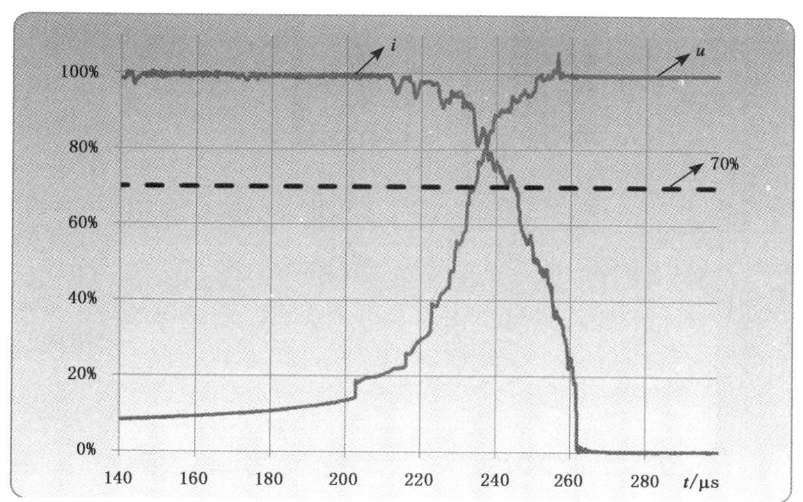

图 J.6　含交汇点 $i(t)/u(t)$ 的 PV 电源的额定电流为 $0.1\times I_{SCPV}$ 的熔断器动作时的归一化分断特性

在按比例放大的 $i(t)$ 和 $u(t)$ 曲线之间的交汇点应等于或大于 70%。对于关断时间 t_{OFF} 大于 50 μs，计算的 PV 试验电源的 i/u 特性应对应于 PV 试验电源的静态特性 $i=f(u)$(图 J.7)。

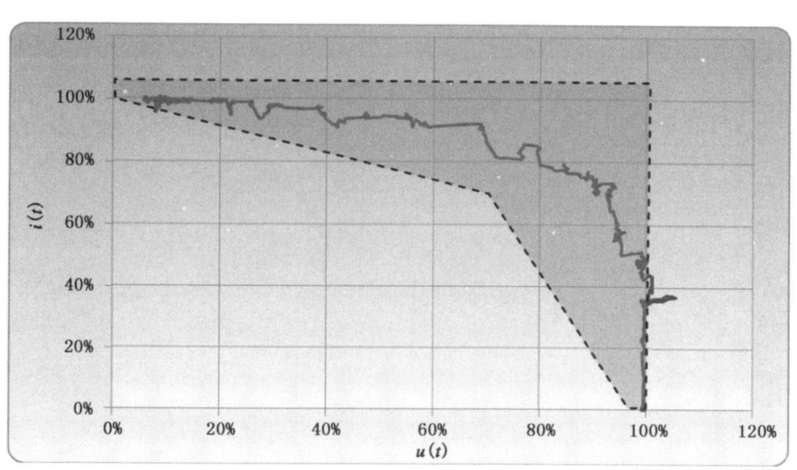

图 J.7　从归一化电流和电压记录中计算得到的 PV 试验电源的 i/u 特性

附 录 K
（规范性附录）
金属屏栅的试验布置

金属屏栅的试验布置见图 K.1。

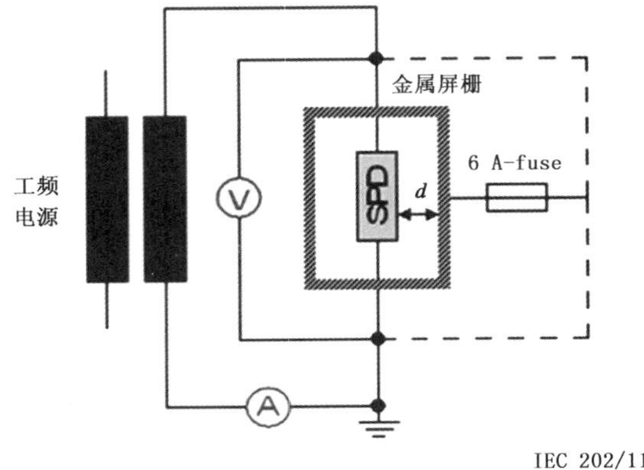

说明：
d——金属屏栅和 SPD 的距离。

图 K.1 金属屏栅的试验布置图

附 录 L
(规范性附录)
确定是否存在开关型元件和续流大小的试验

L.1 一般要求

该试验应由制造商进行,用以提供7.1 d) 1)和/或7.1 d) 2)要求的信息。

L.2 确定是否存在开关型(Crowbar型)元件的试验

只有当不知道SPD的内部设计时,才应进行这项试验。仅对这项试验,应使用一个新的试品。

SPD的Ⅰ类试验和Ⅱ类试验,采用8/20 μs标准冲击电流,幅值为制造厂规定的I_n或I_{imp}。SPD的Ⅲ类试验,采用复合波发生器,开路电压等于制造厂规定的U_{OC}。

对SPD施加一次冲击(如果是二端口SPD,应对它的输入和输出接线端子施加冲击)。

应记录SPD上的电压波形图(如果是二端口SPD,应测量SPD输入接线端子间的电压)。

如果记录的电压波形显示出突然下降,则认为SPD包含开关(crowbar)元件。

L.3 确定续流大小的试验

预备性试验是用来确定续流的峰值是大于还是小于500 A。

对于连接至光伏系统直流侧的SPD该预备性试验是用来确定续流的峰值是大于还是小于5 A。

如果知道SPD的内部设计和续流的峰值,不需要进行预备性试验。

试验按下列程序进行:

a) 试验应用另外一个试品进行。
b) 预期短路电流I_p应大于或等于1.5 kA,功率因数$\cos\varphi=0.95^{0}_{-0.05}$。对于连接至光伏系统直流侧的SPD,该试验为线性直流电源,预期短路电流应为100 A $^{+5}_{0}$%。该测试回路中应有一个100 μH $^{+10}_{0}$% 的电感。
c) 试品被连接到一个具有正弦交流电压的工频电源。在接线端子间测量工频电压的最大值,应等于最大持续工作电压$U_C{}^{0}_{-5}$%。交流电源的频率应符合SPD的额定频率。对于连接至光伏系统直流侧的SPD,电压应在试品端子处测量,应等于最大持续工作电压$U_{CPV}{}^{0}_{-5}$%。
d) 应用8/20 μs冲击电流或复合波触发续流。
e) 峰值应相当于I_n或I_{imp}或U_{OC}。
f) 冲击电流的起始位置是在工频电压峰值前60°。它的极性应与冲击电流产生时工频电压半波的极性相同。对于连接至光伏系统直流侧的SPD,冲击极性与电压极性相符。
g) 如果在此同步点没有续流,为了确定续流是否产生,则应每滞后10°施加8/20 μs冲击电流,以确定是否产生续流。

附 录 M
（规范性附录）
户外型SPD的环境试验

M.1 UV辐射的加速老化试验

如在户外使用的方式安装试品，将三个完整试品按照户外使用方式安装，在UV辐射（UV-B）和水雾中暴露1000 h：循环做500次每次120 min的试验；每次在60 ℃下的UV光线中102 min和在65 ℃、65% RH下的UV光线和水雾中18 min。UV辐射应根据ISO 4892-2的方法A。ISO 4892-1和ASTM151应用作本试验的通用指南。

在试验过程中，试品应连接到电压为U_C的工频电源或U_{CPV}的直流电源（U_{CPV}仅适用于连接至光伏系统直流侧的SPD），并间隔120 min监测残流。试验结束后，根据H.2测试试品。

合格判别标准：在试验过程中和试验结束后，通过直观检查看看试品有无空隙、裂痕、起痕和表面腐蚀。残流增加不应超过10%。应评估起痕、表面腐蚀和裂痕的程度，以确定这些情况是否会危害产品的外壳，从而满足本部分中其他电气和机械性能的要求。

M.2 水浸试验

本试验根据标准GB 11032—2010中的图11进行。试品应保持浸泡在容器中42 h，容器盛有含有浓度为1 kg/m^3 NaCl的沸腾的去离子水。

注1：上述水的特性应在试验开始时测量。

注2：当制造商声明密封系统的材料不能耐受沸水温度长达42 h，试验温度（沸水）可降低至80 ℃（最少持续时间168 h，如1周）。

在沸腾结束时，试品应保持在容器中直到水温冷却到大约20 ℃（±15 ℃），并应保持在水中直到进行完验证试验。水浸试验结束后，试品应接受绝缘试验（M.3）。

M.3 绝缘试验

试品应接受1 min的1000 V工频交流电压加两倍参考试验电压U_{REF}或最大持续工作电压U_{CPV}（U_{CPV}仅适用于连接至光伏系统直流侧的SPD）的绝缘试验，并测量泄漏电流。试验电压根据以下方法施加：

a) 具有金属外壳的SPD，含有或不含有安装支架：电压应施加在连接在一起的所有端子或外部引线和金属外壳之间。外部导线不经过内部连接（既不直接也不经过电涌保护元件）连接到外壳。如果所有的端子和外部引线直接或通过元件连接到导电外壳，则不需进行本试验。

b) 具有非导电外壳的SPD，含有非导电支架或不含有支架：非导电外壳应紧紧包裹在导电金属箔内，距离任何非绝缘的引线或端子的15 mm内。电压应施加在导电金属箔和连接在一起的所有端子或外部引线之间。

c) 具有非导电外壳和导电支架的SPD：非导电外壳应紧紧包裹在导电金属箔内，距离任何非绝缘的引线，端子和金属安装支架的15 mm内。电压应施加在导电金属箔和连接在一起的所有端子，外部引线和安装支架之间。

注：绝缘试验的目的是确定在喷水和水浸试验中是否产生了可导致试品吸取导电性的液体的空隙。

合格判别标准:试验过程中测量得到的泄漏电流不应超过 25 mA。

M.4 温度循环试验

试验应根据标准 GB/T 2423.22—2012 进行下限温度为 −40 ℃,上限为 100 ℃的五个循环试验。半个循环的持续时间为 3 h,温度变化时间应控制在 30 s 内。

合格判别标准:在试验过程中和试验结束后,通过直观检查看看试品有无空隙、裂痕、起痕和表面腐蚀。残流不应超过 10%。应评估起痕、表面腐蚀和裂痕的程度,以确定这些情况是否会危害产品的外壳,从而满足本部分中其他电气和机械性能的要求。

M.5 抗腐蚀的验证

具有外露金属部件的 SPD 应进行本试验,并根据制造商的指引如正常使用状况进行安装。

试品的外壳应是新的并处于干净状态。试品应经过以下试验:

——根据 GB/T 2423.4—2008 的试验 Db 进行湿热循环试验,在 40 ℃和 95%的相对湿度下进行 24 h 的 12 次循环;

——根据 GB/T 2423.17—2008 的试验 Ka 进行盐雾试验,在(35±2) ℃的温度下进行 24 h 的 14 次循环。

试验后,试品应用自来水冲洗 5 min,在蒸馏水或去矿物质水中清洗,然后摇动或用风筒去除水滴。然后将待测试样本在正常工作条件下保存 2 h。

可通过直观检查判断是否发生以下情况进行合格判别:

——没有生锈、裂化或其他变质的迹象。但是,任何保护层的表面劣化是允许的。如果有疑义,可参考标准 ISO 4628-3 来验证这些试品与样本一致。

——密封没有被破坏。

——任何可移动的部件(脱离器)的动作无需非正常的力。

附　录　N
（资料性附录）
测量准确度

IEC 61083-1 规定了模拟式和数字式的脉冲记录仪器，如带探针的数字示波器。模拟式记录器的上升时间应比信号上升时间快 5 倍，以确保在所显示的上升时间中，偏差小于 2%。数字式记录器的采样时间至少为 30/TX，其中 TX 是所需测量的时间间隔。在只要求冲击参数被分析的试验中，推荐使用额定分辨率为全偏差的 0.4%（即 2^{-8} 的全偏差）或准确度更高的仪器。在相关需要比对记录结果的测试中，应使用额定分辨率为全偏差的 0.2%（即 2^{-9} 的全偏差）或准确度更高的仪器。IEC 61083-1 也提出了某些特定波形的额外准确度参数。

附　录　O
（资料性附录）
连接至光伏系统直流侧的SPD的连接结构和过载特性试验的试品准备

O.1　Ⅰ型结构

Ⅰ型结构见图O.1。

注：每个灰色阴影矩形代表一个或多个元件的串联或并联，下同。

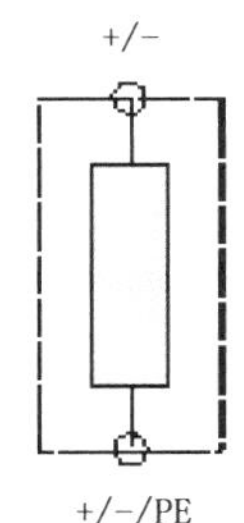

图O.1　Ⅰ型结构

Ⅰ型结构SPD过载特性试验的试品准备见图O.2。

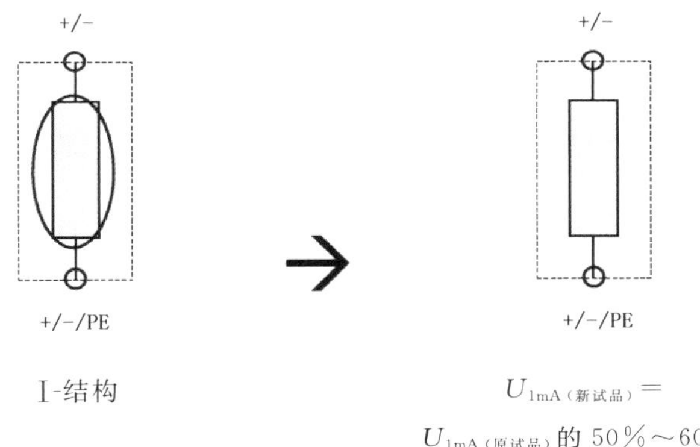

图O.2　Ⅰ型结构SPD过载特性试验的试品准备

O.2　U型结构

U型结构见图O.3。

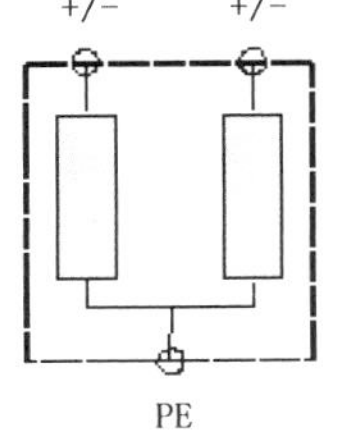

图O.3　U型结构

U 型结构 SPD 过载特性试验的试品准备见图 O.4。

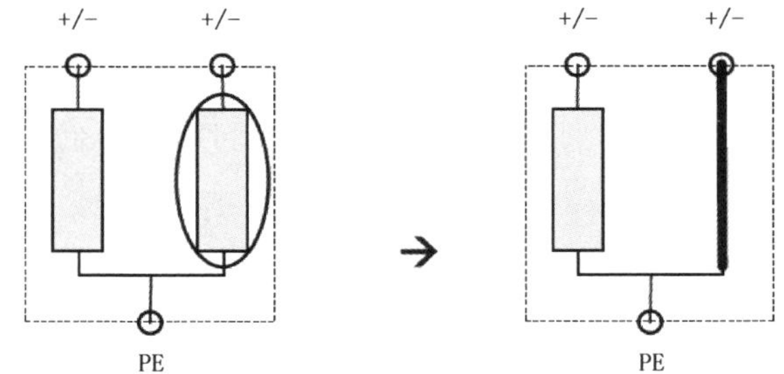

图 O.4　U 型结构 SPD 过载特性试验的试品准备

O.3　L 型结构

L 型结构见图 O.5。

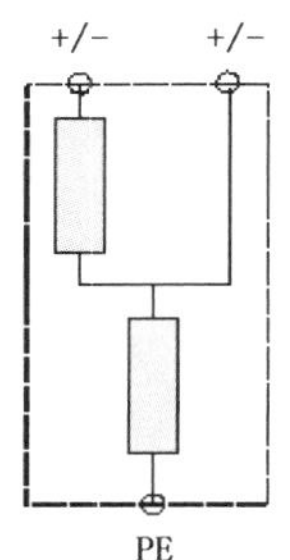

图 O.5　L 型结构

L 型结构 SPD 过载特性试验的试品准备见图 O.6。

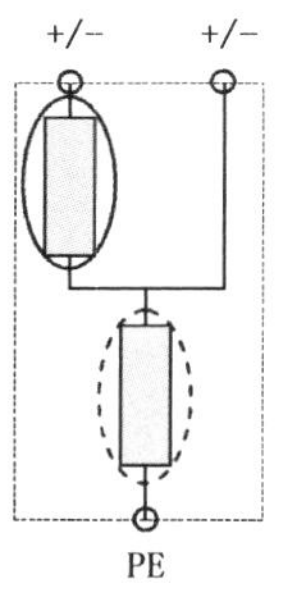

图 O.6　L 型结构 SPD 过载特性试验的试品准备

O.4　Δ 型结构

Δ 型结构见图 O.7。

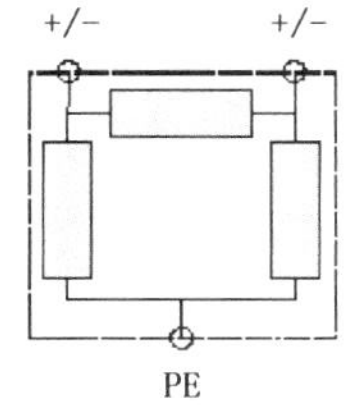

图 O.7　Δ 型结构

Δ 型结构 SPD 过载特性试验的试品准备见图 O.8。

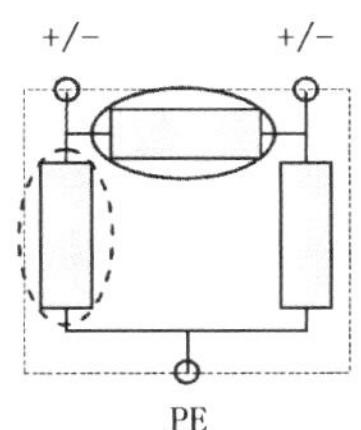

图 O.8　Δ 型结构 SPD 过载特性试验的试品准备

O.5　Y 型结构

Y 型结构见图 O.9。

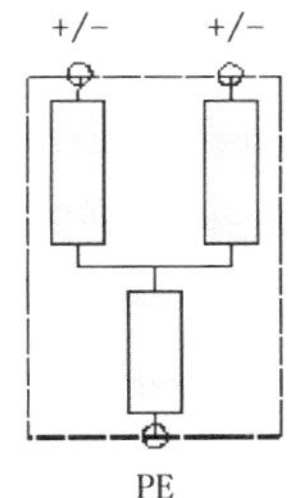

图 O.9　Y 型结构

Y 型结构 SPD 过载特性试验的试品准备见图 O.10。

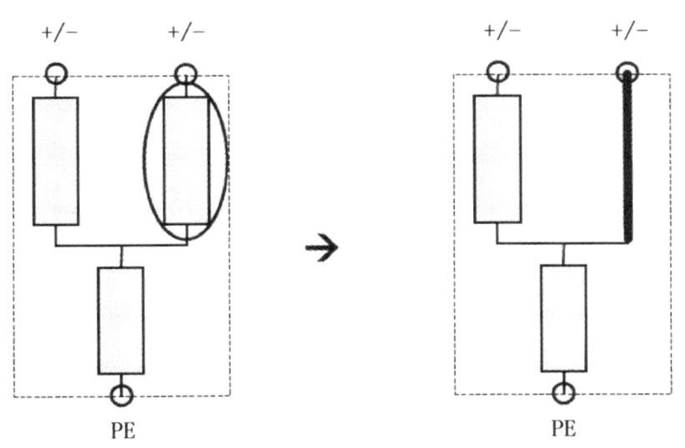

图 O.10　Y 型结构 SPD 过载特性试验的试品准备

O.6 单一模块 SPD 连接成的 Y 型结构

单一模块 SPD 连接成的 Y 型结构见图 O.11。

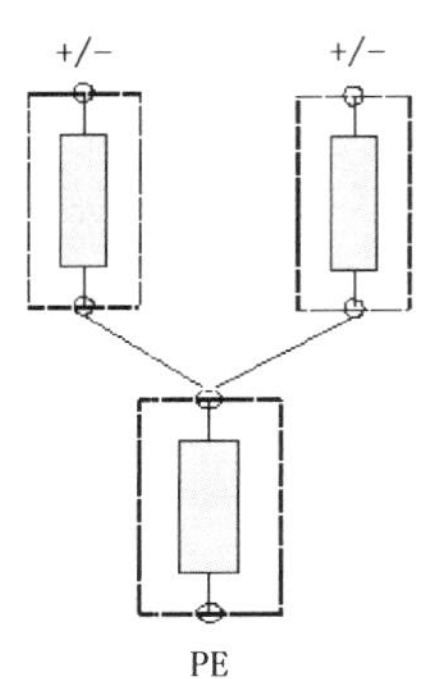

图 O.11 单一模块 SPD 连接成的 Y 型结构

单一模块 SPD 连接成的 Y 型结构 SPD 过载特性试验的试品准备与 Y 型结构相同。

O.7 基于连接结构的试验应用

基于连接结构的试验应用见表 O.1。

表 O.1 基于连接结构的试验应用

连接结构	I 型结构 (5.9.1)	U 型结构 (5.9.2)	L 型结构 (5.9.3)	Δ 型和 Y 型结构 (5.9.4 和 5.9.5)
在右侧所示的端子间进行测试	+/—/PE→+/—/PE	+→—，+→PE， —→PE (只有当不同于+→PE)	+→— +→PE， —→PE	+→—， +→PE (只有当不同于+→—) —→PE (只有当不同于+→PE)

附　录　P
（规范性附录）
TOV 值

试验程序与制造商在 SPD 安装说明中用于低压配电系统型式及保护模式有关，见表 P.1 。

表 P.1　TOV 值

应用模式	TOV 试验参数		
SPD 连接到	$t=5$ s （用户装置内的低压系统故障） （4.3.2.2.5 的要求和 6.3.3.2.4.7 的试验）	$t=120$ min （配电系统的低压系统故障和缺零） （4.3.2.2.5 的要求和 6.3.3.2.4.7 的试验）	$t=200$ ms （高压系统的故障） （4.3.2.2.5 的要求和 6.3.3.2.4.5 的试验）
	耐受模式	耐受或可接受的安全失效模式	耐受或可接受的安全失效模式
	TOV 试验值 U_T/V		
TN 系统			
连接至 L-(PE)N 或 L-N	$1.32\times U_{REF}$	$\sqrt{3}\times U_{REF}$	
连接至 N-PE			
连接至 L-L			
TT 系统			
连接至 L-PE	$\sqrt{3}\times U_{REF}$	$1.32\times U_{REF}$	$1200\ V+U_{REF}$
连接至 L-N	$1.32\times U_{REF}$	$\sqrt{3}\times U_{REF}$	
连接至 N-PE			1200 V
连接至 L-L			
IT 系统			
连接至 L-PE			$1200\ V+U_{REF}$
连接至 L-N	$1.32\times U_{REF}$	$\sqrt{3}\times U_{REF}$	
连接至 N-PE			$1200\ V+U_{REF}$
连接至 L-L			

U_{REF}：用于试验的参考试验电压，考虑到配电系统的最大电压波动（见附录 B）。

U_0：在 TN 或 TT 系统中，标称交流线对地电压的有效值；在 IT 系统中，相线和中性线或中点线之间的标称交流电压，视情况而定（参见 GB 16895.10—2010 中 442.1.2）。

1.32×：当电压波动不超过 10%时，$U_{REF}=1.1\times U_0$（参见 GB 16895.10—2010 中 442.5）。

注：由于在某些国家的电压波动超过 10%，本部分中的 U_{REF} 适用于普通情况。电压波动的进一步信息可见 GB/T 156—2007。

附　录　Q
（资料性附录）
高（中）压系统故障引起 TOV 下低压配电系统 SPD 试验的可选电路

中高压系统故障引起 TOV 下低压配电系统 SPD 试验的可选电路见图 Q.1 和图 Q.2。

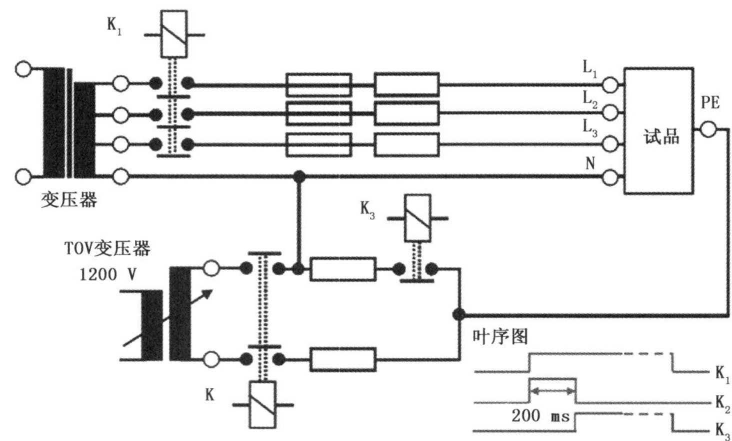

图 Q.1　用于中高压系统故障引起 TOV 下 SPD 试验的三相电路的范例

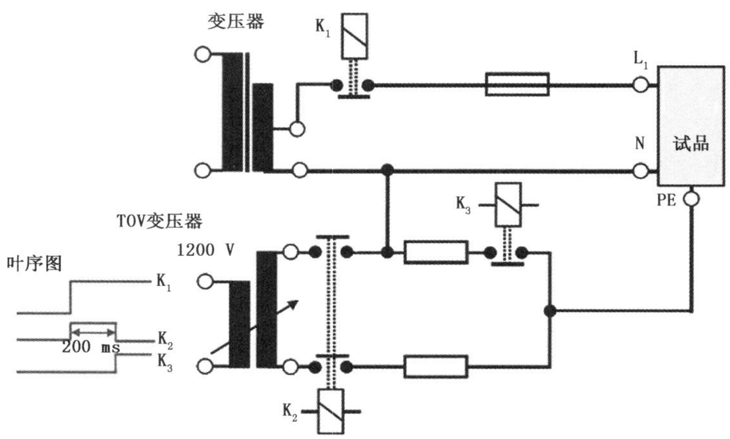

图 Q.2　用于中高压系统故障引起 TOV 下 SPD 试验的单相电路的范例

附　录　R
（规范性附录）
连接至低压电气系统和光伏系统直流侧的SPD的温升限值

低压电气系统SPD的温升限值见表R.1。

表R.1　低压电气系统SPD的温升限值

SPD部件	温升限值 ℃
内部元器件[a]	满足单个元器件的相关产品标准的要求，或满足元器件制造商的声明[f]，考虑到SPD内的温度。
外部绝缘处理过的导体的端子	70[b]
汇流排和导体，连接汇流排的可移除或可更换部件的插入式接触体	受限于： ——导体材料的机械强度[g]； ——对附近设备可能发生的影响； ——接触导体的绝缘材料的允许温度限值； ——导体温度对与其连接的设备的影响； ——对于插入式接触，接触材料的自然处理和表面处理。
手动操作手段： ——金属的； ——绝缘材料的	 15[c] 25[c]
可触及的外壳和盖子： ——金属表面； ——绝缘表面	 30[d] 40[d]
插头和插座连接的离散分布	取决于它们构成某部分的相关设备的那些元器件的限制[e]。

[a] 术语“内部元器件”指：
——常规的开关设备和控制设备；
——电子部件（如镇流器电桥，印刷电路版）；
——设备的一部分（如调压器，电源稳压单元，运算放大器）。

[b] 在安装条件下使用或测试的SPD可能有连接、类型、性质和配置将与测试所采用的不同，并可能导致终端的温升不同。当内部元器件的端子也是外部经过绝缘处理的导体的端子，因采用对应的温升限值的较低值。

[c] 手动部件指只有被打开之后才可以触及的SPD的内部，例如不经常操作的拉出式手柄，在这些温升限值上可以允许有25 ℃的提高。

[d] 除非有其他的指定，对于可以被接触到但是在正常使用下无需被触摸的盖子和外壳，在温升限值上允许有10 ℃的提高。

[e] 在设备方面（如电子装置）允许有灵活度，它们的温升限值不同于开关设备和控制设备。

[f] 对于根据6.3.6.1.2进行的温升试验，温升限值应该由制造商指定。

[g] 如果其他的判据都满足，裸露的铜汇流排和导体不能超过105 K的最大温升，因为温升超过105 ℃的温度有可能令铜出现退火。

参考文献

[1] GB/T 156—2007 标准电压

[2] GB/T 2421.1—2008 电工电子产品环境试验 概述和指南(IEC 60068-1:1988,IDT)

[3] GB/T 2423.34—2012 环境试验 第2部分:试验方法 试验Z/AD:温度/湿度组合循环试验(IEC 60068-2-38:2009,IDT)

[4] GB/T 3398.2—2008 塑料 硬度测定 第2部分:洛氏硬度(ISO 2039-2:1987,IDT)

[5] GB/T 4798.3—2007 电工电子产品应用环境条件 第3部分:有气候防护场所固定使用(IEC 60721-3-3:2002,MOD)

[6] GB 4943.1—2011 信息技术设备 安全 第1部分:通用要求(IEC 60950-1:2005,MOD)

[7] GB 11032—2010 交流无间隙金属氧化物避雷器(IEC 60099-4:2006,MOD)

[8] GB 14048.1—2012 低压开关设备和控制设备 第1部分:总则(IEC 60947-1:2011, MOD)

[9] GB 14048.5—2008 低压开关设备和控制设备 第5-1部分:控制电路电器和开关元件 机电式控制电路电器(IEC 60947-5-1:2003,MOD)

[10] GB/T 14733.2—2008 电信术语 传输线与波导(IEC 60050-726:1982, IDT)

[11] GB/T 14733.7—2008 电信术语振荡、信号和相关器件(IEC 60050(702):1992,IDT)

[12] GB/T 16422.1—2006 塑料 实验室光源暴露试验方法 第1部分:总则(ISO 4892-1:1999,IDT)

[13] GB/T 16422.2—2014 塑料 实验室光源暴露试验方法 第2部分:氙弧灯(ISO 4892:2006,IDT)

[14] GB/T 16422.3—2014 塑料 实验室光源暴露试验方法 第3部分:荧光紫外灯(ISO 4892-3:2006,IDT)

[15] GB/T 16895.10—2010 低压电气装置 第4-44部分:安全防护 电压骚扰和电磁骚扰防护(IEC 60364-4-44:2007, IDT)

[16] GB/T 16895.18—2010 建筑物电气装置 第5-51部分:电气设备的选择和安装 通用规则(IEC 60364-5-51:2005, IDT)

[17] GB 16895.22—2004 建筑物电气装置 第5-53部分:电气设备的选择和安装-隔离、开关和控制设备 第534节:过电压保护电器(IEC 60364-5-53:2001, IDT)

[18] GB 16916.1—2003 家用和类似用途的不带过电流保护的剩余电流动作断路器(RCCB) 第1部分:一般规则(IEC 61008-1:1996,MOD)

[19] GB/T 16927.2—2013 高电压试验技术 第2部分:测量系统(eqv IEC 60060-2:2010,MOD)

[20] GB/Z 16935.2—2013 低压系统内设备的绝缘配合 第2-1部分:应用指南 GB/T 16935系列应用解释,定尺寸示例及介电试验(IEC/TR 60664-2-1,IDT)

[21] GB 17465(所有部分) 家用和类似用途器具耦合器(IEC 60320)

[22] GB/T 17626(所有部分) 电磁兼容(IEC 61000,EMC)

[23] GB/T 17627.1—1998 低压电气设备的高电压试验技术 第一部分:定义和试验要求(IEC 61180-1:1992,IDT)

[24] GB/T 18233—2008 信息技术 用户建筑群的通用布缆(ISO/IEC 11801:2002,IDT)

[25] GB/T 18802.1—2011 低压电涌保护器(SPD) 第1部分 低压配电系统的电涌保护器:性能要求与试验方法(IEC 61643-1:2005,MOD)

[26] GB/T 18802.12—2014 低压电涌保护器(SPD) 第12部分:低压配电系统的电涌保护器

选择和使用导则(IEC 61643-12:2002,IDT)

[27] GB/T 18802.21—2004 低压电涌保护器 第21部分:电信和信号网络的电涌保护器(SPD) 性能要求和试验方法(IEC 61643-21:2000,IDT)

[28] GB/T 18802.22—2008 低压电涌保护器 第22部分 电信和信号网络的电涌保护器(SPD)选择和使用导则(IEC 61643-22:2004,IDT)

[29] GB/T 18802.31—2016 低压电涌保护器 特殊应用(含直流)的电涌保护器 第31部分:用于光伏系统的电涌保护器(SPD) 性能要求和试验方法

[30] GB/T 21714.1—2015 雷电防护 第1部分:总则(IEC 62305-1:2010,IDT)

[31] GB/T 21714.4—2008 雷电防护 第4部分:建筑物内电气和电子系统(IEC 62305-4-2006,IDT)

[32] IEC 60050-151:2001 国际电工词汇 第151部分:电和磁的器件

[33] IEC 60999-1 连接器件 铜导线 螺纹型和无螺纹型夹紧件的安全要求 第1部分:0.2 mm^2 到(包括)35 mm^2 导线用夹紧件的一般要求和特殊要求

[34] IEC 61643-11:2011 低压电涌保护器(SPD) 第11部分:低压电力系统的电涌保护器:性能要求和试验方法

[35] IEC 61643-21:2012 低压电涌保护器(SPD) 第21部分:电信和信号网络的电涌保护器 性能要求和试验方法

[36] IEC 62305(所有部分) 雷电防护

[37] EN 50521:2008+A1:2012 光伏系统连接器 安全要求和试验

[38] IEEE C 62.36:1994 IEEE标准——低压数据、通信和信号电路中使用的冲击保护器的试验方法(ANSI)

[39] IEEE C62.45:2002 连接到低压交流电源中的设备的电涌试验指南

[40] IEEE C62.64:2009 IEEE标准——低压数据、通信和信号电路中使用的冲击保护器的技术规范

[41] ISO 4628-3 Paints and varnishes-Evalution of degradation of coatings Designation of quantity and size of defects, and of intensity of uniform changes in appearance Part 3: Assessment of degree of rusting

[42] ITU-T K.12.2010 用于保护电信设施的气体放电管的特性

[43] ITU-T K.20.2011 电信交换设备耐过电压和过电流的能力

[44] ITU-T K.21.2011 用户终端耐过电压和过电流的能力

[45] ITU-T K.28.2012 电信设备保护用半导体避雷器组件的特性

[46] ITU-T K.30.2004 自恢复过电流保护器

[47] ITU-T K.44:2013 对于暴露在过压和过流状态中的通信设备的抵抗力测试 基本建议

[48] ITU-T K.45:2011 安装在接入和主干网络中用于耐过电压和过电流的通信设备的抵抗性

[49] ITU-T K.55:2002 绝缘置换连接器(IDC)中止的过电压和过电流要求 K系列:干涉保护

[50] ITU-T K.65:2011 具有测试端口或保安单元插口的配线模块的过电压和过电流要求

[51] ITU-T K.82:2010 用于保护通信装置的固态自恢复过流保护器的特性和额定值

[52] ITU-T O.9:1999 评价对地不平衡度的测量装置

[53] ASTM G151 Standard Practice for Exposing Non-metallic Materials in Accelerated Test Devices that Use Laboratory Light Sources

ICS 07.060
A 47
备案号：65856—2019

中华人民共和国气象行业标准

QX/T 10.2—2018
代替 QX/T 10.2—2007

电涌保护器　第2部分:在低压电气系统中的选择和使用原则

Surge protective devices—Part2: Selection and application principles of surge protective devices connected to low-voltage electrical systems

2018-11-30 发布　　2019-03-01 实施

中　国　气　象　局　　发布

前　　言

QX/T 10《电涌保护器》分为三个部分：

——第1部分：性能要求和试验方法；

——第2部分：在低压电气系统中的选择和使用原则；

——第3部分：在电子系统信号网络中的选择和使用原则；

——第4部分：在光伏系统直流侧的选择和使用原则。

本部分为QX/T 10的第2部分。

本部分按照GB/T 1.1—2009给出的规则起草。

本部分代替QX/T 10.2—2007《电涌保护器　第2部分：在低压电气系统中的选择和使用原则》。与QX/T 10.2—2007相比，除编辑性修改外主要技术变化如下：

——删除了引言；

——修改了范围（见第1章，2007年版的第1章）；

——修改了规范性引用文件（见第2章，2007年版的第2章）；

——修改了以下的术语及其定义：电气系统（见3.1，2007年版的3.1）、电压开关型SPD（见3.3，2007年版的3.3）、电压限制型SPD（见3.4，2007年版的3.4）、冲击试验分类（见3.8，2007年版的3.6）、冲击电流（见3.9，2007年版的3.15）、标称放电电流（见3.10，2007年版的3.14）、总放电电流（见3.11，2007年版的3.17）、持续工作电流（见3.12，2007年版的3.19）、续流（见3.13，2007年版的3.20）、额定短路电流（见3.14，2007年版的3.18）、额定负载电流（见3.17，2007年版的3.21）、最大持续工作电压（见3.18，2007年版的3.7）、电压保护水平（见3.19，2007年版的3.8）、暂时过电压试验值（见3.21，2007年版的3.9）、电力系统暂时过电压（见3.20，2007年版的3.10）、SPD安装点电力系统最大持续工作电压（见3.22，2007年版的3.12）、系统的标称电压（见3.23，2007年版的3.13）、额定冲击耐受电压（见3.24，2007年版的3.11）、SPD的脱离器（见3.25，2007年版的3.24）、剩余电流保护器（见3.26，2007年版的3.25）、后备过电流保护（见3.27，2007年版的3.26）、保护模式（见3.29，2007年版的3.28）；

——增加了以下的术语及其定义：电涌保护器（见3.2）、多用途SPD（见3.5）、短路型SPD（见3.7）、供电电源的预期短路电流（见3.15）、额定断开续流值（见3.16）、状态指示器（见3.28）；

——删除了以下的术语及其定义：内部系统（见2007年版的3.2）、组合型SPD（见2007年版的3.5）、劣化（见2007年版的3.22）、热崩溃（见2007年版的3.23）、二端口SPD负载侧电涌耐受能力（见2007年版的3.27）；

——删除了TN（TN-C，TN-S，TN-C-S），TT和IT系统的文字说明及电气图，并将部分内容放在附录A和附录B中（见2007年版的4.1和4.2）；

——修改了电涌保护器的主要技术参数，修改为SPD分类、技术参数和使用条件（见第5章，2007年版的第5章）；

——修改了风险评估、雷击类型和损失类型，修改为评估（见6.1，2007年版的第6章）；

——修改了SPD的选择的章结构，修改为SPD的安装位置和类型、SPD技术参数的选择、SPD的配合（见6.2、6.3和6.4，2007年版的第7章）；

——删除了SPD选择流程图（见2007年版的7.4）；

——修改了U_T最小值的要求（见6.3.2.1，2007年版7.3.3）；

——删除了使用安装SPD的三项基本要求的6个注（见2007年版的8.1）；

——修改了 SPD 的安装形式，增加了 SPD 不同接线形式放电电流的要求，安装图示的图放附录 A 中(见 7.2，2007 年版的 8.2)；
——修改了 SPD 连接导线的要求，修改了连接导线的最小截面积(见 7.3.1，2007 年版的 8.3.1)；
——修改了两组(或两组以上)SPD 的配合，内容调整到第 6 章(见 6.4.1.1，2007 年版的 8.4)；
——修改了 SPD 的寿命和失效保护模式，内容调整到附录 H(见 2007 年版的 8.5)；
——修改了 SPD 与其他设备的配合，内容调整到第 6 章(见 6.4.2，2007 年版的 8.6)；
——增加了 SPD 的使用安全要求(见 7.5)；
——修改了低压交流配电系统按带电导体根数分类，修改为低压配电系统(见附录 A，2007 年版的附录 A)；
——修改了 SPD 选择和安装应用示例，删除了太阳能光伏系统的内容，并增加了风电 SPD 的选择和应用(见附录 K，2007 年版的附录 D)；
——增加了被保护设备的特性(见附录 B)，确定是否安装 SPD 的简化分析方法(见附录 C)，确定 SPD 放电电流值的分析方法(见附录 D)，当设备具有信号端口和电源端口时的配合(见附录 G)，SPD 的寿命和失效模式(见附录 H)，过电流保护器(见附录 J)；
——增加了参考文献。

本部分由全国雷电灾害防御行业标准化技术委员会提出并归口。

本部分起草单位：深圳市气象服务中心(深圳市气象公共安全技术支持中心)、上海市气象灾害防御技术中心(上海市防雷中心)、黑龙江省气象灾害防御技术中心、天津市中力防雷技术有限公司、施耐德万高(天津)电气设备有限公司、厦门市气象灾害防御技术中心。

本部分主要起草人：邱宗旭、杨悦新、余立平、苏琳智、郭宏博、周岐斌、吕东波、黄晓虹、孙巍巍、陈锡良、刘敦训、张立阅、侯正、吴健、庄红波、孙丹波、徐栋璞、陈启忠、蔡然。

本部分所替代标准的历次版本发布情况为：

——QX/T 10.2—2007。

电涌保护器　第2部分:在低压电气系统中的选择和使用原则

1　范围

QX/T 10的本部分规定了在低压电气系统中被保护的系统和设备,SPD分类、技术参数和使用条件,SPD的选择及SPD的使用安装。

本部分适用于连接至额定电压交流值(r.m.s)不超过1000 V(供电频率为48 Hz～62 Hz)或直流值不超过1500 V的低压电气系统。

2　规范性引用文件

下列文件对于本文件的应用是必不可少的。凡是注日期的引用文件,仅注日期的版本适用于本文件。凡是不注日期的引用文件,其最新版本(包括所有的修改单)适用于本文件。

GB 16895.22—2004　建筑物电气装置　第5-53部分:电气设备的选择和安装　隔离、开关和控制设备　第534节:过电压保护电器(IEC 60364-5-53:2001 A1:2002,IDT)

GB/T 16895.23—2012　低压电气装置　第6部分:检验(IEC 60364-6:2006,IDT)

GB/T 21714.1—2015　雷电防护　第1部分:总则(IEC 62305-1:2010,IDT)

GB 50057—2010　建筑物防雷设计规范

QX/T 10.1—2018　电涌保护器　第1部分:性能要求和试验方法

QX/T 10.3　电涌保护器　第3部分:在电子系统信号网络中的选择和使用原则

3　术语和定义

QX/T 10.1—2018界定的以及下列术语和定义适用于本文件。为了便于使用,以下重复列出了QX/T 10.1—2018中的某些术语和定义。

3.1

电气系统　electrical system

由低压供电组合部件构成的系统。也称低压配电系统或低压配电线路。

[GB 50057—2010,定义2.0.26]

3.2

电涌保护器　surge protective device;SPD

用于限制瞬态过电压和泄放电涌电流的电器,它至少包含一个非线性的元件。

注:SPD具有适当的连接装置,是一个装配完整的部件。

[QX/T 10.1—2018,定义3.1.1]

3.3

电压开关型SPD　voltage switching type SPD

开关型SPD

无电涌出现时在线SPD呈高阻状态;当线路上出现电涌电压且达到一定的值时,SPD的阻抗突然下降变为低值的SPD。

注:电压开关型SPD常用的元件有:放电间隙、气体放电管、闸流管和三端双向可控硅元件等。有时也称这类SPD

为"克罗巴型"SPD。

[QX/T 10.1—2018,定义 3.1.7]

3.4

电压限制型 SPD　voltage limiting type SPD

限压型 SPD

无电涌出现时在线 SPD 呈高阻状态;随着线路上的电涌电流及电压的增加,到一定值时 SPD 的阻抗跟着连续变小的 SPD。

注:电压限制型 SPD 常用的元件有压敏电阻、抑制二极管等。有时也称这类 SPD 为"箝压型"SPD。

[QX/T 10.1—2018,定义 3.1.8]

3.5

多用途 SPD　multiservice SPD

在同一外壳内具有两种或更多保护功能的电涌保护器,例如,在电涌条件下,可对电源、电信和信号提供保护,这些保护共用一个参考点。

[GB/T 18802.12—2014,定义 3.1.42]

3.6

多极 SPD　multipole SPD

多于一种保护模式的 SPD,或者电气上相互连接的作为一个单元供货的 SPD 组件。

[GB/T 18802.1—2011,定义 3.46]

3.7

短路型 SPD　short-circuiting type SPD

Ⅱ类试验的 SPD,当实际通过的电涌电流超过其标称放电电流 I_n 时,内部特性转变为短路状态的 SPD。

[IEC 61643-11:2011,定义 3.1.7]

3.8

冲击试验分类　impulse test classification

3.8.1

Ⅰ类试验　class Ⅰ test

使用冲击电流 I_{imp},峰值等于冲击电流 I_{imp} 的 8/20 μs 冲击电流和 1.2/50 μs 冲击电压进行的试验。

[QX/T 10.1—2018,定义 3.1.44.1]

3.8.2

Ⅱ类试验　class Ⅱ test

使用标称放电电流 I_n 和 1.2/50 μs 冲击电压进行的试验。

[QX/T 10.1—2018,定义 3.1.44.2]

3.8.3

Ⅲ类试验　class Ⅲ test

使用开路电压为 1.2/50 μs,短路电流为 8/20 μs 的复合波发生器(CWG)进行的试验。

[QX/T 10.1—2018,定义 3.1.44.3]

3.9

冲击电流　impulse current

I_{imp}

流过 SPD 具有指定转移电荷量 Q 和在指定时间内具有指定比能量 W/R 的放电电流峰值。

[QX/T 10.1—2018,定义 3.1.42]

3.10

标称放电电流　nominal discharge current

I_n

流过 SPD 具有 8/20 μs 电流的峰值。

[QX/T 10.1—2018,定义 3.1.43]

3.11

总放电电流　total discharge current

I_{Total}

〈低压电气系统和光伏系统直流侧〉在总放电电流试验中,流过多极 SPD 的 PE 或 PEN 导线的电流。

注 1:这个试验的目的是用来检查多极 SPD 的多种保护模式同时作用时发生的累积效应。

注 2:I_{Total} 与根据 GB/T 21714 系列标准用作雷电保护等电位连接的 Ⅰ 类试验 SPD 特别有关。

[QX/T 10.1—2018,定义 3.1.58.1]

3.12

〈低压电气系统〉持续工作电流　continuous operating current for low-voltage electrical system

I_C

在最大持续工作电压(U_C)下,流过各种保护模式的 SPD 的电流值。

注:改写 GB/T 18802.12—2014,定义 3.1.2。

3.13

续流　follow current

I_f

SPD 被施加冲击电流后,由电源系统流入 SPD 的电流峰值。

注:I_f 与电流 I_C 及 I_{CPV} 有明显区别。

[QX/T 10.1—2018,定义 3.1.26]

3.14

额定短路电流　short-circuit current rating

I_{SCCR}

〈低压电气系统和电子系统信号网络〉电源系统的最大预期短路电流参数,用于评定连接指定脱离器的 SPD。

[QX/T 10.1—2018,定义 3.1.56.1]

3.15

供电电源的预期短路电流　prospective short-circuit current of a power supply

I_p

在电路中 SPD 安装点,如果用一个抗阻可忽略的导体短路时可能流过的电流。

[QX/T 10.1—2018,定义 3.1.27]

3.16

额定断开续流值　follow current interrupting rating

I_{fi}

SPD 本身能切断的预期续流值。

[QX/T 10.1—2018,定义 3.1.28]

3.17

额定负载电流　rated load current

I_L

由电源提供给负载,流经连接至低压电气系统的 SPD 和光伏系统直流侧的 SPD 的最大持续交流电流有效值或直流电流。

［QX/T 10.1—2018，定义 3.1.30］

3.18

最大持续工作电压 maximum continuous operating voltage

U_C

〈低压电气系统〉可连续地施加在各种保护模式 SPD 上的最大交流电压有效值或直流电压。

［QX/T 10.1—2018，定义 3.1.17.1］

3.19

电压保护水平 voltage protection level

U_p

由于施加规定陡度的冲击电压和规定幅值及波形的冲击电流而在 SPD 两端之间预期出现的最大电压。

注 1：电压保护水平由制造商提供，并不可被按照如下方法确定的测量限制电压超过：

——对于Ⅱ类和/或Ⅰ类试验，由波前放电电压（如适用）和对应于Ⅱ类与Ⅰ类试验中直到 I_n 和/或 I_{imp} 峰值处的残压确定；

——对于Ⅲ类试验，取决于复合波直到 U_{OC} 的测量限制电压。

注 2：电压保护水平需低于相应位置被保护设备的耐冲击过电压多脉冲额定值，还需考虑 SPD 连接导线和外部脱离器上的感应电压降。

［QX/T 10.1—2018，定义 3.1.23］

3.20

电力系统暂时过电压 temporary overvoltage value of the power system

U_{TOV}

在电网给定区域，持续时间相对较长的工频过电压。暂时过电压是低压系统或高压系统开关操作或内部故障产生的过电压。

注 1：暂时过电压，典型持续时间可达几秒钟，通常是由开关操作或故障（例：甩负荷、单相接地故障等）引起的和/或由非线性（铁磁共振效应、谐波等）引起的。

注 2：改写 GB/T 18802.12—2014，定义 3.1.8。

3.21

暂时过电压试验值 temporary overvoltage test value

U_T

施加在 SPD 上并持续一个规定时间（t_T）的试验电压，以模拟在暂时过电压（TOV）条件下的应力。

［GB/T 18802.1—2011，定义 3.18］

3.22

SPD 安装点电力系统最大持续工作电压 maximum continuous operating voltage of the power system at the SPD location

U_{CS}

在 SPD 安装点，SPD 可能受到的最大工频电压有效值或直流电压。

注 1：仅考虑了电压调节和电压降低或升高，U_{CS} 也称为现在最大系统电压，与 U_0 有直接联系。

注 2：该电压不考虑谐振、失效、TOV 或瞬态条件。

［GB/T 18802.12—2014，定义 3.1.39］

3.23

系统的标称交流电压 nominal a.c voltage of the system

U_0

低压配电系统相线对中性线的交流电压有效值。

［QX/T 10.1—2018，定义 3.1.20］

3.24

额定冲击耐受电压　rated impulse withstand voltage

U_W

由设备制造单位对设备或设备的一部分规定的冲击耐受电压，它代表了设备的绝缘耐受过电压的能力。

注：本部分仅考虑在带电导线和接地之间耐受电压。

［GB/T 18802.12—2014，定义 3.1.47］

3.25

SPD 的脱离器　SPD disconnector

脱离器

把 SPD 全部或部分从电源系统脱离的装置（内部的和/或外部的）。

注：这种脱离装置不要求具有隔离能力，它防止系统持续故障并可用来给出 SPD 故障的指示。脱离器可以是内部的（内置的）或者外部的（制造商要求的）。它可具有不止一种脱离功能，例如过电流保护功能和热保护功能，例如过电流保护功能和热保护功能。这些功能可以分开在不同装置中。

［QX/T 10.1—2018，定义 3.1.13］

3.26

剩余电流保护器　residual current device；RCD

在规定的条件下，当剩余电流达到给定值时便断开电路的一种机械式开关电器或电器的组合。

［QX/T 10.1—2018，定义 3.1.14］

3.27

后备过电流保护　backup overcurrent protection

安装在 SPD 外部前端的一种用于防止 SPD 不能阻断工频短路电流而引起发热和损坏的过电流保护（如熔断器、断路器）。

为保护设备免受长时间的持续过电流的损害，有时也单独串联在被保护线路中。

［QX/T 10.1—2018，定义 3.1.10］

3.28

状态指示器　status indicator

指示 SPD 脱离器工作状态的器件。

注：这些指示器与 SPD 一体，并具有声或光报警，或具有遥控信号装置等功能。

［QX/T 10.1—2018，定义 3.1.15］

3.29

保护模式　modes of protection

在端子间保护被保护元器件的电流路径。

［QX/T 10.1—2018，定义 3.1.16］

4　被保护的系统和设备

4.1　低压配电系统

4.1.1　低压配电系统分为低压交流配电系统和低压直流系统，低压配电系统资料参见附录 A。

4.1.2　低压交流配电系统按接地型式分为 TN（TN-C，TN-S，TN-C-S）、TT 和 IT 三类，SPD 的 U_C、U_T、接线形式与低压交流配电系统的接地型式有关。

4.1.3　低压直流系统可分为接地系统和不接地系统（或非有效接地系统）。

4.2 被保护设备的特性

在选择 SPD 的 U_p 值时，应了解被保护设备的绝缘耐冲击特性，被保护设备的特性参见附录 B。当考虑被保护设备免受绝缘击穿时，应使 SPD 的有效电压保护水平小于设备的绝缘耐冲击过电压额定值。

5 SPD 分类、技术参数和使用条件

5.1 分类

SPD 的分类见 QX/T 10.1—2018 中表 3。本部分选用了 SPD 按冲击试验类型分类，即Ⅰ类试验、Ⅱ类试验和Ⅲ类试验的 SPD，分别用[T1]、[T2]和[T3]表示 SPD 的三种试验类别。

5.2 技术参数

5.2.1 主要技术参数如下：

a) [T1]冲击电流(I_{imp})、[T2]标称放电电流(I_n)、[T3]短路电流(I_{SC})；

注：开路电压 U_{OC} 和短路电流 I_{SC} 的数值关系为开路电压值是短路电流值的两倍。

b) 电压保护水平(U_P)；

c) 最大持续工作电压(U_C)。

5.2.2 其他技术参数如下：

a) 暂时过电压试验值(U_T)；

b) 额定短路电流(I_{SCCR})和额定断开续流值(I_{fi})；

c) 额定负载电流(I_L)；

d) 电压降(ΔU)；

e) 持续工作电流(I_C)。

5.3 使用条件

5.3.1 正常使用条件

5.3.1.1 周围空气温度

周围空气温度在－5 ℃～＋40 ℃之间。

5.3.1.2 海拔高度

安装地点的海拔高度为－500 m～＋2000 m。

注：对用于海拔高度高于 2000 m 的 SPD，制造商和用户协议时需要考虑到空气冷却作用和电气强度的下降。

5.3.1.3 空气相对湿度

周围空气温度为＋40 ℃时，空气的相对湿度不超过 50％，在较低的温度下可以允许有较高的相对湿度，例如 20 ℃时达 90％。对由于温度变化产生的凝露应采取特殊的措施。

5.3.1.4 污染等级

制造商应说明其产品适应的污染等级，并根据不同的污染等级设计 SPD 的电气间隙和爬电距离。污染等级的划分见 QX/T 10.1—2018 附录 D。

5.3.2 非正常使用条件

非正常使用条件下的 SPD 可按制造商和用户的协议确定，如周围空气温度扩展至 −40 ℃～+70 ℃时，应进行 QX/T 10.1—2018 附录 M 中规定的试验。

6 SPD 的选择

6.1 评估

确定是否安装 SPD 应符合附录 C 的要求，SPD 安装位置的预期雷电流计算参见附录 D。

6.2 SPD 的安装位置和类型

6.2.1 SPD 的安装位置

在电气系统中，SPD 宜安装在图 1 所示的不同区域的界面处。

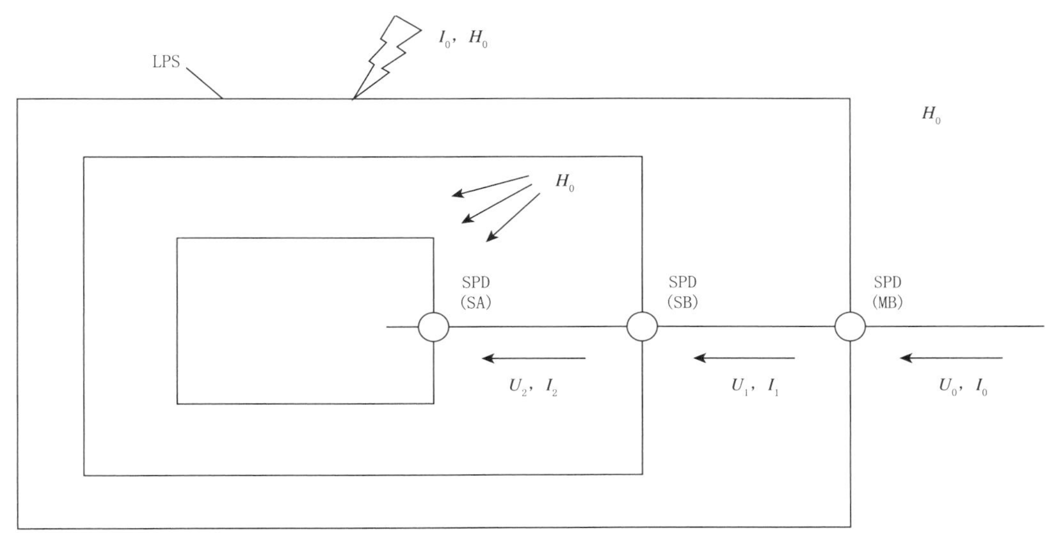

注 1：该图仅作为 SPD 安装位置的示意。

注 2：MB 主配电盘，SB 分配电盘，SA 电源插座。

图 1 SPD 安装位置示意图

6.2.2 SPD 的类型选择

6.2.2.1 一般规定

一般规定如下：

a) 在各类防雷建筑物的户外线进入建筑物处（LPZ0 区和 LPZ1 区交界处，即 MB 处），应安装 T1 的 SPD，在 GB/T 21714.1—2015 规定的 S1、S3 型雷击产生的损害概率可以忽略的情况下，可安装 T2 的 SPD。

b) 靠近被保护设备（LPZ1 区与 LPZ2 区交界处或更高防雷区交界处，即 SB 或 SA 处），应安装 T2 的 SPD，在 GB/T 21714.1—2015 规定的 S1、S3 型雷击产生的损害概率可以忽略的情况下，可安装[T3]的 SPD。当线路能承受所发生的电涌电压时，SPD 宜在靠近被保护设备处安装。

注 1：按 GB/T 21714.1—2015 的规定，当雷击建筑物危险事件 N_D 和雷击线路危险事件 N_L 满足 $N_D + N_L \leqslant 0.01$ 时，由 S1、S3 型雷击产生的损害概率可以忽略。

注 2：各类防雷建筑物需要考虑的雷击类型为 GB/T 21714.1 中规定的 S1、S2、S3 和 S4 型的雷击。通常，对 S1、S3 型雷击采用[T1]的 SPD，对仅考虑 S2、S4 型雷击可采用[T2]、[T3]的 SPD。

6.2.2.2 各类防雷建筑物，户外线路进入建筑物处

各类防雷建筑物，户外线路进入建筑物处，即 MB 处，所安装的 SPD 应符合以下规定：

a) 第一类防雷建筑物采取独立接闪器时，其电缆与架空线连接处应安装[T1]的 SPD。

b) 第一类防雷建筑物的接闪器安装在建筑物上时，在电源引入的总配电箱处，应安装[T1]的 SPD；当采用独立接闪器时，在电源引入的总配电箱处，是否安装 SPD 见附录 C，SPD 的类型应符合 6.2.2.1 的规定。

c) 第二、三类防雷建筑物，SPD 的类型选择应符合以下要求：

  1) 在电气接地装置与防雷接地装置共用或相连的情况下，应在低压电源线路引入的总配电箱(柜)处装设[T1]的 SPD；

  2) 当 Yyn0 型或 Dyn11 型接线的配电变压器设在建筑物内或附设于外墙处时，在低压侧的配电屏上，当有线路引出建筑物至其他有独立敷设接地装置的配电装置时，应在母线上安装[T1]的 SPD，当无线路引出建筑物时，应在母线上安装[T2]的 SPD。

d) 固定在建筑物上的节日彩灯、航空障碍信号灯及其他用电设备和线路，当采取了 GB 50057—2010 第 4.5.4 条规定的防雷措施后，其配电箱内应在开关的电源侧装设[T2]的 SPD。

e) 各类防雷建筑物，输送火灾爆炸危险物质的埋地金属管道和具有阴极保护的埋地金属管道，在其从室外进入户内处设有绝缘段时，应在绝缘段处跨接[T1]的密封型 SPD。

6.3 SPD 技术参数的选择

6.3.1 主要技术参数

6.3.1.1 I_{imp}的选择

按以下要求选择：

a) 按 6.2.2.1a)选择[T1]的 SPD 时，I_{imp}值应大于或等于预期电涌电流。预期电涌电流的计算方法可参见附录 D。

b) 按 6.2.2.2 选择[T1]的 SPD 时，每一保护模式的 I_{imp} 值的计算方法可参见附录 D。一般情况，使用式(D.1)、式(D.2)、式(D.3)进行计算。当难以按式(D.1)、式(D.2)、式(D.3)计算时，可按式(D.4)、式(D.5)计算，其中按 6.2.2.2 e)选择的 SPD 的 I_{imp} 值计算时，m 值应取 1。当难以按式(D.4)、式(D.5)计算时，I_{imp} 值不应小于下列规定值：

  1) 6.2.2.2a)中[T1]的 SPD 每一保护模式的 I_{imp} 值：10 kA，当使用一个多极 SPD 时，I_{Total} 值应不小于 40 kA；

  2) 6.2.2.2b)、6.2.2.2c)中[T1]的 SPD 每一保护模式的 I_{imp} 值：12.5 kA，当使用一个多极 SPD 时，I_{Total} 值应不小于 50 kA。

6.3.1.2 I_n 的选择

按以下要求选择：

a) 按 6.2.2.1a)选择 T2 的 SPD 时，I_n 应大于或等于预期电涌电流。预期电涌电流的计算方法可参见附录 D 的 D.1.4。

b) 按 6.2.2.1b)选择 T2 的 SPD 时，I_n 应大于或等于预期电涌电流。预期电涌电流的计算方法可参见附录 D 的 D.1.5。

c) 按 6.2.2.2d)选择 T2 的 SPD 时，I_n 计算方法可参见附录 D。

d) 按 6.2.2.2c)2)选择 T2 的 SPD 时 I_n 不应小于 5 kA。

6.3.1.3 I_{SC}的选择

按 6.2.2.1b)选择 T3 的 SPD 时，I_{SC}应大于预期电涌电流，且不宜小于 3 kA，预期电涌电流的计算方法可参见附录 D 的 D.1.5。

6.3.1.4 U_P 的选择

6.3.1.4.1 在选择 SPD 的 U_P 时，应通过比较 SPD 的有效电压保护水平 $U_{p/f}$和 4.2 中所列被保护设备的绝缘耐冲击过电压额定值 U_W 来确定。

6.3.1.4.2 SPD 的有效电压保护水平 $U_{p/f}$定义为电压保护水平和两端连接导线电压降引起的 SPD 输出的电压，当 SPD 前端安装了过电流保护器时，$U_{p/f}$应包含过电流保护器两端的电压降：

a) 对电压限制型 SPD 的有效电压保护水平计算见式(1)：

$$U_{p/f}=U_p+\Delta U_L \quad\cdots\cdots(1)$$

b) 对电压开关型 SPD 的有效电压保护水平计算见式(2)：

$$U_{p/f}=\max(U_p,\Delta U_L) \quad\cdots\cdots(2)$$

式中：

U_p ——SPD 的电压保护水平，单位为千伏(kV)。

ΔU_L ——SPD 两端连接导线的电压降，即电感电压降 $L\times(di/dt)$，户外线路进入建筑物处可按 1 kV/m计算。其后的限压型 SPD 当连接导线不大于 0.5 m 时，可按 $\Delta U_L=0.2U_P$ 计算。如果 SPD 仅通过感应电涌，ΔU_L 可忽略。

6.3.1.4.3 $U_{p/f}$应满足下列规定：

a) 当 SPD 与设备之间的线路长度可以忽略时(例如 SPD 安装在设备终端处)：

$$U_{p/f}\leqslant U_W \quad\cdots\cdots(3)$$

b) 当 SPD 与设备之间的线路长度小于或等于 10 m 时(例如 SPD 安装在分配电盘 SB 处或插座接口 SA 处)，$U_{p/f}$应满足式(4)的要求，在内部系统失效可能导致生命损害或公共服务中断的情况下，应考虑由于振荡引起的电压翻倍，因此应使 $U_{p/f}\leqslant 0.5U_W$。

$$U_{p/f}\leqslant 0.8U_W \quad\cdots\cdots(4)$$

c) 当 SPD 与设备之间的线路长度大于 10 m 时(例如 SPD 安装在线路入户处或总配电盘 MB 处)：

$$U_{p/f}\leqslant(U_W-U_1)/2 \quad\cdots\cdots(5)$$

注：U_1 的估算参见 GB/T 21714.4—2015 的 A.4。如果建筑物(或房间)采取了空间屏蔽或线路屏蔽，U_1 可忽略不计。

6.3.1.4.4 当采用表 3 中的接线形式 2，即“3＋1”或“1＋1”接线形式安装 SPD 时，应考虑串联的两个

SPD(L—N、N—PE)在电涌冲击下残压的叠加效应,使 $U_{P/f}$ 变大。

注:此时两个 SPD 上下两端(L—PE)的叠加电压可能不同于 SPD 的 U_P 的简单相加。

6.3.1.4.5 按 6.2.2.2 选择的 SPD,其 U_P 不应大于 2.5 kV。

6.3.1.5 U_C 的选择

U_C 的选择应符合表 1 的要求。

表 1 按低压交流配电系统接地型式确定 SPD 的最低 U_C 值

电涌保护器连接于	低压交流配电接地型式				
	TT 系统	TN-C 系统	TN-S 系统	引出中性线的 IT 系统	不引出中性线的 IT 系统
每一相线和中性线间	$1.15 \times U_0$	不适用	$1.15 \times U_0$	$1.15 \times U_0$	不适用
每一相线和 PE 线间	$1.15 \times U_0$	不适用	$1.15 \times U_0$	$\sqrt{3}U_0$ [a]	U [a]
中性线和 PE 线间	U_0 [a]	不适用	U_0 [a]	U_0 [a]	不适用
每一相线和 PEN 线间	不适用	$1.15 \times U_0$	不适用	不适用	不适用
[a] 的值是故障下最坏的情况,所以不需计及 15%的允许误差。					
注 1:U 为线间电压,$U=\sqrt{3}U_0$。 **注 2:**对于直流电路,本部分的原则要求在其适用范围内也可应用。					

6.3.2 其他技术参数的选择

6.3.2.1 U_T 的选择

6.3.2.1.1 SPD 的 U_T 值应高于可能出现的系统暂时过电压(U_{TOV})值,以防止 SPD 因暂时过电压损坏,系统暂时过电压(U_{TOV})值参见附录 E。

6.3.2.1.2 SPD 的 U_T 值因在不同配电系统和不同的连接位置(保护模式)而有异,U_T 最小值要求见表 2。

表 2 在各种配电系统中各连接位置的 U_T 最小值

系统型式	连接位置	U_T 最小值	
		持续时间 5 s	持续时间 200 ms
TN	L—PEN	$1.32U_{CS}$	
	L—N	$1.32U_{CS}$	
	L—PE	$1.32U_{CS}$	
	N—PE		
TT	L—PE	$1.55U_{CS}$	1200 V+ U_{CS}
	N—PE		1200 V
	L—N	$1.32U_{CS}$	

表 2　在各种配电系统中各连接位置的 U_T 最小值(续)

系统型式	连接位置	U_T 最小值	
		持续时间 5 s	持续时间 200 ms
IT	L—PE		1200 V+ U_{CS}
	N—PE		1200 V
	L—N	$1.32U_{CS}$	

注 1：本表包括了因高压(HV)和低压(LV)网络故障造成的暂时过电压的极值，其中 $U_{CS}=1.1U_0$。

注 2：TN 系统包括 TN-S 或 TN-C，IT 系统包括配出中性线和未配出中性线的两种形式。本部分不宜使用配出中性线的 IT 系统。

注 3：在 TN 系统中 L—PE 取 1200 V 时，只适用于高压系统小电阻接地，并且接地电阻 4 Ω、接地故障电流为 300 A时的状况。当接地电阻值达 2 Ω 时，接地故障电流限制最大为 1200 A/2=600 A。

6.3.2.1.3　SPD 的制造商应提供 U_T 值，如果制造商没有提供 U_T 值，则使用者可以认为 $U_T=U_C$，即选择 U_C 时要考虑使 U_C 高于系统中可能出现的暂时过电压最大值。

6.3.2.1.4　在 TOV 的幅值很高的情况下，如果难找到一个可以对设备提供电涌保护的 SPD，且发生的概率足够低时，可以考虑使用一个不能耐受 TOV 过压的 SPD，在这种情况下，应使用合适的脱离设备。

6.3.2.2　额定短路电流(I_{SCCR})和额定断开续流值(I_{fi})

SPD 的额定短路电流值 I_{SCCR}应大于安装位置的供电电源的预期短路电流 I_p，对非限压型的 SPD，其额定断开续流能力 I_{fi}应等于或大于供电电源的预期短路电流 I_p。

GB 16895.22—2004 规定在 TT 或 TN 系统中连接于 N 与 PE 间的 SPD 额定断开续流值 I_{fi}不应小于 100 A，在引出中性线的 IT 系统中，N 与 PE 间的 SPD 应与连在 L—N 间的 SPD 额定断开续流值 I_{fi}相同(仅对非限压型)。

6.3.2.3　额定负载电流(I_L)

连接到电气系统的二端口 SPD 和输入/输出分开的一端口 SPD，其额定负载电流 I_L 应大于被保护设备的负载电流。在某些负载类型时，可能涌入 3 倍的最大持续额定交流电流(r. m. s)或直流电流，致使 SPD 内串联的电感发热。选择 SPD 时应考虑 I_L 值大于 3 倍的预期最大持续交流电流(r. m. s)或直流电流。

6.3.2.4　电压降(ΔU)

二端口 SPD 和输入/输出分开的一端口 SPD 安装以后，在额定阻性负载条件下，如果电压降超过被保护设备允许的极限值将对设备造成损坏或影响设备的正常运行。应检查安装了二端口或输入/输出分开的一端口 SPD 之后在被保护设备端的 ΔU 值，确保设备能正常工作。

6.4　SPD 的配合

6.4.1　SPD 之间的配合

6.4.1.1　两组以上 SPD 之间的配合

两组以上 SPD 之间的配合应符合以下要求：

a) 当安装的 SPD1 的 U_{P1} 符合 6.3.1.4 的规定时，则 SPD1 有效保护了被保护设备；否则需加装 SPD2，当 SPD2 的 U_{P2} 符合 6.3.1.4 的规定且与 SPD1 能量协调配合时，则 SPD1 和 SPD2 有效保护了被保护设备；否则应加装 SPD3，直到其 U_{P3} 符合 6.3.1.4 的规定且各组 SPD 之间能量协调配合为止。需要加装 SPD 的情况见图 2。

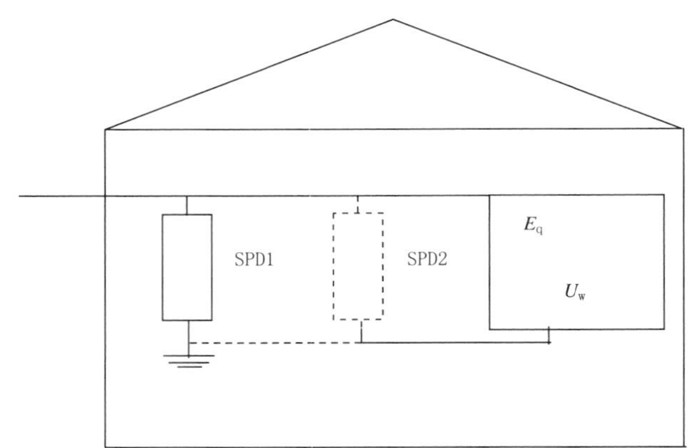

注：E_q 是耐冲击过电压额定值为 U_W 的设备。

图 2 需要增加 SPD 进行保护的示例

b) 使用两组或以上的 SPD 对被保护设备进行保护时，应考虑 SPD 间的能量配合问题：
   1) 对于全部电涌电流而言，某一位置安装的 SPD 如能承受预期通过它们的雷电流，则达到了能量配合的目的。
   2) SPD 之间的配合以及连线长度要求应由 SPD 制造商提供相关资料，在无准确数据时，开关型和限压型 SPD 之间，其线路长度不应小于 10 m；在限压型与限压型 SPD 之间，其线路长度不应小于 5 m。如不能达到 10 m 或 5 m 的要求，应在线路之间加电感以退耦。

注：对将放电间隙和压敏电阻并联组合在一起的自动触发型 SPD，若制造商已实现了多组 SPD 元件的配合，则不需另加电感退耦。

   3) 关于 SPD 组之间的配合的进一步信息参见附录 F。

6.4.1.2 当设备具有信号端口和电源端口时的配合

多用途 SPD 的低压配电系统保护部分应符合本部分的要求，电子系统信号网络保护部分应满足 QX/T 10.3的要求。多用途 SPD 的选择和使用实例参见附录 G。

6.4.2 SPD 与其他设备的配合

6.4.2.1 与 RCD 的配合

6.4.2.1.1 为避免 SPD 的 I_C 值偏大而引起间接接触电击事故或出现剩余电流保护器(如 RCD)的误动作，选择 SPD 的 I_C 值应低于 RCD 的额定动作电流值($I_{\triangle n}$)的 33%。同时应考虑线路和被保护设备的正常对地泄漏电流 $I_{\triangle}$，即应做到 $I_C + I_{\triangle} \leqslant 0.33 I_{\triangle n}$。

注 1：通常认为在 SPD 失效时，其对地短路电流 I_d 与保护接地的接地电阻 R_A 的乘积($I_d \cdot R_A$)>50 V 时会有间接接触电击危险。

注 2：当 SPD 安装在过电流保护器及 RCD 的负荷侧时，SPD 对这些过电流保护器在故障时断开、误动作和因电涌冲击产生的损坏无法提供相应的保护。

6.4.2.1.2 在网络中使用的过电流保护器和漏电保护器 RCD 的耐受能力不作规定，除了 S 型 RCD 根据自己的标准规定，应耐受 3 kA 8/20 μs 的电流而不断开。

6.4.2.1.3 当 SPD 和过电流保护器或 RCD 配合时，在标称放电电流 I_n 下，过电流保护器或 RCD 宜不动作。

注：RCD 可根据出现剩余电流时延时分为一般用途型（没有延时）和具有选择性的 S 型（有延时）。

6.4.2.1.4 当 SPD 为开关型时（如放电间隙），其前端一般不需要安装 RCD，但要求开关型 SPD 具有自动灭弧功能，其上游应有 RCD 或过电流保护器配合。在 TT 系统中，RCD 的位置与 SPD 的安装方法可参见附录 A 中图 A.4 和图 A.5。

6.4.2.2 与过电流保护器的配合

6.4.2.2.1 SPD 存在寿命终止和失效模式，其失效模式为短路模式时，可能会引起火灾或断电故障。SPD 的寿命和失效模式参见附录 H。

6.4.2.2.2 过电流保护器的短路动作电流值应比主电路上过电流保护器的短路动作电流值小。为实现优先保证供电连续性或优先保证保护连续性以及兼顾供电连续性和保护连续性的图例参见附录 I。关于限流元件可参见 QX/T 10.3。过电流保护器的主要性能参数指标参见附录 J。

6.4.2.2.3 为防止 SPD 失效故障，对短路型 SPD 和开关型 SPD 不能自熄灭弧时，除制造商声称其产品不需要外部过电流保护外，SPD 前端应安装熔断器、断路器等过电流保护器。过电流保护器具备的能力参见附录 J。

6.4.2.3 内置脱离器

一个单独的脱离器可以具备三种基本脱离功能（过热保护、短路保护和间接接触防护），或者有必要选择 1～3 个脱离器。

它们安装于 SPD 内部，由 SPD 制造商设计。

6.4.2.4 状态指示器

状态指示器与脱离器相连接，为用户提供有关 SPD 劣化的信息，显示其是否依照设计运行或失效。可以用它给出需要更换 SPD 的警报信息。有些状态指示器是固定的，有些是可临时安置的。它们可以提供遥测信号、光或声音警报。

7 SPD 的使用安装

7.1 使用安装 SPD 的三项基本要求

SPD 的使用安装应对低压电气线路和设备起到电涌保护作用，同时不应因 SPD 的安装造成低压电气系统的故障和事故。其使用安装有以下三项基本要求：

a) 安装 SPD 之后，在无电涌发生的情况下，SPD 不应对低压电气系统正常运行产生影响；
b) 安装 SPD 之后，在有电涌发生的情况下，SPD 应能承受预期通过它们的雷电流而不损坏并能箝制电涌电压和分流电涌电流；
c) 在电涌电流通过后，SPD 应迅速恢复到高阻状态，切断可能经 SPD 流到 PE 线的工频续流。

7.2 SPD 的安装形式

7.2.1 交流系统中 SPD 安装

7.2.1.1 SPD 在 TT、TN 和 IT 系统中的接线形式

表 3 给出了 SPD 在低压交流配电系统中的安装（连接）形式。

表 3　按系统接地型式确定的SPD的连接

电涌保护器接于	SPD 安装处的系统接地型式							
	TT 系统		TN-C 系统	TN-S 系统		引出中性线的 IT 系统		不引出中性线的 IT 系统
	安装方式			安装方式		安装方式		
	接线形式 1	接线形式 2		接线形式 1	接线形式 2	接线形式 1	接线形式 2	
每一相线和中性线间	+	●	不适用	+	●	+	●	不适用
每一相线和 PE 线间	●	不适用	不适用	●	不适用	●	不适用	●
中性线和 PE 线间	●	●	不适用	●	●	●	●	不适用
每一相线和 PEN 线间	不适用	不适用	●	不适用	不适用	不适用	不适用	不适用
相线间(L—L 间)	+	+	+	+	+	+	+	+

注 1:●表示必须,+表示非强制性的,可附加选用。

注 2:接线形式 1:接在每一相线(和中性线)与总接地端子或总保护线之间;

接线形式 2:接在每一相线与中性线之间和接在中性线与总保护端子或保护线之间(对三相系统可称为"3+1"形式,对单相系统可称"1+1"形式)。

在被保护的低压配电系统有单独的中性线(N)时,如采用"3+1"或"1+1"接线形式安装 SPD,在三相系统中,连接在 N—PE 之间的 SPD 的 I_{imp}(或 I_n)值应为连接在 L—N 之间的 SPD 的 I_{imp}(或 I_n)值的 4 倍;在单相系统中,连接在 N—PE 之间的 SPD 的 I_{imp}(或 I_n)值应为连接在 L—N 之间的 SPD 的 I_{imp} 值的 2 倍。如 I_{imp}(或 I_n)值为 12.5 kA,则它们分别应不小于 50 kA 和 25 kA。

注:接线形式取决于受保护设备按防间接接触分类的类型(如Ⅰ类设备——有 PE 线的带金属外壳的设备;Ⅱ类设备——双重绝缘不带 PE 线的设备),如果设备不接地则 L(或 N)线对 PE 线间就不需要安 SPD,而 L—N 之间的 SPD 则是需要的。

7.2.1.2　安装图示

SPD 安装在 TN、TT 和 IT 系统中的安装示意图参见附录 A 中图 A.1—图 A.7。

7.2.2　直流系统中 SPD 安装形式

直流配电系统中 SPD 可安装在极间(在接地系统和非接地系统中)或极对地(在接地系统中)之间。如系统配有中间导体,也可安装在极对中间导体和地对中间导体之间。

7.3　SPD 两端连接导线和连接要求

7.3.1　导线要求

各种分类试验的 SPD 的连接导线最小截面积要求见表 4。

表4　各种SPD的连接导线最小截面积

单位为平方毫米

SPD试验类型	铜导线的最小截面积
T1	6
T2	2.5
T3	1.5
注1：如无相应规格的导线，最小截面积应大于表内的尺寸。当多极SPD共用一根接地线时，可适当增加接地导线的截面积。 **注2**：其他SPD包括通信系统和信号系统中使用的SPD。	

连接导线的绝缘护层应符合相线采用黄、绿和红色，中性线用浅蓝色，保护线用绿黄相间的双色线的色标要求。相线、中性线及保护线的指示也可采用色环。

7.3.2　连接要求

SPD两端连接导线应短且直，避免因导线过长而感应出较高的感应电压。SPD连接的进一步信息参见附录I。

7.4　SPD的应用示例

SPD在民居、无线通信基站和风力发电系统中选择和安装应用的示例参见附录K。

7.5　SPD的使用安全要求

7.5.1　按照GB/T 16895.23—2012的规定测试电气装置的绝缘电阻时，如果安装在电气装置电源进线端或靠近电气装置电源进线端或在配电柜中的电涌保护器(SPD)的额定电压达不到规定的绝缘测试电压时，则可将电涌保护器(SPD)断开。

7.5.2　当电涌保护器(SPD)为插座的组成部分并接在PE线上时，电涌保护器(SPD)应按GB/T 16895.23—2012规定，承受测试电气装置绝缘电阻的试验电压。

附 录 A
（资料性附录）
低压配电系统

A.1 低压交流配电系统按接地型式分类及SPD在不同系统中的安装

低压交流配电系统按接地型式分为TN(TN-C,TN-S,TN-C-S)、TT和IT三类,这些接地型式的文字符号的含义是：

a) 第一个字母说明电源与大地的关系：
   1) T:电源的一点(通常是中性点)与大地直接连接；
   2) I:电源与大地隔离或电源的一点经高阻抗与大地连接。
b) 第二个字母说明电气装置的外露导电部分与大地的关系：
   1) T:外露导电部分直接接大地,它与电源的接地无联系；
   2) N:外露导电部分通过与接地的电源中性点的连接而接地。
c) 第三个字母(仅用于TN系统)说明N线与PE线的关系：
   1) C:N线和PE线共用一根导线(PEN)；
   2) S:N线和PE线分别设置。

TN(TN-C,TN-S,TN-C-S)、TT和IT系统的电气图见图A.1—图A.7。

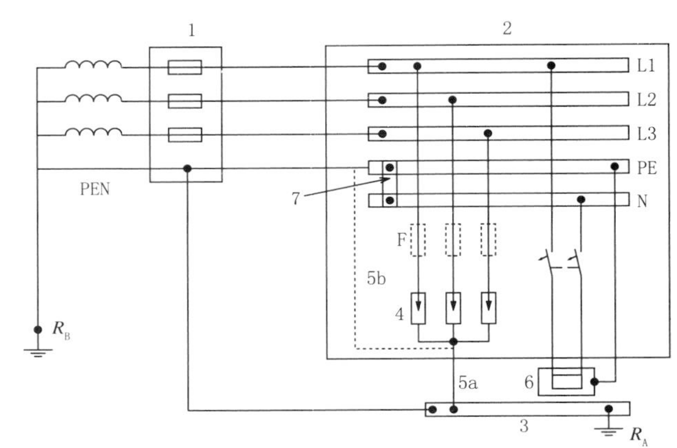

1 ——装置的电源进线箱；
2 ——配电盘；
3 ——总接地端或总接地连接带；
4 ——电涌保护器(SPD)；
5 ——电涌保护器的接地连接,5a或5b；
6 ——需要保护的设备；
7 ——PE与N线的连接带；
F ——保护电涌保护器的过电流保护器；
R_A——本装置的接地电阻；
R_B——供电系统的接地电阻。

图A.1 TN-C-S系统中在进户处电涌保护器的安装

当采用TN-C-S时,在L与PEN线连接处电涌保护器用三个(从图A.1中的位置7起,在20 m内可以只安装三个L-PE模块的SPD),在其以后N与PE线分开安装电涌保护器时用四个,即在N与PE线间增加一个,见图A.7。当采用TN-S系统时,在L及N与PE间用四个SPD。

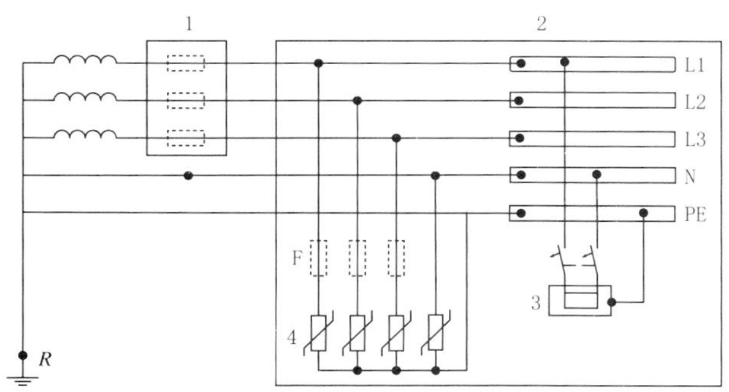

1——装置的电源进线箱； 2——配电盘； 3——需要保护的设备； 4——电涌保护器(SPD)；
F——保护电涌保护器的过电流保护器； *R*——供电系统的接地电阻。

图 A.2 TN-S 系统中电涌保护器的安装

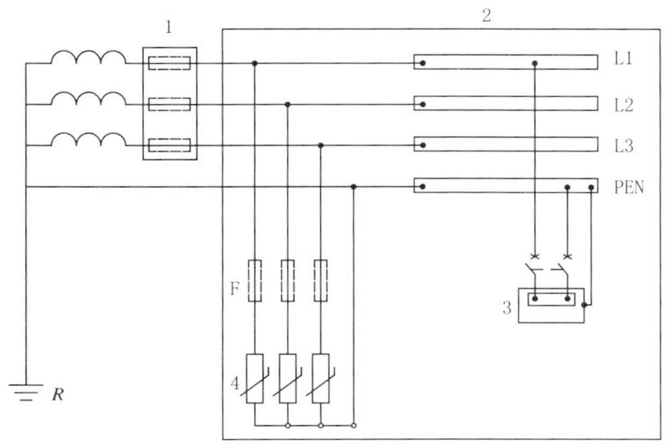

1——装置的电源进线箱； 2——配电盘； 3——需要保护的设备； 4——电涌保护器(SPD)；
F——保护电涌保护器的过电流保护器； *R*——供电系统的接地电阻。

图 A.3 TN-C 系统中电涌保护器的安装

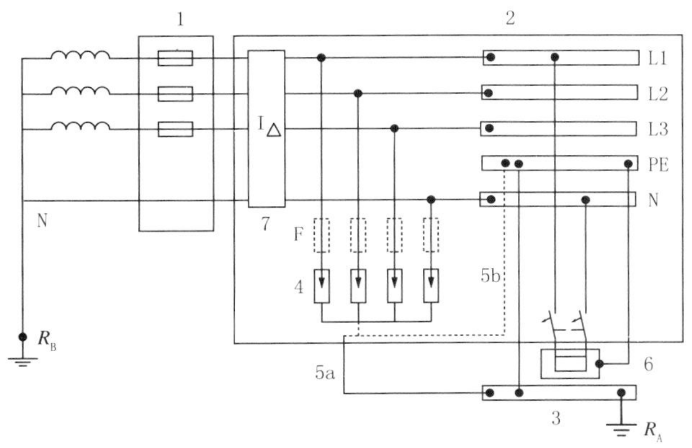

1——装置的电源进线箱； 2——配电盘； 3——总接地端或总接地连接带；
4——电涌保护器(SPD)； 5——电涌保护器的接地连接，5a 或 5b； 6——需要保护的设备；
7——PE 与 N 线的连接带； F——保护电涌保护器的过电流保护器； R_A——本装置的接地电阻；
R_B——供电系统的接地电阻。

图 A.4 TT 系统中电涌保护器的安装(SPD 在 RCD 负荷侧)

在10 kV电网采用不接地系统以及采用小电阻接地系统、当供电变压器外壳与低压系统中性点为分开独立的接地装置时，在三条L线和N线与PE线之间安装四个SPD。

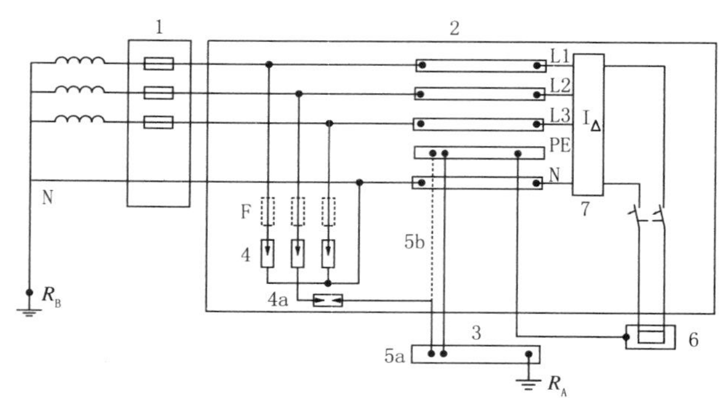

1 ——装置的电源进线箱；
2 ——配电盘；
3 ——总接地端或总接地连接带；
4 ——电涌保护器（SPD）；
4a——开关型SPD（如放电间隙）；
5 ——电涌保护器的接地连接，5a或5b；
6 ——需要保护的设备；
7 ——PE与N线的连接带；
F ——保护电涌保护器的过电流保护器；
R_A——本装置的接地电阻；
R_B——供电系统的接地电阻。

图A.5　TT系统中电涌保护器的安装（SPD在RCD电源侧）

在高（中）压系统采用小电阻接地和供电变压器外壳、低压系统中性点合用同一接地装置以及切断短路的时间小于或等于5 s时，将三个相线SPD先接于中性线上，再经一放电间隙接于PE线上。放电间隙的作用是在1200 V的高压接地故障过电压（U_f）情况下阻止SPD的导通，放电间隙的泄放电流不小于三个相线SPD额定泄放电流之和。但是在此情况下SPD串联后残压将会增大。

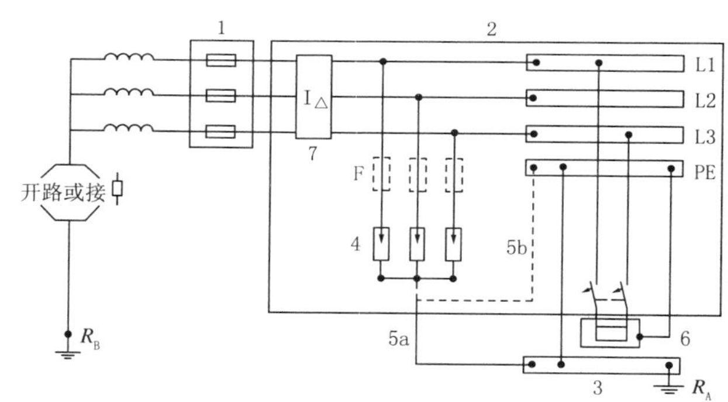

1 ——装置的电源进线箱；
2 ——配电盘；
3 ——总接地端或总接地连接带；
4 ——电涌保护器（SPD）；
5 ——电涌保护器的接地连接，5a或5b；
6 ——需要保护的设备；
7 ——PE与N线的连接带；
F ——保护电涌保护器的过电流保护器；
R_A——本装置的接地电阻；
R_B——供电系统的接地电阻。

图A.6　无中性线配出的IT系统中电涌保护器的安装

关于配出中性线的IT系统中SPD的安装可参见图A.4或图A.5的做法。

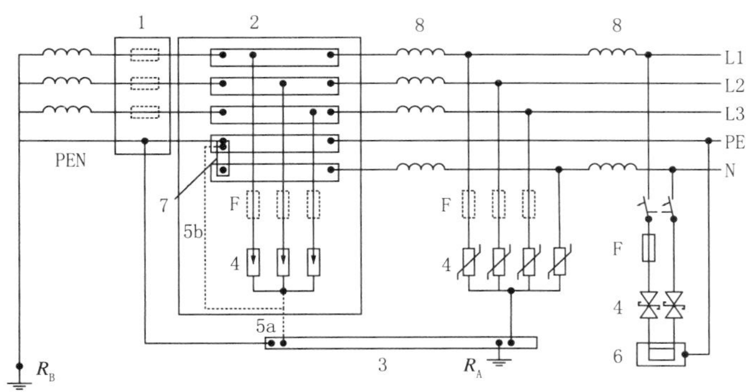

1 ——装置的电源进线箱；　2 ——配电盘；　3 ——总接地端或总接地连接带；

4 ——电涌保护器(SPD)；　5 ——电涌保护器的接地连接，5a 或 5b；　6 ——需要保护的设备；

7 ——PE 与 N 线的连接带；　8 ——退耦元件或配电线路长度；　F ——保护电涌保护器的过电流保护器；

R_A——本装置的接地电阻；　R_B——供电系统的接地电阻。

图 A.7　安装了三级 SPD 的安装示例(以 TN-C-S 系统为例)

当需要安装三级 SPD 时，SPD 选择的主要技术参数见本部分第 7 章中的要求。

A.2　低压交流配电系统按带电导体根数分类

A.2.1　概述

带电导体是工作时通过电流的导体，相线(L 线)和中性线(N 线)是带电导体，保护接地线(PE 线)不是带电导体。按带电导体根数可分为：单相两线系统，两相三线系统，三相三线系统，三相四线系统等。

A.2.2　单相两线系统

供电给单相电器的一根相线(L)和一根中性线(N)的系统，见图 A.8。有单独引出一根保护接地线(PE)的也属单相两线系统。

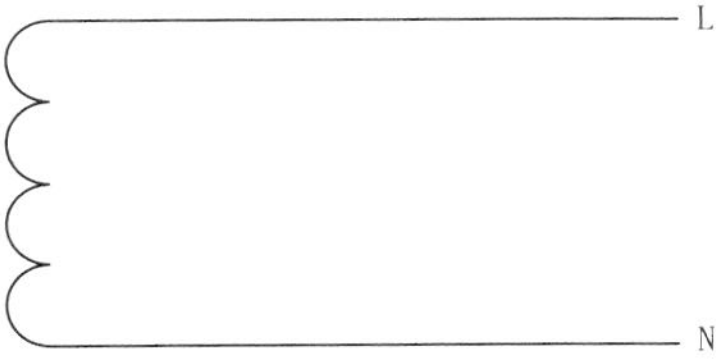

图 A.8　单相两线系统

A.2.3　两相三线系统

为减少线路电压降自三相变压器引出两根相线(L1、L2)和一根中性线(N)给厂区或庭园照明供电的配电系统。见图 A.9。

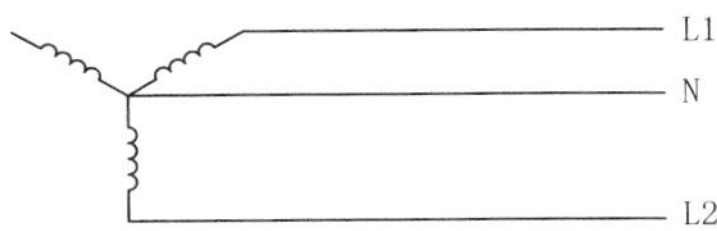

图 A.9　两相三线系统

A.2.4 三相三线系统

由电源只引出三根相线(L1、L2、L3),主要用于为电气设备供电的系统。例如给不带控制回路的三相电动机供电,见图A.10。

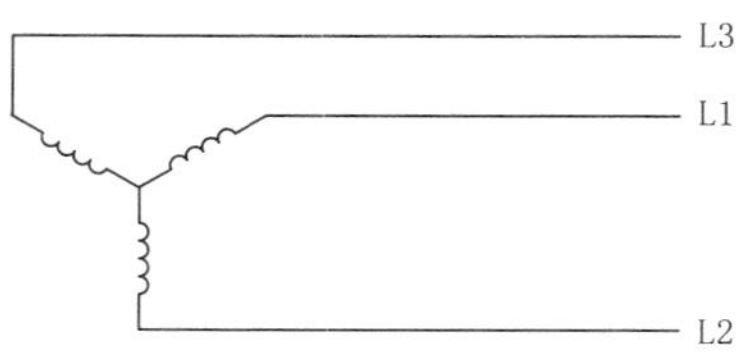

图A.10 三相三线系统

A.2.5 三相四线系统

具有三根相线(L1、L2、L3)和一根中性线(N)的带电导体系统。这一系统是目前国际上和我国在配电中广泛采用的系统。见图A.11。

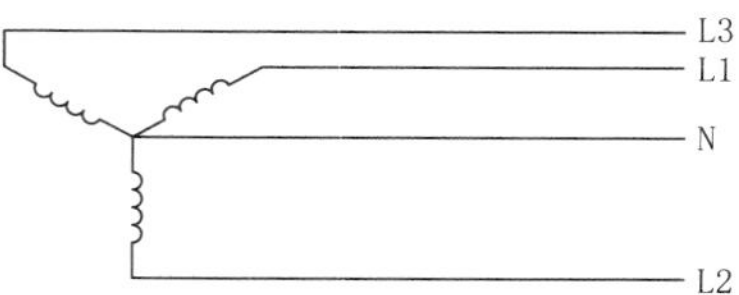

图A.11 三相四线系统

注:TN-C系统和TN-S系统均为三相四线系统。

A.3 低压直流系统

A.3.1 直流电压的区段

直流电压的区段见表A.1。

表A.1 直流电压区段

区段	接地系统		不接地或非有效接地系统[a]
	极对地	极间	极间
Ⅰ	$U^{b} \leqslant 120$ V	$U \leqslant 120$ V	$U \leqslant 120$ V
Ⅱ	120 V$<U\leqslant$900 V	120 V$<U\leqslant$1500 V	120 V$<U\leqslant$1500 V

注1:本表所列电压值为无纹波直流电压值。

注2:本电压区段的划分,并不排除为某些专用规则规定中间值的可能。

[a] 如果系统配有中间导体,则由相导体和中间导体供电的电气设备选择,应使其绝缘适应其极间电压。

[b] U装置的标称电压,单位为伏特(V)。

A.3.2 直流回路中的载流导体

直流回路按载流导体分类见图 A.12 和图 A.13。

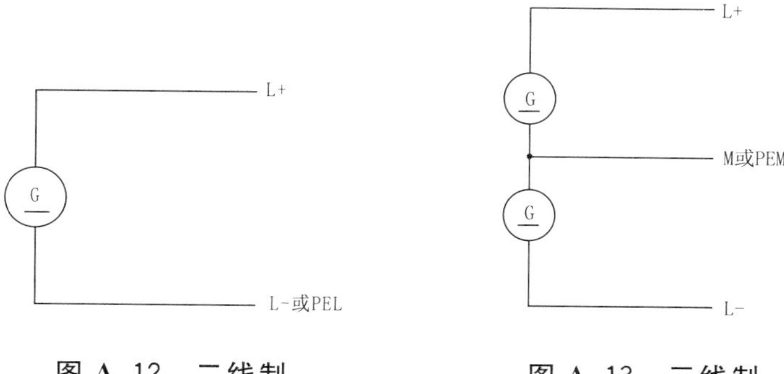

图 A.12 二线制　　图 A.13 三线制

A.3.3 直流系统的接地型式

直流系统的 TN(TN-C,TN-S,TN-C-S)、TT 和 IT 系统的接地型式见图 A.14—图 A.18。

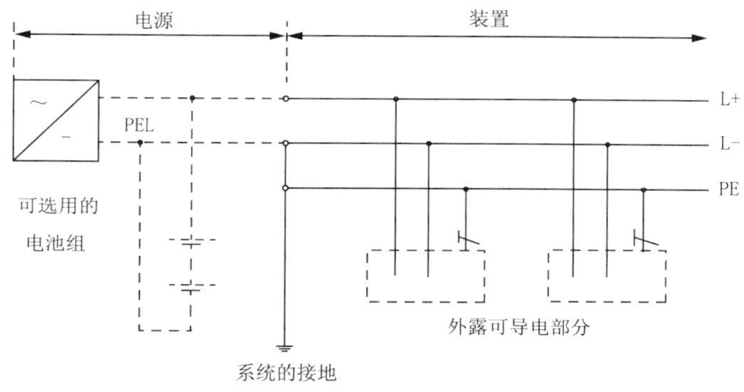

a) 直流的 TN-S 接地形式一

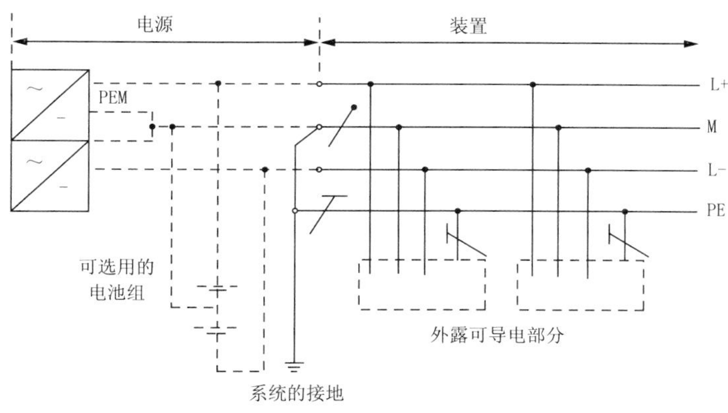

b) 直流的 TN-S 接地形式二

图 A.14 直流的 TN-S 系统

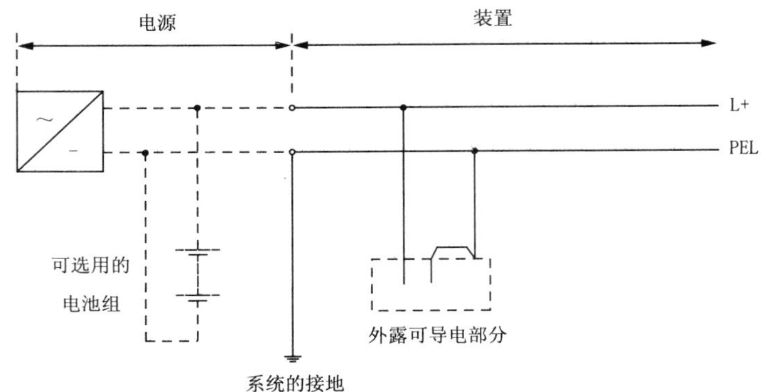

a） 直流的 TN-C 接地形式一

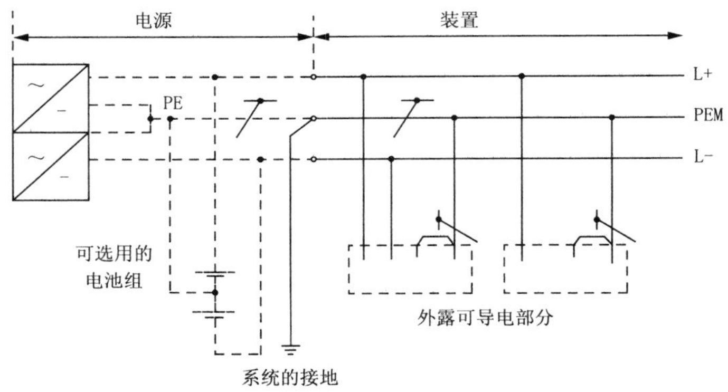

b） 直流的 TN-C 接地形式二

图 A.15 直流的 TN-C 系统

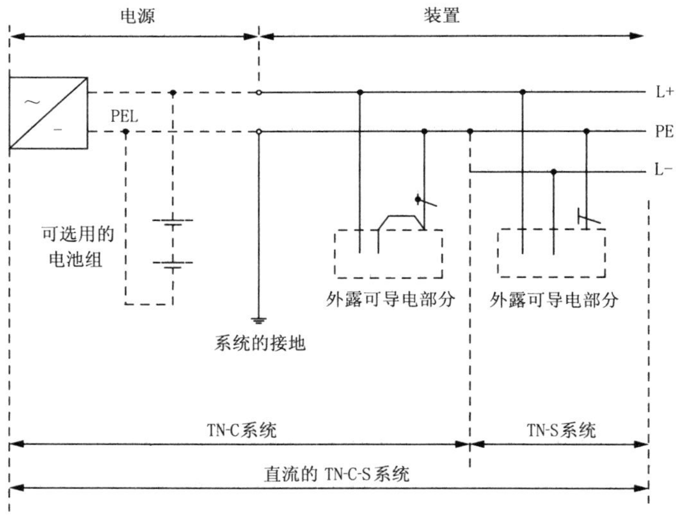

a） 直流的 TN-C-S 接地形式一

图 A.16 直流的 TN-C-S 系统

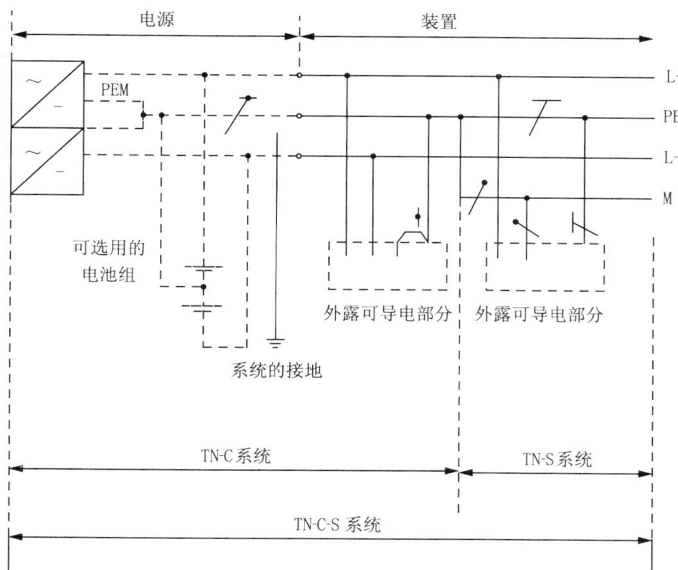

b） 直流的 TN-C-S 接地形式二

图 A.16 直流的 TN-C-S 系统（续）

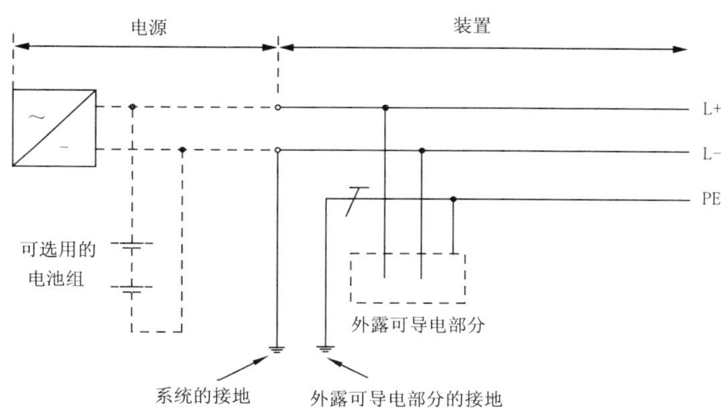

a） 直流的 TT 接地形式一

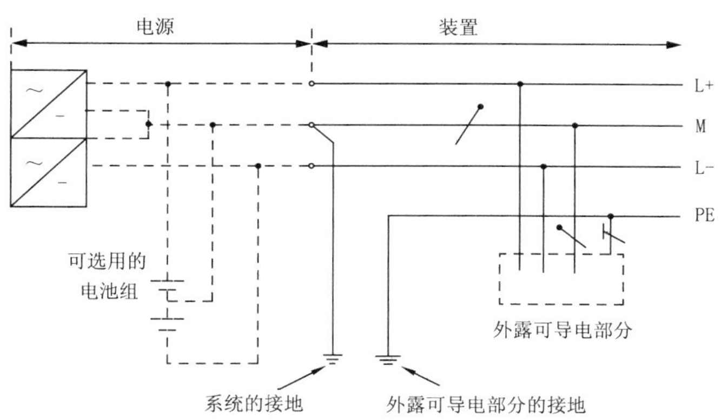

b） 直流的 TT 接地形式二

图 A.17 直流的 TT 系统

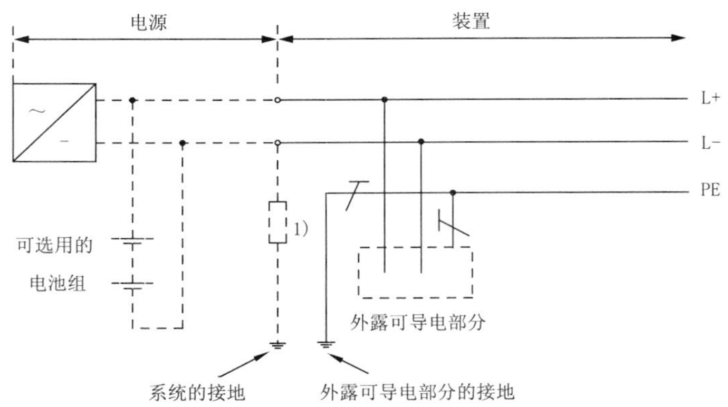

a） 直流的 IT 接地形式一

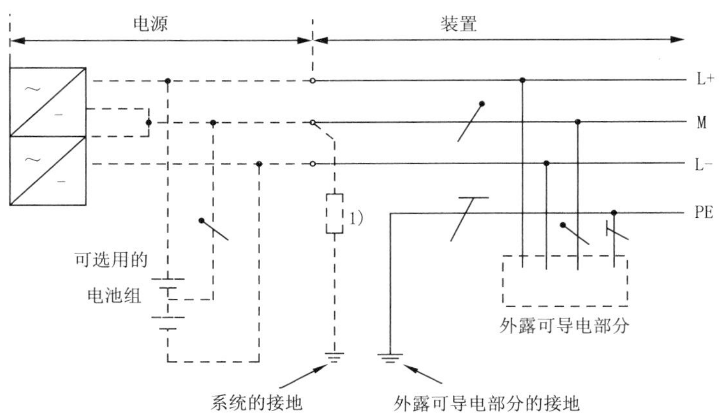

b） 直流的 IT 接地形式二

图 A.18 直流的 IT 系统

附　录　B
（资料性附录）
被保护设备的特性

B.1　被保护设备的绝缘耐冲击特性

B.1.1　交流电气设备耐冲击特性

B.1.1.1　交流电气设备耐冲击类别

220 V/380 V 电气设备耐冲击电压类别可分为Ⅰ、Ⅱ、Ⅲ、Ⅳ类，如表 B.1 所示。其他电压等级的电气设备耐冲击电压额定值见 GB/T 16935.1—2008 中表 B.1 和表 B.2。

表 B.1　220 V/380 V 电气设备绝缘耐冲击过电压额定值

设备位置	电源处的设备	配电线路和最后分支线路的设备	用电设备	特殊需要保护的设备
耐冲击过电压类别	Ⅳ类	Ⅲ类	Ⅱ类	Ⅰ类
耐冲击电压额定值/kV	6	4	2.5	1.5

注 1：Ⅰ类：需要将瞬态过电压限制到特定水平的设备，如含有电子电路的设备，计算机及含有计算机程序的用电设备。

注 2：Ⅱ类：如家用电器（不含计算机及含有计算机程序的家用电器）、手提工具、不间断电源设备（UPS）、整流器和类似负荷。

注 3：Ⅲ类：如配电盘、断路器和包括电缆、母线、分线盒、开关、插座等的布线系统，以及应用于工业的设备和永久接至固定装置的固定安装的电动机等的一些其他设备。

注 4：Ⅳ类：如电气计量仪表，一次线过流保护设备、滤波器。

B.1.1.2　通信、信息网络交流电源设备耐冲击特性

通信、信息网络交流电源的设备耐冲击特性，如表 B.2 所示。

表 B.2　通信、信息网络交流电源设备耐冲击特性

设备名称	冲击电压额定值/kV	冲击电流额定值/kA	说明
电源设备机架交流电源入口（由 UPS 供电）	0.5	0.25	
通信、信息网络中心设备交流电源端口	0.5	0.25	适用于相—相
	1.0	0.5	适用于相—地
非信息网络中心交流电源端口	1.0	0.5	适用于相—相
	2.0	1.0	适用于相—地

注 1：交流电源标称电压均为 220 V/380 V。

注 2：使用复合波（1.2/50 μs、8/20 μs）进行试验。

B.1.2 直流电气设备耐冲击特性

B.1.2.1 直流电源设备耐冲击过电压额定值

直流电源设备耐冲击过电压额定值，如表B.3所示。

表B.3 直流电源设备耐冲击过电压额定值

设备名称	额定电压/V	复合波	
		开路电压/kV	短路电流/kA
DC/AC 逆变器 DC/DC 变换器 机架直流电源入口	−24或−48或−60	0.5	0.25
直流配电屏	−24、−48、−60	1.5	0.75
注：复合波开路电压为1.2/50 μs，短路电流为8/20 μs。			

B.1.2.2 信息网络设备耐冲击过电压额定值

信息网络设备耐冲击过电压额定值，如表B.4所示。

表B.4 信息网络设备耐冲击过电压额定值

设备名称	冲击电压额定值/kV	试验波形	说明
信息网络中心DC电源端口	0.5	1.2/50 μs(8/20 μs)	适用于极—极
	1.0		适用于极—地
非信息网络中心DC电源端口	1.0	1.2/50 μs(8/20 μs)	适用于极—极
	2.0		适用于极—地
注：非信息网络中心的地点指设备不在信息网络中心内运行，如无保护措施的本地远端站、商业区、办公室内，用户室内和街道等。			

B.1.2.3 测量、控制和实验室内直流电源冲击抗扰度试验的最低要求

测量、控制和实验室内直流电源冲击抗扰度试验的最低要求，如表B.5所示。

表B.5 冲击抗扰度试验的最低要求

端口	试验项目	试验值/kV	说明
直流电源	冲击试验	0.5	适用于极—极
		1.0	适用于极—地
注：仅适用于线路长度超过3 m的情况。			

B.2 被保护设备的冲击抗扰度特性

电气和电子设备的冲击抗扰度试验电压等级见 GB/T 17626.5—2008 附录 A。

附 录 C
（规范性附录）
确定是否安装 SPD 的简化分析方法

C.1 各类防雷建筑物

各类防雷建筑物入户处是否安装 SPD，应符合以下要求：

a） 当各类防雷建筑物（第一、二、三类）上装有防直击雷装置时，在电气装置与防雷接地装置共用或相连的情况下，应在低压电源线路引入的总配电箱、配电柜处安装 SPD；

b） 当第一类防雷建筑物采取独立接闪器对建筑物进行保护时，由于其入户的电气线路应全线或部分埋地，并在电缆与架空线的连接处要求安装户外型 SPD，因此在入户处的总配电箱内是否安装 SPD，应根据建筑物内被保护设备的耐冲击过电压额定值（参见表 B.1）进行 SPD 的选择。

注 1：通常，雷电过电压的值大于操作过电压和暂时过电压，因此考虑了雷电过电压的防护后，一般不考虑操作过电压和暂时过电压的防护。

注 2：各类防雷建筑物需要考虑的雷击类型为 GB/T 21714.1 中规定的 S1、S2、S3 和 S4 型的雷击。

C.2 其他建筑物

除按 GB 50057－2010 中的规定划为第一、二、三类防雷建筑物以外的建筑物（在本部分中定义为其他建筑物），在建筑物的入户处是否安装 SPD 应满足以下要求：

a） 当入户的电气线路采用架空线路时，且雷暴日大于 25 d 时，应在低压电源线路引入的总配电箱、配电柜处应安装 SPD；

b） 当入户的电气线路采用架空线路时，且雷暴日小于或等于 25 d 时，在低压电源线路引入的总配电箱、配电柜处可不安装 SPD，若考虑防操作过电压和暂时过电压而安装 SPD，则应根据建筑物内被保护设备的耐冲击过电压额定值（参见表 B.1）进行 SPD 的选择；

c） 当入户的电气线路采用埋地线路时，在低压电源线路引入的总配电箱、配电柜处可不安装 SPD，若考虑防操作过电压和暂时过电压而安装 SPD，则应根据建筑物内被保护设备的耐冲击过电压额定值（参见表 B.1）进行 SPD 的选择。

注 1：对于 b），在可靠性要求较高且有较高预期危险性（如火灾）的情况下，可不考虑地闪密度的数值大小，而直接在低压电源线路引入的总配电箱、配电柜处安装 SPD。

注 2：对于 c），具有连续贯通的金属屏蔽层且屏蔽层双端接地的架空电缆，可视为埋地电缆。

注 3：对于 b）、c），当采用 C.3 的简化评估方法时，以 C.3 的结果为准。

注 4：其他建筑物由于不需要考虑直击雷的防护，因此本节内容仅针对 S3 型的雷击，其他雷击类型不适用。

C.3 基于风险评估的简化分析方法

C.3.1 按建筑物的使用性质考虑是否安装 SPD

C.3.1.1 下列使用性质的建筑物入户处应安装 SPD：

a） 该建筑物的电气系统一旦出现雷击故障会直接影响到人身安全的，如有医疗设备的医院、急救站（中心）、消防队、灾害救援中心等；

b） 该建筑物的电气系统一旦出现雷击故障会直接造成系统中断而停止对大量使用者的服务或文

物损失的，如较大的网站、IT 中心、文物馆等；

c） 该建筑物的电气系统一旦出现雷击故障会造成较大的生产损失、经济损失或引起恐慌事件的，如不允许停电的工厂、银行、商场、农场、饭店、宾馆等。

C.3.1.2 下列使用性质的建筑物入户处宜按 C.3.2 中提供的计算方法确定是否需安装 SPD：

a） 人员密度较大的建筑物，如大的住宅楼、学校、办公楼（写字楼）、宗教活动建筑物；

b） 一般的住宅、小的办公楼。

C.3.2 简化分析计算方法

C.3.2.1 对 C.3.1.2 使用性质的建筑物，当依据式（C.1）—式（C.3）计算得出 $d>d_c$ 的结果时，建议在该建筑物的入户处加装 SPD。

C.3.2.2 d 值为建筑物外部电缆线的实际长度，即式（C.1）：

$$d=d_1+d_2/4+d_3/4 \qquad \cdots\cdots(C.1)$$

式中：

d_1——建筑物外低压系统（LV）的架空线长度，单位为千米（km）；

d_2——建筑物外低压系统（LV）的无屏蔽层（或穿金属管）的埋地长度，单位为千米（km）；

d_3——建筑物外高压系统（HV）的架空线长度，单位为千米（km）。

注 1：当 LV 线路和 HV 线路采用屏蔽电缆或穿金属管埋地引入时，其长度值可不计。

注 2：当 $d_1 \sim d_3$ 大于 1 km 时，均取 1 km。

C.3.2.3 当 d_c 值为临界长度时：

——对 C.3.1.2 a）中建筑物，d_c 按照式（C.2）计算。

$$d_c=1/N_g \qquad \cdots\cdots(C.2)$$

——对 C.3.1.2 中 b）中建筑物，d_c 按照式（C.3）计算。

$$d_c=2/N_g \qquad \cdots\cdots(C.3)$$

式中：

N_g——建筑物所在地区雷击大地的平均密度（次/（千米^2·年）），在没有直接测得的 N_g 时，可用 $N_g=0.1T_d$，即 T_d（年平均雷暴日数）代替。

C.3.2.4 以下为按照本附录的分析示例。

示例 1：

某文物馆。因属 C.3.1.1 中 b）中建筑物，宜安装 SPD。

示例 2：

某学校，当地 T_d 为 20 d，由长度为 0.75 km 长的 HV 供电，变压器设在建筑物内，如图 C.1 所示。

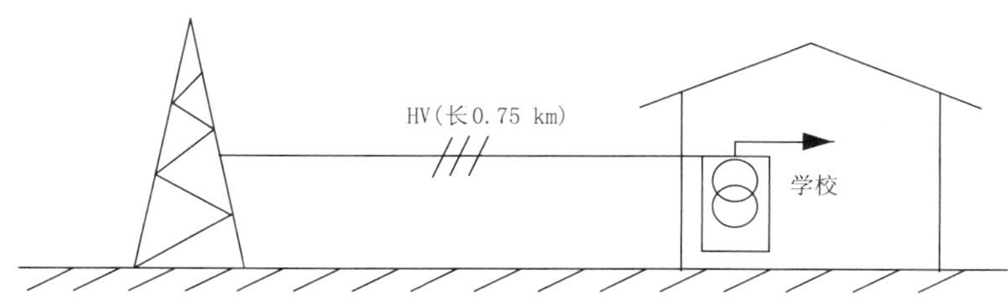

图 C.1 某学校例示

计算过程如下：

1） $d=d_1+0.25d_2+0.25d_3=0.1875$；

2） d_c 因建筑物属 C.3.1.2 中 a），取式（C.2），则 $d_c=1/2=0.5$；

3） 因 $d<d_c$（即 $0.1875<0.5$），所以，可不安装 SPD。

示例 3：

某宗教活动建筑物，当地 T_d 为 20 d，有 2 km 长的 HV 架空线和距建筑物 500 m 处的变压器后架空 LV 线供电，如图 C.2 所示。

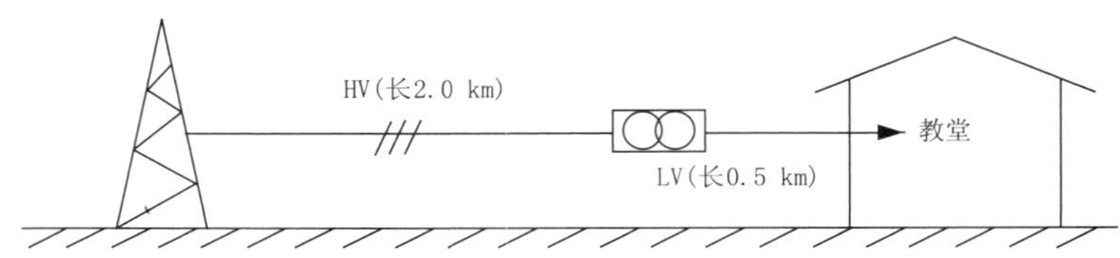

图 C.2　某教堂例示

计算过程如下：

1）　$d=d_1+0.25d_2+0.25d_3=0.75$；

注：d_3 最大长度超过 1 km 时按 1 km 计算。

2）　$d_c=1/2=0.5$；

3）　因 $d>d_c$，所以宜安装 SPD。

示例 4：

某小办公楼，当地 T_d 为 23 d，由长度为 1.5 km 的 HV 供电，变压器在距建筑物 0.8 km 处，LV 埋地引入，如图 C.3 所示。

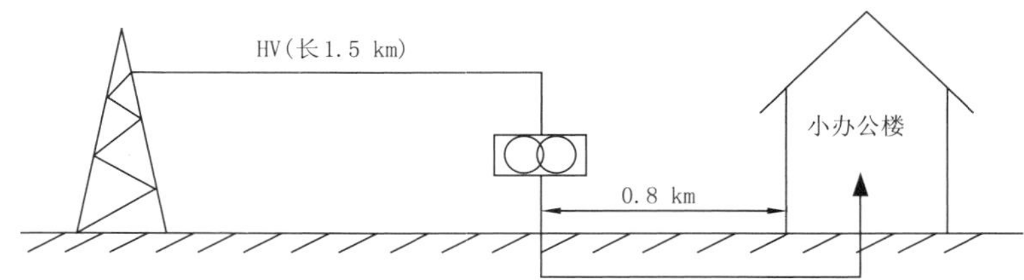

图 C.3　某小办公楼例示

计算过程如下：

1）　$d=d_1+0.25d_2+0.25d_3=1.05$；

注：d_3 最大长度超过 1 km 时按 1 km 计算。

2）　$d_c=2/2.3=0.87$；

3）　因 $d>d_c$，所以宜安装 SPD。

示例 5：

某住宅楼（比较小，属 C.3.1.2 中 b)），当地 T_d 为 18 d，电力线路引入和埋地长度均不明。

计算过程如下：

1）　d 值因缺乏相关数据，只能采用最严酷的情况下的数据，即

$d_1=d_2=d_3=1$，

$d=d_1+0.25d_2+0.25d_3=1.5$；

2）　$d_c=2/1.8=1.11$；

3）　因 $d>d_c$，所以宜安装 SPD。

示例 6：

某写字楼（属于 C.3.1.2 中 a)），当地 T_d 为 20 d，电力线（HV 和 LV）均为埋地引入。

计算过程如下：

因无架空线 d_1 为 0，HV 和 LV 埋地引入时其 d_2 和 d_3 可不计，所以 d 为 0，所以不宜安装 SPD。

附　录　D
（资料性附录）
确定SPD放电电流值的分析方法

D.1　SPD放电电流值的选择方法

D.1.1　一般规定

各类防雷建筑物当需要考虑S1、S2、S3、S4型雷击在电气系统中引起的预期电涌电流时，选择SPD的放电电流参数应大于各种雷击类型引起的最大预期电涌电流。其他建筑物可根据实际情况，考虑所需要的雷击类型，选择SPD的放电电流参数也应大于所考虑的雷击类型引起的最大预期电涌电流。

D.1.2　雷击建筑物引起的电涌（S1型雷击）

雷击建筑物时，雷电流在建筑物的接地装置及与建筑物相连的导体之间分流。若每个导体分的电流为：

$$I_F = k_e I \qquad \text{(D.1)}$$

式中：

k_e——分流系数；

I——各类防雷建筑物对应的雷电流。

k_e 取决于：

a)　与建筑物相连的导体的数量；

b)　埋地导体的冲击接地阻抗，或架空导体到建筑物外的接地装置的接地电阻；

c)　建筑物接地装置的冲击接地阻抗。

对于埋地导体：

$$k_e = \frac{Z}{Z_1 + Z\left(n_1 + n_2\dfrac{Z_1}{Z_2}\right)} \qquad \text{(D.2)}$$

对于架空导体：

$$k_e = \frac{Z}{Z_2 + Z\left(n_2 + n_1\dfrac{Z_2}{Z_1}\right)} \qquad \text{(D.3)}$$

式中：

Z——建筑物接地装置的冲击接地阻抗；

Z_1——埋地导体的冲击接地阻抗（可按表D.1选取）；

Z_2——架空导体到建筑物外的接地装置的接地电阻（若该值未知，可按表D.1选取 Z_1 作为其值）；

n_1——埋地导体的总数目；

n_2——架空导体的总数目。

注：上述公式中，对每一导体接地点的接地阻抗假设都相同，否则需要更复杂的公式。

表 D.1　不同土壤电阻率下冲击接地阻抗 Z 和 Z_1 的值

ρ/Ω・m	Z_1[a]/Ω	与防雷类别有关的冲击接地阻抗[b] Z/Ω		
		第一类	第二类	第三类
≤100	8	4	4	4
200	11	6	6	6
500	16	10	10	10
1000	22	10	15	20
2000	28	10	15	40
3000	35	10	15	60

注 1：此表中的数值指埋地导体在波形 10/350 μs 冲击下的冲击接地阻抗。

注 2：a 数值适用于长度大于 100 m 的外部导体。对于高土壤电阻率（大于 500 Ω・m）地区的长度小于 100 m 的外部导体，其值可能加倍。

注 3：b 接地装置符合 GB/T 21714.3—2015 中 5.4 的要求。

为了工程上简化计算、便于使用，常假设一半的雷电流进入建筑物的接地装置，且 $Z_1=Z_2$，对每一引入建筑物的导体（如金属管道、电气线路、通信线路等）的接地阻抗假设都相同，则可按下列简化方法计算。

在电源引入的总配电箱处所装设的 SPD，其每一保护模式的预期电涌电流值，当电源线路无屏蔽层时宜按式（D.4）计算，当有屏蔽层时宜按式（D.5）计算：

$$I_F=\frac{0.5I}{nm} \quad\quad \text{(D.4)}$$

$$I_F=\frac{0.5IR_S}{n(mR_S+R_C)} \quad\quad \text{(D.5)}$$

式中：

I ——雷电流，按第一类防雷建筑物 200 kA，第二类防雷建筑物 150 kA，第三类防雷建筑物 100 kA 选取；

n ——地下和架空引入的外来金属管道和线路的总数；

m ——需要确定的那一回路线路内导体芯线的总根数；

R_S——屏蔽层每千米的电阻，单位为欧姆每千米（Ω/km）；

R_C——芯线每千米的电阻，单位为欧姆每千米（Ω/km）。

注：由于芯线和屏蔽层的互感，该公式可能会低估屏蔽层的分流作用。

D.1.3　雷击线路引起的电涌（S3 型雷击）

雷击连接到建筑物的线路时，应考虑雷电流在两个方向上的分配以及绝缘击穿。

低压系统 I_{imp} 值的选择可以基于表 D.2 给出的值。

D.1.4　雷击线路附近引起的电涌（S4 型雷击）

雷击线路附近比雷击线路本身所产生的电涌能量小得多。表 D.2 给出雷击建筑物相连的线路时，不同防雷类别建筑物线路上的预期过电流数值。对于屏蔽线，表 D.2 的值可以减小一半。

表 D.2 电气系统中预期的电涌电流

建筑物防雷类别	雷击线路或线路附近		雷击建筑物附近[c]	雷击建筑物[c]
	损害源 S3 (直接雷击) 电流波形:10/350 μs kA	损害源 S4 (间接雷击) 电流波形:8/20 μs kA	损害源 S2 (感应电流) 电流波形:8/20 μs kA	损害源 S1 (感应电流) 电流波形:8/20 μs kA
低压系统				
第一类	10[a]	5[b]	0.2[d]	10[d]
第二类	7.5[a]	3.75[b]	0.15[d]	7.5[d]
第三类	5[a]	2.5[b]	0.1[d]	5[d]

注 1:表中所有值均指线路中每一导体的预期电涌电流。

注 2:雷击建筑物的预期电涌电流(非感应引起的)见 D.1.2。

[a] 所列数值属于闪电击在线路上(雷击点靠近用户的最后一根电杆),并且线路为多跟导体(三相+中性线)。

[b] 所列数值属于架空线路,对埋地线路所列数值可减半。

[c] 环状导体的敷设方式和距起感应作用的电流的距离影响预期电涌电流的值,表 D.2 的值参照在大型建筑物内有不同敷设方式、无屏蔽的一短路环状导体所感应的值(环状面积约 50 m^2,宽约 5 m),距建筑物墙 1 m,在无屏蔽的建筑物内或装有 LPS 的建筑物内(建筑物的分流系数 k_c=0.5 时)。

[d] 环路的电感和电阻影响所感应电流的波形,当略去环路电阻时,宜采用 10/350 μs 波形,在被感应电路中安装开关型 SPD 就是这类情况。

D.1.5 感应效应引起的电涌(S1 或 S2 型雷击)

磁场感应效应引起的电涌,不管是 S1 或 S2 型雷击,都具有 8/20 μs 的典型波形。这些电涌会出现在 LPZ1 内的设备的端口处或靠近其端口处,以及在 LPZ1、LPZ2 的交界处。

未屏蔽的 LPZ1 内(例如,只安装了外部防雷装置,防雷装置构成的网格宽度大于 5 m)的电涌,由于磁场未被衰减,预期的电涌比较高。表 D.2 给出了预期电涌电流值。

已屏蔽的 LPZ 内(例如,屏蔽体的网格宽度小于 5 m)的电涌,所取数值宜乘以 GB/T 21714.2—2015 的 B.5 中的系数 K_{S1}、K_{S2}、K_{S3}。

D.2 雷电监测资料在放电电流选择中的应用

当建筑物所在地有完整和准确的 30 年雷电监测资料时,D.1 中的雷电流 I 可用雷电监测资料中的最大实测电流值替代。当最大实测电流值大于 D.1 中的 I 值时,宜按实测电流值计算;当最大实测电流值小于 D.1 中的 I 值时,可使用实测电流值计算。

附　录　E
（资料性附录）
低压电气系统中的三种电涌过电压

E.1　雷电冲击过电压

E.1.1　直击雷

迄今为止尚无一种方法和设备能阻止雷电的产生，也无法阻止雷电闪击到建筑物或建筑物邻近的大地以及各种进入建筑物的公共设施（如电力和通信线缆，各种金属管线）。GB/T 21714.1—2015 对云地闪（直击雷）进行了定义说明，并仅对直击雷的损害来源及其对建筑物和电力及通信线路的损害类型和损失类型进行了归纳。

在雷电闪击中可能出现短时首次雷击、后续雷击和长时间雷击。对平原和低建筑物的典型向下闪击有四种组合，对高度为 100 m 的高层建筑物的典型的向上闪击有五种组合。上述内容及雷电流参量和电荷量（Q）、单位能量（W/R）的近似计算公式见 GB 50057 中的条文说明。需要进一步说明的是，关于 Q 和 W/R 的计算公式只有在 $T_2 \gg T_1$ 时才有效。

决定雷击危险程度的最重要的数据是建筑物所在地雷击大地的年平均密度（N_g），N_g 可由当地雷暴日水平（又称年平均雷暴日）T_d 得到大致的估计，GB 50057 使用 $N_g = 0.1T_d$ 来估算。闪电定位仪可提供相当精确的 N_g 值。

E.1.2　建筑物遭受直击雷时雷电流的分配

D.1 中规定了建筑物遭受直击雷时（S1 型）进入建筑物的各种设施之间的雷电流分配计算方法，图 E.1对一有金属水管、金属燃气管和供电线（TT 系统，仅有 L 和 N 线）进入的建筑物的雷电流分配做了示例。

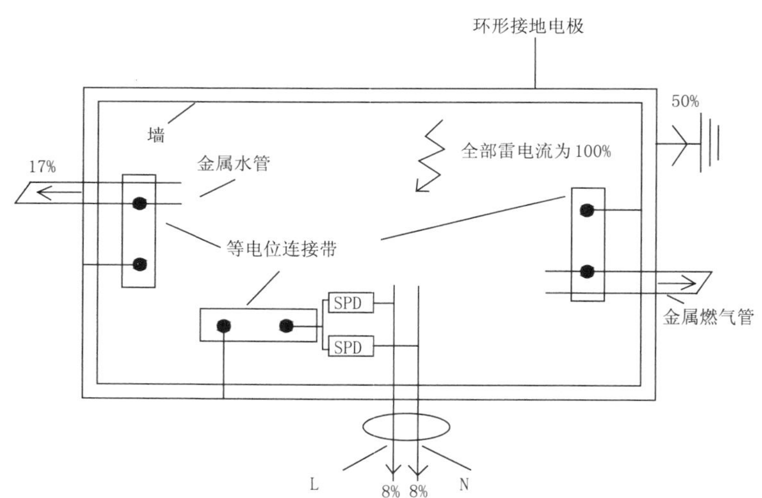

图 E.1　雷电流分配到内部设备的示例（TT 系统）

E.1.3　雷电直击低压（LV）配电线时引起的过电压

由于雷电流通道的有效阻抗很高，因此可以认为雷电流是一个理想的电流源。因此，所产生的过电压由雷电流的瞬态有效阻抗的大小决定。

LV 配电线遭受直击雷(S3 型),第一时间的电压(U)取决于导线的特性阻抗(电涌阻抗)和雷电流(I)。由于雷电流流向两个不同的方向,电涌电压 U 可用下式表达:

$$U = Z \times 0.5 I_{\text{peak}} \qquad \cdots\cdots\cdots(E.1)$$

如 I_{peak} 为 10 kA,Z 为 400 Ω 时,U 为 2000 kV,在这一高压状态下,通常会发生导线对地(通过铁横担和金属杆塔)的闪络,因此导线上过电压 U 会下降,下降的程度取决于接地电阻值的大小,在阻抗降至 10 Ω 时,导线上的 U 为 100 kV。

在架空线和电缆混组的配电网中,由于电缆的阻抗偏低,因而产生的过电压值也较低。U 值降低的幅度取决于电流持续的时间和配电系统对地的电容大小。一般来说,U 值虽然有所下降,但仍可能超出设备的绝缘耐受水平,因此直击雷仍会造成损坏。

E.1.4 雷击在 LV 配电线邻近区域时感应出的过电压

LV 配电线邻近区域遭受直击雷时(S4 型),雷电产生的磁场变化会使架空线上感应产生过电压,电涌电压 U 可用下式表达:

$$U = 30k \cdot (h/d) \cdot I \qquad \cdots\cdots\cdots(E.2)$$

式中:

k ——修正系数,取决于雷电通道中回击的速度,k 值取 1.0～1.3;

h ——导线距地面的高度;

d ——落雷点距配电线的水平距离;

I ——雷电流。

如雷电流 I_{peak} 值为 30 kA,h 为 5 m,d 为 1 km,U 值会超过 5 kV。当 d 达 10 km 时,100 kA 的雷电流会产生 1.8 kV 的感应电压。

E.1.5 对埋地电缆的雷击

埋地电缆(含采取了防雷和接地措施的具有接地金属线屏蔽的绝缘架空电缆)一般不易受到雷电直击,但如有下列因素之一时,宜选用 SPD 提供防护:

——电缆附近有防直击雷的接闪器及接地装置时,有可能发生反击。

——电缆的埋地长度不足以提供网络的架空线到装置之间的衰减距离。

——连接到装置的变压器的中压(MV)侧的架空线易出现高的雷电过电压。

——在土壤电阻率较高的地区埋地电缆可能遭受直击雷。

——由埋地电缆供电的建筑物的规模(长、宽、高)决定,该建筑物遭受直击雷的概率较大;入户线受直击雷的影响到埋地电缆。

——同时存在着其他架空线路。

E.2 操作过电压

E.2.1 概述

在低压电气系统中任何开关动作、故障开始、中断等,经常会伴随着暂时过电压的产生。系统中发生的突变将会引起高频阻尼振荡(由网络的谐振频率决定),直到系统重新稳定到一个新的稳定状态。一般将这种过电压称为操作(投切、开关)过电压,它属于人为的故意行为产生的过电压。

从峰值电流、电压和持续时间方面来说,这些威胁通常低于雷电的威胁。但是,在某些情况下,尤其是在建筑物内部或靠近操作过电压源的地方,其威胁可能比雷电流所产生的威胁大。了解这些电涌的能量是必要的，目的是选择适当的 SPD。操作过电压的持续时间(包括故障和熔丝动作时间)要比雷电电涌的持续时间长得多。

操作过电压的大小取决于很多参数，例如回路类型，操作的种类(关、开、重燃)、负载、断路器或熔丝。

操作产生的振荡频率取决于系统的特性和谐振现象。在这种情况下，可能产生非常高的过电压。通常与系统的工频发生谐振的概率较低。但是，如果系统开关部分特有的频率接近系统中一个或多个谐振频率，可能会出现瞬时谐振。

操作过电压的典型波形取决于低压装置的响应。这在大多数情况下会导致鸣震波，其频率在每微秒数百千赫。最大上升速率为每微秒数千伏。电涌的持续时间范围很大。如果不包括熔断器动作导致的过电压，典型的持续时间(半峰值时间)从 1 μs 到 50 μs。统计评估显示，持续时间较长(大于 100 μs)和高幅值的电涌产生概率较小。

E.2.2 断路器和开关操作

E.2.2.1 概述

E.2.2.1.1 断路器和开关在所有低压电气装置中应用，以便在过载或短路的情况下切断电气设备或是通过开关控制设备的运行来实现对电气设备进行保护和控制。开关操作发生的频率取决于使用的场合，在工业环境中频率较高，在家庭情况下频率较低。

E.2.2.1.2 阻性负载情况下开关电流在电气设备的额定电流范围内。对于使用开关模式进行供电的设备，开关电流比额定电流高得多。例如，对于一个功率为 100 W 的电视机，额定电流是 0.4 A，而涌入的开关电流大约有 20 A，高达 50 倍。

E.2.2.1.3 手动或电动的机械开关设备在每次开关过程中都产生电弧。高频振荡产生自开关环境下自感和电容的相互作用使电压发生突变。该振荡叠加在线路导体之间以及线路导体与地之间的电压上，总的电压威胁电气设备的绝缘和暴露的导电部分以及其他回路。与通过公共配电网络传输至用户设备的过电压相比，开关瞬态产生自用户设备内部，通过断路器和开关几乎无衰减的影响电气设备，因此这些暂态的振幅相对较大。

E.2.2.2 用户室内的断路器和开关操作

与合闸(投)相比，分闸(切)会产生更高幅值的过电压。在切断过程中，负载侧的开关电涌比电源侧的开关电涌具有较大振幅和能量。此类设备的设计是主要问题，尤其是其绝缘方面的设计。如果有与其并联的其他设备，这些设备也会受到威胁。对于整个系统以及连接于其上的设备来说电源侧的过电压比负载侧的过电压更为重要。

E.2.2.3 供电系统(低压、中压和高压)中的断路器和开关操作

威胁电气设备的过电压在每一个供电系统中都能观测到。在埋地供电系统中，几乎所有的过电压都产生自人为操作。

在高压、中压和低压装置中，与电源并联安装的具有电感性的设备，例如变压器、自感线圈，接触器线圈和继电器，其操作能够导致振幅达数千伏的过电压。相同的现象存在于有纵向电感线圈中，例如导体线圈和纵向阻抗线圈，或者由于导线的自感，可导致供电系统自身被切断。

在电源侧，操作过电压同样产生开关操作，如旋转电动机的电刷电弧，电机或变压器的负载突然降低以及用于功率因数补偿电容器组的动作。

在极少数情况下，这种过电压的频率和能量可能显著高于雷电过电压。

由于低压供电操作所导致的过电压能够达到数千伏，尽管在一定条件下，过电压值可以通过措施加

以降低。在安装了保护装置控制过电压的供电系统中，通常在低压用户装置内预计最大幅值不会超过6 kV。

E.2.3 熔断器(限流熔丝)

为了防护过电流并断开短路电流，在电气系统中广泛使用熔断器。如果熔断器动作，在配电系统中断开短路的回路，该动作产生了一个近似三角波的过电压，且具有相对较低的频率。由于存在接地中性线或在IT系统的情况下存在接地电容，过电压可能在系统的相线之间产生，也可能在相线和保护接地导体之间产生。这样，该过电压同样威胁裸露导电部分及其他回路的绝缘。当然，与运行电流的开关所导致的过电压相比，它并不经常出现。该过电压同样通过母线传输到同一配电系统供电的其他用电设备。

与操作所导致的其他电涌相比，熔断器动作所产生的电涌出现频率较低。但是，在切断短路回路的情况下，能产生非常强烈的电涌。这主要受短路电流上升速率、熔断器的特性及其额定电流以及回路电感的影响。

通过安装在母线附近的熔断器切断配电系统馈线中的短路电流尤为重要，因为熔断器动作所产生的过电压影响所有连接到同一母线上的用电设备。实际的统计情况表明在公共低压供电系统中，这样的故障可能极少发生。但是，在考虑到工业配电系统时，这种类型的故障的发生就并非少见了。

E.3 暂时过电压 U_{TOV}

E.3.1 概述

安装在低压电气系统中的SPD在选择时为实现有效的箝压，U_C 值会选择至最低值(如($U_C \geq 1.15U_0$)，此值一般不会超过350 V(r.m.s)。在低压电气系统中的SPD常常因系统中出现的暂时过电压 U_{TOV} 超过 U_C 值而动作，并且常因不能承受较长时间的暂时过电压而损坏，因此要求SPD在各种不同的暂时过电压 U_{TOV} 状态下应具有不同的暂时过电压耐受值 U_T，6.3.2.1条的表2给出了最小 U_T 值的要求，其中涉及暂时过电压的持续时间和 U_T 的最小值。

通常引发最严重的暂时过电压的原因有如下四种：

——高压(HV)系统与地之间的故障；

——低压(LV)TN和TT系统中的中性线(N线)断开；

——低压(LV)IT系统的意外接地；

——低压(LV)电气系统中发生短路。

E.3.2 U_{TOV} 标准值

GB 16895.11给出了低压电网中预期的 U_{TOV} 的最大值，见表E.1。

表E.1 GB 16895.11给出的低压电网中预期的最大 U_{TOV} 值

U_{TOV} 的发生位置	电网接地系统	$U_{TOV,HV}$ 的最大值	备注
相线与地之间	TT,IT	持续时间大于5 s时，U_0+250 V	值是与高压电网故障有关的极限值
		持续时间小于或等于5 s时，U_0+1200 V	
中性线与地之间	TT,IT	持续时间大于5 s时，250 V	
		持续时间小于或等于5 s时，1200 V	

表 E.1 GB 16895.11 给出的低压电网中预期的最大 U_{TOV} 值(续)

U_{TOV}的发生位置	电网接地系统	$U_{TOV,HV}$的最大值	备注
相线与中性线之间	TT 和 TN	$\sqrt{3}\times U_0$	值与低压系统中中性线断线(断零)有关
相线与地之间	IT 系统[a]	$\sqrt{3}\times U_0$	值与低压系统中,相线意外的接地有关
相线与中性线之间	TT,IT 和 TN	持续时间小于或等于 5 s 时,$1.45U_0$	值与相线和中性线之间的短路有关
注 1:在变压器处的最大 TOV 值可能与表中所列不同(或高或低)。 **注 2**:选择 SPD 时不考虑中性线断线(断零)。			
[a] 已经证明了更高的 TOV 也可以在 TT 系统中出现,持续时间小于或等于 5 s。			

E.3.3 LV 系统中 U_{TOV} 标称值的说明

低压系统中的故障产生的暂时过电压可以通过以下两个因素定义:

——K_1 是电力系统的最大持续工作电压 U_{CS} 与系统标称电压 U_0 的比值,见式(E.3)。K_1 通常在 1.05 到 1.1 的范围内。这包括了电压的正常调节。

$$U_{CS}=K_1\times U_0(K\text{ 多取 }1.1) \qquad \cdots\cdots(E.3)$$

——K_2 是系统最大过电压与 U_{CS} 之比。在三相低压系统中出现故障时,无故障的相上的电压可从大约 1.25 倍升高到理论上的 $\sqrt{3}$ 倍。

注 1:在单相三线(分相)系统中 K_2 可高达 2。

总的暂时过电压被表示为:

$$U_{TOV,LV}=K_1\times K_2\times U_0=K_2\times U_{CS} \qquad \cdots\cdots(E.4)$$

注 2:暂时过电压通常由事故造成,例如低压配电系统的故障,电容器动作和发电机停机及启动等事件造成。这些过电压持续时间很短。那些由三相供电系统故障造成的暂时过电压存在的时间从 0.05 s 直至 5 s。中性线连接不好的单相发电机启动能导致额外过电压,通常持续时间达 5 s。电容器开关和电压调整很少产生持续时间长于 5 s 的过电压。因此,本部分中选取的暂时过电压持续时间为 0.05 s 到 5 s。

注 3:在某些电网中,需要考虑由高压系统故障所导致的 $U_{CS}+1200$ V 的短时(小于 5 s)暂时过电压($U_{TOV,HV}$)(见 GB 16895.11)。如此高的电压可能导致 SPD 故障。在这种情况下,应进行适当的试验以确保该故障不会对人身、设备和装置造成任何灾难。$U_{CS}+1200$ V 是持续时间为 5 s 的暂时过电压的最大值。根据低压装置和高压系统的接地系统类型,该值可能存在,也可能不存在。另外,持续时间长于 5 s 的暂时过电压在 GB 16895.11 中被定义,由于持续时间长也可能导致故障。

在本部分中,由低压系统中的故障产生的 TOV 用 $U_{TOV,LV}$ 表示,由高压系统中的故障产生的 TOV 用 $U_{TOV,HV}$ 表示。

在以上公式的基础上,理论上可以画出电网中电压和 U_{TOV} 持续时间的曲线。实际上电网中 U_{TOV} 的实际值,尤其是在安装了 SPD 的地方,不总是已知的。在这种情况下很难画出上述曲线,因为仅知道很少的几个典型点,如图 E.2 中所示。

通常仅知道标准化的最大值,曲线可降低到某些点。对 SPD 选型具有特定意义的时间值是 200 ms 和 5 s。

U_{TOV} 的最大标准化值见图 E.2。

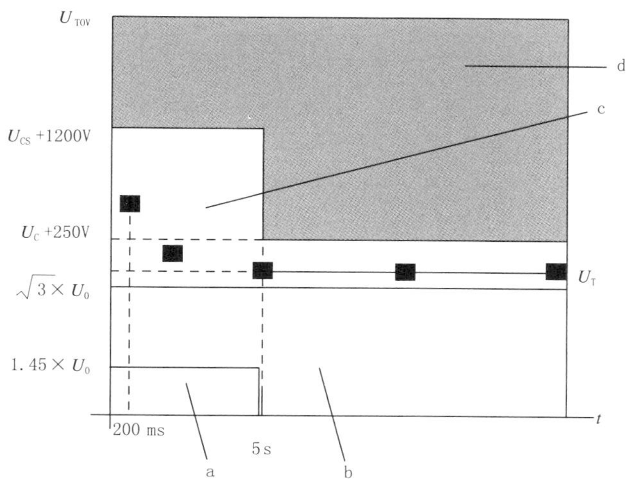

说明：

a ——在 TT、IT 和 TN 系统相线与中性线之间短路引起的小于或等于 5 s 的 $U_{TOV,LV}$ 值域（LV 故障）；

b ——在 IT 系统中相线意外接地故障时和在 TT、TN 系统中中性线断线故障时 $U_{TOV,LV}$ 的值域（LV 故障）；

c ——TT 和 IT 系统的相线与地之间及中性线与地之间 $U_{TOV,HV}$ 的值域（LV 故障）；

d ——未定义的区域；

■ ——SPD 的 U_T 值。

图 E.2 U_{TOV}最大标准化值示例

E.4 由高压系统和接地之间的故障所导致的低压系统中的暂时过电压（TOV）

E.4.1 概述

我国 10 kV 电网分为不接地系统和经小电阻接地系统，在 10 kV 不接地系统中，当高压系统发生接地故障时，由于故障电流 I_d 小，其在变电所接地电阻上产生的故障电压 U_f 甚小，对低压系统不会造成多少影响；在 10 kV 经小电阻接地系统中，当高压系统发生接地故障时，由于故障电流 I_d 甚大，其在变电所接地电阻上产生的故障电压 U_f 很大，对低压系统会造成严重影响。

E.4.2 由于高压系统中接地故障而导致在低压装置中的设备的可能威胁

E.4.2.1 10 kV 不接地系统接地故障引起的过电压

我国 10 kV 电网普遍采用不接地系统，即系统负荷端的外露导电部分作保护接地，而电源端带电导体是不接地的，当 10 kV/0.38 kV 变电所内发生 10 kV 侧的接地故障时，故障电流 I_d 只能通过另两非故障相的对地电容返回电源。因架空线路对地电容很小，容抗很大，所以 I_d 值很小，如图 E.3 所示。按我国电力部门规范要求，此 I_d 值不得大于 20 A，同时规定 10 kV/0.38 kV 变电所的接地电阻 R_B 不大于 4 Ω。此 I_d 在 10 kV/0.38 kV 变电所的接地电阻 R_B 上产生故障压降 U_f。为节约变电所建设投资，低压系统中性点的系统接地也接于 R_B 上，它将使低压系统对地电位升高而产生过电压，PE 对地电位也升高至 U_f。当 I_d 和 R_B 都为最大值时，U_f 最大值不过 20 A×4 Ω=80 V，其实际值往往不大于接触电压限值 50 V，因此出现如图 E.3 所示 10 kV 侧接地故障时，加在低压系统（含相线、中性线）的故障电压甚小。

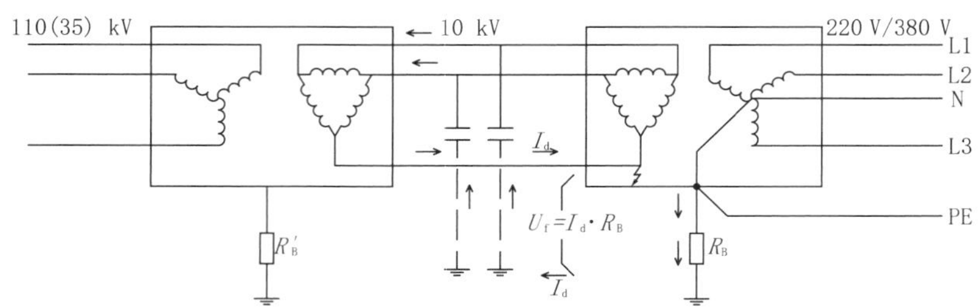

图 E.3　10 kV 不接地系统内 I_d 值和 U_f 值均很小

E.4.2.2　10 kV 经小电阻接地系统接地故障引起的过电压

随着我国城市用电负荷急剧增长，在市区内用大量埋地电缆供电。由于埋地电缆对地电容电流的增大，城市 10 kV 电网内接地故障电流因此大大超过 20 A 的限值。单相接地故障电弧能量的增大使单相接地故障很快转化为相间短路，迫使 10 kV 故障回路电源端断路器切断电源，不接地系统在发生一个接地故障后仍能保证供电不间断的优点不复存在，为此，将城市里这级电压的配电系统由不接地系统改为经小电阻接地系统。如图 E.4 所示。

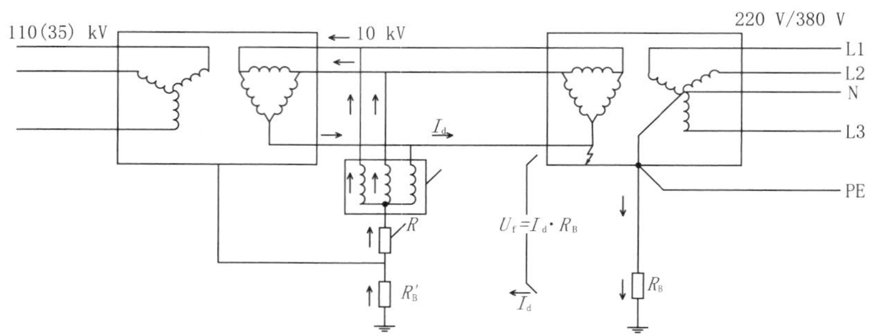

图 E.4　10 kV 经小电阻接地系统内 I_d 值和 U_f 值均增大

从图 E.4 可以看出，采用小电阻接地系统后，在 10 kV/0.38 kV 变电所内高压侧发生接地故障时，接地故障电流 I_d 不再是微小的电容电流，它获得经图中 R_B、R_B'和小电阻 R 返回电源的通路，这样 I_d 值可达数百安甚至千安。

10 kV/0.38 kV 变电所既是 10 kV 系统的负荷端，同时也是低压系统的电源端，所以它是 10 kV 系统和低压系统的转换点。变电所接地电阻 R_B 上的电压降 $U_f=I_dR_B$ 由于 I_d 的增大而增大，而低压系统中性点也通过 R_B 实现其系统接地，由于共用同一 R_B 接地极，此一上千伏的故障电压 U_f 将传导至低压系统(含相线、中性线、PE 线)引起对地暂时过电压。

E.4.2.3　由于高压系统接地故障导致的低压系统中的暂时过电压的值分析

从图 E.5 中可见，高压接地故障造成的故障电压 U_f 加在低压系统的相线、中性线与 PE 线上，但它们之间的相对电压不变，由于该系统的 PE 线要在建筑物内参与等电位连接，所以建筑物内不会出现电位差。取 $U_C \geqslant 1.15U_0$。

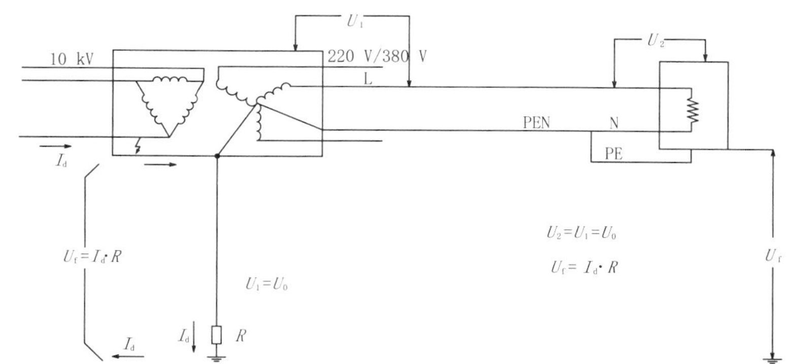

图 E.5　TN-C-S 系统

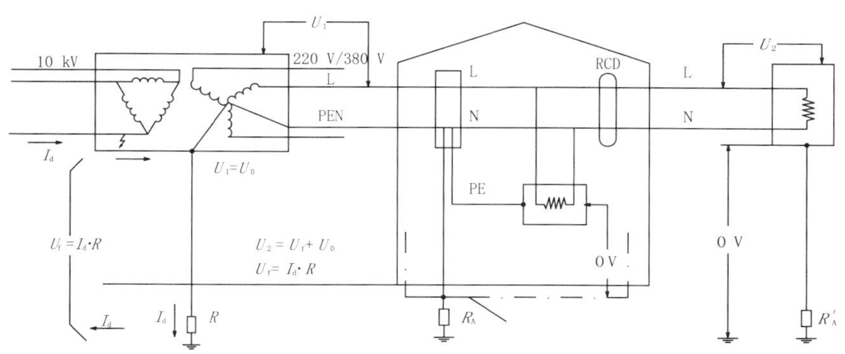

图 E.6　TN-C-S 系统(含户外部分的无总等电位连接设备)

从图 E.6 中无总等电位连接的户外部分(该部分实际是采用局部的 TT 系统)U_2 可以看出，配电系统的相线与用电设备外壳间的故障过电压为 U_f+220 V，中性线对地电压为 U_f，设备外壳对地电压为 0 V，其中 $U_f=R\times I_d\leqslant1200$ V，所以相线、中性线与用电设备外壳之间不能直接安装限压型 SPD，应先在相线、中性线之间安装限压型 SPD，取 $U_C\geqslant1.15U_0$；中性线再经一开关型 SPD(如放电间隙)接于设备外壳上。

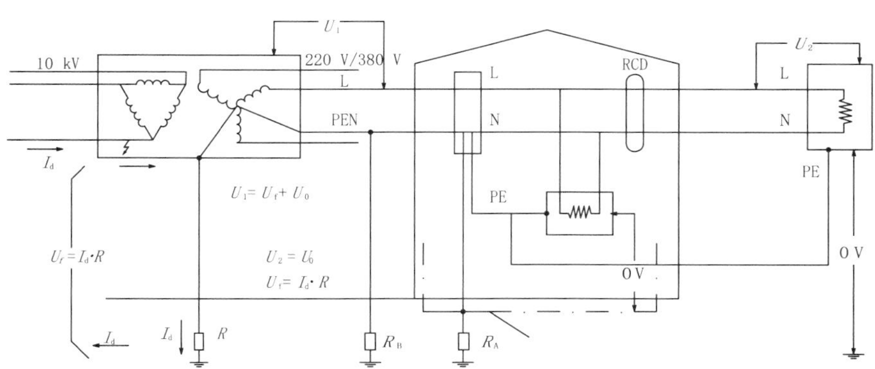

图 E.7　TN-C-S 系统(户外部分通过 PE 线实现与户内部分的连接)

从图 E.7 中变电所内低压系统端的 U_1 可以看出，低压配电系统的相线与配电柜外壳间的故障过电压为 U_f+U_0，中性线与配电柜外壳间的电压为 U_f，U_f 最大值为 1200 V。由户外部分的 U_2 可以看出，变电所内设两个分开的接地装置后，高压系统接地故障电压无由传导至低压系统，可按正常情况安装 SPD。

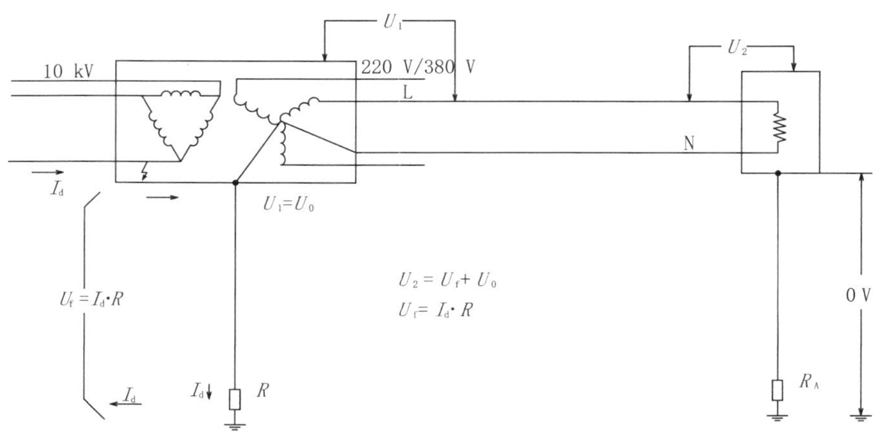

图 E.8　TT 系统(高压保护地与低压系统地共用一个接地极)

从图 E.8 中可见，高压接地故障造成的故障电压 U_f 加在低压系统的相线、中性线上，由图中 U_1 可以看出，变电所内低压配电系统的相线与配电柜外壳间的电压为 U_0，中性线与配电柜外壳间的电压为 0 V，所以相线与配电柜外壳之间直接安装限压型 SPD；由图中 U_2 可以看出，在用电设备处低压配电系统的相线与用电设备外壳(PE 线)间的电压为 U_f(U_f 最大值为 1200 V)$+U_0$，中性线与用电设备外壳(PE 线)间的电压为 U_f，所以相线、中性线与用电设备外壳之间不能直接安装限压型 SPD，一般在相线、中性线之间安装限压型 SPD，中性线再经一开关型 SPD 接于用电设备外壳(PE 线)上；或者相线与设备外壳(PE 线)，中性线与设备外壳(PE 线)之间安装限压型 SPD，但需要使用适当的脱离装置。

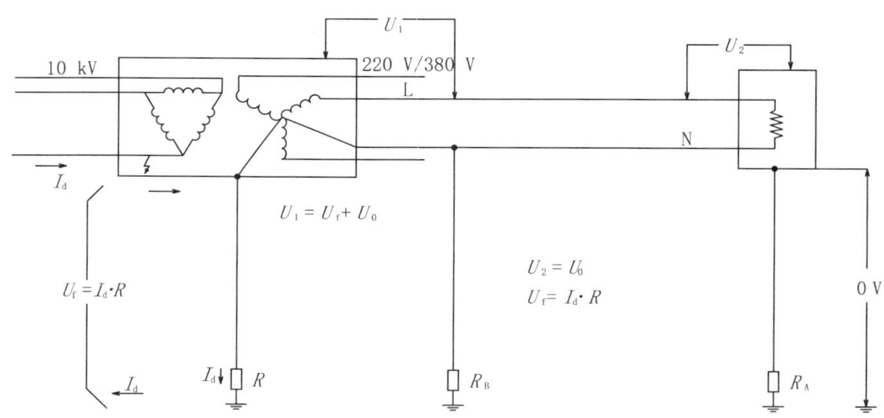

图 E.9　TT 系统(高压保护地与低压系统地为分开的接地极)

从图 E.9 中变电所内低压系统端的 U_1 可以看出，低压配电系统的相线与配电柜外壳间的故障过电压为 U_f+U_0，中性线与配电柜外壳间的电压为 U_f，U_f 最大值为 1200 V。所以相线、中性线与配电柜外壳之间不能直接安装限压型 SPD，应先在相线和中性线之间安装限压型 SPD，中性线再经一开关型 SPD 接于配电柜设备外壳上。或者相线与配电柜外壳、中性线与配电柜外壳之间安装限压型 SPD，但应使用适当的脱离装置。由用电设备部分的 U_2 可以看出，变电所内设两个分开的接地装置后，高压系统接地故障电压无由传导至低压系统，用电设备相线对外壳电压为 U_0，中性线对外壳电压为 0 V，可按正常情况安装 SPD。

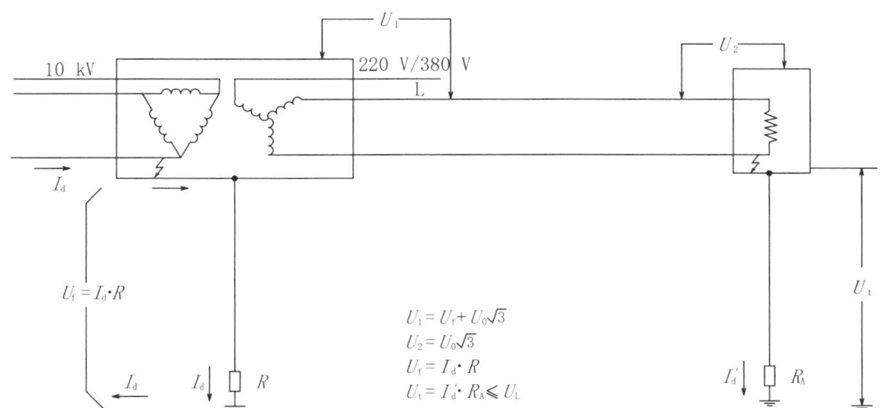

图 E.10　IT 系统(高压系统与低压系统同时出现接地故障的情况)

从图 E.10 中变电所内低压系统端的 U_1 可以看出,变电所的相线与配电柜外壳间的暂时过电压为 U_f+U,用电设备处相线与外壳电压为$\sqrt{3}U_0$,所以相线与配电柜设备外壳之间不能直接安装限压型 SPD,应在相线与配电柜设备外壳之间安装开关型 SPD。或者相线与配电柜外壳之间安装限压型 SPD,但应使用适当的脱离装置。由用电设备部分的 U_2 可以看出,由于 IT 系统不接地,变电所内高压系统接地故障电压无由传导至低压系统,低压用电设备端可按正常情况安装 SPD。

E.5　低压(LV)TN 和 TT 系统中的中性线断开引起的应电压

当三相 TN 或 TT 系统中的中性线断开(开路)时,承受相线对中性线间的额定电压的基本、双重和加强绝缘和元件能短暂地承受线间电压。这时应电压能达到 $U=\sqrt{3}U_0$。

注:应电压,指由高压系统接地故障引起用户电气装置中低压设备上的工频应电压,它的量值和持续时间不应超过表 E.1 中第一栏中规定的值。

E.6　低压(LV)IT 系统意外接地引起的应电压

当 IT 系统的某条相线意外的接地时,承受相线对中性线间额定电压、双重和加强绝缘和元件能短暂地承受线间电压。这时应力电压能达到 $U=\sqrt{3}U_0$。

E.7　低压(LV)电气系统中带电导体间短路引起的应电压

当低压(LV)系统中的相线和中性线间短路时,在 5 s 内应力电压能达到 $1.45U_0$。

E.8　U_P、U_0、U_C 和 U_{CS}之间的关系

U_P、U_0、U_C 和 U_{CS}之间的关系见图 E.11。

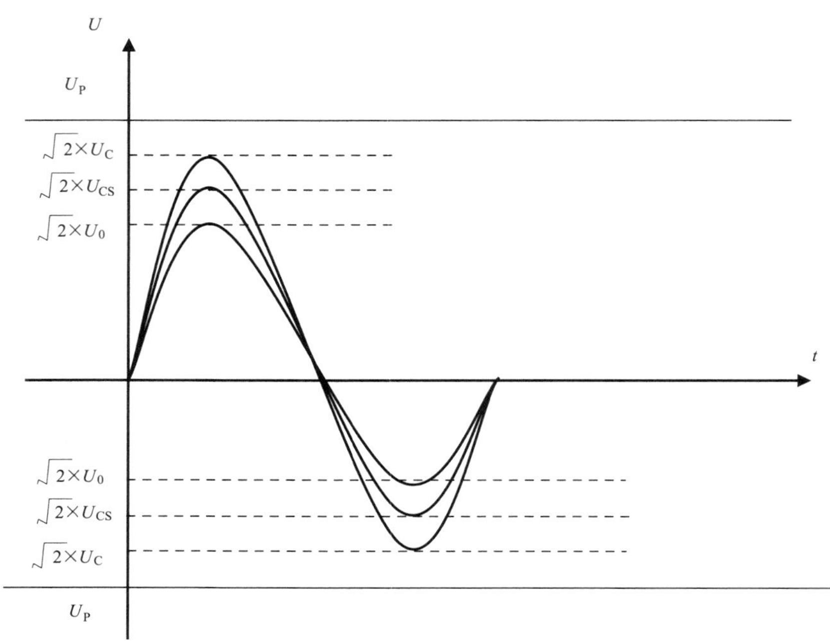

图 E.11 U_P、U_0、U_C 和 U_{CS}之间的关系

从图 E.11 可以看出 $U_P>U_C>U_{CS}>U_0$，其中 U_{CS}为 SPD 安装处系统最大持续工作电压(或称实际最大系统电压)。

附　录　F
（资料性附录）
多级 SPD 间的配合

F.1　SPD 的保护距离

F.1.1　由于振荡现象对 SPD2 提出要求

6.4.1.1 条规定，SPD1 与受保护设备距离过长时需要在靠近受保护设备处安装 SPD2。

图 F.1 给出了电涌导致的振荡或行波可能造成在受保护设备处的预期电压翻倍的物理和电气设计的描述。

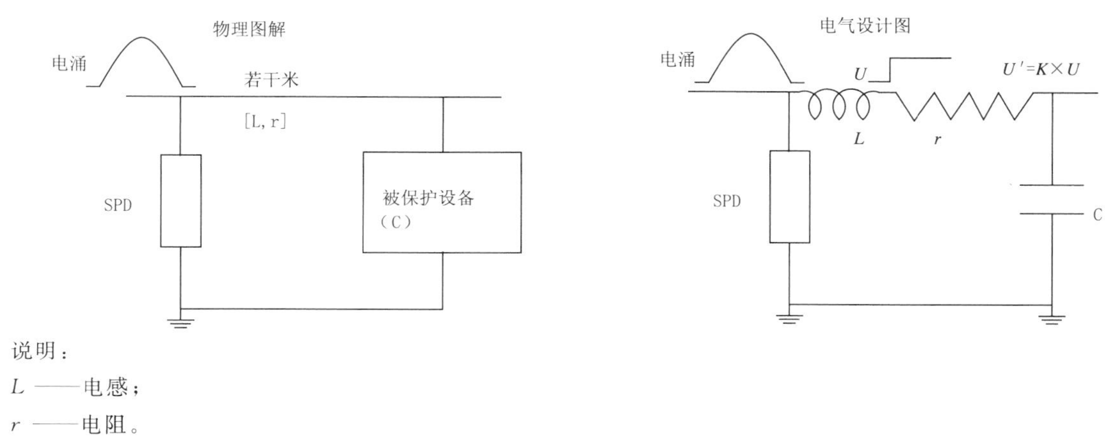

说明：

L ——电感；

r ——电阻。

图 F.1　SPD 后端电压翻倍的图解

电压增高的幅值取决于电涌的频率和导体的长度。根据 r 大小值，L 值大小和 C 之间的振荡能将终端的电压 u' 提高到 ku。k 的值取决于多个参数。当设备为高阻抗负载时，k 值在 1～2 之间。

图 F.2 示出的回路相当用 5 kA(8/20 μs)脉冲电压施加在 MOV 上，它被一个 5 nF 负载电容从设备上分开，该回路被模拟，产生的振荡见图 F.3。图 F.3 说明了受保护设备终端处的电压是怎样达到两倍的。

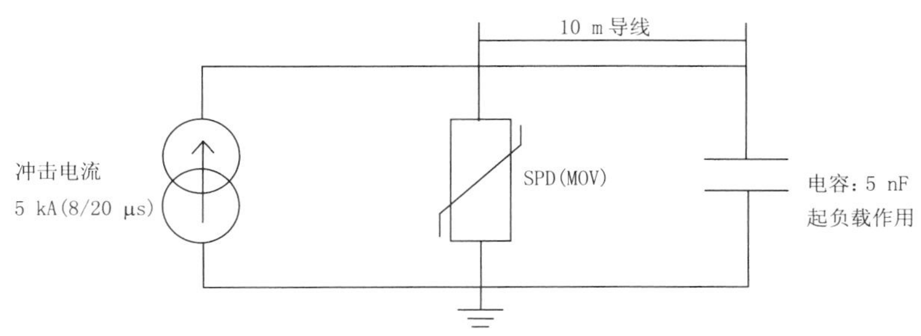

图 F.2　MOV 和受保护设备之间可能产生的振荡

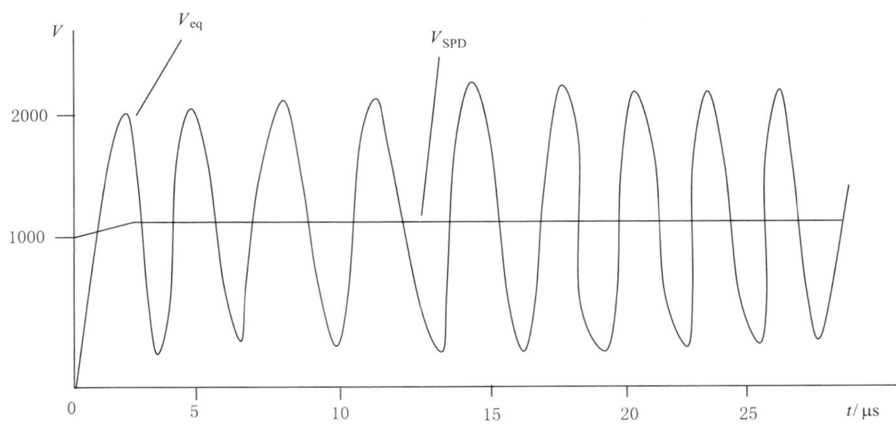

说明：

V_{SPD}——SPD 处的电压；

V_{eq} ——设备终端处的电压。

图 F.3 电压翻倍的示例

在线路长度大于 10 m 或 $U_P > 0.5U_W$ 时，估算振荡现象产生的保护距离（l_{PO}，单位为米）可采用式(F.1)计算：

$$l_{PO} = (U_W - U_P)/k \quad \cdots\cdots\cdots\cdots\cdots\cdots (F.1)$$

式中：

k——常量，取 25 V/m。

F.1.2 回路感应要求的 SPD 的保护距离

雷击在建筑物上（S1 型）和雷击在建筑物附近时（S2 型）会在 SPD 与被保护设备构成的回路上产生感应过电压，这个过电压与 SPD 的 U_p 相加，影响了 SPD 的箝压水平。

感应过电压的大小随回路（含线路路径、长度，PE 线与 L 线的距离，电力线与通信线间的回路面积）尺寸增加而增大；因空间屏蔽和线路屏蔽的效果而减小。因此，回路感应要求的 SPD 的保护距离 l_{pi} 可以采用下式计算：

$$l_{pi} = (U_w - U_p)/h \quad \cdots\cdots\cdots\cdots\cdots\cdots (F.2)$$

式中：

h ——变量，取值为 $30000 \times K_{s1} \times K_{s2} \times K_{s3}$，单位为伏特每米（V/m）；

K_{s1}——建筑物提供的格栅形大空间屏蔽系数；

K_{s2}——位于 LPZ1/2 区或更高防雷区交界处提供的屏蔽系数；

K_{s3}——内部线缆提供的屏蔽系数。

$K_{s1} \sim K_{s3}$ 的选取见 GB/T 21714.2—2015 附录 B.5。

F.2 SPD 之间的配合

F.2.1 配合的目的

图 F.4 所示为根据防雷区（LPZ）概念在低压电气系统中应用 SPD 的示例。SPD 依次安装，它们根据特定安装点的要求而选定。

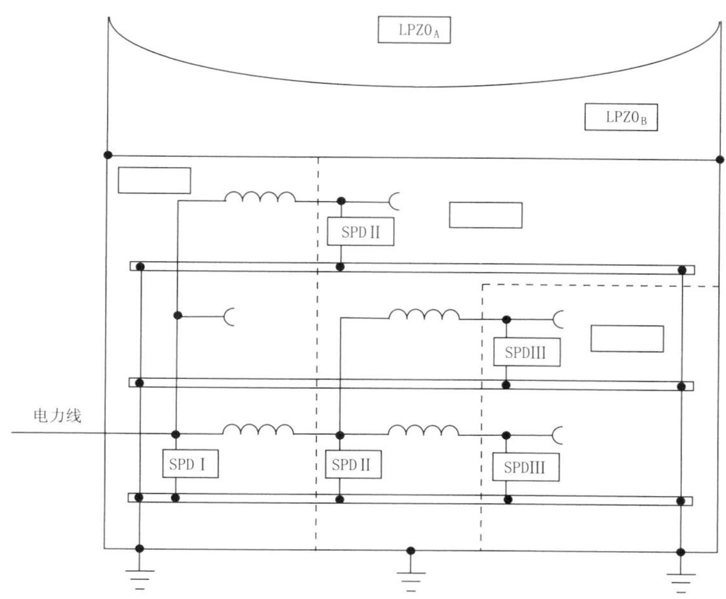

图 F.4　在电气系统中 SPD 的应用示例

能量配合应避免 SPD 过负荷。因此应根据 SPD 各自的位置和性能确定每个 SPD 的负荷。

一旦顺序安装了两个或两个以上 SPD，就需要进行 SPD 之间及与受保护设备的配合研究。

对于全部电涌电流而言，任何一个 SPD 所承受的能量低于或等于该 SPD 所能承受的能量，则达到了能量配合。

SPD 所能承受的能量可从以下途径获得：

——符合 GB 18802.1 的电气测试；

——SPD 制造商提供的技术信息。

图 F.5 说明了 SPD 能量配合的基本模型。该模型仅在当等电位连接网络的阻抗和等电位连接网络与由 SPD1 和 SPD2 连接形成的整套防护设备之间的互感均可忽略时有效。

注：如果通过其他适当的措施可以确保能量配合，就不需要退耦元件（例如伏安特性的配合或使用自动触发型 SPD）。

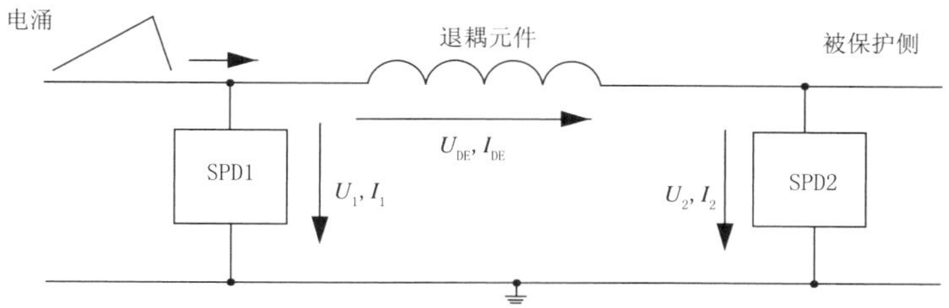

图 F.5　SPD 能量配合的基本模型

F.2.2　配合原则

SPD 间的配合使用以下原则之一：

a)　伏安特性配合（无退耦元件）。本方法基于静态伏安特性并应用于限压型 SPD（例如 MOV 或雪崩二极管）。本方法对电流波形不是很敏感。

注 1：本方法不需要退耦，线路的自然阻抗带有某些内在的退耦特性。

b)　使用专门的退耦元件作配合。为达到配合的目的，具有足够电涌耐受能力的阻抗可以被用作退耦元件。电阻主要用在电子系统信号网络中。电感主要用在供电系统中。对于电感的配合效果，电流陡度 di/dt 是决定性参数。

注 2：退耦元件可通过专用的器件，或通过 SPD 之间电缆的自然阻抗来实现。

注 3：线路的电感产生于两根并行线：如果两根电线（相线和地线）在同一根电缆中，电感大约是 0.5 μH/m 到 1 μH/m（取决于电线的横截面）。如果两根电线是独立的，应假定有较大的电感（取决于电线之间的间距）。

c) 使用自动触发型 SPD 作配合（无退耦元件）。使用自动触发型 SPD 同样可达到配合。这些 SPD 的触发电路应确保可靠，不应超过后续 SPD 的能量耐受能力。

注 4：该方法不需要退耦，即使线路的自然阻抗带有一些退耦特性。

F.2.3 不同 SPD 的配合示例

F.2.3.1 两个限压型 SPD 的配合

图 F.6 a)示出了两个限压型 SPD(MOV)配合的基本电路图。图 F.6b)说明了能量在电路中的分布。流入系统的总能量随电涌电流的增大而增加。只要在每一个 MOV 上分布的能量不超过它的耐受能量，就达到了能量配合。

限压型 SPD 的能量配合一般不需特殊的退耦元件，可以通过它们在相应电流范围中固定伏安特性来实现。该方法对电流波形不是很敏感。如果使用电感作为退耦元件，应考虑电涌电流的波形（例如 10/350 μs 或 8/20 μs）。

对于电流陡度低的波形（例如 0.1 kA/μs），使用电感为限压型 SPD 退耦元件不是很有效。如果可能的话，电子系统信号网络 SPD 应使用电阻（或电缆的自然电阻）作为退耦元件来达到配合。

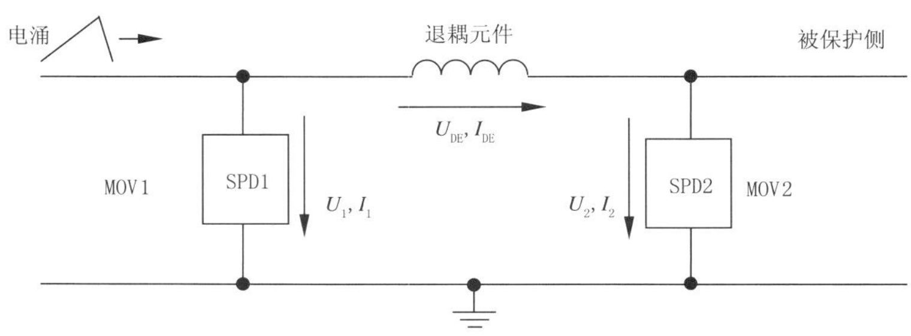

a) 有 MOV1 和 MOV2 配合的电路

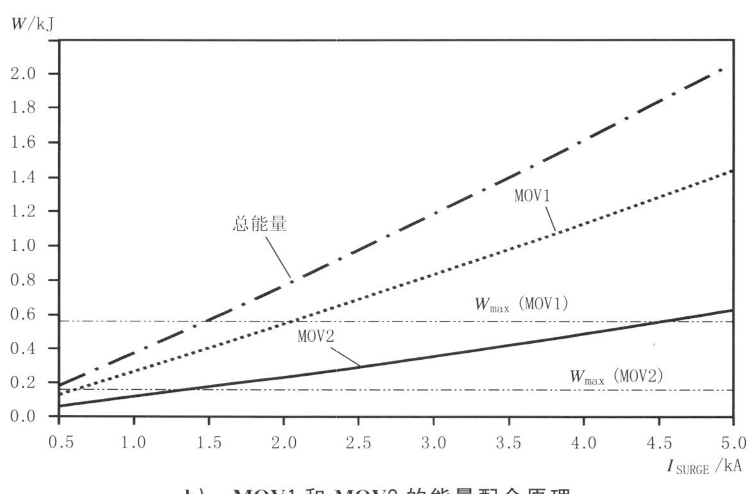

b) MOV1 和 MOV2 的能量配合原理

图 F.6 两个限压型 MOV1 和 MOV2 的组合

如果两个限压型 SPD 要达到配合，应分别选定各自的承受电流和能量，所选择的电流波持续时间应与预期涌入的冲击电流波持续时间一致。图 F.7a)和图 F.7b)示出了波形为 10/350 μs 的电涌下两个限压型 SPD 之间的能量配合的示例。

注：由此例可以看出，仅了解 MOV 参考电压 U_{ref} 对实现能量配合的目标仍是不够的。

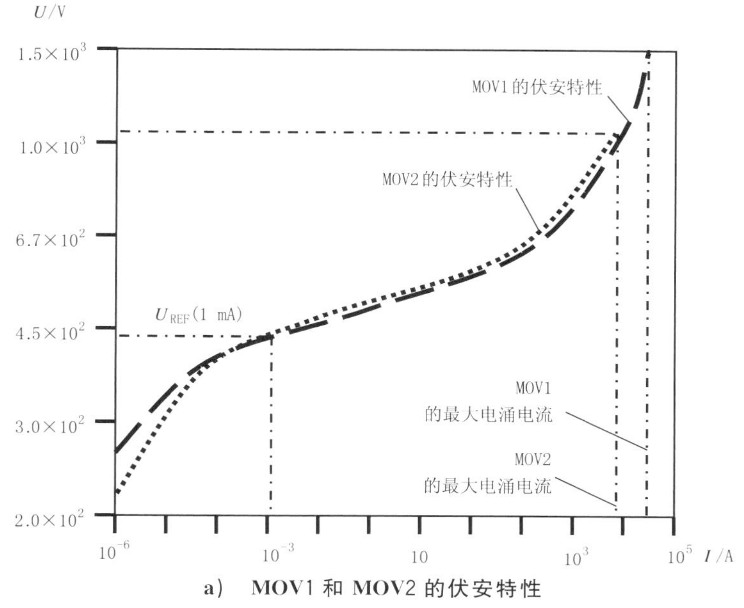

a) MOV1 和 MOV2 的伏安特性

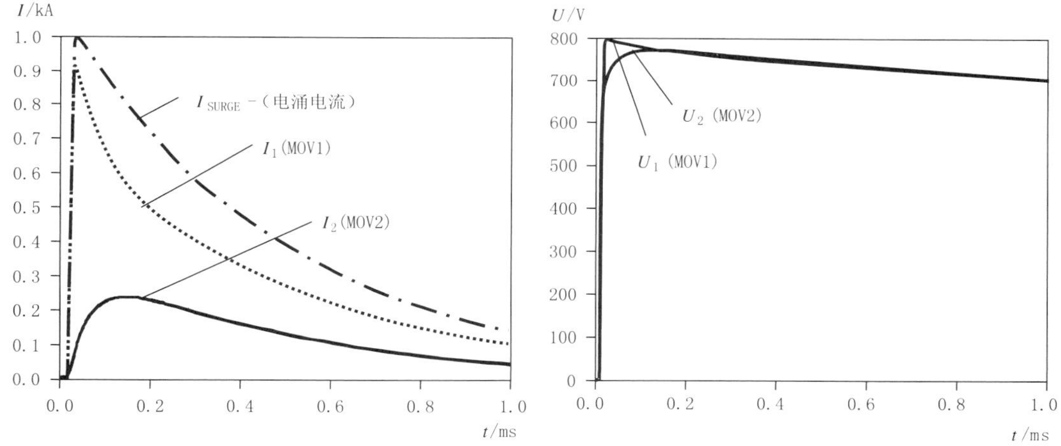

b) 电涌波形为 10/350 μs 时 MOV1 和 MOV2 的电流和电压

图 F.7 使用两个限压型 MOV1 和 MOV2 的示例

F.2.3.2 电压开关型和限压型 SPD 之间的配合

图 F.8a)示出了该配合的基本电路图，使用了放电间隙(SG)和 MOV 为例。图 F.8b)表明了电压开关型 SPD1 和限压型 SPD2 组合的能量配合基本原理。

SG(SPD1)的点火取决于 MOV(SPD2)两端残压 U_2 和退耦元件两端动态电压降 U_{DE} 的总合。一旦电压 U_1 超过了动态瞬间放电电压 U_{SPARK}，SG 会点火，同时达到配合。这仅取决于：

——MOV 的特性；

——涌入电涌电流的陡度和幅值；

——退耦元件(电感或电阻)。

当使用电感作为退耦元件时，应考虑电涌电流的上升时间和峰值大小(例如波形 10/350 μs 或 8/20 μs)。陡度 di/dt 越大，退耦所需的电感越小。特别是在 SPD(经Ⅰ类试验)和 SPD(经Ⅱ类试验)之间的配合，应考虑最小电流陡度为 0.1 kA/μs 的冲击电流。这些 SPD 间的配合应确保两者在 10/350 μs的雷电流和 0.1 kA/μs 的最小电流陡度下的情况时均能实现配合。

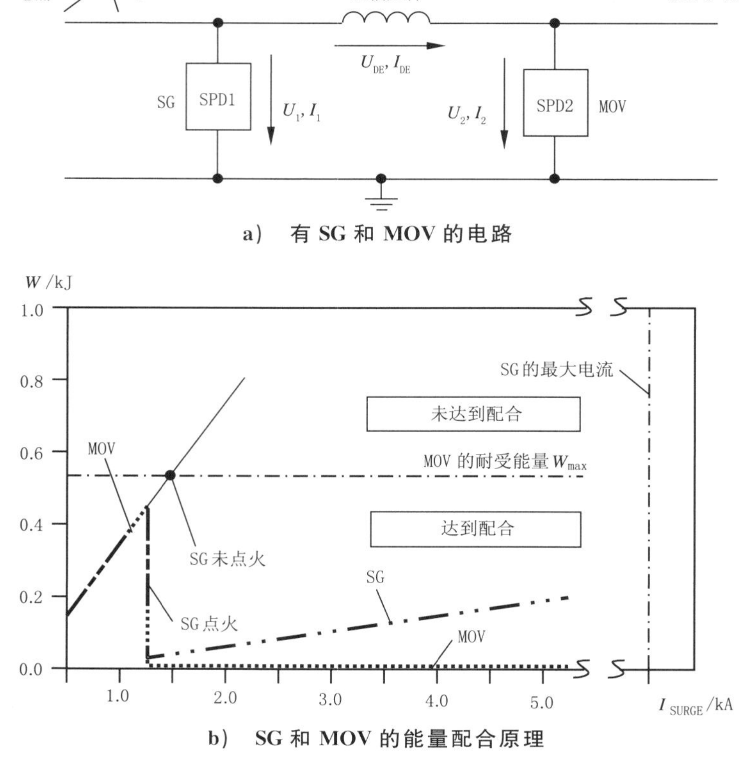

a) 有 SG 和 MOV 的电路

b) SG 和 MOV 的能量配合原理

图 F.8 电压开关型 SG 和限压型 MOV 的组合

要考虑以下两种基本情况：

——放电间隙不点火(图 F.9a))。如果 SG 不点火，全部电涌电流流经 MOV，如图 F.8b)所示。如果该电涌的能量高于 MOV 的耐受能量，则未达到配合。如果采用电感作为退耦元件，最坏的情况为最小电流陡度是 0.1 kA/μs。

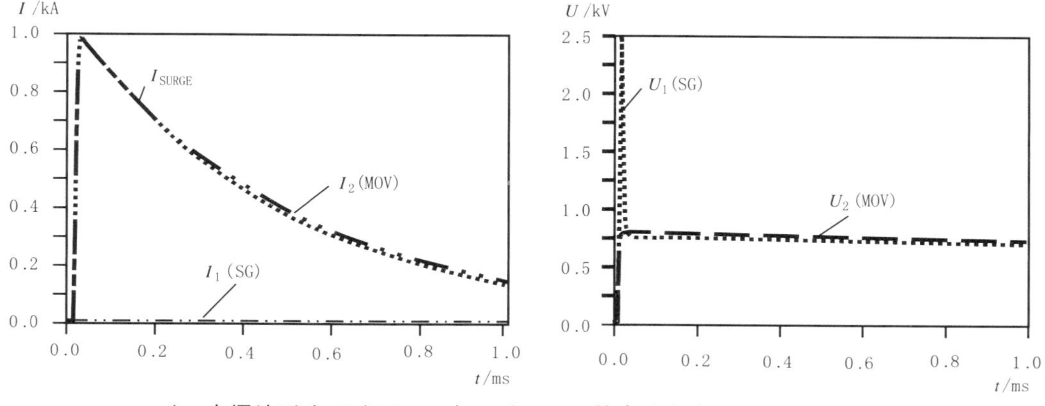

a) 电涌波形为 10/350 μs 时 SG 和 MOV 的电流和电压(SPD1 未点火)

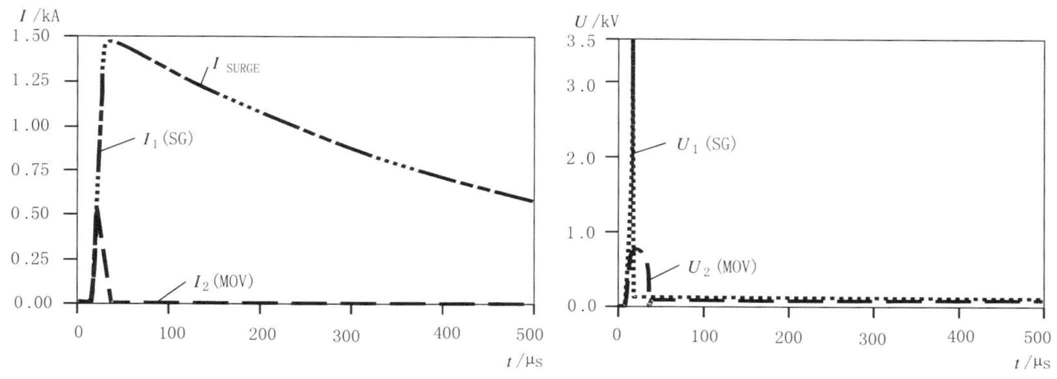

b) 电涌波形为 10/350 μs 时 SG 和 MOV 的电流和电压(SPD1 点火)

图 F.9 使用电压开关型 SG 和限压型 MOV 的示例

——放电间隙点火(图 F.9b))。如果 SG 点燃了,流经 MOV 的电流持续时间大大降低,如图 F.9b)所示。当达到 MOV 的耐受能量之前 SG 点燃了,则达到了适当的配合。

F.2.3.3 退耦电感的确定

图 F.10 示出了两种波形下确定所需的退耦电感的程序:10/350 μs 的雷电流和 0.1 kA/μs 的最小电流陡度。两个 SPD 的动态伏安特性都应被考虑,以决定所需的退耦元件。成功配合的条件是,SG 应该在 MOV 达到耐受能量之前点燃。

SG 的点火取决于它的瞬间放电电压 U_{SPARK} 和 MOV(SPD 2)残压 U_2 及退耦元件两端电压 U_{DE} 的总合。电压 U_2 取决于电流 I(参见 MOV 的伏安特性),而电压 $U_{DE} = L_{DE} \cdot \mathrm{d}i/\mathrm{d}t$ 取决于电流陡度。

对于 10/350 μs 的电涌,电流陡度 $\mathrm{d}i/\mathrm{d}t \approx I_{max}/10\ \mu s$ 取决于 MOV 的最大放电电流 I_{max}(由它的耐受能量 W_{max} 决定)。因为电压 U_{DE} 和 U_2 都是 I_{max} 的函数,SG 两端的电压 U_1 同样取决于 I_{max}。I_{max} 越大,SG 两端电压 U_1 的陡度也越大。因此,SG 的瞬间放电电压 U_{SPARK} 通常被描述为“1 kV/μs 的冲击瞬间放电电压”。

对于 0.1 kA/μs 的斜角波,电流陡度 $\mathrm{d}i/\mathrm{d}t = 0.1$ kA/μs 是一个常数。这样电压 U_{DE} 也是常数,而电压 U_2 仍是 I_{max} 的函数。因此 SG 两端电压 U_1 的陡度随 MOV 的伏安特性变化,并远低于第一种情况。由于 SG 的动态工作电压特性,它的瞬间放电电压随 SG 两端电压降持续时间增加而降低(这个持续时间取决于由 MOV 的耐受能量 W_{max} 推导得出的 I_{max})。因此,可以假设当流经 MOV 的电流持续时间加长的时候,瞬间放电电压几乎降到 500 V/s 的直流工作电压。

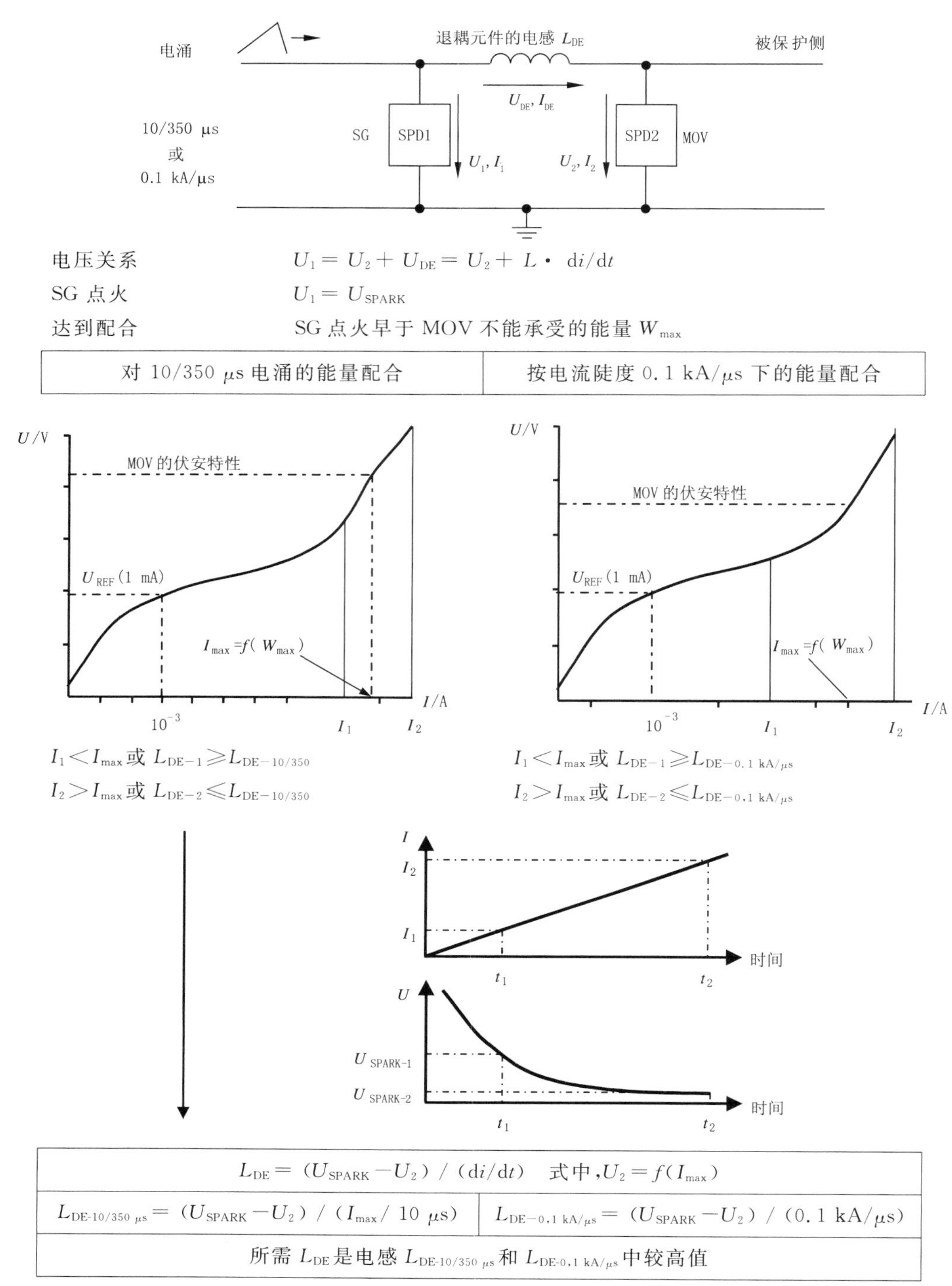

$L_{DE} = (U_{SPARK} - U_2) / (di/dt)$ 式中,$U_2 = f(I_{max})$	
$L_{DE\text{-}10/350\ \mu s} = (U_{SPARK} - U_2) / (I_{max} / 10\ \mu s)$	$L_{DE\text{-}0.1\ kA/\mu s} = (U_{SPARK} - U_2) / (0.1\ kA/\mu s)$
所需 L_{DE} 是电感 $L_{DE\text{-}10/350\ \mu s}$ 和 $L_{DE\text{-}0.1\ kA/\mu s}$ 中较高值	

图 F.10 为 10/350 μs 和 0.1 kA/μs 的电涌确定去耦电感

电感 $L_{DE\text{-}10/350\ \mu s}$ 和 $L_{DE\text{-}0.1\ kA/\mu s}$ 中较高的值应被用于退耦电感 L_{DE}。示例见图 F.11 和图 F.12。

注:对于低压供电系统中退耦元件的确定,最坏的情况是 SPD2 处短路($U_2=0$),因此所需电压 U_{DE} 最大化。当 SPD2 是限压型,它具有残压 $U_2>0$,这将大大降低所需电压 U_{DE}。这个残压至少高于电力供应的峰值电压(例如交流标称电压 220 V:峰值 $\sqrt{2} \times 220\ V = 311\ V$)。考虑 SPD2 的残余电压将导致适当选择退耦元件的大小。否则的话退耦元件会选的过大。

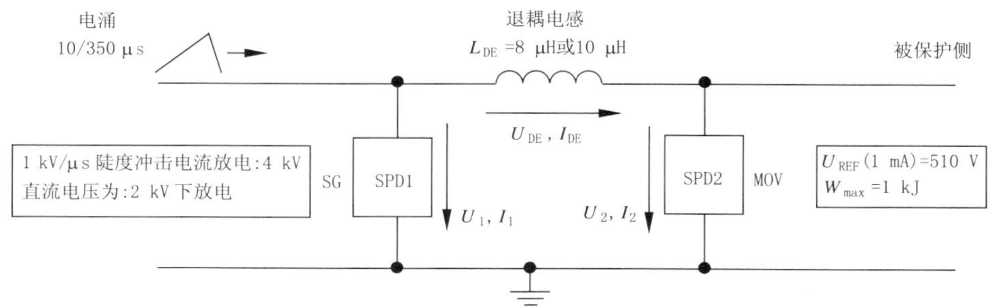

a) 电涌波形为 10/350 μs 时能量配合的电路图示例

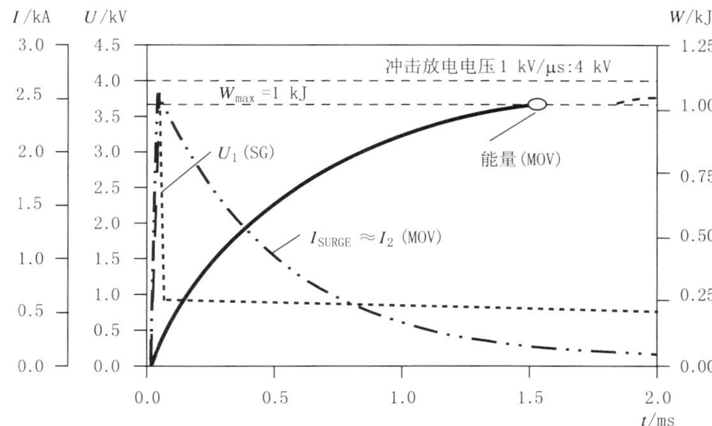

b) L_{DE} = 8 μH 时的电流/电压/能量特性:电涌波形为 10/350 μs 时未达到能量配合(SG 未点火)

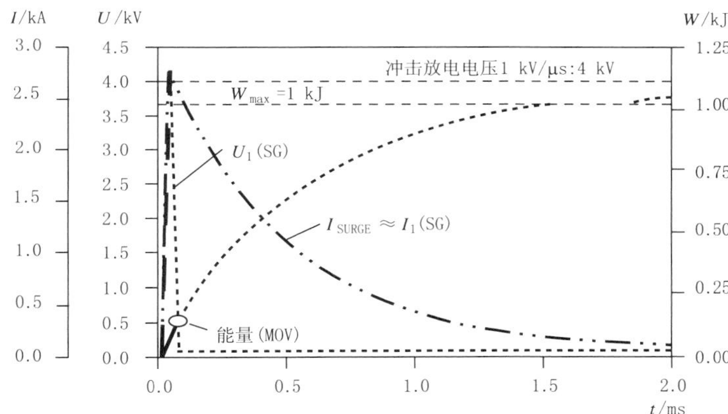

c) L_{DE} = 10 μH 时的电流/电压/能量特性:电涌波形为 10/350 μs 时达到能量配合(SG 点火)

图 F.11 电涌波形为 10/350 μs 时使用 SG 和 MOV 的示例

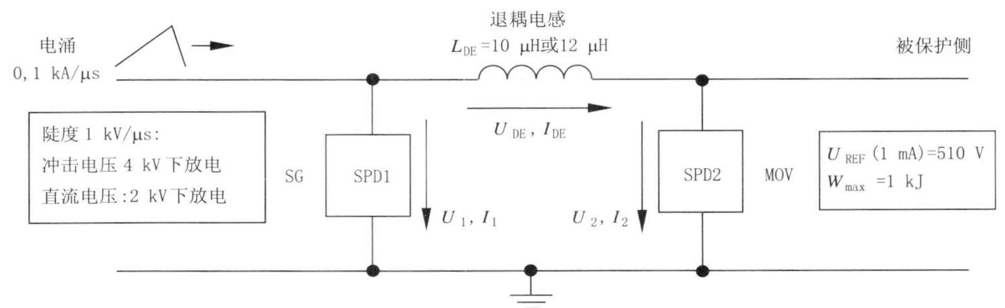

a) 电涌为 0.1 kA/μs 时能量配合的电路图

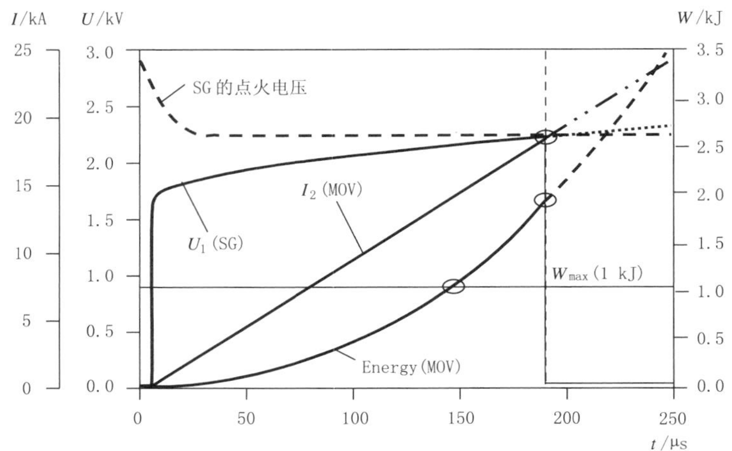

b) L_{DE} = 10 μH 时的电流/电压/能量特性:电涌为 0.1 kA/μs 时未达到能量配合

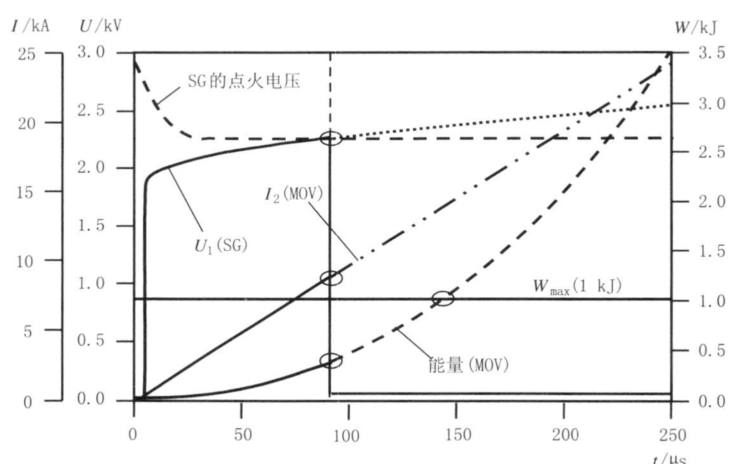

c) L_{DE} = 12 μH 时的电流/电压/能量特性:电涌为 0.1 kA/μs 时达到能量配合

图 F.12 电涌为 0.1 kA/μs 时使用 SG 和 MOV 的示例

F.2.3.4 两个电压开关型 SPD 的配合

使用放电间隙(SG)来说明配合技术。对于放电间隙之间的配合,应利用其动态工作特性。

在 SG2 点火后,将通过退耦元件实现配合。为确定退耦元件的所需值,SG2 可被一短路所取代。为点燃 SG1,退耦元件两端的动态电压降应比 SG1 的工作电压高。

使用电感作为退耦元件,所需的 U_{DE} 主要取决于电涌电流的陡度。因此应考虑电涌的波形和陡度。

使用电阻作为退耦元件,所需的U_{DE}主要取决于电涌电流的峰值。当选择退耦元件的冲击电流参数时也应考虑该值。

在SG1点火后,总能量将根据各元件的静态伏安特性来分配。

注:对于放电间隙和气体放电管,脉冲陡度是最重要的。

F.2.4 检验配合

配合可通过以下方法检验:

——配合测试:配合应按每个方案逐个进行测试;

——计算:简单案例可以估算,复杂案例需要计算机模拟。

配合SPD组的应用:在这种情况下SPD制造厂应证明其SPD已达到协调配合。

附　录　G
（资料性附录）
当设备具有信号端口和电源端口时的配合

G.1　当保护一个具有信号端口和电源端口设备的SPD未配合时可能出现的故障

当保护一个具有两种端口设备(ITE)的SPD未配合时，尽管ITE的电源和通信端口可能都安装了SPD，但是在SPD之间流动的电涌电流可能会造成ITE的电源和通信端口之间的电位差。该电位差有可能会导致ITE的内部发生闪络，导致损坏或者引起设备的操作失效。

G.2　SPD未配合时的故障示例

G.2.1　一台具有电源和信号端口的ITE

在图G.1中是一台具有电源和信号端口的ITE的典型布线示例。

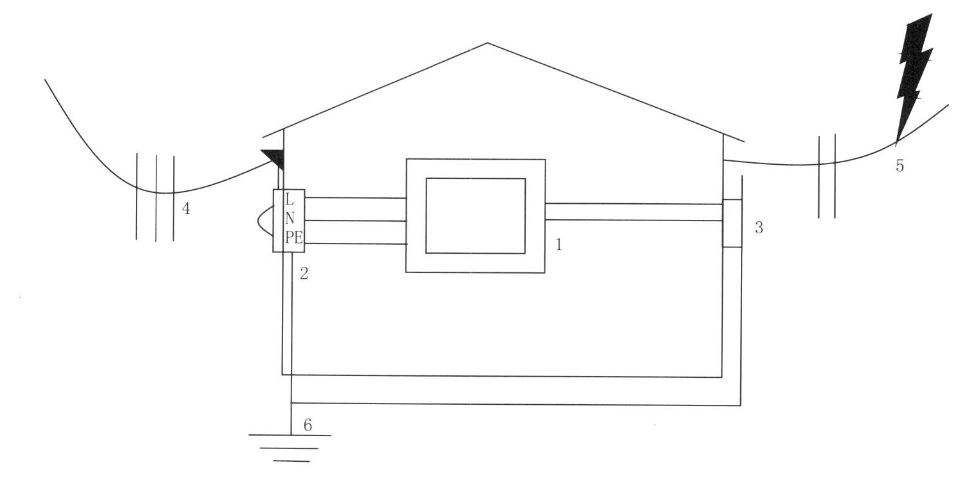

说明：

1——信息技术设备(ITE)；

2——配电盘(包括断路器和电源SPD)；

3——包含信号SPD的信号接口终端；

4——单相两线电源系统；

5——架空信号线路；

6——接地装置。

图G.1　一台具有电源和信号端口的ITE的典型布线示例

G.2.2　具有电源和信号端口的ITE未配合的试验结果

图G.2是对图G.1的全尺寸仿真测试。当信号端口注入一个测试电流(75 A/μs)，信号SPD(图G.2中10所示)导通后，在电源和信号端口产生的电位差U_{diff}的结果见图G.3。GB 18802.12—2014附录O给出了8/20 μs冲击电流侵入电源或信号线路的仿真测试结果，结果显示当10 kA的电涌电流侵入系统时，可导致电源和信号端口间出现8 kV～35 kV的电位差，该电位差通常远超过了ITE的冲击电压耐受能力。

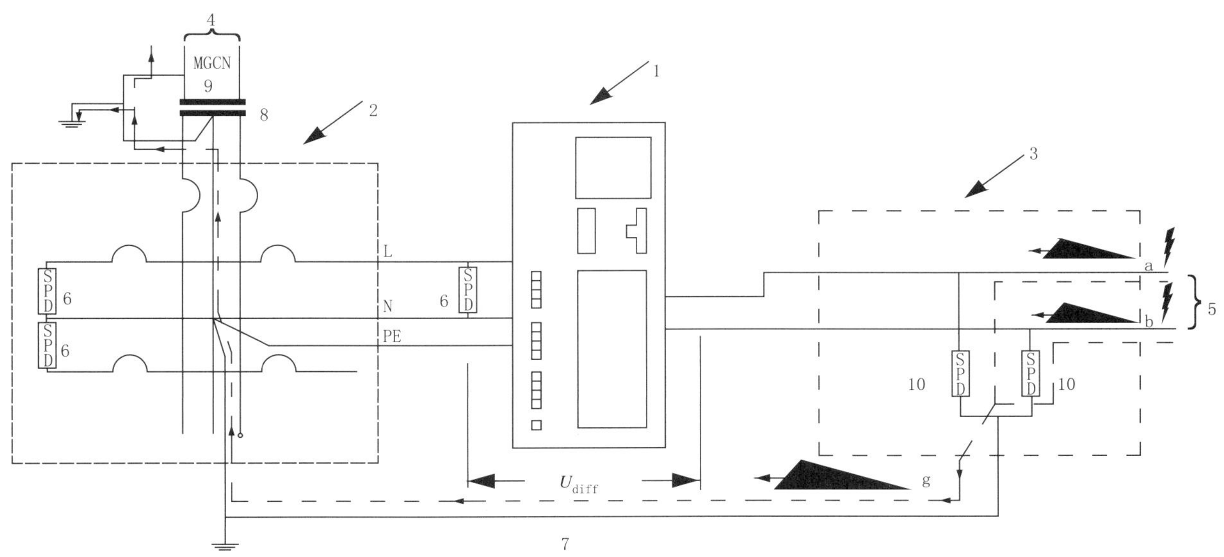

说明：

1——具有电源和信号端口的 ITE；

2——配电盘(包括断路器和电源 SPD)；

3——包括了信号 SPD 的信号终端；

4——单相两线电源系统；

5——架空信号线路；

6——电源 SPD；

7——接地装置；

8——配电变压器；

9——MGCN：多点接地的公共中性点；

10——信号 SPD；

11——U_{diff}：由于电源和信号端口的 SPD 未配合，导致电源和信号端口产生的电位差。

图 G.2　用于试验性测试的电路原理图

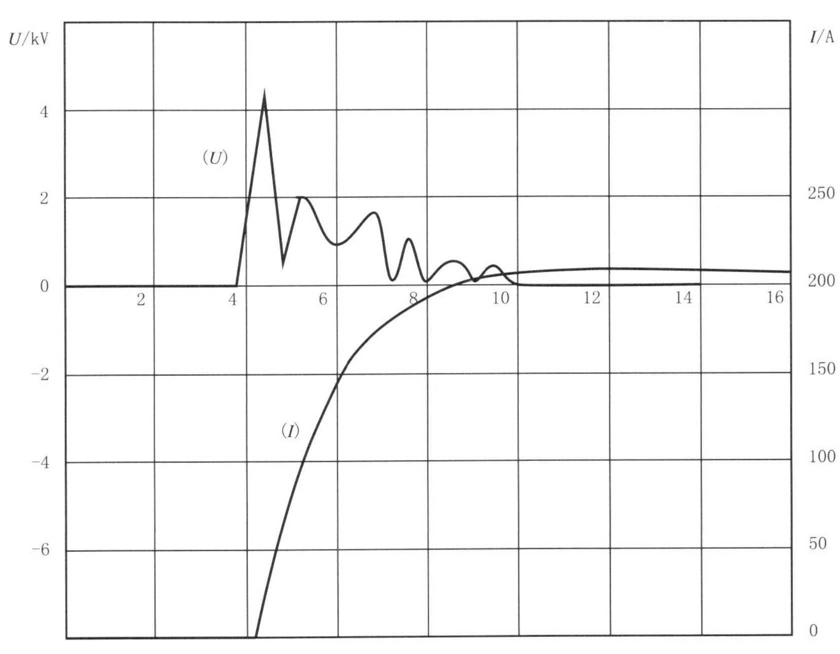

说明：

I ——通信 SPD 上的电流：50 A/div，di/dt=75 A/μs；

U ——通信端口和保护接地导体(PE)之间的电压：2 kV/div，最大 4.3 kV；

水平时基—— 2 μs/div。

图 G.3　试验得到的电源和信号端口的电位差

G.3 合理的解决方案

当设备具有电源和信号端口时的合理解决方案如图 G.4 所示，该 ITE 的电源和信号线路由同一路径进入建筑物，同时安装了多级 SPD，保护 ITE 的末级电源和信号 SPD 在靠近 ITE 处安装，并且具有共同的接地点，同时建筑物采取了直击雷防护装置（LPS）、屏蔽（由于屏蔽使得建筑物内分为 LPZ0/1/2/3 区）、电缆埋地引入等措施，因此，一般不再需要考虑 SPD 动作后的电位差问题。

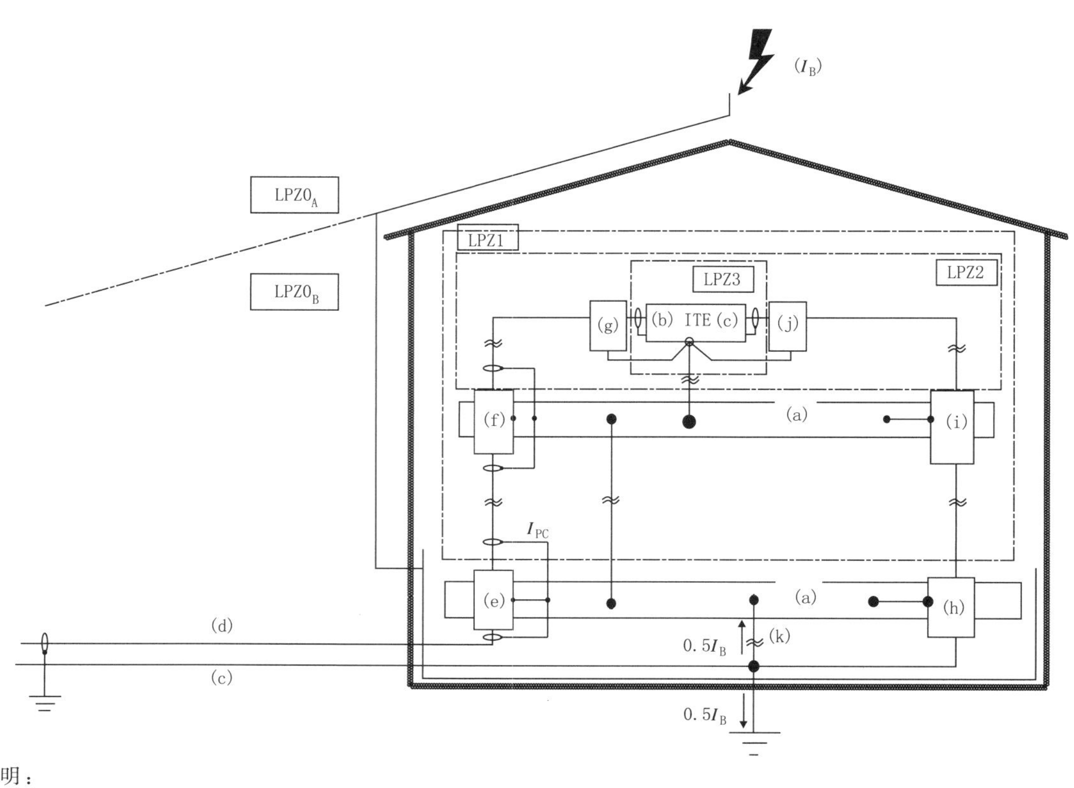

说明：

(a) ——在防雷区(LPZ0/1)交界处的等电位连接带(EBB)；

(b) ——信息技术设备/电信端口；

(c) ——电源线/电源端口；

(d) ——信息线路/电信通信线路/网络；

I_{PC} ——局部雷电流；

I_B ——全部雷电流；

(e),(f),(g) ——各防雷区交界处的信号网络 SPD；

(h),(i),(j) ——各防雷区交界处的低压电气系统 SPD(Ⅰ、Ⅱ、Ⅲ类试验产品)；

(k) ——接地连接导体；

$LPZ0_A$～LPZ3——防雷区 0_A～3 区。

图 G.4 一台 ITE 在各 LPZ 中的保护示例

附 录 H
(资料性附录)
SPD的寿命和失效模式

H.1 SPD的预期寿命和实际寿命

SPD的寿命是一随机值。SPD的预期寿命主要取决于超过SPD最大放电能力的电涌发生的概率。SPD的实际寿命可能会短于或长于预期寿命,这取决于电涌实际发生的频度。例如,某个SPD安装在一少雷区,可能在数年内不会受到电涌的冲击,则寿命可达数年之久。另一SPD在安装后几秒钟内便遭到大于它的最大预期通过的电涌电流冲击,其I_n(或I_{imp}、U_{OC})值无法承受而使SPD损坏,其寿命仅为几秒钟。

因此,选择和安装SPD时需考虑的是:

——在雷击风险程度较大或受保护设备非常重要的情况下,I_{imp}(或I_n、U_{OC})值选择的偏大一些;

——考虑U_{TOV}及其他SPD之间的配合。

H.2 失效保护模式

SPD的失效模式,由于组成SPD的非线性元件特征和制造商工艺不同,主要可分为开路和短路两种形式:

——开路:SPD与并联的被保护线路脱离。如果不能及时发现SPD已失效并及时更换SPD,则被保护线路和设备不能由其保护,因此SPD应带状态指示器。

——短路:SPD由高阻状态变为低阻。如果不能及时切断工频续流,工频电流会流入PE线,造成间接接触电击事故,同时也可能致使供电中断,因此需要有RCD或后备过电流保护器(如熔断器、断路器等)进行保护。

H.3 失效保护示例

SPD失效模式为短路时,其后备过电流保护安装示例见附录I的I.4.1,双端口SPD内部脱离器安装示例见附录I的I.4.2。

附 录 I
(资料性附录)
SPD 的安装示例

I.1 SPD 在 TN、TT 和 IT 系统中的安装

见附录 A 的图 A.1—图 A.7。

I.2 变电所内 LV 系统中 SPD 的安装

10 kV 系统的保护接地与 LV 系统的中性线接地共用(或分开)的变电所内,LV 侧 SPD 的安装参见图 I.1 和图 I.2(适用于 TT 和 TN 系统)及图 I.3(适用于 IT 系统)。

在 10 kV 系统的保护接地与 LV 系统的系统接地共用一个接地极的变电所内,TT 系统和 TN 系统应在三根相线和中性线(已接地)之间安装 3 个 SPD。

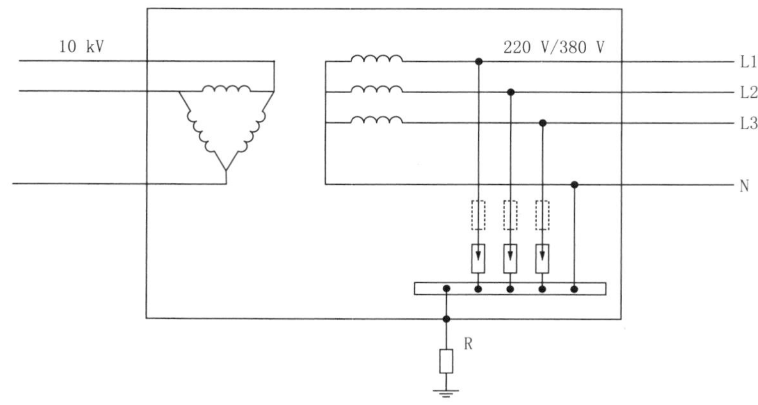

图 I.1 10 kV 的保护接地与 LV 系统的系统接地共用一个接地极的变电所内 TT 系统和 TN 系统 SPD 的安装

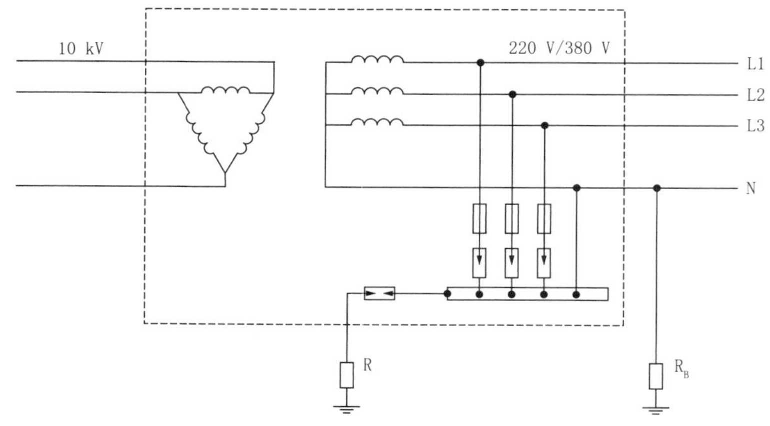

图 I.2 10 kV 的保护接地与 LV 系统的中性线接地为分开接地极的变电所内 TT 系统和 TN 系统 SPD 的安装

在10 kV系统的保护接地与LV系统的中性线接地为分开接地极的变电所内，TT系统和TN系统通常在三根相线和中性线之间安装3个SPD。在LV系统的中性线与10 kV系统的保护地之间通常安装一开关型SPD，其U_C值大于1200 V。

IT系统可分以下两种情况：

——在采用10 kV不接地系统的变电所内，由于高压接地故障过电压U_f甚小，很少超过50 V，配电柜外壳(已接地)和三根相线之间的暂时过电压也甚低。综合高、低压接地故障引起的所有暂时过电压因素，IT系统只需在三根相线和配电柜外壳(已接地)之间安装3个SPD。

——在采用10 kV经小电阻接地系统的变电所内，由于高压接地故障过电压U_f甚大，配电柜外壳(已接地)和三根相线之间的暂时过电压也甚高。综合高、低压接地故障引起的所有暂时过电压因素，该情况下IT系统需在三根相线和配电柜外壳(已接地)之间安装3个开关型SPD。

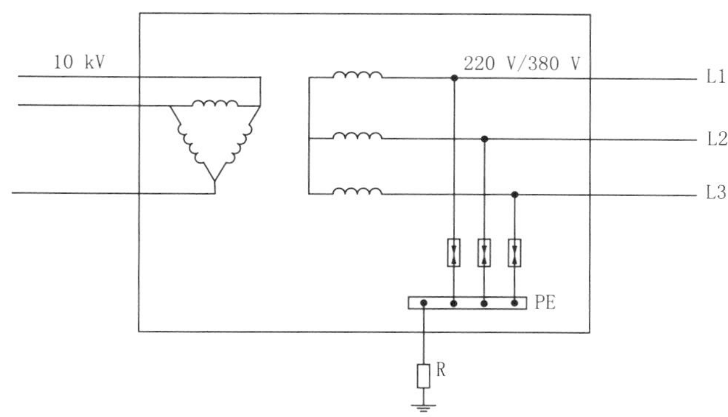

图 I.3　采用10 kV经小电阻接地系统的变电所内IT系统SPD的安装

I.3　SPD的两端连接要求

I.3.1　SPD两端连接导线长度应短且直

图I.4中展示了单端口SPD常用连接方法，其中a)、c)和d)采用了凯文(V形)接线方式。图I.4b)则要求U_{W1}和U_{W2}足够低，当SPD两端连接线总长度不大于0.5 m，U_{W1}和U_{W2}的值被认为是可以接受的。

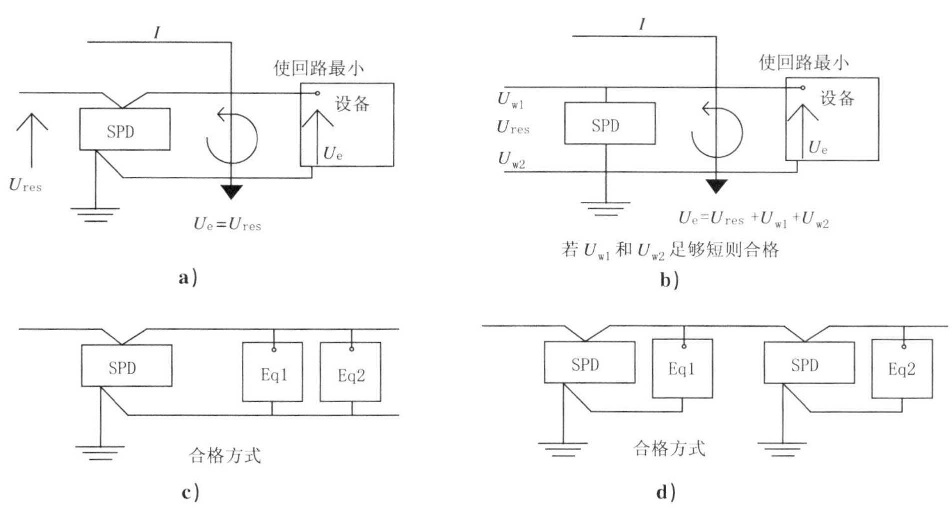

注：当电流I流经SPD时，由于电流进入导线和电极形成的回路产生磁场，它将会产生感应电压加到SPD上。这一综合电压将出现在设备终端两端上。

图 I.4　安装单端口SPD的常用方式

I.3.2 连接导线应避免形成大的回路和感应耦合

图 I.5 为涉及电磁兼容(EMC)问题中可接受和不可接受的 SPD 安装示例。

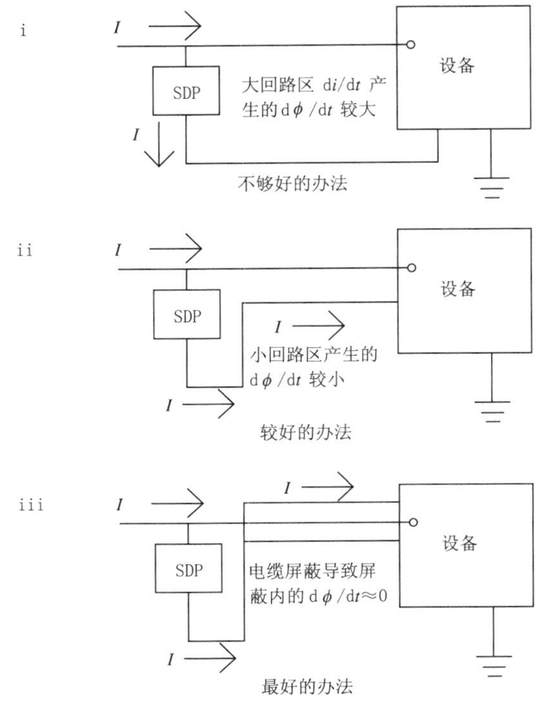

a) 对电磁耦合 SPD 安装方法比较

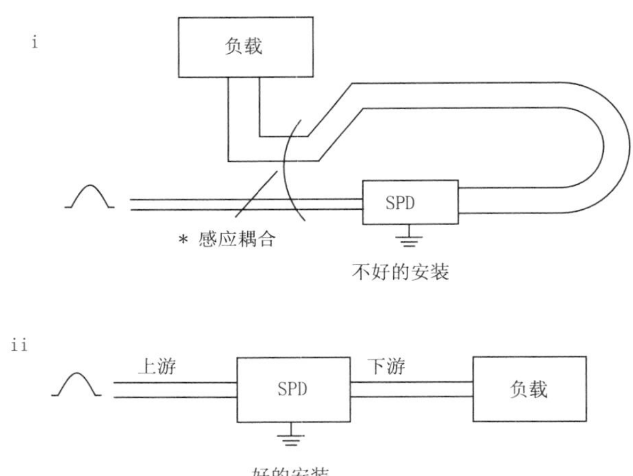

b) 对感应耦合 SPD 安装方法比较

图 I.5 涉及 EMC 方面可接受和不可接受的 SPD 安装示例

图 I.5 中：

a) 对电磁耦合来讲：

1) 不好的方法是指大环路面积导致由 $\mathrm{d}i/\mathrm{d}t$ 产生的 $\mathrm{d}\phi/\mathrm{d}t$ 高；

2) 较好的方法是指小环路面积导致低 $\mathrm{d}\phi/\mathrm{d}t$；

3) 最好的方法是指电缆屏蔽导致屏蔽内部的 $\mathrm{d}\phi/\mathrm{d}t \approx 0$。

b） 对感应耦合来讲：

1） 不好的安装是指在标有 * 的位置会出现感应耦合；

2） 好的安装是指 SPD 上游和下游的导线被很好地隔离开来。

I.4 SPD 失效模式的保护

I.4.1 后备过电流保护装置的安装

SPD 失效模式为短路时，可能会影响受保护系统和设备的正常运行，图 I.6 提供了后备过电流保护装置的安装方法，分别为优先保证供电的连续性、优先保证保护的连续性及兼顾供电连续性和保护的连续性。

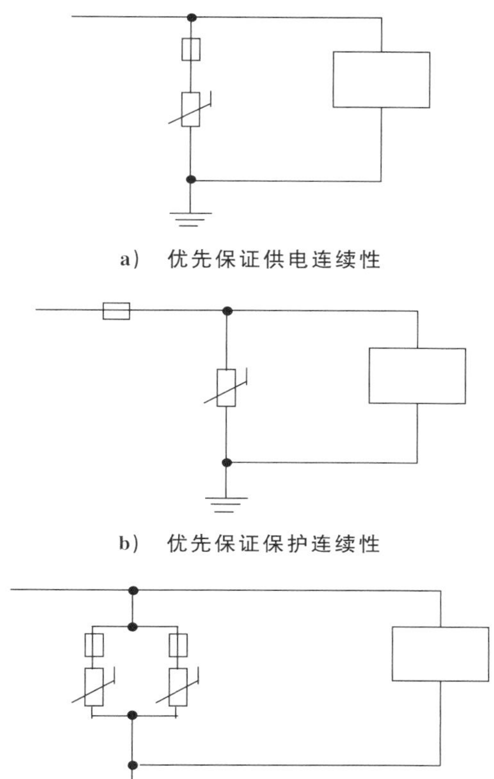

a） 优先保证供电连续性

b） 优先保证保护连续性

c） 兼顾供电连续性和保护连续性

图 I.6 后备过电流保护装置在 SPD 前端的安装示例

此外，还应特别注意在 TT 系统中 SPD 失效模式的保护。如果 4 只 SPD 不加区别的均按本部分图 A.4所示安装在 L-PE 和 N-PE 间，则因受 TT 系统两个接地电阻的限制，对地短路电流小而不足以使过电流保护器动作。此时如按本部分图 A.5 所示采用“3＋1”接线形式，则短路电流为 L 和 N 线的金属通路，过电流保护器因大短路电流而能有效动作，不致引起人身电击事故。

I.4.2 双端口 SPD 内部脱离器

对于双端口 SPD，或与干线相连的单端口 SPD，内部脱离器可以提供优先保证供电的连续性(图 I.7a))，或优先保证保护的连续性(图 I.7b))。

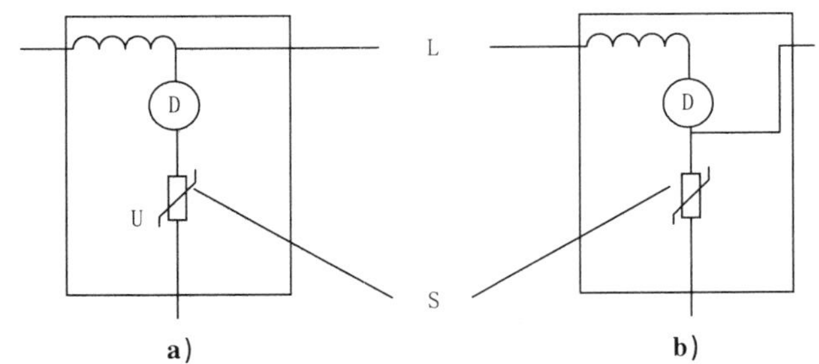

说明：

D——脱离器；

S——SPD；

L——线路。

图 I.7 双端口 SPD 内部脱离器

附 录 J
(资料性附录)
过电流保护器

J.1 一般要求

各种过电流保护器,含熔断器(熔丝、热熔线圈、热熔断器等)、断路器(CB、MCB 等)和 RCD(RCCB、RCBO 等)均应具备以下能力,否则会造成系统断电故障或 SPD 燃烧事故:

a) 分断 SPD 安装处的预期短路电流;

b) 耐受 SPD 安装处的预期雷电电涌电流而不断开;

c) 过电流保护器的寿命不能低于 SPD 的寿命。

J.2 熔断器

J.2.1 根据弧前值确定熔断器的单次冲击耐受能力的方法

熔断器标准要求制造厂要标注产品的弧前值,如 1300 $A^2 \cdot s$ 的弧前值应标注为 32 AgG、6500 $A^2 \cdot s$应标注为 63 AgG,24000 $A^2 \cdot s$ 应标注为 100 AgG 等。熔断器单次冲击耐受能力的具体确定方法如下:

a) 对于 10/350 μs 波形冲击电流的耐受能力见式(J.1):

$$I^2t = 256.3 \times I_{crest}^2 \tag{J.1}$$

b) 对于 8/20 μs 波形冲击电流的耐受能力见式(J.2):

$$I^2t = 14.01 \times I_{crest}^2 \tag{J.2}$$

式中:

I_{crest}——熔断器的单次冲击耐受电流峰值,单位为千安培(kA);

I^2t ——熔断器的弧前值,单位为安培的二次方秒($A^2 \cdot s$)。

当选择熔断器作为 SPD 的过电流保护器时,I_{crest}值应不小于所选用 SPD 的 I_n 或 I_{imp}值。

J.2.2 选择熔断器作为过电流保护器的应用示例

示例 1:

当选择[T1] SPD 的 I_{imp} 值为 5 kA 时,熔断器的弧前值应不小于 256.3×5^2($A^2 \cdot s$)=6407.5($A^2 \cdot s$),即可选用 63 AgG的熔断器。

示例 2:

当选择[T2] SPD 的 I_n 值为 9 kA 时,熔断器的弧前值应不小于 14.01×9^2($A^2 \cdot s$)=1134.8($A^2 \cdot s$),即可选用 32 AgG的熔断器。

示例 3:

当选择[T2] SPD 的 I_n 值为 40 kA 时,熔断器的弧前值应不小于 14.01×40^2($A^2 \cdot s$)=22416($A^2 \cdot s$),即可选用 100 AgG的熔断器。

特别需要说明的是,当 SPD 选择熔断器作为过电流保护器时,若该熔断器的弧前值大于主回路的熔断器弧前值时,可能导致无法保障供电连续性,为实现两级熔断器的配合,且需要优先考虑保障供电连续性时,在电气安全的前提下,可将主回路的熔断器的弧前值更换为大于 SPD 前端熔断器的弧前值。

J.2.3 预处理和动作负载试验对熔断器冲击耐受能力的影响因素(降低因素)

GB 18802.1 的试验方法中,熔断器不仅要耐受单次冲击,还要耐受一个完整的序列(预处理试验和动作负载试验),这些试验会降低熔断器的单次冲击耐受性能。通常,当试验用的 I_n、I_{imp}、I_{max} 大于熔断器的 I_{crest} 时,每次冲击熔断器的性能就会降低,当试验用的 I_n、I_{imp}、I_{max} 小于熔断器的 I_{crest} 时,影响可以忽略。因此在选择熔断器与 SPD 配合使用时,应考虑熔断器单次冲击耐受值的基础上乘以 0.5~0.9 的降低系数。

J.3 断路器、熔断器作为过电流保护器的问题

J.3.1 短路型 SPD 失效时间的测定

短路型 SPD 的失效时间电流特性曲线可通过给短路型 SPD 施加不同电流值的方法进行标定,通常在较小的电流值下,短路型 SPD 的失效时间较长,在较大的电流值下,短路型 SPD 会很快失效。

J.3.2 过电流保护器的时间—电流特性

过电流保护器的时间—电流特性应与被保护 SPD 的失效时间—电流特性相匹配,见图 J.1。当短路型 SPD 的失效时间—电流特性曲线在过电流保护器的时间—电流特性曲线下方时,SPD 会在过电流保护器断开前,发生故障或失效,因此过电流保护器无法起到保护 SPD 的作用。当短路型 SPD 的失效时间—电流特性曲线在过电流保护器的时间—电流特性曲线上方时,过电流保护器会在 SPD 发生故障或失效前断开,因此过电流保护器起到保护 SPD 的作用。

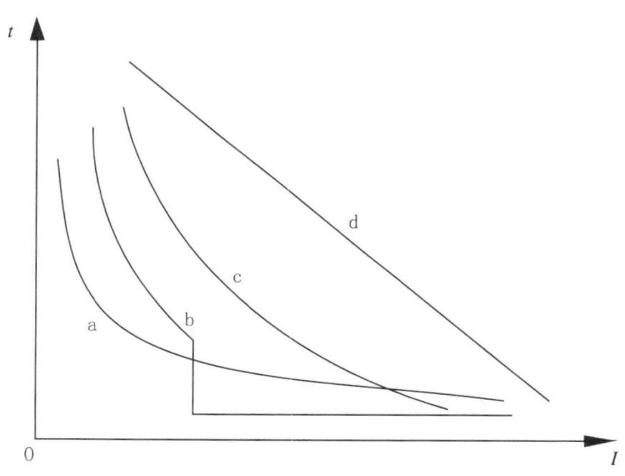

说明:

a ——短路型 SPD 的热承受能力特性曲线;

b ——断路器的时间—电流特性曲线;

c ——熔断器的时间—电流特性曲线;

d ——被保护回路的热承受能力特性曲线。

注: 断路器的时间—电流特性为简化示意,断路器的瞬时脱扣电流具有一定的范围,B 型脱扣的断路器的瞬时脱扣范围在 3~5 倍额定电流之间,C 型脱扣的断路器的瞬时脱扣范围在 5~10 倍额定电流之间,图中简化为一个固定的值。

图 J.1 过电流保护器与被保护回路及 SPD 的特性配合示意图

J.4 内置脱离器

型式试验要求 SPD 应通过热稳定试验，热稳定试验从 2 mA 开始并逐步增加试验电流，要求每一步达到热平衡状态（10 min 内温度变化小于 2 K），当内部脱离器断开则试验终止。合格判断标准为：如果脱离器动作，SPD 应有明显的、有效和永久断开的迹象，SPD 的表面温升不超过周围空气温度 80 K，并且不能起火燃烧等。

附 录 K
(资料性附录)
SPD选择和安装应用示例

K.1 示例说明

本附录中的示例,尽可能提供与实际较一致的SPD的选择及安装方法。由于各种条件不一,本示例不能代表所有的情况。

K.2 一幢民居

K.2.1 基本情况

一幢二层民居(假设为防雷建筑物外的其他建筑物)位于年平均雷暴日数为30 d的平原地带,雷击大地的年平均密度(N_g)为3次/km²。民居周围无高大建筑物。建筑物钢筋材料接地电阻值为50 Ω。建筑物内需保护的电气设备有:自动洗衣机、计算机(位于二楼)、电视机等,其中计算机距离总配电箱10 m,自动洗衣机、电视机距离总配电箱5 m。

供电系统由中压(MV)网络(10 km架空线)和低压(LV)网络(220 V/380 V由0.5 km架空线和200 m埋地电缆)组成,入户供电系统为TT系统,单相二线(L、N)与建筑物地相连的保护线(PE)。入户处总配电盘上安装了S型的RCD。TV天线单独架设在屋面。供配电系统见图K.1。

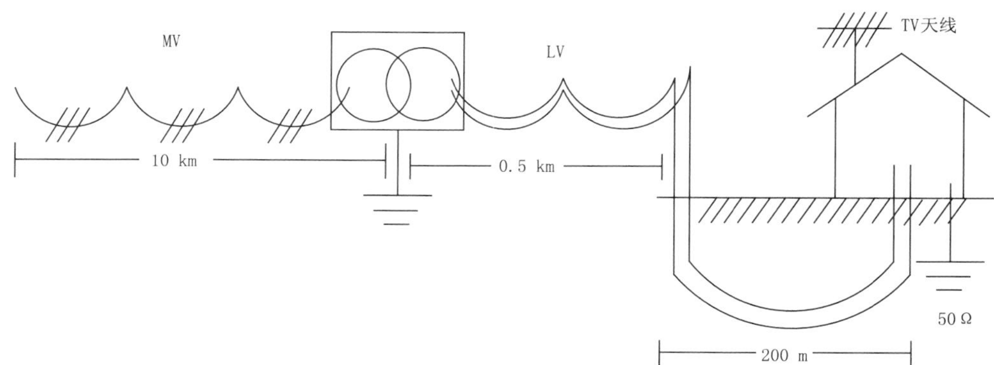

图K.1 一幢民居的供配电系统示意图

K.2.2 风险分析

按第6章的计算,$d=0.8$,$d_c=0.67$,由于$d>d_c$,因此入户处需要安装SPD。

K.2.3 SPD1的选择和安装

因为建筑物属于防雷建筑物外的其他建筑物,假设雷击建筑物危险事件N_D和雷击线路危险事件N_L之和为0.18,那么不满足$N_D+N_L\leqslant 0.01$,即S1、S3型雷击产生的损害概率不可以忽略,因此入户处应安装[T1]的SPD,其I_{imp}应符合6.3.1.1的要求,U_p应符合6.3.1.4的要求(假设安装了U_p为2.0 kV的SPD),$U_C\geqslant 1.15\times U_0$,SPD安装在RCD的负荷侧,采用接线方式1。

K.2.4 SPD2 的选择和安装

由于计算机距离总配电箱 10 m，按 6.4.1.1 中的要求，U_{P1} 超过了 0.8U_W，因此在二层分配电盘需加装 SPD2，应使 $U_{P2} \leqslant 0.8U_W$，例如选择 $U_{P2}=1.2$ kV。

由于自动洗衣机、电视机距离总配电箱 5 m，按 6.4.1.1 中的要求，U_{P1} 不超过 0.8U_W，因此无需对自动洗衣机、电视机加装 SPD。

K.2.5 SPD 与其他设备的配合

RCD 为 S 型，安在总配电盘处。这一 S 型的 RCD 能承受 3 kA(8/20 μs)的电涌电流，但对超过 3 kA的电涌电流则无法实现保护的连续性，因此建议更换一个具有短路断开特性的 RCD。

K.3 一座无线通信基站(RBS)

K.3.1 基本情况

一座无线通信基站(RBS)由天线铁塔(高 40 m、距工作室 4 m、呈三角形)和工作室(建筑物为砖混结构长 5 m、宽和高均为 3 m)组成。RBS 位于山顶，雷击大地的年平均密度(N_g)为 6 次/km^2。建筑物和铁塔共用接地的接地电阻值为 10 Ω。从铁塔上引入室内有三条同轴电缆(移动通信用，半径 r=12 mm，转移阻抗 Z_t=1 Ω/km)和一条微波通信同轴电缆(r=8 mm，Z_t=2 Ω/km)，这些电缆通过屏蔽金属槽盒引入室内线槽架上，高度为 2.4 m，长度为 4 m。室内有三台需保护的电气设备。

供电系统由中压(MV)网络(10 km 架空线)和低压(LV)网络(500 m 架空线)组成。MV/LV 变压器接地电阻为 10 Ω。入户供电系统为 TT 系统，三相四线(L1、L2、L3、N)和与共用接地相连的 PE 线。RBS 没有装设通信线缆，通信方式为微波通信。RBS 的组成见图 K.2 和图 K.3。

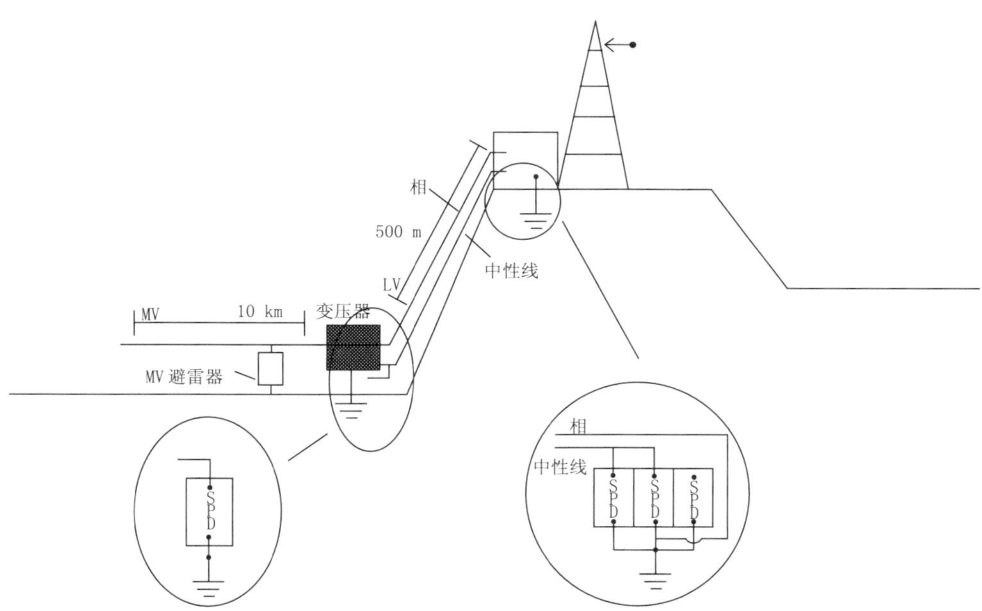

图 K.2 RBS 的系统组成

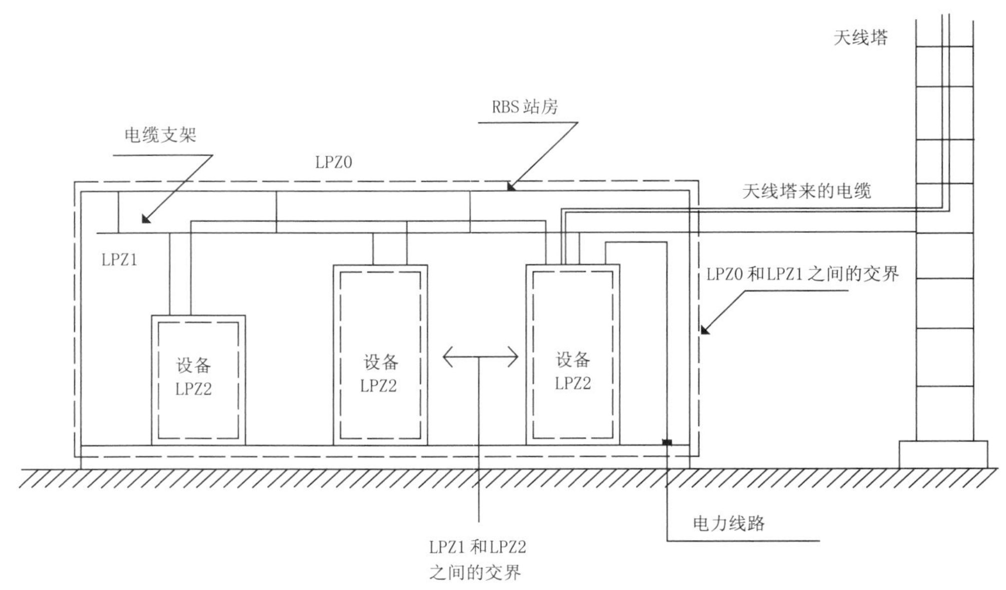

图 K.3 RBS 的防雷区(LPZ)划分

K.3.2 风险分析

RBS 的风险评估可参见 ITU. T-K56“无线通信基站的雷电防护”中的示例，该评估结论是工作室内的感应电压可达 38.4 kV，在采用连接网(BN)后设备接口的电压仍高达 19.6 kV。

本附录按雷击类型分类进行评估。由于通信铁塔高 40 m，且位于雷击大地年平均密度较高的山顶，铁塔作为接闪器直接承受全部雷电流的概率很大，因此划为 S1 型，同时也具有 S2 型或 S3 型、S4 型的特征。

RBS 的系统防雷应全面考虑到外部防雷(接闪、引下和接地)和内部防雷。在内部防雷中要考虑线缆屏蔽(采用屏蔽线缆、线缆置于铁塔中心位置的金属线盒内，线缆和线盒应在顶部、中部和入户处等电位连接接地)，建筑物的屏蔽和设备的屏蔽；考虑等电位连接；考虑合理布线。本附录只对低压电气系统中 SPD 的选择和安装进行示例。

K.3.3 SPD1 的选择和安装

在供配电线路(LV)进入工作室之前，应在 MV/LV 变压器处安装避雷器和 SPD，将从 MV 线路上传导过来的电涌电流分流和箝压，同时 SPD 可起到防止从铁塔传导的反向过电压损害变压器的作用。这一 SPD 的 U_P 应不大于 4 kV。

出入工作室的配电线路上应分别安装两组 SPD，并应符合本部分 6.3 条的要求，其主要技术参数如下：

——选择 I 级分类试验的 SPD，I_{imp} 值应大于 12.5 kA(10/350 μs)，建议每一保护模式的 I_{imp} 值为 20 kA(10/350 μs)；

——U_P 应低于 2.5 kV，由于电源整流器输入端口的 U_W 为 2.0 kV，建议 U_P 值取 1.5 kV。

考虑到 TT 系统中暂时过电压(U_{TOV})问题，建议采用“3＋1”安装形式，即 L－N 和 N－PE 分别安装 SPD，其中 N－PE 间的 SPD 的 I_{imp} 值不应小于 80 kA(10/350 μs)，此时 SPD 应安装在 RCD 的电源侧。

移动通信的同轴电缆和微波通信的同轴电缆上 SPD 的选择和安装应符合 QX/T 10.3 中的要求。

K.3.4 SPD2 的选择和安装

当满足 6.4 条规定时，可选择安装 SPD2。在 RBS 中配电盘至终端设备线缆长度不超过 10 m，在工作室通过建筑物格栅形大空间屏蔽层能屏蔽雷击产生的空间磁场后，只需考虑 SPD1 的 U_P 与设备耐冲击过电压额定值 U_W 的关系是否满足 $U_P \leqslant 0.8U_W$，如能满足则不需要加装 SPD2；如不能满足则应在靠近设备处（LPZ1 和 LPZ2 的交界处）选择安装 SPD2。SPD2 的主要技术参数如下：

——选择Ⅱ级或Ⅲ级分类试验的 SPD，其每一保护模式的 I_n 应大于 10 kA(8/20 μs)或 U_{OC} 大于20 kV；

——U_P 应符合 $U_P < 0.8U_W$。

K.3.5 SPD 与其他设备的配合

在 RBS 中，SPD 与其他设备的配合同 K.2.5 条的要求。

K.4 风电 SPD 的选择和应用

K.4.1 选择风电 SPD 的原则

在风电配电系统中，雷电防护区的划分见图 K.4，SPD 的选择应根据 LPZ 分区和被保护设备要求的工作电压及电压保护水平进行选择。

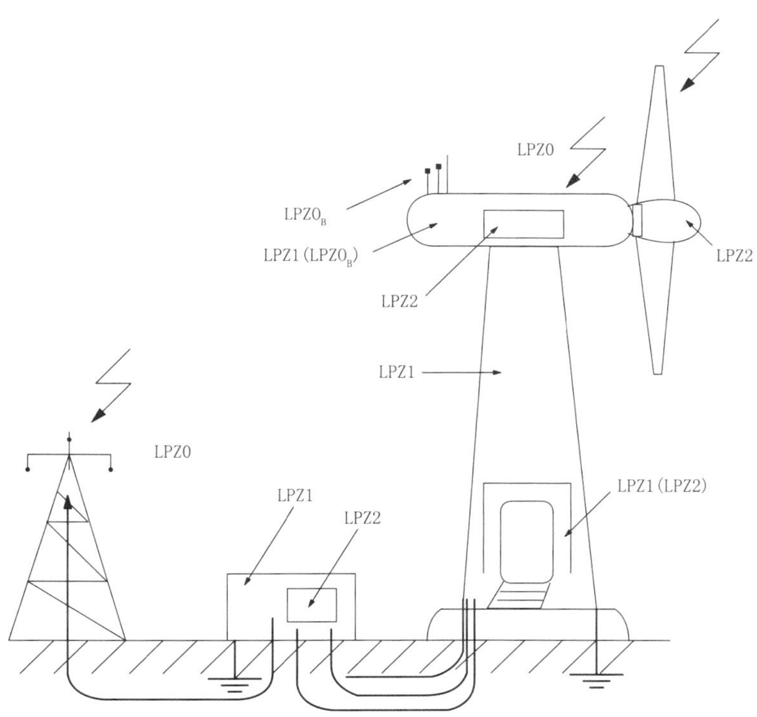

图 K.4 风电系统结构及 LPZ 划分示意图

位于 LPZ0－LPZ1 的设备应选用 T1 的 SPD，例如：机舱里的发电机、驱动器、警报灯以及塔底操作室的变压器低压侧和高压侧等。位于 LPZ1－LPZ2 的设备应选用 T2 的 SPD，例如机舱里的控制柜、轮毂里的控制线路、塔底操作室的变频器和风机控制系统等。

K.4.2 选择风电 SPD 的安装位置

具体 SPD 的设置位置见图 K.5，SPD 的电压设置根据配电线路的工作电压情况进行，安装在被保护设备的前端，如传输线路过长，则前、后两端均应设置 SPD。

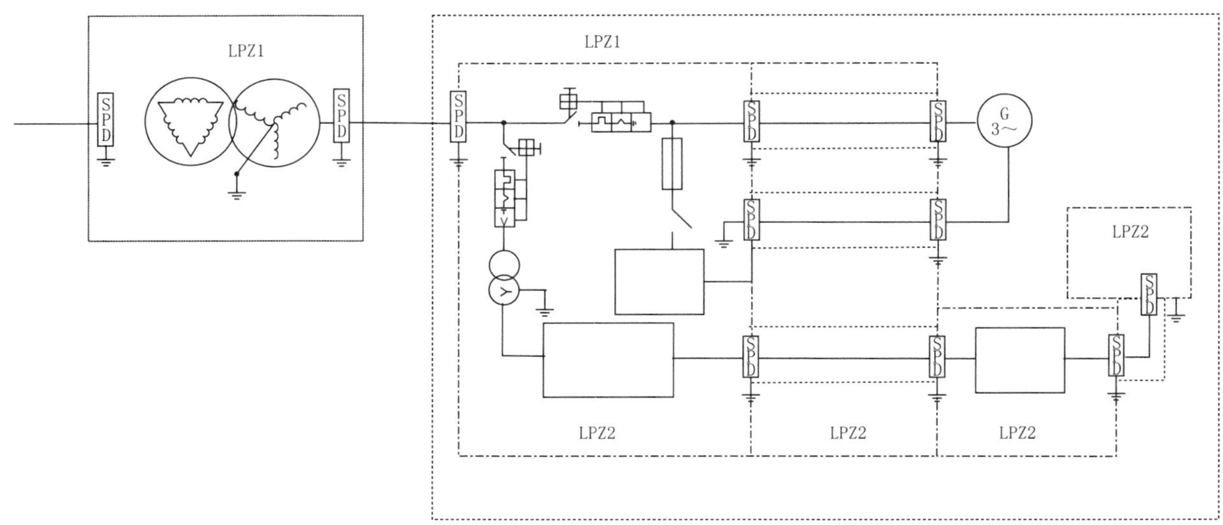

图 K.5 SPD 安装位置示意图

K.4.3 选择风电 SPD 的主要电气性能参数

SPD 的选择应考虑 SPD 的安装位置、电压（额定工作电压、保护模式、电压保护水平）、通流能力几大因素，其中：

a) 安装位置：根据安装位置的雷电防护分区，选择应安装[T1]、[T2]类的 SPD。

b) 电压（额定工作电压、保护模式、电压保护水平）：

1) 风电包括交流 230 V、380 V、480 V、690 V 几种低压配电系统，以及 6 V、24 V、48 V 等弱电控制线路。SPD 选择时，应根据其保护模式的不同，选择相应的电压等级，在被保护的低压配电系统有单独的中性线（N）时，应采用“3＋1”接线形式安装 SPD。

2) 风机定子和转子的正常工作电压虽然为 690 V，但在过程中，由于 IGBT 的高速切换和长距离传输的折反射效应，线路中会产生周期性可再现峰值电压，其幅值高而陡峭，可达到 3 kV～4 kV，故此在 SPD 工作电压选择时，应考虑此可再现峰值电压。

3) SPD 的 $U_{P/f}$ 应小于被保护设备绝缘耐压水平 U_W，当使用一组 SPD 达不到 $U_{P/f}<U_W$ 时，应采用配合协调的 SPD，以确保达到要求的有效电压保护水平。在 220 V/380 V 电气装置内 SPD1 的电压保护水平 U_P 不应超过 2.5 kV。当使用一组 SPD1 达不到 $U_P<2.5$ kV 时，应采用配合协调的 SPD2，以确保达到要求的电压保护水平。

注：选择 SPD 的 $U_{P/f}$ 时，尚应考虑 SPD 两端连接导线的感应电压以及后备保护装置的残压，即：$U_{P/f}=U_P+\Delta U_0+\Delta U$。设定 ΔU 值取每米 1 kV。

c) 通流能力：

1) 发电机、驱动器、变压器低压侧等设备，由于位于 $LPZ0_B$ 和 LPZ1 的交界处，而应选用[T1]类的 SPD，但由于在遭到直接雷击时，绝大部分的雷电流均由塔筒泄放，只有一小部分通过分流流经线路，故此，SPD 放电电流 I_{imp} 一般选择在 1 kA～5 kA 范围内。而警报灯由于暴露在机舱外，根据在总雷电电流中的百分比，SPD 放电电流 I_{imp} 应选择不小于 12.5 kA。

2） 变频器、风机控制系统等设备，由于位于 LPZ1 和 LPZ2 的交接处，而应选择 T2 类的 SPD，标称放点电流 I_n 一般不小于 15 kA。

3） 弱电控制设备位于 LPZ2 区，应选择 T2 类的 SPD，标称放点电流 I_n 一般不小于 5 kA。

参考文献

[1] GB 4208—2008 外壳防护等级(IP 代码)(IEC 60529:2001,IDT)

[2] GB 16895.4—1997 建筑物电气装置 第 5 部分:电气设备的选择和安装 第 53 章:开关设备和控制设备(idt IEC 60364-5-53:1994)

[3] GB/T 16895.10—2010 低压电气装置 第 4—44 部分:安全防护 电压骚扰和电磁骚扰防护(IEC 60364-4-44:2007,IDT)

[4] GB 16895.11—2001 建筑物电气装置 第 4 部分:安全防护 第 44 章:过电压保护 第 442 节:低压电气装置对暂时过电压和高压系统与地之间的故障的防护(idt IEC 60364-4-442:1993)

[5] GB 16895.12—2001 建筑物电气装置 第 4 部分:安全防护 第 44 章:过电压保护 第 443 节:大气过电压或操作过电压保护(idt IEC 60364-4-443:1995)

[6] GB/T 16895.16—2002 建筑物电气装置 第 4 部分:安全防护 第 44 章:过电压保护 第 444 节:建筑物的电气装置电磁干扰(EMI)防护(idt IEC 60364-4-444:1996)

[7] GB 16895.21—2011 建筑物电气装置 第 4—41 部分:安全防护 电击防护(IEC 60364-4-41:2005,IDT)

[8] GB/T 16935.1—2008 低压系统内设备的绝缘配合 第 1 部分 原理、要求和试验(idt IEC 60664-1:2007)

[9] GB/T 17626.5—2008 电磁兼容 试验和测量技术 浪涌(冲击)抗扰度试验(idt IEC 61000-4-5:2005)

[10] GB 18802.1—2011 低压配电系统的电涌保护器(SPD) 第 1 部分 性能要求和试验方法(IEC 61643-1:2000,IDT)

[11] GB/T 18802.12—2014 低压电涌保护器(SPD) 第 12 部分:低压配电系统的电涌保护器选择和使用导则(IEC 61643-12:2008,IDT)

[12] GB/T 21431—2015 建筑物防雷装置检测技术规范

[13] GB/T 21714.2—2015 雷电防护 第 2 部分:风险管理(IEC 62305-2:2010,IDT)

[14] GB/T 21714.3—2015 雷电防护 第 3 部分:建筑物的物理损坏和生命危险(IEC 62305-3:2010,IDT)

[15] IEC 60364-4-44:Edition 2.0:2007-08 Low-voltage electrical installations-Part 4-44: Protection for safety-Protection against voltage disturbances and electromagnetic disturbances

[16] IEC 61643-12:2008 Low-voltage surge protective devices-Part 12: Surge protective devices connected to low-voltage power distribution systems-Selection and application principles

[17] IEC 62305-3:2010 Protection against lightning-Part 3: Physical damage to structures and life hazard

[18] IEC 62305-4:2010 Protection against lightning-Part 4: Electrical and electronic systems within structures

ICS 07.060
A 47
备案号：65870—2019

中华人民共和国气象行业标准

QX/T 31—2018
代替 QX/T 31—2005

气象建设项目竣工验收规范

Specifications for assessing and accepting the completed meteorological construction project

2018-12-12 发布　　2019-04-01 实施

中国气象局　发布

前　　言

本标准按照 GB/T 1.1—2009 给出的规则起草。

本标准代替 QX/T 31—2005《气象建设项目竣工验收规范》。与 QX/T 31—2005 相比，除编辑性修改外主要变化如下：

——修改了标准的范围（见第 1 章，2005 版第 1 章）；

——删除了规范性引用文件（见 2005 版第 2 章）；

——修改了术语和定义（见第 2 章，2005 版第 3 章）；

——删除了预验收（见 2005 版 3.8、7.5）；

——修改了竣工验收的内容（见第 3 章，2005 版第 4 章）；

——修改了竣工验收组织工作（见第 4 章，2005 版第 5 章）；

——修改了竣工验收工作的依据（见第 5 章，2005 版第 6 章）；

——修改了竣工验收的工作程序（见第 6 章，2005 版第 7 章）；

——修改了竣工验收的申请条件与时间要求（见第 7 章，2005 版第 8 章）；

——修改了竣工财务决算（见第 8 章，2005 版第 9 章）；

——修改了竣工验收的主要文件（见 9.1、9.6，2005 版 10.1、10.6、10.7）；

——修改了竣工验收不合格项目的处理（见第 10 章，2005 版第 11 章）；

——删除了气象建设项目竣工验收申请书（见 2005 版附录 A）；

——删除了预验收确认书格式（见 2005 版附录 B）；

——删除了单项验收鉴定书格式（见 2005 版附录 C）；

——删除了竣工验收鉴定书格式（见 2005 版附录 D）；

——删除了竣工验收应提交的主要报告（见 2005 版附录 E）；

——删除了验收提供的资料参考目录（见 2005 版附录 F）。

本标准由全国气象防灾减灾标准化技术委员会（SAC/TC 345）提出并归口。

本标准起草单位：中国气象局计划财务司。

本标准主要起草人：熊毅、陈昭艳、赵书发、林卫华、孙海峰、张虎、张宝轩。

本标准所代替标准的历次版本发布情况为：

——QX/T 31—2005。

引　言

为适应社会主义市场经济体制和气象事业快速发展的需要，进一步做好气象建设项目资金的监督管理工作，强化气象建设项目支出预算及财务管理，提高气象建设项目资金的使用效益，根据国家有关法律、法规、方针、政策，结合气象部门的实际，中国气象局发布了《气象建设项目竣工验收规范》(QX/T 31—2005)。QX/T 31—2005 发布以来，在完善气象建设项目管理环节、保证工程质量、提高项目建设投资效益等方面发挥了重要的作用。然而，随着国家建设领域的不断发展和制度创新，对国家标准《建设工程项目管理规范》进行了修订(新号为 GB/T 50326—2017)，财政部印发的《基本建设项目竣工财务决算管理暂行办法》也提出了更明确的要求。因此，中国气象局计划财务司按照相关管理政策要求，结合气象建设项目竣工验收工作实践情况，对该标准进行了修订。

气象建设项目竣工验收规范

1 范围

本标准规定了气象建设项目竣工验收的内容、组织工作、依据、工作程序、申请条件与时间要求、竣工财务决算、主要文件、不合格建设项目的处理和档案管理等的要求。

本标准适用于使用中央或地方财政资金以及使用其他资金的气象建设项目的竣工验收工作。

本标准不适用于全部使用地方财政资金且地方对竣工验收有特别规定的项目。

2 术语和定义

下列术语和定义适用于本文件。

2.1

气象建设项目　meteorological construction project

使用中央或地方财政资金以及使用其他资金用于气象发展的建设项目。

2.2

大中型项目　large- or medium-scale project

总投资额在3000万元及以上的气象建设项目。

2.3

小型项目　small-scale project

总投资额在3000万元以下的气象建设项目。

2.4

限额　quota

基本建设投资的规定数额。

2.5

工程价款结算　project price settlement

对建设工程的发承包合同价款进行约定和依据合同约定进行工程预付款、工程进度款、工程竣工价款结算的活动。

2.6

竣工财务决算　finacial settlement of the completed project

新建、改建和扩建或单项工程，在工程竣工后，由建设单位编制向上级主管部门报告建设成果和财务状况的总结性文件，是办理交付使用、正确核定新增资产价值、考核建设成本的依据。

2.7

验收准备　preparation for project assessment and acceptance

建设项目竣工验收前，以建设单位为主，组织施工单位、设计单位、勘察单位、监理单位和审计单位、质检单位为竣工验收做的准备工作。

2.8

单项验收　assessment and acceptance of project item

整个项目工程中一个独立的项目或工程已按设计要求建设完成，并能满足用户要求或具备运行条件，且实施单位和监理工程师已初验通过，在此条件下进行的验收。

2.9

竣工验收　assessment and acceptance of completed project

气象建设项目完工后，按照规定的程序和要求，由主管部门组织进行的整体验收。

3　竣工验收的内容

3.1　项目完成情况

项目建设总体完成，能按批准的可行性研究报告和初步设计的内容建成，并具备交付使用条件。

3.2　项目质量

项目质量达到设计质量要求。

3.3　项目技术性能

设备或业务系统的性能指标达到设计和合同指标要求，满足业务运行需求，安全性、可靠性和经济性应达到设计要求。

3.4　运行准备情况

试运行情况达到正式业务运行要求，各项管理制度、运行规程已建立，人员及技术保障能力满足要求。

3.5　用户使用情况

项目交付用户使用且应能满足用户要求。

3.6　项目资金管理

资金到位及使用符合国家有关投资、财务管理规定，项目建设资金实际落实情况，资金支出范畴及结构情况，项目经费使用自查情况以及各项支出的合理性。

3.7　项目投资分析

包括投资估算、设计概算、施工图预算、竣工结算、财务决算、投资效益分析。

3.8　资产交付情况

交付使用的固定资产和无形资产登记造册，并附有资产交接表、资产证书，编制资产卡片。

3.9　档案资料归档情况

建设项目档案资料是否齐全，并装订成册，且按档案管理规定存档。

3.10　其他

项目组织管理情况及其他需要验收的内容。

4 竣工验收组织工作

4.1 大中型项目

由国家级主管部门(国家发展和改革委员会、财政部、科技部等)组织或由其委托有关部门组织验收。

4.2 限额及限额以上小型项目

由国务院气象主管机构或由其委托有关部门组织验收。

注:本标准所适用的限额为1000万元。

4.3 限额以下建设项目

由省级气象主管机构或地方主管部门组织验收,也可由其委托有关部门组织验收,具体额度和范围由省级气象主管机构自行制订。视情况国务院气象主管机构也可对此类项目组织验收。

4.4 竣工验收工作受理部门

由气象主管机构组织的项目竣工验收工作,均由其相应的计划财务管理机构负责受理竣工验收申请和组织开展竣工验收工作。

5 竣工验收工作的依据

气象建设项目竣工验收应以相关文件、技术标准和合同资料为主要依据。应包括:批准的项目建议书、可行性研究报告、初步设计(或实施方案)及批复文件,年度投资计划,设计变更报告及核定单、建设单位现场签证、概算调整,招投标文件、施工合同、建设项目竣工财务决算、建设项目竣工财务决算审计报告以及其他文件。引进技术或成套设备还应出具国外提供的相关文件资料。

6 竣工验收的工作程序

6.1 概述

竣工验收工作程序分验收准备和正式验收两个阶段。视建设项目的规模大小、复杂程度可分为单项验收和项目整体验收。单项验收是项目整体验收的组成部分,也可视为整体验收的验收准备工作。

6.2 验收准备

由建设单位组织施工、设计、勘察、监理、审计、质检等单位,做好下述验收准备工作:

a) 核实项目完成情况,列出已完成工程和未完成工程一览表(包括工程量、预算造价、完成时间);
b) 检查建设项目质量,查明应返工或修补的工程,提出竣工时间;
c) 业务项目在正式验收前应通过有关部门(一般为上级业务主管部门)的业务验收,并提交技术测试报告、业务试运行情况报告和业务验收报告;
d) 收集、整理、汇总建设项目的档案资料,分类编目,绘制好工程竣工图,并装订成册;
e) 委托审核项目竣工财务决算并出具审计报告,组织编制项目竣工财务决算并获得上级主管的计划财务管理部门批复;
f) 将交付使用的固定资产和无形资产登记造册,并附有资产交接表、资产证书,编制资产卡片;

g) 编写竣工验收申请，提交竣工验收材料。

6.3 正式验收

6.3.1 项目建设单位向上级主管部门提出正式验收申请。

6.3.2 上级主管部门视建设项目的重要性、规模大小和隶属关系组成验收委员会(或验收组)进行正式验收。在进行正式验收时，对已进行单项验收合格的项目可以将单项验收报告作为正式验收材料附件。

6.3.3 竣工验收委员会(或验收组)应由上级主管的计划财务管理部门、业务管理部门、审计部门、档案管理部门、资产管理部门、业务使用单位等人员组成。

6.3.4 竣工验收委员会(或验收组)的主要工作是：

a) 审查项目是否达到竣工验收、交付使用的要求；

b) 审查项目竣工验收的主要文件；

c) 检查工程施工情况，审查设计、施工质量；

d) 处理验收交接过程中出现的有关问题，对未完工的部分收尾工程，审查其内容、数量、投资和完成期限；

e) 审核检验建设单位整理完的工程建设文件和技术档案，核定移交工程清单；

f) 签发竣工验收鉴定书。

7 竣工验收的申请条件与时间要求

7.1 申请条件

7.1.1 完成批准的可行性研究报告、初步设计和投资计划文件中规定的各项建设内容。

7.1.2 建设项目竣工验收条件按项目类别不同而有所区别，要求如下：

a) 基础设施类建设项目：已按设计要求建成，能投入使用。必要的环境保护设施，劳动安全、卫生设施，消防设施、人防设施等配套建设内容已按设计要求建成并达到国家和地方规定的要求。对特殊项目还应有电磁影响报告、地质灾害报告、防雷工程与检测报告等；

b) 业务类建设项目：主要设备和配套设备经试运行合格，形成业务能力并能提供设计文件所规定的产品；具有完整的测试大纲、测试方案、测试数据、分析各项测试结果后形成的测试报告，建设单位通过内部的测试和检查，确认业务系统已达到原设计要求和技术标准，业务试运行时间达到规定时限的要求，且运行情况正常通过业务验收。

7.1.3 其他条件，要求如下：

a) 建设项目设计质量、施工质量及主要设备质量已经有关的质量监督部门检验并作出合格评定；

b) 建设项目的竣工财务决算已批复；

c) 建设项目的档案资料齐全、完整，符合国家有关建设项目档案验收规定。

7.2 时间要求

7.2.1 建设项目工程全部完成并符合竣工验收工作条件的，应及时组织验收。建设项目竣工验收期限的确定，要求如下：

a) 基础设施类建设项目应在土建工程竣工后的 3 个月内申请办理竣工验收手续；

b) 业务类建设项目应在主要设备已安装配套，经调试合格并经试运行，符合有关专业技术标准和技术规范要求，能正常投入业务使用时，申请办理竣工验收手续；

c) 办理竣工验收确有困难的，经验收主管部门批准可适当延期。

7.2.2 验收受理部门在规定期限内对收到的竣工验收申请予以答复，并安排组织验收。

7.2.3　已经形成部分业务能力或实际上已经使用的建设项目或单项工程，近期不能按照原设计规模续建的，应从实际出发，缩小规模，报上级主管部门批准后，对完成的工程或安装的设备，及时组织验收，移交资产。

8　竣工财务决算

8.1　竣工财务决算应包括从筹建到竣工投产过程的全部实际支出费用，即建筑工程费用、安装工程费用、设备及工器具购置费用、技术开发费用和其他费用。
8.2　竣工财务决算应包括竣工财务决算报表、竣工财务决算说明书和随报表应附的相关材料。
8.3　建设项目在办理竣工验收手续之前应对所有财产和物资进行清理，按要求编制建设项目竣工财务决算报表，分析概(预)算的执行情况，总结项目管理经验、问题。
8.4　建设项目竣工财务决算应上报审批。

9　竣工验收的主要文件

9.1　竣工验收工作形成的主要报告性文件包括项目建设情况报告、技术测试或业务验收报告、用户使用情况报告、项目投资使用情况报告和竣工验收鉴定书。
9.2　项目建设情况报告中应概要说明项目建设过程，提供项目工程的质量、环保、消防、劳动、安全、卫生和土地使用的评定意见，相关单位与负责人应签章。
9.3　技术测试报告应反映建设项目(主要技术设备、业务系统)的主要技术性能指标，存在的主要问题。负责测试的单位与人员应签章。
9.4　用户使用情况报告应反映用户实际使用的情况，满意程度和存在问题，使用单位和负责人应签章。
9.5　项目投资使用情况报告应反映建设项目工程预算执行情况及工程价款结算、竣工财务决算的审查意见和项目的经济效益分析情况。
9.6　竣工验收鉴定书应就整个建设项目的建设情况、工程质量、技术性能、财务情况、经济效益等给出综合性鉴定意见，对存在问题应如实反映并提出处理意见。

10　竣工验收不合格建设项目的处理

对于竣工验收不合格建设项目，验收组织单位应明确通知项目建设单位，限期整改，整改完成后再申请竣工验收。

11　档案管理

11.1　气象建设项目档案包括项目在立项、征地、规划许可、审批、招投标、承包合同、勘察、设计、施工、监理、设备配置、调整测试、技术开发、质量检验评定、竣工验收、财务管理及资产移交等全过程中形成的文字、图表、声像等形式的全部文件资料。
11.2　项目建设单位负责项目文件的收集、整理和建档工作，项目文件资料收集要达到完整、齐全、准确、系统的要求。
11.3　竣工验收通过后，所有文件资料按档案分级管理的规定，向有关档案管理部门移交，严格履行档案交接手续。

参 考 文 献

［1］ GB/T 50326—2017 建设工程项目管理规范

［2］ 财政部．财政部关于印发《基本建设项目竣工财务决算管理暂行办法》的通知：财建〔2016〕503号，2016

ICS 07.060
A 47
备案号：65854—2019

QX

中华人民共和国气象行业标准

QX/T 85—2018
代替 QX/T 85—2007

雷电灾害风险评估技术规范

Technical specifications for risk assessment of lightning disaster

2018-11-30 发布　　2019-03-01 实施

中　国　气　象　局　发　布

前　言

本标准按照 GB/T 1.1—2009 给出的规则起草。

本标准代替 QX/T 85—2007，与 QX/T 85—2007 相比，除编辑性修改外，主要技术变化如下：

——修改了范围(见第 1 章，2007 年版第 1 章)；
——删除了部分术语和定义(2007 年版的 3.2～3.10)；
——修改了雷电灾害风险评估的术语和定义(见 3.1.1，2007 年版的 3.1)
——增加了隶属度的术语和定义(见 3.1.2)；
——修改了基本要求(见第 4 章，2007 年版的第 4 章)；
——修改了评估流程(见图 1，2007 年版的图 1)；
——修改了雷电环境评价(见 6.1，2007 版的第 5 章)；
——增加了区域雷电灾害风险评估(见 6.2)；
——增加了数值仿真和模拟实验(见 6.4)；
——删除了连接到建筑物的服务设施的风险评估内容(2007 年版的 6.4、附录 D、附录 E、附录 I)；
——增加了建筑物内人和动物雷击伤害的情况(见 C.2)；
——修改了风险容许值(见 D.3，2007 年版的附录 G)；
——增加了对周边建筑物或环境连带损害的情况(见 D.4)；
——修改了雷击建筑物附近的截收面积(见式(E.2)和式(E.3)，2007 年版的式(A.2)和式(A.3))；
——修改了雷击线路或线路附近的截收面积(见附录 E，2007 年版的附录 A)；
——修改了一次雷击引起的损害的概率(见附录 F，2007 年版的附录 B)；
——修改了具有保障危险的特定建筑物的损失因子(见表 G.5，2007 年版的表 C.4)；
——修改了建筑物分区风险分量(见表 H.2，2007 年版的表 6)；
——修改了损失成本(见附录 D，2007 年版的附录 F)；
——增加了各种情况下选择相对损失量(见附录 G)；
——增加了设备耐冲击电压额定值为 1 kV 的情况(见附录 E、附录 F)；
——删除了部分附录(2007 年版的附录 J、附录 K)。

请注意本文件的某些内容可能涉及专利。本文件的发布机构不承担识别这些专利的责任。

本标准由全国雷电灾害防御行业标准化技术委员会提出并归口。

本标准起草单位：重庆市气象安全技术中心、安徽省气象灾害防御技术中心、湖南省气象灾害防御技术中心、上海市气象灾害防御技术中心、辽宁省防雷技术服务中心、成都信息工程大学。

本标准主要起草人：李良福、覃彬全、余蜀豫、程向阳、王智刚、刘凤姣、黄晓虹、郭在华、林楠、李家启、任艳、栾健、林巧、何静、刘越屿、鞠晓雨、高荣生。

本标准所代替标准的历次版本发布情况为：

——QX/T 85—2007。

雷电灾害风险评估技术规范

1 范围

本标准规定了雷电灾害风险评估的基本要求、评估流程、评估内容与方法、评估报告等。

本标准适用于雷电灾害风险评估。

2 规范性引用文件

下列文件对于本文件的应用是必不可少的。凡是注日期的引用文件，仅注日期的版本适用于本文件。凡是不注日期的引用文件，其最新版本(包括所有的修改单)适用于本文件。

GB/T 21714.1—2015 雷电防护 第1部分：总则(IEC 62305-1，IDT)

GB/T 21714.2—2015 雷电防护 第2部分：风险管理(IEC 62305-2，IDT)

GB/T 21714.3—2015 雷电防护 第3部分：建筑物的物理损坏和生命危险(IEC 62305-3，IDT)

GB/T 21714.4—2015 雷电防护 第4部分：建筑物内电气和电子系统(IEC 62305-4，IDT)

3 术语、定义和符号

3.1 术语和定义

GB/T 21714.2—2015 界定的以及下列术语和定义适用于本文件。

3.1.1

雷电灾害风险评估 risk assessment of lightning disaster

根据雷电特性及其致灾机理，分析雷电对评估对象的影响，提出降低风险措施的评价和估算过程。

3.1.2

隶属度 degree of membership

评估对象的雷电灾害风险与不同风险等级的相关性。

3.2 符号

下列符号适用于本文件。

a：折旧率。

A_D：孤立建筑物的雷击截收面积。

A_{DJ}：毗邻建筑物的雷击截收面积。

A'_D：屋面突出部分的雷击截收面积。

A_I：雷击线路附近的雷击截收面积。

A_L：雷击线路的雷击截收面积。

A_M：雷击建筑物附近的雷击截收面积。

B：需考虑防护的建筑物或一部分。

C_D：位置因子。

C_{DJ}：毗邻建筑物的位置因子。

C_E：线路环境因子。

C_I:线路安装因子。
C_L:缺乏防护措施的年损失值。
C_{LD}:雷击线路的屏蔽、接地和隔离因子。
C_{LI}:雷击线路附近的屏蔽、接地和隔离因子。
C_{LZ}:分区的损失成本。
C_P:防护措施的成本。
C_{PM}:采取防护措施后的平均花费。
C_{RL}:采取防护措施后的年平均损失值。
C_{RLZ}:采取防护措施后的分区年平均损失值。
C_T:线路上 HV/LV 变压器的线路类型因子。
c_a:用货币表示的分区中动物的价值。
c_b:用货币表示的分区相关的建筑物的价值。
c_c:用货币表示的分区中内存物的价值。
c_e:用货币表示的建筑物外危险场所物品的总价值。
c_s:用货币表示的分区中内部系统(包括它们的运行)的价值。
c_t:用货币表示的建筑物的总价值。
c_z:用货币表示的区域内文化遗产的价值。
d:雷击点与所需计算雷击引起的场强点(或建筑物)之间的距离。
D1:人和动物伤害。
D2:物理损害。
D3:电气和电子系统失效。
h_z:有特殊危险时增加损失率的因子。
H:建筑物高度。
H_J:毗邻建筑物高度。
H_{MIN}:建筑物最矮处的高度。
H_{MAX}:建筑物最高处的高度。
H_P:突出部分的高度。
i:利率。
K_{MS}:与采用的 LEMP 防护措施有关的因子。
K_{S1}:与建筑物屏蔽效能有关的因子。
K_{S2}:与建筑物内部屏蔽体屏蔽效能有关的因子。
K_{S3}:与内部线路特征相关的因子。
K_{S4}:与系统的耐冲击电压有关的因子。
L:建筑物的长度。
L_J:毗邻建筑物的长度。
L_A:雷击建筑物时人和动物因雷击伤害的损失率。
L_B:雷击建筑物时建筑物中物理损害的损失率。
L_L:线路区段的长度。
L_C:雷击建筑物时建筑物中内部系统失效的损失率。
L_E:周围建筑物损害时增加的损失率。
L_F:建筑物内由于物理损害造成的损失率。
L_{FE}:建筑物外由于物理损害造成的损失率。
L_{FT}:建筑物内外由于物理损害造成的总损失率。

L_M：雷击建筑物附近时内部系统失效的损失率。

L_O：内部系统失效引起的建筑物的损失率。

L_T：电击伤害引起的损失率。

L_U：雷击线路时建筑物内人和动物电击伤害的损失率。

L_V：雷击线路时建筑物内物理损害的损失率。

L_W：雷击线路时内部系统失效的损失率。

L_X：建筑物各种损失率通识符。

L_Z：雷击线路附近时内部系统失效的损失率。

L1：人身伤亡损失。

L2：公众服务损失。

L3：文化遗产损失。

L4：经济价值损失。

m：维护费率。

N_X：年均危险事件次数的通识符。

N_D：雷击建筑物危险事件的次数。

N_{DJ}：雷击毗邻建筑物危险事件的次数。

N_G：雷击大地密度。

N_I：雷击线路附近危险事件的次数。

N_L：雷击线路危险事件的次数。

N_M：雷击建筑物附近危险事件的次数。

n_z：可能遭危害的人员的数目(受害者或得不到服务的用户数)。

n_t：预期的总人数(或接受服务的用户数)。

P：损害概率。

P_A：雷击建筑物造成人和动物伤害的概率。

P_B：雷击建筑物造成建筑物物理损害的概率。

P_C：雷击建筑物造成内部系统失效的概率。

P_{EB}：安装等电位连接时设备的耐压和线路特性决定的 P_U 和 P_V 减小的概率。

P_{LD}：雷击线路时线路特性及设备耐受电压决定的 P_U、P_V 和 P_W 减小的概率。

P_{LI}：雷击线路附近时线路特性及设备耐受电压决定的 P_Z 减小的概率。

P_M：雷击建筑物附近造成内部系统失效的概率。

P_{MS}：屏蔽、合理布线及设备耐受电压决定的 P_M 减小的概率。

P_{SPD}：安装协调配合的 SPD 系统时 P_C、P_M、P_W 和 P_Z 减小的概率。

P_{TA}：由防接触和防跨步电压措施决定的 P_A 减小的概率。

P_U：雷击相连线路造成人和动物电击伤害的概率。

P_V：雷击相连线路造成建筑物物理损害的概率。

P_W：雷击相连线路造成内部系统失效的概率。

P_X：建筑物各种损害概率的通识符。

P_Z：雷击相连线路附近造成内部系统失效的概率。

r_t：与土壤或地板表面类型有关的缩减因子。

r_f：与火灾危险有关的缩减因子。

r_p：与防火措施有关的缩减因子。

R：风险。

R_A：雷击建筑物造成人和动物伤害的风险分量。

R_B:雷击建筑物造成建筑物物理损害的风险分量。

R_C:雷击建筑物造成内部系统失效的风险分量。

R_M:雷击建筑物附近引起的内部系统失效风险分量。

R_S:单位长度电缆屏蔽层的电阻。

R_T:风险容许值。

R_U:雷击线路造成人和动物伤害的风险分量。

R_V:雷击线路造成建筑物物理损害的风险分量。

R_W:雷击线路造成内部系统失效的风险分量。

R_X:建筑物各种风险分量。

R_Z:雷击线路附近造成内部系统失效的风险分量。

R_1:建筑物中人身伤亡损失的风险。

R_2:建筑物中公众服务损失的风险。

R_3:建筑物中文化遗产损失的风险。

R_4:建筑物中经济价值损失的风险。

R'_4:采取防护措施后的风险 R_4。

S:建筑物。

S_M:每年节约费用。

S_L:线路段。

S1:损害成因——雷击建筑物。

S2:损害成因——雷击建筑物附近。

S3:损害成因——雷击线路。

S4:损害成因——雷击线路附近。

t_e:受危害人员每年待在建筑物外危险场所的小时数。

t_z:受危害人员每年待在危险场所的小时数。

T_D:年雷暴日。

U_W:系统的耐冲击电压额定值。

w_m:网格宽度。

W:建筑物的宽度。

W_J:毗邻建筑物的宽度。

X:辨别相关风险分量的下标。

Z_S:建筑物的分区。

4 基本要求

4.1 雷电灾害风险评估应遵循科学性、完整性、真实性原则。

4.2 评估单位在充分了解评估对象所在区域发展规划、功能区划及雷电环境的基础上,宜收集以下基础资料:

——评估对象的建设方案、设计规划和使用性质等背景资料;

——评估对象的总平面图、地勘报告等;

——评估对象所在地地理、地质、土壤、水文等资料;

——评估对象所在地雷暴观测、闪电定位系统数据等气象资料和评估对象雷电灾害资料;

——评估对象的雷电防护、雷电灾害应急预案以及维护等防雷管理制度。

5 评估流程

雷电灾害风险评估流程见图 1。

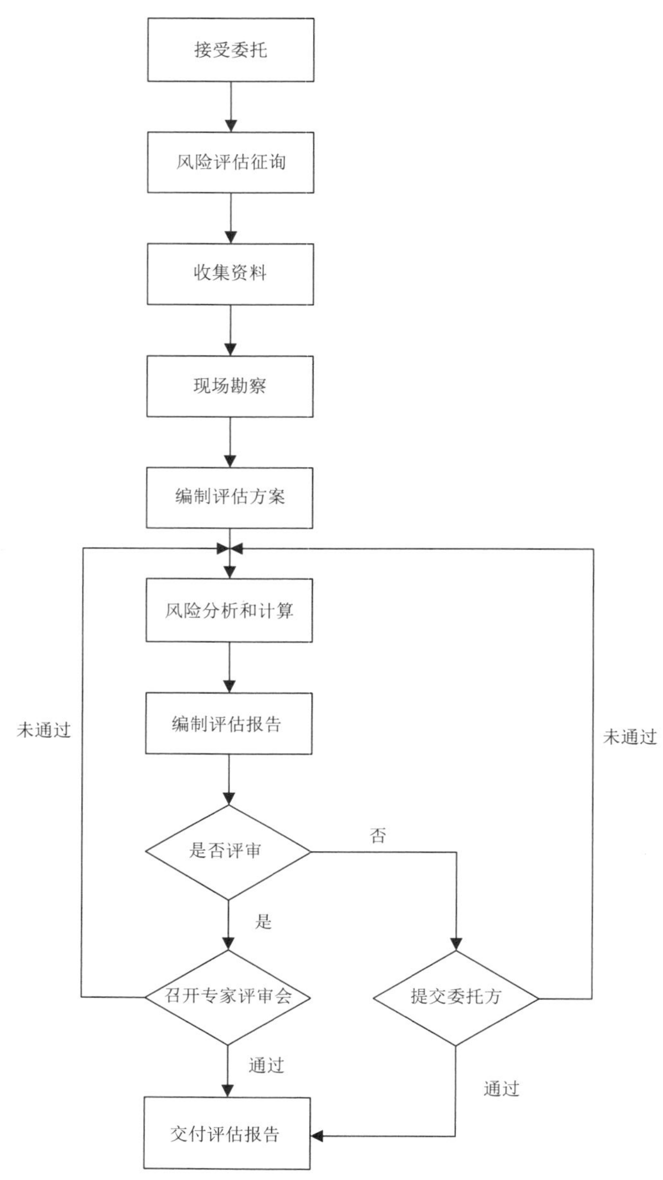

图 1　雷电灾害风险评估流程图

6 评估内容与方法

6.1 雷电环境评价

6.1.1 适用条件

雷电环境评价适用于所有评估对象。

6.1.2 雷电活动时空分布特征

根据评估对象所在地雷暴观测数据、闪电定位系统数据等历史资料，分析评估对象所在地的雷暴路径、雷电年变化、月变化、日变化规律及雷电的强度、密度、陡度分布等。

6.1.3 雷电流散流分布特征

根据评估对象所在地的地形、土壤状况等分析雷电流散流分布特征。

6.1.4 雷电电磁环境风险

根据评估对象所在地闪电定位系统历史资料，按照公式(1)计算评估对象所占平面区域内各点的最大雷击磁场强度，并应用插值法绘制评估对象雷电电磁环境分布图，应根据绘图精度需要确定评估对象所占平面区域内离散网格尺寸。

$$H = i/(2\pi d) \qquad \cdots\cdots\cdots\cdots(1)$$

式中：

H ——最大磁场强度，单位为安培每米(A/m)；

i ——雷电流，单位为安培(A)；

d ——雷击点与所需计算雷击引起的场强点(或建筑物)之间的距离，单位为米(m)。雷击点包括评估对象所占平面区域及其外延 3 km 范围内所有的落雷点。

6.2 区域雷电灾害风险评估

6.2.1 适用条件

区域雷电灾害风险评估适用于以下情况：

——由多个单体构成的评估对象；

——包含多种属性、特征或使用性质的评估对象；

——输油输气管道、轨道交通系统等长输管道(线路)。

6.2.2 区域雷电灾害风险评估步骤

区域雷电灾害风险评估一般步骤如下：

a) 建立层次结构模型；

b) 提取致灾因子；

c) 构造判断矢量；

d) 计算相对权重；

e) 一致性检验；

f) 计算合成权重。

6.2.3 区域雷电灾害风险计算

区域雷电灾害风险评估的一般计算公式为：

$$\boldsymbol{Z} = \boldsymbol{W} \cdot \boldsymbol{R} = [w_1, w_2, \cdots, w_m] \cdot \begin{bmatrix} r_{11} & r_{12} & \cdots & r_{1n} \\ r_{21} & r_{22} & \cdots & r_{2n} \\ \cdots & \cdots & \cdots & \cdots \\ r_{m1} & r_{m2} & \cdots & r_{mn} \end{bmatrix} = [z_1, z_2, \cdots, z_n] \qquad \cdots\cdots\cdots\cdots(2)$$

式中：

Z ——综合评价矢量；

W——评估指标的权重矢量；

R ——评估指标的隶属度矢量。

6.2.4 区域雷电灾害风险综合评价

可将区域雷电灾害风险分为五个危险等级，综合评价见公式(3)，具体方法参见附录A。

$$g = r_1 + 3 \times r_2 + 5 \times r_3 + 7 \times r_4 + 9 \times r_5 \qquad \cdots\cdots(3)$$

式中：

g ——目标的区域雷电灾害风险；

r_1——目标与危险等级Ⅰ的隶属度；

r_2——目标与危险等级Ⅱ的隶属度；

r_3——目标与危险等级Ⅲ的隶属度；

r_4——目标与危险等级Ⅳ的隶属度；

r_5——目标与危险等级Ⅴ的隶属度。

危险等级的划分参见附录A。

6.3 雷击损害风险评估

6.3.1 适用范围

雷击损害风险评估适用于单体建筑物。

6.3.2 雷击损害和损失

雷击损害和损失见附录B，雷击风险和风险分量见附录C。

6.3.3 雷击损害风险评估步骤

雷击损害风险评估步骤见附录D。

6.3.4 雷击风险评估计算

各个风险分量可以采用以下通用表达式来表示：

$$R_X = N_X \times P_X \times L_X \qquad \cdots\cdots(4)$$

式中：

N_X——年均危险事件次数的通识符(参见附录E)；

P_X ——建筑物各种损害概率的通识符(参见附录F)；

L_X ——建筑物各种损失率通识符(参见附录G)。

不同损害成因雷击风险分量的评估及分区建筑物风险分量的评估见附录H。

6.4 数值仿真和模拟实验

6.4.1 适用条件

数值仿真和模拟实验适用于以下条件：

——具有特殊使用性质和属性的评估对象；

——委托单位需要深入分析雷击影响的评估对象。

6.4.2 数值仿真

6.4.2.1 数值仿真是利用数值计算方法，模拟各种雷击情况，分析雷击对评估对象造成的影响，具体示例参见附录I。

6.4.2.2 利用数值仿真进行雷击风险评估的一般步骤如下：

a) 分析评估对象的自身属性；

b) 建立雷击损害的仿真模型；

c) 设置合适的参数开展数值仿真；

d) 分析雷击对评估对象可能造成的损害情况。

6.4.3 模拟实验

6.4.3.1 模拟实验是根据评估对象中某些特殊使用性质和属性的实际特性，建立评估对象的实验模型，在实验室利用模拟雷击电流开展模拟雷击实验，分析雷击对评估对象的损害情况，具体示例参见附录I。

6.4.3.2 利用模拟实验进行雷击风险评估的一般步骤如下：

a) 分析评估对象的自身属性；

b) 设计安全、可行的实验方案；

c) 建立评估对象的模拟实验模型；

d) 选取合适的试验参数开展模拟雷击实验；

e) 分析雷击对评估对象可能造成的损害情况。

7 评估报告

雷电灾害风险评估报告应当包括下列内容：

——项目来源；

——项目概况；

——所应用资料的来源说明；

——评估所依据的标准和规范；

——评估方法；

——评估内容及过程；

——雷电灾害风险评估结论；

——预防或者减轻雷电灾害影响的建议。

附 录 A
(资料性附录)
区域雷电灾害风险评估

A.1 评估指标

A.1.1 评估指标的确定

区域雷电灾害风险评估考虑雷电风险、地域风险及承灾体风险三个一级指标。

根据层次分析法的条理化、层次化原则,区域雷电灾害风险评估的递阶层次结构模型如图 A.1 所示,并根据图 A.1 可得到更高层级的指标(致灾因子)。

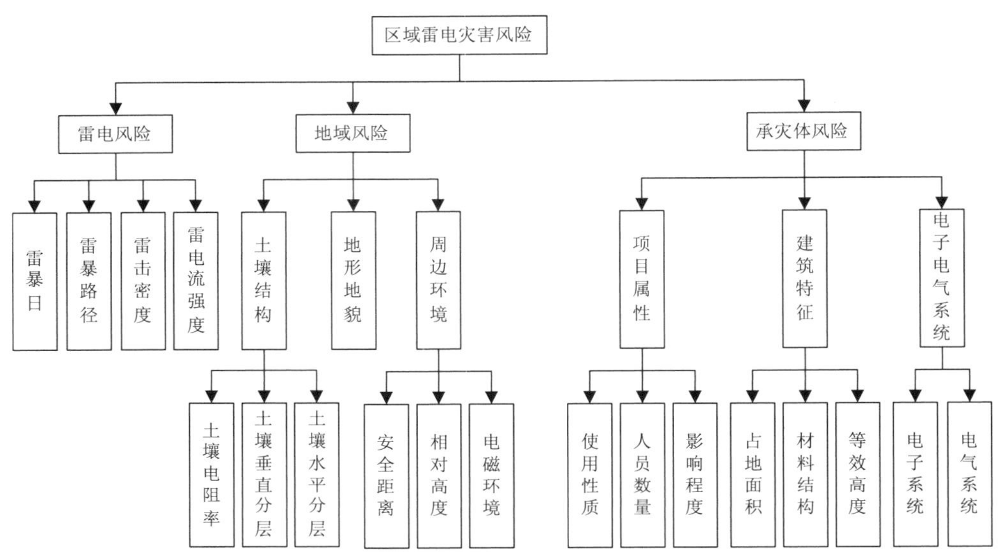

图 A.1 区域雷电灾害风险评估的层次结构模型

A.1.2 雷暴日

雷暴日应取近 30 年的地面站人工观测数据进行整理分析。当项目所处位置距离某观测站不超过 10 km 时,可直接使用该观测站数据作为年雷暴日的基础数据进一步分析。当项目所处位置距离观测站超过 10 km 时,应将项目周边至少三个站点进行插值处理,从而获取到更为精确的雷暴日数。

A.1.3 雷暴路径

通过对历史人工雷暴观测数据进行统计分析,判定雷暴主导方向与次主导方向。

A.1.4 雷击密度

雷电资料的基础数据选取应以经过标定的全国雷电定位监测网探测到的数据为准。可根据评估需要取项目中心位置为原点,5 km~10 km 半径内的闪电资料。

A.1.5　雷电流强度

雷电流强度的数据选取应参考雷击密度的选取规则。

A.1.6　土壤电阻率

土壤电阻率应以拟建场地现场实测为准，该数据的取值还应考虑温度、湿度和季节等因素。

A.1.7　土壤垂直分层

项目场地不同深度的土壤电阻率差值。

A.1.8　土壤水平分层

项目场地不同电阻率的土壤交界地段的土壤电阻率最大差值。

A.1.9　地形地貌

经现场勘测、调查、了解地形地貌的特征。

A.1.10　安全距离

通过实地勘查和工程规划图确定评估对象区域外是否存在危化危爆场所及其距离。

A.1.11　相对高度

通过实地勘查确定勘查范围内是否存在其他可能接闪点，并如实记录该可能接闪点名称、与评估对象的相对高度、距离等信息。

A.1.12　电磁环境

根据评估对象的雷电流强度、典型网格宽度、结构钢筋规格等具体数据，结合项目周边环境，进行分析计算。

A.1.13　使用性质

包含评估对象的规模、重要程度以及功能用途等信息。

A.1.14　人员数量

人员数量可根据评估对象的使用性质等情况综合考虑。普通民用建筑可按每户3.5人计算。

A.1.15　影响程度

包含评估对象区域内是否存在危化危爆场所及其危化危爆场所的性质、规模和对周边环境的影响程度。

A.1.16　占地面积

占地面积计算方法如下：

$$S = S_1 + S_2 \qquad \cdots\cdots\cdots\cdots\cdots\cdots(A.1)$$

式中：

S ——区域内项目的占地面积；

S_1 ——区域内项目所有建筑物基底面积之和；

S_2——区域内项目所有构筑物的占地轮廓之和。

A.1.17 材料结构

包含评估对象的建(构)筑材料类型及项目的外墙设计、楼顶设计等可能被雷电直接击中的结构属性。

A.1.18 等效高度

等效高度为建筑物的物理高度外加顶部具有影响接闪的设施高度,其计算方法如下:

$$H_e = H_1 + H_2 \qquad \cdots\cdots(A.2)$$

式中:

H_e——建筑物等效高度;

H_1——建筑物物理高度;

H_2——顶部设施高度。

有管帽的 H_2 参照表 A.1 确定,无管帽时 H_2=5 m。

表 A.1 H_2 值

装置内外气压差 kPa	排放物对比空气	H_2 m
<5	重于空气	1
5~25	重于空气	2.5
≤25	轻于空气	2.5
>25	重于或轻于空气	5

A.1.19 电子系统

包含评估对象工程项目内电子系统规模、重要性及发生雷击事故后产生的影响。

A.1.20 电气系统

包含评估对象电力系统的电力负荷等级、室外低压配电线路敷设方式。

A.2 评估指标的危险等级

A.2.1 危险等级

每个评价指标的综合评价可以用 g 判断,本附录将区域雷电灾害风险分为五个危险等级,那么 g 值可以通过公式(3)计算得出。g 值越小代表区域内雷电灾害风险越低,g 值越大代表区域内雷电灾害风险越高。依据 g 值将评估指标划分为Ⅰ、Ⅱ、Ⅲ、Ⅳ、Ⅴ五个等级。五个等级描述如表 A.2(彩)所示。

表 A.2(彩)　评估指标的危险等级

危险等级	g	说明
Ⅰ级	[0,2)	低风险
Ⅱ级	[2,4)	较低风险
Ⅲ级	[4,6)	中等风险
Ⅳ级	[6,8)	较高风险
Ⅴ级	[8,10]	高风险

g 值与对应风险(用色标表示)的关系如下：

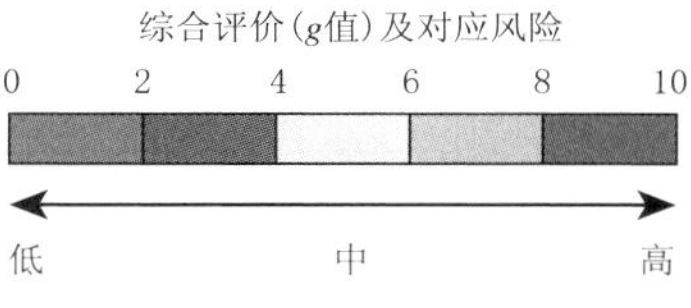

A.2.2　雷电风险的等级

A.2.2.1　雷暴日

雷暴日分五个等级，见表 A.3。

表 A.3　雷暴日等级

危险等级	Ⅰ级	Ⅱ级	Ⅲ级	Ⅳ级	Ⅴ级
雷暴日 d/a	[0,20)	[20,40)	[40,60)	[60,90)	[90,365)

A.2.2.2　雷暴路径

雷暴路径越集中、锐度越大，则危险等级越高。雷暴路径分五个等级，Ⅴ级的雷暴路径仅为一个方向，Ⅳ级的雷暴路径可以为一个或两个值，Ⅲ级、Ⅱ级、Ⅰ级的雷暴路径可依次从两个方向过渡到三个方向。因此，雷暴路径五个等级依次为：

——Ⅰ级(雷暴最大 3 个移动方向百分比之和小于 40%)；

——Ⅱ级(雷暴最大 3 个移动方向百分比之和大于 40%，小于 50%)；

——Ⅲ级(雷暴最大 2 个移动方向百分比之和大于 40%，小于 45%；或者最大 3 个移动方向百分比之和大于 50%)；

——Ⅳ级(雷暴路径主方向的百分比大于 30%，小于 35%；或者最大 2 个移动方向百分比之和大于 45%)；

——Ⅴ级(雷暴路径主方向的百分比大于 35%)。

A.2.2.3　雷击密度

雷击密度分五个等级，见表 A.4。

表 A.4　雷击密度分级

危险等级	Ⅰ级	Ⅱ级	Ⅲ级	Ⅳ级	Ⅴ级
雷击密度 次/(千米^2·年)	[0,1)	[1,2)	[2,3)	[3,4)	[4,∞)

A.2.2.4　雷电流强度

雷电流强度分五个等级,见表 A.5。

表 A.5　雷电流强度分级

危险等级	Ⅰ级	Ⅱ级	Ⅲ级	Ⅳ级	Ⅴ级
雷电流强度 kA	[0,10)	[10,20)	[20,40)	[40,60)	[60,∞)

A.2.3　地域风险的分级标准

A.2.3.1　土壤结构

A.2.3.1.1　土壤电阻率

土壤电阻率分五个等级,见表 A.6。

表 A.6　土壤电阻率分级

危险等级	Ⅰ级	Ⅱ级	Ⅲ级	Ⅳ级	Ⅴ级
土壤电阻率 Ω·m	[3000,∞)	[1000,3000)	[300,1000)	[100,300)	[0,100)

A.2.3.1.2　土壤垂直分层

土壤垂直分层分五个等级,见表 A.7。

表 A.7　土壤垂直分层分级

危险等级	Ⅰ级	Ⅱ级	Ⅲ级	Ⅳ级	Ⅴ级
垂直分层 Ω·m	[300,∞)	[100,300)	[30,100)	[10,30)	[0,10)

A.2.3.1.3　土壤水平分层

土壤水平分五个等级,见表 A.8。

表 A.8　土壤水平分层分级

危险等级	Ⅰ级	Ⅱ级	Ⅲ级	Ⅳ级	Ⅴ级
水平分层 Ω·m	[300,∞)	[100,300)	[30,100)	[10,30)	[0,10)

A.2.3.2　地形地貌

地形地貌危险分五个等级,依次为:

——Ⅰ级(平原);

——Ⅱ级(丘陵);

——Ⅲ级(山地);

——Ⅳ级(河流、湖泊以及低洼潮湿地区、山间风口等);

——Ⅴ级(旷野孤立或突出区域)。

A.2.3.3　周边环境

A.2.3.3.1　安全距离

安全距离分五个等级,划分原则:

——Ⅰ级(不符合Ⅱ级、Ⅲ级、Ⅳ级、Ⅴ级的情况者);

——其他等级的划分见表 A.9。

表 A.9　安全距离分级(Ⅱ级～Ⅴ级)

危险等级	安全距离 m				
	0/20 区	1/21 区	储存火(炸)药及其制品的场所	2/22 区	具有爆炸危险的露天钢质封闭气罐
Ⅱ级	[0,1000)	[0,1000)	[0,500)	[0,500)	[0,500)
Ⅲ级	[0,500)	[0,500)	[0,300)	[0,300)	[0,300)
Ⅳ级	[0,300)	[0,300)	[0,100)	[0,100)	[0,100)
Ⅴ级	[0,100)	[0,100)	[0,100)(易引起爆炸且后果严重)	—	—

A.2.3.3.2　相对高度

相对高度分五个等级,依次为:

——Ⅰ级(评估区域被比区域内项目高的外部建(构)筑物或其他雷击可接闪物所环绕);

——Ⅱ级(评估区域外局部方向有高于评估区域内项目的建(构)筑物或其他雷击可接闪物);

——Ⅲ级(评估区域外建(构)筑物或其他雷击可接闪物与评估区域内项目高度基本持平);

——Ⅳ级(评估区域外建(构)筑物或其他雷击可接闪物低于区域内项目高度);

——Ⅴ级(评估区域外无建(构)筑物或其他雷击可接闪物)。

A.2.3.3.3 电磁环境

电磁环境分五个等级,见表 A.10。

表 A.10 电磁环境分级

危险等级	Ⅰ级	Ⅱ级	Ⅲ级	Ⅳ级	Ⅴ级
电磁环境 GS	[0,0.07)	[0.07,0.75)	[0.75,2.4)	[2.4,10)	[10,∞)

A.2.4 承灾体风险的分级标准

A.2.4.1 项目属性

A.2.4.1.1 使用性质

使用性质分五个等级,见表 A.11。

表 A.11 使用性质分级

Ⅰ级	Ⅱ级	Ⅲ级	Ⅳ级	Ⅴ级
低层、多层、中高层住宅,高度不大于 24 m 的公共建筑及综合性建筑。	高层住宅,高度大于 24 m 的公共建筑及综合性建筑。	建筑高度大于 100 m 的民用超高层建筑,智能建筑,其他人员密集的商场、公共场所等。	—	—
乡/镇政府、事业单位办公建(构)筑物。	县级政府、事业单位办公建(构)筑物。	地/市级政府、事业单位办公建(构)筑物。	省/部级政府、事业单位办公建(构)筑物。	国家级政府、事业单位办公建(构)筑物。
小型企业生产区、仓储区。	中型企业生产区、仓储区。	大型企业生产区、仓储区。	特大型企业生产区、仓储区。	—
—	配送中心。	物流中心。	物流基地。	—
—	小学。	中学。	大学、科研院所。	—
—	一级医院。	二级医院。	三级医院。	—
—	地/市级及以下级别重点文物保护的建(构)筑物,地/市级及以下级别档案馆,丙级体育馆,小型展览和博览建筑物。	省级重点文物保护的建(构)筑物,省级档案馆,乙级体育馆,中型展览和博览建筑物。	国家级重点文物保护的建构筑物,国家级档案馆,特级、甲级体育馆,大型展览和博览建筑物。	—
—	县级信息(计算)中心。	地/市级信息(计算)中心。	省级信息(计算)中心。	国家级信息(计算)中心。
—	—	小型通信枢纽(中心),移动通信基站。	中型通信枢纽(中心)。	国家级通信枢纽(中心)。

表 A.11 使用性质分级(续)

Ⅰ级	Ⅱ级	Ⅲ级	Ⅳ级	Ⅴ级
—	—	民用微波站。	民用雷达站。	—
—	县级电视台、广播台、网站、报社等的办公及业务建(构)筑物。	地/市级电视台、广播台、网站、报社等的办公及业务建(构)筑物。	省级电视台、广播台、网站、报社等的办公及业务建(构)筑物。	国家级电视台、广播台、网站、报社等的办公及业务建(构)筑物。
城区人口20万以下城/镇给水水厂。	城区人口20万～50万城市给水水厂。	城区人口50万～100万城市给水水厂。	城区人口100万～200万城市给水水厂。	城区人口200万以上城市给水水厂。
—	县级及以下电力公司，35 kV及以下等级变(配)电站(所)，总装机容量100 MW以下的电厂。	地/市级电力公司，110 kV(66 kV)变电站；总装机容量100 MW～250 MW的电厂。	大区/省级电力公司，220 kV(330 kV)变电站，总装机容量250 MW～1000 MW的电厂。	国家级电网公司，500 kV及以上电压等级变电站、换流站，核电站，总装机容量1000 MW以上的电厂。
四级/五级汽车站，四等/五等火车站。	三级汽车站，三等火车站，小型港口。	二级汽车站，二等火车站，中型港口，支线机场。	一级汽车站，一等火车站，大型港口，区域干线机场。	特等火车站，特大型港口，枢纽国际机场。
三级/四级公路桥梁。	二级公路桥梁。	一级公路桥梁，Ⅲ级铁路桥梁。	高速公路桥梁，Ⅱ级铁路桥梁，城市轨道交通。	Ⅰ级铁路桥梁。
—	—	银行支行。	银行分行，证券交易公司。	银行总行，国家级证券交易所。
—	—	二级/三级加油加气站。	一级加油加气站，四级/五级石油库，四级/五级石油天然气站场，小型/中型石油化工企业、危险化学品企业、烟花爆竹企业的生产区、仓储区。	一级/二级/三级石油库，一级/二级/三级石油天然气站场，大型/特大型石油化工企业、危险化学品企业、烟花爆竹企业的生产区、仓储区。
—	—	从事军需、供给等与军事有关行业的科研机构和军工企业。	从事火炮、装甲、通信、防化等与军事有关行业的科研机构和军工企业。	从事航天、飞机、舰船、导弹、雷达、指挥自动化等与军事有关行业的科研机构和军工企业，军用机场，军港。

A.2.4.1.2 人员数量

人员数量分五个等级，见表A.12。

表 A.12　人员数量分级

危险等级	Ⅰ级	Ⅱ级	Ⅲ级	Ⅳ级	Ⅴ级
人员数量/人	[0,100)	[100,300)	[300,1000)	[1000,3000)	[3000,∞)

A.2.4.1.3　影响程度

爆炸、火灾危险场所的影响程度(以下简称影响程度)分五个等级,见表 A.13。

表 A.13　影响程度分级

危险等级	区域内项目危险特征
Ⅰ级	区域内项目遭受雷击后一般不会产生危及区域外的爆炸或火灾危险。
Ⅱ级	区域内项目有三级加油加气站,以及类似爆炸或火灾危险场所。
Ⅲ级	区域内项目有二级加油加气站,以及类似爆炸或火灾危险场所。
Ⅳ级	区域内项目有一级加油加气站,四级/五级石油库,四级/五级石油天然气站场,小型、中型石油化工企业,小型民用爆炸物品储存库,小型烟花爆竹生产企业,危险品计算药量总量小于或等于 5000 kg 的烟花爆竹仓库,小型、中型危险化学品企业及其仓库,以及类似爆炸或火灾危险场所。
Ⅴ级	区域内项目有一级/二级/三级石油库,一级/二级/三级石油天然气站场,大型、特大型石油化工企业,中型、大型民用爆炸物品储存库,中型、大型烟花爆竹生产企业,危险品计算药量总量大于 5000 kg 的烟花爆竹仓库,大型、特大型危险化学品企业及其仓库,以及类似爆炸或火灾危险场所。

A.2.4.2　建(构)筑物特征

A.2.4.2.1　占地面积

占地面积分五个等级,见表 A.14。

表 A.14　占地面积分级

危险等级	Ⅰ级	Ⅱ级	Ⅲ级	Ⅳ级	Ⅴ级
占地面积 m^2	[0,2500)	[2500,5000)	[5000,7500)	[7500,10000)	[10000,∞)

A.2.4.2.2　等效高度

等效高度分五个等级,划分如表 A.15 所示。

表 A.15　等效高度分级

危险等级	Ⅰ级	Ⅱ级	Ⅲ级	Ⅳ级	Ⅴ级
等效高度 m	[0,30)	[30,45)	[45,60)	[60,100)	[100,∞)

A.2.4.2.3 材料结构

材料结构分五个等级，依次为：

——Ⅰ级（建（构）筑物为木结构）；

——Ⅱ级（建（构）筑物为砖木结构）；

——Ⅲ级（建（构）筑物为砖混结构）；

——Ⅳ级（建（构）筑物屋顶和主体结构为钢筋混凝土结构）；

——Ⅴ级（建（构）筑物屋顶和主体结构为钢结构）。

A.2.4.3 电子电气系统

A.2.4.3.1 电子系统

电子系统分五个等级，见表 A.16。

表 A.16 电子系统分级

Ⅰ级	Ⅱ级	Ⅲ级	Ⅳ级	Ⅴ级
乡镇政府机关、事业单位办公电子信息系统	县级政府机关、事业单位办公电子信息系统	地市级政府机关、事业单位办公电子信息系统	省级政府机关、事业单位办公电子信息系统	国家级政府机关、事业单位办公电子信息系统
普通住宅区安保电子信息系统	电梯公寓、智能建筑的电子信息系统	—	—	—
小型企业的工控、监控、信息等电子系统	中型企业的工控、监控、信息等电子系统	大型企业的工控、监控、信息等电子系统	特大型企业的工控、监控、信息等电子系统	—
—	中、小学电子信息系统	大学、科研院所电子信息系统	—	—
一级医院的电子信息系统	二级医院的电子信息系统	—	三级医院的电子信息系统	—
拥有丙级体育建筑的体育场馆的电子信息系统	拥有乙级体育建筑的体育场馆的电子信息系统	—	拥有甲级、特级体育建筑的体育场馆的电子信息系统	—
—	小型博物馆、展览馆的电子信息系统	中型博物馆、展览馆的电子信息系统	大型博物馆、展览馆的电子信息系统	—
—	地市级及以下级别重点文物保护、地市级及以下级别档案馆的电子系统	省级重点文物保护、省级档案馆的电子系统	国家级重点文物保护、国家级档案馆的电子系统	—
城区人口 20 万以下城/镇给水水厂的电子系统	城区人口 20 万～50 万城市给水水厂的电子系统	城区人口 50 万～100 万城市给水水厂的电子系统	城区人口 100 万～200 万城市给水水厂的电子系统	城区人口 200 万以上城市给水水厂的电子系统

表 A.16　电子系统分级(续)

Ⅰ级	Ⅱ级	Ⅲ级	Ⅳ级	Ⅴ级
—	地市级粮食储备库电子系统	省级粮食储备库电子系统	国家粮食储备库电子系统	—
—	县级交通电子信息系统	地市级交通电子信息系统	省级交通电子信息系统	国家级交通电子信息系统
—	县级电力调度、通信、信息、监控等的电子系统	地市级电力调度、通信、信息、监控等的电子系统	大区级、省级电力调度、通信、信息、监控等的电子系统	国家级电力调度、通信、信息、监控等的电子系统
—	—	—	省级证券交易监管部门的电子信息系统,证券公司的证券交易电子信息系统	国家级证券交易所(中心)、监管部门的电子信息系统
—	银行分理处、营业网点的电子信息系统	银行支行的电子信息系统	银行分行的电子信息系统	银行总行的电子信息系统
—	县级信息(计算)中心	地市级信息(计算)中心	省级信息(计算)中心	国家级信息(计算)中心
—	—	小型通信枢纽(中心)	中型通信枢纽(中心)	国家级通信枢纽(中心)
—	—	移动通信基站、民用微波站	民用雷达站	
—	县级电视台、广播台、网站、报社等的电子系统	地市级电视台、广播台、网站、报社等的电子系统	省级电视台、广播台、网站、报社等的电子系统	国家级电视台、广播台、网站、报社等的电子系统
—	—	从事军需、供给等与军事有关行业的科研机构和军工企业的电子系统	从事火炮、装甲、通信、防化等与军事有关行业的科研机构和军工企业的电子系统	从事航天、飞机、舰船、导弹、雷达、指挥自动化等与军事相关的科研机构、企业的电子系统

A.2.4.3.2　电气系统

电气系统分五个等级,依次为:

——Ⅰ级(电力负荷中仅有三级负荷,室外低压配电线路全线采用电缆埋地敷设)。

——Ⅱ级(电力负荷中仅有三级负荷,符合下列情况之一者):

- 室外低压配电线路全线采用架空电缆,或部分线路采用电缆埋地敷设;
- 室外低压配电线路全线采用绝缘导线穿金属管埋地敷设,或部分线路采用绝缘导线穿金属管埋地敷设。

——Ⅲ级(符合下列情况之一者):

- 电力负荷中有一级负荷、二级负荷，室外低压配电线路全线采用电缆埋地敷设；
- 电力负荷中仅有三级负荷，室外低压配电线路全线采用架空裸导线或架空绝缘导线。

——Ⅳ级(电力负荷中有一级负荷、二级负荷，符合下列情况之一者)：

- 室外低压配电线路全线采用架空电缆，或部分线路采用电缆埋地敷设；
- 室外低压配电线路全线采用绝缘导线穿金属管埋地敷设，或部分线路采用绝缘导线穿金属管埋地敷设。

——Ⅴ级(电力负荷中有一级负荷、二级负荷，室外低压配电线路全线采用架空裸导线或架空绝缘导线)。

A.3 区域雷电灾害综合评价分析

A.3.1 指标参量的隶属度分析

A.3.1.1 一般规定

对评估指标体系中所有最底层指标参数进行预处理，即对获取的参数进行计算得出该指标的隶属度。

A.3.1.2 定量指标参量的隶属度计算

定量指标参量即可量化指标参量，有雷暴日、雷击密度、雷电流强度、土壤电阻率、土壤垂直分层、土壤水平分层、电磁环境、人员数量、占地面积、等效高度。以雷暴日为例，若评估对象的雷暴日参数为46.6，结合雷暴日的五个等级划分(见表A.3)，根据隶属函数和表A.3令 v_1 ，v_2 ，v_3 ，v_4 ，v_5 分别为10，30，50，75，100(取等级范围中间值)。根据极小型隶属函数处理方法，按照式(A.3)和式(A.4)计算雷暴日的隶属度。

$$r_2=\frac{50-46.6}{50-30}=0.17 \qquad \cdots\cdots(A.3)$$

$$r_3=\frac{46.6-30}{50-30}=0.83 \qquad \cdots\cdots(A.4)$$

可以得出雷暴日的隶属度如表A.17所示。

表A.17 雷暴日隶属度

危险等级	Ⅰ级	Ⅱ级	Ⅲ级	Ⅳ级	Ⅴ级
隶属度	0	0.17	0.83	0	0

A.3.1.3 定性指标参量的隶属度计算

定性指标参量包括：雷暴路径、地形地貌、安全距离、相对高度、使用性质、影响程度、材料结构、电子系统、电气系统。

定性指标的隶属度确定方法与定量指标的隶属度确定方法有所不同，定性指标不需要通过公式计算，只需要把收集到的数据与分级标准对比，符合某一个危险等级的描述，则完全隶属于该风险等级，且隶属度等于1。

例如，根据被评估对象历史资料及现场勘测，地形地貌为丘陵，根据地形地貌的危险等级划分，则地形地貌完全隶属于Ⅱ级，见表A.18。

表 A.18　地形地貌隶属度

危险等级	Ⅰ级	Ⅱ级	Ⅲ级	Ⅳ级	Ⅴ级
地形地貌隶属度	0	1	0	0	0

A.3.2　指标参量的权重分析

A.3.2.1　一般规定

权重是一个相对的概念，是针对某一个指标而言，某一个指标的权重是指该指标在整体评价中的相对重要程度，是对各评价指标在总体评价中的作用进行区别对待。本附录中所牵涉的评估指标权重均引用层次分析法来分析和计算。

A.3.2.2　构造判断矩阵

根据层次分析法原理，确定各指标参量权重的第一步需要专家客观的对同一层次各指标参量进行比较判断，构造该层次各指标参量的判断矩阵。

根据对拟建场地现场土壤电阻率实测值，计算土壤结构下属指标参量的隶属度，隶属度矩阵见表 A.19。

表 A.19　土壤结构的下属指标隶属度

土壤结构	Ⅰ级	Ⅱ级	Ⅲ级	Ⅳ级	Ⅴ级
土壤电阻率	0	0	0	0	1
土壤垂直分层	1	0	0	0	0
土壤水平分层	1	0	0	0	0

这三个同一级指标参量的风险次序为：土壤电阻率＞土壤垂直分层＝土壤水平分层，且差别较大。土壤结构下属三个指标参量之间的比较判断矩阵见表 A.20。

表 A.20　土壤结构的判断矩阵

土壤结构	土壤电阻率	土壤垂直分层	土壤水平分层
土壤电阻率	1	5	5
土壤垂直分层	0.2	1	1
土壤水平分层	0.2	1	1

A.3.2.3　计算最大特征值和特征向量

根据矩阵计算方法，矩阵计算出最大特征值 $\lambda_{max}=3.00$，其对应的归一化特征向量为：$w=(0.7143,0.1429,0.1429)$。

A.3.2.4　一致性检验

根据矩阵计算方法，矩阵的一致性指标 $C.I.$ 计算方法：

$$C.I. = \frac{\lambda_{max} - n}{n-1} = \frac{3-3}{2} = 0 \qquad \cdots\cdots\cdots\cdots\cdots\cdots (A.5)$$

一致性比例 $C.R.$ 计算方法如下：

$$C.R. = \frac{C.I.}{R.I.} = 0 \qquad \cdots\cdots\cdots\cdots\cdots\cdots (A.6)$$

即 $C.R.<0.1$，认为土壤结构判断矩阵的一致性可以接受的，即 $w=(0.7143, 0.1429, 0.1429)$ 为土壤结构下属指标参量：土壤电阻率、土壤垂直分层和土壤水平分层的权向量。即土壤结构的下属指标参量的权重计算结果见表 A.21。

表 A.21　土壤结构下属指标参量的权重计算结果

土壤结构	土壤电阻率	土壤垂直分层	土壤水平分层	权重 W
土壤电阻率	1	5	5	0.7143
土壤垂直分层	0.2	1	1	0.1429
土壤水平分层	0.2	1	1	0.1429
$\lambda_{max}=3$	$C.I.=0$	$C.R.=0<0.1$ 通过一致性验证		

A.3.3　区域雷电灾害风险等级

根据上述的区域雷电灾害风险隶属度，计算得到Ⅰ级、Ⅱ级、Ⅲ级、Ⅳ级、Ⅴ级的隶属度 r_1、r_2、r_3、r_4、r_5。最后，结合公式 $g=r_1+3r_2+5r_3+7r_4+9r_5$，求出区域雷电灾害风险 g，然后根据区域雷电风险评估分级标准表 A.2 确定的项目雷电灾害风险等级。

附 录 B
（规范性附录）
雷击损害和损失

B.1 损害成因

雷电流是造成损害的主要原因。按雷击点的位置（见表 B.1）分为以下几种成因：

——S1：损害成因——雷击建筑物；
——S2：损害成因——雷击建筑物附近；
——S3：损害成因——雷击线路；
——S4：损害成因——雷击线路附近。

B.2 损害类型

雷击可能造成的损害取决于需防护建筑物的特性，其中最重要的特性包括：建筑物的结构类型、内部存放物品、用途、服务设施类型以及所采取的防护措施。

在实际的风险评估中，将雷击引起的基本损害类型划分为以下三种（见表 B.1）：

——D1：人和动物伤害；
——D2：物理损害；
——D3：电气和电子系统失效。

雷击对建筑物的损害可能局限于建筑物的某一部分，也可能扩展到整个建筑物，还可能殃及四周的建筑物或环境（例如化学物质泄漏或放射性辐射）。

B.3 损失类型

每类损害，不论单独出现或与其他损害共同作用，都会在被保护建筑物中产生不同的损失。可能出现的损失类型取决于建筑物本身的特性及其内存物。应考虑以下几种类型的损失（见表 B.1）：

——L1：人身伤亡损失；
——L2：公众服务损失；
——L3：文化遗产损失；
——L4：经济价值损失。

表 B.1 雷击点、损害成因、损害类型以及损失类型对照一览表

雷击点	损害成因	建筑物	
		损害类型	损失类型
	S1	D1 D2 D3	L1，L4[a] L1，L2，L3，L4 L1[b]，L2，L4

表 B.1 雷击点、损害成因、损害类型以及损失类型对照一览表(续)

雷击点	损害成因	建筑物	
		损害类型	损失类型
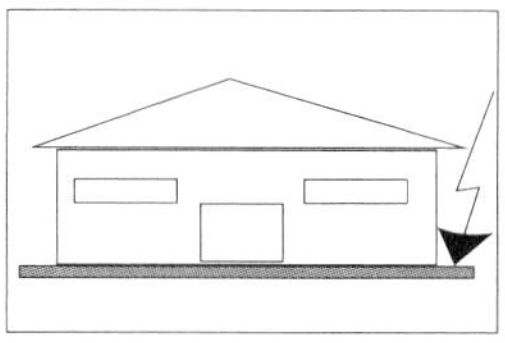	S2	D3	L1[b],L2,L4
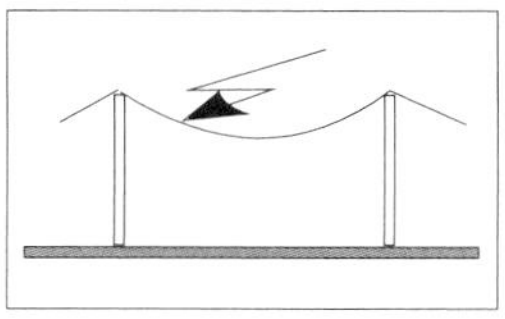	S3	D1 D2 D3	L1,L4[a] L1,L2,L3,L4 L1[b],L2,L4
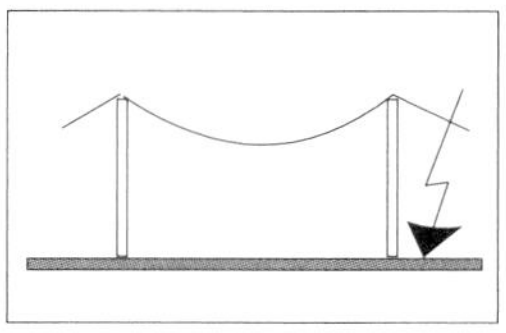	S4	D3	L1[b],L2,L4

[a] 仅适用于可能出现动物损失的建筑物。

[b] 仅适用于具有爆炸危险的建筑物或因内部系统失效马上会危及人命的医院或其他建筑物。

附 录 C
(规范性附录)
雷击风险和风险分量

C.1 风险

风险 R 是指因雷电造成的年平均可能损失的相对值。对建筑物中可能出现的各类损失,应计算其所对应的风险。

建筑物中需估算的风险有:

——R_1:建筑物中人身伤亡损失的风险;

——R_2:建筑物中公众服务损失的风险;

——R_3:建筑物中文化遗产损失的风险;

——R_4:建筑物中经济价值损失的风险。

计算风险 R 时,相关风险分量应明确并进行计算(部分风险取决于损害成因和类型)。

每个风险 R 都是各个风险分量的和。计算风险时,可按损害成因和损害类型对各个风险分量进行归类。

C.2 雷击建筑物引起的建筑物风险分量

雷击建筑物引起的建筑物风险分量包括:

——R_A:雷击建筑物造成人和动物伤害的风险分量。可能产生 L1 类的损失。对饲养动物的建筑物还可能产生 L4 类的损失;

——R_B:雷击建筑物造成建筑物物理损害的风险分量。可能产生所有类型(L1、L2、L3、L4)的损失;

——R_C:雷击建筑物造成内部系统失效的风险分量。可能会产生 L2 和 L4 类的损失,在具有爆炸危险的建筑物以及因内部系统失效会危及人命的医院或其他建筑物中还可能产生 L1 类型的损失。

C.3 雷击建筑物附近引起的建筑物风险分量

因 LEMP 引起内部系统失效的风险分量 R_M,可能产生 L2 和 L4 类的损失,在具有爆炸危险的建筑物以及因内部系统失效会危及人命的医院或其他建筑物中还可能产生 L1 类的损失。

C.4 雷击入户线路引起的建筑物风险分量

雷击入户线路引起的建筑物风险分量包括:

——R_U:雷击线路造成人和动物伤害的风险分量。可能产生 L1 类的损失,当有动物时,还可能出现 L4 类的损失;

——R_V:雷击线路造成建筑物物理损害的风险分量。可能产生所有类型(L1、L2、L3、L4)的损失;

——R_W:雷击线路造成内部系统失效的风险分量。可能产生 L2 和 L4 类的损失,在具有爆炸危险的建筑物以及因内部系统失效会危及人命的医院或其他建筑物中还可能产生 L1 类的损失。

如果建筑物的管道已经连接到等电位连接排，不把雷击管道或其附近作为损害源。如果没有作等电位连接，应考虑这种风险分量。

C.5 雷击入户线路附近引起的建筑物风险分量

雷击线路附近造成内部系统失效的风险分量 R_Z，可能产生 L2 和 L4 类的损失，在具有爆炸危险的建筑物以及因内部系统失效会危及人命的医院或其他建筑物中还可能产生 L1 类型的损失。

如果管道已经连接到等电位连接排，可以不把雷击管道或其附近作为损害源。如果没有作等电位连接，应考虑这种风险分量。

C.6 各种风险的组成

建筑物各类损失风险需考虑的风险分量见表 C.1。

表 C.1 建筑物各类损失风险需考虑的风险分量

损失风险	风险分量							
	雷击建筑物（损害成因 S1）			雷击建筑物附近（损害成因 S2）	雷击入户线路（损害成因 S3）			雷击入户线路附近（损害成因 S4）
R_1	R_A	R_B	R_C [a]	R_M [a]	R_U	R_V	R_W [a]	R_Z [a]
R_2	—	R_B	R_C	R_M	—	R_V	R_W	R_Z
R_3	—	R_B	—	—	—	R_V	—	—
R_4	R_A [b]	R_B	R_C	R_M	R_U [b]	R_V	R_W	R_Z
每类损失风险等于对应（表中同一行）的风险分量之和，比如：$R_1=R_A+R_B+R_C^a+R_M^a+R_U+R_V+R_W^a+R_Z^a$								

[a] 仅对具有爆炸危险的建筑物以及因内部系统失效会危及人命的医院或其他建筑物。

[b] 仅对可能出现动物损失的建筑物。

建筑物特性及影响建筑物风险分量的可能防护措施在表 C.2 中给出。

表 C.2 影响建筑物风险分量的因素

建筑物、内部系统以及防护措施的特性	R_A	R_B	R_C	R_M	R_U	R_V	R_W	R_Z
截收面积	X	X	X	X	X	X	X	X
地表土壤电阻率	X	—	—	—	—	—	—	—
楼内地板电阻率	X	—	—	—	X	—	—	—
围栏等限制措施，绝缘措施，警示牌，大地电位均衡措施	X	—	—	—	X	—	—	—
LPS	X	X	X	X[a]	X[b]	X[b]	—	—

表 C.2 影响建筑物风险分量的因素(续)

建筑物、内部系统以及防护措施的特性	R_A	R_B	R_C	R_M	R_U	R_V	R_W	R_Z
减少触电和火花放电危险的 SPD	X	X	—	—	X	X	—	—
隔离界面	—	—	X[c]	X[c]	X	X	X	X
协调配合的 SPD 系统	—	—	X	X	—	—	X	X
空间屏蔽	—	—	X	X	—	—	—	—
外部线路屏蔽措施	—	—	—	—	X	X	X	X
内部线路屏蔽措施	—	—	X	X	—	—	—	—
合理布线	—	—	X	X	—	—	—	—
等电位连接网络	—	—	X	—	—	—	—	—
防火措施	—	X	—	—	—	X	—	—
火灾危险性	—	X	—	—	—	X	—	—
特殊危险	—	X	—	—	—	X	—	—
耐冲击电压	—	—	X	X	X	X	X	X

X：表示与该风险相关因素；
—：表示与该风险无关因素。

[a] 只有格栅型外部 LPS 才有影响。
[b] 由等电位连接引起的。
[c] 只有当隔离界面属于设备的组成部分才有影响。

附 录 D
(规范性附录)
风险管理

D.1 基本步骤

包括:

——确定需防护建筑物及其特性;

——确定建筑物中可能出现的各类损失以及相应的风险 $R_1 \sim R_4$;

——计算风险 R 的各种损失风险 $R_1 \sim R_4$;

——将建筑物风险 R_1、R_2 和 R_3 与风险容许值 R_T 作比较来确定是否需要防雷;

——通过比较采用或不采用防护措施时造成的损失代价以及防护措施年均花费,评估采用防护措施的成本效益。

D.2 风险评估时需考虑的建筑物方面的问题

需考虑的建筑物方面的问题包括:

——建筑物本身;

——建筑物内的装置;

——建筑物的内存物;

——建筑物内或建筑物外 3 m 范围内的人员;

——建筑物受损对环境的影响。

考虑对建筑物的防护时不包括与建筑物相连的户外线路的防护。

注:所考虑的建筑物可能会划分为几个区。

D.3 风险容许值 R_T

由相关职能部门确定风险容许值。

表 D.1 给出涉及雷电引起的人身伤亡损失、社会价值损失以及文化价值损失的典型 R_T 值。

表 D.1 风险容许值 R_T 的典型值

损失类型		R_T/a^{-1}
L1	人身伤亡损失	5×10^{-6}
L2	公众服务损失	10^{-3}
L3	文化遗产损失	10^{-4}
注:人身伤亡损失容许值表示每年每平方千米上可能出现的人员雷击伤亡期望值,我国国情同欧洲差异较大,根据 IEC 62305 给出的参考值换算下来近似为 5×10^{-6}。实际操作中,相关职能部门或者业主可根据自身情况确定风险容许值。		

原则上,经济价值损失(L4)的风险容许值可由式(D.1)～式(D.6)进行估算,如果无相关数据则可

取典型值 $R_T=10^{-3}$。

某个分区中的损失成本 C_{LZ} 可由式(D.1)估算：

$$C_{LZ} = R_{4Z} \times c_t \quad \cdots\cdots(D.1)$$

式中：

R_{4Z}——无防护措施时该分区中的经济价值损失风险；

c_t ——用货币表示的建筑物的总价值。

无防护措施时建筑物中成本的总损失 C_L 可以由式(D.2)估算：

$$C_L = \sum C_{LZ} = R_4 \times c_t \quad \cdots\cdots(D.2)$$

式中：

R_4——建筑物中经济价值损失的风险，$R_4=\sum R_{4Z}$。

有防护措施时，采取防护措施后的分区年平均损失值 C_{RLZ} 可用式(D.3)估算：

$$C_{RLZ} = R'_{4Z} \times c_t \quad \cdots\cdots(D.3)$$

式中：

R'_{4Z}——有防护措施时该分区中的经济价值损失风险。

采取防护措施后的年平均损失值 C_{RL} 可用式(D.4)估算：

$$C_{RL} = \sum C_{RLZ} = R'_4 \times c_t \quad \cdots\cdots(D.4)$$

式中：

R'_4——有防护措施时建筑物的经济价值损失风险，$R'_4=\sum R'_{4Z}$。

防护措施的年成本 C_{PM} 可用式(D.5)计算：

$$C_{PM} = C_P \times (i + a + m) \quad \cdots\cdots(D.5)$$

式中：

C_P——防护措施的成本；

i ——利率；

a ——防护措施的折旧率；

m ——维护费率。

每年因此而减少的费用支出 S_M 可由式(D.6)估算：

$$S_M = C_L - (C_{PM} + C_{RL}) \quad \cdots\cdots(D.6)$$

如果 $S_M>0$，则采取防护措施是合理的。

D.4 评估是否需要防雷的具体步骤

按照 GB/T 21714.1—2015 要求，评估一个对象是否需要防雷时，应考虑风险 R_1、R_2 和 R_3。

对于上述每一种风险，应当采取以下步骤：

a) 识别构成该风险的各分量 R_X；

b) 计算各风险分量 R_X；

c) 计算总风险 R；

d) 确定风险容许值 R_T；

e) 风险 R 与风险容许值 R_T 作比较。

如果 $R\leqslant R_T$，则不需要防雷。

如果 $R>R_T$，应采取防护措施减小建筑物的所有风险，使 $R\leqslant R_T$。

计算是否需要防雷的步骤见图 D.1。

风险无法降至容许水平时，应当通知业主并采取最高等级的防护措施。

具有爆炸危险的场所应至少采用Ⅱ类 LPS。当技术上合理且经相关职能部门批准后，不采用Ⅱ类防雷等级是可以允许的。例如在所有情况下采用Ⅰ类防雷等级是允许的，特别是建筑物的环境或内存物对雷电效应特别敏感的场所。另外，对于雷电低发区域或者建筑物的内存物对雷电不太敏感的场所，相关职能部门可能选择允许选用Ⅲ类防雷等级。

当雷电对建筑物的损害可能危及周围建筑或者环境（如化学品泄漏或放射性辐射）时，相关职能部门可能会要求对建筑物采用额外防护措施及对相应区域采用适当措施。

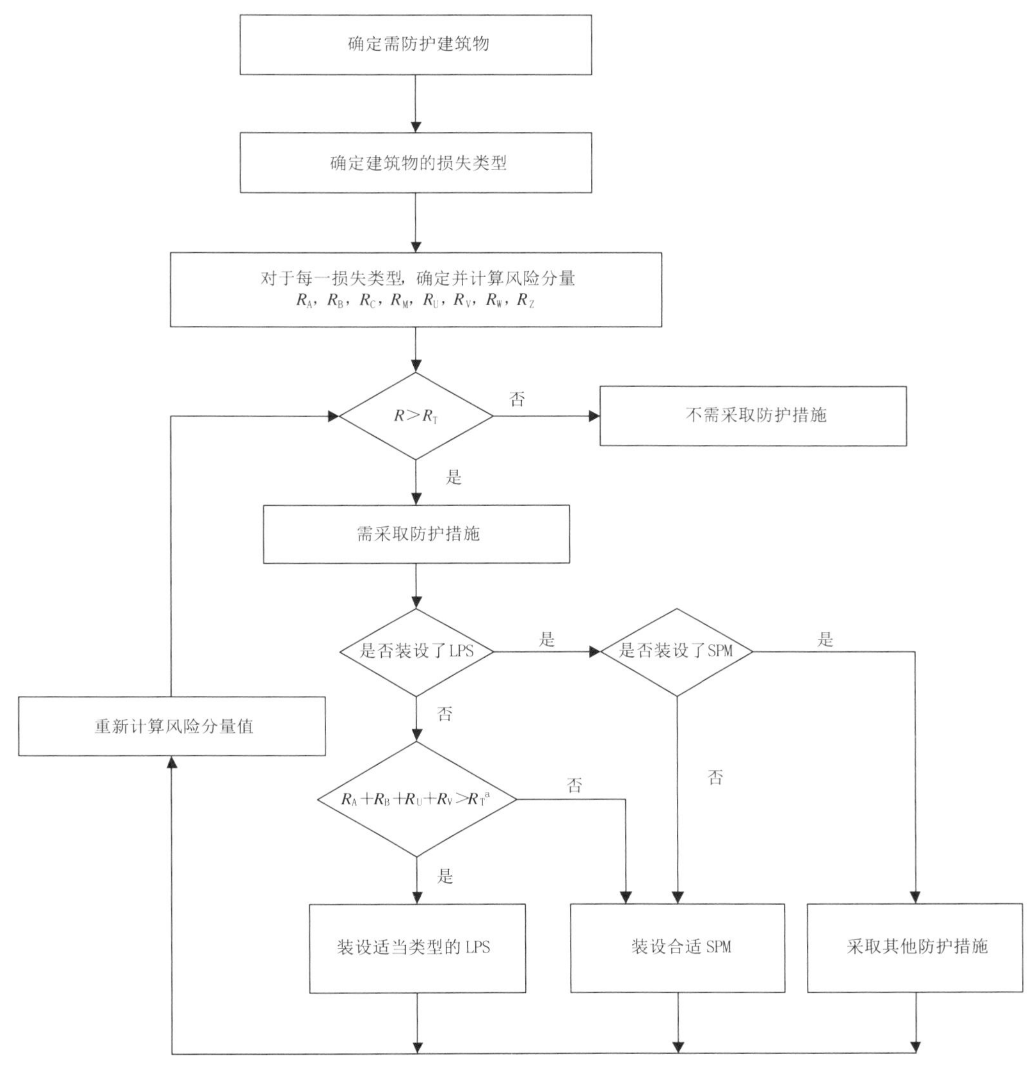

[a] 如果 $R_A+R_B<R_T$，不需要完整的 LPS，在这种情况下按照 GB/T 21714.3—2015 装设 SPD 就足够了。

图 D.1　确定是否需要防护和选择防护措施的流程

D.5　评估采取防护措施成本效益的步骤

除了对建筑物作是否需防雷的评估外，对为了减少经济价值损失 L4 而采取防雷措施的成本效益作出评估也是有用的。

计算出建筑物风险 R_4 的各个风险分量后可以估算出采取防护措施前后的经济价值损失。

评估采取防护措施的成本效益的步骤如下：

a） 识别建筑物风险 R_4 的各风险分量 R_X；

b） 计算未采取新的/额外的防护措施时各风险分量 R_X；

c） 计算各风险分量 R_X 的每年成本损失；

d） 计算缺乏防护措施的年损失值 C_L；

e） 选择防护措施；

f） 计算采取新的/额外的防护措施后的各风险分量 R_X；

g） 计算采取防护措施后各风险分量 R_X 的每年成本损失；

h） 计算采取防护措施后每年总损失 C_{RL}；

i） 计算防护措施的每年费用 C_{PM}；

j） 进行费用比较。

如果 $C_L < C_{RL} + C_{PM}$，则防雷是不经济的。

如果 $C_L \geqslant C_{RL} + C_{PM}$，则采取防雷措施在建筑物或设施的使用寿命期内可节约开支。

图 D.2 为评估采取防护措施成本效益的流程。

对各防护措施进行组合变化分析，有助于找出成本效益最佳的方案。

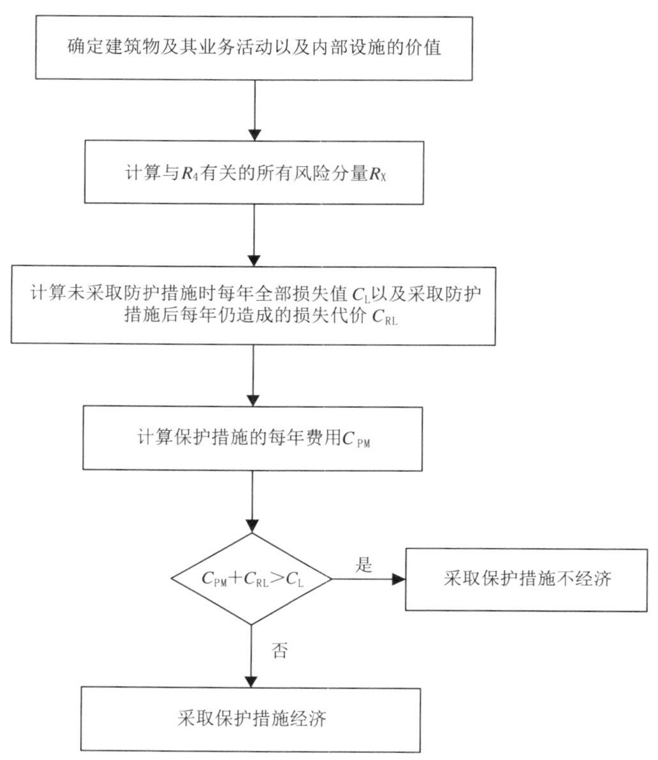

图 D.2 评估采取防护措施成本效益的流程

D.6 防护措施

应按损害类型选择防护措施以减少风险。

只有符合下列相关标准要求的防护措施，才认为是有效的：

——GB/T 21714.3—2015 有关建筑物中生命损害及物理损害的防护措施；

——GB/T 21714.4—2015 有关电气和电子系统失效的防护措施。

D.7 防护措施的选择

应由设计人员根据每一风险分量在总风险 R 中所占比例并考虑各种不同防护措施的技术可行性及造价，选择最合适的防护措施。

应找出最关键的若干参数以决定减小总风险 R 的最有效的防护措施。

对于每一类损失，有许多有效的防护措施，可单独采用或组合采用，从而使 $R \leqslant R_T$。应选取技术和造价上均可行的防护方案。图 D.1 为选择防护措施的简化流程图。任何情况下，安装人员或设计人员应找出最关键的风险分量并设法减小它们，当然也应考虑成本。

附　录　E
(资料性附录)
年均危险事件次数的通识符 N_X 的估算

E.1　概述

需防护建筑物的危险事件年平均次数 N 取决于需防护建筑物所处区域的雷暴活动以及需防护建筑物的物理特性。N 的计算方法是:将雷击大地密度 N_G 乘以需防护建筑物的等效截收面积,再乘以需防护建筑物物理特性所对应的修正因子。

雷击大地密度 N_G 是每年每平方千米雷击大地的次数。在世界上的许多地区,这个数值由地闪定位网络系统提供。

注:如果没有 N_G 的分布图,在温带地区,可以按式(E.1)估算。

$$N_G \approx 0.1 \times T_D \qquad \cdots\cdots\cdots\cdots(E.1)$$

式中:

T_D——年雷暴日。

对于需防护建筑物,要考虑的危险事件有:

——雷击建筑物;

——雷击建筑物附近;

——雷击入户线路;

——雷击入户线路附近;

——雷击与入户线路相连的建筑物。

E.2　雷击建筑物危险事件的次数 N_D 以及雷击毗邻建筑物危险事件的次数 N_{DJ}

E.2.1　孤立建筑物的雷击截收面积 A_D 的确定

对于平坦大地上的孤立建筑物,截收面积 A_D 是从建筑物上各点,特别是上部各点如图 E.1 所示以斜率为 1/3 的直线全方位向地面投射,在地面上由所有投射点构成的面积。可以通过作图法或计算法求出 A_D。

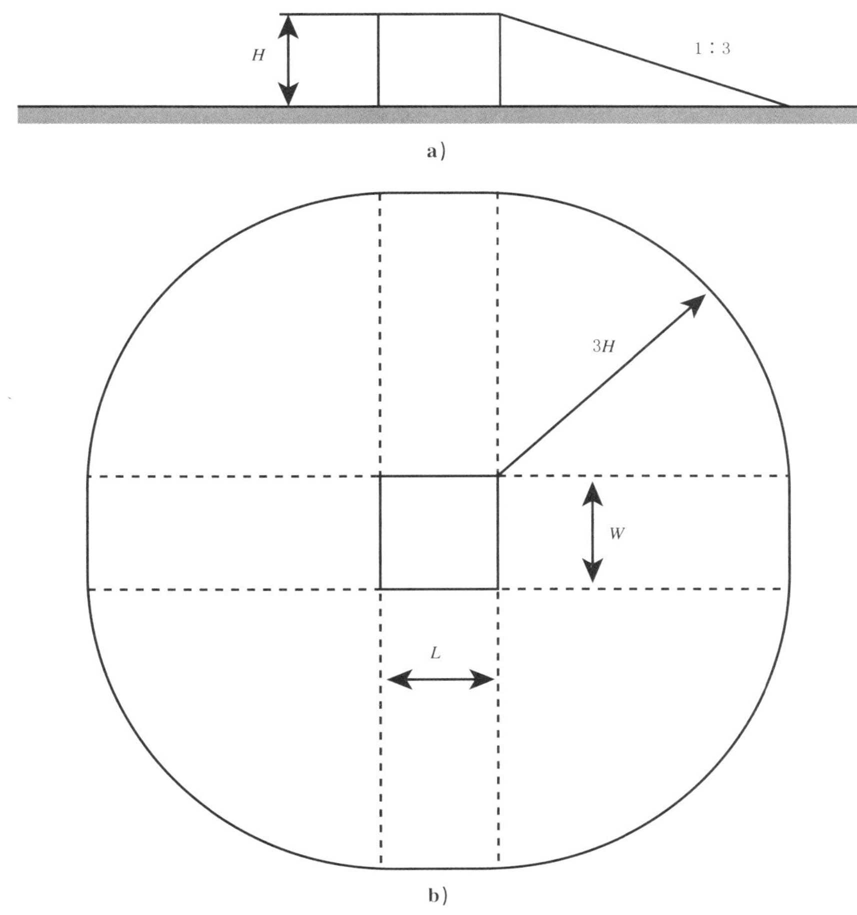

说明：

H ——建筑物高度，单位为米(m)；

W ——建筑物的宽度，单位为米(m)；

L ——建筑物的长度，单位为米(m)。

图 E.1　孤立建筑物的截收面积 A_D

E.2.1.1　长方体建筑

平坦大地上一座孤立的长方体建筑物，截收面积等于：

$$A_D = L \times W + 2 \times (3 \times H) \times (L + W) + \pi \times (3 \times H)^2 \qquad \cdots\cdots(E.2)$$

式中：

L、W、H——建筑物的长度、宽度、高度，单位为米(m)(见图 E.1)。

E.2.1.2　形状复杂的建筑物的截收面积

如图 E.2 所示，屋面上有突出部分的形状复杂的建筑物，宜采用作图法求出 A_D(见图 E.3)。

以建筑物的最小高度 H 按公式(E.3)计算建筑物的 A_D，取 A_D 与屋面突出部分的截收面积 A'_D 之间的较大者作为建筑物的近似截收面积是可接受的。A'_D可以通过下式计算：

$$A'_D = \pi \times (3 \times H_p)^2 \qquad \cdots\cdots(E.3)$$

式中：

H_p——突出部分的高度，单位为米(m)。

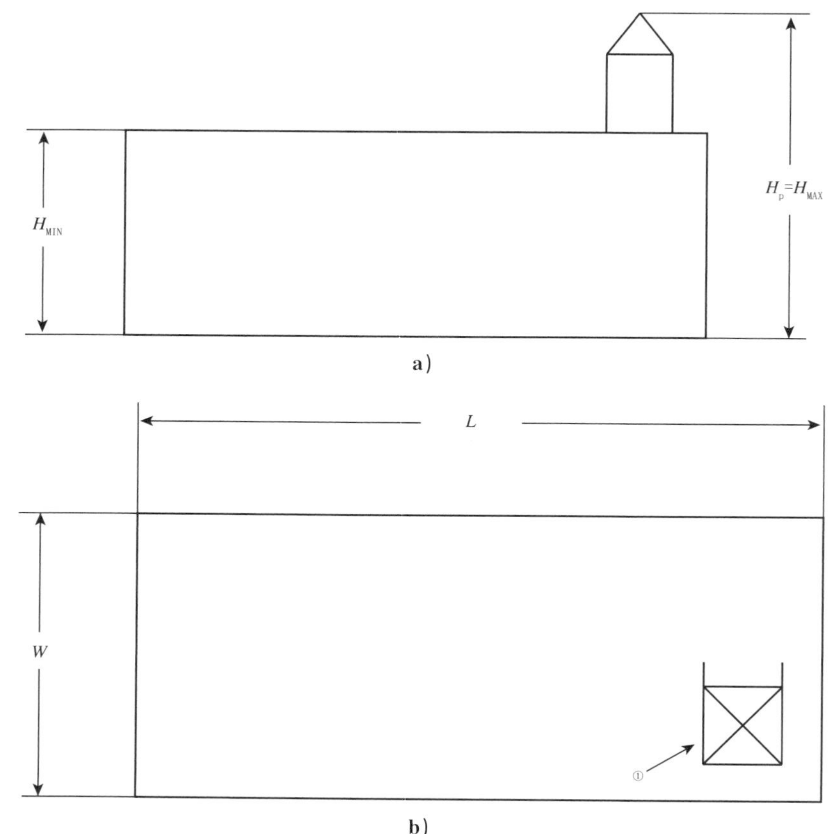

说明：

① ——建筑物的凸出部分；

H_{MIN} ——建筑物最矮处的高；

H_{MAX} ——建筑物最高处的高；

W ——建筑物的宽度；

L ——建筑物的长。

图 E.2 形状复杂的建筑物

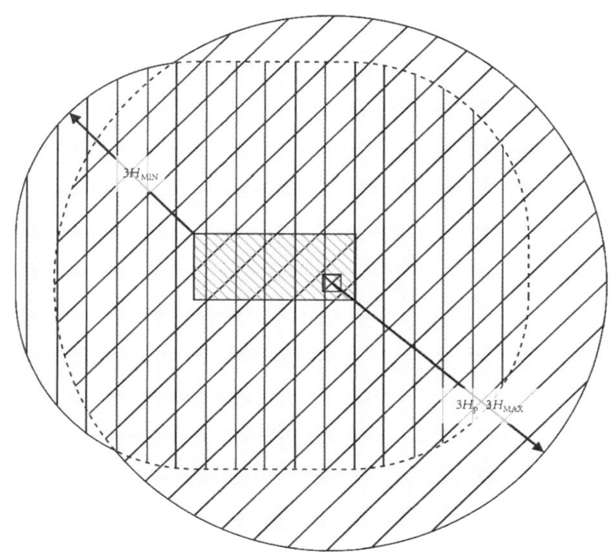

说明：

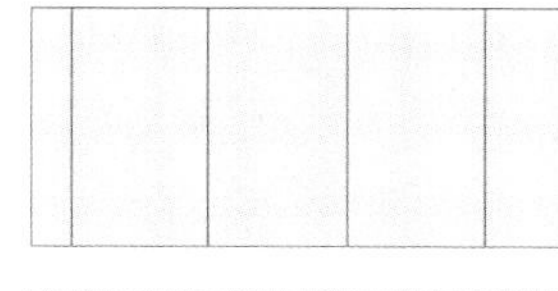

高度为$H=H_{MIN}$的长方体部分的截收面积；

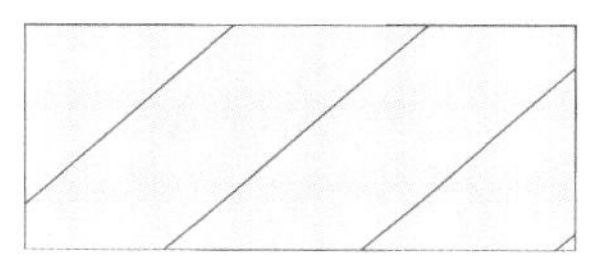

高度为$H=H_{MAX}$的突出部分的截收面积。

图 E.3　采用不同方法确定给定建筑物的截收面积

E.2.2　建筑物的一部分

当所考虑的建筑物 S 仅是建筑物 B 的一部分时，如果该部分满足以下所有条件，则由该部分建筑 S 的结构尺寸计算 A_D（见图 E.4）：

——该部分建筑物 S 是建筑物 B 的一个可被分离的垂直部分；

——建筑物 B 没有爆炸的危险；

——该部分建筑物 S 与建筑物 B 的其他部分之间用耐火极限为 2 h 的耐火墙体或者其他等效防护措施所阻隔，防止火势的蔓延；

——公共线路进入该部分时，在入口处安装有 SPD 或其他等效防护措施，以避免过电压传入。

注：耐火极限的定义和资料请参考 GB 50016—2014。

不满足上述所有条件时，应按整座建筑物 B 的尺寸计算 A_D。

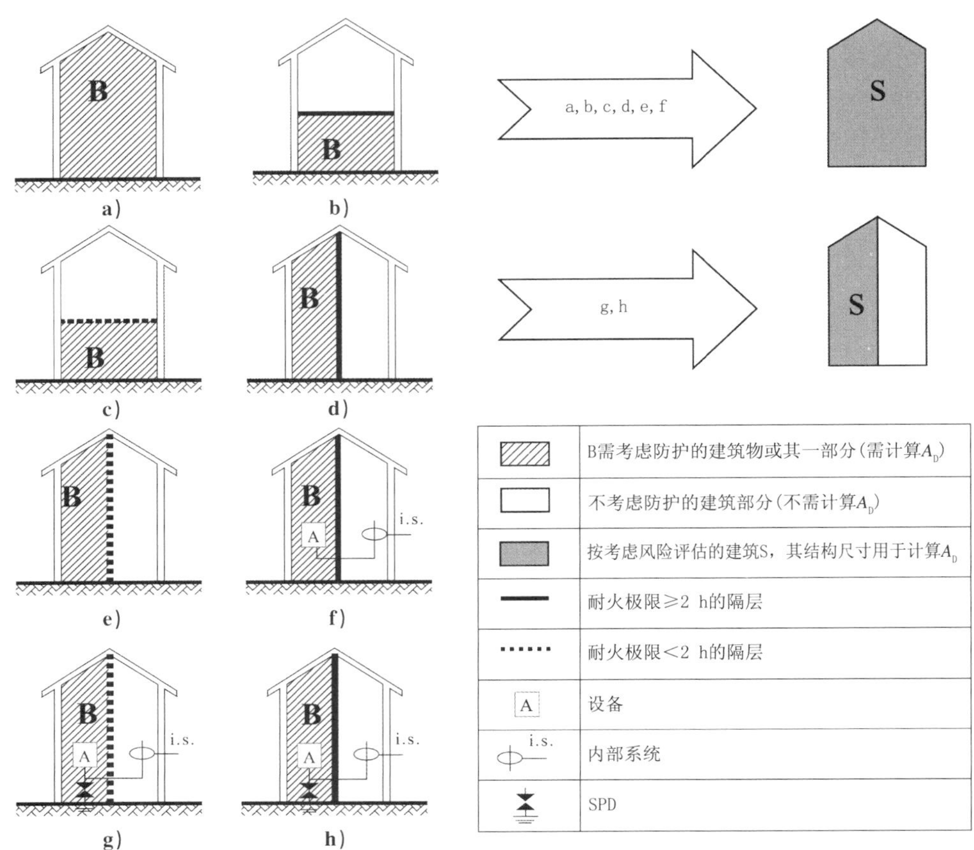

图 E.4　建筑物一部分的截收面积 A_D 的计算

E.2.3　建筑物的位置因子

考虑到建筑物暴露程度及周围物体对危险事件次数的影响引入了位置因子 C_D(见表 E.1)。

考虑建筑物(当为孤立建筑物时 $C_D=1$)与周围 $3H$ 范围以内物体或地形的相对高度后，可以更精确地计算周围物体的影响。

表 E.1　建筑物的位置因子 C_D

建筑物相对位置	C_D
周围有更高的物体	0.25
周围有相同高度或更矮的物体	0.5
孤立建筑物：附近无其他物体	1
小山顶或山丘上孤立的建筑物	2

E.2.4　雷击建筑物危险事件的次数 N_D

N_D 可以计算如下：

$$N_D = N_G \times A_D \times C_D \times 10^{-6} \quad \cdots\cdots\cdots\cdots\cdots\cdots(E.4)$$

式中：

N_G ——雷击大地密度，单位为次每平方千米年（次/（km^2 • a））；
A_D ——独立建筑物的雷击截收面积，单位为平方米（m^2）（见图 E.5）；
C_D ——位置因子（见表 E.1）。

E.2.5 雷击毗邻建筑物危险事件的次数 N_{DJ}

雷击毗邻建筑物危险事件的次数 N_{DJ} 计算如下：

$$N_{DJ} = N_G \times A_{DJ} \times C_{DJ} \times C_T \times 10^{-6} \qquad \cdots\cdots(E.5)$$

式中：
N_G——雷击大地密度，单位为次每平方千米年（次/（km^2 • a））；
A_{DJ}——毗邻建筑物的雷击截收面积，单位为平方米（m^2）（见图 E.5）；
C_{DJ}——毗邻建筑物的位置因子（见表 E.1）；
C_T ——线路上 HV/LV 变压器的线路类型因子（见表 E.3）。

E.3 雷击建筑物附近危险事件的次数 N_M

雷击建筑物附近危险事件的次数 N_M 计算如下：

$$N_M = N_G \times A_M \times 10^{-6} \qquad \cdots\cdots(E.6)$$

式中：
N_G——雷击大地密度，单位为次每平方千米年（次/（km^2 • a））；
A_M——雷击建筑物附近的雷击截收面积，单位为平方米（m^2）（见图 E.5）。
截收面积 A_M 为距建筑物周边 500 m 范围的线路所包围的面积。

$$A_M = 2 \times 500 \times (L + W) + \pi \times 500^2 \qquad \cdots\cdots(E.7)$$

E.4 雷击线路危险事件的次数 N_L

线路可能由多个区段组成，对于每个区段，N_L 的值计算如下：

$$N_L = N_G \times A_L \times C_I \times C_E \times C_T \times 10^{-6} \qquad \cdots\cdots(E.8)$$

式中：
N_L ——雷击线路危险事件的次数，单位为次每年（次/a）；
N_G ——雷击大地密度，单位为次每平方千米年（次/（km^2 • a））；
A_L ——雷击线路的雷击截收面积，单位为平方米（m^2）（见图 E.5）；
C_I ——线路安装因子（见表 E.2）；
C_T ——线路上 HV/LV 变压器的线路类型因子（见表 E.3）；
C_E ——线路环境因子（见表 E.4）。
雷击线路的截收面积：

$$A_L = 40 \times L_L \qquad \cdots\cdots(E.9)$$

式中：
L_L——线路区段的长度，单位为米（m）。
如果线路区段的长度未知，则假设 L_L=1000 m。

注：土壤电阻率对埋地区段线路的截收面积 A_L 有影响。通常，土壤电阻率越大，截收面积也越大（A_L 与$\sqrt{\rho}$成正比）。

表 E.2 线路安装因子 C_I

布线方式	C_I
架空	1
埋地	0.5
完全埋设在网格型地网中的电缆(GB/T 21714.4—2015 的 5.2)	0.01
线路安装因子基于 ρ=400 Ω·m 给出。	

表 E.3 线路类型因子 C_T

类型	C_T
低压供电线路,通信或数据线路	1
高压输配电线路(具有 HV/LV 变压器)	0.2

表 E.4 线路环境因子 C_E

环境	C_E
农村	1
郊区	0.5
市区	0.1
有高层建筑的市区[a]	0.01
[a] 建筑物高度大于 20 m。	

E.5 雷击线路附近危险事件的次数 N_I

线路可能由多个区段组成,对于每个区段,N_I 的值可计算如下:

$$N_I = N_G \times A_I \times C_I \times C_E \times C_T \times 10^{-6} \quad \cdots\cdots(E.10)$$

式中:

N_I——雷击线路附近危险事件的次数,单位为次每年(次/a);

N_G——雷击大地密度,单位为次每平方千米年(次/(km^2·a));

A_I——雷击线路附近的雷击截收面积,单位为平方米(m^2)(见图 E.5);

C_I——线路安装因子(见表 E.2);

C_T——线路上 HV/LV 变压器的线路类型因子(见表 E.3);

C_E——线路环境因子(见表 E.4)。

雷击线路附近的截收面积:

$$A_I = 4000 \times L_L \quad \cdots\cdots(E.11)$$

式中:

L_L——线路区段的长度,单位为米(m)。

如果线路区段的长度未知,则假设 L_L=1000 m。

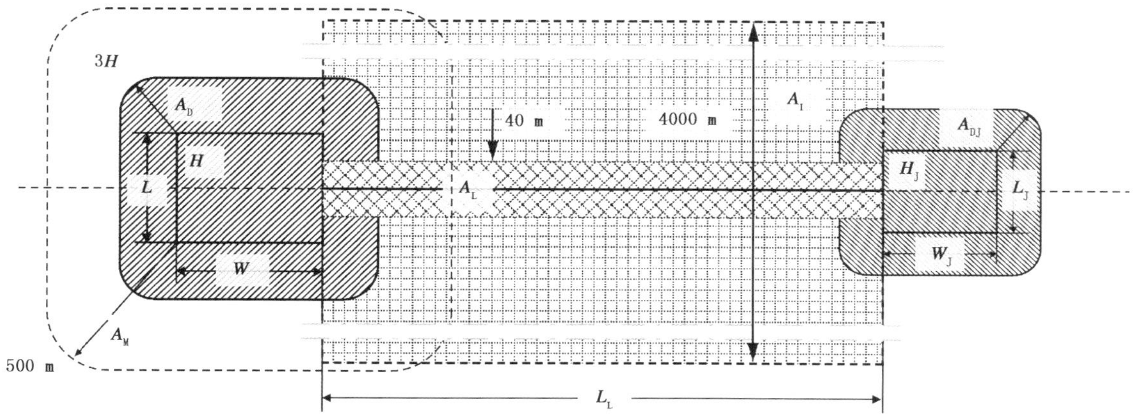

图 E.5　截收面积（A_D、A_M、A_I、A_L、A_{DJ}）

附 录 F
(资料性附录)
建筑物各种损害概率的通识符 P_X 的估算

F.1 概述

只有当防护措施符合以下要求时,本附录中给出的概率值才是有效的:

——GB/T 21714.3—2015 中关于减少人和动物伤害以及物理损害的防护措施;

——GB/T 21714.4—2015 中关于减少内部系统失效的防护措施。

如果能够证明是合理的,也可以选择其他值。

只有当防护措施或其特性对需防护的整座建筑物或其分区以及相关设备是有效的时候,概率值 P_X 才能小于 1。

F.2 雷击建筑物造成人和动物伤害的概率 P_A

雷击建筑物造成人和动物伤害的概率 P_A 取决于采用的 LPS 及附加的防护措施,P_A 按公式(F.1)计算。

$$P_A = P_{TA} \times P_B \qquad \text{(F.1)}$$

式中:

P_{TA}——由防接触和防跨步电压措施决定的 P_A 减小的概率,例如表 F.1 中列出的防护措施。表 F.1 给出了 P_{TA} 值;

P_B ——取决于 LPS 设计所依据的 GB/T 21714.3—2015 的雷电防护等级(LPL)。表 F.2 给出了 P_B 的值。

表 F.1 雷击建筑物因接触和跨步电压导致人和动物伤害的概率 P_{TA}

附加的防护措施	P_{TA}
无防护措施	1
设置警示牌	10^{-1}
外露部分(如引下线)作电气绝缘(例如,采用至少 3 mm 厚的交链聚乙烯绝缘)	10^{-2}
有效的地面等电位均衡措施	10^{-2}
设置遮拦物或建筑物的框架作为引下线	0

如果采取了表 F.1 中一项以上的措施,P_{TA}取各个相应值的乘积。

只有在建筑物装设有 LPS 或利用连续金属或钢筋框架作为自然 LPS,且满足 GB/T 21714.3—2015 关于等电位连接和接地的要求时,防护措施才能有效地降低 P_A。

F.3 雷击建筑物造成建筑物物理损害的概率 P_B

LPS 是降低 P_B 的有效防护措施。

雷击建筑物造成建筑物物理损害的概率 P_B 与建筑物的特性(主要看 LPS 的 LPL)的对应关系参见

表 F.2。

表 F.2 P_B 与 LPS 的 LPL 的关系

建筑物特性		P_B
是否安装 LPS[a]	LPS 级别	
建筑物未安装 LPS	—	1
建筑物安装 LPS	Ⅳ	0.2
	Ⅲ	0.1
	Ⅱ	0.05
	Ⅰ	0.02
LPL 为Ⅰ,采用连续的金属框架或钢筋混凝土框架作为自然引下线		0.01
建筑物以金属屋面作接闪器或安装有接闪器(可能包含其他的自然结构部件),使所有屋面装置得到完全的直击雷防护,连续金属框架或钢筋混凝土框架用作自然引下线		0.001
在详细调查的基础上,并考虑了 GB/T 21714.1—2015 中规定的尺寸要求以及拦截标准,P_B 也可以取表 F.2 以外的值。		
[a] LPS(包括用于防雷等电位连接的 SPD)的特性符合 GB/T 21714.3—2015 要求。		

F.4 雷击建筑物造成内部系统失效的概率 P_C

协调配合的 SPD 系统是降低 P_C 的有效措施。

雷击建筑物造成内部系统失效的概率 P_C 为:

$$P_C = P_{SPD} \times C_{LD} \qquad \cdots\cdots(F.2)$$

式中 :

P_{SPD}——安装协调配合的 SPD 系统时 P_C、P_M、P_W 和 P_Z 减小的概率;

C_{LD}——雷击线路的屏蔽、接地和隔离的因子。

P_{SPD}取决于按照 LPL 设计的并符合 GB/T 21714.4—2012 要求的协调配合的 SPD 系统。表 F.3 给出了对应 LPL 的 P_{SPD}值。当没有安装协调配合的 SPD 系统时,$P_{SPD}=1$。

注:只有当建筑物安装了 LPS 或有连续金属框架或钢筋混凝土框架作自然 LPS,且满足了 GB/T 21714.3—2015 对于等电位连接和接地要求,协调配合的 SPD 保护才能有效减小 P_C。

C_{LI}为雷击线路附近的屏蔽、接地和隔离的因子。因子 C_{LD}和 C_{LI}取决于与内部系统相连线路的屏蔽、接地及隔离条件。表 F.4 给出了对应的 C_{LD}及 C_{LI}值。

表 F.3 按 LPL 选取 SPD 时的 P_{SPD}值

LPL	P_{SPD}
Ⅲ—Ⅳ	0.05
Ⅱ	0.02
Ⅰ	0.01

表 F.4　C_{LD}及C_{LI}与屏蔽、接地、隔离条件的关系

外部线路类型	入口处的连接	C_{LD}	C_{LI}
架空非屏蔽线路	不明确	1	1
埋地非屏蔽线路	不明确	1	1
中线多处接地的供电线路	无	1	0.2
埋地屏蔽线路(供电或通信)	屏蔽层和设备不在同一等电位连接排连接	1	0.3
架空屏蔽线路(供电或通信)	屏蔽层和设备不在同一等电位连接排连接	1	0.1
埋地屏蔽线路(供电或通信)	屏蔽层和设备在同一等电位连接排连接	1	0
架空屏蔽线路(供电或通信)	屏蔽层和设备在同一等电位连接排连接	1	0
防雷电缆,或布设在防雷电缆管道或金属管道中的线路	屏蔽层和设备在同一等电位连接排连接	0	0
无外部线路	与外部线路无连接(单独系统)	0	0
任意类型	符合 GB/T 21714.4—2015 要求的隔离界面	0	0

在估算概率 P_C 时,表 F.4 中 C_{LD}的值为有屏蔽的内部系统的参数值。对于非屏蔽的内部系统,假定 $C_{LD}=1$。这里的非屏蔽的内部系统,是指:

——与外部线路无连接(单独系统);

——通过隔离界面与外部线路连接;

——连接到由防雷电缆或布设在防雷电缆管道或金属管道中的线路组成的外部线路,屏蔽层和设备在同一等电位连接排连接。

F.5　雷击建筑物附近造成内部系统失效的概率 P_M

格栅型 LPS、屏蔽、合理布线、提高耐受电压、隔离界面和协调配合的 SPD 系统都是减小 P_M 的有效防护措施。

雷击建筑物附近造成内部系统失效的概率 P_M 取决于所采取的雷电电磁脉冲防护系统(SPM)措施。

如果未安装符合 GB/T 21714.4—2015 要求的协调配合的 SPD 系统时,P_M 值等于 P_{MS}值。

如果安装了符合 GB/T 21714.4—2015 要求的协调配合的 SPD 系统,则 P_M 的值为:

$$P_M = P_{SPD} \times P_{MS} \quad \cdots\cdots (F.3)$$

式中:

P_{MS}——屏蔽、合理布线及设备耐受电压决定的 P_M 减小的概率。

当内部系统的设备的承受能力或耐压水平不符合相关产品标准要求时,宜取 $P_M=1$。

P_{MS}值的计算公式为:

$$P_{MS} = (K_{S1} \times K_{S2} \times K_{S3} \times K_{S4})^2 \quad \cdots\cdots (F.4)$$

式中:

K_{S1}——与建筑物屏蔽效能有关的因子;

K_{S2}——与建筑物内部屏蔽体屏蔽效能有关的因子;

K_{S3}——与内部线路特征相关的因子(见表 F.5);

K_{S4}——与系统的耐冲击电压有关的因子。

注:当设备具有绕组间屏蔽接地的隔离变压器、光纤或光耦合器组成的隔离界面时,可假定 $P_{MS}=0$。

在 LPZ 内部,与屏蔽体之间的最小安全距离为屏蔽体的网格宽度 w_m(单位:m)。LPS 或格栅型屏蔽体的屏蔽效能因子 K_{S1} 和 K_{S2} 可分别计算为:

$$K_{S1} = 0.12w_{m1} \qquad \cdots\cdots(F.5)$$

$$K_{S2} = 0.12w_{m2} \qquad \cdots\cdots(F.6)$$

式中:

w_{m1}、w_{m2}——格栅型空间屏蔽或网格状 LPS 引下线的网格宽度,或者作为自然引下线的建筑物金属柱子的间距或钢筋混凝土框架的间距,单位为米(m)。

对于厚度不小于 0.1 mm 的连续金属薄层屏蔽体,$K_{S1}=K_{S2}=10^{-4}$。

如果安装有符合 GB/T 21714.4—2015 要求的网格型等电位连接网络,K_{S1} 和 K_{S2} 的值还可缩小一半。

当感应环路距 LPZ 界面的屏蔽体的距离小于安全距离时,K_{S1} 和 K_{S2} 值将会更高。

当有多个 LPZ 时,K_{S2} 取各雷电防护区界面上各个屏蔽体的 K_{S2} 值之乘积。

K_{S1}、K_{S2} 的最大值不超过 1。

表 F.5 内部布线与 K_{S3} 的关系

内部布线类型	K_{S3}
非屏蔽电缆—布线时未避免构成环路[a]	1
非屏蔽电缆—布线时避免构成大的环路[b]	0.2
非屏蔽电缆—布线时避免构成环路[c]	0.01
屏蔽电缆和金属管道中的电缆[d]	0.0001

[a] 大的建筑物中分开布设的导线构成的环路(环路面积大约为 50 m^2)。

[b] 同一电缆管道中的导线或较小建筑物中分开布设的导线构成的环路(环路面积大约为 10 m^2)。

[c] 同一电缆的导线形成的环路(环路面积大约为 0.5 m^2)。

[d] 屏蔽层和金属管道两端以及设备在同一等电位母排上连接。

因子 K_{S4} 计算如下:

$$K_{S4} = 1/U_W \qquad \cdots\cdots(F.7)$$

式中:

U_W——系统的耐冲击电压额定值,单位为千伏(kV)。

K_{S4} 的最大值不超过 1。

当一个内部系统中的设备有不同耐冲击电压额定值时,应按最低的耐冲击电压额定值计算 K_{S4}。

F.6 雷击相连线路造成人和动物电击伤害的概率 P_U

雷击入户线路因接触电压导致的人和动物伤害的概率取决于线路屏蔽层的特性、所连内部系统的耐冲击电压、所用防护措施(如围栏、警示牌、隔离界面以及按照 GB/T 21714.3—2015 的要求在线路入户处安装 SPD 来进行等电位连接)。

P_U 值的计算公式为：

$$P_U = P_{TU} \times P_{EB} \times P_{LD} \times C_{LD} \quad \cdots\cdots\cdots\cdots\cdots\cdots (F.8)$$

式中：

P_{TU}——取决于接触电压的防护措施，例如遮拦物或者警示牌。表 F.6 给出了 P_{TU}的值；

P_{EB}——安装等电位连接时设备的耐压和线路特性决定的 P_U 和 P_V 减小的概率。表 F.7 给出了 P_{EB}的值；

P_{LD}——雷击线路时线路特性及设备耐受电压决定的 P_U、P_V 和 P_W 减小的概率。表 F.8 给出了 P_{LD}的值；

C_{LD}——雷击线路的屏蔽、接地和隔离因子。表 F.4 给出了 C_{LD}的值。

如果采取一种以上防护措施，P_{TU}取各个相应值的乘积。

表 F.6　雷击入户线路因接触电压导致人和动物伤害的概率 P_{TU}

防护措施	P_{TU}
无防护措施	1
设置警示牌	10^{-1}
电气绝缘	10^{-2}
有形的限制(如围栏等)	0

表 F.7　按 LPL 选取 SPD 时的 P_{EB}值

LPL	P_{EB}
未安装 SPD	1
Ⅲ－Ⅳ	0.05
Ⅱ	0.02
Ⅰ	0.01
如果具有要求比Ⅰ类 LPL 更高的防护特性(例如更大的标称放电电流 I_n，更低的电压保护水平 U_P 等)。	0.005～0.001
如果 SPD 具有比Ⅰ类 LPL 更高的防护特性(例如更大的标称放电电流 I_n，更低的电压保护水平 U_P 等)，P_{EB}的值可能会更小。	

表 F.8　概率 P_{LD} 与单位长度电缆屏蔽层的电阻 R_S 和系统的耐冲击电压额定值 U_W 的关系

线路类型	布线、屏蔽及等电位连接		P_{LD}				
			$U_W=1$ kV	$U_W=1.5$ kV	$U_W=2.5$ kV	$U_W=4$ kV	$U_W=6$ kV
供电线路或通信线路	架空线或埋地线无屏蔽、或屏蔽层与设备不在同一等电位连接排连接		1	1	1	1	1
	架空线或埋地线的屏蔽层与设备在同一等电位连接排连接	$5\ \Omega/\text{km} < R_S \leqslant 20\ \Omega/\text{km}$	1	1	0.95	0.9	0.8
		$1\ \Omega/\text{km} < R_S \leqslant 5\ \Omega/\text{km}$	0.9	0.8	0.6	0.3	0.1
		$R_S \leqslant 1\ \Omega/\text{km}$	0.6	0.4	0.2	0.04	0.02
在郊区或城市地区，低压供电线通常使用非屏蔽埋地电缆，而通信线通常使用埋地屏蔽线缆（最少 20 根芯线，屏蔽层电阻约为 5 Ω/km，铜导线直径为 0.6 mm）。在农村地区，低压供电线通常使用非屏蔽架空电缆，而通信线通常使用架空非屏蔽线缆（铜导线直径为 1 mm）。高压供电线通常使用屏蔽电缆，屏蔽层电阻约为 1 Ω/km～5 Ω/km。							

F.7　雷击相连线路造成建筑物物理损害的概率 P_V

雷击入户线路导致物理损害的概率 P_V 取决于线路屏蔽层的特性、所连内部系统的耐冲击电压、隔离界面或按照 GB/T 21714.3—2015 要求在线路入户处安装的用于防雷等电位连接的 SPD。

P_V 值的计算公式为：

$$P_V = P_{EB} \times P_{LD} \times C_{LD} \qquad \text{(F.9)}$$

式中：

P_{EB}——安装等电位连接时设备的耐压和线路特性决定的 P_U 和 P_V 减小的概率。表 F.7 给出了 P_{EB} 的值；

P_{LD}——雷击线路时线路特性及设备耐受电压决定的 P_U、P_V 和 P_W 减小的概率。表 F.8 给出了 P_{LD} 的值；

C_{LD}——雷击线路的屏蔽、接地和隔离因子。表 F.4 给出了 C_{LD} 的值。

F.8　雷击相连线路造成内部系统失效的概率 P_W

雷击相连线路造成内部系统失效的概率 P_W 取决于线路屏蔽的特性、所连内部系统的耐受冲击电压、隔离界面或安装协调配合的 SPD 系统。

P_W 值的计算公式为：

$$P_W = P_{SPD} \times P_{LD} \times C_{LD} \qquad \text{(F.10)}$$

式中：

P_{SPD}——安装协调配合的 SPD 系统时 P_C、P_M、P_W 和 P_Z 减小的概率。表 F.3 给出了对应的 P_{SPD} 值；

P_{LD} ——雷击线路时线路特性及设备耐受电压决定的 P_U、P_V 和 P_W 减小的概率。表 F.8 给出了 P_{LD} 的值；

C_{LD} ——雷击线路的屏蔽、接地和隔离因子。表 F.4 出了 C_{LD} 的值。

F.9 雷击相连线路附近造成内部系统失效的概率 P_Z

雷击相连线路附近造成内部系统失效的概率 P_Z 取决于线路屏蔽层的特性、所连内部系统的耐冲击电压、隔离界面或安装协调配合的 SPD 系统。

P_Z 值的计算公式为：

$$P_Z = P_{SPD} \times P_{LI} \times C_{LI} \quad \cdots\cdots\cdots\cdots(F.11)$$

式中：

P_{SPD}——安装协调配合的 SPD 系统时 P_C、P_M、P_W 和 P_Z 减小的概率。表 F.3 给出了对应的 P_{SPD} 值；

P_{LI} ——雷击线路附近时线路特性及设备耐受电压决定的 P_Z 减小的概率。表 F.9 给出了 P_{LI} 的值；

C_{LI} ——雷击线路附近的屏蔽、接地和隔离因子。表 F.4 出了 C_{LI} 的值。

表 F.9 概率 P_{LI} 与线路类型和系统的耐冲击电压额定值 U_w 的关系

线路类型	P_{LI}				
	U_W=1 kV	U_W=1.5 kV	U_W=2.5 kV	U_W=4 kV	U_W=6 kV
供电线路	1	0.6	0.3	0.16	0.1
通信线路	1	0.5	0.2	0.08	0.04

附　录　G
（资料性附录）
建筑物中各种损失率 L_X 的估算

G.1　概述

建筑物各种损失率 L_X（指一次危险雷击事件导致的特定类型损害造成的平均损失相对量）宜由防雷设计人员（或业主）计算并确定，本附录给出的典型平均值仅是国际电工委员会提出的建议值。不同的值可以由国家相关部门指定或经详细调查研究后确定。

当雷电对建筑物的损害可能危及周围建筑或者环境（如化学品泄漏或放射性辐射）时，应考虑额外损失后对 L_X 进行更详细的计算。

G.2　每次危险事件的平均损失率

损失率 L_X 与损失类型有关，根据损害的程度及后果，损失类型分为：

——L1：人身伤亡损失；

——L2：公众服务损失；

——L3：文化遗产损失；

——L4：经济价值损失。

损害类型不同，有不同的损失率。损害类型分三类，为：

——人和动物伤害，用符号 D1 表示；

——物理损害，用符号 D2 表示；

——电气和电子系统失效，用符号 D3 表示。

宜对建筑物的各个分区分别确定 L_X。

G.3　人身伤亡损失（L1）

确定每个分区的损失率 L_X，应考虑以下因素：

——人身伤亡损失的各种实际损失率受建筑物某个分区特性的影响，考虑到这一点，引入有特殊危险时增加损失率的因子（h_z）和缩减因子（r_t、r_p 和 r_f）；

——分区中可能遭危害的人员的数目（受害者或者不到服务的用户数）（n_z）与预期的总人数（或接受服务的用户数）（n_t）的比率减小而减小；

——受危害人员每年待在危险场所的小时数（t_z）如果少于 8760 h，损失率也将减小。

人和动物伤害（D1）造成的人身伤亡损失率 L_A 的计算公式如下：

$$L_A = r_t \times L_T \times n_z / n_t \times t_z / 8760 \qquad \cdots\cdots(G.1)$$

式中：

L_T——电击伤害引起的损失率（见表 G.1）；

r_t——与土壤或地板表面类型有关的缩减因子（见表 G.2）；

n_z——可能遭危害的人员数目（受害者或得不到服务的用户数）；

n_t——预期的总人数（或接受服务的用户数）。

t_z——受危害人员每年待在危险场所的小时数。

雷击入户线路时人和动物伤害(D1)造成的人身伤亡损失率 L_U 的计算如下：

$$L_U = r_t \times L_T \times n_z / n_t \times t_z / 8760 \quad \cdots\cdots\cdots\cdots(G.2)$$

雷击建筑物时因物理损害(D2)造成的人身伤亡损失率 L_B、雷击入户线路时因物理损害(D2)造成的人身伤亡损失率 L_V，其计算如下：

$$L_B = L_V = r_p \times r_f \times h_z \times L_F \times n_z / n_t \times t_z / 8760 \quad \cdots\cdots\cdots\cdots(G.3)$$

式中：

r_p——与防火措施有关的缩减因子(见表 G.3)；

r_f——与火灾危险有关的缩减因子(见表 G.4)；

h_z——有特殊危险时增加损失率的因子(见表 G.5)；

L_F——建筑物内由于物理损害造成的损失率(见表 G.1)。

雷击建筑物时因电气和电子系统失效(D3)造成的人身伤亡损失率 L_C、雷击建筑物附近时因电气和电子系统失效(D3)造成的人身伤亡损失率 L_M、雷击入户线路时因电气和电子系统失效(D3)造成的人身伤亡损失率 L_W、雷击入户线路附近时因电气和电子系统失效(D3)造成的人身伤亡损失率 L_Z，其计算如下：

$$L_C = L_M = L_W = L_Z = L_O \times n_z / n_t \times t_z / 8760 \quad \cdots\cdots\cdots\cdots(G.4)$$

式中：

L_O——内部系统失效引起的建筑物的损失率(见表 G.1)。

表 G.1　不同情况下 L_T、L_F 和 L_O 的典型平均值

损害类型	建筑物类型	典型损失率	
人和动物电击伤害(D1)	所有类型	L_T	10^{-2}
物理损害(D2)	有爆炸危险[a]	L_F	10^{-1}
	医院、旅馆、学校、民居		10^{-1}
	公共娱乐场所、教堂、博物馆		5×10^{-2}
	工业、商业		2×10^{-2}
	其他		10^{-2}
电气和电子系统失效(D3)	有爆炸危险[a]	L_O	10^{-1}
	医院的 ICU 病房和手术室		10^{-2}
电气和电子系统失效(D3)	医院的其他部分	L_O	10^{-3}
[a] 对于具有爆炸危险的建筑物，可能需要考虑建筑物类型、爆炸危险程度、危险区域划分以及采取的风险防范措施后，对 L_F 和 L_O 的值进行更精确的计算。			

当雷击造成建筑物损害殃及周围建筑或者环境(如化学品泄漏或放射性辐射)时，应当考虑到额外的损失 L_E 计算总损失 L_{FT}。

$$L_{FT} = L_F + L_E \quad \cdots\cdots\cdots\cdots(G.5)$$

式中：

L_{FT}——建筑物内外由于物理损害造成的总损失率；

L_E——周围建筑物损害时增加的损失率，计算见公式(G.6)。

$$L_E = L_{FE} \times t_e / 8760 \quad \cdots\cdots\cdots\cdots(G.6)$$

式中：

L_{FE}——建筑物外由于物理损害造成的损失率；

t_e ——受危害人员每年待在建筑物外危险场所的小时数。

如果 L_{FE} 和 t_e 的数值未知，可假定 $L_E=1$。

表 G.2 不同土壤或地板表面类型的缩减因子 r_t

土壤或地板表面类型[a]	接触电阻[b] kΩ	缩减因子 r_t
农地、混凝土	≤1	10^{-2}
大理石、陶瓷	1～10	10^{-3}
沙砾、厚毛毯、一般地毯	10～100	10^{-4}
沥青、油毡、木头	≥100	10^{-5}

[a] 5 cm 厚的绝缘材料(例如沥青)或 15 cm 厚的沙砾层，一般可将危险降低至容许水平。

[b] 施以 500 N 压力的 400 cm^2 电极与无穷远点之间测量到的数值。

表 G.3 各种减小火灾后果措施的缩减因子 r_p

措施	缩减因子 r_p
无措施	1
以下措施之一：灭火器、固定配置人工灭火装置，人工报警装置，消防栓，防火分区，逃生通道	0.5
以下措施之一：固定配置自动灭火装置，自动报警装置[a]	0.2

如果同时采取了多项措施，r_p 宜取各相应数值中的最小值。

具有爆炸危险的建筑物，任何情况下，$r_p=1$。

[a] 仅当采取了过电压防护和其他损害的防护并且消防员能够在 10 分钟之内赶到。

表 G.4 缩减因子 r_f 与建筑物火灾或爆炸危险程度的关系

危险形式	危险程度	缩减因子 r_f
爆炸[a]	0 区、20 区及固体爆炸物	1
	1 区、21 区	10^{-1}
	2 区、22 区	10^{-3}
火灾	高[b]	10^{-1}
	一般[c]	10^{-2}
	低[d]	10^{-3}
爆炸或火灾	无	0

[a] 建筑物具有爆炸危险时，可能需要更精确地计算 r_f。如果满足下列条件之一，包含危险区域或固体爆炸物质的建筑物不宜假定为具有爆炸危险：
——爆炸物质存放的时间小于 0.1 h/a；
——危险区域不会被雷电直接击中且区域内不会出现危险火花放电(对于金属遮蔽物包围的危险区域，当金属遮蔽物作为自然接闪器没有被击穿，或者没有出现热熔点的问题，且金属遮蔽物包围区域中的内部系统已经作了过电压防护来避免危险火花时，此得到满足)。

[b] 由易燃材料建造的建筑物，或者屋顶由易燃材料建造的建筑物，或消防负荷(建筑物内全部易燃物质的能量与建筑物总的表面积之比)大于 800 MJ/m² 的建筑物，都视为具有高火灾危险的建筑物。

[c] 消防负荷为 400 MJ/m²～800 MJ/m² 的建筑物视为具有一般火灾危险的建筑物。

[d] 消防负荷小于 400 MJ/m² 的建筑物，或建筑物仅含有小量易燃材料，视为具有低火灾危险的建筑物。

表 G.5 有特殊危险时增加损失率的因子 h_z

特殊危险的种类	增加因子 h_z
无特殊危险	1
低度惊慌(例如，高度不高于两层和人员数量不大于 100 人的建筑物)	2
中等程度的惊慌(例如，设计容量为 100 人～1000 人的文化或体育活动场馆)	5
疏散困难(例如，有移动不便人员的建筑物、医院)	5
高度惊慌(例如，设计容量大于 1000 人以上的文化或体育活动场馆)	10

G.4 公众服务损失(L2)

确定每个分区的损失率 L_x，应考虑以下因素：

——公众服务损失的各种实际损失率受建筑物某个分区特性的影响，考虑到这一点，引入了缩减因子(r_f 和 r_p)；

——分区中可能遭危害的人员的数目(受害者或者得不到服务的用户数)(n_z)与预期的总人数(或接受服务的用户数)(n_t)的比率减小而减小。

雷击建筑物时建筑物中物理损害的损失率 L_B、雷击入户线路时因物理损害(D2)造成的公共服务损失率 L_V 的计算：

$$L_B = L_V = r_p \times r_f \times L_F \times n_z / n_t \qquad \text{(G.7)}$$

式中：

L_F——建筑物内由于物理损害造成的损失率(见表 G.6)；

r_p ——与防火措施有关的缩减因子(见表 G.3)；

r_f ——与火灾危险有关的缩减因子(见表 G.4)；

n_z ——可能遭危害的人员的数目(受害者或者得不到服务的用户数)；

n_t ——预期的总人数(或接受服务的用户数)。

雷击建筑物时因电气和电子系统失效(D3)造成的公共服务率 L_C、雷击建筑物附近时因电气和电子系统失效(D3)造成的公共服务损失率 L_M、雷击入户线路时因电气和电子系统失效(D3)造成的公共服务损失率 L_W、雷击入户线路附近时因电气和电子系统失效(D3)造成的公共服务损失率 L_Z 的计算如下：

$$L_C = L_M = L_W = L_Z = L_O \times n_z/n_t \qquad \cdots\cdots(G.8)$$

式中：

L_O——内部系统失效引起的建筑物的损失率(见表 G.6)。

表 G.6 对应不同损害类型(D2、D3)的 L_F、L_O 的典型平均值

损害类型	典型损失率		服务类型
D2	L_F	10^{-1}	燃气、水和电力供应
		10^{-2}	电视、通信线路
D3	L_O	10^{-2}	燃气、水和电力供应
		10^{-3}	电视、通信线路

G.5 不可恢复的文化遗产损失(L3)

确定每个分区的损失率 L_x，应考虑以下因素：

——文化遗产损失的各种实际损失率受某个分区特性的影响，引入了缩减因子(r_f 和 r_p)；

——分区中损失率的最大值应随该分区中的价值(c_z)与整个建筑物中的总价值(c_t)的比率减小而减小。

雷击建筑物时建筑物中物理损害的损失率 L_B、雷击入户线路时因物理损害(D2)造成的不可恢复的雷击线路时建筑物内物理损害的损失率 L_V，其计算如下：

$$L_B = L_V = r_p \times r_f \times L_F \times (c_z/c_t) \qquad \cdots\cdots(G.9)$$

式中：

L_F——建筑物内由于物理损害造成的损失率(见表 G.7)；

r_p ——与防火措施有关的缩减因子(见表 G.4)；

r_f ——与火灾危险有关的缩减因子(见表 G.5)；

c_z ——用货币表示的区域内文化遗产的价值；

c_t ——用货币表示的建筑物的总价值。

表 G.7 对应损害类型(D2)的 L_F 的典型平均值

损害类型	典型损失率		建筑物或分区类型
D2	L_F	10^{-1}	博物馆、美术馆

G.6 经济价值损失(L4)

确定每个分区的损失率 L_{4X}，应考虑以下因素：

——经济价值损失的各种实际损失率受某个分区特性的影响，引入缩减因子(r_a、r_p 和 r_f)；

——分区中损失率的最大值应随该分区中的价值与整个建筑物中的总价值(c_t)(动物、建筑、内存物、内部系统及其所支持的各种业务活动)的比率减小而减小。该分区的相关数值取决于以下损害类型：

- D1(人和动物伤害)：c_a(仅考虑动物的价值)；
- D2(物理损害)：$c_a+c_b+c_c+c_s$(所有货物的价值)；
- D3(电气和电子系统失效)：c_s(仅考虑内部系统及其所支持的各种业务活动的价值)。

对应雷击建筑物因为人和动物伤害(D1)造成的经济价值损失率 L_A 的计算：

$$L_A = r_t \times L_T \times c_a / c_t \qquad \text{(G.10)}$$

式中：

r_t ——土壤或地板表面类型有关的缩减因子(见表 G.3)；

L_T——电击伤害引起的损失率(见表 G.8)；

c_a ——用货币表示的分区中动物的价值；

c_t ——建筑物的总价值(所有分区中的动物、建筑物、内存物、内部系统及其所支持的业务活动的价值总和)。

雷击入户线路时因为人和动物伤害(D1)造成的经济价值损失率 L_U 的计算：

$$L_U = r_t \times L_T \times c_a / c_t \qquad \text{(G.11)}$$

雷击建筑物时因为物理损害(D2)造成的经济价值损失率 L_B、雷击入户线路时因为物理损害(D2)造成的雷击线路时建筑物内物理损害的损失率 L_V，其计算如下：

$$L_B = L_V = r_p \times r_f \times L_F \times (c_a + c_b + c_c + c_s)/c_t \qquad \text{(G.12)}$$

式中：

r_p ——与防火措施有关的缩减因子(见表 G.4)；

r_f ——与火灾危险有关的缩减因子(见表 G.5)；

L_F——建筑物内由于物理损害造成的损失率(见表 G.8)；

c_b ——用货币表示的分区相关的建筑物的价值；

c_c ——用货币表示的分区中内存物的价值；

c_s ——用货币表示的分区中内部系统(包括它们的运行)的价值。

雷击建筑物时因为电气和电子系统失效(D3)造成的经济价值损失率 L_C、雷击建筑物附近时因为电气和电子系统失效(D3)造成的雷击建筑物附近时内部系统失效的损失率 L_M、雷击入户线路时因为电气和电子系统失效(D3)造成的雷击线路时内部系统失效的损失率 L_W、雷击入户线路附近时因为电气和电子系统失效(D3)造成的雷击线路附近时内部系统失效的损失率 L_Z 的计算如下：

$$L_C = L_M = L_W = L_Z = L_O \times c_s / c_t \qquad \text{(G.13)}$$

式中：

L_O——内部系统失效引起的建筑物的损失率(见表 G.8)。

表 G.8　对应不同建筑物类型的 L_T、L_F 和 L_O 的典型平均值

损害类型	建筑物类型	典型损失率	
D1	仅有动物的所有类型	L_T	10^{-2}
D2	有爆炸危险	L_F	1
	医院、工业、博物馆、农业		0.5
	旅馆、学校、办公楼、教堂、公共娱乐场所、商业		0.2
	其他		10^{-1}
D3	有爆炸危险	L_O	10^{-1}
	医院、工业、办公楼、旅馆、商业		10^{-2}
	博物馆、农业、学校、教堂、公共娱乐场所		10^{-3}
	其他		10^{-4}
对于具有爆炸危险的建筑物，应需要考虑建筑物类型、爆炸危险程度、危险区域划分以及采取的防护措施后，对 L_F 和 L_O 的值进行更精确的计算。			

当雷击造成建筑物损害可能殃及周围建筑或者周围环境（如化学品泄漏或放射性辐射）时，应当考虑到额外的损失 L_E 来计算总损失 L_{FT}。

$$L_{FT} = L_F + L_E \quad \cdots\cdots\cdots\cdots(G.14)$$

式中：

L_{FT}——建筑物内外由于物理损害造成的总损失率；

L_F ——建筑物内由于物理损害造成的损失率；

L_E ——周围建筑物损害时增加的损失率，计算见式(G.15)：

$$L_E = L_{FE} \times c_e / c_t \quad \cdots\cdots\cdots\cdots(G.15)$$

L_{FE}——建筑物外由于物理损害造成的损失率，如果 L_{FE} 值未知，宜假定 $L_{FE}=1$；

c_e ——用货币表示的建筑物外危险场所物品的总价值。

附 录 H
(规范性附录)
风险分量的评估

H.1 估算建筑物各风险分量所用的参数

表 H.1 中给出了估算雷击建筑物各风险分量所用的参数。

表 H.1 估算建筑物各风险分量所用的参数

名称		符号
年均雷击危险事件次数	雷击建筑物	N_D
	雷击建筑物附近	N_M
	雷击入户线路	N_L
	雷击入户线路附近	N_I
	雷击毗邻建筑物	N_{DJ}
雷击建筑物造成损害的概率	人和动物电击伤害	P_A
	物理损害	P_B
	内部系统失效	P_C
雷击建筑物附近造成损害的概率	内部系统失效	P_M
雷击入户线路造成损害的概率	人和动物电击伤害	P_U
	物理损害	P_V
	内部系统失效	P_W
	内部系统失效	P_Z
损失率	人和动物电击伤害	$L_A = L_U$
	物理损害	$L_B = L_V$
	内部系统失效	$L_C = L_M = L_W = L_Z$

H.2 雷击建筑物(损害成因——雷击建筑物 S1)风险分量的评估

雷击建筑物产生人和动物伤害(D1)风险分量见公式(H.1):

$$R_A = N_D \times P_A \times L_A \qquad \cdots\cdots(H.1)$$

雷击建筑物产生物理损害(D2)风险分量见公式(H.2):

$$R_B = N_D \times P_B \times L_B \qquad \cdots\cdots(H.2)$$

雷击建筑物产生电气和电子系统失效(D3)风险分量见公式(H.3):

$$R_C = N_D \times P_C \times L_C \qquad \cdots\cdots(H.3)$$

H.3 雷击建筑物附近(损害成因——雷击建筑物附近 S2)风险分量的评估

估算雷击建筑物附近产生的风险分量见公式(H.4)：

$$R_M = N_M \times P_M \times L_M \qquad \text{(H.4)}$$

H.4 雷击入户线路(损害成因——雷击线路 S3)风险分量的评估

估算雷击入户线路产生的各风险分量见下列公式：

$$R_U = (N_L + N_{DJ}) \times P_U \times L_U \qquad \text{(H.5)}$$

$$R_V = (N_L + N_{DJ}) \times P_V \times L_V \qquad \text{(H.6)}$$

$$R_W = (N_L + N_{DJ}) \times P_W \times L_W \qquad \text{(H.7)}$$

注：在很多情况下，N_{DJ} 可以忽略。

如果线路不止一个区段，R_U、R_V 和 R_W 的值取各区段线路的 R_U、R_V 和 R_W 值的和。只需考虑建筑物和第一个分配节点之间的各个区段。

如果建筑物有一条以上线路且线路走向不同，应对各条线路分别进行计算。

如果建筑物有一条以上线路且线路走向相同，仅需要计算特性最差的一条线路，即与内部系统相连的具有最大 N_L 和 N_I 值以及最小 U_W 值的线路(例如通信线路与供电线路、非屏蔽线路与屏蔽线路、低压供电线路与有 HV/LV 变压器的高压供电线路相对比等)。

各条线路截收面积的重叠部分只能计算一次。

H.5 雷击入户线路附近(损害成因——雷击线路附近 S4)风险分量的评估

估算雷击入户线路附近产生的风险分量见公式(H.8)：

$$R_Z = (N_I \times P_Z \times L_Z) \qquad \text{(H.8)}$$

如果线路不止一个区段，R_Z 的值取各区段线路 R_Z 值之和。只需考虑建筑物与第一个分配节点之间的各个区段。

如果建筑物有一条以上线路且线路走向不同，应对各条线路分别进行计算。

如果建筑物有一条以上线路且线路走向相同，仅需要计算特性最差的一条线路，即与内部系统相连的具有最大 N_L 和 N_I 值以及最小 U_W 值的线路(例如通信线路与供电线路、非屏蔽线路与屏蔽线路、低压供电线路与有 HV/LV 变压器的高压供电线路相对比等)。

H.6 建筑物的分区 Z_S

为了计算各风险分量，可以将建筑物划分为多个分区 Z_S，每个分区具有一致的特性。然而，一幢建筑物可以是或可以假定为一个单一的区域。

主要根据以下情况划分区域 Z_S：

——土壤或地板的类型；

——防火分区；

——空间屏蔽。

还可以根据以下情况进一步细分：

——内部系统的布局；

——已有的或将采取的防护措施；

——损失率 L_X 的值。

建筑物的分区 Z_S 应考虑到便于实施最适当防护措施的可行性。

注:本标准的分区 Z_S 可以是 GB/T 21714.4—2015 中规定的雷电防护区(LPZ),但也可能不同于 LPZ。

H.7 线路的分区 S_L

为了评估雷击线路或线路附近的各风险分量,可以将线路分为区段 S_L。然而一条线路可以是或可以假定为单一区段。

对于所有的风险分量,主要根据以下情况划分区段 S_L:

——线路类型;

——影响截收面积的因子;

——线路特性。

如果一个区段里面的参数不止一个,需假设可导致风险最大化的值。

H.8 多分区建筑物风险分量的评估

H.8.1 通用原则

为了估算风险分量和选择相关参数,可采用以下规则:

a) 对于分量 R_A、R_B、R_U、R_V、R_W 和 R_Z,每个分区只需确定一个参数值。当有多个值可取时,应取最大值;

b) 对于分量 R_C 和 R_M,当区内有多个内部系统时,P_C 和 P_M 分别通过式(H.9)和式(H.10)计算:

$$P_C = 1 - \prod_{i=1}^{n}(1 - P_{C,i}) \qquad \cdots\cdots\cdots\cdots(\text{H.9})$$

$$P_M = 1 - \prod_{i=1}^{n}(1 - P_{M,i}) \qquad \cdots\cdots\cdots\cdots(\text{H.10})$$

式中:

$P_{C,i}$、$P_{M,i}$ ——是第 i 个内部系统失效的概率,$i=1,2,\cdots,n$。

除了参数 P_C 和 P_M,如果一个分区中的参数有多种取值,应取假定为可导致风险最大化的值。

H.8.2 单区域建筑物

整座建筑物为单一的一个分区 Z_S,风险 R 为此分区中各风险分量 R_X 之和。

注:将建筑物划分为单一的一个区,可能导致各种防护措施费用过于昂贵,因为每种防护措施都需要防护整座建筑物。

H.8.3 多区域建筑物

建筑物被划分为多个分区 Z_S,建筑物的风险为所有分区的相关风险之和;而每个分区的风险又是该区所有相关风险分量之和。

注:将建筑物划分成多个区域,使设计人员在估算风险分量时能考虑到建筑物各部分的特殊性并逐区选择最合适的防护措施,从而减小防雷的总成本。

H.9 经济价值损失(L4)成本效益分析

对风险 R_4 进行评估应从下列对象予以确定:

——整个建筑物；

——建筑物的一部分；

——内部设施；

——内部设施的一部分；

——一台设备；

——建筑物的内存物。

损失费用、防护措施成本和可能节省的成本宜按损失成本的估算方法进行估算。如果无法得到相关的分析数据，则风险容许值取典型值 $R_T=10^{-3}$。

附 录 I
（资料性附录）
基于数值仿真和模拟实验的雷击风险评估示例

I.1 基于数值仿真的雷击风险评估示例

I.1.1 数值仿真模型

现代建筑物通常利用自身的钢筋框架和墙壁、楼板中的钢筋相互等电位连接在一起，组成雷电防护系统的泄流系统。当雷电击中建筑物时，金属框架上就有雷电流流过产生电压降。利用等效电路法，可计算出雷电流在各钢筋中的分布。因为雷电流在钢架中的传播是波过程，应等效为分布参数模型，把钢筋离散分割成多个 π 型电路，如图 I.1 所示。

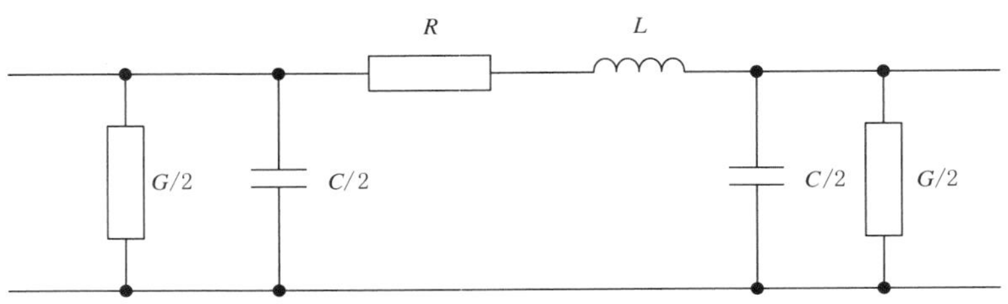

说明：

R、L、C、G——表示每段钢筋的结构电阻、自电感、自电容和电导（导体处于导电时可以忽略空气介质，故 G 可忽略不计）。

图 I.1 等效 π 型电路图

根据基尔霍夫电流定理和电网络理论得到方程组：

$$\begin{bmatrix} \boldsymbol{A} & \boldsymbol{Y} \\ \boldsymbol{Z} & \boldsymbol{G} \end{bmatrix} \begin{bmatrix} \dot{\boldsymbol{i}} \\ \dot{\boldsymbol{U}} \end{bmatrix} = \begin{bmatrix} \dot{\boldsymbol{I}} \\ 0 \end{bmatrix} \qquad \cdots\cdots\cdots\cdots (\text{I}.1)$$

式中：

$\boldsymbol{A}$ ——节点关联矩阵；

$\boldsymbol{Y}$ ——节点导纳矩阵；

$\boldsymbol{Z}$ ——复阻抗矩阵；

$\boldsymbol{G}$ ——电压系数矩阵；

$\dot{\boldsymbol{i}}$ ——支路电流列向量；

$\dot{\boldsymbol{U}}$ ——节点电位列向量；

$\dot{\boldsymbol{I}}$ ——电流源列向量。

由于暂态计算模型是由电阻、电感和部分电容组成的等值网络，电流分布的计算宜在频域中进行。雷电主放电电流可以用双指数函数来表示，通过傅里叶变换可以得到频域表达式。通过求解方程组(I.1)可以得到某一频率下雷电流在钢筋中的电流响应，在求得频域中的计算结果之后，再通过傅里叶反变换将电流响应从频域变回时域。此处选取 100 kA，10/350 μs 的雷电流，以双指数函数描述：

$$i(t) = I_{\mathrm{M}}(\mathrm{e}^{-\alpha t} - \mathrm{e}^{-\beta t}) \qquad \cdots\cdots\cdots\cdots (\text{I}.2)$$

式中：

$i(t)$ ——瞬时电流值；
I_M ——雷电流峰值；
α ——波前衰减系数；
β ——波尾衰减系数。

I.1.2 数值仿真方案及计算结果

假定建筑物为2层，长宽高为20 m×10 m×20 m，见图I.2。

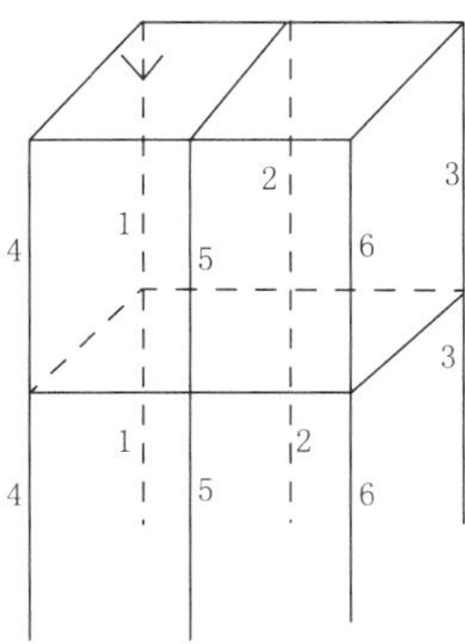

图 I.2 建筑物等效结构图

图I.2为2层钢筋结构建筑物，输入参数为100 kA，10/350 μs的雷电流，通过等效电路法可以计算出每一根钢筋中的电流，见表I.1。

表 I.1 建筑物钢筋雷电过电流分布

单位：kA

钢筋标号（见图I.2）	1	2	3	4	5	6
二层	35.07	12.21	10.33	15.72	9.84	9.97
一层	23.24	12.65	13.40	17.89	13.42	12.88

I.1.3 基于数值仿真的雷击风险评估

雷电直接击中建筑物时，每段钢筋都有电流流过，注入点的引下线承担了大部分电流分量，其他钢筋上也有电流流过，引下线里电流随楼层逐渐减小，其他引下线上的电流逐渐增大，建筑物楼层较高的钢筋引下线最终能达到电流平衡。由于钢筋导体在接闪时导体会出现瞬间大电流脉冲，建筑物内任一开口或闭合的环路都会感应出一定的过电压。雷击建筑物时钢筋导体中暂态过电流对回路的影响如图I.3所示。

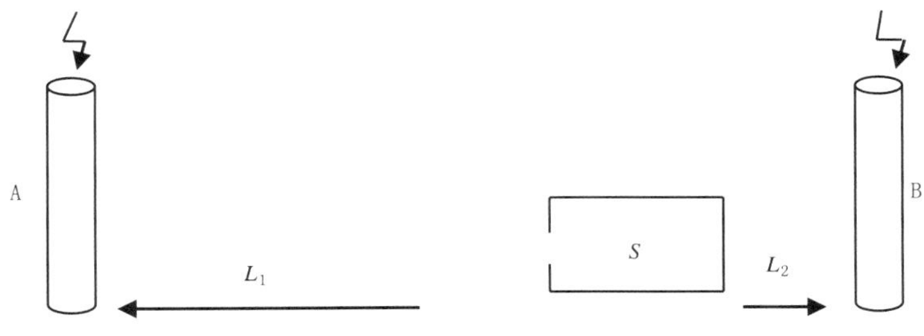

图 I.3 钢筋导体中暂态过电流对回路的影响

GB/T 21714.2—2010 中规定同一导线构成的环路面积小于 10 m^2 为布线时避免构成大的回路。这里，$L_1=10$ m，$L_2=1$ m。雷电流在钢筋中传播时，由于耦合作用，雷电流脉冲的波头时间一般在 1～5 μs，根据 Hasse 提供的互感计算曲线：

$$U = M_1(\frac{\Delta i_1}{\Delta t}) + M_2(\frac{\Delta i_2}{\Delta t}) \qquad \cdots\cdots\cdots\cdots\cdots\cdots(I.3)$$

式中：

U ——环路产生的感应电压；

M_1 ——环路与钢筋 A 的互感；

M_2 ——环路与钢筋 B 的互感；

$\frac{\Delta i_1}{\Delta t}$ ——钢筋 A 中的电流变化率；

$\frac{\Delta i_2}{\Delta t}$ ——钢筋 B 中的电流变化率。

计算得出环路中的感应电压为大于 6 kV。可以看出，钢筋中的雷电流会产生脉冲暂态磁场，与其交链的回路将感应出暂态过电压，从而危及相连的设备。由于雷电流分布于所有钢筋，产生的暂态磁场充斥着整个三维空间，对于设备耐冲击电压额定值为 2.5 kV 的普通电器，即使布线没有形成大的回路也会感应出危险的电压。

I.2 基于模拟实验的雷击风险评估示例

I.2.1 试验方案

桥梁缆索遭受雷电直接击中后，可能出现烧蚀、钢筋疲劳等情况，从而影响桥梁的整体安全性，雷击前后缆索钢丝抗拉强度的变化可以直接反映雷击的影响程度。因此该模拟试验的试验方案如下：

a） 为使试验更贴近真实情况，试验中所选用的钢丝均为桥梁缆索上实际使用的成品。试验时，将试样水平布置于冲击电流发生器的试验平台上，冲击发生器的触发碳棒垂直布置于水平试样中部，对试样进行模拟雷电冲击试验，试验示意图如图 I.4 所示。

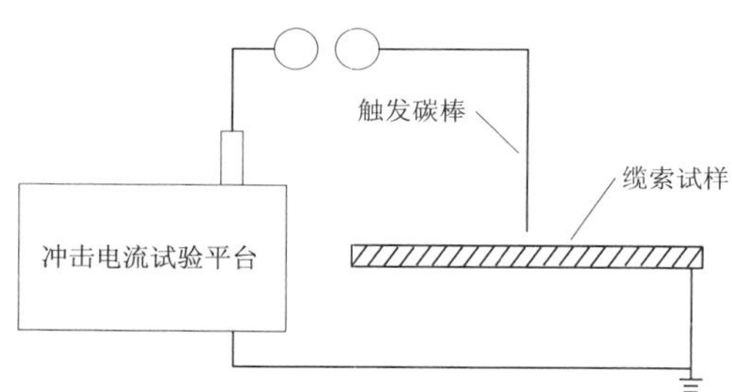

图 I.4 缆索雷击试验示意图

b） 对多个高强度钢丝试样进行雷电流冲击，对比冲击前后物理变化。

c） 对雷击后的高强度钢丝试样进行拉力试验，见图 I.5，对比雷击前后高强度钢丝的抗拉强度。

d） 对绝缘护套高密度聚乙烯(HDPE)进行模拟雷击试验，检验 HDPE 的防雷效果。

图 I.5 高强度钢丝雷击后拉力试验

I.2.2 试验设备和参数

试验的设备为冲击电流发生器，该发生器可产生幅值 200 kA 波形 8/20 μs 的冲击电流、幅值 20 kA 波形 10/350 μs 的冲击电流以及用于雷电对结构直接效应试验的 A+C 分量电流波形。参照 GJB 3567—99 中对结构的直接效应试验所用的波形及 GJB 2639—96 中对该试验波形的定义，桥梁缆索的雷击试验采用了初始高峰电流波形（A 分量）+持续电流波形（C 分量）的试验波形。

I.2.3 试验结果

通过 A+C 分量电流波形的模拟雷击试验后，试验结果如表 I.2 所示。

表 I.2 试验结果

试样编号	试样说明	试验结果
1	单根高强度钢丝	高强度钢丝严重烧蚀受损
2	具有完整 HDPE 的单根高强度钢丝	未遭受雷击，无损伤
3	具有破损 HDPE 的单根高强度钢丝	高强度钢丝被熔断，HDPE 护套起火燃烧后自动熄灭
4	两根高强度钢丝	高强度钢丝严重烧蚀受损，雷击点处相邻的高强度钢丝熔化连接在一起
5	具有完整 HDPE 的两根高强度钢丝	未遭受雷击，无损伤

从 1、4 试样的试验结果来看，无 HDPE 护套保护的高强度钢丝一旦遭受雷击，将会因雷电电弧放电的高温效应而产生熔损，进而影响缆索的力学性能，最终对桥梁结构安全产生影响。我们对雷击试验后的 1 试样进行了拉力试验，高强度钢丝的断裂点正是雷击熔损处。与 1 试样同种规格的高强度钢丝在未经任何处理的完好情况下的抗拉强度平均值为 1778 MPa，而经过雷击试验后的 1 试样的抗拉强度仅为 1001 MPa，说明经雷击后，同种规格的高强度钢丝的抗拉强度下降了 43.7%，可见雷击对桥梁缆索高强度钢丝力学性能所产生的影响非常大，这将严重危害桥梁的结构安全。

从 2 及 5 试样的情况来看，在试验模拟的雷击情况下，HDPE 护套能够对高强度钢丝起到一定保护作用。而另一方面，从试样 3 的情况来看，若 HDPE 护套因各种原因受损穿孔、开裂后，雷电流通过 HDPE 护套上的孔洞、裂缝进入高强度钢丝，同样会对高强度钢丝造成熔损破坏，并会引燃 HDPE 护套，这也会对桥梁结构安全构成威胁。

参 考 文 献

[1] GB/T 34291—2017 应急临时安置房防雷技术规范

[2] GB 50016—2014 建筑设计防火规范

[3] GB 50057—2010 建筑物防雷设计规范

[4] GJB 2639—96 军用飞机雷电防护

[5] GJB 3567—99 军用飞机雷电防护鉴定试验方法

[6] 王智刚,丁海芳,刘越屿. 建(构)筑物雷电灾害区域影响评估方法与应用[M]. 北京:气象出版社,2014

ICS 07.060
A 47
备案号：64439—2018

中华人民共和国气象行业标准

QX/T 89—2018
代替 QX/T 89—2008

太阳能资源评估方法

Assessment method for solar energy resource

2018-06-26 发布 2018-10-01 实施

中 国 气 象 局 发 布

前　　言

本标准按照 GB/T 1.1—2009 给出的规则起草。

本标准代替 QX/T 89—2008《太阳能资源评估方法》。与 QX/T 89—2008 相比，除编辑性修改外主要技术变化如下：

——增加了“数据基本要求”(见第 5 章)；

——增加了“数据处理方法”(见第 6 章)；

——增加了“代表年数据订正”(见第 7 章)；

——增加了“评估内容要求”(见第 8 章)；

——增加了“太阳能资源数据合理性检查方法”(见附录 A)；

——增加了“地外太阳辐射计算方法”(见附录 B)；

——增加了“代表年时间序列确定方法”(见附录 D)；

——删除了“太阳能资源稳定程度评估”(见 2008 年版的 5.2)；

——删除了“有关参数的计算方法”(见 2008 年版的附录 A)；

——删除了“太阳辐射量历史资料的使用”(见 2008 年版的附录 C)；

——删除了“太阳辐射量单位换算”(见 2008 年版的附录 D)。

本标准由全国气候与气候变化标准化技术委员会风能太阳能气候资源分技术委员会(SAC/TC 540/SC 2)提出并归口。

本标准起草单位：中国气象局公共气象服务中心、中国气象局风能太阳能资源中心、江西省气候中心。

本标准主要起草人：申彦波、王香云、章毅之、常蕊、赵晓栋。

本标准所代替标准的历次版本发布情况为：

——QX/T 89—2008。

引　言

气象行业标准《太阳能资源评估方法》(QX/T 89—2008)发布10年来，在指导太阳能行业和气象部门开展水平面总辐射计算以及太阳能资源评估方面发挥了重要作用。然而，随着太阳能开发利用在我国的快速发展，太阳能资源数据的应用越来越深入，数据的来源和处理方法也越来越多元化，除该标准中涉及的气象部门实测的和基于日照百分率计算的太阳辐射数据之外，还有大量的太阳能电站现场短期实测数据，以及根据卫星反演或数值模拟等方法得到的长序列格点化数据，这些数据也可用于太阳能资源评估，但其处理和使用方法在该标准中未能体现。此外，该标准中采用的太阳能资源评价指标和等级划分标准与现行国家标准《太阳能资源等级　总辐射》(GB/T 31155—2014)不完全一致。因此，为了更好地服务太阳能行业，对该标准进行修订。

太阳能资源评估方法

1 范围

本标准规定了太阳能资源数据基本要求和处理方法、代表年数据订正方法及评估内容要求等。

本标准适用于能源、建筑、气象、电力、农业等相关领域太阳能利用的规划、科研和产业中太阳能资源的计算和评估。

2 规范性引用文件

下列文件对于本文件的应用是必不可少的。凡是注日期的引用文件，仅注日期的版本适用于本文件。凡是不注日期的引用文件，其最新版本（包括所有的修改单）适用于本文件。

GB/T 19565—2017 总辐射表

GB/T 31156—2014 太阳能资源测量 总辐射

GB/T 33698—2017 太阳能资源测量 直接辐射

GB/T 33699—2017 太阳能资源测量 散射辐射

GB/T 34325—2017 太阳能资源数据准确性评判方法

GB/T 35231—2017 地面气象观测规范 辐射

QX/T 20—2016 直接辐射表

QX/T 368—2016 太阳常数和零大气质量下太阳光谱辐照度

3 术语和定义

下列术语和定义适用于本文件。

3.1

直接辐射 direct radiation

从日面及其周围一小立体角内发出的辐射。

[GB/T 31163—2014，定义 5.11]

注：一般来说，直接辐射是由视场角约为5°的仪器测定的，而日面本身的视场角仅约为0.5°，因此，它包括日面周围的部分散射辐射，即环日辐射。

3.2

法向直接辐射 direct normal radiation

与太阳光线垂直的平面上接收到的直接辐射。

注：从数值上而言，直接辐射与法向直接辐射是相同的；两者的区别在于，直接辐射是从太阳出射的角度而定义，法向直接辐射则是从地表入射的角度而定义。

[GB/T 31163—2014，定义 5.12]

3.3

水平面直接辐射 direct horizontal radiation

水平面上接收到的直接辐射。

[GB/T 31163—2014，定义 5.13]

3.4

散射辐射　diffuse radiation;scattering radiation

太阳辐射被空气分子、云和空气中的各种微粒分散成无方向性的、但不改变其单色组成的辐射。

[GB/T 31163—2014,定义 5.14]

3.5

[水平面]总辐射　global [horizontal] radiation

水平面从上方 2π 立体角(半球)范围内接收到的直接辐射和散射辐射之和。

注:改写 GB/T 31163—2014,定义 5.15。

3.6

地外太阳辐射　extraterrestrial solar radiation

地球大气层外的太阳辐射。

[GB/T 31163—2014,定义 5.3]

3.7

辐照度　irradiance

物体在单位时间、单位面积上接收到的辐射能。

注:单位为瓦每平方米(W/m^2)。

[GB/T 31163—2014,定义 6.3]

3.8

辐照量　radiant exposure

曝辐量　radiance exposure

在给定时间段内辐照度的积分总量。

注 1:单位为兆焦每平方米(MJ/m^2)或千瓦时每平方米($kW \cdot h/m^2$)。

注 2:$1\ kW \cdot h/m^2 = 3.6\ MJ/m^2$;$1\ MJ/m^2 \approx 0.28\ kW \cdot h/m^2$。

注 3:改写 GB/T 31163—2014,定义 6.5。

3.9

法向直接辐照度　direct normal irradiance

与太阳光线垂直的平面上单位时间、单位面积上接收到的直接辐射能。

注:单位为瓦每平方米(W/m^2)。

3.10

法向直接辐照量　direct normal irradiation

在给定时间段内法向直接辐照度的积分总量。

注:单位为兆焦每平方米(MJ/m^2)或千瓦时每平方米($kW \cdot h/m^2$)。

3.11

水平面直接辐照度　direct horizontal irradiance

水平面上单位时间、单位面积上接收到的直接辐射能。

注:单位为瓦每平方米(W/m^2)。

3.12

水平面直接辐照量　direct horizontal irradiation

在给定时间段内水平面直接辐照度的积分总量。

注:单位为兆焦每平方米(MJ/m^2)或千瓦时每平方米($kW \cdot h/m^2$)。

3.13

[水平面]散射辐照度　diffuse horizontal irradiance;scattered horizontal irradiance

水平面从上方 2π 立体角(半球)范围内单位时间、单位面积上接收到的散射辐射能。

注：单位为瓦每平方米（W/m^2）。

3.14

[水平面]散射辐照量　diffuse horizontal irradiation; scattered horizontal irradiation

在给定时间段内水平面散射辐照度的积分总量。

注：单位为兆焦每平方米（MJ/m^2）或千瓦时每平方米（$kW \cdot h/m^2$）。

3.15

[水平面]总辐照度　global [horizontal] irradiance

水平面从上方 2π 立体角（半球）范围内单位时间、单位面积上接收到的总辐射能。

注：单位为瓦每平方米（W/m^2）。

3.16

[水平面]总辐照量　global [horizontal] irradiation

在给定时间段内水平面总辐照度的积分总量。

注：单位为兆焦每平方米（MJ/m^2）或千瓦时每平方米（$kW \cdot h/m^2$）。

3.17

地外法向太阳辐照度　extraterrestrial normal solar irradiance

地球大气层外与太阳光线垂直的平面上单位时间、单位面积上接收到的太阳辐射能。

注：单位为瓦每平方米（W/m^2）。

3.18

地外法向太阳辐照量　extraterrestrial normal solar irradiation

在给定时间段内地外法向太阳辐照度的积分总量。

注：单位为兆焦每平方米（MJ/m^2）或千瓦时每平方米（$kW \cdot h/m^2$）。

3.19

地外水平面太阳辐照度　extraterrestrial horizontal solar irradiance

地球大气层外水平面从上方 2π 立体角（半球）范围内单位时间、单位面积上接收到的太阳辐射能。

注：单位为瓦每平方米（W/m^2）。

3.20

地外水平面太阳辐照量　extraterrestrial horizontal solar irradiation

在给定时间段内地外水平面太阳辐照度的积分总量。

注：单位为兆焦每平方米（MJ/m^2）或千瓦时每平方米（$kW \cdot h/m^2$）。

3.21

日照时数　sunshine duration

H

在一给定时间，太阳直接辐照度达到或超过 120 W/m^2 的各段时间总和。

注：单位为小时（h）。

3.22

可照时数　duration of possible sunshine

H_0

在无任何遮蔽条件下，太阳中心从某地东方地平线到进入西方地平线，其光线照射到地面所经历的时间。

注 1：可照时数完全决定于当地的地理纬度和日期。

注 2：可照时数的基本计量时间段为日，月和年的可照时数以日值进行累计，单位为小时（h）。

注 3：改写 GB/T 31163—2014，定义 6.13。

3.23

日照百分率　percentage of sunshine

s

日照时数占可照时数的百分比。

注1:改写GB/T 31163—2014,定义6.14。

注2:以百分号(%)表示。

3.24

太阳能资源稳定度　solar resource stability

太阳能资源年内变化的状态和幅度。

注1:用全年中各月平均日辐照量的最小值与最大值的比表示。

注2:在实际大气中,其数值在(0,1)区间变化,越接近于1越稳定。

[GB/T 31163—2014,定义5.23]

3.25

直射比　direct horizontal irradiation ratio

水平面直接辐照量在水平面总辐照量中所占的比例。

注1:用百分比或小数表示。

注2:实际大气中,其数值在[0,1)区间变化,越接近于1,水平面直接辐射所占的比例越高。

[GB/T 31163—2014,定义5.21]

4　符号

下列符号适用于本文件。

DHI:水平面直接辐照度,单位为瓦每平方米(W/m^2)。

DHR:水平面直接辐照量,单位为兆焦每平方米(MJ/m^2)。

DHRR:直射比,无量纲。

DIF:水平面散射辐照度,单位为瓦每平方米(W/m^2)。

DIFR:水平面散射辐照量,单位为兆焦每平方米(MJ/m^2)。

DNI:法向直接辐照度,单位为瓦每平方米(W/m^2)。

DNR:法向直接辐照量,单位为兆焦每平方米(MJ/m^2)。

EDNI:地外法向太阳辐照度,单位为瓦每平方米(W/m^2)。

EDNR:地外法向太阳辐照量,单位为兆焦每平方米(MJ/m^2)。

EHI:地外水平面太阳辐照度,单位为瓦每平方米(W/m^2)。

EHR:地外水平面太阳辐照量,单位为兆焦每平方米(MJ/m^2)。

GHI:水平面总辐照度,单位为瓦每平方米(W/m^2)。

GHR:水平面总辐照量,单位为兆焦每平方米(MJ/m^2)。

GHRS:水平面总辐射稳定度,无量纲。

5　数据基本要求

5.1　主要要素

应包括水平面总辐射,宜包括法向直接辐射、水平面直接辐射、水平面散射辐射、日照时数、日照百分率。

5.2 空间代表性

太阳能资源数据地理位置与评估目标位置应属于同一气候区，两地之间距离不宜超过 100 km；地形复杂地区，两地地形应无明显差异。

5.3 时间代表性

太阳能资源数据应能够反映最近 10 年以上的太阳能资源变化特征，至少应包括太阳能资源各要素的逐月数据，宜包括逐日、逐时或逐分钟数据。

6 数据处理方法

6.1 数据分类

太阳能资源数据分为短期实测数据和长序列数据。

6.2 短期实测数据

6.2.1 数据基本要求

6.2.1.1 短期实测数据指观测时间在 1 年以上、10 年以下的太阳能资源实测数据，应包括太阳能资源各要素至少 1 年的连续、完整数据，数据记录应至少包括小时值，小时值的有效数据完整率应不低于 95%，且连续缺测时间不宜超过 3 天。

6.2.1.2 短期实测数据的观测站在站址选择、观测设备、运行维护等方面应符合 GB/T 31156—2014、GB/T 33698—2017、GB/T 33699—2017、GB/T 35231—2017、GB/T 19565—2017、QX/T 20—2016 的要求。

6.2.2 数据检查要求

6.2.2.1 完整性检查

数据数量应等于预期记录的数据数量。数据的时间顺序应符合预期的开始时间、结束时间，中间应连续。

6.2.2.2 合理性检查

从气候学界限值、内部一致性、变化范围三个方面对太阳能资源各要素的数据合理性进行检查，检查方法见附录 A。若太阳能资源各要素的数据超出参考值或不符合内部一致性关系，则应对当时的天气现象和自然地理环境进行回查。若有极端情况发生，则应对数据的合理性进一步判断，若无极端情况发生，则判断该数据不合理。

6.2.2.3 有效数据完整率计算

计算公式见式(1)。

$$r_{ED}=\frac{N_0-N_l-N_i}{N_0}\times 100\% \qquad \cdots\cdots(1)$$

式中：

r_{ED} ——有效数据完整率；

N_0 ——预期应记录的数据数目；

N_l ——没有太阳辐射数据记录的数目；

N_i ——确认为不合理太阳辐射数据的数目。

6.2.3 数据插补要求

6.2.3.1 基本要求

将不合理数据剔除后，连同缺测时次一起进行数据插补，插补后的太阳能资源各要素小时值的有效数据完整率应达到100%。如果不能达到100%，则应在分析太阳能资源总量时，说明缺测数据可能产生的误差。

6.2.3.2 插补方法

6.2.3.2.1 若有备用的或可供参考的传感器同期记录数据，经过分析处理，可替换已确认为无效的数据或填补缺测的数据。

6.2.3.2.2 若没有备用的或可供参考的传感器同期记录数据，则从实测数据序列中选择与缺测时刻最近、天气现象相同、有实测数据的时刻进行数据插补。

6.2.3.2.3 缺测时刻太阳辐射各要素的计算公式见式(2)。

$$\frac{R_1}{R_2} = \frac{E_1}{E_2} \qquad \cdots\cdots\cdots\cdots(2)$$

式中：

R_1 ——缺测时刻的太阳辐射各要素；

R_2 ——有实测数据时刻的太阳辐射各要素；

E_1 ——缺测时刻的地外水平面太阳辐射；

E_2 ——有实测数据时刻的地外水平面太阳辐射，地外水平面太阳辐射的计算方法参见附录B。

6.3 长序列数据

6.3.1 基本要求

长序列数据指时间序列在10年以上、至少具备水平面总辐射逐月值的数据，数据质量应符合GB/T 34325—2017中4.2的要求，月值数据有效完整率应达到100%。长序列数据通常以30年为宜，特殊情况下达不到要求时，应至少收集10年数据。

6.3.2 数据分类

长序列数据包括国家级辐射站长序列实测数据、参证气象站长序列计算数据、格点化长序列计算数据。具体应用中，三种数据使用的优先级顺序为：国家级辐射站长序列实测数据、参证气象站长序列计算数据、格点化长序列计算数据。

6.3.3 国家级辐射站长序列实测数据

若评估目标附近有满足空间代表性的国家级辐射观测站，则可收集该观测站的长序列太阳辐射实测数据，用于太阳能资源评估。

6.3.4 参证气象站长序列计算数据

6.3.4.1 若评估目标附近无符合要求的国家级辐射观测站，则可将附近达到空间代表性要求的、具备日照时数的气象观测站作为参证站，根据其记录的长序列日照百分率数据计算逐月水平面总辐射。

6.3.4.2 计算公式见式(3)。

$$GHR_m = EHR_m(a + b \cdot s) \qquad \cdots\cdots(3)$$

式中：

GHR_m ——月水平面总辐照量，单位为兆焦每平方米（MJ/m^2）；

EHR_m ——月地外水平面太阳辐照量，单位为兆焦每平方米（MJ/m^2），计算方法参见附录B；

a,b ——经验系数，可根据距离参证站最近的国家级辐射站的实测数据，采用统计方法计算得到，见附录C；

s ——参证站实测的月日照百分率，以百分比（%）表示。

6.3.4.3 采用参证气象站长序列计算数据时，应满足GB/T 34325—2017中4.2的要求，并说明其计算误差，误差计算方法可参见GB/T 34325—2017中的4.3。

6.3.5 格点化长序列计算数据

6.3.5.1 基于卫星遥感反演、数值模拟或其他方法，计算得到一定区域内的格点化长序列太阳辐射数据。

6.3.5.2 采用格点化长序列太阳辐射计算数据时，应满足GB/T 34325—2017中4.2的要求，并说明其空间分辨率和计算误差，误差计算方法可参见GB/T 34325—2017中的4.3。

7 代表年数据订正

7.1 代表年时间序列确定

7.1.1 分析长序列数据的年际变化曲线，结合当地的气候变化特点，挑选最近10年以上、年际变化较小的时间区间作为代表年时间序列确定的时间区间。

7.1.2 采用气候平均法或典型气象年法确定代表年时间序列，见附录D。

7.2 短期实测数据代表年订正

当评估目标附近具备现场短期实测数据时，可采用如下两种方法订正为代表年数据：

——比值法：计算现场短期实测数据与长序列数据中的同期数据之间每个时刻（时段）的比值，用该比值对代表年时间序列中每个时刻（时段）的值进行订正；

——相关法：建立现场短期实测数据与长序列数据中的同期数据之间的相关关系，用相关关系对代表年时间序列进行订正。

8 评估内容要求

8.1 区域太阳能资源分布特征

分析评估目标所在区域的太阳能资源总体分布特征及主要成因，说明评估目标的太阳能资源在该区域中的丰富程度。

8.2 日照时数和日照百分率变化特征

分析评估目标的日照时数和日照百分率年际变化、年变化特征，说明其总体变化趋势。

8.3 太阳能资源总量及丰富程度等级

采用代表年数据，计算评估目标的年水平面总辐照量，按照表1评价太阳能资源的丰富程度。

表 1　年水平面总辐照量(GHR)等级

等级名称	分级阈值 MJ/m²	分级阈值 kW·h/m²	等级符号
最丰富	$GHR \geqslant 6300$	$GHR \geqslant 1750$	A
很丰富	$5040 \leqslant GHR < 6300$	$1400 \leqslant GHR < 1750$	B
丰富	$3780 \leqslant GHR < 5040$	$1050 \leqslant GHR < 1400$	C
一般	$GHR < 3780$	$GHR < 1050$	D

8.4　太阳能资源时间变化特征及稳定度等级

8.4.1　太阳能资源年际变化特征

采用长序列年值数据，分析太阳能资源各要素年际变化特征，说明其总体变化趋势及可能原因，分析对当地太阳能资源开发利用可能的影响等。

8.4.2　太阳能资源年变化特征及稳定度等级

采用代表年各月数据，将月辐照量除以当月日数转换为月平均日辐照量，分析太阳能资源各要素年变化特征，计算水平面总辐射稳定度，按照表 2 评价稳定度等级。

表 2　水平面总辐射稳定度($GHRS$)等级

等级名称	分级阈值	等级符号
很稳定	$GHRS \geqslant 0.47$	A
稳定	$0.36 \leqslant GHRS < 0.47$	B
一般	$0.28 \leqslant GHRS < 0.36$	C
欠稳定	$GHRS < 0.28$	D
注：$GHRS$ 表示水平面总辐射稳定度，计算 $GHRS$ 时，首先计算代表年各月平均日水平面总辐照量，然后求最小值与最大值之比。		

8.4.3　太阳能资源日变化特征

采用短期实测数据中的分钟值或小时值，分析太阳能资源各要素日变化特征，说明各种典型天气条件下的辐照度变化范围；统计水平面总辐射各辐照度区间出现的时次及其能量占比，说明辐照度分布特征。

8.5　太阳能资源直射比等级

采用代表年数据，计算年水平面直接辐照量、年水平面散射辐照量和直射比，按照表 3 评价直射比等级。

表 3　太阳能资源直射比(*DHRR*)等级

等级名称	分级阈值	等级符号	等级说明
很高	$DHRR \geq 0.6$	A	直接辐射主导
高	$0.5 \leq DHRR < 0.6$	B	直接辐射较多
中	$0.35 \leq DHRR < 0.5$	C	散射辐射较多
低	$DHRR < 0.35$	D	散射辐射主导
注：*DHRR* 表示直射比，计算 *DHRR* 时，首先计算代表年水平面直接辐照量和总辐照量，然后求二者之比。			

8.6　太阳能资源评价结论

太阳能资源评价结论包括但不限于：

a)　评估目标的年水平面总辐照量及丰富等级；

b)　评估目标的太阳能资源主要时间变化特征及水平面总辐射稳定度等级；

c)　评估目标的太阳能资源成分及直射比等级。

附 录 A
(规范性附录)
太阳能资源数据合理性检查方法

A.1 气候学界限值检查

太阳能资源各要素的气候学界限参考值见表 A.1。

表 A.1 太阳能资源各要素的气候学界限参考值

序号	要素名称	指标	气候学界限
A.1.1	水平面总辐射	小时平均辐照度 $\overline{GHI_h}$	平原地区:$0 \leqslant \overline{GHI_h} < 1400\mathrm{W/m^2}$; 高山或地表反射较强地区:$0 \leqslant \overline{GHI_h} < 1600\mathrm{W/m^2}$; 白天:$\overline{GHI_h}$ 不能为 0。
		日辐照量 GHR_d	$0 < GHR_d \leqslant (1+20\%) \times GHR_{d,\max}$ 式中: $GHR_{d,\max}$ ——水平面总辐射日最大可能辐照量,各纬度带取值见表 A.2,具体项目地可根据纬度线性内插求得。
A.1.2	法向直接辐射	小时平均辐照度 $\overline{DNI_h}$	$0 \leqslant \overline{DNI_h} < 1374\mathrm{W/m^2}$。 白天:$\overline{DNI_h}$ 可为 0。
		日辐照量 DNR_d	$0 \leqslant DNR_d \leqslant DNR_{d,\max}$ 式中: $DNR_{d,\max}$ ——法向直接辐射日最大可能辐照量,各纬度带取值见表 A.3,具体项目地可根据纬度线性内插求得。
A.1.3	水平面散射辐射	小时平均辐照度 $\overline{DIF_h}$	平原地区:$0 \leqslant \overline{DIF_h} < 1200\ \mathrm{W/m^2}$; 高山或地表反射较强地区:$0 \leqslant \overline{DIF_h} < 1400\ \mathrm{W/m^2}$; 白天:$\overline{DIF_h}$ 不为 0。
		日辐照量 $DIFR_d$	$0 < DIFR_d \leqslant GHR_{d,\max}$
A.1.4	日照时数	小时累计值 H_h	$0 \leqslant H_h \leqslant 1\ \mathrm{h}$ 白天:H_h 可为 0。
		日累计值 H_d	$0 \leqslant H_d \leqslant H_{0d}$ 式中: H_{0d} ——日可照时数。
注:白天指日出之后、日落之前的时段,各纬度带每日的日出、日落时间见参考文献[4]。			

表 A.2 晴天条件下各纬度带最大可能的水平面总辐射日总量

单位为兆焦每平方米(MJ/m²)

北纬 °N	1 月	2 月	3 月	4 月	5 月	6 月	7 月	8 月	9 月	10 月	11 月	12 月
90	0.0	0.0	0.2	14.0	30.7	36.6	33.3	18.1	3.3	0.0	0.0	0.0
85	0.0	0.0	1.0	14.3	30.6	36.1	32.9	18.4	4.3	0.0	0.0	0.0
80	0.0	0.0	2.9	15.1	30.1	35.4	32.2	18.7	6.0	0.6	0.0	0.0
75	0.0	0.8	5.6	16.4	29.5	34.4	31.0	19.4	8.2	1.9	0.0	0.0
70	0.0	2.2	8.5	18.4	28.8	33.0	29.9	20.5	10.6	3.8	0.7	0.0
65	1.0	3.9	11.3	20.4	28.7	32.1	29.5	26.2	13.3	6.1	1.9	0.3
60	2.5	6.1	13.9	22.5	29.2	32.2	30.0	23.5	15.8	8.5	3.6	1.6
55	4.4	8.7	16.4	24.3	30.2	32.8	30.8	25.2	18.1	11.0	5.7	3.0
50	6.8	11.5	18.7	26.0	31.1	33.3	31.7	26.8	20.2	13.6	8.1	5.6
45	9.4	14.5	21.6	27.4	31.9	33.6	32.1	28.3	22.2	14.4	10.9	8.2
40	12.4	17.2	23.0	28.5	32.4	33.7	33.0	29.0	23.9	18.5	13.6	11.1
35	15.0	19.6	24.8	29.4	32.6	32.6	33.1	30.1	25.4	20.6	16.0	13.7
30	17.5	21.7	26.2	30.0	32.6	33.3	32.9	30.6	26.8	22.6	18.4	16.1
25	19.8	23.6	27.3	30.3	32.2	32.8	32.5	30.7	27.9	24.4	20.6	18.4
20	21.8	25.2	28.3	30.3	31.6	32.0	31.7	30.6	28.7	26.0	22.6	20.7
15	23.7	26.6	29.1	30.1	30.8	30.9	30.8	30.3	29.4	27.2	24.4	22.6
10	25.4	27.8	29.7	29.8	29.7	29.5	29.6	29.8	29.8	28.2	26.0	24.6
5	27.7	28.7	30.1	29.4	28.5	28.0	28.3	29.0	29.9	29.1	27.5	26.4
0	28.4	29.4	30.2	28.7	27.1	26.4	26.8	28.2	29.7	29.7	28.7	28.0

注:引自 Revised Instruction Manual on Radiation Instruments and Measurements (WMO,1986)。

表 A.3 干洁大气下最大可能的直接辐射日总量

单位为兆焦每平方米(MJ/m²)

北纬 °N	1 月	2 月	3 月	4 月	5 月	6 月	7 月	8 月	9 月	10 月	11 月	12 月
80	0.0	0.0	25.7	62.6	78.3	81.3	80.2	74.1	39.5	6.8	0.0	0.0
70	0.0	15.8	32.7	49.3	67.0	78.0	76.0	56.7	39.9	23.8	4.9	0.0
60	16.3	25.9	36.1	46.9	56.1	61.6	59.4	51.2	40.8	30.3	19.8	13.4
50	24.6	31.0	38.2	45.8	52.0	55.3	54.0	48.8	41.6	34.1	26.9	22.8
40	30.0	34.5	39.7	45.1	49.4	51.6	50.8	47.2	42.1	36.7	31.5	28.7
30	33.9	37.1	40.7	44.5	47.4	48.9	47.3	45.9	42.4	38.7	35.0	33.0
20	37.0	39.1	41.5	43.9	45.6	46.5	46.1	44.7	42.6	40.2	37.7	36.4
10	39.6	40.8	42.0	43.1	43.9	44.2	44.0	43.5	42.6	41.3	40.0	39.3
0	41.9	42.2	42.3	42.2	42.0	41.8	41.9	42.1	42.3	42.3	42.0	41.8

注:引自 Revised Instruction Manual on Radiation Instruments and Measurements (WMO,1986)。

A.2 内部一致性检查

A.2.1 *DNI* 与 *DHI* 的关系

A.2.1.1 *DNI* 与 *DHI* 的转换关系见式(A.1)。

$$DHI = DNI \cdot \sin H_A = DNI \cdot \cos\theta_z \qquad \cdots\cdots(A.1)$$

式中：

H_A ——太阳高度角,单位为度(°)；

θ_z ——太阳天顶角,单位为度(°),H_A 与 θ_z 的转换关系见式(A.2)。

$$\theta_z = 90° - H_A \qquad \cdots\cdots(A.2)$$

A.2.1.2 *DNI* 与 *DHI* 的大小关系见式(A.3)。

$$\begin{cases} DHI < DNI & \varphi > 23.5 \\ DHI \leqslant DNI & \varphi \leqslant 23.5 \end{cases} \qquad \cdots\cdots(A.3)$$

式中：

φ——北半球纬度,单位为°N,23.5°N 指北回归线。

A.2.2 *GHI* 与 *DHI*、*DIF* 的关系

A.2.2.1 理论上:$GHI = DHI + DIF$;实际测量:$|GHI-(DHI+DIF)| \leqslant GHI \times 10\%$。

A.2.2.2 $DHI < GHI$。

A.2.2.3 $DIF \leqslant GHI$。

A.3 变化范围检查

A.3.1 *GHI*、*DNI*、*DHI* 的变化范围

1 小时辐照度变化范围是[0,800 W/m^2)。

A.3.2 *H* 的变化范围

1 小时日照时数变化范围是[0, 1 h]。

附 录 B
(资料性附录)
地外太阳辐射计算方法

B.1 地外法向太阳辐射

B.1.1 地外法向太阳辐照度

当地球与太阳的距离为日地平均距离时，地外法向太阳辐照度即太阳常数；其他时间，地外法向太阳辐照度则要将太阳常数经日地距离订正后计算得到，计算公式见式(B.1)。

$$EDNI = E_0 \times \left(1 + 0.033\cos\frac{360n}{365}\right) \quad \cdots\cdots\cdots\cdots (B.1)$$

式中：

$EDNI$ ——地外法向太阳辐照度，单位为瓦每平方米(W/m^2)；

E_0 ——太阳常数，单位为瓦每平方米(W/m^2)，按照 QX/T 368—2016 取 1366.1 W/m^2；

n ——积日，日期在一年的序数。

B.1.2 地外法向太阳辐照量

一段时间的地外法向太阳辐照量 $EDNR$ 是将 $EDNI$ 乘以时间即可得到。若时间的单位为秒(s)，则 $EDNR$ 的单位为焦每平方米(J/m^2)，可除以 10^6 转换为兆焦每平方米(MJ/m^2)；若时间的单位为小时(h)，则 $EDNR$ 的单位为瓦时每平方米($W \cdot h/m^2$)，可除以 10^3 转换为千瓦时每平方米($kW \cdot h/m^2$)。

B.2 地外水平面太阳辐射

B.2.1 瞬时地外水平面太阳辐照度

计算公式见式(B.2)。

$$EHI = EDNI \times (\cos\varphi\cos\delta\cos\omega + \sin\varphi\sin\delta) \quad \cdots\cdots\cdots\cdots (B.2)$$

式中：

φ ——纬度，单位为度(°)，$-90 \leqslant \varphi \leqslant 90$；

δ ——太阳赤纬，单位为度(°)，$-23.45 \leqslant \delta \leqslant 23.45$，计算公式见式(B.3)；

ω ——时角，上午为正、下午为负，单位为度(°)，计算公式见式(B.4)。

$$\delta = 23.45\sin\left(360 \times \frac{284 + n}{365}\right) \quad \cdots\cdots\cdots\cdots (B.3)$$

$$\omega = (T_T - 12) \times 15 \quad \cdots\cdots\cdots\cdots (B.4)$$

式中：

T_T ——真太阳时，单位为小时(h)，计算公式见式(B.5)。

$$T_T = C_T + L_C + E_Q \quad \cdots\cdots\cdots\cdots (B.5)$$

式中：

C_T ——地方标准时，单位为小时(h)，在中国区域即北京时；

E_Q ——时差值，在中国区域，可通过查表 B.1 求得，并将表中的分钟数值转换为小时；

L_C ——经度订正值，单位为小时(h)，在中国区域，计算公式见式(B.6)。

$$L_C = 4(L_g - 120)/60 \quad \cdots\cdots\cdots\cdots (B.6)$$

式中：

L_g ——经度，单位为度(°)。

表 B.1　时差 E_Q 表(经度为 120°E，1992 年，12 时 0 分)

单位为分钟

日期		1 月	2 月	3 月	4 月	5 月	6 月	7 月	8 月	9 月	10 月	11 月	12 月
平年	闰年												
1		−2	−13	−13	−5	3	3	−3	−7	−1	10	16	11
2	1	−3	−13	−13	−4	3	2	−4	−7	−0	10	16	11
3	2	−3	−13	−13	−4	3	2	−4	−7	−0	11	16	10
4	3	−4	−13	−12	−4	3	2	−4	−6	0	11	16	10
5	4	−4	−14	−12	−3	3	2	−4	−6	1	11	16	10
6	5	−5	−14	−12	−3	3	2	−4	−6	1	12	16	9
7	6	−5	−14	−12	−3	4	2	−4	−6	1	12	16	9
8	7	−5	−14	−12	−3	4	1	−5	−6	2	12	16	8
9	8	−6	−14	−11	−2	4	1	−5	−6	2	13	16	8
10	9	−6	−14	−11	−2	4	1	−5	−6	2	13	16	8
11	10	−7	−14	−11	−2	4	1	−5	−6	3	13	16	7
12	11	−7	−14	−11	−1	4	1	−5	−6	3	13	16	7
13	12	−7	−14	−10	−1	4	1	−5	−6	3	14	16	6
14	13	−8	−14	−10	−1	4	0	−6	−5	4	14	16	6
15	14	−8	−14	−10	−1	4	0	−6	−5	4	14	15	5
16	15	−9	−14	−10	−0	4	−0	−6	−5	5	14	15	5
17	16	−9	−14	−9	−0	4	−0	−6	−5	5	15	15	5
18	17	−9	−14	−9	0	4	−1	−6	−5	5	15	15	4
19	18	−10	−14	−9	0	4	−1	−6	−4	6	15	15	4
20	19	−10	−14	−8	1	4	−1	−6	−4	6	15	14	3
21	20	−10	−14	−8	1	4	−1	−6	−4	6	15	14	3
22	21	−11	−14	−8	1	4	−1	−6	−4	7	15	14	2
23	22	−11	−14	−8	1	4	−2	−6	−3	7	16	14	2
24	23	−11	−14	−7	2	4	−2	−7	−3	8	16	13	1
25	24	−11	−14	−7	2	3	−2	−7	−3	8	16	13	1
26	25	−12	−13	−7	2	3	−2	−7	−3	8	16	13	0
27	26	−12	−13	−6	2	3	−2	−7	−2	9	16	12	−0
28	27	−12	−13	−6	2	3	−3	−7	−2	9	16	12	−1
29	28	−12	−13	−6	3	3	−3	−7	−2	10	16	12	−1
30	29	−13		−5	3	3	−3	−7	−1	10	16	11	−1
31	30	−13		−5	3	3	−3	−7	−1	10	16	11	−2
	31			−5		3		−7	−1		16		−2

注 1：用月份、日期查表，闰年 1 月、2 月与平年同，从 3 月 1 日开始查闰年一行。

注 2：一般情况，即不符合 1992 年、12 时、120°E 的条件，查此表时，最大误差不大于 1 min。

B.2.2 小时地外水平面太阳辐照量

计算公式见式(B.7)。

$$EHR_h = \frac{12 \times 3600}{\pi} \times EDNI \times \left[\cos\varphi\cos\delta(\sin\omega_2 - \sin\omega_1) + \frac{\pi(\omega_2 - \omega_1)}{180}\sin\varphi\sin\delta\right] \times 10^{-6} \quad \cdots\cdots(B.7)$$

式中：

EHR_h ——小时地外水平面太阳辐照量，单位为兆焦每平方米(MJ/m^2)；

ω_1、ω_2——所计算时间段的起、止时角，$\omega_2 > \omega_1$，单位为度(°)。

B.2.3 日地外水平面太阳辐照量

计算公式见式(B.8)。

$$EHR_d = \frac{24 \times 3600}{\pi} \times EDNI \times \left[\cos\varphi\cos\delta\sin\omega_s + \frac{\pi\omega_s}{180}\sin\varphi\sin\delta\right] \times 10^{-6} \quad \cdots\cdots(B.8)$$

式中：

EHR_d ——日地外水平面太阳辐照量，单位为兆焦每平方米(MJ/m^2)；

ω_s ——日落时刻的时角，单位为度(°)，计算公式见式(B.9)。

$$\cos\omega_s = -\frac{\sin\varphi\sin\delta}{\cos\varphi\cos\delta} = -\tan\varphi\tan\delta \quad \cdots\cdots(B.9)$$

B.2.4 月地外水平面太阳辐照量

可将当月逐日辐照量累计求和得到，也可近似采用当月代表日的日辐照量乘以当月日数表示，15°N与55°N之间区域的各月代表日如表B.2所示。

表B.2 15°N与55°N之间区域的各月代表日

北纬 °N	1月	2月	3月	4月	5月	6月	7月	8月	9月	10月	11月	12月
55	18	15	16	15	15	10	17	16	15	16	14	11
50	17	15	16	15	15	10	17	16	16	16	15	11
45	18	15	16	15	15	10	17	17	16	16	15	11
40	17	15	16	15	15	10	17	17	16	16	15	11
35	17	15	16	15	15	10	17	17	16	16	15	11
30	17	15	16	15	15	9	17	17	16	16	15	11
25	17	15	16	15	14	8	18	17	16	16	15	11
20	17	15	16	15	12	19	18	17	16	16	15	11
15	17	15	15	14	22	13	19	18	16	16	15	11

附　录　C
(规范性附录)
a、b 系数计算方法

月水平面总辐射量经验公式系数 a,b 的计算方法选择离计算点最近的太阳辐射观测站,作为计算参考点。根据参考点历年观测的月水平面总辐射和月日照百分率,计算系数 a 和 b,分别见式(C.1)和式(C.2)。

$$a = \overline{y} - b \times \overline{s'_{1}} \qquad \cdots\cdots(C.1)$$

$$b = \frac{\sum_{i=1}^{n}(s'_{1i} - \overline{s'_{1}}) \times (y_i - \overline{y})}{\sum_{i=1}^{n}(s'_{1i} - \overline{s'_{1}})^2} \qquad \cdots\cdots(C.2)$$

式中:

s'_{1i} ——参考点逐年月日照百分率,以百分号(%)表示;

$\overline{s'_{1}}$ ——参考点月日照百分率的平均值,以百分号(%)表示;

y_i ——参考点逐年水平面总辐射月辐照量与地外太阳辐射月辐照量的比值,无量纲数;

$\overline{y}$ ——参考站点历年水平面总辐射月辐照量与地外太阳辐射月辐照量比值的平均值,无量纲数;

n ——观测资料的样本数,无量纲数。

附 录 D
(规范性附录)
代表年时间序列确定方法

D.1 气候平均法

D.1.1 概述

气候平均法是对1年中每个时刻(时段)的太阳能资源各要素求平均,将平均值作为1年完整时间序列数据,或将最接近平均值的真实值挑选出来组成1年完整时间序列数据。气候平均法适用于仅具备太阳能资源各要素长序列数据的情况。

D.1.2 计算方法

对1年中每个时刻(月)的太阳能资源各要素序列求平均值 μ,将每个时刻(月)的平均值 μ 进行组合,作为1年完整时间序列数据。μ 的计算公式见式(D.1)。

$$\mu = \frac{\sum_{i=1}^{N} X_i}{N} \qquad \cdots\cdots(D.1)$$

式中:

X_i ——第 i 个要素值;

N ——要素序列的有效样本数。

D.2 典型气象年法

D.2.1 概述

典型气象年法,即TMY(Typical Meteorological Year)方法,综合考虑影响待评估区域大气环境状况的太阳辐射、气温、相对湿度、风速、气压以及露点温度等气象要素,计算各气象要素的长期累积分布函数和逐年逐时刻(时段)累积分布函数,赋予各气象要素合理的权重系数,挑选与所选时刻(时段)的长期累积分布函数最接近的典型时刻(时段),组成1年完整时间序列数据。典型气象年法适用于既具备太阳能资源各要素长序列数据,也具备气温、相对湿度、风速、气压以及露点温度等气象要素长序列数据的情况。

D.2.2 计算方法

D.2.2.1 分别计算太阳辐射、气温、相对湿度、风速、气压以及露点温度等各气象要素的长期累积分布函数和逐年逐时刻(月)累积分布函数值,计算公式见式(D.2)。

$$S_n(x) = \frac{k-0.5}{N} \qquad \cdots\cdots(D.2)$$

式中:

$S_n(x)$ ——x 处的长期累积分布值;

k ——要素 x 在增序时间序列中的排序;

N ——样本总数。

D.2.2.2 分别计算太阳辐射、气温、相对湿度、风速、气压以及露点温度等各气象要素的 Finkelstein-Schafer 统计值，简称 C_{fs}，计算公式见式(D.3)。

$$C_{fs}=\frac{\sum_{i=1}^{n_d}\delta_i}{n_d} \qquad \cdots\cdots\cdots\cdots(D.3)$$

式中：

δ_i——各要素长期累积分布值与逐年各月累积分布值的绝对差值；

n_d——各分析月内的天数。

D.2.2.3 在获得各气象要素每个月份的 C_{fs} 后，按一定权重系数 W_{Fi}(见表 D.1)把各 C_{fs} 汇总成一个参数 W_s，计算公式见式(D.4)。

$$W_s=\sum_{i=1}^{KK}W_{Fi}\times C_{fsi} \qquad \cdots\cdots\cdots\cdots(D.4)$$

式中：

KK——气象要素的个数。

选取 W_s 最小值对应的太阳能资源要素值作为该时刻(月)的代表值，组成 1 年完整时间序列数据。

表 D.1 生成典型气象月各构成气象要素的权重系数 W_{Fi} 参考值

气象要素	具体指标	权重系数(方案 1)	权重系数(方案 2)
气温	日平均气温	2/24	2/24
	日最低气温	1/24	1/24
	日最高气温	1/24	1/24
露点温度	日平均露点温度	2/24	4/24
	日最高露点温度	1/24	/
	日最低露点温度	1/24	/
风速	日平均风速	2/24	2/24
	日最大风速	2/24	2/24
太阳辐射	水平面总辐射	12/24	12/24

参 考 文 献

[1] GB/T 18710—2002 风电场风能资源评估方法

[2] GB/T 31155—2014 太阳能资源等级 总辐射

[3] GB/T 31163—2014 太阳能资源术语

[4] 中国气象局. 地面气象观测规范[M]. 北京：气象出版社，2003

[5] 常蕊，申彦波，郭鹏. 太阳能资源典型年挑选方法的适用性对比研究[J]. 高原气象，2017，36(6)：1713-1721

[6] John A Duffie，William A Beckman. Solar Engineering of New Jersey Thermal Processes (4th Edition)[M]. Hoboken：John Wiley & Sons，Inc.，2013

[7] Frölich C，London J. Revised instruction manual on radiation instruments and measurements[J]. WCRP Publication Series，1986，7：139

ICS 07.060
A 47
备案号：65871—2019

中华人民共和国气象行业标准

QX/T 105—2018
代替 QX/T 105—2009

雷电防护装置施工质量验收规范

Specifications for acceptance of construction quality of lightning protection system

2018-12-12 发布　　2019-04-01 实施

中国气象局　发布

前　　言

本标准按照 GB/T 1.1—2009 给出的规则起草。

本标准代替 QX/T 105—2009《防雷装置施工质量监督与验收规范》。与 QX/T 105—2009 相比，除了编辑性修改外，主要技术变化如下：

——修改了标准中文和英文名称（见标准名称，2009 年版的标准名称）；
——修改了标准适用范围（见第 1 章）；
——修改了规范性引用文件（见第 2 章）；
——修改了术语和定义（见第 3 章）；
——修改了一般说明，并改为基本要求（见第 4 章）；
——修改了接地装置，并改为接地装置施工质量验收要求（见第 5 章）；
——修改了引下线，并改为引下线施工质量验收要求（见第 6 章）；
——修改了接闪器，并改为接闪器施工质量验收要求（见第 7 章）；
——修改了等电位连接，并改为等电位连接施工质量验收要求（见第 8 章）；
——增加了屏蔽施工质量验收要求（见第 9 章）；
——修改了综合布线系统，并改为综合布线施工质量验收要求（见第 10 章）；
——修改了电涌保护器（SPD），并改为电涌保护器（SPD）施工质量验收要求（见第 11 章）；
——修改了汽车加油（气）站（库），并改为加油加气站，调整为规范性附录（见附录 B.1）；
——删除了原标准中的第 7 章“均压环”；
——删除了原标准中的第 9 章“玻璃幕墙”；
——删除了原标准中的第 12 章“电子系统”；
——删除了原标准中的第 14 章“路灯”；
——删除了原标准中的第 16 章“移动基站”；
——删除了原标准中的第 17 章“桥梁”；
——删除了原标准中的第 18 章“轨道交通”；
——删除了原标准中的第 19 章“变电站”；
——删除了原标准中的附录 A“防雷装置施工质量监督与验收手册”；
——删除了原标准中的附录 B“《防雷装置施工质量监督与验收管理手册》填写及评定标准”；
——删除了原标准中的附录 C“防雷装置施工质量监督与验收管理综合评定标准和评定办法”；
——删除了原标准中的附录 D“防雷装置施工质量监督与验收综合检验评定表〈一〉”“防雷装置施工质量监督与验收小项目评定表〈二〉”；
——删除了原标准中的附录 E“接地阻抗及土壤电阻率的测量方法”；
——删除了原标准中的附录 F“本规范用词说明”；
——增加了附录 A“雷电防护装置施工质量验收业务表格式样”；
——增加了附录 B“重点场所雷电防护装置施工质量验收要求”；
——增加了参考文献。

本标准由全国雷电灾害防御行业标准化技术委员会提出并归口。

本标准起草单位：广州市气象局、广州市防雷减灾管理办公室、广州市气象公共服务中心、广州市番禺区气象局。

本标准主要起草人：贾天清、谢碧栋、何耀斌、许伟乾、葛桂清、彭锦荣、李红宁、陈易昕、颜志、邓宇翔、徐启腾、王孝波、王学孟、张宇飞。

本标准所代替标准的历次版本发布情况为：

——QX/T 105—2009。

雷电防护装置施工质量验收规范

1 范围

本标准规定了雷电防护装置施工质量验收的项目、要求和具体内容。

本标准适用于下列场所雷电防护装置的施工质量验收：

a） 油库、气库、弹药库、化学品仓库、烟花爆竹、石化等易燃易爆建设工程和场所；

b） 雷电易发区内的矿区、旅游景点或者投入使用的建(构)筑物、设施等需要单独安装雷电防护装置的场所；

c） 雷电风险高且没有防雷标准规范、需要进行特殊论证的大型项目。

其他场所雷电防护装置施工质量验收可参照使用。

2 规范性引用文件

下列文件对于本文件的应用是必不可少的。凡是注日期的引用文件，仅注日期的版本适用于本文件。凡是不注日期的引用文件，其最新版本(包括所有的修改单)适用于本文件。

GB 18802.1—2011 低压电涌保护器(SPD) 第1部分：低压配电系统的电涌保护器 性能要求和试验方法(IEC 61643-1:2005，MOD)

GB/T 18802.21 低压电涌保护器 第21部分：电信和信号网络的电涌保护器(SPD) 性能要求和试验方法(IEC 61643-21:2000，IDT)

GB/T 21431—2015 建筑物防雷装置检测技术规范

GB/T 33588.7 雷电防护系统部件(LPSC) 第7部分：接地降阻材料的要求(IEC 62561-7:2011，NEQ)

GB 50057—2010 建筑物防雷设计规范

GB 50161—2009 烟花爆竹工程设计安全规范

GB 50311—2016 综合布线系统工程设计规范

GB 50650—2011 石油化工装置防雷设计规范

QX/T 104 接地降阻剂

3 术语和定义

GB 18802.1—2011、GB/T 21431—2015、GB 50057—2010界定的以及下列术语和定义适用于本文件。为方便使用，以下重复列出了GB 18802.1—2011、GB/T 21431—2015、GB 50057—2010中的一些术语和定义。

3.1

雷电防护装置 lightning protection system；LPS

防雷装置

用于减少闪击击于建(构)筑物上或建(构)筑物附近造成的物质性损害和人身伤亡，由外部雷电防护装置和内部雷电防护装置组成。

注：改写GB 50057—2010，定义2.0.5。

3.2

接闪器　air-termination system

由拦截闪击的接闪杆、接闪带、接闪线、接闪网以及金属屋面、金属构件等组成。

[GB 50057—2010,定义 2.0.8]

3.3

引下线　down-conductor system

用于将雷电流从接闪器传导至接地装置的导体。

[GB 50057—2010,定义 2.0.9]

3.4

接地装置　earth-termination system

接地体和接地线的总合,用于传导雷电流并将其流散入大地。

[GB 50057—2010,定义 2.0.10]

3.5

共用接地系统　common earthing system

将各部分防雷装置、建筑物金属构件、低压配电保护线(PE)、设备保护接地,屏蔽体接地、防静电接地和信息设备逻辑地等连接在一起的接地装置。

[GB/T 21431—2015,定义 3.6]

3.6

防雷等电位连接　lightning equipotential bonding;LEB

将分开的诸金属物体直接用连接导体或经电涌保护器连接到防雷装置上以减小雷电流引发的电位差。

[GB 50057—2010,定义 2.0.19]

3.7

电涌保护器　surge protective device;SPD

用于限制瞬态过电压和分泄电涌电流的电器,它至少包含有一非线性的元件。

[GB 18802.1—2011,定义 3.1]

4　基本要求

4.1　雷电防护装置施工现场的质量管理,应有相应的施工技术标准、健全的质量管理体系、施工质量检验制度和综合施工质量水平判断评定制度。

4.2　施工单位、监理单位或者建设单位应对每道工序进行检查,并形成质量验收记录。未经监理工程师或建设单位技术负责人检查确认,不得进行下道工序施工,雷电防护装置施工质量验收业务表格式样参见附录 A。

4.3　雷电防护装置施工采用的主要材料、成品和半成品应进场验收合格,并做好验收记录和验收资料归档。

4.4　雷电防护装置施工质量验收使用的检测仪器,其性能参数应符合检测要求,应经过法定计量检定机构检定或校准合格,并在检定或校准有效期内使用。

4.5　雷电防护装置施工质量验收应对设计文件中接地装置、引下线、接闪器、等电位连接、屏蔽、综合布线、SPD 等分项及其施工工序进行全数检查。当施工质量等于或高于设计文件标准时应视为合格,当施工质量低于设计文件标准时应视为不合格。

4.6　雷电防护装置施工质量验收除应符合第 4～11 章的要求外,重点场所还应符合附录 B 的规定。

5 接地装置施工质量验收要求

5.1 接地装置的材料、规格、布置、埋设方式、连接工艺、接地电阻、防腐措施、间隔距离、防跨步电压措施应符合设计文件的要求。

5.2 利用建筑物桩基、梁、柱内钢筋做接地装置的自然接地体和为接地需要而专门埋设的人工接地体，应在地面以上按设计要求的位置设置可供测量、接人工接地体和作等电位连接用的连接板。

5.3 接地体的连接应采用焊接，焊缝应饱满无遗漏，并做好防腐措施。当导体为钢材时，焊接的搭接长度及焊接方法应符合表1的规定；当导体为铜材与铜材或铜材与钢材时，熔接接头应将被连接的导体完全包在接头里，确保连接部位的金属完全熔化，并应连接牢固。

表1 雷电防护装置钢材焊接时的搭接长度和焊接方法

焊接材料	搭接长度	焊接方法
扁钢与扁钢	不应少于扁钢宽度的2倍	两个大面不应少于3个棱边焊接
圆钢与圆钢	不应少于圆钢直径的6倍	双面焊接
圆钢与扁钢	不应少于圆钢直径的6倍	双面焊接
扁钢与钢管、扁钢与角钢	紧贴角钢外侧两面或紧贴3/4钢管表面，上、下两侧施焊，并应焊以由扁钢完成的弧形（或直角形）卡子或直接由扁钢本身完成弧形或直角形与钢管或角钢焊接	

5.4 利用人工接地体作接地装置时，应检查水平接地体与垂直接地体的连接情况和防腐措施，垂直接地体及水平接地体的间距均宜为5 m，接地体的埋设深度应大于0.5 m，其距离墙或基础不宜小于1 m。

5.5 当设计为独立接地装置时，独立接地装置与被保护建筑物及其有联系的金属物之间的间隔距离应符合GB 50057—2010中4.2.1第5款的规定。

5.6 当第一类和处在爆炸危险环境的第二类防雷建筑物采用环形接地装置时，环形接地装置应闭合，每根引下线与环形接地装置连接处的过渡电阻应不大于0.2 Ω。

5.7 防跨步电压措施应符合GB 50057—2010中4.5.6第2款的规定。

5.8 当需要采用降阻剂时，降阻剂的技术要求应符合GB/T 33588.7和QX/T 104的规定。

6 引下线施工质量验收要求

6.1 引下线的材料、规格、位置、敷设方式、安装数量、连接工艺、防腐措施、防接触电压措施应符合设计文件的要求。

6.2 暗敷在建筑物抹灰层内的专用引下线应有卡钉分段固定；明敷专用引下线应平直，弯曲处应按建筑造型弯曲，其夹角应大于90°，弯曲半径不宜小于圆钢直径10倍、扁钢宽度的6倍，并应设置专用支架固定，每个固定支架应能承受49 N的垂直拉力，支架的间距应符合表2的规定，引下线焊接处应做好防腐措施。

表 2 明敷引下线及接闪导体固定支架的最小间距

布置方式	扁形导体和绞线固定支架的间距 mm	单根圆形导体固定支架的间距 mm
水平面上的水平导体	500	1000
垂直面上的水平导体		
20 m 以上垂直面上的垂直导体		
地面至 20 m 垂直面上的垂直导体	1000	1000

6.3 接闪器与引下线必须采用焊接或卡接器连接，引下线与接地装置必须采用焊接或螺栓连接，焊接时的搭接长度应符合表 1 的规定，螺栓连接时螺栓数量不应少于 2 个，连接处的过渡电阻不应大于 0.2 Ω。

6.4 利用建筑物内钢筋作自然引下线时，应按设计文件要求采用土建施工的绑扎法、螺丝、对焊或搭焊连接，连接处应电气贯通，用作引下线的钢筋宜做好标识。

6.5 利用建筑物的钢梁、钢柱、消防爬梯、幕墙金属框架等金属构件作为自然引下线时，金属构件之间应电气贯通。

6.6 当利用混凝土内钢筋、钢柱作为自然引下线并采用基础钢筋作为接地体时，应在室外墙体上留出供测量用的测试端子。

6.7 防接触电压措施应符合 GB 50057—2010 中 4.5.6 第 1 款的规定。

6.8 专用引下线在易受机械损伤之处，地面上 1.7 m 至地面下 0.3 m 的一段接地线，应采用暗敷或采用防护材料加以保护。

6.9 当墙壁或墙体保温层含有易燃材料时，引下线与墙壁或墙体保温层的间距应大于 0.1 m；当小于 0.1 m 时，引下线的横截面积应不小于 100 mm^2。

7 接闪器施工质量验收要求

7.1 接闪器的材料、规格、布置、敷设方式、保护范围、连接工艺、防腐措施应符合设计文件的要求。

7.2 利用建筑物金属屋面或屋顶上旗杆、栏杆、装饰物、铁塔、女儿墙上的盖板等永久性金属物做接闪器时，其材料及截面应符合 GB 50057—2010 中 5.2 的规定。

7.3 屋顶孤立金属物和非导电性屋顶物体的防护措施应符合 GB 50057—2010 中 4.5.7 的规定。

7.4 接闪杆应笔直、无弯曲，安装固定牢固，并应就近与接闪带焊接连通。

7.5 当设计为独立接闪杆、架空接闪线或网时，独立接闪杆、架空接闪线或网及其支柱与被保护建筑物及其有联系的金属物之间的间隔距离应符合 GB 50057—2010 中 4.2.1 第 5 款、第 6 款和第 7 款的规定。

7.6 接闪带的安装应平正顺直，转角处应按建筑造型弯曲，其夹角应大于 90°，弯曲半径不宜小于圆钢直径 10 倍、扁钢宽度 6 倍；接闪带固定支架应间距均匀、固定牢固，固定支架的高度不宜小于 150 mm，支架的间距应符合表 2 的规定，每个固定支架应能承受 49 N 的垂直拉力；接闪带采用焊接固定时，焊缝应饱满无遗漏并做好防腐措施；接闪带采用螺栓固定时，防松零件应齐全。

7.7 当接闪带采用暗敷时，建筑物周围的环境建应符合 GB 50057—2010 中 4.3.5 第 1 款或 4.4.5 的规定。

7.8 采用屋顶上永久性金属物、户外装置区的金属设备或金属构筑物作为接闪器，当金属设备或金属构筑物内有易燃物品时，不锈钢、热镀锌钢和钛板厚度不应小于 4 mm，铜板厚度不应小于 5 mm，铝板厚度不应小于 7 mm；当金属设备或金属构筑物内无易燃物品时，铅板厚度不应小于 2 mm，不锈钢、热镀锌钢、钛和铜板厚度不应小于 0.5 mm，铝板厚度不应小于 0.65 mm，锌板厚度不应小于 0.7 mm。

7.9 需要防侧击的部位，应检查尖物、墙角、边缘、设备以及显著突出物体的外部雷电防护装置的安装情况，用作接闪器的外部金属物与雷电防护装置的过渡电阻不应大于 0.2 Ω。

8 等电位连接施工质量验收要求

8.1 等电位连接带和等电位连接导体的材料、规格、布置以及等电位连接的结构形式、连接工艺、过渡电阻应符合设计文件的要求。

8.2 等电位连接可采用焊接、螺钉或螺栓连接等方式，连接处的过渡电阻不应大于 0.2 Ω。

8.3 设备、管道、构架、均压环、钢骨架、钢窗、放散管、吊车、金属地板、电梯轨道、栏杆等大尺寸金属物应与共用接地装置等电位连接，连接处的过渡电阻不应大于 0.2 Ω。

8.4 建筑物外墙内、外竖直敷设的金属管道及金属物的顶端和底端应与雷电防护装置等电位连接，连接处的过渡电阻不应大于 0.2 Ω。

8.5 长金属物体穿越不同防雷区界面时，应在防雷区界面处与等电位连接带进行电气连接，连接处的过渡电阻不应大于 0.2 Ω。

8.6 机房内所有设备的金属外壳、各类金属管道、金属线槽、建筑物金属结构应与等电位接地端子板电气连接，连接处的过渡电阻不应大于 0.2 Ω，等电位连接导体最小截面积应符合表 3 的规定。

8.7 对于第一类和处在爆炸危险环境的第二类防雷建筑物中平行敷设的长金属物，净距小于 100 mm 时，应每隔 30 m 进行跨接；交叉净距小于 100 mm 时，其交叉处也应跨接；当长金属物的交叉处以及弯头、阀门、法兰盘等连接处的过渡电阻大于 0.03 Ω 时，应进行跨接。

8.8 具有阴极保护的埋地金属管道或输送火灾爆炸危险物质的埋地金属管道，当其从室外进入户内处设有绝缘段时，绝缘段之后的金属管道在入户处应与室内的等电位连接带进行电气连接，绝缘段处跨接的电压开关型 SPD 或隔离放电间隙应符合 GB 50057—2010 中 4.2.4 第 13、14 款的规定。

表 3 各类等电位连接导体最小截面积

等电位连接部件			材料	截面积 mm^2
等电位连接带（铜、外表面镀铜的钢或热镀锌钢）			Cu(铜)、Fe(铁)	50
从等电位连接带至接地装置或各等电位连接带之间的连接导体			Cu(铜)	16
			Al(铝)	25
			Fe(铁)	50
从屋内金属装置至等电位连接带的连接导体			Cu(铜)	6
			Al(铝)	10
			Fe(铁)	16
连接电涌保护器的导体	电气系统	Ⅰ级试验的电涌保护器	Cu(铜)	6
		Ⅱ级试验的电涌保护器		2.5
		Ⅲ级试验的电涌保护器		1.5
	电子系统	D1 类电涌保护器		1.2
		其他类的电涌保护器（连接导体的截面积可小于 1.2 mm^2）		根据具体情况确定

9 屏蔽施工质量验收要求

9.1 屏蔽工程的布置和屏蔽的材料、规格、连接方式应符合设计文件要求。

9.2 建筑物的屋顶金属表面、立面金属表面、混凝土内钢筋和金属门窗框架等大尺寸金属件等应等电位连接在一起，并与防雷接地装置连接，连接处的过渡电阻不应大于 0.2 Ω。

9.3 在需要保护的空间内，采用屏蔽电缆时其屏蔽层应至少在两端，并宜在防雷区交界处做等电位连接，系统要求只在一端做等电位连接时，应采用两层屏蔽或穿钢管敷设，外层屏蔽或钢管应至少在两端，并宜在防雷区交界处做等电位连接。

9.4 用毫欧表检查屏蔽网格、金属管(槽)、防静电地板支撑金属网格、大尺寸金属件、房间屋顶金属龙骨、屋顶金属表面、立面金属表面、金属门窗、金属格栅和电缆屏蔽层与等电位连接带(或网络)的电气连接情况，连接处的过渡电阻不宜大于 0.2 Ω。

10 综合布线施工质量验收要求

10.1 线缆敷设应符合设计文件的要求。

10.2 电子信息系统信号电缆与电力线缆的间距应符合 GB 50311—2016 中表 8.0.1 的要求，电子信息系统线缆与其他管线的间距应符合 GB 50311—2016 中表 8.0.2 的要求。

10.3 当采用屏蔽布线系统时，屏蔽层应电气导通，并在穿过防雷区界面时与等电位连接带进行电气连接，连接处过渡电阻不应大于 0.2 Ω。

10.4 当采用光纤布线系统时，其金属加强芯在进入建筑物的入口处应与等电位连接带进行电气连接，连接处过渡电阻不应大于 0.2 Ω。

11 电涌保护器(SPD)施工质量验收要求

11.1 应使用经过国家认可的检测实验室检测，符合 GB 18802.1—2011 和 GB/T 18802.21 要求的 SPD。

11.2 各级 SPD 的安装位置、安装数量应与设计文件相一致，各级 SPD 的型号、电气参数(如 U_C、I_n、I_{max}、I_{imp}、U_p 等)、状态指示应清晰明确。

11.3 检查确认低压线路的供电制式(如 TN-C、TN-C-S、TN-S 系统)，SPD 的接线形式应与供电制式相匹配。

11.4 SPD 应安装牢靠，SPD 连接导线应短直，连接导线的最小截面积应符合表 3 的规定；SPD 两端连接导线长度之和不宜超过 0.5 m，当长度难以控制在 0.5 m 以内时，可适当增大连接导线的线径或更换导电率更高的导体来连接，也可采用凯文接线法。

11.5 电源 SPD 的有效电压保护水平 $U_{p/f}$ 应低于被保护设备的耐冲击过电压额定值 U_w，U_w 值可参见表 4；对于电压开关型 SPD，应取 $U_{p/f}=U_p$ 或 $U_{p/f}=\Delta U$ 的较大者，对于限压型 SPD，应取 $U_{p/f}=U_p+\Delta U$，$\Delta U=L\times \mathrm{d}i/\mathrm{d}t$ 为 SPD 两端连接导线上产生的电压。

11.6 当被保护设备距离 SPD 线路长度不大于 5 m 或线路有屏蔽并两端等电位连接下沿线路长度不大于 10 m 时，应取 $U_{p/f}\leqslant U_w$；当被保护设备距离 SPD 线路有屏蔽并两端等电位连接下线路长度大于 10 m 时，应取 $U_{p/f}\leqslant U_{w/2}$。

11.7 当未标明具有能量自动配合功能时，电压开关型 SPD 与限压型 SPD 之间的线路长度不宜小于 10 m，限压型 SPD 之间的线路长度不宜小于 5 m，若线路长度不能满足要求时应加装退耦元件。

表 4　220 V/380 V 三相系统各种设备耐冲击过电压额定值 U_w

设备位置	电源处的设备	配电线路和最后分支线路的设备	用电设备	特殊需要保护设备
耐冲击过电压类型	Ⅳ类	Ⅲ类	Ⅱ类	Ⅰ类
耐冲击过电压额定值/kV	6	4	2.5	1.5

注：Ⅰ类——需要将瞬态过电压限制到特定水平的设备，如含有电子电路的设备，计算机及含有计算机程序的用电设备；
Ⅱ类——如家用电器(不含计算机及含有计算机程序的家用电器)、手提工具、不间断电源设备(UPS)、整流器和类似负荷；
Ⅲ类——如配电盘，断路器，包括电缆、母线、分线盒、开关、插座等的布线系统，以及应用于工业的设备和永久接至固定装置的固定安装的电动机等的一些其他设备；
Ⅳ类——如电气计量仪表、一次性过流保护设备、波纹控制设备。

附 录 A
(资料性附录)
雷电防护装置施工质量验收业务表格式样

A.1 业务表格式样

雷电防护装置施工质量验收业务表格的式样见表 A.1、表 A.2。

表 A.1 雷电防护装置(隐蔽工程)施工质量验收记录表

编号: 验收日期: 年 月 日 天气:□晴/□阴

<table>
<tr><td>单位工程名称</td><td colspan="4"></td></tr>
<tr><td>雷电防护
工程分项</td><td colspan="4">□接地装置/ □引下线/ □等电位连接/□屏蔽/ □ 接闪器/ □SPD 安装/ □其他</td></tr>
<tr><td>雷电防护装置
施工部位</td><td colspan="4">一般场所:□基础/ □首层/ □中间层/ □天面/ □其他
加油加气站:□罐区/ □站房/ □罩棚/ □其他
石油库、气库:□罐区/ □装卸平台/ □设备区/ □管廊/ □其他
烟花爆竹场所:□基础/ □首层/ □中间层/ □天面/ □其他
石油化工装置:□炉区/ □塔区/ □罐区/ □设备区/ □管廊/ □其他
矿区、旅游景点:□避险场所/ □雷击风险区域/ □其他</td></tr>
<tr><td>建设单位</td><td colspan="2"></td><td>项目负责人</td><td></td></tr>
<tr><td>施工单位</td><td colspan="2"></td><td>项目负责人</td><td></td></tr>
<tr><td>施工图名称</td><td colspan="2"></td><td>图号</td><td></td></tr>
<tr><td colspan="5">施工质量验收</td></tr>
<tr><td>施工内容/位置或编号</td><td colspan="2">施工方法</td><td>接地电阻(Ω)</td><td>检查(检测)项目及结果</td></tr>
<tr><td></td><td colspan="2"></td><td></td><td></td></tr>
<tr><td rowspan="2">施工单位
检查评定结果</td><td>施工员签名</td><td></td><td>检查(检测)负责人签名</td><td></td></tr>
<tr><td colspan="4">项目专业质量检查员(签名):
年 月 日(公章)</td></tr>
<tr><td>建设(监理)单位
验收结论</td><td colspan="4">建设单位项目专业技术负责人(签名)
(专业监理工程师签名)
年 月 日(公章)</td></tr>
</table>

表 A.2 雷电防护装置(接头连接)施工质量验收记录表

编号：　　　　　　　　　　验收日期：　　年　月　日　　　　　　　天气：□晴/□阴

<table>
<tr><td>单位工程名称</td><td colspan="5"></td></tr>
<tr><td>雷电防护
工程分项</td><td colspan="5">□接地装置/ □引下线/ □等电位连接/ □屏蔽/ □接闪器/ □SPD 安装/ □其他</td></tr>
<tr><td>雷电防护装置
施工部位</td><td colspan="5">一般场所：□基础/ □首层/ □中间层/ □天面/ □其他
加油加气站：□罐区/ □站房/ □罩棚/ □其他
石油库、气库：□罐区/ □装卸平台/ □设备区/ □管廊/ □其他
烟花爆竹场所：□基础/ □首层/ □中间层/ □天面/ □其他
石油化工装置：□炉区/ □塔区/ □罐区/ □设备区/ □管廊/ □其他
矿区、旅游景点：□避险场所/ □雷击风险区域/ □其他</td></tr>
<tr><td>建设单位</td><td colspan="3"></td><td>项目负责人</td><td></td></tr>
<tr><td>施工单位</td><td colspan="3"></td><td>项目负责人</td><td></td></tr>
<tr><td>施工图名称</td><td colspan="3"></td><td>图号</td><td></td></tr>
<tr><td colspan="6">接头连接记录</td></tr>
<tr><td>名称/位置或编号</td><td>连接导体材料名称/规格(尺寸)</td><td>连接方式</td><td>连接长度
(mm)</td><td>防腐措施</td><td>接地/过渡电阻
(Ω)</td></tr>
<tr><td></td><td></td><td></td><td></td><td></td><td></td></tr>
<tr><td></td><td></td><td></td><td></td><td></td><td></td></tr>
<tr><td></td><td></td><td></td><td></td><td></td><td></td></tr>
<tr><td></td><td></td><td></td><td></td><td></td><td></td></tr>
<tr><td></td><td></td><td></td><td></td><td></td><td></td></tr>
<tr><td colspan="2">接头施工方法</td><td colspan="4">检查(检测)项目及结果</td></tr>
<tr><td colspan="2"></td><td colspan="4"></td></tr>
<tr><td rowspan="2">施工单位
检查评定结果</td><td>施工员签名</td><td></td><td colspan="2">检查(检测)负责人签名</td><td></td></tr>
<tr><td colspan="5">项目专业质量检查员(签名)：
年　月　日(公章)</td></tr>
<tr><td>建设(监理)单位
验收结论</td><td colspan="5">建设单位项目专业技术负责人(签名)
(专业监理工程师签名)
年　月　日(公章)</td></tr>
</table>

A.2 填表注意事项

A.2.1 雷电防护装置(隐蔽工程)施工质量验收记录表

雷电防护装置(隐蔽工程)施工质量验收记录表应由施工项目专业质量检查员(施工单位)填写,并由监理工程师或建设单位项目专业技术负责人组织项目专业质量检查员进行验收。本表适用但不限于常规的隐蔽工程项目,每一质量验收部位填写一份,汇总为工程项目的城建档案。如有必要,附加的示图、照片和说明则可随本表之后作为本表的附件。

单位工程名称:填写本次验收的雷电防护工程名称。

雷电防护工程分项:在本次雷电防护装置施工质量验收对应的分项前打"√"。

雷电防护装置施工部位:在本次雷电防护装置施工质量验收对应的施工部位前打"√"。

建设单位、项目负责人:填写本次雷电防护装置施工质量验收工程的建设单位及项目负责人。

施工单位、项目负责人:填写本次雷电防护装置施工质量验收工程的施工单位及项目负责人。

施工图名称、图号:填写本次雷电防护装置施工质量验收工程防雷施工图纸的名称和图号。

施工内容/位置或编号:填写本次雷电防护装置施工质量验收的施工内容/位置或编号。如:1号段人工地网(见施工图)。

施工质量验收——施工方法:填写本次雷电防护装置施工质量验收的施工方法。如(人工接地装置):利用4×40热镀锌扁钢作水平地极,埋深0.8 m,利用50×50×5热镀锌角钢,长2.5 m作垂直地极,顶部埋深0.8 m,沿水平地极每隔5 m设置。

施工质量验收——接地电阻:填写本次雷电防护装置施工质量验收部位实测的接地电阻值,单位采用"Ω"。

施工质量验收——检查(检测)项目及结果:填写"符合设计及施工规范"或"不符合设计及施工规范"。

施工单位检查评定结果:由施工单位施工员、检查(检测)负责人、项目专业质量检查员签名,项目专业质量检查员应签注"符合设计及施工规范"或"不符合设计及施工规范"并加盖单位公章。

建设(监理)单位验收结论:由建设或监理单位的项目专业质量检查员签名,签注"同意验收"或"不同意验收"并加盖单位公章。

A.2.2 雷电防护装置(接头连接)施工质量验收记录表

雷电防护装置(接头连接)施工质量验收记录表应由施工项目专业质量检查员(施工单位)填写,并由监理工程师或建设单位项目专业技术负责人组织项目专业质量检查员进行验收。本表适用于接地类别为:防雷接地、保护(保安)接地、工作接地、等电位接地、防静电接地、共用(联合)接地等的装置(含连通或引下线)接头连接的相关记录,按检验批填写,汇总为工程项目的城建档案。表中插入的示图、照片和说明等,如幅面不能容纳(或无法表达清楚),则可随本表之后作为本表的附件。

单位工程名称:填写本次验收的雷电防护工程名称。

雷电防护工程分项:在本次雷电防护装置施工质量验收对应的分项前打"√"。

雷电防护装置施工部位:在本次雷电防护装置施工质量验收对应的施工部位前打"√"。

建设单位、项目负责人:填写本次雷电防护装置施工质量验收工程的建设单位及项目负责人。

施工单位、项目负责人:填写本次雷电防护装置施工质量验收工程的施工单位及项目负责人。

施工图名称、图号:填写本次雷电防护装置施工质量验收工程防雷施工图纸的名称和图号。

接头连接记录——名称/位置或编号:填写本次验收的雷电防护装置接头连接的名称/位置或编号,如"筋与承台连接/1×A"。

接头连接记录——连接导体材料名称/规格(尺寸):填写本次验收的雷电防护装置接头连接的连接导体材料名称/规格(尺寸),如“圆钢/∅12”。

接头连接记录——连接方式:填写本次验收的雷电防护装置接头连接的连接方式。如“搭接焊”“压力电渣焊”“直螺纹套筒”或“绑扎”等。

施工质量验收——搭接长度:填写本次验收的雷电防护装置接头连接的搭接长度,单位一般采用“mm”,如“160 mm”。

接头连接记录——防腐措施:填写本次验收的雷电防护装置接头连接的防腐措施。

接头连接记录——接地/过渡电阻:填写本次验收的雷电防护装置接头连接部位实测的接地电阻值或过渡电阻值,单位采用“Ω”。

接头施工方法:填写本次验收的雷电防护装置接头连接的施工方法。如:“利用∅12 热镀锌圆钢将引下线与地梁主钢筋可靠连接”。

检查(检测)项目及结果:填写“符合设计及施工规范”或“不符合设计及施工规范”。

施工单位检查评定结果:由施工单位施工员、检查(检测)负责人、项目专业质量检查员签名,项目专业质量检查员应签注“符合设计及施工规范”或“不符合设计及施工规范”并加盖单位公章。

建设(监理)单位验收结论:由建设或监理单位的项目专业质量检查员签名,签注“同意验收”或“不同意验收”并加盖单位公章。

附 录 B
（规范性附录）
重点场所雷电防护装置施工质量验收要求

B.1 加油加气站

B.1.1 检查全站区接地装置的安装情况，其施工质量应满足下列要求：

a) 全站区各专业接地应共用接地系统，其接地装置应敷设成闭合环状。当站区确须采用独立接闪器保护时，独立接闪器杆塔（支柱）及其接地装置与被保护物及与其有联系的管道、电缆等金属物之间的间隔距离应符合 GB 50057—2010 中 4.2.1 第 5 款的规定。

b) 接地体的结构和安装位置，接地体的埋设间距、深度和安装工艺，接地体的材料和规格、连接方法、防腐处理，防跨步电压措施以及接地电阻值应符合设计文件要求。

B.1.2 检查罐区及其附属设施防雷接地措施，其施工质量应满足下列要求：

a) 油罐、液化石油气储罐、液化天然气储罐和压缩天然气储气瓶组防雷接地装置的材料、规格、间距和接地电阻等应符合设计文件要求。

b) 钢制埋地油罐、埋地液化石油气储罐和埋地液化天然气储罐，以及非金属油罐顶部的金属部件和罐内的各金属部件，与非埋地部分的工艺金属管道应相互电气连接并接地，其过渡电阻不应大于 0.03 Ω。

c) 油气放散管应接入全站共用接地装置。

d) 油品、液化石油气、压缩天然气和液化天然气管道及其法兰的跨接情况，应符合 8.7 的规定。

e) 罐体维护孔、量油孔盖板应与罐体主体金属构件互为电气跨接，其过渡电阻不应大于 0.03 Ω。

B.1.3 检查站房和罩棚防雷接地措施，其施工质量应满足下列要求：

a) 站房和罩棚引下线、接地体及接闪器的施工应符合设计文件要求，当置专设引下线时，应符合 GB 50057—2010 中 4.3.3 的规定，且应与建筑物结构钢筋等电位连接。

b) 当罩棚采用金属屋面作为接闪器时，金属屋面应符合 GB 50057—2010 中 5.2.7 的规定。

c) 天面固定金属物应与防雷接地装置可靠连接。

d) 站房内所有固定金属构件应接入全站共用接地装置。

e) 加油加气区金属管道的接地、跨接应满足 B.1.2d）的规定。当采用导静电的热塑性塑料管道时，其导电内衬应接地；当采用不导静电的热塑性塑料管道时，其不埋地部分的热熔连接件应接地；当采用专用的密封帽将连接管件的电熔插孔密封时，其管道或接头的其他导电部件应接地。

B.1.4 检查站区内电气、电子系统防雷接地措施，其施工质量应满足下列要求：

a) 站区供配电系统和信息系统线路屏蔽应符合设计文件要求，配线电缆金属外皮两端、保护钢管两端应可靠接地。

b) 站区总电源开关处的电气接地应与防雷接地等电位连接。

c) 站区供配电系统和信息系统 SPD 安装应符合设计文件要求，其安装位置应避开防爆环境，当确实无法避开时，应对 SPD 进行防爆保护处理。

B.2 石油库、气库

B.2.1 检查全库区接地装置的安装情况，其施工质量应满足下列要求：

a) 全库区各专业接地应共用接地系统，其接地装置应敷设成闭合环状。当库区确须采用独立接闪器保护时，独立接闪器杆塔（支柱）及其接地装置与被保护物及与其有联系的管道、电缆等金属物之间的间隔距离应符合 GB 50057—2010 中 4.2.1 第 5 款的规定。

b) 接地体的结构和安装位置，接地体的埋设间距、深度和安装工艺，接地体的材料和规格、连接方法、防腐处理，防跨步电压措施以及接地电阻值应符合设计文件要求。

B.2.2 检查库区防雷接地措施，其施工质量应满足下列要求：

a) 钢储罐防雷接地点的部位、数量、材料规格、施工工艺及防腐措施应符合设计文件要求。

b) 库区接闪器的形式、部位、材料、规格应符合设计文件要求。当设有独立接闪器时，独立接闪器的接地装置与库区接地装置，以及接闪器与库区设施的间隔距离应符合 GB 50057—2010 中 4.2.1 第 5 款的规定。

c) 储罐维护孔、量油孔盖板与罐体应等电位连接，其过渡电阻应不大于 0.03 Ω。

d) 当采用浮顶储罐作为贮存装置时，外浮顶与储罐的连接导线应选用截面积不小于 50 mm^2 的扁平镀锡软铜复绞线或绝缘阻燃护套软铜复绞线，连接点数量不少于 2 处，连接点弧形间距不大于 18 m；内浮顶储罐的连接导线应选用直径不小于 5 mm 的不锈钢钢丝绳。外浮顶储罐宜利用浮顶排水管将罐体与浮顶做电气连接，每条排水管的跨接导线应采用一根截面积不小于 50 mm^2 扁平镀锡软铜复绞线。外浮顶储罐的转动浮梯两侧，应分别与罐体和浮顶各做两处电气连接。

e) 库区油气输送管道及其法兰连接处跨接应符合 8.7 的规定，并在管道的始、末端和分支、拐弯处做好接地措施。

B.2.3 检查易燃液体泵房（棚）的防雷接地措施，其施工质量应符合设计文件要求。

B.2.4 检查 I/O 间、栈桥、铁路等金属物的防雷接地措施，库区内所有固定金属构件应与全库区共用接地装置等电位连接。

B.2.5 检查库区供配电系统和信息系统 SPD 安装情况，SPD 的参数应符合设计文件要求，其安装位置应避开防爆环境，当确实无法避开时，应对 SPD 进行防爆保护处理。

B.3 烟花爆竹场所

B.3.1 检查接地装置的安装情况，其施工质量应满足下列要求：

a) 各专业接地应共用接地系统，其接地装置应敷设成闭合环状。当工程确须采用独立接闪器保护时，独立接闪器杆塔（支柱）及其接地装置与被保护物及与其有联系的管道、电缆等金属物之间的间隔距离应符合 GB 50057—2010 中 4.2.1 第 5 款的规定。

b) 接地体的结构和安装位置，接地体的埋设间距、深度和安装工艺，接地体的材料和规格、连接方法、防腐处理，防跨步电压措施以及接地电阻值应符合设计文件要求。

B.3.2 建筑物引下线的材料、规格、数量、安装位置及施工工艺应符合设计文件要求。当采用专设引下线时，专设引下线应与建筑物结构钢筋等电位连接。

B.3.3 建筑物接闪器的材料、规格、施工工艺、保护范围应符合设计文件要求。当采用独立接闪器时，独立接闪器与地上、地下设施的间隔距离应符合 GB 50057—2010 中 4.2.1 第 5 款的规定。

B.3.4 检查建筑物内设施的等电位连接措施。在建筑物内应设置环形等电位连接带，并符合 GB 50161—2009 中 12.7.6 的规定。建筑物附属设备、支架、管道、门窗、导体等固定金属构件，应与全工程共用接地装置可靠连接，金属管道接地和跨接应符合 8.7 和 GB 50161—2009 中 12.7.7 的规定。

B.3.5 建筑物屏蔽措施的施工质量应满足下列要求：

a) 屏蔽层应确保电气连通，金属线槽宜采取全封闭，其首、末两端应可靠接地。

b) 建筑物之间敷设的电缆，其屏蔽层两端应与各自建筑物接地装置的等电位连接带连接。

c) 当系统要求只在一端做等电位连接时，应采取两层屏蔽，对外层屏蔽采取两端接地处理。

d) 爆炸和火灾危险环境使用的低压电气设备其外露导电部分、配电线路的 PE 线、信号线路屏蔽外层应等电位连接。

e) 作为空间屏蔽措施，金属门窗等外墙金属物应与全工程共用接地装置等电位连接。

B.3.6 SPD 的参数应符合设计文件及 GB 50057—2010 中 4.3.8 的规定，存放烟花爆竹仓库供电系统的 SPD 应设置在非防爆区域。

B.4 石油化工装置

B.4.1 检查全装置区接地装置的安装情况，其施工质量应满足下列要求：

a) 全装置区各专业接地应共用接地系统，其接地装置应敷设成闭合环状。当装置区确须采用独立接闪器保护时，独立接闪器杆塔（支柱）及其接地装置与被保护物及与其有联系的管道、电缆等金属物之间的间隔距离应符合 GB 50057—2010 中 4.2.1 第 5 款的规定。

b) 接地体的结构和安装位置，接地体的埋设间距、深度和安装工艺，接地体的材料和规格、连接方法、防腐处理，防跨步电压措施以及接地电阻值应符合设计文件要求。

B.4.2 检查炉区的防雷接地措施。炉体支撑金属构件接地、炉子的接地点及间距、接地连接件安装位置、炉子上金属构件等电位连接以及各部位的接地电阻值应符合设计文件及 GB 50650—2011 中 5.1 的规定。

B.4.3 检查塔区的防雷接地措施。塔体的接闪保护形式、接地点数量、引下线间距、附属金属物等电位连接以及各部位接地电阻应符合设计文件及 GB 50650—2011 中 5.2 的规定。

B.4.4 检查静设备区的防雷接地措施。静设备区的接闪保护形式、引下线设置、附属金属物等电位连接以及各部位接地电阻应符合设计文件及 GB 50650—2011 中 5.3 的规定。

B.4.5 检查机器设备区防雷接地措施。机器设备和电气设备应完全处于防雷接闪器的保护范围内，其电气保护接地应符合设计文件及 GB 50650—2011 中 5.4.2 的规定。

B.4.6 检查罐区的防雷接地措施，其施工质量应满足下列要求：

a) 金属罐体应做防直击雷接地，接地点不应少于 2 处，并应沿罐体周边均匀布置，引下线的间距不应大于 18 m。每根引下线的冲击接地电阻不应大于 10 Ω。

b) 储存可燃物质的储罐，其防雷接地应满足设计文件及 GB 50650—2011 中 5.5.2 的规定。

c) 当采用浮顶储罐时，其防雷接地应满足设计文件及 GB 50650—2011 中 5.5.3 的规定，浮顶与罐体的电气连接应符合 B.2.2d)的规定。

B.4.7 检查可燃液体装卸站的防雷接地措施，可燃液体装卸站接闪器保护形式、金属构架接地、管道接地以及各部位的接地电阻应符合设计文件及 GB 50650—2011 中 5.6 的规定。

B.4.8 检查粉、粒料桶仓的防雷接地措施，其施工质量应符合设计文件及 GB 50650—2011 中 5.7 的规定。

B.4.9 检查框架、管架和管道的防雷接地措施，其施工质量应满足下列要求：

a) 钢框架和管架的接地方式、接地连接件焊接部位、接地点间距、接地点数量应符合设计文件及 GB 50650—2011 中 5.8.1 的规定。

b) 当采用混凝土框架时，其附属金属物应与接地装置直接连接或通过其他接地连接件进行连接，接地间距不应大于 18 m。

c) 管道的防雷接地应符合设计文件及 GB 50650—2011 中 5.8.3 的规定。设有保温层的石油化工管道，其金属外皮应与管道及雷电防护装置等电位连接。少于 5 个螺栓连接的金属石油管道法兰，应设跨接装置，法兰的过渡电阻应不大于 0.03 Ω。

B.4.10 检查冷却塔的防雷接地措施。不同型式的冷却塔接闪保护方式、引下线设置、附属金属构件及各部位接地电阻应符合设计文件及 GB 50650—2011 中 5.9 的规定。

B.4.11 检查烟囱和火炬的防雷接地措施，其施工质量应符合设计文件及 GB 50650—2011 中 5.10 的规定。

B.4.12 检查户外装置区的防雷接地措施，其施工质量应符合设计文件及 GB 50650—2011 中 5.11 的规定。

B.4.13 检查户外灯具和电器的防雷接地措施，其施工质量应符合设计文件及 GB 50650—2011 中 5.12.1 的规定。

B.4.14 检查全装置区供电系统的 SPD 安装情况，SPD 的参数应符合设计文件要求，其安装位置应避开防爆环境，当确实无法避开时，应对 SPD 进行防爆保护处理。

B.5 雷电易发区内的矿区、旅游景点

B.5.1 矿区和旅游景点宜进行雷击风险评估，科学划分雷电灾害风险区域。当矿区、旅游景点的地形地貌、旅游设施发生变更时，应对风险区域进行动态更新。

B.5.2 检查风险警示标志的设置情况以及防雷避险场所防雷接地措施。高处、空旷地带、水域边缘等雷击风险高的区域应设置风险警示标志，在雷击风险相对低的区域设置相应的防雷避险场所，并应满足下列要求：

a) 接地装置应采用闭合环形地网，并采取防跨步电压措施。

b) 结构宜采用金属框架结构，利用金属结构柱作引下线。当采用非金属结构时，应根据防雷建筑物相应类别按 GB 50057—2010 中 4.3.3 或 4.4.3 的规定设置专设引下线，其设置数量应尽可能多且均匀分布，并采取防接触电压措施。

c) 当屋顶金属物符合 GB 50057—2010 中 5.2.1 要求时，宜直接利用屋顶金属物作接闪器。当屋面加装接闪器时，应符合第 7 章的规定。

d) 防雷避险场所的设置点应避开地质灾害风险区域。

e) 严禁在矿区的爆破区域内设置防雷避险场所。

f) 当防雷避险场所周边树木高度超出接闪器保护范围时，避险场所与树木的净距宜不小于 5 m，最小净距应不小于 3 m。

B.5.3 当在矿区、景点范围内安装独立接闪杆进行环境防雷保护时，应满足下列要求：

a) 独立接闪杆及其接地装置的安装应符合设计文件要求。

b) 独立接闪杆应避开矿区作业面和景区人员聚集的区域设置。

c) 应按 GB 50057—2010 中 4.5.6 的规定，对独立接闪杆附近设置防接触电压和跨步电压措施，并应当在其周边 3 m 范围内设置防雷安全警示标志。

B.5.4 当矿区设有矿井时，矿井等电位连接及接地施工质量应满足下列要求：

a) 引入井下电缆的金属外皮、接地芯线应和设备的金属外壳连在一起接地。

b) 所有电气设备的保护接地装置和局部接地装置应与主接地装置连在一起形成接地网。

c) 由地面直接引入、引出矿井的引带式运输机支架、各种金属管道、架空人车支架、运输轨道、架空运输索道、电缆的金属外层等金属设施，应在井口附件就近与接地装置连接，连接点不应少于两处。

d) 架空进入矿井的带式运输机支架、架空金属管道、架空人车支架、架空运输索道支架及其他厂金属物，在距离井口 200 mm 内每隔 25 m 做一次接地，其冲击电阻不应大于 20 Ω。宜利用金属支架或钢筋混凝土支架的焊接钢筋网作为引下线，其钢筋混凝土基础宜作为接地装置。

e) 平行敷设的管道、运输轨道、带式运输机支架、架空人车支架、电缆外皮等长金属物的跨接情况，应符合 8.7 的规定。

B.5.5 当旅游景点为文物建筑时，其雷电防护装置施工质量应满足下列要求：

a) 在不损害文物建筑构件的前提下，接闪带(网)应沿文物建筑屋面的正脊、垂脊、戗脊、屋面檐角等易受雷击的部位随形敷设，屋面正脊兽等装饰物应置于接闪带(网)之下。接闪带在建筑物垂脊、戗脊的端头应外延不少于150 mm。

b) 引下线固定位置应选择构件接缝处，不应直接钉入。引下线沿文物建筑木结构敷设时，引下线或固定支架应采取抱箍等不损伤文物构件的方式固定，并与木结构之间做绝缘处理。

c) 接地装置安装过程中，对文物建筑基础、地面等有扰动的部位，应按原状恢复。

B.5.6 当旅游景点有户外游乐设施时，其雷电防护装置施工质量应满足下列要求：

a) 高度大于15 m的游乐设施和滑索上、下站及钢丝绳等应设雷电防护装置，高度超过60 m时还应增加防侧击雷的雷电防护装置。

b) 引下线宜采用圆钢或扁钢，圆钢直径不应小于8 mm，扁钢截面积不应小于48 mm^2，其厚度不应小于4 mm。当利用设备金属结构架做引下线时，截面积和厚度不应小于上述要求，在分段机械连接处应有可靠的电气连接。

c) 雷电防护装置的接地电阻应不大于30 Ω。

B.6 已投入使用需单独安装雷电防护装置的场所

B.6.1 对已投入使用的建(构)筑物进行单独安装或整改雷电防护装置时，应因地制宜地采取技术先进、经济合理的措施，雷电防护装置的施工质量应符合设计文件要求。

B.6.2 检查接地装置的安装情况。防雷接地装置宜采用人工接地装置。人工接地体应与建(构)筑物结构钢筋(或结构金属件)可靠连接，其材料规格、敷设工艺、与埋地金属构件的间隔距离、防跨步电压措施等应符合第5章的相关要求。对于现场确无人工接地装置设置条件且结构为钢筋混凝土的建(构)筑物，当基础(承台、地梁)埋深不小于0.5 m，且接地电阻符合设计要求的情况下，可直接利用自然接地体作为防雷接地装置。

B.6.3 检查引下线的安装情况。防雷引下线宜根据相应的防雷类别采用专设引下线。对于现场确无专设引下线设置条件且结构为钢筋混凝土的建(构)筑物，结构钢筋的接地电阻值符合要求时，可利用结构钢筋作引下线。

B.6.4 检查接闪器的安装情况。应按相应的防雷类别要求设置接闪器。当采用网格法保护且引下线受环境所限无法按设计部位或相应的类别间距设置引下线时，应在征得设计同意的前提下，在可设置的部位增加引下线数量，并适当加密接闪网。

B.6.5 检查SPD的安装情况。建筑物SPD参数及安装位置应符合设计文件要求，防止雷电流流经引下线和接地装置时产生的高电位对附近金属物或电气和电子系统线路反击的措施应满足GB 50057—2010中4.3.8的规定。

参考文献

[1] GB/T 21431—2015 建筑物防雷装置检测技术规范
[2] GB 50058—2014 爆炸危险环境电力装置设计规范
[3] GB 50074—2014 石油库设计规范
[4] GB 50156—2012 汽车加油加气站设计与施工规范(2014年版)
[5] GB 50300—2013 建筑工程施工质量验收统一标准
[6] GB 50303—2015 建筑电气工程施工质量验收规范
[7] GB 50601—2010 建筑物防雷工程施工质量与验收规范
[8] GB 51017—2014 古建筑防雷工程技术规范
[9] QX/T 150—2011 煤炭工业矿井防雷设计规范

ICS 07.060
A 47
备案号：65087—2018

中华人民共和国气象行业标准

QX/T 106—2018
代替 QX/T 106—2009

雷电防护装置设计技术评价规范

Specifications for technical assessment of lightning protection system design

2018-09-20 发布 2019-02-01 实施

中国气象局 发布

前言

本标准按照 GB/T 1.1—2009 给出的规则起草。

本标准代替 QX/T 106—2009《防雷装置设计技术评价规范》。与 QX/T 106—2009 相比，除编辑性修改外，主要技术变化如下：

——修改了标题中文、英文名称（见封面，2009 年版的封面）；

——修改了标准适用范围（见第 1 章，2009 年版第 1 章）；

——修改了规范性引用文件（见第 2 章，2009 年版第 2 章）；

——删除了防雷装置、接地线、自然接地装置、人工接地装置、独立接地装置等 77 个术语（见 2009 年版的 3.1、3.5 至 3.18、3.21 至 3.72、3.74 至 3.83）；

——修订了接闪器、引下线、接地装置、冲击接地电阻、工频接地电阻、电涌保护器术语（见 3.1、3.2、3.3、3.4、3.5 和 3.7，2009 版的 3.2、3.3、3.4、3.19、3.20 和 3.73）；

——增加了防雷等电位连接、外部雷电防护装置、内部雷电防护装置、雷电防护装置、雷电防护装置设计技术评价、加油加气站、石油库、石油储备库、石油化工装置、厂房房屋、户外装置区、烟花爆竹项目工程、压缩天然气、液化天然气、液化石油气术语（见 3.6、3.8、3.9、3.10、3.11、3.12、3.13、3.14、3.15、3.16、3.17、3.18、3.19、3.20 和 3.21）；

——删除了雷电流参数、防雷区、建筑物防雷类别、电子系统防护等级、接地装置、引下线、均压环、接闪器、玻璃幕墙、等电位连接、电子系统、综合布线系统、路灯、汽车加油（气）站（库）、移动基站、桥梁、轨道交通、变电站等章节（见 2009 版的第 4 至 22 章）；

——增加了基本要求、一般场所评价要求、重点场所评价要求（见第 4 至 6 章）；

——删除了“冲击接地电阻（Ri）与工频接地电阻（$R_{\sim}$）换算系数（A）的查算表”“土壤电阻率（ρ）与接地极有效长度（L_e）对照表”“钢筋表面积总和（S）与钢筋长度（L）换算表”“建筑物磁场强度的计算”“格栅型磁场屏蔽体内部磁场强度”“建筑物内环路中的感应电压及电流的计算”“网格材料、宽度与磁场强度的关系曲线”“条款表述所用的助动词”（见 2009 版附录 A 至附录 H）；

——增加了“加油加气站雷电防护装置设计技术评价”“石油天然气工程雷电防护装置设计技术评价”“液化石油气供应工程雷电防护装置设计技术评价”“石油库雷电防护装置设计技术评价”“石油储备库雷电防护装置设计技术评价”“石油化工装置雷电防护装置设计技术评价”“烟花爆竹项目工程雷电防护装置设计技术评价”“矿区、旅游景点及需要单独安装雷电防护装置的场所雷电防护装置设计技术评价”（见附录 A 至附录 H）。

本标准由全国雷电灾害防御行业标准化技术委员会提出并归口。

本标准起草单位：广东省气象公共安全技术支持中心、中国气象局广州热带海洋气象研究所、佛山市顺德区气象局、韶关市气象局、清远市气象局、东莞市气象局、阳江市气象局、广州市气象公共服务中心、梅州市气象局。

本标准主要起草人：陈昌、陈绍东、曾阳斌、张丽婉、顾世洋、刘利民、李阳斌、傅春华、武宁、江韬、郭青、曹雪芬、颜旭。

本标准所代替标准的历次版本发布情况为：

——QX/T 106—2009。

雷电防护装置设计技术评价规范

1 范围

本标准规定了雷电防护装置设计技术评价的基本要求、一般场所评价要求、重点场所评价要求。

本标准适用于雷电防护装置设计的技术评价。

2 规范性引用文件

下列文件对于本文件的应用是必不可少的。凡是注日期的引用文件，仅注日期的版本适用于本文件。凡是不注日期的引用文件，其最新版本(包括所有的修改单)适用于本文件。

GB/T 18802.1—2011 低压电涌保护器(SPD) 第1部分：低压配电系统的电涌保护器 性能要求和试验方法(IEC 61643-1:2005,MOD)

GB/T 21714.3—2015 雷电防护 第3部分：建筑物的物理损坏和生命危险(IEC 62305-3:2010,IDT)

GB 50054 低压配电设计规范

GB 50057—2010 建筑物防雷设计规范

GB 50074—2014 石油库设计规范

GB 50161—2009 烟花爆竹工程设计安全规范

GB 50650—2011 石油化工装置防雷设计规范

GB 50737—2011 石油储备库设计规范

GB 51017 古建筑物防雷工程技术规范

QX/T 264—2015 旅游景区雷电灾害防御技术规范

SH/T 3164 石油化工仪表系统防雷设计规范

3 术语和定义

GB/T 18802.1—2011、GB/T 21714.1—2015、GB 50057—2010、GB 50074—2014、GB 50156—2012、GB 50650—2011、GB 50737—2011 界定的以及下列术语和定义适用于本文件。为了便于使用，以下重复列出了 GB/T 18802.1—2011、GB/T 21714.1—2015、GB 50057—2010、GB 50074—2014、GB 50156—2012、GB 50650—2011、GB 50737—2011 中的一些术语和定义。

3.1

接闪器 air-termination system

由拦截闪击的接闪杆、接闪带、接闪线、接闪网以及金属屋面、金属构件等组成。

[GB 50057—2010，定义 2.0.8]

3.2

引下线 down-conductor system

用于将雷电流从接闪器传导至接地装置的导体。

[GB 50057—2010，定义 2.0.9]

3.3

接地装置　earth-termination system

接地体和接地线的总合,用于传导雷电流并将其流散入大地。

[GB 50057—2010,定义 2.0.10]

3.4

冲击接地电阻　conventional earth impedance

冲击电流(如雷电流)流过接地装置时,接地体电压峰值与电流峰值之比,通常两者峰值不会同时发生。

注 1:冲击接地电阻在物理意义上可理解为冲击接地阻抗。

注 2:改写 GB/T 21714.3—2015,定义 3.13。

3.5

工频接地电阻　power frequency ground resistance

工频电流流过接地装置时,接地体与远方大地之间的电阻。其数值等于接地装置相对远方大地的电压与通过接地体流入地中电流的比值。

[GB 50689—2011,定义 2.0.17]

3.6

防雷等电位连接　lightning equipotential bonding;LEB

将分开的诸金属物体直接用连接导体或经电涌保护器连接到防雷装置上以减小雷电流引发的电位差。

[GB 50057—2010,定义 2.0.19]

3.7

电涌保护器　surge protective device;SPD

用于限制瞬态过电压和泄放电涌电流的电器。通常,它至少包含一非线性的元件。

注:改写 GB/T 18802.1—2011,定义 3.1。

3.8

外部雷电防护装置　external lightning protection system

LPS 的一部分,由接闪器、引下线和接地装置组成。又称外部防雷装置。

注:改写 GB/T 21714.1—2015,定义 3.43。

3.9

内部雷电防护装置　internal lightning protection system

LPS 的一部分,由等电位连接和/或外部 LPS 的电气绝缘组成。又称内部防雷装置。

注:改写 GB/T 21714.1—2015,定义 3.44。

3.10

雷电防护装置　lightning protection system;LPS

用来减小雷击建(构)筑物造成物理损害的整个系统。又称防雷装置。

注 1:LPS 由外部和内部雷电防护装置两部分构成。

注 2:改写 GB/T 21714.1—2015,定义 3.42。

3.11

雷电防护装置设计技术评价　technical assessment of lightning protection system design

按照有关法律、法规、标准,对雷电防护装置设计文件涉及的公共利益、公众安全和工程建设等规定内容进行的技术性审查。

3.12

加油加气站　filling station

加油站、加气站、加油加气合建站的统称。

[GB 50156—2012,定义 2.1.1]

3.13

石油库　oil depot

收发和储存原油、汽油、煤油、柴油、喷气燃料、溶剂油、润滑油和重油等整装、散装油品的独立或企业附属的仓库或设施。

[GB 50074—2014,定义 2.0.1]

3.14

石油储备库　petroleum depot

储存原油的大型油库。

注:改写 GB 50737—2011,定义 2.0.3。

3.15

石油化工装置　petrochemical plant

以石油、天然气及其产品作为原料,生产石油化工产品(或中间体)的生产设施。

[GB 50650—2011,定义 2.0.1]

3.16

厂房房屋　industrial building;warehouse

石化场所中设有屋顶,建筑外围护结构全部采用封闭式墙体(含门、窗)构造的生产性(储存性)建筑物。

注:改写 GB 50650—2011,定义 2.0.3。

3.17

户外装置区　outdoor unit

石化场所中露天或对大气敞开、空气畅通的场所。

注:改写 GB 50650—2011,定义 2.0.4。

3.18

烟花爆竹项目工程　project of fireworks and firecracker

生产、储存烟花、爆竹及生产用于烟花、爆竹产品的黑火药、烟火药、引火线、电点火头等的厂房、场所及配套仓库。

3.19

压缩天然气　compressed natural gas;CNG

压缩到压力大于或等于 10 MPa 且不大于 25 MPa 的气态天然气。

[GB 50028—2006,定义 2.0.28]

3.20

液化天然气　liquefied natural gas;LNG

主要由甲烷组成,可能含有少量的乙烷、丙烷、氮或通常存在于天然气中其他组分的一种无色液态流体。

[GB 51156—2015,定义 2.0.1]

3.21

液化石油气　liquefied petroleum gas;LPG

在常温常态下为气态,经压缩或冷却后为液态的 C_3、C_4 及其混合物。

[GB 50160—2008,定义 2.0.20]

4 基本要求

4.1 在雷电防护装置设计技术评价过程中应做到：

——查阅设计说明、规划总平面图等，掌握被评价对象的使用性质、结构、规模、四置距离情况等信息；

——工业项目应了解项目的危险性和对雷电的敏感性，包括物质、设备的危险性和工艺过程的危险性等；

——确保雷电防护装置设计所依据的标准、规范和图集现行有效，适用范围准确。

4.2 雷电防护装置设计技术评价的内容应包括：

——防雷分类；

——接闪器；

——引下线；

——接地装置；

——屏蔽、接地和等电位连接；

——电涌保护器。

5 一般场所评价要求

5.1 防雷分类

防雷分类应符合 GB 50057—2010 中第 3 章、4.5.1、4.5.2、附录 A 和 GB 50161—2009 中 12.1 的要求。

注：判定过程中应用到的年平均雷暴日数，以当地气象部门公布的年平均雷暴日数为准。

5.2 接闪器

5.2.1 应对接闪器组成方式、保护范围、敷设方式、规格尺寸、材料、间隔距离等进行评价。

5.2.2 专门敷设的接闪器应由下列的一种或多种方式组成：

——独立接闪杆；

——架空接闪线或架空接闪网；

——直接装设在建筑物上的接闪杆、接闪带或接闪网。

5.2.3 专门敷设的接闪器，其布置应符合表 1 的规定。可单独或任意组合采用接闪杆、接闪带、接闪网。

表 1 接闪器布置要求

建筑物防雷类别	滚球半径 m	接闪网网格尺寸 m	接闪器敷设位置
第一类防雷建筑物	30	≤5×5 或 6×4	符合 GB 50057—2010 中 4.2.4 要求
第二类防雷建筑物	45	≤10×10 或 12×8	符合 GB 50057—2010 中 4.3.1 要求
第三类防雷建筑物	60	≤20×20 或 24×16	符合 GB 50057—2010 中 4.4.1 要求

5.2.4 接闪杆、接闪线应按表 1 规定的滚球半径和 GB 50057—2010 附录 D 的方法确定其保护范围，被保护对象应处于接闪器的保护范围内，不在保护范围内的应符合 GB 50057—2010 中 4.5.7 的规定。

5.2.5 接闪带、接闪网可采用明敷设方式，当接闪带或接闪网采用暗敷的敷设方式时，应满足 GB 50057—2010 中 4.3.5 的第 1 款、4.4.5 的规定，高层建筑物及易燃易爆场所建筑物不应采用暗敷接闪带。

5.2.6 明敷接闪导体固定支架的间距不宜大于表 2 规定，固定支架高度不宜小于 150 mm。

表 2 明敷接闪导体和引下线固定支架的间距

布置方式	扁形导体和绞线固定支架的间距 mm	单根圆形导体固定支架的间距 mm
安装于水平面上的水平导体	500	1000
安装于垂直面上的水平导体	500	1000
安装于从地面至高 20 m 垂直面上的垂直导体	1000	1000
安装在高于 20 m 垂直面上的垂直导体	500	1000

5.2.7 突出屋面的放散管、风管、烟囱、呼吸阀等的防雷设计要求应符合表 3 要求。

表 3 突出屋面的放散管、风管、烟囱、呼吸阀等的雷电防护装置设计要求

建筑物防雷类别	设计要求
第一类防雷建筑物	GB 50057—2010 中 4.2.1 的第 2 款、第 3 款
第二、三类防雷建筑物	GB 50057—2010 中 4.3.2

5.2.8 第一类防雷建筑物被保护对象与接闪装置的间隔距离应符合 GB 50057—2010 中 4.2.1 的第 5 款、第 6 款的规定。

5.2.9 烟囱的接闪器应符合 GB 50057—2010 中 4.4.9 的规定。当独立烟囱上采用热镀锌接闪环时，其圆钢直径不应小于 12 mm；扁钢截面不应小于 100 mm^2，其厚度不应小于 4 mm。

5.2.10 接闪器的材料规格、结构、最小截面等应符合 GB 50057—2010 中 5.2.1 的规定。

5.2.11 接闪杆采用热镀锌圆钢或钢管制成时，其直径应符合表 4 要求。

表 4 热镀锌圆钢或钢管制成的接闪杆规格

接闪杆	圆钢 mm	钢管 mm
杆长 1 m 以下	≥12	≥20
杆长 1 m 至 2 m	≥16	≥25
独立烟囱顶上的杆	≥20	≥40
接闪杆的接闪端宜做成半球状，其最小弯曲半径宜为 4.8 mm，最大宜为 12.7 mm。		

5.2.12 金属屋面作为接闪器时应符合 GB 50057—2010 中 5.2.7 的要求。

5.2.13 其他金属构件作为接闪器时应符合 GB 50057—2010 中 5.2.8 的要求。

5.2.14 防侧击措施应符合表 5 的要求。

表 5 各类防雷建筑物防侧击设置要求

建筑物防雷类别	设置要求
第一类防雷建筑物	符合 GB 50057—2010 中 4.2.4 第 7 款要求
第二类防雷建筑物	符合 GB 50057—2010 中 4.3.9 要求
第三类防雷建筑物	符合 GB 50057—2010 中 4.4.8 要求

5.3 引下线

5.3.1 应对引下线的材料、规格、敷设方式、间距、间隔距离、防接触电压措施等进行评价。

5.3.2 独立接闪杆的杆塔、架空接闪线的端部和架空接闪网的每根支柱应至少设一根引下线。对金属制成或有焊接、绑扎连接钢筋网的杆塔、支柱,宜利用金属杆塔或钢筋网作为引下线。

5.3.3 基础防雷平面图、各层防雷平面图、天面防雷平面图的引下线位置应一一对应。

5.3.4 引下线的布置可采用专设(明敷、暗敷)或利用建筑物内主钢筋或其他金属构件敷设。专设引下线应沿建筑物外墙外表面明敷,并应经最短路径接地;建筑外观要求较高时可暗敷,但其圆钢直径不应小于 10 mm,扁钢截面积不应小于 80 mm^2。

5.3.5 应沿建筑物四周和内庭院四周均匀对称布置不少于两根专设引下线,各类防雷建筑物专设引下线的平均间距应符合表 6 要求。

表 6 各类防雷建筑物专设引下线的平均间距

建筑物防雷类别	间距 m
装设有独立外部雷电防护装置的第一类防雷建筑物采用金属屋面或钢筋混凝土时沿屋面周边敷设的引下线	18～24
难以装设独立外部雷电防护装置的第一类防雷建筑物的引下线	≤12
第二类防雷建筑物	≤18
第三类防雷建筑物	≤25
第二类防雷建筑物或第三类防雷建筑物,当建筑物的跨度较大,无法在跨距中间设引下线时,应在跨距两端设引下线并减小其他引下线的间距,专设引下线的平均间距不应大于表中要求。 第二类防雷建筑物或第三类防雷建筑物为钢结构或钢筋混凝土建筑物时,在其钢构件或钢筋之间的连接满足本规范规定并利用其作为引下线的条件下,当其垂直支柱均起到引下线的作用时,可不要求满足专设引下线之间的间距。	

5.3.6 明敷引下线固定支架的间距应符合表 2 要求。

5.3.7 引下线的材料、结构、最小截面应按 GB 50057—2010 中表 5.2.1 规定取值。

5.3.8 防直击雷的专设引下线应避开(距离不宜小于 3 m)出入口、人行通道、窗户等,宜避开电气电子线路、输送易燃易爆物质的管道及重要设备所处位置,当无法避开时应采取必要的防跨步电压、防接触电压、防旁侧闪络、防反击的措施,具体措施应符合 GB 50057—2010 中 4.5.6 及 4.3.8 的规定。

5.3.9 专设引下线与易燃材料的墙体或墙体保温层间距应大于 0.1 m。

5.3.10 利用建筑钢筋混凝土中的钢筋作为引下线时应符合下列规定:

——当钢筋直径大于或等于 16 mm 时,应将两根钢筋绑扎或焊接在一起,作为一组引下线;

——当钢筋直径大于或等于 10 mm 且小于 16 mm 时,应利用四根钢筋绑扎或焊接作为一组引下线。

5.3.11 建筑物的钢梁、钢柱、消防梯等金属构件，以及幕墙的金属立柱宜作为引下线，但其各部件之间均应电气贯通，可采用铜锌合金焊、溶焊、卷边压接、缝接、螺钉或螺栓连接；其截面应按 GB 50057—2010 中表 5.2.1 的规定取值；各金属构件可覆有绝缘材料。

5.3.12 采用多根专设引下线时，应在各引下线上距地面 0.3 m～1.8 m 处装设断接卡。当利用混凝土内钢筋、钢柱作为自然引下线并同时采用基础接地体时，可不设断接卡，但利用钢筋作引下线时应在室外的适当地点设若干连接板，供测量接地、人工接地体和等电位连接使用。当仅利用钢筋作引下线并采用埋于土壤中的人工接地体时，应在每根引下线上距地面不低于 0.3 m 处设接地体连接板。采用埋于土壤中的人工接地体时应设断接卡，其上端应与连接板或钢柱焊接。连接板处宜有明显标志。

5.3.13 在易受机械损害处，地面上 1.7 m 至地面下 0.3 m 的一段接地线，应采用暗敷或采用镀锌角钢、改性塑料管或橡胶管等加以保护。

5.3.14 烟囱引下线的敷设应符合 GB 50057—2010 中 4.4.9 的规定，当独立烟囱上的引下线采用圆钢时，其直径不应小于 12 mm；采用扁钢时，其截面不应小于 100 mm^2，厚度不应小于 4 mm。

5.4 接地装置

5.4.1 应对接地装置的类型、材料、结构、规格、尺寸、埋设方式、接地电阻值、防跨步电压措施等进行评价。

5.4.2 接地装置的接地电阻(冲击接地电阻或工频接地电阻)设计值应符合 GB 50057—2010 及其他相关规范的规定。常见接地装置设计值见表 7。

表 7 接地电阻(冲击接地电阻或工频接地电阻)允许值

接地装置的主体	允许值 Ω	接地装置的主体	允许值 Ω
汽车加油、加气站	≤10[a]	天气雷达站	≤4[b]
电子信息系统机房	≤4[b]	配电电气装置总接地装置(A 类)或配电变压器(B 类)	≤4[b]
卫星地球站	≤5[b]	移动基(局)站	≤10[b]
第一类防雷建筑物雷电防护装置	≤10[a]	第二类防雷建筑物雷电防护装置	≤10[a]
第三类防雷建筑物雷电防护装置	≤30[a]	露天钢质密闭气罐接地装置	≤30[a]
交流保护接地	≤4[b]	距第一类防雷建筑物 100 m 内的管道	≤30[a]

汽车加油加气站防雷接地、防静电接地、电气设备的工作接地、保护接地及信息系统的接地当采用共用接地装置时，其工频接地电阻不应大于 4 Ω。

电子信息系统机房宜将交流工作接地(要求≤4 Ω)、交流保护接地(要求≤4 Ω)、直流工作接地(按计算机系统具体要求确定接地电阻值)、防雷接地共用一组接地装置，其工频接地电阻按其中最小值确定。

雷达站共用接地装置在土壤电阻率小于 100 Ω·m 时，宜≤1 Ω；土壤电阻率为 100 Ω·m～300 Ω·m 时，宜≤2 Ω；土壤电阻率为 300 Ω·m～1000 Ω·m 时，宜≤4 Ω；当土壤电阻率大于 1000 Ω·m 时，可适当放宽要求。

采用共用接地系统时，共用接地系统的接地电阻值按各接入系统所允许的最小值确定。

距第一类防雷建筑物 100 m 内的管道，宜每隔 25 m 接地一次，其冲击接地电阻值不应大于 30 Ω。

根据 GB 50057—2010 中 4.2.4、4.3.6、4.4.6 的规定，第一、二、三类防雷建筑物的接地装置在一定的土壤电阻率条件下，其地网等效半径大于规定值时，可不增设人工接地体，此时可不计及冲击接地电阻值。

[a] 冲击接地电阻。

[b] 工频接地电阻。

5.4.3　接地体的材料、结构和尺寸应满足 GB 50057—2010 中 5.4.1 条的规定。

5.4.4　第一类防雷建筑物的独立接闪杆和架空接闪线(网)的支柱及其接地装置至被保护物及与其有联系的管道、电缆等金属物之间的间隔距离应符合 GB 50057—2010 中 4.2.1 第 5 款的规定。

5.4.5　第一类防雷建筑物的独立接闪杆和架空接闪线(网)的接地装置应设置独立接地，第二类防雷建筑物中爆炸危险场所的独立接闪杆和架空接闪线(网)的接地装置宜设置独立接地，其他建筑物应利用建筑物内的金属支撑物、金属框架或钢筋混凝土的钢筋等自然构件、金属管道、低压配电系统的保护线(PE)等与外部雷电防护装置连接构成共用接地系统。当相互临近的建筑物之间有电力和通信电缆连通时，宜将其接地装置互相连接。

5.4.6　利用建筑物的基础钢筋作为接地装置时，应符合 GB 50057—2010 中 4.3.5 的第 3、4、5 款和 4.4.5 的第 1、2 款的规定。

5.4.7　人工接地体应满足 GB 50057—2010 中 5.4.2～5.4.8 的规定。

5.4.8　接地体防跨步电压措施应满足 GB 50057—2010 中 4.5.6 的规定。

5.4.9　第二、三类防雷建筑物在防雷电高电位反击时，间隔距离应符合 GB 50057—2010 中 4.3.8 和 4.4.7 的规定。

5.5　屏蔽、接地和等电位连接

5.5.1　防雷区的划分应符合 GB 50057—2010 中 6.2.1 的要求。

5.5.2　应对屏蔽、接地和等电位连接部件的材料、结构、截面等进行评价。

5.5.3　屏蔽、接地和等电位连接的要求应符合 GB 50057—2010 中 6.3.1 的要求。

5.5.4　屏蔽效率及安全距离的要求应符合 GB 50057—2010 中 6.3.2 的要求。

5.5.5　各类防雷建筑物的等电位连接措施应符合表 8 要求。

表 8　防雷等电位连接措施

建筑物防雷类别	措施
第一类防雷建筑物	符合 GB 50057—2010 中 4.1.2、4.2.2 和 4.2.3 要求
第二类防雷建筑物	符合 GB 50057—2010 中 4.1.2、4.3.4、4.3.5、4.3.7 和 4.3.8 要求
第三类防雷建筑物	符合 GB 50057—2010 中 4.1.2、4.4.4 要求

5.5.6　电气和电子系统的等电位连接措施应符合 GB 50057—2010 中 6.3.1 和 6.3.4 要求。

5.5.7　等电位连接各连接部件的最小截面应符合表 9 要求。

表 9　等电位连接各连接部件的最小截面

等电位连接部件	材料	截面 mm^2
等电位连接带(铜或热镀锌钢)	Cu(铜)、Fe(铁)	50
从等电位连接带至接地装置或其他等电位连接带的连接导体	Cu(铜)	16
	Al(铝)	25
	Fe(铁)	50

表 9 等电位连接各连接部件的最小截面(续)

<table>
<tr><th>等电位连接部件</th><th colspan="2">材料</th><th colspan="2">截面
mm²</th></tr>
<tr><td rowspan="3">从室内金属装置至等电位连接带的连接导体</td><td colspan="2">Cu(铜)</td><td colspan="2">6</td></tr>
<tr><td colspan="2">Al(铝)</td><td colspan="2">10</td></tr>
<tr><td colspan="2">Fe(铁)</td><td colspan="2">16</td></tr>
<tr><td rowspan="5">连接 SPD 的导体</td><td rowspan="3">电源 SPD</td><td>Ⅰ类试验</td><td rowspan="5">Cu(铜)</td><td>6</td></tr>
<tr><td>Ⅱ类试验</td><td>2.5</td></tr>
<tr><td>Ⅲ类试验</td><td>1.5</td></tr>
<tr><td rowspan="2">信号 SPD</td><td>D1 类</td><td>1.2</td></tr>
<tr><td>其他类</td><td>根据具体情况确定</td></tr>
</table>

5.5.8 单栋建筑物的等电位连接系统应符合图 1 所示。当相互邻近的建筑物之间有电气和电子系统的线路连通时，宜将其接地装置互相连接，可通过接地线、PE 线、屏蔽层、穿线钢管、电缆沟的钢筋、金属管道等连接。

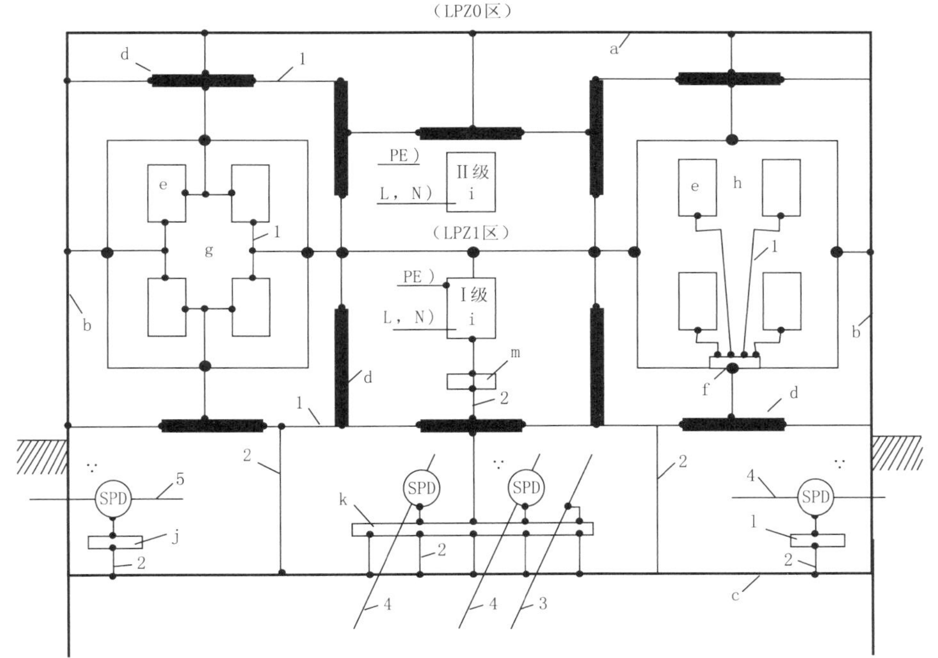

说明：

a ——雷电防护装置的接闪器以及可能是建筑物空间屏蔽的一部分，如金属屋顶；

b ——雷电防护装置的引下线以及可能是建筑物空间屏蔽的一部分，如金属立面、墙内钢筋；

c ——雷电防护装置的接地装置(接地体网络、共用接地体网络)以及可能是建筑物空间屏蔽的一部分，如基础内钢筋和基础接地体；

d ——内部导电物体，在建筑物内及其上不包括电气装置的金属装置，如电梯轨道，起重机，金属地面，金属门框架，各种服务性设施的金属管道，金属电缆桥架，地面、墙和天花板的钢筋；

图 1 单栋建筑物的等电位连接

e ——局部电子系统的金属组件，如箱体、壳体、机架；
f ——代表局部等电位连接带单点连接的接地基准点(ERP)；
g ——局部电子系统的网形等电位连接结构；
h ——局部电子系统的星形等电位连接结构；
i ——固定安装有 PE 线的Ⅰ类设备和无 PE 线的Ⅱ类设备；
j ——主要供电气系统等电位连接用的总接地带、总接地母线、总等电位连接带，也可用作共用等电位连接带；
k ——主要供电子系统等电位连接用的环形等电位连接带、水平等电位连接导体，在特定情况下：采用金属板，也可用作共用等电位连接带，用接地线多次接到接地系统上做等电位连接，宜每隔 5 m 连一次；
l ——局部等电位连接带；
1——等电位连接导体；2 ——接地线；3 ——服务性设施的金属管道；4 ——电子系统的线路或电缆；5 ——电气系统的线路或电缆；
* ——进入 LPZ1 区处，用于管道、电气和电子系统的线路或电缆等外来服务性设施的等电位连接。

图 1　单栋建筑物的等电位连接(续)

5.6　电涌保护器 (SPD)

5.6.1　电源 SPD

5.6.1.1　评价内容

电源 SPD 的评价应包括电气系统类型、电源 SPD 最大持续运行电压、安装位置、类型、级数、电压保护水平、冲击电流(或标称电流)、接线形式以及退耦方式和过流保护方式等内容。

5.6.1.2　电气系统类型

5.6.1.2.1　审阅配电系统图，了解电源线入户及其干线的分布情况，理清由低压配电线路引入的第一级配电箱和后续各级配电箱的配置情况。

5.6.1.2.2　当电源采用 TN 系统时，从建筑物总配电箱起供电给本建筑物内的配电线路和分支线路应采用 TN-S 系统。选择 220/380 V 三相系统中的电源 SPD，其最大持续运行电压 U_c 值不应小于表 10 所规定的最小值。在电源 SPD 安装处的供电电压偏差超过所规定的 10%以及谐波使电压幅值加大的情况下，应根据具体情况对限压型电源 SPD 提高表 10 所规定的最大持续运行电压最小值。

表 10　电源 SPD 取决于系统特征所要求的最大持续运行电压最小值

电涌保护器接于	配电网络的系统特征				
	TT 系统	TN-C 系统	TN-S 系统	引出中性线的 IT 系统	无中性线引出的 IT 系统
每一相线与中性线间	$1.15U_0$	不适用	$1.15U_0$	$1.15U_0$	不适用
每一相线与 PE 线间	$1.15U_0$	不适用	$1.15U_0$	$\sqrt{3}U_0$①	相间电压①
中性线与 PE 线间	$U_0$①	不适用	$U_0$①	$U_0$①	不适用
每一相线与 PEN 线间	不适用	$1.15U_0$	不适用	不适用	不适用

注 1：标有①的值是故障下最坏的情况，所以不需计及 15%的允许误差。
注 2：U_0 是低压系统相线对中性线的标称电压，即相电压 220 V。
注 3：此表基于按 GB/T 18802.1—2011 做过相关试验的电涌保护器产品。

5.6.1.2.3 需要保护的线路和设备的耐冲击电压,220/380 V 三相配电线路可按表 11 的规定取值;其他线路和设备,包括电压和电流的抗扰度,宜按制造商提供的材料确定。

表 11 建筑物内 220/380 V 配电系统中设备绝缘耐冲击电压额定值

设备位置	电源处的设备	配电线路和最后分支线路的设备	用电设备	特殊需要保护的设备
耐冲击电压类别	Ⅳ类	Ⅲ类	Ⅱ类	Ⅰ类
耐冲击电压额定值 U_W(kV)	6	4	2.5	1.5

注 1:Ⅰ类——含有电子电路的设备,如计算机、有电子程序控制的设备;
注 2:Ⅱ类——如家用电器和类似负荷;
注 3:Ⅲ类——如配电盘,断路器,包括线路、母线、分线盒、开关、插座等固定装置的布线系统,以及应用于工业的设备和永久接至固定装置的固定安装的电动机等的一些其他设备;
注 4:Ⅳ类——如电气计量仪表、一次线过流保护设备、滤波器。

5.6.1.3 电源 SPD 设置要求

5.6.1.3.1 电源 SPD 安装的位置和等电位连接位置应在各防雷区的交界处,但当线路能承受预期的电涌时,电源 SPD 可安装在被保护设备处。
5.6.1.3.2 在户外线路进入建筑物处,即 $LPZ0_A$ 或 $LPZ0_B$ 区进入 LPZ1 区,其电源 SPD 的设置应符合表 12 的要求。

表 12 户外进入建筑物处电源 SPD 设置要求

建筑物防雷类别	设置要求
装设有独立外部雷电防护装置的一类防雷建筑物	符合 GB 50057—2010 中 4.2.3 的规定
难以装设独立外部雷电防护装置的第一类防雷建筑物	符合 GB 50057—2010 中 4.2.4 第 8、9、10 款规定
第二类防雷建筑物	符合 GB 50057—2010 中 4.3.8 第 4、5、6 款规定
第三类防雷建筑物	符合 GB 50057—2010 中 4.4.7 第 2 款规定

当进线完全在 $LPZ0_B$ 或雷击建筑物和雷击与建筑物连接的电力线或通信线上的失效风险可以忽略时,宜采用Ⅱ类试验的电源 SPD。
当雷击架空线路且架空线路使用金属材料杆(含钢筋混凝土杆)并采取接地措施或雷击线路附近时,可选用Ⅱ或Ⅲ类试验的产品。

5.6.1.3.3 在 LPZ1 区与 LPZ2 区交界处,分配电盘处或 UPS 前端宜安装Ⅱ类试验的电源 SPD。固定在建筑物上的节日彩灯、航空障碍信号灯及其他用电设备和线路应根据建筑物的防雷类别采取相应的防止闪电电涌侵入的措施,并应在配电箱内开关的电源侧装设Ⅱ类试验的电源 SPD。
5.6.1.3.4 在重要的终端设备或精密敏感设备处,宜安装Ⅱ类或Ⅲ类试验的电源 SPD。
5.6.1.3.5 LPZ0 区和 LPZ1 区界面处电源 SPD 每一保护模式的冲击电流值 I_{imp},当电源线路无屏蔽层时宜按式(1)计算,当有屏蔽层时宜按式(2)计算;当无法确定时,冲击电流应取等于或大于 12.5 kA。

$$I_{imp} = \frac{0.5I}{nm} \quad \cdots\cdots(1)$$

$$I_{imp} = \frac{0.5IR_S}{n(mR_S + R_C)} \quad \cdots\cdots(2)$$

式中：

I ——雷电流，第一类防雷建筑物取200 kA、第二类防雷建筑物取150 kA和第三类防雷建筑物取100 kA；

n ——地下和架空引入的外来金属管道和线路的总数；

m ——每一线路内导体芯线的总根数；

R_S——屏蔽层每千米的电阻，单位为欧姆每千米（Ω/km）；

R_C——芯线每千米的电阻，单位为欧姆每千米（Ω/km）。

5.6.1.3.6 安装Ⅱ类或Ⅲ类试验的电源SPD应与同一线路上游的电源SPD在能量上配合，电源SPD在能量上配合的资料应由制造商提供。若无此资料，Ⅱ类试验的电源SPD，其标称放电电流不应小于5 kA；Ⅲ类试验的电源SPD，其开路电压不小于6 kV、短路电流不应小于3 kA。

5.6.1.3.7 电源SPD有效电压保护水平的确定应采用GB 50057—2010中6.4.6的方法。应选用有较小电压保护水平值的电源SPD，并采用合理的接线，接线形式应按GB 50057—2010中附录J的规定确定。应缩短连接电源SPD的导体长度，其两端的引线长度不宜超过0.5 m，其连接的导体截面应符合表9或GB 50057—2010中5.1.2连接电源SPD导体的最小截面要求。

5.6.1.3.8 确定从户外沿线路引入雷击电涌时，电源SPD的有效电压保护水平值的选取应符合GB 50057—2010中6.4.7的要求。当被保护设备的$U_{p/f}$与U_w的关系满足本条要求时，被保护设备前端只加一级电源SPD，可视为SPD对设备的保护为有效，否则应增加第二级电源SPD乃至第三级电源SPD，直至$U_{p/f}$值满足要求。

5.6.1.3.9 当在线路上多处安装电源SPD时，电压开关型电源SPD与限压型电源SPD之间的线路长度不宜小于10 m，若小于10 m应加装退耦元件。限压型电源SPD之间的线路长度不宜小于5 m，若小于5 m应加装退耦元件。当电源SPD具有能量自动配合功能时，电源SPD之间的线路长度不受限制。

5.6.1.3.10 安装在电路上的电源SPD，其前端后备保护装置应与主电路上的过电流保护值相配合，宜根据电源SPD制造商推荐的过电流保护器的最大额定值选择。SPD前端的后备保护器的额定值应小于主电路过电流保护器的额定值。

5.6.1.3.11 输送火灾爆炸危险物质和具有阴极保护的埋地金属管道，当其从室外进入户内处设有绝缘段时，应在绝缘段处跨接电压开关型电源SPD或隔离放电间隙并符合表13要求。

表13 绝缘段处跨接电压开关型电源SPD或隔离放电间隙设置要求

建筑物防雷类别	设置要求
第一类防雷建筑物	应符合GB 50057—2010中4.2.4的第13、14款
第二类防雷建筑物	应符合GB 50057—2010中4.3.8的第9款
第三类防雷建筑物	应符合GB 50057—2010中4.4.7的第5款

5.6.1.3.12 安装于易燃易爆区域的电源SPD还应满足防爆的要求。

5.6.2 信号SPD

5.6.2.1 评价内容

信号SPD的评价应包括信号SPD的类别、安装位置、级数、最大持续运行电压、电压保护水平、传输特性、接线形式等内容。

5.6.2.2 电涌保护器类别

信号线路上所接入的电涌保护器的类别及其冲击限制电压试验用的电压波形和电流波形应符合

表 14规定。

表 14 电涌保护器的类别及其限制电压试验用的电压波形和电流波形

类别	试验类型	开路电压	短路电流
A1	很慢的上升率	≥1 kV 0.1 kV/μs～100 kV/s(上升率)	10 A ≥1000 μs(持续时间)
A2	AC		
B1	慢上升率	1 kV，10/1000 μs	100 A，10/1000 μs
B2		1 kV～4 kV，10/700 μs	25 A～100 A，5/320 μs
B3		≥1 kV，100 V/μs	10 A～100 A，10/1000 μs
C1	快上升率	0.5 kV～2 kV，1.2/50 μs	0.25 kA～1 kA，8/20 μs
C2		2 kV～10 kV，1.2/50 μs	1 kA～5 kA，8/20 μs
C3		≥1 kV，1 kV/μs	10 A～100 A，10/1000 μs
D1	高能量	≥1 kV	0.5 kA～2.5 kA，10/350 μs
D2		≥1 kV	0.6 kA～2.0 kA，10/250 μs

5.6.2.3 信号 SPD 安装的位置和级数

信号 SPD 宜置在雷电防护区界面处，根据雷电过电压、过电流幅值和设备端口耐冲击电压额定值，可设单级信号 SPD 或能量配合的多级信号 SPD。

5.6.2.4 信号 SPD 类型和选型参数

5.6.2.4.1 信号线路所接入的电涌保护器，其最大持续运行电压最小值应大于接到线路处可能产生的最大运行电压。

5.6.2.4.2 信号 SPD 的电压保护水平 U_p 和通过的电流 I_p 应低于被保护的电子设备的耐受水平。

5.6.2.4.3 电子信息系统信号 SPD 根据线路的工作频率、传输速率、传输带宽、工作电压、接口形式和特性阻抗等参数，选择插入损耗小、回波损耗小、并与纵向平衡、近端串扰指标适配的浪涌保护器。

5.6.2.4.4 当电子系统的室外线路采用金属线时，在其引入的终端箱处应安装 D1 类高能量试验类型的电涌保护器，其短路电流当无屏蔽层时，宜按式(1)计算，当有屏蔽层时宜按式(2)计算；当无法确定时，第一类防雷建筑物应选用 2 kA，第二类防雷建筑物应选用 1.5 kA，第三类防雷建筑物应选用 1 kA。选取电涌保护器的其他参数应符合 GB 50057—2010 附录 J.2 的规定，连接 SPD 的导体截面应符合 GB 50057—2010第 5.1.2 条规定取值。

5.6.2.4.5 当电子系统的室外线路采用光缆时，在其引入的终端箱处的电气线路侧，当无金属线路引出本建筑物至其他有自己接地装置的设备时，可安装 B2 类慢上升率试验类型的 SPD，其短路电流应按表 14 的规定确定，第一类防雷建筑物宜选用 100 A，第二类防雷建筑物宜选用 75 A，第三类防雷建筑物宜选用 50 A。

5.6.2.4.6 对于第一类防雷建筑物当通信线路采用钢筋混凝土杆的架空线时，在电缆与架空线连接处，装设的户外型信号 SPD 尚应符合 GB 50057—2010 中第 4.2.3 条 6 款规定。

5.6.2.4.7 信号 SPD 的接线应符合 GB 50057—2010 第 J.2.3 条的规定，连接导体的截面积按表 9 或 GB 50057—2010 表 5.1.2 的规定取值。SPD 与被保护设备的等电位连接导体的长度应不大于 0.5 m，以减少电感电压降对有效电压保护水平的影响，导线连接过渡电阻应不大于 0.2 Ω。

6 重点场所评价要求

6.1 加油加气站雷电防护装置设计技术评价要求见附录A。

6.2 石油天然气工程雷电防护装置设计技术评价要求见附录B。

6.3 液化石油气供应工程雷电防护装置设计技术评价要求见附录C。

6.4 石油库雷电防护装置设计技术评价要求见附录D。

6.5 石油储备库雷电防护装置设计技术评价要求见附录E。

6.6 石油化工装置雷电防护装置设计技术评价要求见附录F。

6.7 烟花爆竹项目工程雷电防护装置设计技术评价要求见附录G。

6.8 矿区、旅游景点及需要单独安装雷电防护装置的场所雷电防护装置设计技术评价要求见附录H。

6.9 其他重点场所雷电防护装置设计技术评价要求参照相关标准执行。

附　录　A
（规范性附录）
加油加气站雷电防护装置设计技术评价

A.1　适用范围

本附录内容适用于新建、扩建和改善的汽车加油站、加气站和加油加气合建站的雷电防护装置设计技术评价。

A.2　评价要求

A.2.1　汽车加油加气站内的建筑物

A.2.1.1　加油加气站内的站房和罩棚等建筑物需要防直击雷时，应采用接闪网（带）保护。接闪网（带）的敷设应符合5.2的要求。

A.2.1.2　当罩棚采用金属屋面时，宜利用屋面作为接闪器，但应符合下列规定：

——板间的连接应是持久的电气贯通，可采用铜锌合金焊、溶焊、卷边压接、缝接、螺钉或螺栓连接。

——采用双层金属屋面，或单层金属板下面不应有易燃吊顶，上层热镀锌钢板的厚度不应小于0.5 mm，铝板的厚度不应小于0.65 mm，锌板的厚度不应小于0.7 mm。

——金属板应无绝缘被覆层。

注：薄的油漆保护层或1 mm厚沥青层或0.5 mm厚聚氯乙烯层均不属于绝缘被覆层。

A.2.1.3　站区内的建筑物应利用其结构柱主钢筋或金属结构柱作防雷引下线，当采用专设引下线时，引下线的设置应符合5.3的规定，且应与建筑物结构钢筋等电位连接。

A.2.2　防雷接地

A.2.2.1　钢制油罐、LPG储罐、LNG储罐、CNG储气瓶组必须进行防雷接地，接地点不少于两处。CNG加气母站和CNG加气子站的车载CNG储气罐组拖车停放场所，应设两处临时用固定防雷接地装置。

A.2.2.2　加油加气站防雷接地、防静电接地、电气设备的工作接地、保护接地及信息系统的接地等，宜共用接地装置，其接地电阻应按照其中接地电阻值最小的接地电阻值确定。

A.2.2.3　当各自单独设置接地装置时，油罐、LPG储罐、LNG储罐和CNG储气瓶（组）的防雷接地装置的接地电阻、配线电缆金属外皮两端和保护钢管两端的接地装置的接地电阻，不应大于10 Ω，电气系统的工作和保护接地电阻不应大于4 Ω，地上油品、LPG、CNG和LNG管始、末端和分支处的接地装置的接地电阻，不应大于30 Ω。

A.2.2.4　当LNG储罐的阴极防腐采取符合下列规定的，可不再单独设置防雷和防静电接地装置：

——LNG储罐采用牺牲阳极法进行阴极防腐时，牺牲阳极的接地电阻不应大于10 Ω，阳极与储罐的铜芯连线横截面不应小于16 mm^2；

——LNG储罐采用强制电流法进行阴极防腐时，接地电极应采用锌棒或镁锌复合棒，接地电阻不应大于10 Ω，接地电极与储罐的铜芯连线横截面不应小于16 mm^2。

A.2.2.5　埋地钢制油罐、埋地LPG储罐和埋地LNG储罐，以及非金属油罐顶部的金属部件和罐内的各金属部件，应与非埋地部分的工艺金属管道相互做电气连接并接地。

A.2.2.6　加油加气站内油气放散管在接入全站共用接地装置后，可不单独做防雷接地。

A.2.2.7 在爆炸危险区域内工艺管道上的法兰、胶管两端等连接处，应用金属线跨接。当法兰的连接螺栓不少于5根时，在非腐蚀环境下可不跨接。

A.2.2.8 地上或管沟敷设的油品管道、LPG管道、LNG管道和CNG管道，应设防静电和防闪电感应的共用接地装置，其接地电阻不应大于30 Ω。

A.2.3 信息系统

A.2.3.1 加油加气站的信息系统应采用铠装电缆或导线穿钢管配线。配线电缆金属外皮两端、保护钢管两端均应接地。

A.2.3.2 加油加气站信息系统的配电线路首、末端与电子器件连接时，应装设与电子器件耐压水平相适应的电涌保护器。

A.2.3.3 380/220 V供配电系统宜采用TN-S系统，当外供电源为380 V时，可采用TN-C-S系统。供电系统的电缆金属外皮或电缆金属保护管两端均应接地，在供配电系统的电源端应安装与设备耐压水平相适应的电涌保护器。

A.2.3.4 电涌保护器的设计应符合5.6的要求。

附 录 B
(规范性附录)
石油天然气工程雷电防护装置设计技术评价

B.1 适用范围

本附录内容适用于新建、扩建和改建的陆上油气田工程、管道站场工程和海洋油气田陆上终端工程的雷电防护装置设计技术评价。

B.2 评价要求

B.2.1 站场内的建(构)筑物

站场内的建(构)筑物防雷分类及雷电防护装置设计技术评价,应符合第5章的要求。

B.2.2 防雷接地

B.2.2.1 工艺装置内露天布置的塔、容器等,当顶板厚度等于或大于4 mm时,可不设接闪杆,但应设防雷接地。

B.2.2.2 可燃气体、油品、液化石油气、天然气凝液的钢罐,应设防雷接地,并符合下列规定:

——接闪杆的保护范围,应包括整个储罐。

——装有阻火器的甲$_B$、乙类油品地上固定顶罐,当顶板厚度等于或大于4 mm时,不应装设接闪杆,但应设防雷接地。

——压力储罐、丙类油品钢制储罐不应装设接闪杆(线),但应设防闪电感应接地。

——外浮顶罐或内浮顶罐不应装设接闪杆(网),但应采用两根导线将浮顶与罐体做电气连接。外浮顶罐的连接线应选用截面积不小于50 mm^{2}的扁平镀锡软铜复绞线或绝缘阻燃护套软铜复绞线;内浮顶罐的连接导线应选用直径不小于5 mm的不锈钢钢丝绳。

——外浮顶罐应利用浮顶排水管将罐体与浮顶做电气连接,每条排水管的跨接导线应采用一根横截面不小于50 mm^{2}扁平镀锡软复绞线。

——外浮顶罐的转动扶梯两侧,应分别与罐体和浮顶各做两处电气连接。

B.2.2.3 钢储罐防雷接地引下线不应少于2根,并应沿罐周均匀或对称布置,其间距不宜大于30 m。

B.2.2.4 防雷接地装置冲击接地电阻不应大于10 Ω,当钢罐仅做防闪电感应接地时,冲击接地电阻不应大于30 Ω。

B.2.2.5 装于钢储罐上的信息系统装置,其金属外壳应与罐体做电气连接,配线电缆宜采用铠装屏蔽电缆,电缆外皮及所穿钢管应与罐体做电气连接。

B.2.2.6 甲、乙类厂房(棚)的雷电防护装置设计应符合下列规定:

——厂房(棚)应采用接闪带(网)。其引下线应不少于2根,并应沿建筑物四周均匀对称布置,间距不应大于18 m。网格不应大于10 m×10 m或12 m×8 m。

——进出厂房(棚)的金属管道、电缆的金属外皮、所穿钢管或架空电缆金属槽,在厂房(棚)外侧应做一处接地,接地装置应与保护接地装置及防闪电感应接地装置合用。

B.2.2.7 丙类厂房(棚)的雷电防护装置设计应符合下列规定:

——在平均雷暴日大于40 d/a的地区,厂房(棚)宜装设接闪带(网)。其引下线应不少于2根,间距不应大于18 m。

——进出厂房(棚)的金属管道、电缆的金属外皮、所穿钢管或架空电缆金属槽，在厂房(棚)外侧应做一处接地，接地装置应与保护接地装置及防闪电感应接地装置合用。

B.2.2.8 装卸甲$_B$、乙类油品、液化石油气、天然气凝液的鹤管和装卸栈桥的雷电防护装置设计，应符合下列规定：

——露天装卸作业的，可不装设接闪杆(带)。

——在棚内进行装卸作业的，应装设接闪杆(带)。接闪杆(带)的保护范围应为爆炸危险1区。

——进入装卸区的油品、液化石油气、天然气凝液输送管道在进入点应接地，冲击接地电阻应不大于10 Ω。

附　录　C
（规范性附录）
液化石油气供应工程雷电防护装置设计技术评价

C.1　适用范围

本附录适用于新建、扩建和改建的液态液化石油气管道输送工程和下列存储容积小于或等于10000 m^3城镇液化石油气供应工程的雷电防护装置设计及时评价：

——液化石油气储存站、储配站和罐装站；

——液化石油气气化站、混气站和瓶组气化站；

——液化石油气瓶装供应站。

C.2　评价要求

C.2.1　液化石油气供应站具有爆炸危险建筑的雷电防护装置设计应符合GB 50057—2010的要求，其雷电防护装置设计技术评价参见第5章中第二类防雷建筑物的有关内容。

C.2.2　液化石油气罐体应设防雷接地装置，并符合GB 50650—2011的有关规定，其雷电装置设计技术评价见附录F的内容。

C.2.3　防雷接地装置的电阻值，应按GB 50074—2014和GB 50057—2010的有关规定执行，其雷电装置设计技术评价见第5章、附录D的有关内容。

附 录 D
(规范性附录)
石油库雷电防护装置设计技术评价

D.1 适用范围

本附录适用于新建、扩建和改建的石油库的雷电防护装置设计技术评价，不适用于下列易燃和可燃液体储运设施：

——石油化工企业厂区内的易燃和可燃液体储运设施；

——油气田的油品站场(库)；

——附属于输油管道的输油站场；

——地下水封石油洞库、地下盐穴石油库、自然洞石油库、人工开挖的储油洞库；

——独立的液化烃储存库(包括常温液化石油气储存库、低温液化烃储存库)；

——液化天然气储存库；

——储罐总量大于或等于1200000 m^3，仅储存原油的石油储备库。

D.2 评价内容

D.2.1 调查石油库储存油品的类别、性质、存储量，储罐的结构、材料、设置的方式等确定石油库的类别。

D.2.2 石油库应进行雷电防护装置设计技术评价的设施，包括但不限于GB 50074—2014中5.1.1所列的建(构)筑物、设备。

D.3 评价要求

D.3.1 金属储罐

D.3.1.1 金属储罐应作环型防雷接地，接地点不应少于两处，并应沿罐周均匀或对称布置，接地点沿储罐周长的间距不宜大于30 m，接地体距罐壁的距离应大于3 m。接地装置接地电阻不宜大于10 Ω，其防雷接地装置可兼作防静电接地装置。引下线宜在距地面0.3 m至1.0 m之间装设断接卡，用两个型号为M12的不锈钢螺栓加防松垫片连接。在工艺允许的情况下，宜将储罐基础自然接地体与人工接地装置相连接，其接地点不应少于两处。

D.3.1.2 储存易燃液体的储罐防雷设计，应符合下列规定：

——装有阻火器的地上卧式储罐的壁厚和地上固定顶钢储罐的顶板厚度大于或等于4 mm时，不应装设接闪杆(网)。铝顶储罐和顶板厚度小于4 mm的钢储罐，应装设接闪杆(网)，接闪杆(网)应保护整个储罐。

——外浮顶储罐或内浮顶储罐不应装设接闪杆(网)，但应采用两根导线将浮顶与罐体做电气连接。外浮顶储罐的连接线应选用截面积不小于50 mm^2的扁平镀锡软铜复绞线或绝缘阻燃护套软铜复绞线；内浮顶储罐的连接导线应选用直径不小于5 mm的不锈钢钢丝绳。

——外浮顶储罐应利用浮顶排水管将罐体与浮顶做电气连接，每条排水管的跨接导线应采用一根横截面不小于50 mm^2扁平镀锡软复绞线。

——外浮顶储罐的转动扶梯两侧，应分别与罐体和浮顶各做两处电气连接。

——覆土储罐的呼吸阀、量油孔等法兰连接处，应做电气连接并接地，接地电阻不宜大于10 Ω。

D.3.1.3 储存可燃液体的钢储罐，不应装设接闪杆（网），但应做防雷接地。

D.3.2 非金属储罐

D.3.2.1 非金属储罐应装设独立接闪杆（网）等防直击雷设备。

D.3.2.2 独立接闪杆与非金属储罐的水平距离不应小于3 m，应设独立接地装置，其冲击接地电阻不应大于10 Ω。

D.3.2.3 接闪网应采用直径不小于12 mm的热镀锌圆钢或截面不小于25 mm×4 mm的热镀锌扁钢制成，接闪网格不宜大于5 m×5 m或6 m×4 m，引下线不应少于两根，其间距不大于18 m，接地点不应少于两处。

D.3.2.4 非金属储罐应装设阻火器和呼吸阀。储罐的防护护栏、上罐梯、阻火器、呼吸阀、量油孔、人孔、透光孔、法兰等金属附近应接地，并应在防直击雷装置的保护范围内。

D.3.3 电气和信息系统

D.3.3.1 石油库的低压配电系统接地型式应采用TN-S系统，道路照明可采用TT系统。

D.3.3.2 装于地上钢储罐上的仪表及控制系统的配线电缆应采用屏蔽电缆，并应穿镀锌钢管保护管，保护管两端应与罐体做电气连接。

D.3.3.3 石油库内的信号电缆宜埋地敷设，并宜采用屏蔽电缆。当采用铠装电缆时，电缆的首末端铠装金属应接地。当电缆采用穿钢管敷设时，钢管在进入建筑物处应接地。

D.3.3.4 储罐上安装的信号远传仪表，其金属外壳应与储罐体做电气连接。

D.3.3.5 电气和信息系统的防雷击电磁脉冲措施应符合GB 50057—2010第5章的相关规定。

D.3.4 易燃液体泵房（棚）

D.3.4.1 易燃液体泵房（棚）的防雷应按第二类防雷建筑物进行设计，其防雷措施应符合GB 50057—2010中4.3的要求。

D.3.4.2 在平均雷暴日大于40 d/a的地区，可燃液体泵房（棚）的防雷应按第三类防雷建筑物设计，其防雷措施应符合GB 50057—2010中4.4的要求。

D.3.4.3 装卸易燃液体的鹤管和液体装卸栈桥（站台）的防雷，应符合下列规定：

——露天进行装卸易燃液体作业的，可不装设接闪杆（网）。

——在棚区进行装卸易燃液体作业的，应采用接闪网保护。棚顶的接闪网不能有效保护爆炸危险1区时，应加装接闪杆。当罩棚采用双层金属屋面，且其顶面金属厚度大于0.5 mm、搭接长度大于100 mm时，宜利用金属屋面作为接闪器，可不采用接闪网保护。

——进入液体装卸区的易燃液体输送管道在进入点应接地，接地电阻不应大于20 Ω。

D.3.5 工艺管道

在爆炸危险区域内的工艺管道，应采取下列防雷措施：

——工艺管道的金属法兰连接处应跨接。当不少于5根螺栓连接时，在非腐蚀环境下可不跨接。

——平行敷设于地上或非充沙管沟内的金属管道，其净距小于100 mm时，应用金属线跨接，跨接点的间距不应大于30 m。管道交叉点净距小于100 mm时，其交叉点应用金属线跨接。

D.3.6 接地

石油库内防雷接地、防静电接地、电气设备的工作接地、保护接地及信息系统接地，宜共用接地装置的设计，其接地电阻不应大于4 Ω。

附 录 E
（规范性附录）
石油储备库雷电防护装置设计技术评价

E.1 适用范围

本附录内容适用于地上储存原油类型的国家石油储备库以及总容量大于或等于 1200000 m^3 的企业石油库的雷电防护装置设计技术评价；不适用于地下岩洞、地下盐穴、海上浮船、山洞、埋地等储存类型的石油储备库及成品油储备库。

E.2 评价内容

E.2.1 调查石油库储存油品的类别、性质、存储量，储罐的结构、材料、设置的方式等确定石油库的类型。

E.2.2 石油库应进行雷电防护装置设计技术评价的设施，包括但不限于 GB 50737—2011 中 5.1.1 所列的建（构）筑物、设备。

E.3 评价要求

E.3.1 油罐区

E.3.1.1 油罐应选用钢制浮顶罐，浮顶和罐体之间应有可靠电气连接，其防雷设计应符合下列规定：

——油罐应做防雷接地，接地点沿罐壁周长的间距不应大于 30 m；冲击接地电阻不应大于 10 Ω；当防雷接地与电气设备的保护接地、防静电接地共用接地网时，实测的工频接地电阻不应大于 4 Ω；

——油罐不应装设接闪杆（网），应将浮顶与罐体用两根导线做电气连接；浮顶与罐体连接导线应采用横截面不小于 50 mm^2 扁平镀锡软铜复绞线或绝缘阻燃护套软铜复绞线，连接点宜用铜接线端子及两个 M12 不锈钢螺栓加防松垫片连接；

——应利用浮顶排水管线将罐体与浮顶做电气连接，每条排水管线的跨接导线应采用一根横截面不小于 50 mm^2 扁平镀锡软铜复绞线；

——浮顶油罐转动浮梯两侧与罐体和浮顶各两处应做电气连接。

E.3.1.2 油罐区内除油罐外的建（构）筑物高度不应超过油罐罐壁顶 5 m。

E.3.1.3 油罐区接地装置宜优先采用 B 型接地装置，B 型接地装置应符合 GB/T 21714.3—2015 中 5.4.2.2 的要求。

E.3.2 油泵房（棚）

油泵房（棚）的防雷设计，应符合下列规定：

——油泵房（棚）应采用接闪网（带），接闪网（带）的引下线不应少于两根，并应沿建筑物四周均匀对称布置，其间距不应大于 18 m，接闪网网格不应大于 10 m×10 m 或 12 m×8 m，接闪网（带）的接地电阻不宜大于 10 Ω；

——进出油泵房（棚）的金属管道、电缆的金属外皮（铠装层）或架空电缆金属槽，在泵房（棚）外侧应做一处接地，接地装置应与保护接地装置及防闪电感应接地装置合用。

E.3.3 输油管道

输油管道的防雷设计应符合下列规定：

——平行敷设于地上或管沟的金属管道，其净距小于 100 mm 时，应用金属线跨接、跨接点的间距不应大于 30 m，管道交叉点净距小于 100 mm 时，其交叉点应用金属线跨接；

——进入装卸油作业区的输油管道在进入点应接地；

——地上或管沟内敷设的输油管道的始端、末端、分支处以及直线段每间隔 200 m～300 m 处，应设置防闪电感应的接地装置。

E.3.4 低压供配电

E.3.4.1 爆炸危险场所的低压(380 V/220 V)配电系统接地型式应采用 TN-S 系统。

E.3.4.2 石油储备库建筑物内 380 V/220 V 供配电系统的防雷设计，应符合下列规定：

——建筑物的防雷分类、防雷区划分及防雷措施，应按 GB 50057—2010 的有关规定执行；

——工艺管道、配电线路的金属外壳(保护层或屏蔽层)，在各防雷区的界面处应做等电位连接；在各被保护的设备处，应安装与设备耐压水平相适应的过电压(电涌)保护器。

E.3.5 接地

库区内防雷接地、防静电接地、电气设备的工作接地、保护接地及信息系统的接地等，宜共用接地装置，其接地电阻不应大于 4 Ω。

E.3.6 信息系统

信息系统的防雷设计应符合下列规定：

——装于地上钢油罐上的信息系统的配线电缆应采用屏蔽电缆；电缆穿钢管配线时，其钢管上、下两处应与罐体连接并接地；

——石油储备库内信息系统的配电线路首末端需与电子器件连接时(线路在跨越不同防雷分区时)，应装设与电子器件耐压水平相适应的过电压(电涌保护)保护器；

——石油储备库内的信息系统配线电缆，宜采用铠装屏蔽电缆，且宜直接埋地敷设；电缆金属外皮两端及在进入建筑物处应接地；建筑物内电气设备的保护接地与防闪电感应接地应共用一个接地装置，接地电阻值应按其中的最小值确定；

——油罐上安装的信息系统装置，其金属的外壳应与油罐体做连接；

——石油储备库的信息系统接地，宜就近与接地汇流排连接。

E.3.7 自动控制系统仪表

E.3.7.1 仪表及控制系统的保护接地、工作接地、防静电接地和防雷接地应采用等电位连接方式，并应接入公共接地系统。

E.3.7.2 根据油库所在地区雷击概率及相关标准，在控制室及仪表安装处设置电涌保护器。控制室及仪表的防雷设计应符合 SH/T 3164 相关要求。

附　录　F
（规范性附录）
石油化工装置雷电防护装置设计技术评价

F.1　适用范围

本附录适用于新建、改建和扩建石油化工装置及其辅助生产设施的雷电防护装置设计技术评价；不适用于原油的采集、长距离输送、石油化工装置厂区外油品储存及销售设施。

F.2　类型

F.2.1　石油化工装置的各种场所，应根据能形成爆炸性气体混合物的环境状况和空间气体的消散条件，划分成以下两类：

——厂房房屋类；

——户外装置区。

F.2.2　厂房房屋类包括以下场所：

——各种封闭的厂房、机器设备间（包括泵房）、辅助房屋、仓库等；

——有屋顶而墙面敞开的大型压缩机厂房；

——上部为厂房下部为框架的混合布置场所；

——装置控制室、户内装置变电所。

F.2.3　户外装置区包括以下场所：

——炉区、塔区、机器设备区、静设备区、储罐区、液体装卸站、粉粒料筒仓、冷却塔、框架、管架、烟囱、火炬等；

——上部为框架下部为厂房的混合布置场所；

——设备管道布置稀疏的框架。

F.2.4　厂房和框架毗邻布置的，各自分开进行技术评价。

F.3　厂房房屋类场所评价要求

石油化工装置的厂房房屋类场所的雷电防护装置设计技术评价，应符合第5章的要求。

F.4　户外装置区场所评价要求

F.4.1　一般要求

F.4.1.1　石油化工装置的户外装置区，遇下列情况之一时应进行雷电防护装置设计技术评价：

——安置在地面上高大、耸立的生产设备；

——通过框架或支架安置在高处的生产设备和引向火炬的主管道等；

——安置在地面上的大型压缩机、成群布置的机泵等转动设备；

——在空旷地区的火炬、烟囱和排气筒；

——安置在高处易遭受直击雷的照明设施。

F.4.1.2　遇下列情况之一时，可不进行防直击雷设计：

——在空旷地区分散布置的水处理场所(重要设备除外);
——安置在地面上分散布置的少量机泵和小型金属设备;
——地面管道和管架。

F.4.2 评价的基本内容

F.4.2.1 接闪器

接闪器的设计包括接闪器的选择、材料、规格、保护范围等,应符合下列要求:
——接闪器的材料、规格应符合 GB 50650—2011 中 6.1 的规定;
——防直击雷的接闪器,宜利用金属生产设备本体,设备的密封性、结构、材质、规格、位置等应符合 GB 50650—2011 中 4.2.3 和 4.2.4 的规定;
——接闪器的防雷保护范围的确定,应符合 GB 50650—2011 中 4.2.5 的要求。

F.4.2.2 引下线

引下线的设计包括引下线设置的位置、材料、间距等,应符合下列要求:
——引下线的材料、规格应符合 GB 50650—2011 中 6.2 的规定;
——户外装置区安置在地面上高大、耸立的生产设备应利用其金属壳体作为引下线,金属设备的壁厚应符合 GB 50650—2011 中 4.2.3 的要求;
——生产设备通过框架或支架安装时,宜利用金属框架作为引下线;引下线的间距不应大于 18 m,间距超过 18 m 时应增加引下线的数量;
——户外装置区防直击雷的引下线的设计,应以尽量直的和最短的路径直接引到接地体去,还应符合 GB 50650—2011 中 4.2.6 的要求。

F.4.2.3 防雷电感应措施

户外装置区防雷电感应措施的设计,应符合 GB 50650—2011 中 4.2.7 的要求。

F.4.2.4 接地装置

接地装置的设计包括接地装置的类型的选择、材料、规格、防腐措施等,应符合下列要求:
——接地装置的材料、规格应符合 GB 50650—2011 中 6.3 的规定;
——石油化工装置宜优先采用 B 型接地装置,B 型接地装置应符合 GB/T 21714.3—2015 中 5.4.2.2 的条要求;
——户外装置区场所的防雷接地装置的设计,应符合 GB 50650—2011 中 4.2.8 的规定。

F.4.2.5 户外装置区的排放设施

户外装置区的排放措施防雷设计应符合下列要求:
——安装在生产设备易受直击雷的顶部和外侧上部并直接向大气排放的排放设施(如放散管、排风管、安全阀、呼吸阀、放料口、取样口、排污口等,以下简称放空口),应根据排放的物料和浓度、排放的频率或方式、正常或事故排放、手动或自动排放等生产操作性质和安装位置分别进行防雷保护;
——满足 GB 50650—2011 中 4.3.2 的要求的放空管,应设置接闪器保护;
——满足 GB 50650—2011 中 4.3.3 的要求的放空管,宜利用金属放空管作为接闪器。

F.4.2.6 各场所要求

石油化工装置户外装置区的雷电防护装置设计,应符合 GB 50650—2011 第 5 章的要求。

附　录　G
（规范性附录）
烟花爆竹项目工程雷电防护装置设计技术评价

G.1　适用范围

本附录适用于烟花爆竹生产项目和经营批发仓库的新建、改建和扩建工程雷电防护装置设计技术评价；不适用于经营零售烟花爆竹的储存，以及军用烟火的制造、运输和储存。

G.2　防雷分类

G.2.1　烟花爆竹工程建筑物防雷分类符合 GB 50057—2010 第 3 章、GB 50161—2009 中 12.1 的要求。

G.2.2　危险场所分类原则：

——F0 类：经常或长期存在能形成爆炸危险的黑火药、烟火药及其粉尘的危险场所；

——F1 类：在正常运行时可能形成爆炸危险的黑火药、烟火药及其粉尘的危险场所；

——F2 类：在正常运行时能形成火灾危险，而爆炸危险性极小的危险品及粉尘的危险场所；

——各类危险场所均以工作间（或建筑物）为单位。

G.2.3　生产、加工、研制危险品的工作间（或建筑物）危险场所分类和防雷类别应符合表 G.1 的规定，储存危险品的场所、中转库和仓库危险场所分类和防雷类别应符合表 G.2 规定。

表 G.1　生产、加工、研制危险品的工作间（或建筑物）危险场所分类及防雷类别

序号	危险品名称	工作间（或建筑物）名称	危险场所分类	防雷类别
1	黑火药	药物混合（硝酸钾与碳、硫球磨），潮药装模（或潮药包片），压药，拆模（撕片），碎片、造粒，抛光，浆药，干燥，散热，筛选，计量包装	F0	一
		单料粉碎、筛选、干燥、称料，硫、碳二成分混合	F2	二
2	烟火药	药物混合，造粒，筛选，制开球药，压药，浆药，干燥，散热，计量包装。褙药柱（药块），湿药调制，烟雾剂干燥、散热、包装	F0	一
		氧化剂、可燃物的粉碎与筛选，称料（单料）	F2	二
3	引火线	制引，浆引，漆引，干燥，散热，绕引，定型裁割，捆扎，切引，包装	F1	一
4	爆竹类	装药	F0	一
		插引（含机械插引、手工插引和空筒插引），挤引，封口，点药，结鞭	F1	一
		包装	F2	二
5	组合烟花类、内筒型小礼花类	装药，筑（压）药，内筒封口（压纸片、装封口剂）	F0	一
		已装药部件钻孔，装单个裸药件，单发药量≥25 g 非裸药件组装，外筒封口（压纸片）	F1	一
		蘸药，安引，组盆串引（空筒），单筒药量＜25 g 非裸药件组装，包药	F2	二

表 G.1 生产、加工、研制危险品的工作间(或建筑物)危险场所分类及防雷类别(续)

序号	危险品名称	工作间(或建筑物)名称	危险场所分类	防雷类别
6	礼花弹类	装球,包药	F0	一
		组装(含安引、装发射药包、串球),剖引(引线钻孔),球干燥,散热,包装	F1	一
		空壳安引,湖球	F2	二
7	吐珠类	装(筑)药	F0	一
		安引(空筒),组装,包装	F2	二
8	升空类(含双响炮)	装药,筑(压)药	F0	一
		包药,装裸药效果件(含效果药包),单个药量≥30 g 非裸药件组装	F1	一
		安引,单个药量<30 g 非裸药效果件组装(含按稳定杆),包装	F2	二
9	旋转类(旋转升空类)	装药、筑(压)药	F0	一
		已装药部件钻孔	F1	一
		安引,组装(含引线、配件、旋转轴、架),包装	F2	二
10	喷花类和架子烟花	装药、筑(压)药	F0	一
		已装药部件的钻孔	F1	一
		安引,组装,包装	F2	二
11	线香类	装药	F0	一
		干燥,散热	F1	一
		粘药,包装	F2	二
12	摩擦类	雷酸银药物配置,拌药砂,发令纸干燥	F0	一
		机械蘸药	F1	一
		包药砂,手工蘸药,分装,包装	F2	二
13	烟雾类	装药,筑(压)药	F0	一
		球干燥,散热	F1	一
		糊球,安引,组装,包装	F2	二
14	造型玩具类	装药、筑(压)药	F0	一
		已装药部件钻孔	F1	一
		安引,组装,包装	F2	二
15	电点火头	蘸药,干燥(晾干),检测,包装	F2	二
注:本表选自 GB 50161—2009。				

表 G.2　储存危险品的场所、中转库和仓库危险场所的分类与防雷类别

序号	场所(或建筑物)名称	危险场所分类	防雷类别
1	烟火药(包括裸药效果件),开球药,黑火药,引火药,未封口含药半成品,单个装药量在 40 g 及以上已封口的烟花半成品及含爆炸音剂、笛音剂的半成品,已封口的 B 级爆竹半成品,A、B 级成品(喷花类除外),单筒药量 25 g 及以上的 C 级组合烟花类成品	F0	一
2	电点火头,单个装药量在 40 g 以下已封口的烟花半成品(不含爆炸音剂、笛音剂),已封口的 C 级爆炸半成品,C、D 级成品(其中,组合烟花类成品单筒药量在 25 g 以下),喷花类产品	F1	二
注:本表选自 GB 50161—2009。			

G.3　防雷接地设计

G.3.1　危险性建筑物应根据所属防雷类别设置外部雷电防护装置,其接闪器设计应符合 5.2 要求、引下线设计应符合 5.3 要求、接地装置设计应符合 5.4 的要求。

G.3.2　多雷区的危险性建筑物阳角宜设置接闪短杆予以保护。

G.3.3　变电所引至危险性建筑物的低压供电系统宜采用 TN-C-S 接地形式,从建筑物内总配电箱开始引出的配电线路和分支线路必须采用 TN-S 系统。

G.3.4　危险性建筑物的总配电箱内应设置电涌保护器,电涌保护器的设置应符合 5.6 的要求。

G.3.5　危险性建筑物内电气设备的工作接地、保护接地、防雷接地、防静电接地、电子系统接地、屏蔽接地等应共用接地装置,接地电阻值应满足其中最小值。当需要接地的设备多且分散时,应在室内装设构成闭合回路的接地干线。室内接地干线每隔 18 m～24 m 与室内环形接地干线连接一次,每个建筑物的连接不应少于 2 处。

G.3.6　危险性建筑物内的电气装置等电位连接设计应符合 5.5 要求,当仅设总等电位连接不能满足要求时,尚应采取辅助等电位连接。

G.3.7　穿电线的金属管、电缆的金属外皮等,应作为辅助接地线。输送危险物质的金属管道不应作为接地装置。

G.3.8　保护线截面选择应符合 GB 50054 中有关条款要求。

G.3.9　架空敷设的金属管道,应在进出建筑物处与防闪电感应的接地装置相连接。距离建筑物 100 m 内的金属管道应每隔 25 m 左右接地一次,其冲击接地电阻不应大于 20 Ω。埋地或地沟内敷设的金属管道在进出建筑物处亦应与防闪电感应的接地装置相连。平行敷设的金属管道当其净距小于 100 mm 时,应每隔 25 m 左右用金属线跨接一次;交叉净距小于 100 mm 时,其交叉处亦应跨接。

G.3.10　监控摄像装置应设置在建筑物接闪器保护范围之内,当不在保护范围内时须设置防直击雷装置,接地与防直击雷接地装置相连;线缆应穿钢管埋地并连接到防闪电感应的接地装置上。

附　录　H
（规范性附录）
矿区、旅游景点及需要单独安装雷电防护装置的场所雷电防护装置设计技术评价

H.1　矿区

雷电易发区内的矿区内的防雷工程设计应符合 GB 50057—2010 相关要求，其雷电防护装置的设计技术评价参见第 5 章内容。

H.2　旅游景点

雷电易发区内的旅游景点内的建（构）筑物雷电防护装置设计应符合 GB 50057—2010 和 QX/T 264—2015 的要求，相关雷电防护装置设计技术评价参见第 5 章内容。

若有古物建筑物的地区，古建筑物的雷电防护装置设计应符合 GB 51017 的要求。

H.3　需要单独安装雷电防护装置的场所

需要单独安装雷电防护装置的场所的雷电防护装置设计评价，应充分考虑所处场所特性，选取适用的防雷设计规范作为技术指标。

雷电防护装置设计技术评价可参照本规范的相关内容进行评价。

参考文献

[1] GB 16895.22—2004 建筑物电气装置 第5-53部分:电气设备的选择和安装 隔离、开关和控制设备 第534节:过电压保护电器(IEC 60364-5-53:2001 A1:2002,IDT)

[2] GB/T 18802.12—2014 低压电涌保护器(SPD) 第12部分:低压配电系统的电涌保护器选择和使用导则(IEC 61643-12:2008,IDT)

[3] GB/T 18802.21—2016 低压电涌保护器(SPD) 第21部分:电信和信号网络的电涌保护器(SPD) 性能要求和试验方法(IEC 61643-21:2012,IDT)

[4] GB/T 21431—2015 建筑物防雷装置检测技术规范

[5] GB/T 21714.1—2015 雷电防护 第1部分:总则(IEC 62305-1:2010,IDT)

[6] GB/T 21714.2—2015 雷电防护 第2部分:风险管理(IEC 62305-2:2010,IDT)

[7] GB/T 21714.4—2015 雷电防护 第4部分:建筑物内电气和电子系统(IEC 62305-4:2010,IDT)

[8] GB 50028—2006 城镇燃气设计规范

[9] GB 50156—2012 汽车加油加气站设计与施工规范(2014年版)

[10] GB 50160—2008 石油化工企业设计防火规范

[11] GB 50183—2004 石油天然气工程设计防火规范

[12] GB 50343—2012 建筑物电子信息系统防雷技术规范

[13] GB 50689—2011 通信局(站)防雷与接地工程设计规范

[14] GB 51142—2015 液化石油气供应工程设计规范

[15] GB 51156—2015 液化天然气接收站工程设计规范

ICS 07.060
A 47
备案号：65872—2019

中华人民共和国气象行业标准

QX/T 116—2018
代替 QX/T 116—2010

重大气象灾害应急响应启动等级

Grade of severe meteorological disaster emergency response

2018-12-12 发布　　　　2019-04-01 实施

中　国　气　象　局　发 布

前　言

本标准按照GB/T 1.1—2009给出的规则起草。

本标准代替QX/T 116—2010《重大气象灾害应急响应启动等级》，与QX/T 116—2010相比，在标准的结构上基本保持一致，除编辑性修改外，主要技术变化如下：

——删除了引言；

——修改了部分专业术语和定义(见2.1、2.4、2.5、2.6、2.8、2.9、2.10、2.11、2.12、2.13)；

——调整了暴雪Ⅱ级、Ⅰ级响应启动条件(见3.3.3、3.3.4)；

——增加了沙尘暴Ⅱ级响应启动(见3.6.3)；

——调整了低温Ⅳ级、Ⅲ级响应启动条件(见3.7.1、3.7.2)；

——调整了高温应急响应条件(见3.8)；

——调整了气象干旱Ⅲ级、Ⅱ级、Ⅰ级响应启动条件(见3.9.1、3.9.2、3.9.3)；

——调整了霜冻Ⅳ级响应启动条件(见3.10)；

——增加了冰冻Ⅰ级响应启动(见3.11.3)；

——调整了大雾Ⅳ、Ⅲ级响应启动条件(见3.12.1、3.12.2)，并增加大雾Ⅱ级响应启动条件(见3.12.3)；

——调整了霾Ⅳ级响应启动条件(见3.13.1)，并增加了霾Ⅲ级、Ⅱ级、Ⅰ级响应启动(见3.13.2、3.13.3、3.13.4)；

——删除了附录A(见2010版附录A)。

本标准由全国气象防灾减灾标准化技术委员会(SAC/TC 345)提出并归口。

本标准起草单位：国家气象中心、国家气候中心。

本标准主要起草人：金荣花、薛红喜、郑卫江、孔期、杨革霞、王亚伟、魏东、廖要明。

本标准所代替标准的历次版本发布情况为：

——QX/T 116—2010。

重大气象灾害应急响应启动等级

1 范围

本标准规定了重大气象灾害应急响应启动等级。

本标准适用于国家级气象部门启动重大气象灾害应急响应预案，也可供相关防灾减灾部门和地方气象部门参考使用。

2 术语和定义

下列术语和定义适用于本文件。

2.1

台风 typhoon

生成于热带或副热带洋面上，底层中心附近最大平均风力达到 8 级或以上，并具有有组织的对流和确定的气旋性环流的非锋面性涡旋的统称，包括热带风暴级、强热带风暴级、台风级、强台风级和超强台风级。

2.2

暴雨 torrential rain

24 h 降雨量大于或等于 50 mm，或 12 h 降雨量大于或等于 30 mm 的雨。

2.3

暴雪 snowstorm

24 h 降雪量大于或等于 10 mm，或 12 h 降雪量大于或等于 6 mm 的雪。

2.4

寒潮 cold wave

高纬度的冷空气大规模地向中、低纬度侵袭，造成剧烈降温的天气活动。

[GB/T 21987—2017，定义 2.1]

2.5

海上大风 sea gale

海面上蒲福风级平均达到或超过 8 级的风。

注：蒲福风级 8 级为平均风速 17.2 m/s～20.7 m/s。

2.6

沙尘暴 sandstorm

风将地面大量尘沙吹起，使空气很混浊，水平能见度小于 1 km 的天气现象。

[GB/T 28593—2012，定义 2.1]

2.7

低温 low temperature

在农作物（含经济林果）生长期间，出现较长时期平均温度持续低于常年同期平均温度，造成农作物生长发育速度延缓；或在农作物对低温反应敏感的生育期间，出现日平均气温降到农作物能够忍耐的温度下限以下的降温天气过程，造成农作物生理障碍或结实器官受损；最终导致农作物不能正常成熟、采收而减产或品质、效益降低的农业气象灾害现象。

2.8

高温 high temperature

日最高气温大于或等于35 ℃的天气现象。

2.9

气象干旱 meteorological drought

某时段内，由于蒸发量和降水量的收支不平衡，水分支出大于水分收入而造成地表水分短缺的现象。

[GB/T 20481—2017，定义3.1]

2.10

霜冻 frost injury

生长季节里因气温降到0 ℃或0 ℃以下而使植物受害的一种农业气象灾害。

2.11

冰冻 freezing

凝冻

过冷水滴、雾滴或湿雪与温度低于0 ℃的物体碰撞立即冻结的现象。

注：主要由雨凇、雾凇和冻结的湿雪之一或组合形成。

[GB/T 34297—2017，定义2.4]

2.12

大雾 heavy fog

悬浮在贴近地面的大气中的大量微细水滴（或冰晶）的可见集合体，使水平能见度降低到1000 m以下的天气现象。

2.13

霾 haze

大量粒径为几微米以下的大气气溶胶粒子使水平能见度小于10.0 km、空气普遍混浊的天气现象。

[GB/T 36542—2018，定义2.1]

3 重大气象灾害应急响应启动等级

3.1 台风

3.1.1 Ⅳ级响应启动

当中央气象台发布台风蓝色预警，预计未来将有热带风暴（中心附近最大平均风力8级～9级）登陆或影响我国沿海；或热带风暴已经对我国沿海海面及陆地造成一定影响，且影响可能持续。

3.1.2 Ⅲ级响应启动

当中央气象台发布台风黄色预警，预计未来将有强热带风暴（中心附近最大平均风力10级～11级）登陆或影响我国沿海；或强热带风暴已经对我国沿海海面及陆地造成较大影响，且影响可能持续。

3.1.3 Ⅱ级响应启动

当中央气象台发布台风橙色预警，预计未来将有台风（中心附近最大平均风力12级～13级）登陆或影响我国沿海；或者台风已经对我国沿海海面及陆地造成重大影响，且影响可能持续。

3.1.4 Ⅰ级响应启动

当中央气象台发布台风红色预警，预计未来将有强台风（中心附近最大平均风力14级～15级）、超强台风(中心附近最大平均风力16级以上)登陆或影响我国沿海;或者强台风、超强台风已经对我国沿海海面及陆地造成特别重大影响,且影响可能持续。

3.2 暴雨

3.2.1 Ⅳ级响应启动

当中央气象台发布暴雨蓝色预警,且预计未来48 h预警区内的大部地区仍将连续达到暴雨蓝色预警以上标准;或者暴雨天气已经出现,并出现下列情形之一且影响可能持续:

a) 暴雨可能或已经引发城乡渍涝或其他次生灾害,对交通、通信及群众生产生活等造成一定影响;
b) 2个及以上省(自治区、直辖市)同时发生一般洪水(洪水要素重现期小于5 a的洪水);
c) 大江大河干流堤防出现险情;
d) 大中型水库出现险情。

3.2.2 Ⅲ级响应启动

当中央气象台发布暴雨黄色预警,且预计未来48 h预警区内的大部地区仍将连续达到暴雨蓝色预警以上标准;或者暴雨天气已经出现,并出现下列情形之一且影响可能持续:

a) 暴雨可能或已经引发城乡渍涝或其他次生灾害,对交通、通信及群众生产生活等造成较大影响;
b) 2个及以上省(自治区、直辖市)同时发生洪涝灾害;
c) 1个省(自治区、直辖市)发生较大洪水(洪水要素重现期为5 a～20 a的洪水);
d) 大江大河干流堤防出现重大险情;
e) 大中型水库出现严重险情或小型水库发生垮坝。

3.2.3 Ⅱ级响应启动

当中央气象台发布暴雨橙色预警,且预计未来48 h预警区内的大部地区仍将连续达到暴雨黄色预警以上标准;或者暴雨天气已经出现,并出现下列情形之一且影响可能持续:

a) 暴雨可能或已经引发城乡渍涝或其他次生灾害,对交通、通信及群众生产生活等造成重大影响;
b) 1个流域发生大洪水(洪水要素重现期为20 a～50 a的洪水);
c) 大江大河干流一般河段及主要支流堤防发生决口;
d) 2个及以上省(自治区、直辖市)的多个市(地)发生严重洪涝灾害;
e) 大中型水库发生垮坝。

3.2.4 Ⅰ级响应启动

当中央气象台发布暴雨红色预警,且预计未来48 h预警区内的大部地区仍将连续达到暴雨橙色预警以上标准;或者暴雨天气已经出现,并出现下列情形之一且影响可能持续:

a) 暴雨可能或已经引发大面积城乡渍涝或其他次生灾害,对交通、通信及群众生产生活等造成特别重大影响;
b) 某个流域发生特大洪水(洪水要素重现期为大于50 a的洪水);
c) 多个流域同时发生大洪水(洪水要素重现期为20 a～50 a的洪水);
d) 大江大河干流重要河段堤防发生决口;
e) 重点大型水库发生垮坝。

3.3 暴雪

3.3.1 Ⅳ级响应启动

当中央气象台发布暴雪蓝色预警，且预计未来 48 h 预警区内的大部地区仍将连续达到暴雪蓝色预警以上标准；或者暴雪天气已经出现，2 个及以上省（自治区、直辖市）大部分地区可能或已经导致交通、电力、通信、农业、林业受到一定影响，牧区牲畜安全受到一定威胁，且影响可能持续。

3.3.2 Ⅲ级响应启动

当中央气象台发布暴雪黄色预警，且预计未来 48 h 预警区内的大部地区仍将连续达到暴雪蓝色预警以上标准；或者暴雪天气已经出现，2 个及以上省（自治区、直辖市）大部分地区可能或已经导致交通、电力、通信、农业、林业受到较大影响，牧区牲畜安全受到较大威胁，且影响可能持续。

3.3.3 Ⅱ级响应启动

当中央气象台发布暴雪橙色预警，且预计未来 48 h 该预警区内的大部地区仍将达到暴雪黄色预警以上标准；或者暴雪天气已经出现，2 个及以上省（自治区、直辖市）大部分地区可能或已经导致交通、电力、通信、农业、林业受到重大影响，牧区牲畜安全受到重大威胁，且影响可能持续。

3.3.4 Ⅰ级响应启动

当中央气象台发布暴雪红色预警，且预计未来 48 h 该预警区内的大部地区仍将达到暴雪黄色预警以上标准；或者暴雪天气已经出现，2 个及以上省（自治区、直辖市）大部分地区可能或已经导致交通、电力、通信、农业、林业受到特别重大影响，牧区牲畜安全受到特别重大威胁，且影响可能持续。

3.4 寒潮

3.4.1 Ⅳ级响应启动

当中央气象台发布寒潮蓝色预警，且预计未来 72 h 预警区内的大部地区寒潮天气仍将持续；或者寒潮天气已经出现，2 个及以上省（自治区、直辖市）大部分地区可能或已经对经济林果、农作物、水产养殖、畜禽生产及设施农业等造成一定损失，且影响可能持续。

3.4.2 Ⅲ级响应启动

当中央气象台发布寒潮黄色预警，且预计未来 72 h 预警区内的大部地区寒潮天气仍将持续；或者寒潮天气已经出现，2 个及以上省（自治区、直辖市）大部分地区可能或已经对经济林果、农作物、水产养殖、畜禽生产及设施农业等造成较大损失，且影响可能持续。

3.4.3 Ⅱ级响应启动

当中央气象台发布寒潮橙色预警，且预计未来 72 h 预警区内的大部地区寒潮天气仍将持续；或者寒潮天气已经出现，2 个及以上省（自治区、直辖市）大部分地区可能或已经对经济林果、农作物、水产养殖、畜禽生产及设施农业等造成重大损失，且影响可能持续。

3.5 海上大风

3.5.1 Ⅲ级响应启动

当中央气象台发布海上大风黄色预警，且预计未来 72 h 预警区内的大部地区仍将连续达到海上大风黄色预警以上标准；或者海上大风天气已经出现，可能或已经对相关水域水上作业、过往船舶安全、交通等造成较大不利影响，且影响可能持续。

3.5.2 Ⅱ级响应启动

当中央气象台发布海上大风橙色预警，且预计未来 72 h 预警区内的大部地区仍将连续达到海上大风黄色预警以上标准；或者海上大风天气已经出现，且已经在沿海地区出现较高风暴潮潮位，可能或已经对相关水域水上作业、过往船舶安全、交通等造成重大不利影响，且影响可能持续。

3.6 沙尘暴

3.6.1 Ⅳ级响应启动

当中央气象台发布沙尘暴蓝色预警，且预计未来 48 h 预警区内的大部地区仍将连续达到沙尘暴蓝色预警以上标准；或者沙尘暴天气已经出现，2 个及以上省（自治区、直辖市）大部分地区可能或已经导致空气污染，使交通运输、群众生产生活受到一定影响，且影响可能持续。

3.6.2 Ⅲ级响应启动

当中央气象台发布沙尘暴黄色预警，且预计未来 48 h 预警区内的大部地区仍将连续达到沙尘暴蓝色预警以上标准；或者沙尘暴天气已经出现，2 个及以上省（自治区、直辖市）大部分地区可能或已经导致空气污染，使交通运输、群众生产生活受到较大影响，且影响可能持续。

3.6.3 Ⅱ级响应启动

当中央气象台发布沙尘暴橙色预警，且预计未来 48 h 预警区内的大部地区仍将连续达到沙尘暴黄色预警以上标准；或者强沙尘暴天气已经出现，2 个及以上省（自治区、直辖市）大部分地区可能或已经导致空气严重污染，使交通运输、群众生产生活受到重大影响，且影响可能持续。

3.7 低温

3.7.1 Ⅳ级响应启动

当中央气象台发布低温蓝色预警，或者低温天气已经出现并可能持续，2 个及以上省（自治区、直辖市）大部分地区可能出现对当季主要农作物生长发育和经济林果产量产生一定影响，且影响可能持续。

3.7.2 Ⅲ级响应启动

当中央气象台发布低温黄色预警，或者低温天气已经出现并可能持续，2 个及以上省（自治区、直辖市）大部分地区可能出现对当季主要农作物生长发育和经济林果产量产生较大影响，且影响可能持续。

3.8 高温

3.8.1 Ⅳ级响应启动

当中央气象台连续 2 d 发布高温黄色预警，且预计未来 72 h 预警区内的大部地区仍将连续达到高温黄色预警以上标准；或者高温天气已经出现，2 个及以上省（自治区、直辖市）大部分地区可能或已经对群众健康产生较大威胁，中暑患者开始增多，农作物生长受到一定影响，城乡用电比较紧张，且影响可能持续。

3.8.2 Ⅲ级响应启动

当中央气象台连续2 d发布高温橙色预警，且预计未来72 h预警区内的大部地区仍将连续达到高温黄色预警以上标准；或者高温天气已经出现，2个及以上省（自治区、直辖市）大部分地区可能或已经对群众健康产生重大威胁，中暑患者明显增多，经济、社会活动受到较大影响，城乡用电明显紧张，且影响可能持续。

3.8.3 Ⅱ级响应启动

当中央气象台连续2 d发布高温红色预警，且预计未来72 h预警区内的大部地区仍将连续达到高温橙色预警以上标准；或者高温天气已经出现，2个及以上省（自治区、直辖市）大部分地区可能或已经对群众健康产生重大威胁，中暑患者明显增多，经济、社会活动受到重大影响，城乡用电明显紧张，且影响可能持续。

3.9 气象干旱

3.9.1 Ⅲ级响应启动

当中央气象台连续3 d发布气象干旱黄色预警，且预计未来7 d干旱天气仍将持续或干旱范围进一步发展；或者干旱已经造成2个省（自治区、直辖市）大部分地区达到气象干旱重旱等级，多个大城市正常供水受到较大影响，并且对农业生产有一定不利影响。

3.9.2 Ⅱ级响应启动

当中央气象台连续3 d发布气象干旱橙色预警，且预计未来7 d干旱天气仍将持续或干旱范围进一步发展；或者干旱已经造成3～5个省（自治区、直辖市）大部分地区达到气象干旱重旱等级，且至少1个省（自治区、直辖市）的部分地区或1个大城市出现气象干旱特旱等级，多个大城市正常供水受到重大影响，并且对农业生产有较大不利影响。

3.9.3 Ⅰ级响应启动

当中央气象台发布气象干旱红色预警，且预计未来7 d干旱天气仍将持续或干旱范围进一步发展；或者干旱已经造成5个以上省（自治区、直辖市）大部分地区达到气象干旱重旱等级，且至少2个省（自治区、直辖市）的部分地区或2个大城市出现气象干旱特旱等级，多个大城市正常供水受到特别重大影响，并且对农业生产有重大不利影响。

3.10 霜冻

Ⅳ级响应启动：当中央气象台发布霜冻蓝色预警，预计未来48 h预警区内的大部地区将出现可能对当季主要农作物产生一定影响的霜冻天气；或者霜冻天气已经出现，2个及以上省（自治区、直辖市）大部分地区可能或已经对当季农作物、经济林果产生一定不利影响，且影响可能持续。

3.11 冰冻

3.11.1 Ⅲ级响应启动

当中央气象台发布冰冻黄色预警，预计未来72 h预警区内的大部地区仍将连续达到冰冻黄色以上预警标准，或者冰冻天气已经出现，2个及以上省（自治区、直辖市）大部分地区对交通运输、电力供应、生产生活造成较大影响，且影响可能持续。

3.11.2 Ⅱ级响应启动

当中央气象台发布冰冻橙色预警，预计未来72 h预警区内的大部地区仍将连续达到冰冻黄色以上预警标准，或者冰冻天气已经出现，2个及以上省（自治区、直辖市）大部分地区对交通运输、电力供应、生产生活造成重大影响，且影响可能持续。

3.11.3 Ⅰ级响应启动

当中央气象台发布冰冻红色预警，预计未来72 h预警区内的大部地区仍将连续达到冰冻橙色以上预警标准，或者冰冻天气已经出现，2个及以上省（自治区、直辖市）大部分地区对交通运输、电力供应、生产生活造成特别重大影响，且影响可能持续。

3.12 大雾

3.12.1 Ⅳ级响应启动

当中央气象台发布大雾黄色预警，且预计未来48 h预警区内的大部地区仍将连续达到大雾黄色预警以上标准；或者大雾天气已经出现，3个及以上省（自治区、直辖市）大部分地区可能或已经导致交通运输受到一定影响，且影响可能持续。

3.12.2 Ⅲ级响应启动

当中央气象台发布大雾橙色预警，且预计未来48 h预警区内的大部地区仍将连续达到大雾黄色预警以上标准；或者大雾天气已经出现，3个及以上省（自治区、直辖市）大部分地区可能或已经导致交通运输受到较大影响，且影响可能持续。

3.12.3 Ⅱ级响应启动

当中央气象台发布大雾红色预警，且预计未来48 h预警区内的大部地区仍将连续达到大雾橙色预警以上标准；或者大雾天气已经出现，3个及以上省（自治区、直辖市）大部分地区可能或已经导致交通运输受到重大影响，且影响可能持续。

3.13 霾

3.13.1 Ⅳ级响应启动

当中央气象台发布霾黄色预警，且预计未来48 h预警区内的大部地区仍将连续达到霾黄色预警以上标准；或者霾天气已经出现，3个及以上省（自治区、直辖市）大部分地区可能或已经对交通运输、生产生活造成一定影响，且影响可能持续。

3.13.2 Ⅲ级响应启动

当中央气象台发布霾橙色预警，且预计未来48 h预警区内的大部地区仍将连续达到霾黄色预警以上标准；或者霾天气已经出现，3个及以上省（自治区、直辖市）大部分地区可能或已经对交通运输、生产生活造成较大影响，且影响可能持续。

3.13.3 Ⅱ级响应启动

当中央气象台发布霾红色预警，且预计未来72 h预警区内的大部地区仍将连续达到霾橙色预警以上标准；或者霾天气已经出现，3个及以上省（自治区、直辖市）大部分地区可能或已经对交通运输、生产生活造成重大影响，且影响可能持续。

3.13.4 Ⅰ级响应启动

当中央气象台发布霾红色预警，且预计未来 120 h 预警区内的大部地区仍将连续达到霾橙色预警以上标准；或者霾天气已经出现，3 个及以上省（自治区、直辖市）大部分地区可能或已经对交通运输、生产生活造成特别重大影响，且影响可能持续。

参 考 文 献

[1] GB/T 19201—2006 热带气旋等级
[2] GB/T 20480—2017 沙尘天气等级
[3] GB/T 20481—2017 气象干旱等级
[4] GB/T 20484—2017 冷空气等级
[5] GB/T 21987—2017 寒潮等级
[6] GB/T 22482—2008 水文情报预报规范
[7] GB/T 27958—2011 海上大风预警等级
[8] GB/T 28592—2012 降水量等级
[9] GB/T 28593—2012 沙尘暴天气预警
[10] GB/T 34297—2017 冰冻天气等级
[11] GB/T 36542—2018 霾的观测识别
[12] 大气科学名词审定委员会.大气科学名词[M].北京:科学出版社,2009
[13] 中国气象局.国家气象灾害应急预案:国办函〔2009〕120号[Z],2010
[14] 朱乾根,林锦瑞,寿绍文.天气学原理和方法[M].北京:气象出版社,1983

ICS 07.060
A 47
备案号：63038—2018

中华人民共和国气象行业标准

QX/T 413—2018

空气污染扩散气象条件等级

Grades of air pollution diffusion meteorological conditions

2018-04-28 发布　　2018-08-01 实施

中 国 气 象 局　发 布

前　言

本标准按照GB/T 1.1—2009给出的规则起草。

本标准由全国气象防灾减灾标准化技术委员会(SAC/TC 345)提出并归口。

本标准起草单位:国家气象中心、中国气象局预报与网络司、中国气象局政策法规司。

本标准主要起草人:张恒德、张碧辉、张志刚、胡赫、宗志平、吕梦瑶。

空气污染扩散气象条件等级

1 范围

本标准规定了空气污染扩散气象条件等级划分及确定方法。

本标准适用于气象及相关行业开展空气污染扩散气象条件的监测、评价、预报及服务。

2 术语和定义

下列术语和定义适用于本文件。

2.1

大气边界层 atmospheric boundary layer

靠近地球表面受地面动力、热力和物质交换影响的大气底层。

[GB/T 34299—2017,定义 2.2]

2.2

混合层高度 mixed-layer height

由于地面加热触发对流热泡,导致大气边界层不稳定,使其具有垂直方向强烈混合所形成的热力混合厚度,或者以机械湍流交换为主的稳定或中性大气边界层的厚度。

注:改写 GB/T 34299—2017,定义 2.3、2.4。

2.3

位温 potential temperature

空气块干绝热膨胀或压缩到标准气压时应有的温度。

注:标准气压常取 1000 hPa。

2.4

空气污染扩散气象条件 air pollution diffusion meteorological conditions

对大气污染物的传输、稀释、聚积和清除等有影响的气象条件。

2.5

静稳天气指数 stable weather index

综合表征大气动力、热力条件对污染物聚积影响程度的物理量。

2.6

空气污染气象指数 air pollution meteorological index

综合考虑空气污染扩散气象条件和污染物浓度来表征影响空气污染程度的气象指数。

3 等级划分及确定方法

空气污染扩散气象条件等级依据空气污染气象指数(I)确定,分为六个等级,各等级划分和描述见表 1。空气污染气象指数计算方法见附录 A。

表1 空气污染扩散气象条件等级划分

等级	空气污染气象指数	描述
1级	$0 \leqslant I < 100$	非常有利于污染物扩散
2级	$100 \leqslant I < 150$	有利于污染物扩散
3级	$150 \leqslant I < 185$	较不利于污染物扩散
4级	$185 \leqslant I < 200$	不利于污染物扩散
5级	$200 \leqslant I < 250$	很不利于污染物扩散
6级	$I \geqslant 250$	极不利于污染物扩散

附 录 A
(规范性附录)
空气污染气象指数的算法

空气污染气象指数的计算公式见式(A.1)：

$$I_{t+1} = a_1 \times a_2 \times S_{t+1} + (1 - a_2) \times O_t \qquad \cdots\cdots\cdots\cdots\cdots\cdots\text{(A.1)}$$

式中：

I_{t+1} ——$t+1$ 时刻的空气污染气象指数；

a_1, a_2 ——常数；

S_{t+1} ——$t+1$ 时刻的静稳天气指数；

O_t ——t 时刻的观测大气污染物浓度；

$t, t+1$——t 时刻和 $t+1$ 时刻，采用逐日数据计算。

a_1 的计算利用最新的完整的一年数据，通过静稳天气指数和观测大气污染物浓度数据按照式(A.2)进行线性回归得到。

$$O_t = a_1 \times S_t + b_1 \qquad \cdots\cdots\cdots\cdots\cdots\cdots\text{(A.2)}$$

式中：

S_t——t 时刻的空气污染气象指数；

b_1——常数。

a_2 的计算利用最新的完整的一年数据，通过静稳天气指数和观测大气污染物浓度数据按照式(A.3)进行线性回归得到。

$$O_{t+1} - O_t = a_2 \times (a_1 \times S_{t+1} + b_1 - O_t) + b_2 \qquad \cdots\cdots\cdots\cdots\cdots\cdots\text{(A.3)}$$

式中：

O_{t+1}——$t+1$ 时刻的观测大气污染物浓度；

b_2 ——常数。

静稳天气指数计算采用一年的观测数据，计算公式见式(A.4)：

$$S = K_1 + K_2 + \cdots + K_{10} \qquad \cdots\cdots\cdots\cdots\cdots\cdots\text{(A.4)}$$

式中：

$K_1, K_2, \cdots, K_{10}$ ——分别为 10 个气象因子对应的分指数。基于污染天气发生频率高低评估气象因子对静稳天气影响的强弱，同时得到对应的分指数。分指数具体计算见式(A.5)。

$$K_{in} = \frac{a_{in}}{a_{in} + b_{in}} \bigg/ \frac{a}{a+b} \qquad \cdots\cdots\cdots\cdots\cdots\cdots\text{(A.5)}$$

式中：

K_{in} ——气象因子 i 在第 n 个区间内对应的分指数；

a_{in}，b_{in} ——分别为统计年份内气象因子 i 分布在区间 n 的条件下污染天气和非污染天气的样本数；

a, b ——分别为统计年份内污染天气和非污染天气的总样本数。由于各地大气污染程度不同，此处所指污染天气和非污染天气对应的空气质量等级需根据各地情况确定，需满足统计年份内污染天气出现频率大于或等于 15%，保证有足够的统计样本。

气象因子选取方法：按照各因子分指数最大值和最小值的比值从大到小进行排序，剔除其中相关系数通过显著性检验的自相关因子，最终选取前 10 个要素作为静稳天气指数计算因子。可选气象要素包括地面要素和高空要素，地面要素有24小时变温(℃)，24小时变压(hPa)，2米相对湿度(%)，海平面气压(hPa)、10米水平风速($m \cdot s^{-1}$)、10米风向(°)；高空要素选取1000 hPa/925 hPa/850 hPa/700 hPa/500 hPa高度，包括相对湿度(%)，水平风的东西分量(U)和南北分量(V)($m \cdot s^{-1}$)，水平风速($m \cdot s^{-1}$)，垂直速度($Pa \cdot s^{-1}$)，散度(s^{-1})，24小时变温(℃)，混合层高度(m)以及任意两层气压层之间的相对湿度(%)、位温(K)、风速($m \cdot s^{-1}$)的差值(高层减低层)。

区间划分方法：对同一气象因子的所有样本按照数值大小进行排序，剔除前后5%的极端高值和低值；将剩余样本按照百分位均匀划分为10个区间，使得各区间内的样本个数基本相同。统计样本由02时、08时、14时和20时一年的观测数据构成。

参考文献

[1] GB 3095—2012 环境空气质量标准
[2] GB/T 34299—2017 大气自净能力等级
[3] HJ 633—2012 环境空气质量指数(AQI)技术规定(试行)
[4] 盛裴轩,毛节泰,李建国,等.大气物理学[M].北京:北京大学出版社,2003

ICS 07.060
A 47
备案号：63037—2018

中华人民共和国气象行业标准

QX/T 414—2018

公路交通高影响天气预警等级

The warning levels of high-impact weather on highway traffic

2018-04-28 发布　　　　2018-08-01 实施

中 国 气 象 局　发 布

前　　言

本标准按照 GB/T 1.1—2009 给出的规则起草。

本标准由全国气象防灾减灾标准化技术委员会(SAC/TC 345)提出并归口。

本标准起草单位:中国气象局公共气象服务中心、交通运输部公路科学研究院。

本标准主要起草人:吴昊、田华、陈辉、冯蕾、李长城、杨静、郜婧婧。

公路交通高影响天气预警等级

1 范围

本标准规定了公路交通高影响天气的预警等级和划分指标。

本标准适用于公路交通高影响天气的监测、预报、预警和应急处置工作。

2 术语和定义

下列术语和定义适用于本文件。

2.1

公路交通高影响天气 high-impact weather on highway traffic

对公路交通安全和通行能力产生不利影响的灾害性天气。

注:主要包括台风、暴雨、暴雪、冰冻、沙尘暴、大雾、大风、高温、雷电、冰雹等。

3 预警等级

公路交通高影响天气预警分为四级:红色(Ⅰ级)预警、橙色(Ⅱ级)预警、黄色(Ⅲ级)预警、蓝色(Ⅳ级)预警,其中,红色(Ⅰ级)预警为最高级别,见表1。

表1 公路交通高影响天气预警等级

预警等级	等级名称	等级描述
Ⅰ级	红色预警	高影响天气对公路交通安全和通行能力的影响特别严重
Ⅱ级	橙色预警	高影响天气对公路交通安全和通行能力的影响严重
Ⅲ级	黄色预警	高影响天气对公路交通安全和通行能力的影响较重
Ⅳ级	蓝色预警	高影响天气对公路交通安全和通行能力有一定影响

4 等级划分

4.1 划分依据

公路交通高影响天气预警等级依据不同类型高影响天气的发展趋势、强度、持续时间、覆盖范围、影响机理以及对公路交通安全和通行能力可能造成危害的严重程度、紧迫性来综合划定。

4.2 等级判定

4.2.1 红色(Ⅰ级)预警

当遇如下高影响天气之一,已经或将对公路交通安全和通行能力造成特别严重影响,可能导致公路交通瘫痪,长时间大量车辆积压、人员滞留或重要物资停运,通行能力严重影响周边区域:

a) 6小时内可能或者已经受热带气旋影响,平均风力达12级以上,或者阵风达14级以上并可能持续；

b） 3 小时内降雨量将达 100 mm 以上，或者已达 100 mm 以上且降雨可能持续；

c） 6 小时内降雪量将达 15 mm 以上，或者已达 15 mm 以上且降雪持续；

d） 6 小时内可能出现特强沙尘暴天气，或者已经出现特强沙尘暴天气并可能持续；

e） 2 小时内可能出现特强浓雾，或者已经出现特强浓雾并将持续；

f） 当路表温度低于 0 ℃，出现降水，2 小时内可能出现或者已经出现道路结冰。

4.2.2 橙色（Ⅱ级）预警

当遇如下高影响天气之一，已经或将对公路交通安全和通行能力造成严重影响，可能导致干线公路交通运行中断，大量车辆积压、人员滞留或重要物资停运：

a） 12 小时内可能或者已经受热带气旋影响，平均风力达 10 级以上，或者阵风 12 级以上并可能持续；

b） 3 小时内降雨量将达 50 mm 以上，或者已达 50 mm 以上且降雨可能持续；

c） 6 小时内降雪量将达 10 mm 以上，或者已达 10 mm 以上且降雪持续；

d） 6 小时内可能出现强沙尘暴天气，或者已经出现强沙尘暴天气并可能持续；

e） 6 小时内可能出现强浓雾，或者已经出现强浓雾并将持续；

f） 当路表温度低于 0 ℃，出现降水，6 小时内可能出现道路结冰。

4.2.3 黄色（Ⅲ级）预警

当遇如下高影响天气之一，已经或将对公路交通安全和通行能力造成较大影响，可能导致干线公路交通运行受阻，出现车辆积压、人员滞留，或者通行条件恶劣，极易造成恶性交通事故：

a） 24 小时内可能或者已经受热带气旋影响，平均风力达 8 级以上，或者阵风 10 级以上并可能持续；

b） 6 小时内降雨量将达 50 mm 以上，或者已达 50 mm 以上且降雨可能持续；

c） 12 小时内降雪量将达 6 mm 以上，或者已达 6 mm 以上且降雪持续；

d） 12 小时内可能出现沙尘暴天气，或者已经出现沙尘暴天气并可能持续；

e） 12 小时内可能出现浓雾，或者已经出现浓雾并将持续；

f） 当路表温度低于 0 ℃，出现降水，12 小时内可能出现道路结冰。

4.2.4 蓝色（Ⅳ级）预警

当遇如下高影响天气之一，已经或将对公路交通安全和通行能力造成一定影响，可能导致干线公路交通发生车辆拥堵，通行能力显著下降，或者交通安全隐患增加，交通事故明显增多：

a） 24 小时内可能或者已经受热带气旋影响，平均风力达 6 级以上，或者阵风 8 级以上并可能持续；

b） 12 小时内降雨量将达 50 mm 以上，或者已达 50 mm 以上且降雨可能持续；

c） 12 小时内降雪量将达 4 mm 以上，或者已达 4 mm 以上且降雪持续；

d） 大风、高温、雷电、冰雹等其他会对公路的交通安全和通行能力造成影响的高影响天气。

4.2.5 多种高影响天气并发时的预警等级

当同时发生两种以上高影响天气，且分别达到不同预警等级时，按其中较高的预警等级划定。

参 考 文 献

[1] GB/T 19201—2006 热带气旋等级

[2] GB/T 20480—2006 沙尘暴天气等级

[3] GB/T 27964—2011 雾的预报等级

[4] GB/T 28592—2012 降水量等级

[5] GB/T 28593—2012 沙尘暴天气预警

[6] QX/T 76—2007 高速公路能见度监测及浓雾的预警预报

[7] QX/T 111—2010 高速公路交通气象条件等级

[8] QX/T 227—2014 雾的预警等级

[9] 中华人民共和国国务院.国家突发公共事件总体应急预案:国发〔2005〕第11号,2006年1月8日发布并实施

[10] 中华人民共和国交通运输部.公路交通突发事件应急预案:交公路发〔2009〕226号,2009年6月2日

[11] 中华人民共和国国务院办公厅.国务院办公厅关于印发国家气象灾害应急预案的通知:国办函〔2009〕120号,2009年12月11日

[12] 中国气象局.气象灾害预警信号发布与传播办法:中国气象局令第16号,2007年6月12日

ICS 07.060
A 47
备案号：63039—2018

中华人民共和国气象行业标准

QX/T 415—2018

公路交通行车气象指数

The integrated weather index for highway traffic

2018-04-28 发布

2018-08-01 实施

中 国 气 象 局 发 布

前　　言

本标准按照 GB/T 1.1—2009 给出的规则起草。

本标准由全国气象防灾减灾标准化技术委员会(SAC/TC 345)提出并归口。

本标准起草单位:河北省气象服务中心、河北省高速公路管理局指挥调度中心、河北省公安厅高速公路交通警察总队、北京市气象台。

本标准主要起草人:马翠平、曲晓黎、赵娜、郭蕊、武辉芹、蒋北松、孙金海、马跃、尤凤春。

公路交通行车气象指数

1 范围

本标准规定了公路交通行车气象指数及计算方法。

本标准适用于公路交通气象服务，也适用于公路交通运营和安全管理。

2 术语和定义

下列术语和定义适用于本文件。

2.1

能见度 visibility

白天指视力正常(对比感阈为0.05)的人，在当时的天气条件下，能够从天空背景中看到或辨认的目标物(黑色、大小适度)的最大距离；夜间指中等强度发光体能被看到和识别的最大水平距离。

注：单位为米。

[GB/T 21984—2017，定义2.19]

2.2

雪深 snow depth

积雪表面到下垫面的垂直深度。

[GB/T 35229—2017，定义3.1]

2.3

降雪量 snowfall

从天空降落到地面上的降雪融化成水，未经蒸发、渗透、流失，在水平面上积聚的深度。

注1：单位为毫米。

注2：改写GB/T 21984—2017，定义2.16。

2.4

路面气象状况 road surface condition of weather

公路表面呈现的干湿、冷暖、覆盖物(因气象因素造成的)等状态和量值。

2.5

降雨强度 rainfall intensity

一小时降雨量或一分钟降雨量。

注：单位为毫米每小时或毫米每分钟。

2.6

瞬时风速 instantaneous wind speed

某时刻的风速。

注：在自动气象观测中，是指某时刻前3 s风速的平均值。

[GB/T 35227—2017，定义3.2]

2.7

平均风速 average wind velocity

一定时段内风速的平均值。

注：单位为米每秒(m/s)。

2.8

路表温度　pavement temperature

公路表面零厘米的温度。

注：单位为摄氏度。

2.9

公路交通行车气象指数　the integrated weather index for highway traffic

根据气象因子表征公路行车适宜状况的指标。

3　公路交通行车气象指数判定

3.1　公路交通行车气象指数的构成

公路交通行车气象指数，是根据能见度、降雪、路面气象状况、降雨强度、风速、路表温度六种气象因子对公路交通影响的严重程度，综合评定多项因子对公路行车安全、畅通影响的指数。

3.2　公路交通行车气象指数的判别及含义

公路交通行车气象指数判别以及含义见表1。

表1　公路交通行车气象指数判别表

公路交通行车气象指数	判别指标 I	标示颜色（RGB数值）	指数描述	服务提示
1	$I<10$	绿色(0,255,0)	适宜行车	气象条件对公路行车无明显影响
2	$10\leqslant I<40$	蓝色(255,0,255)	较不适宜行车	气象条件对公路行车稍有影响
3	$40\leqslant I<200$	黄色(255,255,0)	不适宜行车	气象条件对公路行车有较大影响
4	$I\geqslant 200$	红色(255,0,0)	极不适宜行车	气象条件对公路行车有严重影响

3.3　判别指标的计算

公路交通行车气象指数判别指标计算表达式如下：

$$I=\sum_{i=1}^{6}A_i$$

式中：

I ——公路交通行车气象指数判别指标；

i ——取1到6的整数；

A_1——能见度因子；

A_2——降雪因子；

A_3——路面气象状况因子；

A_4——降雨强度因子；

A_5——风速因子；

A_6——路表温度因子。

因子 $A_1\sim A_6$ 的取值见附录A。

附　录　A
（规范性附录）
公路交通行车气象指数判别指标中各项因子取值规则

A.1　能见度因子 A_1 取值规则

能见度因子取值规则如下：

a）　当能见度大于 500 m 时，A_1 取值为 1；

b）　当能见度大于 200 m 小于或等于 500 m 时，A_1 取值为 20；

c）　当能见度大于 50 m 小于或等于 200 m 时，A_1 取值为 100；

d）　当能见度小于或等于 50 m 时，A_1 取值为 200。

A.2　降雪因子 A_2 取值规则

降雪因子用 24 小时降雪量和雪深表示，取值规则如下：

a）　当 24 小时降雪量为 0 且积雪厚度为 0 时，A_2 取值为 1；

b）　当 24 小时降雪量大于 0 小于 2.5 mm 或雪深大于 0 小于 1.0 cm 时，A_2 取值为 20；

c）　当 24 小时降雪量大于或等于 2.5 mm 小于 5.0 mm 或雪深大于或等于 1.0 cm 小于 3.0 cm 时，A_2 取值为 100；

d）　当 24 小时降雪量大于或等于 5.0 mm 或雪深大于或等于 3.0 cm 时，A_2 取值为 200。

A.3　路面气象状况因子 A_3 取值规则

路面气象状况因子取值规则如下：

a）　当路面气象状况为“干燥”时，A_3 取值为 1；

b）　当路面气象状况为“湿润”或“潮湿”时，A_3 取值为 20；

c）　当路面气象状况为“冰水混合”或“积水”时，A_3 取值为 100；

d）　当路面气象状况为“积雪”或“结冰”时，A_3 取值为 200。

A.4　降雨强度因子 A_4 取值规则

降雨强度因子用分钟雨强和小时雨强表示，取值规则如下：

a）　当分钟雨强小于 0.5 mm/min 或小时雨强小于 10.0 mm/h 时，A_4 取值为 1；

b）　当分钟雨强大于或等于 0.5 mm/min 小于 1.0 mm/min 或小时雨强大于或等于 10.0 mm/h 小于 20.0 mm/h 时，A_4 取值为 10；

c）　当分钟雨强大于或等于 1.0 mm/min 小于 2.5 mm/min 或小时雨强大于或等于 20.0 mm/h 小于 50.0 mm/h 时，A_4 取值为 50；

d）　当分钟雨强大于或等于 2.5 mm/min 或小时雨强大于或等于 50.0 mm/h 时，A_4 取值为 200。

A.5　风速因子 A_5 取值规则

风速因子用 2 分钟平均风速和 3 秒瞬时风速表示，取值规则如下：

a) 当平均风速小于 5 级(小于或等于 7.9 m/s)或瞬时风速小于 7 级(小于或等于 13.8 m/s)时，A_5 取值为 1；
b) 当平均风速大于或等于 5 级小于 8 级(8.0 m/s～17.1 m/s)或瞬时风速大于或等于 7 级小于 9 级(13.9 m/s～ 20.7 m/s)时，A_5 取值为 10；
c) 当平均风速大于或等于 8 级小于 9 级(17.2 m/s～20.7 m/s)或瞬时风速大于或等于 9 级小于 11 级(20.8 m/s～28.4 m/s)时，A_5 取值为 50；
d) 当平均风速大于或等于 9 级(大于或等于 20.8 m/s)或瞬时风速大于或等于 11 级(大于或等于 28.5 m/s)时，A_5 取值为 200。

A.6 路表温度因子 A_6 取值规则

路表温度因子取值规则如下：
a) 当路表温度小于 55 ℃时，A_6 取值为 1；
b) 当路表温度大于或等于 55 ℃小于 62 ℃时，A_6 取值为 10；
c) 当路表温度大于或等于 62 ℃小于 72 ℃时，A_6 取值为 50；
d) 当路表温度大于或等于 72 ℃时，A_6 取值为 200。

参 考 文 献

［1］ GB/T 21984—2017 短期天气预报
［2］ GB/T 27867—2011 公路交通气象预报格式
［3］ GB/T 27964—2011 雾的预报等级
［4］ GB/T 35227—2017 地面气象观测规范 风向和风速
［5］ GB/T 35229—2017 地面气象观测规范 雪深与雪压
［6］ QX/T 111—2010 高速公路交通气象条件等级
［7］ 交通运输部公路局等.公路交通气象服务效益评估(2011)[M].北京:气象出版社,2012

ICS 07.060
A 47
备案号：63040—2018

中华人民共和国气象行业标准

QX/T 416—2018

强对流天气等级

Classification of severe convective weather

2018-04-28 发布 2018-08-01 实施

中 国 气 象 局 发 布

前　言

本标准按照 GB/T 1.1—2009 给出的规则起草。

本标准由全国气象防灾减灾标准化技术委员会(SAC/TC 345)提出并归口。

本标准起草单位:国家气象中心、国家气候中心。

本标准主要起草人:周庆亮、刘鑫华、唐文苑、张涛、周兵。

引　言

强对流天气是大气中对流发展旺盛时天气的总称，一般指短时强降水、对流性大风、冰雹、龙卷等天气现象。它多由中小尺度天气系统造成，且发生突然、变化剧烈，往往会造成巨大的灾害，难于准确预报。

世界上很多国家的气象业务部门把强对流天气按照其伴随的天气现象强度以及致灾程度等因素，划分成不同的等级，以提高对该类天气预报服务的科学性。为了规范我国强对流天气的监测、预报、预警和科学研究等工作，特编制本标准。

强对流天气等级

1 范围

本标准规定了强对流天气的等级及其划分方法。

本标准适用于强对流天气的监测、预报、预警和科学研究。

2 术语和定义

下列术语和定义适用于本文件。

2.1

短时强降水 short-duration heavy rain

在同一个或多个中小尺度天气系统相继或连续影响下，在很短时间内（通常不超过1小时）局地出现的雨强较大的对流性降水。

2.2

雷暴 thunderstorm

大气强对流造成的积雨云云中、云间或云地之间产生的放电现象。

2.3

冰雹 hail

坚硬的球状、锥状或形状不规则的固态降水。

注：冰雹总是由对流云团，特别是积雨云产生。

2.4

对流性大风 convective wind gust

由于大气强对流造成的地面阵性大风。若伴随雷暴、雷雨出现，亦称雷暴大风或雷雨大风。

2.5

龙卷 tornado

从积状云中伸下的、触及地面或水面的漏斗状云柱。

3 等级划分

采用短时强降水、对流性大风、冰雹、龙卷的强度，将强对流天气划分为较强对流天气、强对流天气、超强对流天气三个等级，划分方法见表1。其中，龙卷的强度按照美国天气局现行的Enhanced Fujita Scale方法划分（见附录A的表A.1）。

表1 强对流天气等级划分表

等级	划分指标
较强对流天气	单独或同时出现雷暴、小时降雨量小于20 mm的短时强降水、6～7级对流性大风、直径小于20 mm的冰雹，且没有龙卷出现。

表 1 强对流天气等级划分表(续)

等级	划分指标
强对流天气	单独或同时出现小时降雨量大于或等于 20 mm 小于 80 mm 的短时强降水、8～11 级对流性大风、直径大于或等于 20 mm 小于 50 mm 的冰雹、低于 EF0 级和 EF0－EF1 级龙卷。
超强对流天气	单独或同时出现小时降雨量大于或等于 80 mm 的短时强降水、12 级及以上对流性大风、直径大于或等于 50 mm 的冰雹、EF2－EF5 级龙卷。

附 录 A
（规范性附录）
美国天气局 Enhanced Fujita Scale 龙卷强度划分表

表 A.1 美国天气局 Enhanced Fujita Scale 龙卷强度划分表

龙卷等级	最大风速 km/h	致灾程度
EF0	105～137	轻微
EF1	138～177	中等
EF2	178～217	较大
EF3	218～266	严重
EF4	267～322	破坏性灾害
EF5	＞322	毁灭性灾害

参 考 文 献

[1] 中国气象局. 地面气象观测规范[M]. 北京. 气象出版社，2003

[2] 《大气科学辞典》编委会. 大气科学辞典[M]. 北京：气象出版社，1994

[3] 陈渭民. 雷电学原理[M]. 北京：气象出版社，2003

[4] 寿绍文，励申申，姚秀萍. 中尺度气象学[M]. 北京：气象出版社，2003

[5] 张杰. 中小尺度天气学[M]. 北京：气象出版社，2006

[6] 章国材. 强对流天气分析与预报[M]. 北京：气象出版社，2011

[7] 俞小鼎，等. 多普勒天气雷达原理与业务应用[M]. 北京：气象出版社，2006

[8] Doswell C A III. Severe convective storms[J]. Meteor Monogr，2001，28(50)：257-308

[9] Galway Joseph G. The evolution of severe thunderstorm criteria within the weather service [J]. Wea Forecasting，1989，4：585-592

ICS 07.060
A 47
备案号：63041—2018

中华人民共和国气象行业标准

QX/T 417—2018

北斗卫星导航系统气象信息传输规范

Specifications of meteorological information transmission based on the Beidou navigation satellite system

2018-04-28 发布　　2018-08-01 实施

中国气象局　发布

前　　言

本标准按照 GB/T 1.1—2009 给出的规则起草。

本标准由全国气象基本信息标准化技术委员会(SAC/TC 346)提出并归口。

本标准起草单位:四川省气象局、国家气象信息中心。

本标准主要起草人:方国强、李小汝、张常亮、刘一谦、敬雨男。

北斗卫星导航系统气象信息传输规范

1 范围

本标准规定了使用北斗卫星导航系统短报文服务传输气象应急信息和气象观测数据的传输信息分类、传输信息处理过程和数据重发机制。

本标准适用于使用北斗卫星导航系统短报文服务传输气象应急信息和气象观测数据。

2 规范性引用文件

下列文件对于本文件的应用是必不可少的。凡是注日期的引用文件，仅注日期的版本适用于本文件。凡是不注日期的引用文件，其最新版本(包括所有的修改单)适用于本文件。

GB 2312—1980 信息交换用汉字编码字符集 基本集

3 术语和定义

下列术语和定义适用于本文件。

3.1

北斗卫星导航系统 Beidou navigation satellite system; BDS

由中国研制建设和管理的卫星导航系统。为用户提供实时的三维位置、速度和时间信息，包括公开、授权和短报文通信等服务。

3.2

卫星无线电测定业务 radio determination satellite service; RDSS

由外部系统通过用户应答方式来测定用户至卫星的距离和计算用户的位置。

3.3

短报文服务 short messages service

北斗卫星导航系统基于卫星无线电测定业务(RDSS)提供的一种双向报文通信服务。

3.4

通播 group message broadcasting

RDSS 业务提供的一种同时向多个指定用户(集团用户)发送短报文的服务。

3.5

北斗气象通信终端 Beidou meteorological communication terminal

具有短报文服务功能，用于传输气象信息的北斗通信设备。

3.6

北斗通信终端用户授权 Beidou communication terminal authorization

北斗卫星导航系统 RDSS 业务中，北斗卫星导航系统运营商对用户短报文传输频度和单次传输信息长度限制的授权。

3.7

气象应急信息 meteorological emergency short messages

出现自然或人为等突发紧急情况时，在公共基础通信设施无法使用的情况下，通过北斗卫星导航系统传输的与灾害、异常情况、气象装备及人员等相关的文本信息。

4 传输信息分类

4.1 气象应急信息

气象应急信息按照 GB 2312—1980 第 5 章中定义的编码规则进行编码后，通过北斗卫星导航系统短报文服务完成传输。

4.2 气象观测数据

4.2.1 文件形式数据

以文件形式传输的气象观测数据，将文件名长度及文件名同气象观测数据内容进行组合，组合后的待传输数据内容包括文件名长度、文件名、气象观测数据文件内容三项，其中文件名长度占位 8 bit，表示本次传输的文件名长度，文件名和观测数据内容为变长数据。组合后的待传输数据，按照 GB 2312—1980 第 5 章中定义的编码规则进行编码后，通过北斗卫星导航系统短报文服务完成传输。具体数据格式见图 1。

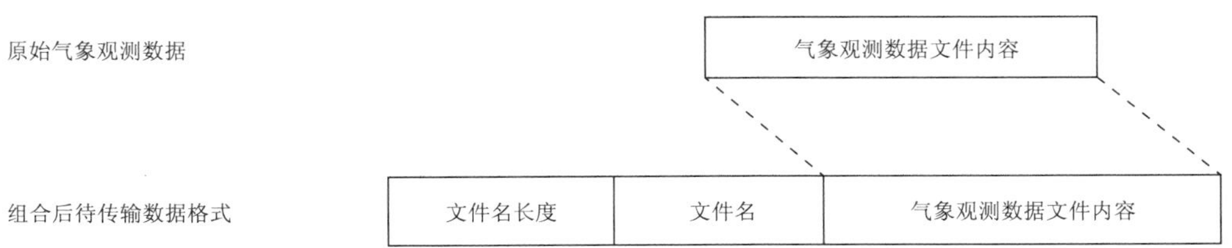

图 1 文件形式气象观测数据传输格式

4.2.2 非文件形式数据

以非文件形式传输的气象观测数据，直接将观测数据传输给北斗气象通信终端，按照 GB 2312—1980 第 5 章中定义的编码规则进行编码后，通过北斗卫星导航系统短报文服务完成传输。

5 传输信息处理过程

5.1 数据分包

5.1.1 分包规则

根据北斗通信终端用户授权，确定待传输信息是否需要进行分包传输。待传输信息加上分包规范协议头、数据类型标志及校验值后，总计长度不大于北斗气象通信终端用户授权单次传输信息最大长度时，单包传输，否则分包传输。分包规则见图 2，示例参见附录 A，规则表述如下：

——数据第一分包内容包括分包规范协议头、数据类型标志、数据内容及校验值，其数据总长度等于授权最大长度；

——第二分包至倒数第二分包数据包括分包规范协议头、数据内容及校验值，其数据总长度等于授权最大长度；

——最后一包数据包括分包规范协议头、数据内容及校验值，其数据总长度等于或小于授权最大长度。

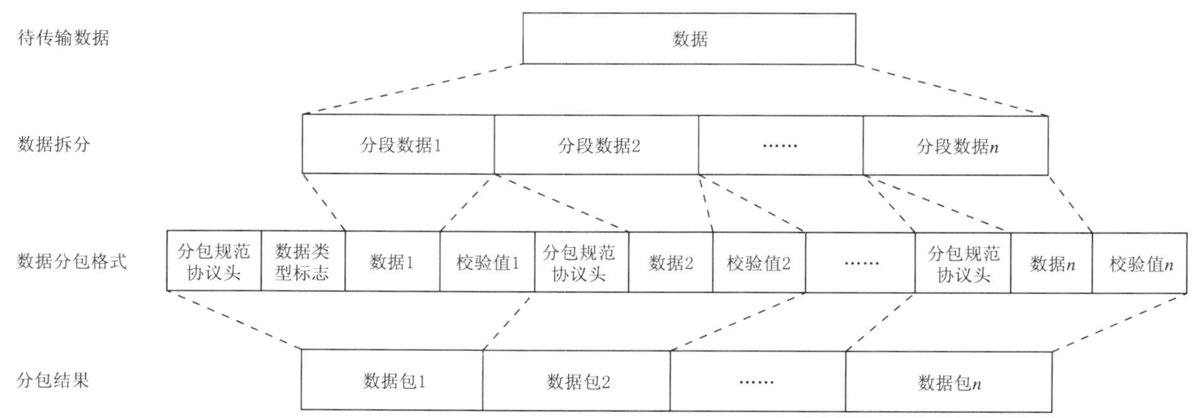

图2　数据分包规则

5.1.2　分包规范协议头

分包规范协议头用于标识数据包的开始和结束，总长度为 32 bit，共计五项。依次为开始符、终端状态、包开始符、包结束符、帧序列号，各项具体要求如下：

a) 开始符：占位 12 bit，表示本帧开始，固定字符“QS”(代表气象数据)，十六进制 0x863。
b) 终端状态：占位 4 bit，表示北斗气象通信终端状态，用最高 1 位表示，1 为忙，0 为闲，低 3 位保留。
c) 包开始符：占位 1 bit，表示是否为分包数据的第一包，1 表示分包数据第一包，0 则反之。
d) 包结束符：占位 1 bit，表示是否为分包数据的最后一包，1 表示分包数据最后一包，0 则反之。
e) 帧序列号：占位 14 bit，表示北斗气象通信终端发送的数据包顺序，十六进制无符号数，初始值为 0，累计加 1，达最大值后归零，循环使用，同一数据各分包帧序列号连续。

5.1.3　数据类型标志

数据类型包括气象应急信息、气象观测数据和传输控制数据等三类，每一类数据类型标志由代码和子代码两部分组成，共占位 16 bit，具体代码见附录 B。除分包数据第一包需携带数据类型标志位外，其余分包均不需要数据类型标志。

5.1.4　校验值

校验值为分包数据第一字节至最后一字节数据按位异或结果，占位 8 bit，对每个分包分别计算。

5.2　数据组包

接收端将接收完整的分包数据，根据数据分包规则，还原传输的原始数据。

6　数据重发机制

6.1　单包数据重发机制

单包数据发送时，通过短报文服务的消息发送应答机制来判断是否发送成功。若没有接收到应答，则每 2 分钟重新发送一次该数据包，最多重发 2 次。

6.2 分包数据重发机制

6.2.1 第一包及最后一包数据重发机制

分包数据发送时，拆分的第一包和最后一包数据，通过短报文服务的消息发送应答机制来判断是否发送成功。若没有接收到应答，则每 2 分钟重新发送一次该数据包，最多重发 2 次。

6.2.2 中间数据包重发机制

当数据接收端检测到分包数据不完整或丢失，通过通播功能发送数据重发指令，要求数据发送端进行数据重发操作。同一数据包重发指令最多发送 3 次，重发指令发送间隔 2 分钟。

发送方收到重发指令后重发对应数据包，重发后通过应答机制判断是否发送成功，若未收到应答则再次重发，最多重发 3 次，重发间隔 2 分钟。

数据重发指令包括三项内容，分别为目标数量、帧号和地址，各项的含义及要求如下：

a) 目标数量：占位 1 字节，表示需重发数据包的数量，从 1 开始编号，多一组加 1。

b) 帧号：占位 2 字节，表示需要重发的数据包帧序列号。

c) 地址：占位 3 字节，表示需要重发数据包对应的北斗气象通信终端地址。

数据重发指令按照北斗气象通信终端地址升序依次排列，同一地址有多帧数据包传输失败的，按照帧号升序排列。数据重发指令格式见图 3，示例参见附录 C。

图 3 数据重发指令格式

附 录 A
(资料性附录)
气象观测数据传输示例

A.1 文件形式气象观测数据传输示例

A.1.1 文件内容

待传输 Z 文件，文件名：Z_SURF_I_57420_20170328130000_O_AWS_FTM.txt，具体内容如下：

57420 20170328130000 304515 1071111 04180 04190 4 199 000

PP 09662 10150 0980 1014 09662 1258 09651 1201

TH 0807 0803 1201 0810 1224 0968 0753 0891 0908 052 051 1201 116

RE 0000 00000 00000 00000 00000 // ///// ////

WI 250 023 257 027 259 027 1257 244 030 247 036 1257 055 298 055 298

DT 0842 0831 1201 0842 1300 0842 0811 0801 0808 0823 0866 0872 0869 0850 0840 0839 1256 0849 1235

VV 20364 19704 18305 1215

CW 0189 /// /// /// ///// ///////////////////////// /// 00 // / / //

SP //// /// /// /// /// /// / / /// ///

MR 000000000000000000000000000000000000000000000000000000000000000000000000000000000000000000 000000000000000000000000000000

MW .

QC

Q1 00000000 0000000000000 00000333 0000000000000000 0000000000000000000 0000033333303333 3333333333 000000000000000000000000000000000000000000000000000000000000

Q2 99999999 9999999999999 99999999 9999999999999999 9999999999999999999 9999999999999999 9999999999 999999999999999999999999999999999999999999999999999999999999

Q3 99999999 9999999999999 99999999 9999999999999999 9999999999999999999 9999999999999999 9999999999 999999999999999999999999999999999999999999999999999999999999＝

NNNN

A.1.2 预处理

该文件传输时，需以文件形式传输，故待传输数据为文件名长度、文件名、观测数据内容三项。文件名按 GB 2312—1980 编码后占 43 字节。因此待传输数据为 43＋Z_SURF_I_57420_20170328130000_O_AWS_FTM.txt＋文件内容。上述待传输数据将按照分包规则分包后作为各数据包的载荷。

A.1.3 分包及各数据包载荷内容确定

按照北斗气象通信终端用户授权长度为 106 字节，分别减去分包规范协议头 4 字节，数据类型标志 2 字节，校验值 1 字节，故第一包分包最大载荷容量为 99 字节。其余分包，由于不含数据类型标志，故最大载荷容量为 101 字节。

待传输数据按 GB 2312—1980 编码后共 1166 字节。按照上述数据包载荷长度限制，待传输数据将分为 12 个数据包进行发送，分包个数计算方法为：(总字节数－99)/101＋1＋1。其中，99 为第一包最大载荷容量为 99 字节，101 为后续分包最大载荷容量。

分包数据第一包按照规定的载荷长度限制，对应的数据内容为"43Z_SURF_I_57420_20170328130000_O_AWS_FTM. txt57420 20170328130000 304515 1071111 04180 04190 4 199 "，即文件名长度＋文件名＋部分文件内容，共 99 个字符(含空格及换行符)。后续分包载荷内容按照相同方式，即载荷长度限制进行确定。

A. 1. 4 包头信息生成

后续数据包包头信息生成方法与第一包类似，区别仅在于后续分包无数据类型标志，并且分包规范协议头中包开始符、包结束符和帧序列号取值不同。

a) 分包规范协议头：开始符"QS"十六进制表示为 0x863；终端状态，状态为忙，故对应二进制编码为 1000；包开始符，为分包数据第一包，故对应二进制编码为 1，中间数据包与最后一包均为 0；包结束符，为分包数据第一包，故对应二进制编码为 0，中间数据包为 0，最后一包为 1；帧序列号，为分包数据第一包，故对应二进制编码为 00000000000001，后续包依次加 1；分包规范协议头以十六进制可表示为 0x86388001。

b) 数据类型标志：待传输 Z 文件为国家级地面气象观测站观测资料中的常规观测数据，经附录 B 的表 B. 1 查表可得对应的数据类型及子类型代码为 0x1000。

c) 校验值计算：为计算校验值，首先将数据包头(除校验位外)加载荷内容按照 GB 2312—1980 编码后的结果，通过十六进制到二进制转化规则转化为二进制内容。

校验值为包头(除校验位外)加载荷的异或校验值结果。包头(除校验位外)与载荷共 105 字节，转化为二进制以后，按照由高位到低位顺序对齐，按位计算异或校验值，详细计算过程见图 A. 1。

$$\begin{array}{cccccc} D_{104}: & d_{104,7} & d_{104,6} & \cdots & d_{104,1} & d_{104,0} \\ D_{103}: & d_{103,7} & d_{103,6} & \cdots & d_{103,1} & d_{103,0} \\ \cdots & \cdots & \cdots & \cdots & \cdots & \cdots \\ D_{1}: & d_{1,7} & d_{1,6} & \cdots & d_{1,1} & d_{1,0} \\ D_{0}: & d_{0,7} & d_{0,6} & \cdots & d_{0,1} & d_{0,0} \\ C & C_7 & C_6 & \cdots & C_1 & C_0 \end{array}$$

图 A. 1 校验值计算

图 A. 1 中 D_{104}，D_{103}，D_{102}，…，D_2，D_1，D_0 分别对应数据包中包头(除校验位外)加载荷各字节内容。例如：D_{104} 为对应分包数据第一包分包规范协议头内容 0x86 的二进制表示 10000110，D_{103} 为对应分包数据第一包分包规范协议头内容 0x38 的二进制表示 00111000，依次类推。

$d_{i,j}$ 表示各字节按位的内容，例如：D_{104} 为 10000110，$d_{104,7}$ 则为第 105 字节数据的第 8 位数据内容，即 1；$d_{103,6}$ 表示第 104 字节数据的第 7 位数据内容，即 0，依次类推。

C 表示校验值，C_i($0 \leqslant i \leqslant 7$)表示校验值各位内容，例如：$C_1$ 表示校验值第 1 位数据内容。

图 A. 1 中数据按列计算异或校验值，即 $d_{104,7} \oplus d_{103,7} \oplus \cdots d_{1,7} \oplus d_{0,7}$，$d_{104,6} \oplus d_{103,6} \oplus \cdots d_{1,6} \oplus d_{0,6}$，…，$d_{104,1} \oplus d_{103,1} \oplus \cdots d_{1,1} \oplus d_{0,1}$，$d_{104,0} \oplus d_{103,0} \oplus \cdots d_{1,0} \oplus d_{0,0}$ 共 8 组，分别计算得到校验值各位数据，即 C_7，C_6，…，C_1，C_0。

A.2 非文件形式气象观测数据传输示例

A.2.1 数据内容

待传输区域站 HY3000 采集的观测数据，具体如下：

站点型号 HY3000

2016-03-15 16:15 //// 0202222222000000000 8888888 349 1003 349 1003 //////// 501 501 16:09 501 16:15 20 20 16:15 0 0 000000000000000000000000000000// 11000 11000 16:01 11000 16:01 / / / / / / / / / / /

A.2.2 预处理

该文件传输时，以非文件形式传输，故待传输数据即为观测数据具体内容。上述待传输数据将按照分包规则分包后作为各数据包的载荷。

A.2.3 分包及各数据包载荷内容确定

待传输数据共 308 个字符，按 GB 2312—1980 编码后共 312 字节。按照上述数据包载荷长度限制，待传输数据将分为 4 个数据包进行传输。各数据包载荷容量及分包数量与 A.1 中示例相同。分包数据第一包按照规定的载荷长度限制，对应的数据内容为“站点型号 HY3000↵2016-03-15 16:15 / / / / 0202222222000000000 8888888 349 1003 349 1003 / / / / / / / / /”，即部分文件内容，共 95 个字符(含空格及换行符)。后续分包载荷内容按照载荷长度限制进行确定。

A.2.4 包头信息生成

包头信息生成方法与 A.1 中示例相同。

附　录　B
（规范性附录）
数据类型代码

数据类型代码见表 B.1。

表 B.1　数据类型代码

数据类型	代码	子类型	子代码	传输形式
气象应急信息	0x00		0x00	
传输控制数据	0x01	数据重发	0x00	
国家级地面气象站观测资料	0x10		0x00	以文件形式传输
国家级地面气象站观测资料	0x11	常规观测数据	0x00	以非文件形式传输
		状态数据	0x01	
		日数据	0x02	
		日照观测数据	0x03	
		辐射观测资料	0x04	
区域自动气象站观测数据	0x12		0x00	以文件形式传输
区域自动气象站观测数据	0x13	要素观测数据	0x00	以非文件形式传输
国家级无人自动站	0x14		0x00	以文件形式传输
国家级无人自动站	0x15	要素观测数据	0x00	以非文件形式传输
探空观测资料	0x16		0x00	以文件形式传输
探空观测资料	0x17	PPAA	0x00	以非文件形式传输
		PPBB	0x01	
		PPCC	0x02	
		PPDD	0x03	
		TTAA	0x04	
		TTBB	0x05	
		TTCC	0x06	
		TTDD	0x07	
		L 波段探空雷达监控数据—探空	0x08	
		L 波段探空雷达监控数据—测风	0x09	
		L 波段高空探测系统基数据	0x10	
		L 波段探空雷达探测参数	0x11	
		L 波段探空雷达状态参数	0x12	
公路交通自动站观测资料	0x18		0x00	以文件形式传输
公路交通自动站观测资料	0x19	公路交通观测数据	0x00	以非文件形式传输

表 B.1 数据类型代码(续)

数据类型	代码	子类型	子代码	传输形式
闪电探测资料	0x1A		0x00	以文件形式传输
闪电探测资料	0x1B	云地闪实时探测资料	0x00	以非文件形式传输
GPS 水汽探测资料	0x1C		0x00	以文件形式传输
GPS 水汽探测资料	0x1D	GPS 水汽探测资料	0x00	以非文件形式传输
酸雨观测资料	0x1E		0x00	以文件形式传输
酸雨观测资料	0x1F	酸雨观测资料	0x00	以非文件形式传输
农业气象观测资料	0x20		0x00	以文件形式传输
农业气象观测资料	0x21	农业气象观测资料	0x00	以非文件形式传输
		自动站土壤水分资料	0x01	
生态与农业气象观测资料	0x22		0x00	以文件形式传输
生态与农业气象观测资料	0x23	生态气象观测资料	0x00	以非文件形式传输
大气辐射资料	0x24		0x00	以文件形式传输
大气辐射资料	0x25	太阳辐射多要素资料	0x00	以非文件形式传输
		向下长波辐射资料	0x01	
		向上长波辐射资料	0x02	
气溶胶类资料	0x26		0x00	以文件形式传输
气溶胶类资料	0x27	气溶胶质量浓度数据	0x00	以非文件形式传输
		气溶胶吸收特性资料	0x01	
		气溶胶散射特性资料	0x02	
		气溶胶光学厚度资料	0x03	
		气溶胶化学滤膜采样资料	0x04	
		气溶胶能见度资料	0x05	
		气溶胶数浓度谱资料	0x06	
		气溶胶凝结核资料	0x07	
		反应性气体资料	0x08	
风能观测资料	0x28		0x00	以文件形式传输
风能观测资料	0x29	风能数据风温湿压采样数据	0x00	以非文件形式传输
		风能超声风采样数据	0x01	
		风能分钟数据	0x02	
		风能十分钟数据	0x03	
		风能状态数据	0x04	
基准辐射观测资料	0x2A		0x00	以文件形式传输
基准辐射观测资料	0x2B	分钟基准辐射数据	0x00	以非文件形式传输
		正点基准辐射数据	0x01	
		基准辐射站实时状态信息	0x02	

表 B.1 数据类型代码(续)

数据类型	代码	子类型	子代码	传输形式
温室气体资料	0x2C		0x00	以文件形式传输
温室气体资料	0x2D	温室气体 CH_4 CO_2 色谱在线观测资料	0x00	以非文件形式传输
		温室气体 CO CO_2 色谱在线观测资料	0x01	
		温室气体瓶采样资料	0x02	
		温室气体气相色谱在线观测资料	0x03	
		卤代温室气体罐采样资料	0x04	
		卤代温室气体在线观测资料	0x05	
		温室气体非在线观测资料	0x06	
大气臭氧资料	0x2E		0x00	以文件形式传输
大气臭氧资料	0x2F	臭氧柱总量观测资料	0x00	以非文件形式传输
		自动气象站气象要素资料	0x01	
		80 m 梯度塔气象要素资料	0x02	
		大气成分质量控制信息	0x03	
船舶观测资料	0x30		0x00	以文件形式传输
船舶观测资料	0x31	船舶观测资料	0x00	以非文件形式传输
海洋浮标站观测资料	0x32		0x00	以文件形式传输
海洋浮标站观测资料	0x33	海洋浮标站观测资料	0x00	以非文件形式传输
		海洋浮标站状态信息资料	0x01	
近地层通量观测资料	0x34		0x00	以文件形式传输
近地层通量观测资料	0x35	湍流数据	0x00	以非文件形式传输
		梯度数据	0x01	
		风能数据	0x02	
沙尘暴观测	0x36		0x00	以文件形式传输
沙尘暴观测	0x37	铁塔平均场观测资料	0x00	以非文件形式传输
		大气光学能见度资料	0x01	
		浊度计资料	0x02	
		气溶胶质量浓度资料	0x03	
		大气总悬浮颗粒物浓度资料	0x04	
		土壤湿度资料	0x05	
		干尘降采样观测资料	0x06	
		气溶胶数浓度谱	0x07	
		红外辐射仪观测资料	0x08	
		太阳光度计资料	0x09	

附 录 C
(资料性附录)
数据重发指令示例

若某接收端检测到有2个数据分包未接收到,数据分包对应的帧号分别为6和11,对应的发送端北斗气象通信终端地址为199329,则其可按下列步骤构造数据重发指令:

a) 需重发的数据包数量为2,故目标数量为2,占位1字节。

b) 第一个需要重发的数据包帧号为6,占位2字节;地址为发送端北斗气象通信终端地址,即199329,占位3字节。

c) 第二个需要重发的数据包帧号为11,占位2字节;对应地址同样为199329,占位3字节。

将上述内容转化为十六进制即得最终的数据重发指令为020006030AA1000B030AA1。

参 考 文 献

［1］ 中国气象局.地面气象观测数据文件和记录簿表格式［M］.北京：气象出版社，2005
［2］ 中国气象局监测网络司.气象信息网络传输业务手册［M］.北京：气象出版社，2006

ICS 07.060
A 47
备案号：63042—2018

中华人民共和国气象行业标准

QX/T 418—2018

高空气象观测数据格式　BUFR编码

Coding format for aerological observing data—BUFR

2018-04-28发布　　2018-08-01实施

中国气象局　发布

前　　言

本标准按照 GB/T 1.1—2009 给出的规则起草。

本标准由全国气象基本信息标准化技术委员会(SAC/TC 346)提出并归口。

本标准起草单位:国家气象信息中心、中国气象局气象探测中心。

本标准主要起草人:薛蕾、李湘、王颖、杨荣康、张芳。

高空气象观测数据格式　BUFR 编码

1　范围

本标准规定了固定陆地测站、船舶及移动平台的高空气压、温度、湿度、风向和风速的综合探空及单独测风观测数据的 BUFR 编码规则。

本标准适用于固定陆地测站、船舶及移动平台的高空气压、温度、湿度、风向和风速的综合探空及单独测风观测数据的表示和交换。

2　术语和定义

下列术语和定义适用于本文件。

2.1

八位组　octet

计算机领域里 8 个比特位作为一组的单位制。

[QX/T 235—2014，定义 2.1]

2.2

主表　master table

科学学科分类表，每一学科在表中被分配一个代码，并包含该学科下的一系列通用表格。本标准应用气象学科的主表。

3　缩略语

下列缩略语适用于本文件。

BUFR：气象数据的二进制通用表示格式（Binary Universal Form for Representation of meteorological data）

CCITT IA5 ：国际电报电话咨询委员会国际字母 5 号码（Consultative Committee on International Telephone and Telegraph International Alphabet No. 5）

UTC：世界协调时（Universal Time Coordinated）

WMO-FM 94：世界气象组织定义的第 94 号编码格式（The World Meteorological Organization code form FM 94 BUFR）

4　编码构成

编码数据由指示段、标识段、选编段、数据描述段、数据段和结束段构成，如图 1 所示。

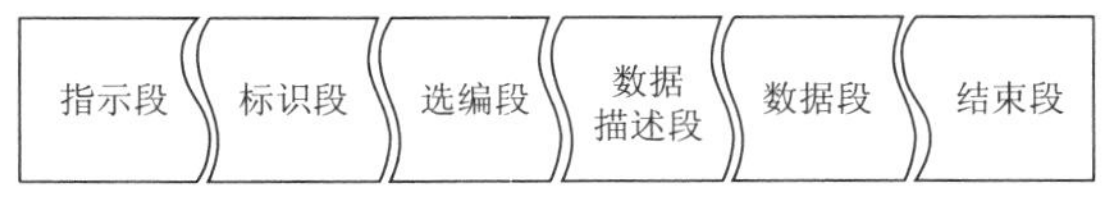

图 1　BUFR 编码数据结构

各段的编码规则见 5.1～5.6，编码中使用的时间除特殊说明外，全部为 UTC。

5 编码规则

5.1 指示段

指示段由 8 个八位组组成，包括 BUFR 数据的起始标志、BUFR 数据长度和 BUFR 版本号。具体编码见表 1。

表 1 指示段编码及说明

八位组序号	含义	值	备注
1	BUFR 数据的起始标志	B	按照 CCITT IA5 编码。
2		U	
3		F	
4		R	
5—7	BUFR 数据长度	实际取值	以八位组为单位。
8	BUFR 版本号	4	WMO 2015 年发布版本 4。

5.2 标识段

标识段由 23 个八位组组成，包括标识段段长、主表号、数据加工中心、数据加工子中心、更新序列号、选编段指示、数据类型、数据子类型、本地数据子类型、主表版本号、本地表版本号、数据编码时间等信息。具体编码见表 2。

表 2 标识段编码及说明

八位组序号	含义	值	备注
1—3	标识段段长	23	本段段长为 23 个八位组。
4	主表号	0	表示使用气象学科的主表。
5—6	数据加工中心	38	根据 WMO 规定，38 表示数据加工中心为北京。
7—8	数据加工子中心	0	表示未经过数据加工子中心加工。
9	更新序列号	实际取值	取值为非负整数。初始编号为 0，随资料每次更新，序列号逐次加 1。
10	选编段指示	0 或 1	0：表示本数据格式不包含选编段； 1：表示本数据格式包含选编段。
11	数据类型	2	表示本数据为高空资料。
12	数据子类型	1、2、3、4、5、6	1：表示来自固定陆地测站的单独测风观测资料； 2：表示来自船舶测站的单独测风观测资料； 3：表示来自移动平台的单独测风观测资料； 4：表示来自固定陆地测站的高空气压、温度、湿度、风速和风向观测资料； 5：表示来自船舶测站的高空气压、温度、湿度、风速和风向观测资料； 6：表示来自移动平台的高空气压、温度、湿度、风速和风向观测资料。

表 2　标识段编码及说明(续)

八位组序号	含义	值	备注
13	本地数据子类型	0	表示没有定义本地数据子类型。
14	主表版本号	28	当前使用的 WMO FM-94 主表的版本号为 28。
15	本地表版本号	1	本地自定义码表版本号为 1。
16—17	年	实际取值	实际数据编码时间:年(4 位公元年)。
18	月	实际取值	实际数据编码时间:月。
19	日	实际取值	实际数据编码时间:日。
20	时	实际取值	实际数据编码时间:时。
21	分	实际取值	实际数据编码时间:分。
22	秒	实际取值	实际数据编码时间:秒。
23	自定义	0	保留。

5.3　选编段

选编段长度不固定,包括选编段段长、保留字段以及数据加工中心或子中心自定义的内容。具体编码见表 3。

表 3　选编段编码及说明

八位组序号	含义	值	备注
1—3	选编段段长	实际取值	以八位组为单位。
4	保留字段	0	
5—	数据加工中心或子中心自定义		
注:"5—"表示从第 5 个八位组开始,长度可根据需要进行扩展。			

5.4　数据描述段

数据描述段由 9 个八位组组成,包括数据描述段段长、保留字段、观测记录数、数据性质和压缩方式以及描述符序列。具体编码见表 4。

表 4　数据描述段编码及说明

八位组序号	含义	值	备注
1—3	数据描述段段长	9	本段段长为 9 个八位组。
4	保留字段	0	
5—6	观测记录数	实际取值	取值为非负整数,表示本报文包含的观测记录条数。
7	数据性质和压缩方式	128、192	128:表示本数据采用 BUFR 非压缩方式编码; 192:表示本数据采用 BUFR 压缩方式编码。

表4　数据描述段编码及说明(续)

八位组序号	含义	值	备注
8—9	描述符序列	3 09 192	高空气压、温度、湿度、风速和风向探测数据的要素序列。 3:表示该描述符为序列描述符。 09:表示垂直探测序列(常规探测)。 192:表示"垂直探测序列(常规探测)"中定义的第192个类目,即"高空气压、温度、湿度、风速和风向探测数据的要素序列"。

5.5　数据段

数据段长度不固定,具体长度与实际观测相关。数据段包括数据段段长、保留字段,并包含在数据描述段中定义的各个要素对应的编码值。高空气象观测数据的数据段主要包括测站/平台标识,放球时间,测站经纬度,气球施放时的地面观测要素,气压层温度、湿度、风,高度层风,风切变数据,探空气压、温度、湿度、风秒级采样和测风秒级采样9部分内容。具体编码见表5。

表5　数据段编码及说明

内容		意义	单位	比例因子[a]	基准值[b]	数据宽度[c] bit	备注
数据段段长		数据段长度(以八位组为单位)	—	—	—	24	
保留字段		置0	—	—	—	8	
1.测站/平台标识							
3 01 111	0 01 001	WMO区号	—	0	0	7	数字。没有WMO区号的测站,该代码值置为缺测。
	0 01 002	WMO站号	—	0	0	10	数字。没有WMO站号的测站,该代码值置为缺测。
	0 01 011	船舶或移动陆地站标识	—	0	0	72	字符。
	0 02 011	无线电探空仪的类型	—	0	0	8	数字。含义见附录A表A.1。
	0 02 013	太阳辐射和红外辐射订正	—	0	0	4	数字。含义见附录A表A.2。
	0 02 014	所用系统的跟踪技术/状态	—	0	0	7	数字。含义见附录A表A.3。
	0 02 003	所用测量设备的类型	—	0	0	4	数字。含义见附录A表A.4。

表 5 数据段编码及说明(续)

<table>
<tr><th colspan="2">内容</th><th>意义</th><th>单位</th><th>比例因子[a]</th><th>基准值[b]</th><th>数据宽度[c] bit</th><th>备注</th></tr>
<tr><td colspan="2">0 01 101</td><td>国家和地区标识符</td><td>—</td><td>0</td><td>0</td><td>10</td><td>数字。含义见附录A表A.5。</td></tr>
<tr><td colspan="2">0 01 192</td><td>本地测站标识</td><td>—</td><td>0</td><td>0</td><td>72</td><td>字符。无WMO区站号的测站,使用该代码对本地测站标识进行编码。</td></tr>
<tr><td colspan="2">1 01 002</td><td>后面1个描述符重复2次</td><td></td><td></td><td></td><td></td><td>无编码值。描述符本身表示对以下1个描述符重复2次:第1次是人工质量控制标识,第2次是自动质量控制标识。</td></tr>
<tr><td colspan="2">0 33 035</td><td>人工/自动质量控制</td><td>—</td><td>0</td><td>0</td><td>4</td><td>数字。含义见附录A表A.6。</td></tr>
<tr><td colspan="2">0 25 061</td><td>探测系统软件和版本信息</td><td>—</td><td>0</td><td>0</td><td>96</td><td>字符。</td></tr>
<tr><td colspan="2">0 02 192</td><td>探空仪生产厂家</td><td>—</td><td>0</td><td>0</td><td>7</td><td>数字。含义见附录A表A.7。</td></tr>
<tr><td colspan="2">0 08 041</td><td>数据意义(=13 仪器制造日期)</td><td>—</td><td>0</td><td>0</td><td>5</td><td>数字。含义见附录A表A.8。</td></tr>
<tr><td rowspan="3">3 01 011</td><td>0 04 001</td><td>年</td><td>—</td><td>0</td><td>0</td><td>12</td><td>数字。</td></tr>
<tr><td>0 04 002</td><td>月</td><td>—</td><td>0</td><td>0</td><td>4</td><td>数字。</td></tr>
<tr><td>0 04 003</td><td>日</td><td>—</td><td>0</td><td>0</td><td>6</td><td>数字。</td></tr>
<tr><td colspan="2">0 01 081</td><td>探空仪序列号</td><td></td><td>0</td><td>0</td><td>160</td><td>字符。</td></tr>
<tr><td colspan="2">0 02 067</td><td>探空仪工作频率</td><td>Hz</td><td>−5</td><td>0</td><td>15</td><td>数字。本次观测使用的探空仪的工作频率,可填写相对固定的工作频段。</td></tr>
<tr><td colspan="2">0 02 095</td><td>气压传感器类型</td><td>—</td><td>0</td><td>0</td><td>5</td><td>数字。含义见附录A表A.9。</td></tr>
<tr><td colspan="2">0 02 096</td><td>温度传感器类型</td><td>—</td><td>0</td><td>0</td><td>5</td><td>数字。含义见附录A表A.10。</td></tr>
<tr><td colspan="2">0 02 097</td><td>湿度传感器类型</td><td>—</td><td>0</td><td>0</td><td>5</td><td>数字。含义见附录A表A.11。</td></tr>
</table>

表 5 数据段编码及说明(续)

内容	意义	单位	比例因子[a]	基准值[b]	数据宽度[c] bit	备注
0 02 081	气球类型	—	0	0	5	数字。含义见附录A表A.12。
0 02 082	探空气球重量	kg	3	0	12	数字。
0 02 084	气球所用气体类型	—	0	0	4	数字。含义见附录A表A.13。
0 02 191	位势高度计算方法	—	0	0	4	数字。含义见附录A表A.14。
0 02 200	气压计算方法	—	0	0	4	数字。含义见附录A表A.15。
0 02 066	无线电探空仪地面接收系统	—	0	0	6	数字。含义见附录A表A.16。
0 02 102	探测系统天线高度	m	0	0	8	数字。探测系统机械轴相对于本站海拔高度的距离。
0 02 193	施放计数	—	0	0	8	数字。本月内观测仪施放累计数。
0 02 194	附加物重量	kg	3	0	14	数字。除气球球皮以外的所有重量(包含探空仪、系留绳、电池、灯笼、竹竿等重量的总和)。
0 02 195	球与探空仪间实际绳长	m	1	0	10	数字。
0 02 196	总举力	kg	3	0	14	数字。
0 02 197	净举力	kg	3	0	14	数字。
0 02 198	平均升速	$m \cdot min^{-1}$	1	0	14	数字。
0 10 192	气压基测值	Pa	−1	0	14	数字。探空仪在施放前进行质量检查时,由标准仪器(基测箱或自动站、水银气压表)读取的气压值。
0 10 193	气压仪器值	Pa	−1	0	14	数字。探空仪在施放前进行质量检查时,由高空探测设备接收到的探空仪发回的气压测量值。

表 5　数据段编码及说明(续)

内容	意义	单位	比例因子[a]	基准值[b]	数据宽度[c] bit	备注
0 10 194	气压偏差	Pa	−1	0	14	数字。气压基测值减去气压仪器值的差值。
0 12 192	温度基测值	K	1	0	12	数字。探空仪在施放前进行质量检查时,由标准仪器(基测箱)读取的温度值。
0 12 193	温度仪器值	K	1	0	12	数字。探空仪在施放前进行质量检查时,由高空探测设备接收到的探空仪发回的温度测量值。
0 12 194	温度偏差	K	1	0	12	数字。温度基测值减去温度仪器值的差值。
0 13 192	相对湿度基测值	%	0	0	7	数字。探空仪在施放前进行质量检查时,由标准仪器(基测箱)读取的湿度值。
0 13 193	相对湿度仪器值	%	0	0	7	数字。探空仪在施放前进行质量检查时,由高空探测设备接收到的探空仪发回的湿度测量值。
0 13 194	相对湿度偏差	%	0	0	7	数字。相对湿度基测值减去相对湿度仪器值的差值。
0 02 199	仪器检测结论	—	0	0	2	数字。含义见附录A表A.17。 根据气压偏差、温度偏差和相对湿度偏差是否在偏差允许范围内判定仪器检测是否合格。

表 5　数据段编码及说明(续)

内容		意义	单位	比例因子[a]	基准值[b]	数据宽度[c] bit	备注
2.放球时间							
3 01 113	0 08 021	时间意义(=18 探空仪发射时间)	—	0	0	5	数字。含义见附录A表A.18。
	0 04 001	年	—	0	0	12	数字。
	0 04 002	月	—	0	0	4	数字。
	0 04 003	日	—	0	0	6	数字。
	0 04 004	时	—	0	0	5	数字。
	0 04 005	分	—	0	0	6	数字。
	0 04 006	秒	—	0	0	6	数字。
0 08 025		时间差限定符(=1 本地标准时间)	—	0	0	4	数字。含义见附录A表A.19。
0 04 192		时间差	s	0	—86400	18	数字。本地标准时间与UTC时间的时间差。
1 06 002		以下6个描述符重复2次					无编码值。描述符本身表示对以下6个描述符重复2次;第1次重复为探空终止信息;第2次重复为测风终止信息。
0 08 192		时间含义标识	—	0	0	5	数字。含义见附录A表A.20。
3 01 011	0 04 001	年	—	0	0	12	数字。
	0 04 002	月	—	0	0	4	数字。
	0 04 003	日	—	0	0	6	数字。
3 01 013	0 04 004	时	—	0	0	5	数字。
	0 04 005	分	—	0	0	6	数字。
	0 04 006	秒	—	0	0	6	数字。
0 35 035		探空/测风终止原因	—	0	0	5	数字。含义见附录A表A.21。
0 07 007		终止高度	m	0	—1000	17	数字。
0 07 022		终止时太阳高度角	°	2	—9000	15	数字。

表 5　数据段编码及说明(续)

<table>
<tr><th colspan="2">内容</th><th>意义</th><th>单位</th><th>比例因子[a]</th><th>基准值[b]</th><th>数据宽度[c] bit</th><th>备注</th></tr>
<tr><td colspan="8">3. 测站经纬度</td></tr>
<tr><td rowspan="6">3 01 114</td><td>0 05 001</td><td>纬度</td><td>°</td><td>5</td><td>−9000000</td><td>25</td><td>数字。小数点后保留 5 位小数。</td></tr>
<tr><td>0 06 001</td><td>经度</td><td>°</td><td>5</td><td>−18000000</td><td>26</td><td>数字。小数点后保留 5 位小数。</td></tr>
<tr><td>0 07 030</td><td>测站地表高度</td><td>m</td><td>1</td><td>−4000</td><td>17</td><td>数字。相对于海平面。</td></tr>
<tr><td>0 07 031</td><td>气压计相对于海平面高度</td><td>m</td><td>1</td><td>−4000</td><td>17</td><td>数字。</td></tr>
<tr><td>0 07 007</td><td>高度</td><td>m</td><td>0</td><td>−1000</td><td>17</td><td>数字。施放点的平均海平面以上高度，如与 0 07 030 相同，则与其编报值相同。</td></tr>
<tr><td>0 33 024</td><td>移动站海拔高度质量标识</td><td>—</td><td>0</td><td>0</td><td>4</td><td>数字。含义见附录 A 表 A.22。固定站编报为缺测值。</td></tr>
<tr><td colspan="8">4. 气球施放时的地面观测要素</td></tr>
<tr><td colspan="2">0 10 004</td><td>测站气压</td><td>Pa</td><td>−1</td><td>0</td><td>14</td><td>数字。施放瞬间本站地面气压。</td></tr>
<tr><td rowspan="4">3 02 032</td><td>0 07 032</td><td>温湿传感器距地高度</td><td>m</td><td>2</td><td>0</td><td>16</td><td>数字。</td></tr>
<tr><td>0 12 101</td><td>温度/气温</td><td>K</td><td>2</td><td>0</td><td>16</td><td>数字。施放瞬间本站地面温度。</td></tr>
<tr><td>0 12 103</td><td>露点温度</td><td>K</td><td>2</td><td>0</td><td>16</td><td>数字。施放瞬间本站地面露点温度。</td></tr>
<tr><td>0 13 003</td><td>相对湿度</td><td>%</td><td>0</td><td>0</td><td>7</td><td>数字。施放瞬间本站地面相对湿度。</td></tr>
<tr><td colspan="2">0 07 032</td><td>测风仪距地高度</td><td>m</td><td>2</td><td>0</td><td>16</td><td>数字。</td></tr>
<tr><td colspan="2">0 02 002</td><td>测风仪类型</td><td>—</td><td>0</td><td>0</td><td>4</td><td>数字。含义见附录 A 表 A.23。</td></tr>
<tr><td colspan="2">0 08 021</td><td>时间意义(=2(平均时间))</td><td>—</td><td>0</td><td>0</td><td>5</td><td>数字。含义见附录 A 表 A.18。</td></tr>
<tr><td colspan="2">0 04 025</td><td>时间周期(= −10 或在风有显著变化后的分钟数)</td><td>min</td><td>0</td><td>−2048</td><td>12</td><td>数字。</td></tr>
</table>

表 5 数据段编码及说明(续)

内容	意义	单位	比例因子[a]	基准值[b]	数据宽度[c] bit	备注
0 11 001	风向	°(degree true)	0	0	9	数字。施放瞬间本站地面风向。风速为静风时,风向编码值为 0;风向为北风时,编码值为 360。
0 11 002	风速	m·s⁻¹	1	0	12	数字。施放瞬间本站地面风速,静风为 0。
0 08 021	时间意义(编报为缺测值,以取消之前对时间意义的定义)	—	0	0	5	数字。含义见附录 A 表 A.18。
0 07 032	测风仪距地高度(编报为缺测值,以取消之前对测风仪距地高度的定义)	m	2	0	16	数字。
0 20 003	现在天气	—	0	0	9	数字。含义见附录 A 表 A.24。
0 07 022	太阳仰角	°	2	−9000	15	数字。施放瞬间太阳高度角。
0 20 001	施放瞬间能见度	m	−1	0	13	数字。
1 01 003	以下 1 个描述符重复 3 次					无编码值。描述符本身表示对以下 1 个描述符重复 3 次:分别表示本站云属 1、本站云属 2、本站云属 3。
0 20 012	云类型	—	0	0	6	数字。含义见附录 A 表 A.25。表示施放瞬间本站云类型。
0 20 051	施放瞬间本站低云量	%	0	0	7	数字。
0 20 010	施放瞬间本站总云量	%	0	0	7	数字。
1 01 003	以下 1 个描述符重复 3 次					无编码值。描述符本身表示对以下 1 个描述符重复 2 次:本站天气现象 1、天气现象 2、天气现象 3。

表 5　数据段编码及说明(续)

内容		意义	单位	比例因子[a]	基准值[b]	数据宽度[c] bit	备注
0 20 192		施放瞬间天气现象	—	0	0	7	数字。含义见附录A表A.26。
0 05 021		施放点方位角	°(degree true)	2	0	16	数字。
0 07 021		施放点仰角	°	2	−9000	15	数字。
0 06 021		施放点距离	m	−1	0	13	数字。
3 02 049	0 08 002	垂直意义(编报地面观测代码)	—	0	0	6	数字。含义见附录A表A.27。
	0 20 011	云量(低云或中云云量 N_h)	—	0	0	4	数字。含义见附录A表A.28。
	0 20 013	云底高度(h)	m	−1	−40	11	数字。
	0 20 012	云类型(低云 C_L)	—	0	0	6	数字。含义见附录A表A.25。
	0 20 012	云类型(中云 C_M)	—	0	0	6	数字。含义见附录A表A.25。
	0 20 012	云类型(高云 C_H)	—	0	0	6	数字。含义见附录A表A.25。
	0 08 002	垂直意义(编报为缺测值,以取消之前对垂直特性的定义)	—	0	0	6	数字。含义见附录A表A.27。
5.气压层温度、湿度、风							
1 13 000		13个描述符延迟重复					无编码值。描述符本身表示对以下13个描述符(除0 31 002)进行重复。
0 31 002		编报的气压层数(重复因子)	—	0	0	16	数字。表示以下13个描述符重复的次数。
2 04 008		增加8比特位的附加字段					无编码值。描述符本身表示2 04 000之前的描述符(除0 31 021)需要增加附加字段。

表 5　数据段编码及说明(续)

内容	意义	单位	比例因子[a]	基准值[b]	数据宽度[c] bit	备注
0 31 021	附加字段的意义(=62)	—	0	0	6	数字。含义见附录A表A.29。
0 04 086	相对于放球时间的时间偏移量	s	0	−8192	15	数字。
0 08 042	扩充的垂直探测意义	—	0	0	18	数字。含义见附录A表A.30。
0 07 004	气压	Pa	−1	0	14	数字。
0 10 009	位势高度	gpm	0	−1000	17	数字。
0 05 015	相对于放球点的纬度偏移量	°	5	−9000000	25	数字。小数点后保留5位小数。
0 06 015	相对于放球点的经度偏移量	°	5	−18000000	26	数字。小数点后保留5位小数。
0 12 101	温度/干球温度	K	2	0	16	数字。
0 12 103	露点温度	K	2	0	16	数字。
0 11 001	风向	°(degree true)	0	0	9	数字。风速为静风时,风向编码值为0;风向为北风时,编码值为360。
0 11 002	风速	$m \cdot s^{-1}$	1	0	12	数字。静风风速为0。
2 04 000	结束2 04 008的作用域					无编码值。结束2 04 008的作用域,其后要素不再增加附加字段。
6.高度层风						
1 10 000	10个描述符延迟重复					无编码值。描述符本身表示对以下10个描述符(除0 31 002)进行重复。
0 31 002	编报的高度层数(重复因子)	—	0	0	16	数字。表示以下10个描述符重复的次数。
2 04 008	增加8比特位的附加字段					无编码值。描述符本身表示2 04 000之前的描述符(除0 31 021)需要增加附加字段。

表 5　数据段编码及说明(续)

内容	意义	单位	比例因子[a]	基准值[b]	数据宽度[c] bit	备注
0 31 021	附加字段的意义	—	0	0	6	数字。含义见附录A表A.29。
0 04 086	相对于放球时间的时间偏移量	s	0	−8192	15	数字。
0 08 042	扩充的垂直探测意义(=17)	—	0	0	18	数字。含义见附录A表A.30。
0 07 007	高度	m	0	−1000	17	数字。
0 05 015	相对于放球点的纬度偏移量	°	5	−9000000	25	数字。小数点后保留5位小数。
0 06 015	相对于放球点的经度偏移量	°	5	−18000000	26	数字。小数点后保留5位小数。
0 11 001	风向	°(degree true)	0	0	9	数字。风速为静风时,风向编码值为0;风向为北风时,编码值为360。
0 11 002	风速	$m \cdot s^{-1}$	1	0	12	数字。静风风速为0。
2 04 000	结束2 04 008的作用域					无编码值。结束2 04 008的作用域,其后要素不再增加附加字段。
7.风切变数据						
1 10 000	10个描述符延迟重复					无编码值。描述符本身表示对以下10个描述符(除0 31 002)进行重复。
0 31 002	编报的高度层数(重复因子)	—	0	0	16	数字。表示以下10个描述符重复的次数。
2 04 008	增加8比特位的附加字段					无编码值。描述符本身表示2 04 000之前的描述符(除0 31 021)需要增加附加字段。
0 31 021	附加字段的意义	—	0	0	6	数字。含义见附录A表A.29。

表 5　数据段编码及说明(续)

内容	意义	单位	比例因子[a]	基准值[b]	数据宽度[c] bit	备注
0 04 086	相对于放球时间的时间偏移量	s	0	−8192	15	数字。
0 08 042	扩充的垂直探测意义	—	0	0	18	数字。含义见附录A 表 A.30。
0 07 004	气压	Pa	−1	0	14	数字。
0 05 015	相对于放球点的纬度偏移量	°	5	−9000000	25	数字。小数点后保留 5 位小数。
0 06 015	相对于放球点的经度偏移量	°	5	−18000000	26	数字。小数点后保留 5 位小数。
0 11 061	1 km 层次以下的绝对风切变	$m \cdot s^{-1}$	1	0	12	数字。
0 11 062	1 km 层次以上的绝对风切变	$m \cdot s^{-1}$	1	0	12	数字。
2 04 000	结束 2 04 008 的作用域					无编码值。结束 2 04 008 的作用域，其后要素不再增加附加字段。
8. 探空气压、温度、湿度、风秒级采样						
1 15 000	15 个描述符的延迟重复					无编码值。描述符本身表示对以下 15 个描述符(除 0 31 002)进行重复。
0 31 002	编报的高度层数(重复因子)	—	0	0	16	数字。表示以下 15 个描述符重复的次数。
2 04 008	增加 8 比特位的附加字段					无编码值。描述符本身表示 2 04 000 之前的描述符(除 0 31 021)需要增加附加字段。
0 31 021	附加字段的意义	—	0	0	6	数字。含义见附录A 表 A.29。
0 04 086	相对于放球时间的时间偏移量	s	0	−8192	15	数字。
0 07 004	气压	Pa	−1	0	14	数字。
0 10 009	位势高度	gpm	0	−1000	17	数字。
0 05 015	相对于放球点的纬度偏移量	°	5	−9000000	25	小数点后保留 5 位小数。

表 5　数据段编码及说明(续)

内容	意义	单位	比例因子[a]	基准值[b]	数据宽度[c] bit	备注
0 06 015	相对于放球点的经度偏移量	°	5	−18000000	26	小数点后保留 5 位小数。
0 12 101	温度/干球温度	K	2	0	16	数字。
0 13 003	相对湿度	%	0	0	7	数字。
0 11 001	风向	°(degree true)	0	0	9	数字。风速为静风时,风向编码值为 0;风向为北风时,编码值为 360。
0 11 002	风速	m·s^{-1}	1	0	12	数字。静风风速为 0。
0 07 021	采样时仰角	°	2	−9000	15	数字。
0 05 021	采样时方位	°(degree true)	2	0	16	数字。
0 28 192	采样时距离	m	0	0	19	数字。
2 04 000	结束 2 04 008 的作用域					无编码值。结束 2 04 008 的作用域,其后要素不再增加附加字段。
9.测风秒级采样						
1 12 000	12 个描述符的延迟重复					无编码值。描述符本身表示对以下 12 个描述符(除 0 31 002)进行重复。
0 31 002	编报的高度层数(重复因子)	—	0	0	16	数字。表示以下 12 个描述符重复的次数。
2 04 008	增加 8 比特位的附加字段					无编码值。描述符本身表示 2 04 000 之前的描述符(除 0 31 021)需要增加附加字段。
0 31 021	附加字段的意义	—	0	0	6	数字。含义见附录 A 表 A.29。
0 04 086	相对于放球时间的时间偏移量	s	0	−8192	15	数字。

表 5 数据段编码及说明(续)

内容	意义	单位	比例因子[a]	基准值[b]	数据宽度[c] bit	备注
0 10 009	位势高度	gpm	0	−1000	17	数字。
0 05 015	相对于放球点场地的纬度位移	°	5	−9000000	25	数字。小数点后保留 5 位小数。
0 06 015	相对于放球点场地的经度位移	°	5	−18000000	26	数字。小数点后保留 5 位小数。
0 11 001	风向	°(degree true)	0	0	9	数字。风速为静风时,风向编码值为 0;风向为北风时,编码值为 360。
0 11 002	风速	$m \cdot s^{-1}$	1	0	12	数字。静风风速为 0。
0 07 021	采样时仰角	°	2	−9000	15	数字。
0 05 021	采样时方位	°(degree true)	2	0	16	数字。
0 28 192	采样时距离	m	0	0	19	数字。
2 04 000	结束 2 04 008 的作用域					无编码值。结束 2 04 008 的作用域,其后要素不再增加附加字段。

数据段每个要素的编码值＝原始观测值×$10^{比例因子}$－基准值。
要素编码值转换为二进制,并按照数据宽度所定义的比特位数顺序写入数据段,位数不足高位补 0。
当某要素缺测时,将该要素数据宽度内每个比特置为 1,即为缺测值。

[a] 比例因子用于规定要素观测值的数据精度。要求数据精度等于 $10^{-比例因子}$。例如,比例因子为 2,数据精度等于 10^{-2},即 0.01。

[b] 基准值用于保证要素编码值非负,即要求:要素观测值×$10^{比例因子}$≥基准值。

[c] 数据宽度用于规定二进制的要素编码值在数据段所占用的比特位数,编码值位数不足数据宽度时在高(左)位补 0。

5.6 结束段

结束段由 4 个八位组组成,各个八位组编码均为字符“7”,见表 6。

表 6 结束段编码说明

八位组序号	含义	值	备注
1	结束段	7	固定取值。按照 CCITT IA5 编码。
2		7	
3		7	
4		7	

附　录　A
（规范性附录）
代码表和标志表

表 A.1　代码表 0 02 011 无线电探空仪类型表(仅包括国内使用的类型代码)

代码值	含义
0	保留
131	Taiyuan GTS1-1/GFE(L)（中国 ）
132	Shanghai GTS1/GFE(L)（中国）
133	Nanjing GTS1-2/GFE(L)（中国）
……	……
143	NanJing Daqiao XGP-3G（中国）
144	TianJin HuaYunTianYi GTS(U)1（中国）
145	Beijing Changfeng CF-06（中国）
146	Shanghai Changwang GTS3（中国）
……	……
207—254	预留给 BUFR 使用
255	缺测值
注:"空缺"表示之前占用该代码值的仪器已经不再使用了,因此该代码值可以被分配给新的探空仪。	

表 A.2　代码表 0 02 013 太阳辐射和红外辐射订正

代码值	含义
0	无订正
1	CIMO 太阳辐射订正和 CIMO 红外辐射订正
2	CIMO(世界气象组织仪器和观测方法委员会)太阳辐射订正和红外辐射订正
3	只有 CIMO 太阳辐射订正
4	无线电探空系统自动地进行太阳和红外辐射订正
5	无线电探空系统自动进行太阳辐射订正
6	按本国指定的方法进行太阳辐射订正和红外辐射订正
7	按本国指定的方法进行太阳辐射订正
8—14	保留
15	缺测值

表 A.3　代码表 0 02 014 所用系统的跟踪技术/状态表

代码值	含义
0	无测风
1	光辅助自动测向
2	无线电辅助自动测向
3	辅助自动测距
4	未使用
5	具有多种 VLF-Omega 自动信号
6	Loran-C 自动交叉链
7	风廓线仪辅助自动
8	自动卫星导航
9—18	保留
19	未指定的跟踪技术
船舶系统的 ASAP 系统状态的跟踪技术/状态	
20	船停止
21	船从最初的目的地转向
22	船到达延迟
23	集装箱受损
24	动力故障影响到集装箱
25—28	保留为将来使用
29	其他问题
探测系统	
30	主动力问题
31	UPS 不起作用
32	接收器硬件问题
33	接收器软件问题
34	处理器硬件问题
35	处理器软件问题
36	NAVAID 系统受损
37	抬升汽油不足
38	保留
39	其他问题
发射设备	
40	机械故障
41	材料有缺陷(支持发射器)
42	动力故障

表 A.3 代码表 0 02 014 所用系统的跟踪技术/状态表(续)

代码值	含义
43	控制故障
44	气动/水压故障
45	其他问题
46	压缩机问题
47	气球问题
48	气球释放问题
49	发射器故障
数据获取系统	
50	R/S 接收天线有缺陷
51	NAVAID 天线有缺陷
52	R/S 接收电缆(天线)有缺陷
53	NAVAID 天线电缆有缺陷
54—58	保留
59	其他问题
通信	
60	ASAP 通信有缺陷
61	通信设备拒收数据
62	传送天线没有动力
63	天线电缆断掉
64	天线电缆有缺陷
65	信息传输动力低于正常
66—68	保留
69	其他问题
70	所有系统处于正常状态
71—98	保留
99	未指定系统状态及其组成
100—126	保留
127	缺测值

表 A.4 代码表 0 02 003 测量设备的类型

代码值	含义
0	气压仪与风测量设备一起使用
1	光学经纬仪

表 A.4　代码表 0 02 003 测量设备的类型(续)

代码值	含义
2	无线电经纬仪
3	雷达
4	甚低频奥米伽探测仪(VLF Omega)
5	罗兰 C 探空仪(Loran-C)
6	风廓线仪
7	卫星导航
8	无线电-声学探测系统(RASS)
9	声达
10—13	保留
14	与风测量设备一起使用的气压仪,但在上升过程中没有取到气压要素
15	缺测值

表 A.5　代码表 0 01 101 国家和地区标识符(仅包括与中国相关代码)

代码值	含义
0—99	保留
……	
205	中国
207	中国香港
235—299	区协Ⅱ保留
……	

表 A.6　代码表 0 33 035 人工/自动质量控制

代码值	含义
0	通过自动质量控制但没有人工检测
1	通过自动质量控制且有人工检测并通过
2	通过自动质量控制且有人工检测并删除
3	自动质量控制失败,也没有人工检测
4	自动质量控制失败,但有人工检测并失败
5	自动质量控制失败,但有人工检测并重新插入
6	自动质量控制将数据标志为可疑数据,无人工检测
7	自动质量控制将数据标志为可疑数据,有人工检测,但失败
8	有人工检测,但失败
9—14	保留
15	缺测值

表 A.7 代码表 0 02 192 探空仪生产厂家

代码值	含义
0	保留
1	上海长望气象科技有限公司
2	太原无线电一厂
3	青海无线电厂
4	北京华创升达高科技发展中心
5	天津华云天仪特种气象探测技术有限公司
6	北京长峰微电科技有限公司
7—10	保留
11	南京大桥机器厂
12	成都 784 厂
13	芬兰 Vaisala 公司
14—126	保留
127	缺测值

表 A.8 代码表 0 08 041 数据意义

代码值	含义
0	母场地
1	观测场地
2	气球制造日期
3	气球发射点
4	地面观测
5	地面观测点与发射点的距离
6	飞行层观测
7	飞行层终止点
8	IFR 云幂和能见度
9	高山视程障碍
10	强烈的地面风
11	冰冻层
12	多重冰冻层
13	仪器制造日期
14—30	保留
31	缺测值

表 A.9　代码表 0 02 095 气压传感器的类型

代码值	含义
0	电容膜盒
1	从 GPS 测高推导
2	电阻应变计
3	硅电容器
4	从雷达测高推导
5—29	保留
30	其他
31	缺测值

表 A.10　代码表 0 02 096 温度传感器的类型

代码值	含义	代码值	含义
0	棒状热敏电阻	1	珠状热敏电阻
2	电容珠	3	电容线
4	电阻式传感器	5	芯片式电容调节器
6—29	保留	30	其他
31	缺测值		

表 A.11　代码表 0 02 097 湿度传感器的类型

代码值	含义
0	VIZ Mark II 碳湿敏电阻
1	VIZ B2 湿敏电阻
2	Vaisala A-湿敏电容
3	Vaisala H-湿敏电容
4	电容传感器
5	Vaisala RS90
6	Sippican Mark IIA 碳湿敏电阻
7	双交替加热的湿敏电容传感器
8	能除冰的湿敏电容传感器
9—27	保留
28	碳湿敏电阻(上海)
29	碳湿敏电阻(太原)
30	其他
31	缺测值

表 A.12 代码表 0 02 081 气球类型

代码值	含义	代码值	含义
0	GP26	1	GP28
2	GP30	3	HM26
4	HM28	5	HM30
6	SV16	7—27	保留
28	株洲	29	广州
30	其他	31	缺测值

表 A.13 代码表 0 02 084 气球所用气体的类型

代码值	含义	代码值	含义
0	氢	1	氦
2	天然气	3—13	保留
14	其他	15	缺测值

表 A.14 代码表 0 02 191 位势高度计算方法

代码值	含义
0	利用气压计算位势高度
1	利用 GPS 高度计算位势高度
2	利用雷达高度计算位势高度
3—14	保留
15	缺测值

表 A.15 代码表 0 02 200 气压计算方法

代码值	含义
0	传感器直接测量
1	几何高度反算
2	混合模式(传感器直接测量结合几何高度反算)
3—14	保留
15	缺测值

表 A.16　代码表 0 02 066 无线电探空仪地面接收系统

代码值	含义	代码值	含义
0	InterMet IMS 2000	1	InterMet IMS 1500C
2	上海 GTC1	3	南京 GTC2
4	南京 GFE(L)1	5	MARL-A 雷达
6	VEKTOR-M 雷达	7—61	保留
62	其他	63	缺测值

表 A.17　代码表 0 02 199 仪器检测结论

代码值	含义
0	不合格
1	合格
2	保留
3	缺测值

表 A.18　代码表 0 08 021 时间意义

代码值	含义
0	保留
1	时间序列
2	时间平均
3	累积
4	预报
5	预报时间序列
6	预报时间平均
7	预报累积
8	总体均值
9	总体均值的时间序列
10	总体均值的时间平均
11	总体均值的累积
12	总体均值的预报
13	总体均值预报的时间序列
14	总体均值预报的时间平均
15	总体均值预报的累积
16	分析
17	现象开始

表 A.18 代码表 0 08 021 时间意义(续)

代码值	含义
18	探空仪发射时间
19	轨道开始
20	轨道结束
21	上升点时间
22	风切变发生时间
23	监测周期
24	报告接收平均截止时间
25	标称的报告时间
26	最新获知位置的时间
27	背景场
28	扫描开始
29	扫描结束或时间结束
30	出现时间
31	缺测值

表 A.19 代码表 0 08 025 时间差限定符

代码值	含义
0	国际时间(UTC)减本地标准时间(LST)
1	本地标准时间
2	国际时间(UTC)减卫星时钟
3—4	保留
5	来自处理段边缘的时间差
6—14	保留
15	缺测值

表 A.20 代码表 0 08 192 时间含义标识

代码值	含义
0	探空终止时间
1	测风终止时间(传感器直接测量)
2—30	保留
31	缺测值

表 A.21 代码表 0 35 035 探空/测风终止原因

代码值	含义
0	保留
1	气球爆裂
2	气球由于结冰被迫下降
3	气球漏气或飘走
4	信号减弱
5	电池故障
6	地面设备故障
7	信号干扰
8	无线电探空仪故障
9	缺测数据帧过多
10	保留
11	过多的温度缺测
12	过多的气压缺测
13	用户终止
14—27	保留
28	信号突失
29	气球消失
30	其他
31	缺测值

表 A.22 代码表 0 33 024 移动站海拔高度质量标志

代码值	含义
0	保留
1	极好——在 3 m 之内
2	好——在 10 m 之内
3	一般——在 20 m 之内
4	不好——在 20 m 之外
5	极好——在 10 ft 之内(1 ft=0.3048 m)
6	好——在 30 ft 之内
7	一般——在 60 ft 之内
8	不好——在 60 ft 之外
9—14	保留
15	缺测值

表 A.23　标志表 0 02 002 测风仪类型

比特位号	含义
1	合格的仪器
2	原始测量，以节(kn，1 kn=0.514444 m/s)为单位
3	原始测量，以千米/小时(km · h^{-1})为单位
全部 4 位	缺测值
注：测量风所用测量仪器的类型和初始单位(风速以米/秒计，除非另外指定)。	

表 A.24　代码表 0 20 003 现在天气

<table>
<tr><th>天气现象</th><th>代码值</th><th colspan="2">含义</th></tr>
<tr><td rowspan="4">过去一小时内没有出现规定要编报 ww 的各种天气现象</td><td>00</td><td colspan="2">未观测或观测不到云的发展</td></tr>
<tr><td>01</td><td colspan="2">从总体上看，云在消散或未发展起来</td></tr>
<tr><td>02</td><td colspan="2">从总体上看，天空状态无变化</td></tr>
<tr><td>03</td><td colspan="2">从总体上看，云在形成或发展</td></tr>
<tr><td rowspan="4">烟、霾、尘、沙</td><td>05</td><td colspan="2">观测时有霾</td></tr>
<tr><td>06</td><td colspan="2">观测时有浮尘，广泛散布的浮在空中的尘土，不是在观测时由测站或测站附近的风所吹起来的</td></tr>
<tr><td>07</td><td colspan="2">观测时由测站或测站附近的风吹起来的扬沙或尘土，但还没有发展成完好的尘卷风或沙尘暴；或飞沫吹到观测船上</td></tr>
<tr><td>09</td><td colspan="2">观测时视区内有沙尘暴，或者观测前一小时内测站有沙尘暴</td></tr>
<tr><td rowspan="3">观测时有轻雾、浅雾</td><td>10</td><td colspan="2">轻雾</td></tr>
<tr><td>11</td><td colspan="2">测站有浅雾，呈片状，在陆地上厚度不超过 2 m，在海上不超过 10 m</td></tr>
<tr><td>12</td><td colspan="2">测站有浅雾，基本连续，在陆地上厚度不超过 2 m，在海上不超过 10 m</td></tr>
<tr><td rowspan="3">观测时在视区内出现的天气现象</td><td>14</td><td colspan="2">视区内有降水，没有到达地面或海面</td></tr>
<tr><td>15</td><td colspan="2">视区内有降水，已经到达地面或海面，但估计距测站 5 km 以外</td></tr>
<tr><td>16</td><td colspan="2">视区内有降水，已经到达地面或海面，在测站附近，但本站无降水</td></tr>
<tr><td rowspan="9">观测前一小时内测站有降水、雾或雷暴，但观测时没有这些现象</td><td>20</td><td>毛毛雨</td><td rowspan="5">非阵性</td></tr>
<tr><td>21</td><td>雨</td></tr>
<tr><td>22</td><td>雪、米雪或冰粒</td></tr>
<tr><td>23</td><td>雨夹雪，或雨夹冰粒</td></tr>
<tr><td>24</td><td>毛毛雨或雨，并有雨凇结成</td></tr>
<tr><td>25</td><td colspan="2">阵雨</td></tr>
<tr><td>26</td><td colspan="2">阵雪，或阵性雨夹雪</td></tr>
<tr><td>27</td><td colspan="2">冰雹或霰(伴有或不伴有雨)</td></tr>
<tr><td>28</td><td colspan="2">雾</td></tr>
</table>

表 A.24 代码表 0 20 003 现在天气(续)

天气现象	代码值	含义
观测时有沙尘暴	30	轻的或中度的沙尘暴,过去一小时内减弱
	31	轻的或中度的沙尘暴,过去一小时内没有显著的变化
	32	轻的或中度的沙尘暴,过去一小时内开始或增强
	33	强的沙尘暴,过去一小时内减弱
	34	强的沙尘暴,过去一小时内没有显著的变化
	35	强的沙尘暴,过去一小时内开始或增强
观测时有吹雪	36	轻的或中度的低吹雪,吹雪所达高度一般低于观测员的眼睛(水平视线)
	37	强的低吹雪,吹雪所达高度一般低于观测员的眼睛(水平视线)
观测时有雾	40	观测时近处有雾,其高度高于观测员的眼睛(水平视线),但观测前一小时内测站没有雾
	41	散片的雾
	42	雾,过去一小时内已变薄,天空可辨明
	43	雾,过去一小时内已变薄,天空不可辨
	44	雾,过去一小时内强度没有显著的变化,天空可辨明
	45	雾,过去一小时内强度没有显著的变化,天空不可辨
	46	雾,过去一小时内开始出现或已变浓,天空可辨明
	47	雾,过去一小时内开始出现或已变浓,天空不可辨
	48	雾,有雾凇结成,天空可辨明
	49	雾,有雾凇结成,天空不可辨
观测时测站有毛毛雨	50	间歇性轻毛毛雨
	51	连续性轻毛毛雨
	52	间歇性中常毛毛雨
	53	连续性中常毛毛雨
	54	间歇性浓毛毛雨
	55	连续性浓毛毛雨
	56	轻的毛毛雨,并有雨凇结成
	57	中常的或浓的毛毛雨,并有雨凇结成
	58	轻的毛毛雨夹雨
	59	中常的或浓的毛毛雨夹雨
观测时测站有非阵性的雨	60	间歇性小雨
	61	连续性小雨
	62	间歇性中雨
	63	连续性中雨
	64	间歇性大雨

表 A.24　代码表 0 20 003 现在天气(续)

天气现象	代码值	含义
观测时测站有非阵性的雨	65	连续性大雨
	66	小雨,并有雨凇结成
	67	中雨或大雨,并有雨凇结成
	68	小的雨夹雪,或轻毛毛雨夹雪
	69	中常的或大的雨夹雪,或中常的或浓的毛毛雨夹雪
观测时测站有非阵性固体降水	70	间歇性小雪
	71	连续性小雪
	72	间歇性中雪
	73	连续性中雪
	74	间歇性大雪
	75	连续性大雪
	78	孤立的星状雪晶(伴有或不伴有雾)
观测时测站有阵性降水,但观测时和观测前一小时内无雷暴	80	小的阵雨
	81	中常的阵雨
	82	大的阵雨
	83	小的阵性雨夹雪
	84	中常或大的阵性雨夹雪
	85	小的阵雪
	86	中常或大的阵雪
	89	轻的冰雹,伴有或不伴有雨或雨夹雪
	90	中常或强的冰雹,伴有或不伴有雨或雨夹雪

表 A.25　代码表 0 20 012 云类型

代码值	含义
0	卷云(Ci)
1	卷积云(Cc)
2	卷层云(Cs)
3	高积云(Ac)
4	高层云(As)
5	雨层云(Ns)
6	层积云(Sc)
7	层云(St)
8	积云(Cu)

表 A.25 代码表 0 20 012 云类型(续)

代码值	含义
9	积雨云(Cb)
10	无高云
11	毛卷云,有时呈钩状,并非逐渐入侵天空
12	密卷云,呈碎片或卷束状,云量往往并不增加,有时看起来像积雨云上部分残余部分;或堡状卷云或絮状卷云
13	积雨云衍生的密卷云
14	钩卷云或毛卷云,或者两者同时出现,逐渐入侵天空,并增厚成一个整体
15	卷云(通常呈带状)和卷层云,或仅出现卷层云,逐渐入侵天空,并增厚成一个整体;其幕前缘高度角未达到45°
16	卷云(通常呈带状)和卷层云,或只有卷层云,逐渐入侵天空,但不布满整个天空
17	整个天空布满卷层云
18	卷层云未逐渐入侵天空而且尚未覆盖整个天空
19	只出现卷积云,或卷积云在高云中占主要地位
20	无中云
21	透光高层云
22	蔽光高层云或雨层云
23	单层透光高积云
24	透光高积云碎片(通常呈荚状),持续变化并且出现单层或多层
25	带状透光高积云,或单层或多层透光或蔽光高积云,逐渐入侵天空;其高积云逐渐增厚成一整体
26	积云衍生(或积雨云衍生)的高积云
27	两层或多层透光或蔽光高积云或单层蔽光高积云,不逐渐入侵天空;或伴随高层云或雨层云的高积云
28	堡状或絮状高积云
29	浑乱天空中的高积云,一般出现几层
30	无低云
31	淡积云或碎积云(恶劣天气除外)或者两者同时出现
32	中积云或浓积云,塔状积云,伴随或不伴随碎积云、淡积云、层积云,所有云的底部均处于同一高度上
33	秃积雨云,有或无积云、层积云或层云
34	积云衍生的层积云
35	积云衍生的层积云以外的层积云
36	薄幕层积云或碎层云(恶劣天气除外),或者两者同时出现
37	碎层云或碎积云(恶劣天气除外)或者两者同时出现
38	积云或层积云(积云性层积云除外)各云底位于不同高度上

表 A.25 代码表 0 20 012 云类型(续)

代码值	含义
39	鬃状积雨云(通常呈砧状),有或无秃积雨云、积云、层积云、层云或碎片云
40	高云(C_H)
41	中云(C_M)
42	低云(C_L)
43—58	保留
59	由于昏暗、雾、尘暴、沙暴或其他类似现象而看不到云
60	由于昏暗、雾、高吹尘、高吹沙或其他类似现象,或者由于低云组成的连续云层,看不到高云
61	由于昏暗、雾、高吹尘、高吹沙或其他类似现象,或者由于低云组成的连续云层,看不到中云
62	由于昏暗、雾、高吹尘、高吹沙或其他类似现象,看不到低云
63	缺测值
注:"恶劣天气"表示在降水期间和降水前后一段时间内普遍存在的天气状况。	

表 A.26 代码表 0 20 192 国内观测天气现象代码表

代码值	含义	代码值	含义
0	无现象	1	露
2	霜	3	结冰
4	烟幕	5	霾
6	浮尘	7	扬沙
8	尘卷风	9	保留
10	轻雾	11	保留
12	保留	13	闪电
14	极光	15	大风
16	积雪	17	雷暴
18	飑	19	龙卷
20—30	保留	31	沙尘暴
32	保留	32—37	保留
38	吹雪	39	雪暴
40	保留	41	保留
42	雾	43—47	保留
48	雾凇	49	保留
50	毛毛雨	51—55	保留
56	雨凇	57—59	保留
60	雨	61—67	保留

表 A.26　代码表 0 20 192 国内观测天气现象代码表(续)

代码值	含义	代码值	含义
68	雨夹雪	69	保留
70	雪	71	保留
76	冰针	77	米雪
78	保留	79	冰粒
80	阵雨	81	保留
83	阵性雨夹雪	84	保留
85	阵雪	86	保留
87	霰	88	保留
89	冰雹		

表 A.27　代码表 0 08 002 垂直意义(地面观测)

代码值	含义
0	适用于 FM-12 SYNOP、FM-13 SHIP 的云类型和最低云底的观测规则
1	第一特性层
2	第二特性层
3	第三特性层
4	积雨云层
5	云幂
6	没有探测到低于随后高度的云
7	低云
8	中云
9	高云
10	底部在测站以下,顶部在测站以上的云层
11	底部和顶部都在测站以上的云层
12—19	保留
20	云探测系统没有探测到云
21	第一个仪器探测到的云层
22	第二个仪器探测到的云层
23	第三个仪器探测到的云层
24	第四个仪器探测到的云层
25—61	保留
62	不适用的值
63	缺测值

表 A.28　代码表 0 20 011 云量

代码值	含义(天空八等分)	含义(天空十等分)
0	0	0
1	≤1/8,但≠0	≤1/10,但≠0
2	2/8	2/10～3/10
3	3/8	4/10
4	4/8	5/10
5	5/8	6/10
6	6/8	7/10～8/10
7	≥7/8,但≠8/8	≥9/10,但≠10/10
8	8/8	10/10
9	由于雾和(或)其他天气现象,天空有视程障碍	
10	由于雾和(或)其他天气现象,天空有部分视程障碍	
11	疏云	
12	多云	
13	少云	
14	保留	
15	未进行观测,或者由于雾或其他天气现象之外的原因,云量无法辨认	

表 A.29　代码表 0 31 021 附加字段意义

代码值	含义
0	保留
1	1 位质量指示码,0=质量好,1=质量可疑或差
2	2 位质量指示码,0=质量好,1=稍有可疑,2=高度可疑,3=质量差
3－5	保留
6	根据 GTSPP 的 4 位质量控制指示码: 0=不合格; 1=正确值(所有检测通过); 2=或许正确,但和统计不一致(与气候值不同); 3=或许不正确的(有尖峰值、梯度值等,但其他检测通过); 4=不正确、不可能的值(超范围、垂直不稳定、等值线恒定); 5=在质量控制中被修改过的值; 6－7=未用(保留); 8=内插的值; 9=缺测值
7	置信百分比
8	0=不可疑;1=可疑;2=保留;3=非所需信息

表 A.29 代码表 0 31 021 附加字段意义(续)

代码值	含义
9—20	保留
21	1 位订正指示符，0=原始值，1=替代/订正值
22—61	保留给本地使用
62	数据宽度为 8 bit 的质量控制码： 由高至低(从左到右)1—4 位，表示省级质控码；5—8 位，表示台站质控码。 省级质控码和台站质控码的值均按如下含义： 0——正确； 1——可疑； 2——错误； 3——订正数据； 4——修改数据； 5——预留； 6——预留； 7——预留； 8——缺测； 9——未作质量控制
63	缺测值

表 A.30 标志表 0 08 042 扩充的垂直探测意义

比特位号	含义
1	地面
2	标准层
3	对流层顶
4	最大风层
5	温度特性层
6	湿度特性层
7	风特性层
8	温度资料缺测开始
9	温度资料缺测结束
10	湿度资料缺测开始
11	湿度资料缺测结束
12	风资料缺测开始
13	风资料缺测结束
14	风探测的顶
15	零度层(自定义)
16	近地面层(自定义)
17	原本以高度为垂直坐标表示的气压层
全部 18 位	缺测值

参 考 文 献

［1］ QX/T 120—2010 高空风探测报告编码规范
［2］ QX/T 121—2010 高空压、温、湿、风探测报告编码规范
［3］ QX/T 235—2014 商用飞机气象观测资料 BUFR 编码
［4］ 李伟，等. 常规高空气象观测业务手册［M］. 北京：气象出版社，2012
［5］ WMO. Manual On Codes（WMO-No. 306）［Z］. Volume I. 2，Geneva，Switzerland，2011

ICS 07.060
A 47
备案号：63043—2018

中华人民共和国气象行业标准

QX/T 419—2018

空气负离子观测规范　电容式吸入法

Specifications for air negative ions observation—Capacitance inhalation

2018-04-28 发布　　2018-08-01 实施

中　国　气　象　局　　发　布

前　言

本标准按照 GB/T 1.1—2009 给出的规则起草。

本标准由全国气候与气候变化标准化技术委员会大气成分观测预报预警服务分技术委员会(SAC/TC 540/SC1)提出并归口。

本标准起草单位:湖北省气象信息与技术保障中心、中国气象局气象探测中心。

本标准主要起草人:杨志彪、李中华、王缅、毛成忠、赵培涛、徐向明、严婧、邬昀。

引　　言

空气负离子是衡量空气质量的重要指标。由于受地球环境的物理特性、天气特点和季节变化以及空气中污染物变化的影响,各地不同时间空气负离子浓度有很大差异。开展空气负离子浓度观测对评价空气质量、生态环境和人体健康等具有十分重要的作用。

目前,国际、国内主要采用电容式吸入法原理进行空气负离子浓度观测。但至今缺乏全国统一的标准规范。为了规范采用电容式吸入法的空气负离子浓度在线自动观测,制定本标准。

空气负离子观测规范　电容式吸入法

1　范围

本标准规定了电容式吸入法自动观测空气负离子仪器设备的通用要求及观测场地选址、设备安装、维护和检测、数据记录和处理的技术要求。

本标准适用于采用电容式吸入法对空气负离子浓度的自动观测及资料应用。

2　术语和定义

下列术语和定义适用于本文件。

2.1

离子迁移率　ion mobility

空气离子在单位强度电场作用下的移动速度。

注：离子迁移率的单位为平方厘米每伏秒[$cm^2/(V \cdot s)$]。

2.2

空气负离子　air negative ion

带负电荷的空气离子。

2.3

空气负离子浓度　air negative ion concentration

大气负离子浓度

单位体积空气中的负离子数目。

注 1：测量单位为个每立方厘米。

注 2：在离子迁移率大于或等于 0.4 $cm^2/(V \cdot s)$时，所测得的负离子绝大部分是以氧分子吸附的负离子为主的小粒径离子，即为俗称的负氧离子。

3　自动观测设备通用要求

3.1　组成

电容式吸入法自动观测设备应由硬件和软件两部分组成，其中硬件部分包括离子传感器、采集器和外围设备，软件包括仪器控制处理软件和计算机数据采集处理软件。可参照 GB/T 18809—2002 的仪器结构和物理参数设计。

3.2　方法原理

空气中正、负离子按设定速度匀速进入收集器后，在定量极化电场作用下发生偏转，通过微电流计测量出某一极性空气离子所形成的电流，经过采集器的处理，从而获得空气离子的浓度。

单位体积空气离子数目的计算方法见公式(1)。

$$N = I/qva \qquad \cdots\cdots(1)$$

式中：

N ——单位体积空气中负离子数目，单位为个每立方厘米(个/cm^3)；

I ——微电流计读数，单位为安培(A)；

q ——基本电荷电量，取值 1.6×10^{-19}C；

v ——取样空气流速，单位为厘米每秒(cm/s)；

a ——收集器有效截面积，单位为平方厘米(cm^2)。

离子迁移率计算方法见公式(2)：

$$K = d^2V_x/LU \qquad \cdots\cdots(2)$$

式中：

K ——收集器离子迁移率最小值，单位为平方厘米每伏秒[$cm^2/(V \cdot s)$]；

d ——收集板与极化板之间的垂直距离，单位为厘米(cm)；

V_x ——收集器中气流速度在轴向的分量，单位为厘米每秒(cm/s)；

L ——收集板的有效长度，单位为厘米(cm)；

U ——极化电压，单位为伏(V)。

通过改变离子迁移率值，可以测得不同大小的离子浓度，当 K 大于或等于 0.4 $cm^2/(V \cdot s)$时，为空气负氧离子浓度。

3.3 性能指标

性能指标要求见表 1。

表 1 空气负离子自动观测设备主要性能指标

名称	性能指标
测量范围	10 个/厘米^3～5.0×10^5 个/厘米^3
最小分辨率	10 个/厘米^3
测量误差	空气负离子浓度大于或等于 100 个/厘米^3 时：±15%
离子迁移率	0.4 $cm^2/(V \cdot s)$
离子迁移率最大允许误差	±10%
采样频率	每分钟不小于 6 次
数据输出间隔	小于或等于 5 min
内存储器数据存储	不少于 10 d 的原始采样数据和设备状态数据
实时测量显示	刷新频率不低于 1 Hz
工作环境	温度：−30 ℃～50 ℃ 相对湿度：10%～ 100%

4 场地和安装要求

4.1 场地

4.1.1 应有明确的环境代表性。

4.1.2 应避开陡坡、洼地、山地垭口、风口等局部地形的影响。

4.1.3 应避开燃烧、交通以及工、农业生产等局地污染源和其他人类污染活动的影响。

4.1.4 应避免局部水汽、灰尘、烟雾等干扰。

4.1.5　应避开昆虫、动物、蜘蛛丝、漂浮性杂物等多发的区域。

4.1.6　应避开无线发射塔、高压电线、风机、空调室外机、金属隔离网等中和空气离子的干扰源。

4.1.7　与附近最高障碍物之间的水平距离，应至少为该障碍物与进风口高度差的2倍以上；四周至少270°范围内障碍物的遮挡仰角不宜超过5°。

4.1.8　下垫面以代表地域的自然环境或低矮的植被为宜，植被应低于进风口1 m以上；避免局部裸地沙尘的干扰。

4.2　安装

4.2.1　仪器应安装在坚固的支架上，安装应稳固，出现强风时，支架不应有晃动现象，传感器中心距地高度应为1.5 m。

4.2.2　两侧风管应保持空气自由流动，收集器入口和出口气流方向应与当地盛行风向垂直。

4.2.3　使用市电时，应通过双路单相防漏电空气开关和防雷插座，再连接到仪器的外接交流电源端，并应在三防箱附近贴有明显的“高压电源危险”警告标志。

4.2.4　采集器的外壳和外箱应有良好的接地。

4.2.5　具有防雷设施，接地电阻应小于4 Ω。

4.2.6　设置保护围栏的，围栏高度不宜超过1.2 m，仪器与围栏的距离宜大于2.0 m。

5　维护和检测要求

5.1　日常检查维护

宜进行下列日常检查维护：

——每日巡视自动观测设备的软、硬件运行状况，发现异常时，及时采取有效措施进行处理，并填写《空气负离子浓度观测日常检查记录表》(参见附录A)；

——当仪器显示时间与标准时间相差超过1 min时，及时调整仪器时钟；

——当空气离子浓度显示数据出现异常时，及时查找原因并记录；

——当出现停电时，及时检查仪器运行状况，数据异常时及时进行处理；

——当有昆虫、小动物、蜘蛛丝、漂浮性杂物等附着在收集器内使数据异常时，按照操作规程，使用专用工具进行清除；数据仍不能恢复正常时，及时更换收集器；

——在沙尘暴、扬沙、霾等天气过程结束后，及时对仪器进行维护。

5.2　定期维护

应按下列要求进行：

——每月应对收集器、进出气口、风扇等进行一次清洁；

——至少每三个月应对收集器、电路、气路等进行一次专项检查和清洁维护；

——每年雷电多发期之前，应对防雷接地、采集器外壳和外箱接地进行一次检查维护。

5.3　性能检测

应按下列要求进行：

——每三个月应在关闭风扇的状态下进行一次离子浓度检测，一般情况下，应小于10个/厘米^3；

——每六个月应对收集器内气流速度进行一次检测，气流速度应在标准值的±10%范围内；

——每十二个月应使用参考标准仪器进行一次检测校准，将待检测校准仪器与参考标准仪器置于密闭室内，连续平行测量24 h，两者每小时正点测量值的平均偏差应在15%以内；

注:可以选用符合 GB/T 18809—2002 的空气离子测量仪作为参考标准仪器。

——仪器启用或更换传感器后或发现仪器测量结果长时间异常时,应对系统进行性能检测并记录结果。

6 数据记录和处理要求

6.1 数据记录

6.1.1 观测时制采用世界时,以世界时 00 时为日界。

6.1.2 分钟观测数据记录至少应包括观测时间、区站号、观测点纬度、经度、海拔高度、设备标识符、离子迁移率、空气负离子浓度值等要素。

6.1.3 小时观测数据记录至少应包括观测时间、区站号、观测点纬度、经度、海拔高度、设备标识符、离子迁移率、空气负离子浓度值、空气负离子浓度值的质量控制码等要素。

6.1.4 应至少每小时获取反映仪器状况和性能的相关信息记录,包括设备自检状态、传感器状态、电源工作状态、设备断电报警、无线通信工作状态、极板电压、风扇转速(或风速)、离子传感器的绝缘度等。

6.2 数据处理

6.2.1 数据质量控制

质量控制方法参照 QX/T 118—2010 的规定进行,质量控制码标识及说明见表 2。

表 2 质量控制码及其含义

质量控制码	含义	说明
0	数据正确	
1	数据可疑	负离子浓度值连续 3 h 及以上为 0 个/厘米^3;或连续 3 h 及以上大于 5000 个/厘米^3(有瀑布的地区除外)
2	数据错误	负离子浓度值 10 min 跳变在 10000 个/厘米^3 以上;或超出仪器技术手册规定的测量范围
3	订正数据	
4	修改数据	
8	数据缺测	
9	数据未作质量控制	

6.2.2 统计值计算

标识和剔除异常值后,可进行均值、极值统计,具体要求如下:

——时平均值为该小时内各有效观测值的均值;

——日平均值为该日各有效时平均值的均值,当有效时平均值至少有 18 个时,则该日平均值有效;

——月平均值为该月各有效日平均值的均值,当有效日平均值至少有 23 个时,则该月平均值有效;

——年平均值为该年各有效月平均值的均值,当有效月平均值无缺测时,则该年平均值有效;

——小时最大、最小值,从小时内各有效观测值中挑取;

——日最大、最小值,从日内小时极值中挑取;

——月最大、最小值,从月内各日极值中挑取;
——年最大、最小值,从年内各月极值中挑取。

附　录　A
（资料性附录）
空气负离子浓度观测日常检查记录表

图 A.1 给出了空气负离子浓度观测日常检查记录表的式样。

空气负离子浓度观测日常检查记录表

日期	标准 时间	仪器 时间	负离子 浓度值	供电 状况	风门开 闭状况	风扇 状态	采集筒清 洁与维护	备注	检查人

图 A.1　空气负离子浓度观测日常检查记录表式样

参考文献

[1] GB/T 18809—2002 空气离子测量仪通用规范
[2] QX/T 118—2010 地面气象观测资料质量控制
[3] 林金明，宋冠群，等. 环境、健康与负氧离子[M]. 北京：化学工业出版社，2006

ICS 07.060
A 47
备案号：63044—2018

中华人民共和国气象行业标准

QX/T 420—2018

气象用固定式水电解制氢系统

Stationary water electrolyte system for producing hydrogen used in the meteorological service

2018-04-28 发布　　　　2018-08-01 实施

中 国 气 象 局　发 布

前　言

本标准按照 GB/T 1.1—2009 给出的规则起草。

请注意本文件的某些内容可能涉及专利。本文件的发布机构不承担识别这些专利的责任。

本标准由全国气象仪器与观测方法标准化技术委员会(SAC/TC 507)提出并归口。

本标准起草单位:河北省气象技术装备中心、中国船舶重工集团公司第七一八研究所。

本标准主要起草人:张景云、吴宝平、赵志强、侯玉平、韩磊、梁如意、郑胲泉。

气象用固定式水电解制氢系统

1 范围

本标准规定了气象用固定式水电解制氢系统的性能要求、检验方法、检验规则以及标志、包装、贮存和运输等方面的要求。

本标准适用于气象用固定式水电解制氢系统的设计、制造、检验、包装、贮存与运输。

2 规范性引用文件

下列文件对于本文件的应用是必不可少的。凡是注日期的引用文件，仅注日期的版本适用于本文件。凡是不注日期的引用文件，其最新版本(包括所有的修改单)适用于本文件。

GB/T 2828.1—2012 计数抽样程序 第1部分:按接受质量限(AQL)检索的逐批检验抽样计划

GB/T 3187—1994 可靠性、维修性术语

GB/T 6682—2008 分析实验室用水规格和试验方法

GB/T 8170—2008 数字修约规则与极限数值的表示和判定

GB/T 9414.3—2012 维修性 第3部分 验证和数据的收集、分析与表示

GB/T 13384—2008 机电产品包装通用技术条件

GB/T 19774—2005 水电解制氢系统技术要求

GB 50177—2005 氢气站设计规范

3 术语和定义

下列术语和定义适用于本文件。

3.1

制氢主机 hydrogen-producing mainframe

在水电解制氢系统中完成水电解并进行氢、氧分离的装置。

3.2

水电解槽 water electrolyser

应用水电解方法使水分解成氢气和氧气的核心装置。

注:通常为压滤式双极性结构。

3.3

分离除雾器 separation demister for water

能够使气体和碱液分离并降低气体含水量的装置。

注:分离出氢气并除雾的，称为氢分离除雾器;分离出氧气并除雾的，称为氧分离除雾器。

3.4

压力平衡阀 pressure-balanced valve

控制制氢系统压力，并使氢、氧两个子系统保持相对压力平衡的装置。

注:控制氢气压力的，称为氢压力平衡阀;控制氧气压力的，称为氧压力平衡阀。

3.5

储氢装置　hydrogen tank

用于储存氢气的压力容器。

3.6

电解小室　electrolytic cell

由阴、阳电极，隔膜和碱液等构成，在直流电的作用下，能将水电解成氢气和氧气的最小单元。

3.7

电解小室电压　voltage of single electrolytic cell

水电解时，电解小室阴、阳两电极间的直流电压。

4　要求

4.1　系统组成

气象用固定式水电解制氢系统主要由以下各部分组成：

a）制氢主机：包括水电解槽、分离除雾器和压力平衡阀等；

b）整流控制器：包括整流器和控制器；

c）供水装置：包括储水箱和加水泵；

d）储氢装置：包括储氢罐、安全阀和压力表等；

e）充球装置：包括充球阀和阻火器；

f）制水设备：蒸馏法或离子交换法电解用水制取设备。

4.2　外观和结构

4.2.1　设备的外表面应均匀，无气泡、裂纹、划痕、伤痕和加工缺陷；涂覆层应无脱落、严重色差和污染；金属零件不应有锈蚀和机械损伤。

4.2.2　设备机械结构应有足够的强度；机械装配应准确、牢固、无松动，管路接口应具有抗冲击、抗颠簸和抗碰撞能力。

4.2.3　设备部件、组件应利于装配、调试、检验、包装、运输、安装和维护等工作；更换部件时应简便易行。

4.2.4　内部管路应平直，布线整齐美观，焊接点牢固、无虚焊；紧固件连接可靠；输气管路采用无缝钢管，管路阀门宜采用球阀、截止阀。

4.3　功能

系统可连续工作，也可间断工作，并有下述功能：

a）可实时显示制氢机工作时的压力、温度、氢气纯度；

b）备有液位观察窗，可随时观测液位平衡情况；

c）制氢主机、储氢装置压力，电解槽温度超过规定值上限时，自动报警并停机；

d）在线检测氢气纯度，当氢气纯度低于规定值时自动报警；

e）整流控制器具有自动稳压、稳流功能。

4.4　技术性能

4.4.1　整流控制器

4.4.1.1　额定直流电压应大于电解槽工作电压，调压范围宜为0.6～1.05倍的电解槽额定电压。

4.4.1.2 额定直流电流不应小于电解槽工作电流，并宜为电解槽额定电流的1.1倍。

4.4.2 电解槽

电解槽应符合以下要求：

a) 工作温度：75 ℃～85 ℃；
b) 报警温度：高于85 ℃；
c) 工作压力：0 MPa～1.0 MPa；
d) 报警压力：大于1.0 MPa；
e) 消耗水量：每产氢1 Nm^3 耗水1 L。

注：Nm^3 为标准立方米，即一个标准大气压力时的气体体积。

4.4.3 电解小室电压

平均小室电压不超过2.2 V。

4.4.4 产氢量

水电解制氢系统的单位时间产氢量应为1 Nm^3/h～4 Nm^3/h。

4.4.5 单位体积氢气耗电量

不超过5 kW·h/Nm^3。

4.4.6 氢气纯度

不小于99.7%(体积比)。

4.4.7 储氢装置

储氢装置主要技术要求应符合GB/T 19774中5.2.4的要求：

a) 耐压：不小于1.15 MPa；
b) 工作压力：不大于1.0 MPa；
c) 报警压力：大于1.0 MPa；
d) 泄露率：不大于0.5%/h；
e) 总储氢量：由用户选配，应不低于20 m^3。

4.4.8 供水装置

供水装置及水质应符合下述要求：

a) 水质：符合GB/T 6682—2008中4.3要求；
b) 加水泵供水压力：不小于1.2 MPa；供水量：不小于20 L/h；
c) 水箱容积：根据不同型号设备确定，应大于水电解槽、分离除雾器和管道等全部容积之和。

4.4.9 充球装置

充球装置应符合下述要求：

a) 充球装置应固定牢固；
b) 阀门应符合GB 50177—2005中12.0.3的要求；
c) 阻火器外壳材质应采用不锈钢。

4.4.10 制水设备

制水设备应符合下述要求：

a) 制水设备的制取电解用水的速率不小于 2 L/h；

b) 制取的电解用水水质符合 GB/T 6682—2008 中 4.3 要求。

4.5 可靠性

4.5.1 进行可靠性设计，包括元器件简化、参数余度、容错、降额设计，环境适应性设计，热设计和元器件老化筛选等。

4.5.2 通过“故障树”分析和参数合成，其可靠预计值应大于 MTBF 下限值（θ_1）的两倍。

4.5.3 平均故障间隔时间（MTBF）下限值（θ_1）：1200 h。

4.6 维修性

4.6.1 系统应设置关键技术参数的测试点，并提供维修手册。

4.6.2 维修手册（或使用说明书）应给出可能出现的主要故障及其故障现象和相应的排除方法。

4.6.3 平均修复时间（MTTR）不超过 1 h。

4.7 环境适应性

4.7.1 低温：工作条件：0 ℃；贮运条件：−45 ℃。

4.7.2 高温：工作条件：40 ℃；储运条件：60 ℃。

4.7.3 恒定湿热：工作条件：温度：30 ℃，相对湿度：90%。

4.7.4 贮运条件：温度：40 ℃。相对湿度：95%。

4.7.5 运输：系统处于包装状态，应能经受里程为 300 km，行驶速度 30 km/h～40 km/h 的卡车运输；并能经受在时速 60 km/h 条件下紧急刹车三次冲击。

4.7.6 电源：额定电压及允许波动范围：380 V±38 V；频率及允许波动范围：50 Hz±2 Hz。

4.8 安全性

4.8.1 水电解制氢系统应有下述自我保护和安全措施：

a) 接触氢气的电气部件应具有防爆性能；

b) 氢、氧分离除雾器应有防喷碱装置；

c) 配有氢气阻火器和氧气放空管。

4.8.2 制氢主机接地电阻小于 4 Ω。

4.8.3 储氢装置接地电阻小于 4 Ω。

4.9 配套

用户应提供符合下述要求的配套设施、设备和材料等：

a) 能够使制氢机与储氢装置有效隔离的两个工作室，应符合 GB/T 50177 中的下述要求：

- 建筑结构符合第 7 章的要求；
- 防雷接地符合第 9 章的要求；
- 排水和消防符合第 10 章的要求；
- 采暖和通风符合第 11 章的要求；
- 氢气管道符合第 12 章的要求。

b) 冷却水源，压力不小于 0.15 MPa，进入系统冷却水的水温应不高于 32 ℃；

c) 电解液：浓度为(30±2)% 的氢氧化钾；

d) 供电：AC，三相五线制（相线、零线、地线），额定电压和频率：380 V，50 Hz。

5 检验方法

5.1 检验准备

5.1.1 检验前，应首先将系统安装在符合 4.9 配套要求的工作室内。

5.1.2 应首先对配套设施、装置、材料和电源等进行检查，包括：

a) 制氢工作室的建筑结构、防雷接地，采暖和通风及氢气管道是否符合 4.9 中 a)的要求；

b) 按照 GB/T 19774—2005 中 6.1.2 的要求和方法检查确定，储氢装置应无漏气现象；

c) 检查冷却水的压力和温度，应符合本标准 4.9 中 b)的要求；

d) 电解液的浓度应符合 4.9 中 c)的要求；

e) 供电电源应符合 4.9 中 d)的要求；

f) 放空管、阻火器及充球阀的安装是否正常。

5.1.3 上述配套材料、设备、设施等有任一项不符合要求就不应进行技术性能、可靠性和维修性检验。

5.2 系统组成

目视检查。

5.3 外观和结构

目视或借助于手感或进行实际操作检查。

5.4 功能

5.4.1 制氢机压力、温度、液位和氢气纯度的显示功能，在系统正常工作的情况下进行目视检查。

5.4.2 报警和自动停机功能，在技术性能检验中制造符合要求的限值条件进行实际操作检查。

5.5 技术性能

5.5.1 整流控制器

在系统正常工作的情况下，调整整流控制器的输出电压，观察能够调整的范围。

5.5.2 电解槽

5.5.2.1 系统工作温度和压力

在系统正常工作的情况下，观察系统显示情况。

5.5.2.2 温度报警

5.5.2.2.1 将温度控制仪报警上限设定为 85 ℃，待电解槽温度升至 85 ℃时，观察能否报警和自动停机。

5.5.2.2.2 若不能报警，可再增加温度，直至报警和自动停机，记录报警并自动停机时的温度。

5.5.2.2.3 若温度升至 86 ℃仍没有报警，作不合格处理。

5.5.2.2.4 至少应测量三次，有任意一次不能报警和自动停机，作为该项不合格处理。

5.5.2.3 压力报警

5.5.2.3.1 将压力控制器控制压力调整至 1.05 MPa,待制氢主机控制压力升高到 1.05 MPa 时,观察能否报警和自动停机。

5.5.2.3.2 若不能报警,可再增加压力,直至报警和自动停机,记录报警并自动停机时的压力。

5.5.2.3.3 若应力升至 1.1 MPa 仍没有报警,作不合格处理。

5.5.2.3.4 至少应测量三次,有任意一次不能报警和自动停机,作为该项不合格处理。

5.5.2.4 产氢 1 Nm^3 水消耗量

在系统连续正常工作的情况下,先记录制氢主机面板上氢和氧液面计液面的起始位置,连续制氢 8 h,试验结束时,重新记录氢和氧液面计液面的位置,统计计算总耗水量。用设备工作时间内的总耗水量除以产氢量得到产氢 1 Nm^3 的耗水量。

5.5.3 电解小室

用数字万用表测量各电解小室电压,测量的总时间为 12 h,每 30 min 测量一次。计算各电解小室的电压平均值作为测量结果。

5.5.4 产氢量

在做 5.5.2.4 条检验的同时,直接用其记录的累积产氢量除以总工作时间,得出每 1 h 的产氢量。

5.5.5 单位体积氢气耗电量

单位体积氢气耗电量的检验在 5.5.2.4 条检验的同时进行,测量和计算单位体积氢气耗电量 W,见式(1)。

$$W = \frac{IUT}{1000Q} \qquad \cdots\cdots(1)$$

式中:

W ——单位体积氢气直流电耗,单位为千瓦时每立方米($kW \cdot h/m^3$);

I ——电解槽的总直流电流,单位为安培(A);

U ——电解槽的总直流电压,单位为伏特(V);

T ——检测时间,单位为小时(h);

Q ——检测期间氢气产量,单位为立方米每小时(m^3/h)。

5.5.6 氢气纯度

在 5.5.2 条检验的同时进行,用氢气纯度分析仪每 1 h 测量一次氢气纯度,取平均值作为氢气纯度的测量结果。

5.5.7 储氢装置

5.5.7.1 耐压、气密性和泄露率

按照 GB/T 19774—2005 中 6.1.2 的要求和方法进行检验并判定是否符合要求。试验压力为 1.15 MPa。

5.5.7.2 储氢压力和报警

5.5.7.2.1 将防爆电接点压力表上限调整至 1.0 MPa,待储氢装置压力升高到 1.0 MPa 时,观察能否

自动报警和停机。

5.5.7.2.2 若不能报警，再增加压力，直至报警和自动停机，记录报警时的压力。

5.5.7.2.3 若压力升至 1.05 MPa 仍没有报警，作不合格处理。

5.5.7.2.4 检验进行三次，有一次或以上不能报警作不合格处理。

5.5.7.3 总储氢量

根据储氢装置的体积和工作压力，换算为氢气的标准立方数，即为总储氢量。总储氢量 Q 的计算见式(2)。

$$Q=\frac{T_1VP}{P_0T_2} \qquad \cdots\cdots(2)$$

式中：

Q ——储氢装置的总储氢量；

P_0 ——标准状况下气体压力(0.101325)，单位为兆帕(MPa)；

P ——储氢装置的最高储氢压力，单位为兆帕(MPa)；

V ——储氢罐的水容积，单位为立方米(m^3)；

T_1 ——起始时储氢装置的温度，单位为开尔文(K)；

T_2 ——终止时储氢装置的温度，单位为开尔文(K)。

5.5.8 供水装置

5.5.8.1 应首先检查电解用水是否符合 4.4.8 的要求。

5.5.8.2 检查加水泵标称工作压力。

5.5.8.3 用尺子测量水箱内部的有效容积，计算供水量。

5.6 可靠性

5.6.1 试验方案

5.6.1.1 可靠性试验中所采用的术语及其故障分类和判定应符合 GB/T 3187—1994 的定义。

5.6.1.2 宜采用表 1 中的可靠性定时截尾试验方案。

表 1 推荐的定时截尾试验方案

生产方风险 α %	使用方风险 β %	鉴别比 d	截尾试验时间 (θ_1 的倍数)	接受截尾故障数 r
20	20	2.0	7.8	5
20	20	3.0	4.3	2
30	30	3.0	1.1	0

5.6.2 故障判定

系统整机、分系统、组件、部件等独立单元没有完成规定的功能，或性能指标没有达到本标准第 5 章的任一要求，均判定为故障。故障按危害程度的不同分为三类：

a) 致命故障：危及系统和操作人员安全的故障；

b) 一般故障：系统技术指标不符合要求或造成系统为达到报警条件而报警和停机的故障；

c) 轻微故障：不影响系统技术性能的故障。

5.6.3 故障统计和加权

5.6.3.1 在试验期间,若出现致命故障,直接停止试验,判定为系统的可靠性不合格。

5.6.3.2 一般故障出现一次记录责任故障一次,作为试验截尾的依据。

5.6.3.3 轻微故障可根据影响系统性能的程度加权,不影响系统制氢的故障可以不计,其他故障的加权系数由生产方与使用方在试验前协商确定,加权系统通常不大于 0.5。具体由每次的故障乘以加权系数累积故障数,并根据 GB/T 8170—2008 规定的数字,将修约准则修约为整数。

5.6.4 合格判定

在试验期间,若累积责任故障数超过了接受截尾故障数,可直接结束试验并作不合格判决;若直至规定的试验截尾时间,累积故障数不大于接受结尾故障数,判定为系统的可靠性合格。

5.7 维修性

按照 GB/T 9414.3—2012 中第 5 章和第 6 章的要求和方法进行。

5.8 环境适应性

5.8.1 低温

5.8.1.1 低温试验应在符合水电解制氢系统环境适应性和安全性要求的低温试验室中进行,设备应正常安装并制取氢气。先进行使用条件的试验,然后进行贮存条件的试验。

5.8.1.2 使用条件试验:在室内正常温度条件下,系统开机至工作状态,维持 1 h 后开始降温至 0 ℃,保持 2 h 开始计时,再工作 4 h,随时检查系统是否正常工作。结束后,使试验室温度逐渐自然恢复到室内正常温度,系统再停止工作。系统在试验期间制作的氢气和氧气通常直接放至大气。系统能够正常工作判定为合格。

5.8.1.3 贮运条件:将设备以工作状态置于低温试验室内,不通电。室内温度降至−45 ℃后维持 2 h 开始计时,24 h 后停止降温,使其自然恢复至室内正常温度。待系统整体温度与室内正常温度平衡后开机制氢,能够正常工作判定为合格,否则为不合格。

5.8.2 高温

高温试验应在符合水电解制氢系统环境适应性和安全性要求的高温试验室中进行,工作条件试验温度 40 ℃,储运条件试验温度 60 ℃。试验的温度平衡时间,试验时间,操作程序和合格判定方法与低温试验相同。

5.8.3 恒定湿热

5.8.3.1 湿热试验应在符合水电解制氢系统环境适应性和安全性要求的湿热试验室中进行,设备应正常安装并制取氢气。先进行使用条件的试验,然后进行贮存条件的试验。

5.8.3.2 工作条件:在室内正常温度条件下,系统开机至工作状态,维持 1 h 后开始升温至 30 ℃,待达到规定温度后维持 10 min,加湿至 90%RH,保持 1 h 开始计时,再工作 4 h。试验中,随时检查系统是否正常工作。达到规定时间后先停止加湿,过 10 min 后再停止加热。然后使试验室温度逐渐自然恢复到室内正常温度和湿度,系统再停止工作。系统在试验期间制作的氢气和氧气通常直接放至大气。系统能够正常工作判定为合格。

5.8.3.3 贮存条件:将设备以工作状态置于湿热试验室内,不通电。室内温度先升至 40 ℃,维持 10 min后,开始加温加湿,加湿至 95%RH 后,维持 48 h 后停止加湿,10 min 后停止加热。不打开试验室门，使其自然恢复至室内正常温度和湿度。

5.8.3.4 待系统整体温度与室内正常温度平衡后开机制氢，能够正常工作判定为合格，否则为不合格。

5.8.4 运输

5.8.4.1 用载重4 t的卡车进行实际的运输试验，被试水电解制氢系统以包装状态固定在车的后部，行驶速度30 km/h～40 km/h，其中土路或砂石路至少占整个里程的60％，其他可为沥青路或水泥路。

5.8.4.2 在运输试验期间，应在载重汽车以60 km/h速度的行驶过程中紧急刹车三次。

5.8.4.3 试验后进行机械结构检查，然后进行安装、调试并制氢，系统没有明显的机械变形和损伤并能够正常工作判定为合格，否则为不合格。

5.8.5 电源

5.8.5.1 在系统电压输入前端加装调压和调频设备或用能够调压、调频的发电机供电，开始置于额定电压和频率条件下使系统正常工作1 h。

5.8.5.2 分别调整电压至418 V，频率52 Hz和电压342 V，频率48 Hz，分别工作1 h，系统能够正常制氢判定为合格，否则为不合格。

5.9 安全性

在系统正常工作的情况下，首先检查水电解制氢系统配备的安全设施、装置应符合4.8.1的要求。然后用接地电阻测量仪分别测量制氢机的接触电阻和储氢装置的接地电阻。

5.10 标志

目视检查。

5.11 包装

目视检查和借助量具。

6 检验规则

6.1 检验分类

本标准规定的检验分类如下：

a) 鉴定检验；

b) 质量一致性检验。

6.2 检验责任

6.2.1 承制方应负责完成本标准规定的所有检验。订购方可派人参加检验并进行监督和检查。

6.2.2 承制方应负责完成本标准规定的所有检验。

6.2.3 承制方不应提交明知有缺陷的产品，也不能要求订购方接受有缺陷的产品。

6.3 检验条件

6.3.1 产品技术性能检验以前，应完善本标准4.9a)要求的配套设施，并对冷却水压力、温度，电源电压、频率及承受功率和电解液进行检查，并确定4.9b)、c)和d)的要求，使系统处于工作状态。

6.3.2 应在下列条件下进行检验：

a) 环境适应性检验应在本标准规定的环境条件下进行；
其他检验应在室内正常环境条件下进行，即：气温：15 ℃～35 ℃；相对湿度：45 %～75 %(30 ℃)；气压：860 hPa～1060 hPa。

b) 检验场地应杜绝安全隐患，避免对检验人员和设备造成损伤。

6.3.3 系统本身和检验所用的测试仪器、仪表和设备应通过计量检定并处于有效期内。提供标准量值的测量仪器、仪表和设备的准确的等级，应符合国家计量部门相应量值传递图的规定。

6.4 检验项目和顺序

包装和标志通常应首先进行检验。检验项目和顺序见表2规定。

表2 检验项目和顺序

序号	检验、试验项目名称		鉴定检验	质量一致性检验		要求章条号	检验方法
				逐件检验	例行检验		
1	系统组成		●	●	—	4.1	5.2
2	外观和结构		●	●	—	4.2	5.3
3	功能		●	●	—	4.3	5.4
4	技术性能	整流控制器	●	●	—	4.4.1	5.5.1
5		电解槽	●	●	—	4.4.2	5.5.2
6		电解小室	●	●	—	4.4.3	5.5.3
7		产氢量	●	●	—	4.4.4	5.5.4
8		单位体积氢气耗电量	●	●	—	4.4.5	5.5.5
9		氢气纯度	●	●	—	4.4.6	5.5.6
10		储氢装置	●	—	—	4.4.7	5.5.7
11		供水装置	●	●	—	4.4.8	5.5.8
12		可靠性	●	—	○	4.5	5.6
13		维修性	●	—	○	4.6	5.7
14	环境适应性	低温	●	—	○	4.7.1	5.8.1
15		高温	●	—	○	4.7.2	5.8.2
16		恒定湿热	●	—	○	4.7.3	5.8.3
17		运输	●	—	—	4.7.5	5.8.4
18		电源	●	—	●	4.7.6	5.8.5
19	安全性		●	—	●	4.8	5.9
20	标志		●	●	—	7.1	5.10
21	包装		●	●	—	7.2	5.11
注：●必检项目；○ 供需双方商检项目；— 不检项目。							

6.5 缺陷分类

凡不符合本标准要求的系统外观、结构、标志、包装、技术性能、可靠性、维修性、环境适应性和安全性指标的现象均判定为缺陷。缺陷按照对系统性能的影响不同分为以下三类：

a） 轻度缺陷：外观和结构、标志、包装不合格；

b） 严重缺陷：不构成致命缺陷，但很可能造成故障或严重减低系统性能的不合格；

c） 致命缺陷：危及系统和人身安全的项目或可靠性试验结果不合格。

6.6 合格判定

6.6.1 逐件检验：不允许出现任何缺陷。若出现，应进行修理或调整，若合格可作为合格产品入库或交付。通过修理或调整仍不合格的系统应作为不合格，不准出厂或入库。

6.6.2 鉴定检验和例行检验：不允许出现严重缺陷或致命缺陷，若出现，应判定该样本代表的批产品不合格；对轻缺陷，允许修复后重新检验，若检验合格可作为批产品合格处理。

6.6.3 若在任一检验中出现不合格产品，修复后若检验合格，该批中所有产品都应进行该项目的检查或修理并重新进行检验。

6.7 检验中断处理

6.7.1 出现下列情况之一时，应中断检验：

a） 配套设施和检验现场出现了不符合规定的检验条件；

b） 检验中发现受检产品不符合规定的检验条件；

c） 受检产品的任一项主要性能不符合技术指标要求，且在规定的时间内不能恢复；

d） 发生了意外情况影响继续检验。

6.7.2 在确定影响检验的原因排除后，检验可继续进行。

6.8 鉴定检验

6.8.1 检验时机

以下情况应进行鉴定检验：

a） 产品定型时；

b） 当材料、结构、工艺发生变化，对产品质量产生影响时；

c） 产品停产三年以上，再恢复生产时；

d） 产品转产生产时。

6.8.2 抽样

6.8.2.1 鉴定检验的产品数量和抽样应遵循以下规定：

a） 新研制产品和结构、材料和工艺发生变化时，可提供研制样机。

b） 恢复生产和转产生产的产品应在合格批中随机抽取。

6.8.2.2 新研制的产品允许用一套完整的水电解制氢系统开机运行，进行全部测试和检验。其他性质试验样本应随机抽取。

6.8.3 检验项目

鉴定检验应包括表2列出的所有项目。

6.8.4 合格判定

受检样品的各项指标均达到技术指标的要求则判定为合格，否则为不合格。出现不合格项目时应查明原因并采取措施，确认问题已经解决时，可重新提交。以第二次提交的检验结果作为最后判据。

6.9 质量一致性检验

6.9.1 逐件检验

6.9.1.1 逐件检验的项目按表2的规定。

6.9.1.2 逐件检验若发现有不合格项目允许进行修理或调整，经两次修理或调整仍有不合格项目的产品应剔除，作为废品处理。

6.9.1.3 用户使用前的逐件检验由生产方质量检验部门进行，所有项目全部检验合格后方可投入使用。

6.9.2 例行检验

6.9.2.1 例行检验的项目按表2的规定。

6.9.2.2 连续生产30台以上或产品停产一年恢复生产超过10台时，由上级监管部门或用户提出可进行例行检验。

6.9.2.3 例行检验的样本应在逐件检验合格的产品中随机抽取。采用一般检查水平，正常检验一次抽样方案，先在GB/T 2828.1—2012表1中，根据产品生产的数量查取样本大小代码，然后再在GB/T 2828.1—2012表2-A中查取应抽取的样本数。

6.9.2.4 例行检验中若出现致命缺陷，整批判定为不合格；该批产品应停止出厂；已出厂的产品由生产方与订购方协商处理。

6.9.2.5 若检验中出现轻缺陷或严重缺陷，应分析原因，找出问题并采取进行修理和调整后，重新进行检验。若再次检验仍不合格，该批产品作为不合格处理。

7 标志、包装、运输和贮存

7.1 标志

产品标识和功能说明标志应清晰、牢固，制氢主机上应标有：

a) 生产商或商标；

b) 名称和型号；

c) 出厂编号；

d) 生产日期。

7.2 包装

7.2.1 包装应符合GB/T 13384—2008中第3章的基本要求。装箱应符合4.2.2的要求，加固应符合4.2.3的要求。包装的防护类型由生产厂根据系统和运输情况决定。

7.2.2 系统随机文件应用塑料袋封装，并固定在包装箱内，随机文件应包括：

a) 产品合格证；

b) 产品使用说明书；

c) 整机、随机附件、备件清单；

d) 储氢装置的相关证书和资料；

e) 其他图样和技术文件。

7.3 贮存

系统贮存时，应将制氢主机内的冷却水、蒸馏水和电解液全部排出，并作干燥处理。贮存库房中的气温不高于 60 ℃，不低于－50 ℃，且通风良好。

7.4 运输

运输前，应将制氢主机内的冷却水、蒸馏水和电解液放出不应有残留。可采用铁路、公路、水运等任一方式运输。

ICS 07.060
A 47
备案号：63045—2018

中华人民共和国气象行业标准

QX/T 421—2018

飞机人工增雨(雪)作业宏观记录规范

Specifications for macro-record of aircraft precipitation enhancement

2018-04-28 发布　　2018-08-01 实施

中国气象局　发布

前　言

本标准按照 GB/T 1.1—2009 给出的规则起草。

本标准由全国人工影响天气标准化技术委员会(SAC/TC 538)提出并归口。

本标准起草单位:北京市人工影响天气办公室。

本标准主要起草人:马新成、黄梦宇、毕凯、丁德平、赵德龙。

飞机人工增雨(雪)作业宏观记录规范

1 范围

本标准规定了飞机人工增雨(雪)作业宏观记录的内容和方式。

本标准适用于飞机人工增雨(雪)作业、科学试验和大型活动人工影响天气服务中宏观记录的存档和管理。

2 术语和定义

下列术语和定义适用于本文件。

2.1

飞机人工增雨(雪)作业　aircraft precipitation enhancement

利用飞机采用人工干预的手段,在云体适当部位播撒催化剂,以增加地面降水量的活动。

2.2

宏观记录　macro-record

在飞机人工增雨(雪)作业过程中,记录飞行、作业和云宏观观测信息。

3 宏观记录内容

3.1 基本要求

记录时间应按北京时间(BST,24 小时制)记录,精确到分钟,记录格式为 hh:mm。应确保记录时间、飞机仪表时间和机载设备时间的一致。

3.2 基本信息

3.2.1 单位信息

记录具体实施飞机人工增雨(雪)作业单位全称。

3.2.2 飞行日期

记录飞行当天日期,按年、月、日记录,记录格式为 yyyy/mm/dd。

3.2.3 飞行任务

记录执行飞行任务的具体内容,如增雨、增雪、科学试验、大型活动、其他。

3.2.4 飞机信息

记录飞机型号、编号和当日飞行架次(按阿拉伯数字记录)。

3.2.5 飞行时间

记录飞机开(关)车、轮动(停)、起飞和降落时间。飞机起飞和降落时间为飞机轮胎离地和接地时刻。

3.2.6 机场信息

记录飞机的起降机场和备降机场名称。

3.2.7 飞行位置

记录飞行的主要地理位置，按地名记录，具体到县级行政区域。

3.2.8 人员信息

记录机组人员、登机作业人员（作业指挥、设备操作、宏观记录等）和地面保障人员信息。

3.2.9 起降机场天气

记录飞机起降期间 1 h 内起降机场整点天气实况信息。

3.3 飞行信息

3.3.1 飞行状态

记录飞机爬升、下降、平飞、转弯和盘旋状态信息。

3.3.2 设备状态

记录机载设备的工作状态信息。

3.4 作业信息

3.4.1 作业时间

记录催化剂播撒起止时间。

3.4.2 作业区域

记录作业区域的地理位置，按地名记录，具体到县级行政区域。

3.4.3 作业高度

记录播撒催化剂所在的海拔高度，单位为米(m)，精确到整数。

3.4.4 作业温度

记录作业高度的温度，单位为摄氏度(℃)，精确到小数点后一位。

3.4.5 催化剂类型

记录所选用的催化剂种类、型号。

3.4.6 催化剂用量

记录所使用催化剂的剂量。

3.5 观测信息

3.5.1 穿云信息

记录飞行过程中入云、出云、云底、云顶所在海拔高度和飞行位置。海拔高度单位为米(m)。

3.5.2 云状

记录飞行中目测到云的类型。

3.5.3 云的宏观特征

记录云底状态、云顶状态和云中宏观特征。

3.5.4 飞机积冰

记录飞机出现积冰、部位和程度(轻度、中度和重度)。

3.5.5 飞机颠簸

记录飞机出现颠簸和程度(轻度、中度和重度)。

3.5.6 飞机雨线

记录飞机舷窗上出现水丝和程度(轻度、中度和重度)。

3.5.7 其他天气现象

记录飞行中出现的其他天气现象(如华、晕、虹、闪电等)。

4 宏观记录方式

4.1 宏观记录表

应规范填写宏观记录表,表格内容和格式见附录A。记录时应字迹工整,以纸质留存并电子存档。

4.2 其他记录方式

摄像、摄影和录音等可以作为宏观记录表的补充方式。

附 录 A
（规范性附录）
飞机人工增雨(雪)作业宏观记录表

表 A.1 给出了飞机人工增雨(雪)作业宏观记录表的内容和格式。

表 A.1 飞机人工增雨(雪)作业宏观记录表

单位信息：　　　　　　　　飞行架次：第　　架次

<table>
<tr><td>飞行日期</td><td></td><td>飞行任务</td><td></td><td>开车时间
（轮动时间）</td><td>：
：</td><td>降落时间</td><td>：</td><td>起降机场</td><td colspan="2"></td></tr>
<tr><td>飞机型号</td><td></td><td>飞机编号</td><td></td><td>起飞时间</td><td>：</td><td>关车时间
（轮停时间）</td><td>：
：</td><td>备降机场</td><td colspan="2"></td></tr>
<tr><td>作业指挥人员</td><td colspan="2"></td><td>设备操作人员</td><td></td><td>宏观记录人员</td><td></td><td>地面保障人员</td><td colspan="3"></td></tr>
<tr><td>机组人员</td><td colspan="10"></td></tr>
<tr><td rowspan="3">起降机场天气</td><td colspan="10">时间　云状　云量　云高(底/顶)　气压　温度　风向　风速　能见度　天气现象</td></tr>
<tr><td colspan="10">起飞：</td></tr>
<tr><td colspan="10">降落：</td></tr>
<tr><td rowspan="4">作业信息</td><td colspan="4">作业时间</td><td>作业高度</td><td>作业温度</td><td>催化剂种类</td><td>干冰</td><td>烟条</td><td>焰弹</td><td>液氮</td><td>其他</td></tr>
<tr><td>开始播撒时间</td><td>：
：</td><td>结束播撒时间</td><td>：
：</td><td></td><td></td><td>型号</td><td></td><td></td><td></td><td></td><td></td></tr>
<tr><td>开始播撒时间</td><td>：
：</td><td>结束播撒时间</td><td>：
：</td><td></td><td></td><td>催化剂用量</td><td></td><td></td><td></td><td></td><td></td></tr>
<tr><td>作业区域</td><td colspan="11"></td></tr>
</table>

表 A.1 飞机人工增雨(雪)作业宏观记录表(续)

时间	飞行位置	飞行高度	设备状态	飞行状态					观测信息														
									穿云信息				云状	云的宏观特征	积冰程度			雨线程度			颠簸程度			其他
				爬升	转弯	平飞	盘旋	下降	入云	出云	云底	云顶			轻度	中度	重度	轻度	中度	重度	轻度	中度	重度	
：																								
：																								
：																								
：																								
：																								
：																								
：																								
：																								
：																								
：																								
：																								

注1:飞行任务记录增雨、增雪、科学试验、大型活动、其他等。

注2:云的宏观特征记录云底状态(雨幡、雪幡、平整、模糊等)、云顶状态(平整、隆起情况等)和云中宏观特征(分层情况等)。

注3:催化剂种类、飞行状态、穿云信息、积冰程度、雨线程度和颠簸程度根据实际情况在记录表中打√。

参 考 文 献

[1] QX/T 46—2007 地面气象观测规范 第2部分:云的观测

[2] QX/T 48—2007 地面气象观测规范 第4部分:天气现象观测

[3] QX/T 151—2012 人工影响天气作业术语

[4] 中华人民共和国国务院,中华人民共和国中央军事委员会.中华人民共和国飞行基本规则[M].北京:中国法制出版社,2000

[5] 中国气象局科技教育司.飞机人工增雨作业业务规范(试行)[Z],2000

[6] 中国气象局科技发展司.人工影响天气岗位培训教材[M].北京:气象出版社,2003

[7] 樊明月,龚佃利,刘文,等.增雨飞机空中积冰观测记录规范探讨[J].标准科学,2015(增刊):90-94

ICS 07.060
A 47
备案号：63046—2018

中华人民共和国气象行业标准

QX/T 422—2018

人工影响天气地面高炮、火箭作业空域申报信息格式

Information format of airspace application for cloud seeding with artillery and rocket

2018-04-28 发布　　　　2018-08-01 实施

中国气象局　发布

前　　言

本标准按照 GB/T 1.1—2009 给出的规则起草。

本标准由全国人工影响天气标准化技术委员会(SAC/TC 538)提出并归口。

本标准起草单位:中国气象科学研究院、河北省人工影响天气办公室、内蒙古自治区气象科学研究所、空军装备研究院雷达与电子对抗研究所、中国电子科技集团公司第二十八研究所。

本标准主要起草人:李宏宇、胡向峰、毕力格、苏立娟、李宝东、陆岩、严勇杰。

引　言

人工影响天气对空射击作业具有技术密集、涉及广泛和高风险等诸多特点。每次作业实施前，作业地的县级以上地方气象主管机构需向有关空域管制部门申请空域和作业时限。目前，各地申报和接收空域的通信方式、空域申报内容与格式以及归属航空管制审批部门的要求差别较大，对地面高炮和火箭作业的空域申请和批复的及时性造成影响，同时也易引发空域使用安全等问题。

新时期，国家进一步规范和加强对空射击管理工作，对人工影响天气飞机与地面作业空域使用的要求更高。为保证地面作业安全及空中航空器飞行安全，提高空域使用效率和作业效果，规范人工影响天气地面高炮、火箭作业空域申报信息格式，制定本标准。

人工影响天气地面高炮、火箭作业空域申报信息格式

1 范围

本标准规定了人工影响天气地面高炮和火箭对空射击作业空域申报的报文种类与内容、报文数据项编码规则。

本标准适用于人工影响天气地面高炮和火箭作业空域申报信息的编写和使用。

2 规范性引用文件

下列文件对于本文件的应用是必不可少的。凡是注日期的引用文件，仅注日期的版本适用于本文件。凡是不注日期的引用文件，其最新版本(包括所有的修改单)适用于本文件。

GB/T 2260—2007 中华人民共和国行政区划代码

3 术语和定义

下列术语和定义适用于本文件。

3.1

航空管制部门 air traffic control department

对空中活动实施监督控制和强制性管理的机构。

3.2

对空射击组织单位 air shooting organizational unit

县级以上组织实施人工影响天气地面高炮和火箭对空射击作业的单位。

3.3

对空射击 air shooting

人工影响天气地面高炮和火箭作业中，可能对空中航空器飞行造成安全威胁的活动。

3.4

空域使用计划 airspace use plan

描述对空射击活动的信息体，信息内容主要包括：组织单位、装备种类、空域使用时间、空域使用范围等。

3.5

对空射击报文 air shooting massage

对空射击情报

与对空射击活动有关的空域协商、空域申请和批复以及回执等信息传递的载体。

注：包括对空射击协商报、对空射击指令报和对空射击回执报。

4 缩略语

下列缩略语适用于本文件。

AUP：空域使用计划(Airspace Use Plan)

CST:北京时间(China Standard Time)
FF:加急报(The urgent report)
GG:急报(dispatch)
SHT:对空射击(Air Shooting)
SHT-ACK:对空射击回执报(Air Shooting-Acknowledgement)
SHT-NEG:对空射击协商报(Air Shooting-Negotiation)
SHT-WIM:对空射击指令报(Air Shooting-Shooting Work Instruction)
XML:可扩展标记语言(Extensible Markup Language)

5 报文种类与内容

5.1 报文种类

5.1.1 协商报

对空射击组织单位、航空管制部门之间传递协调信息的报文。

5.1.2 指令报

用于空域使用计划的申请、批复以及撤销、开始、停止、结束等作业实施状态确认的详细报文。

5.1.3 回执报

需要回执的报文由源发单位送达目的单位后,目的单位用以向源发单位回复收到信息的报文。包括协商报、指令报的回执。

5.2 报文内容

5.2.1 报头

协商报、指令报和回执报的报头数据项相同。详细内容见表1。

表1 报文的报头内容表

序号	数据项	是否必填项	备注
1	电报等级	是	包括急报和加急报两种
2	发报人员	是	发出报文的人员信息
3	发报地址	是	报文发出单位,对空射击组织单位或航空管制部门
4	报文类型	是	普通或汇集两种。协商报和回执报不需汇集,为普通。指令报需要汇集
5	发报时戳	是	报文发送的具体时间
6	流水号	是	当日报文发出的序号
7	收报地址	是	报文接收单位,航空管制部门或对空射击组织单位

5.2.2 正文

协商报、指令报和回执报的正文数据项内容各不相同,同一数据项编码规则一致,详细内容见表2。

表 2　报文的正文内容表

报文类型	数据项	是否必填项	备注
协商报	报文 ID	是	协商报的报文序号
	报类	是	协商报(SHT-NEG)
	协商内容	否	对空射击作业空域保障需求和了解作业实施情况等协调信息
	编制时间	是	编制协商报的时间
指令报	报文 ID	是	指令报的报文序号
	报类	是	指令报(SHT-WIM)
	指令类型	是	空域申请、空域审批和空域使用状态等指令
	申请单位	是	对空射击情报的源发单位
	装备种类	是	作业使用的装备，填写高炮或火箭
	空域使用时间	是	对空射击的开始时间、结束时间
	空域使用范围	是	空域代号、空域形状、圆心坐标、射击半径、射击仰角、射击方位、射高等信息
	编制时间	是	编制指令报的时间
	备注	否	不予批复、作业停止、作业撤销等原因
回执报	报文 ID	是	回执报的报文序号
	被回执报文 ID	是	被回执的指令报报文序号或协商报报文序号
	报类	是	回执报(SHT-ACK)
	回执类型	是	人工或自动回执，在对空射击管理系统支持下可实现自动回执
	指令类型	是	空域申请，空域审批和空域使用状态等指令
	回执人员	是	发出回执的人员信息
	回执单位	是	发出回执的单位信息
	编制时间	是	编制回执报的时间
	备注	否	

5.3　报文格式

5.3.1　文件定义

对空射击报文应采用 XML 文件格式进行定义。

5.3.2　格式

5.3.2.1　全文格式

各类报文内容均应由报头和正文两个部分构成，先报头、后正文。报头和正文对应文字由打开标签和结束标签前后闭合。

示例：

```
〈对空射击情报〉
    〈报头〉
        {报头内容}
    〈/报头〉
    〈正文〉
        {正文内容}
    〈/正文〉
〈/对空射击情报〉
```

5.3.2.2 报头格式

对空射击情报报头格式按数据项顺序，对应文字由打开标签和结束标签前后闭合。

示例：

```
〈报头〉
    〈电报等级〉〈/电报等级〉
    〈发报人员〉〈/发报人员〉
    〈发报地址〉〈/发报地址〉
    〈报文类型〉〈/报文类型〉
    〈发报时戳〉〈/发报时戳〉
    〈流水号〈〈/流水号〉
    〈收报地址〉〈/收报地址〉
〈/报头〉
```

5.3.2.3 正文格式

对空射击情报正文格式按数据项顺序，对应文字由打开标签和结束标签前后闭合。

示例 1：

```
〈协商报正文〉
    〈报文 ID〉〈/报文 ID〉
    〈报类〉〈/报类〉
    〈协商内容〉〈/协商内容〉
    〈编制时间〉〈/编制时间〉
〈/协商报正文〉
```

示例 2：

```
〈指令报正文〉
    〈报文 ID〉〈/报文 ID〉
    〈报类〉〈/报类〉
    〈指令类型〉〈/指令类型〉
    〈申请单位〉〈/申请单位〉
    〈装备种类〉〈/装备种类〉
    〈空域使用时间〉〈/空域使用时间〉
    〈空域使用范围〉〈/空域使用范围〉
    〈编制时间〉〈/编制时间〉
    〈备注〉〈/备注〉
〈/指令报正文〉
```

示例 3：

```
〈回执报正文〉
    〈报文 ID〉〈/报文 ID〉
    〈被回执报文 ID〉〈/被回执报文 ID〉
    〈报类〉〈/报类〉
    〈回执类型〉〈/回执类型〉
    〈指令类型〉〈/指令类型〉
    〈回执人员〉〈/回执人员〉
    〈回执单位〉〈/回执单位〉
    〈编制时间〉〈/编制时间〉
    〈备注〉〈/备注〉
〈/回执报正文〉
```

6 报文数据项编码规则

6.1 报头数据项编码规则

6.1.1 电报等级

数据类型：文本字符。

长度限制：2 字节。

编码规则：为固定值，“FF”或“GG”。

示例：

〈电报等级〉FF〈/电报等级〉

6.1.2 发报人员/回执人员

数据类型：数值。

长度限制：1～4 个字节。

编码规则：阿拉伯数字组成的代号。

示例：

〈发报人员〉0307〈/发报人员〉

6.1.3 发报地址/收报地址

数据类型:文本字符。

长度限制:8 字节。

编码规则:固定为 8 个字母组成的地址编码。发报和收报地址中,航空管制部门的地址编码规则见附录 A 的 A.1,对空射击组织单位的地址编码见 A.2。

示例:

〈发报地址〉RY110000〈/发报地址〉,表示北京市人工影响天气办公室。

6.1.4 报文类型

数据类型:文本字符。

长度限制:4 字节。

编码规则:仅能为“普通”“汇集”。

示例:

〈报文类型〉普通〈/报文类型〉

6.1.5 发报时戳

数据类型:文本字符。

长度限制:19 字节。

编码规则:日期加时间格式,日期和时间之间以逗号隔开。为本报文发送具体时间。日期和时间的编码规则应分别符合附录 B 的 B.1 和 B.2。

示例:

〈发报时戳〉2013-09-05,11:01:59〈/发报时戳〉

6.1.6 流水号

数据类型:数值。

长度限制:1～5 个字节。

编码规则:阿拉伯数字组成,从 1 开始编码,至 99999 重新从 1 开始编码。

示例:

〈流水号〉2618〈/流水号〉

6.2 正文数据项编码规则

6.2.1 报文 ID/被回执报文 ID

数据类型:文本字符。

长度限制:32 字节。

编码规则:固定长度,每个字符取值范围为 0～9 或 A～F。

示例:

〈报文 ID〉3BD8F816C5F2B74393EBB13FFEE30989〈/报文 ID〉

6.2.2 报类

数据类型:文本字符。

长度限制:7 字节。

编码规则:字母与符号组合,固定值,SHT-NEG、SHT-WIM 和 SHT-ACK 之一。

示例：
〈报类〉SHT-WIM〈/报类〉，表示指令报

6.2.3 指令类型

数据类型：文本字符。

长度限制：20 字节。

编码规则：空域使用计划的状态和作业实施的状态。指令报中可为：作业申请；完全批准、部分批准、不予批准；作业撤销、作业开始、作业停止、作业结束。

示例：
〈指令类型〉作业申请〈/指令类型〉

6.2.4 申请单位/回执单位

数据类型：文本字符。

长度限制：8 字节。

编码规则：固定为 8 个字母组成的单位地址编码。申请与回执单位地址中，航空管制部门和对空射击组织单位地址编码规则应分别符合 A.1 和 A.2。

示例：
〈申请单位〉RY130822〈/申请单位〉，表示河北省承德市兴隆县人工影响天气办公室。

6.2.5 装备种类

数据类型：文本字符。

长度限制：2 字节。

编码规则：固定值，“GP”或“HJ”。“GP”“HJ”分别代表高炮、火箭作业装备。

示例：
〈装备种类〉GP〈/装备种类〉

6.2.6 空域使用时间

数据类型：文本字符。

长度限制：60 字节。

编码规则：内含射击开始时间、射击结束时间两个信息，且射击开始时间不应晚于射击结束时间。

格式为：

〈空域使用时间〉
　　〈射击开始时间〉〈/射击开始时间〉
　　〈射击结束时间〉〈/射击结束时间〉
〈/空域使用时间〉

射击开始时间/射击结束时间编码规则如下。

数据类型：文本字符。

长度限制：30 字节。

编码规则：日期加时间格式，日期和时间之间以逗号隔开。日期和时间的编码规则应分别符合 B.1 和 B.2。

示例：
〈射击开始时间〉2013-07-21,08:30:15〈/射击开始时间〉

6.2.7 空域使用范围

数据类型：文本字符。

长度限制：2000 字节。

编码规则：内含空域代号、空域形状、圆心坐标、射击半径、射击仰角、射击方位、射高等信息。空域形状包括圆形、扇形两类。格式分别为：

〈空域使用范围〉

〈空域代号〉〈/空域代号〉

〈空域形状〉〈/空域形状〉

〈圆心坐标〉〈/圆心坐标〉

〈射击半径〉〈/射击半径〉

〈最低仰角〉〈/最低仰角〉

〈最高仰角〉〈/最高仰角〉

〈起始方位角〉〈/起始方位角〉

〈终止方位角〉〈/终止方位角〉

〈射高〉〈/射高〉

〈/空域使用范围〉

6.2.7.1 空域代号

数据类型：文本字符。

长度限制：12 字节。

编码规则：固定为 12 位的数字代码。以作业站点代码(9 位)作为主代号，再加上站点数量(2 位)的组合代号，以"-"为间隔，站点数量位数不足时前面补零。多个站点同时存在时，任取其一站点代码作为主代号。作业站点代码规则应符合附录 C 的规定。

示例：

〈空域代号〉320282002-01〈/空域代号〉，表示江苏省无锡市宜兴县芙蓉镇的芙蓉茶场一个作业站点。

6.2.7.2 空域形状

数据类型：文本字符。

长度限制：10 字节。

编码规则：仅能为"圆形"或"扇形"。

示例：

〈空域形状〉圆形〈/空域形状〉

6.2.7.3 圆心坐标

数据类型：文本字符。

长度限制：19 字节。

编码规则：固定长度，人工影响天气作业站点所在坐标经纬度值。规则参见 B.6。

示例：

〈圆心坐标〉116303645E30060123N〈/圆心坐标〉

6.2.7.4 射击半径

数据类型：数值。

长度限制：5 字节。

编码规则：固定为 5 位的无符号整数。规则参见 B.3。

示例：

〈射击半径〉10000〈/射击半径〉

6.2.7.5 最低仰角/最高仰角

数据类型:文本字符。

长度限制:2 字节。

编码规则:固定长度为 2 位的无符号整数。自下而上,最低仰角不应大于最高仰角。规则参见 B.4。

示例:

〈最低仰角〉55〈/最低仰角〉

〈最高仰角〉65〈/最高仰角〉

6.2.7.6 起始方位角/终止方位角

数据类型:文本字符。

长度限制:3 字节。

编码规则:固定长度为 3 位的无符号整数。规则参见 B.5。用起始方位角按顺时针方向到达终止方位角之间的范围来表示射击方位。当空域形状为"圆形"时,起始方位角和终止方位角数值分别固定为 000 和 360。

示例:

〈起始方位角〉315〈/起始方位角〉

〈终止方位角〉345〈/终止方位角〉

6.2.7.7 射高

数据类型:数值。

长度限制:5 字节。

编码规则:固定为 5 位的无符号整数。规则参见 B.3。

示例:

〈射高〉08000〈/射高〉

6.2.8 协商内容/备注

数据类型:文本字符。

长度限制:200 字节。

编码规则:自由文本。

示例:

〈协商内容〉拟计划夜间组织火箭增雨作业,请届时予以保障。〈/ 协商内容〉

〈备注〉注意安全,令行禁止〈/ 备注〉

6.2.9 编制时间

数据类型:文本字符。

长度限制:19 字节。

编码规则:日期加时间格式,日期和时间之间以逗号隔开。编制或修改报文的时间。日期和时间的编码规则应分别符合 B.1 和 B.2。

示例:

〈编制时间〉2013-07-23,21:30:15〈/ 编制时间〉

附　录　A
（规范性附录）
单位地址编码

A.1　航空管制部门地址编码

各级航空管制部门的地址编码应与对应军航新一代管制中心系统使用的地址编码保持一致，固定为 8 个字母组成，编码规则按照军航规定执行。

A.2　对空射击组织单位/申请单位地址编码

县级为人工影响天气地面高炮、火箭作业空域申报的最基本单元。

作为对空射击组织单位/申请单位，气象部门编制的地址编码格式实行全国统一的 8 位制代码，其中第 1、2 位固定为“RY”，第 3～8 位为本级所在行政区域代码。按照 GB/T 2260—2007，以 6 位阿拉伯数字分层次代表我国的省（自治区、直辖市），地区（市、州、盟），县（区、市、旗）的名称。

示例：

RY110000，表示北京市人工影响天气中心（办公室）。

RY130822，表示河北省承德市兴隆县人工影响天气中心（办公室）。

附 录 B
（资料性附录）
时间和方位编码规则

B.1 日期

日期用“-”分隔的8位数字表示，表示形式为：年-月-日（yyyy-mm-dd），长度共计10位。前4位（yyyy）表示年，中间2位（mm）表示月，最后2位（dd）表示日。位数不足时前补零。

示例：

“2013-11-06”，表示2013年11月6日。

B.2 时间

时间使用北京时间（CST），精确到秒，采用24小时制。

时间是用“：”分隔的6位数字表示，表示形式为：时：分：秒（hh：mm：ss），长度共计8位。前2位（hh）表示小时，中间2位（mm）表示分钟，最后2位（ss）表示秒。零时用“00：00：00”表示。位数不足时前补零。

示例：

“08：15：36”，表示8时15分36秒。

B.3 距离/高度

整数，以米（m）为单位，固定长度为5位。位数不足时前补零。

示例：

射击半径“10000”，表示对空射击作业的半径为10000 m；射高“08000”，表示射高（最大弹道高度）为8000 m。

B.4 仰角

视线在水平线以上时，在视线所在的垂直平面内，视线与水平线所成的角。

整数，单位为度，固定长度为2位。位数不足时前补零。

示例：

最低仰角“45”，表示对空射击作业最低仰角为45°。

B.5 方位角

指北方向线依顺时针方向与目标方向线之间的水平夹角。

整数，单位为度，固定长度为3位。位数不足时前补零。

示例：

终止方位角“315”，表示对空射击作业射向的终止方位角为正北315°。

B.6 经纬度

用字母分隔的地理位置数字信息，以度（°）、分（′）、秒（″）、毫秒（0.001″）为单位的角度的度量制。

数字和字母共计 19 位。

格式为：

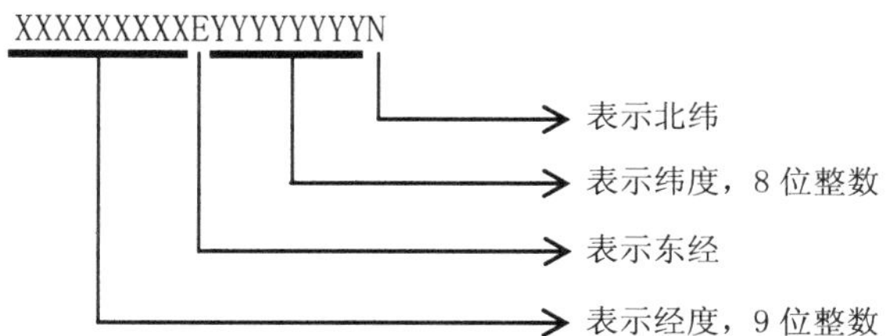

经度固定长度为 9 位，其中：1～3 位表示度，4～5 位表示分，6～7 位表示秒，8～9 位表示十毫秒。位数不足时前补零。

纬度固定长度为 8 位，其中：1～2 位表示度，3～4 位表示分，5～6 位表示秒，7～8 位表示十毫秒。位数不足时前补零。

示例：

“116303645E30060123N”，表示东经 116°30′36.45″、北纬 30°6′1.23″。

附 录 C
(规范性附录)
作业站点代码

C.1 固定/流动站点代码

固定/流动站点代码由9位阿拉伯数字组成。其中:第1～6位为本级所在行政区域代码,按照GB/T 2260—2007,用6位阿拉伯数字分层次代表我国的省(自治区、直辖市),地区(市、州、盟),县(区、市、旗)的名称;第7～9位为人工影响天气作业站点编号。对空射击组织单位以县级为单位对辖区内人工影响天气作业站点按3位数字顺序进行编号,编号范围为000～999。

示例:

320282002,表示为江苏省无锡市宜兴县芙蓉镇的芙蓉茶场作业站点。

C.2 临时站点代码

临时站点代码由8位阿拉伯数字加1位字母组成。其中:第1～6位为本级所在行政区域代码,按照GB/T 2260—2007,用6位阿拉伯数字分层次代表我国的省(自治区、直辖市),地区(市、州、盟),县(区、市、旗)的名称;第7位固定为字母“T”,用以表示该站点为临时站点;第8～9位由对空射击组织单位对辖区内按2位数字顺序进行编号,编号范围为00～99。隔日设立的临时站点,可按起始数字顺序进行重新编号。

示例:

320282T01,表示为江苏省无锡市宜兴县芙蓉镇的一个人工影响天气临时站点。

参 考 文 献

[1] QX/T 17—2003 37 mm 高炮防雹增雨安全技术规范
[2] QX/T 151—2012 人工影响天气作业术语
[3] 空军装备研究院.全国对空射击管理系统信息规范[Z],2013
[4] 中国气象局科技教育司.高炮人工防雹增雨作业业务规范(试行)[Z],2000
[5] 中国气象局应急减灾与公共服务司.减灾司关于上报人影作业站点基础信息的通知[Z],2013

ICS 07.060
A 47
备案号：63047—2018

中华人民共和国气象行业标准

QX/T 423—2018

气候可行性论证规范　报告编制

Specifications for climatic feasibility demonstration—Report compilation

2018-04-28 发布　　2018-08-01 实施

中国气象局　发布

前 言

本标准按照 GB/T 1.1—2009 给出的规则起草。

本标准由全国气候与气候变化标准化技术委员会(SAC/TC 540)提出并归口。

本标准起草单位:湖北省气象服务中心、沈阳区域气候中心、陕西省气候中心。

本标准主要起草人:袁业畅、廖洁、何飞、赵春雨、孙娴、雷杨娜、朱玲、成驰、李燕、胡宗海。

气候可行性论证规范　报告编制

1　范围

本标准规定了气候可行性论证报告的结构和内容要求。

本标准适用于规划和建设项目的气候可行性论证报告的编制。

2　规范性引用文件

下列文件对于本文件的应用是必不可少的。凡是注日期的引用文件，仅注日期的版本适用于本文件。凡是不注日期的引用文件，其最新版本(包括所有的修改单)适用于本文件。

GB/T 35221—2017　地面气象观测规范　总则

GB/T 35222—2017　地面气象观测规范　云

GB/T 35223—2017　地面气象观测规范　气象能见度

GB/T 35224—2017　地面气象观测规范　天气现象

GB/T 35225—2017　地面气象观测规范　气压

GB/T 35226—2017　地面气象观测规范　空气温度和湿度

GB/T 35227—2017　地面气象观测规范　风向和风速

GB/T 35228—2017　地面气象观测规范　降水量

GB/T 35229—2017　地面气象观测规范　雪深与雪压

GB/T 35230—2017　地面气象观测规范　蒸发

GB/T 35231—2017　地面气象观测规范　辐射

GB/T 35232—2017　地面气象观测规范　日照

GB/T 35233—2017　地面气象观测规范　地温

GB/T 35234—2017　地面气象观测规范　冻土

GB/T 35235—2017　地面气象观测规范　电线积冰

GB/T 35236—2017　地面气象观测规范　地面状态

GB/T 35237—2017　地面气象观测规范　自动观测

QX/T 65　地面气象观测规范　第21部分：缺测记录的处理和不完整记录的统计

QX/T 66　地面气象观测规范　第22部分：观测记录质量控制

QX/T 118　地面气象观测资料质量控制

3　术语和定义

下列术语和定义适用于本文件。

3.1

参证气象站　reference meteorological station

气象分析计算所参照具有长年代气象数据的国家气象观测站。

注：国家气象观测站包括GB 31221—2014中定义的国家基准气候站、国家基本气象站、国家一般气象站。

3.2

专用气象站 dedicated meteorological station

为工程项目选址或者其建设项目获取气象要素值而设立的气象观测站。

注：专用气象站的观测项目和年限根据设站目的而定，包括地面气象观测场、观测塔和其他特种观测设施等。

3.3

关键气象因子 key meteorological factor

与项目实施具有制约性关系，并可直接测量的大气状态参量。

注：如桥梁建设项目中的风速，城市排水管网建设中的降水、地温，城市规划中的风向等。

3.4

高影响天气 high-impact weather

直接影响论证对象实施的天气现象。

注：如核电建设项目中的热带气旋、龙卷，机场建设项目中的雷暴、风资源评估中的结冰等。

4 报告结构

4.1 封面

气候可行性论证报告（简称报告）封面宜包括论证项目名称、报告编制单位及报告编制日期。参见附录 A 的图 A.1。

4.2 封二

报告封二宜包括论证项目名称、委托单位、承担单位、项目负责人、参与人员、编写人员、审核人、审定人及批准人等信息。参见附录 A 的图 A.2。

4.3 目录

报告目录应包括报告正文及附录、附件部分的大纲标题，宜显示 1 级至 3 级大纲标题。

4.4 正文

报告应根据当地气候环境和项目的特点，按气候可行性论证的相关专项标准进行编制。没有专项标准的参照附录 B 的格式编制，可以是全部或部分内容。各部分的编写应按第 5 章进行。

4.5 附录

报告形成过程中的原始数据、计算过程、中间结果等不宜在报告中列出的，必要时可将其内容和方法以附图或附表的形式编入附录。附图要求可参考附录 C 的 C.1。

4.6 附件

报告的最终版本宜将评审意见及专家签名表，必要的依据文件文本以附件形式编入。

5 报告内容

5.1 总则

5.1.1 应说明编制气候可行性论证报告的任务由来，并结合项目的特点阐述编制目的。

5.1.2 应全面、真实、准确地列出编制依据。编制依据宜包括与项目论证相关的法律法规、规划，相关的标准与规范以及项目有关的技术文件和工作文件(包括项目建议书、工作大纲、论证委托书或任务书)。

5.2 项目基本情况

围绕气候可行性论证的目的,简要说明项目的基本情况,包括项目流程、环节、构成单元、地理位置和占地范围等,并根据当地气候和环境问题确定气候可行性论证的研究范围及重点。

5.3 高影响天气及关键气象因子确定

5.3.1 从项目本身和工程分析的角度,应列出项目实施的主要途径、方法和措施等。

5.3.2 从项目实施全过程,包括选址、设计、建设、运营等各阶段,说明与项目各环节相关的气象要素。根据需求,明确项目论证的高影响天气及关键气象因子。

5.4 资料说明

5.4.1 资料内容和来源

5.4.1.1 报告所引用的资料应符合资料收集的相关规范的要求,并根据资料的不同类型,分别介绍其收集时段以及来源。

5.4.1.2 报告对闪电、雷达等特殊资料,应同时介绍数据采集仪器、观测规律等。必要时,应介绍对典型气象灾害案例现场调查的情况。

5.4.2 现场气象观测

5.4.2.1 报告中应对专用气象站的基本情况,所安装的主要设备、设施,主要观测内容及观测时段进行描述。

5.4.2.2 报告中应对专用气象站的观测数据是否符合 GB/T 35221—2017 至 GB/T 35237—2017 的要求、观测数据的采集和处理是否符合 QX/T 65 和 QX/T 66 的要求、观测数据的质量控制是否符合 QX/T 118 的要求进行说明。必要时,宜说明观测数据是否通过了专家评审,若通过专家评审,可以作为计算分析的基础依据。

5.4.2.3 若专用气象站符合现场观测相关规范要求并通过验收,宜将验收结论意见作为附件列入。

5.4.3 参证气象站

5.4.3.1 报告中应给出参证气象站的选取方法。参证气象站可以选取一个或多个。

5.4.3.2 报告中应给出包含论证区和参证气象站位置的地形图,说明在论证区域内,论证项目及拟选参证气象站的分布情况;以表格的形式给出参证气象站历史沿革情况,以及距离项目所在地的最短距离和相对位置,参见附录 C 的表 C.1,简要说明沿革情况。

5.4.3.3 报告中应给出参证气象站资料序列的一致性分析,其内容应包括对资料序列均一性的检验方法及检验结果。若进行了一致性订正,则应给出订正方法。若存在多个参证气象站,则应说明每个参证气象站在决定关键气象因子及其特征值时的具体作用。

5.4.4 气象资料的代表性、准确性、比较性分析

5.4.4.1 报告中宜对气象观测站的位置、周边环境、观测仪器基本性能进行介绍,分析资料的区域代表性。

5.4.4.2 报告中宜对气象观测站的属性、气象观测执行标准、气象资料质量控制、观测人员资质情况进行介绍,说明气象观测资料的准确性。

5.4.4.3 报告中宜对气象观测站的观测时序和日界、历史沿革、资料序列的均一性检验进行介绍，说明资料的比较性。

5.5 区域气候特征分析

5.5.1 气候背景

5.5.1.1 报告应根据项目所处地形状况、海拔高度、局地气候特征等，明确论证项目所在区域与参证气象站的气候区，并注明气象要素特征值的取值年限。

5.5.1.2 报告应根据论证对象的需要给出气温、气压、相对湿度、风速风向、降雨量、雪深和雪压、最大冻土深度、雨凇、雾凇、电线结冰、蒸发量、日照和太阳辐射等要素的特征值，并绘制相应的变化曲线图，风向应绘制参证气象站四季和全年风向频率玫瑰图，并进行简要描述。各气象要素特征值宜以表格的形式给出，表格形式可参考附录C的表C.2～表C.19。

5.5.1.3 报告宜以表格形式列出各种天气现象累年各月平均出现日数，并进行简要描述。

5.5.2 气象灾害

5.5.2.1 报告中宜列出论证区域的总体气象灾害状况，着重关注与所论证项目关联密切的气象灾害及其风险区划。

5.5.2.2 报告中应介绍灾害调查来源，简要介绍该区域主要气象灾害种类。

5.5.2.3 报告中宜给出当地气象主管机构认可的灾害分布区划图。若没有，可参考附录D编写，并选择较典型的灾情实况进行描述。

5.6 高影响天气分析

5.6.1 方法说明

报告中应说明高影响天气及其特征参数的计算分析方法，高影响天气特征参数极值分布的拟合分析方法及拟合效果分析。

5.6.2 频率及强度特征分析

报告应分析论证范围内制约项目建设、运行的高影响天气变化规律，分析其出现频率及强度特征，分析计算其特征参数，并以图、表形式给出分析结果。

5.6.3 空间分布

报告中宜给出覆盖整个论证区域的高影响天气出现频率和强度的地理空间分布图。

5.6.4 逐项分析

每一种高影响天气现象，宜单列章节按照5.6.1～5.6.3进行逐项分析阐述。

5.7 关键气象因子分析

5.7.1 方法说明

报告中应说明关键气象因子特征参数的计算方法，关键气象因子及其特征参数极值分布的拟合分析方法及拟合效果分析。

5.7.2 时间变化特征分析

报告应分析关键气象因子及其特征参数的时空变化特征，给出关键气象因子的年际变化、年变化、日变化规律，给出对应的特征值，宜以图、表形式给出分析结果。

5.7.3 极值分析

报告应分析关键气象因子及其特征参数的极值变化，拟合关键气象因子的极值分布，根据论证项目的安全性要求，给出其多年一遇的极值或某极值的重现期，并以图、表形式给出分析结果。

5.7.4 阈值分析

若项目涉及关键气象因子的阈值范围，应给出该气象因子在阈值范围外的风险频率及危害描述，宜有针对性地提出避免或减缓措施。

5.7.5 逐项分析

报告中对每一个关键气象因子，宜单列章节按5.7.1～5.7.4进行逐项分析阐述。

5.8 项目实施可能对局地气候产生的影响

5.8.1 必要时，报告还应分析说明项目实施可能对局地气候产生的影响。
5.8.2 报告应给出分析方法、分析依据、对比分析项目建成前后项目影响区及远离项目区的气候变化特征及气候变化趋势，分析项目对局地气候的影响范围和影响程度。
5.8.3 报告宜提出减轻或避免影响的措施。

5.9 论证结果的适用性及建议

报告宜在总结5.5～5.8分析过程及结果的基础上，说明论证结论的适用性，并提出项目设计实施时应关注的气象条件因素。

5.10 结论

5.10.1 编写原则

5.10.1.1 报告的结论即全部论证工作的总结，编写时应在概括和总结全部论证工作的基础上，客观地总结拟论证项目实施过程各阶段的气候适宜性、风险性以及可能对局地气候产生影响的分析结论，并指出分析结果的适用范围及其不确定性，宜从气候适宜性和灾害防护性的角度，提出减缓和防范措施。
5.10.1.2 报告结论应文字简洁、准确，宜分条叙述，以便阅读。

5.10.2 编写内容

报告结论应包括下列内容：

a) 概括地描述项目基本情况；
b) 简要说明论证范围的气候背景，以及气象灾害情况；
c) 给出论证范围内的关键气象因子极值及高影响天气现象拟合分析结果，指出关键气象因子的风险频率；
d) 给出结果的适用范围及不确定性；
e) 综合结论及建议。

附　录　A
（资料性附录）
气候可行性论证报告封面及封二样式

A.1　封面

××××××××××项目
气候可行性论证报告

报告编制单位名称
××××年××月

图 A.1　气候可行性论证报告封面样式

A.2 封二

项目名称：

委托单位：

承担单位：

协作单位：

项目负责人：姓名，职称，单位

参加人员：姓名，职称，单位；
姓名，职称，单位

编写人员：

姓名	职称	负责章节	签字

审核人：　　（签字）

审定人：　　（签字）

批准人：　　（签字）

图 A.2　气候可行性论证报告封二样式

附 录 B
(资料性附录)
气候可行性论证报告主要内容编排格式

1 总则

1.1 任务由来
1.2 论证依据
1.3 论证目的及论证原则

2 项目基本情况

2.1 项目概况
2.2 论证范围和内容

3 高影响天气及关键气象因子确定

4 资料说明

4.1 资料内容和来源
4.2 现场气象观测
4.3 参证气象站
4.4 气象资料的代表性、准确性、比较性分析

5 区域气候特征分析

5.1 气候背景
5.2 气象灾害

6 高影响天气分析

6.1 高影响天气变化规律
6.2 高影响天气出现频率及强度特性
6.3 高影响天气特征参数的极值分析

7 关键气象因子分析

7.1 关键气象因子及其特征参数的时空变化特征
7.2 关键气象因子及其特征参数的极值

8 项目实施可能对局地气候产生的影响

9 论证结果的适用性及建议

10 结论

图 B.1 气候可行性论证报告主要内容编排格式

附　录　C
（资料性附录）
气候可行性论证报告中的图表编制

C.1　基本图件

C.1.1　项目地理位置图及周边气象站分布图。包括论证范围底图、论证范围、项目所在位置、专用气象站、国家及区域气象台站、探空气象台站等，应标注图例、比例尺和指北针。

C.1.2　基本气象资料分析图。包括气温、气压、相对湿度、风速、降水量等基本气象要素的年际、年、日变化曲线图，年、季风向玫瑰图等。

C.1.3　气象灾害资料分析图。选取与项目相关的气象灾害，绘制论证区域如霜冻、冰雹、雷暴和沙尘暴等气象灾害发生次数的空间分布图，以及气象灾害发生次数（或强度）的年际、年变化曲线图。

C.1.4　极值拟合曲线图。根据选取的极值拟合方法，给出参证站极端气象要素（如最高气温、最低气温、风速、降雨量等）的分布拟合曲线图。

C.2　基本表格

C.2.1　气象台站基本情况介绍样表

格式见表C.1。

表C.1　气象台站基本情况介绍

编号	台站名称	经度	纬度	离厂距离（km）	方位	气象站类别	观测次数	观测内容

注1：观测内容：(1)云、(2)能见度、(3)天气现象、(4)气压、(5)空气温度、(6)空气湿度、(7)风向、(8)风速、(9)降水、(10)雪深、(12)蒸发、(13)日照、(14)地温、(15)电线结冰、(16)冻土、(17)雪压。

注2：观测时间：3次站观测时间为08时、14时和20时（北京时）。

C.2.2　气候背景各气象要素特征值分析样表

格式见表C.2—表C.19。

表C.2　参证气象站累年各月气温特征值(℃)(　年　月—　年　月)

月份		1	2	3	4	5	6	7	8	9	10	11	12	全年
站名	平均													
	平均最高													
	平均最低													
	极端最高													
	极端最低													

表 C.3 参证气象站累年各月气压特征值(hPa)(年 月— 年 月)

月份		1	2	3	4	5	6	7	8	9	10	11	12	全年
站名	平均气压													
	极端最高													
	极端最低													

表 C.4 参证气象站累年各月相对湿度特征值(%)(年 月— 年 月)

月份		1	2	3	4	5	6	7	8	9	10	11	12	全年
站名	平均													
	最小													

表 C.5 参证气象站累年各月平均风速(m/s)(年 月— 年 月)

月份	1	2	3	4	5	6	7	8	9	10	11	12	全年
站名 1													
站名 2													
……													

表 C.6 参证气象站 10 分钟平均最大风速和瞬时极大风速(m/s)(年 月— 年 月)

台站	平均最大风速(m/s)	出现时间	风向	资料年限	瞬时极大风速(m/s)	出现时间	风向	资料年代

表 C.7 参证气象站累年各季及年各风向频率及最多风向(年 月— 年 月)

风向	N	NNE	NE	ENE	E	ESE	SE	SSE	S	SSW	SW	WSW	W	WNW	NW	NNW	C	最多风向
春季																		
夏季																		
秋季																		
冬季																		
全年																		

表 C.8　参证气象站累年各月平均降雨量(mm)(　年　月—　年　月)

月份	1	2	3	4	5	6	7	8	9	10	11	12	全年
站名 1													
站名 2													
……													

表 C.9　参证气象站累年各月最大降雨量(mm)(　年　月—　年　月)

月份	1	2	3	4	5	6	7	8	9	10	11	12	全年
站名													
出现时间													

表 C.10　参证气象站累年最大降雨量(mm)(　年　月—　年　月)

台站	日最大降雨量	出现时间

表 C.11　参证气象站各月和年最大雪深(cm)(　年　月—　年　月)

月份	1	2	3	4	5	6	7	8	9	10	11	12	全年
站名 1													
站名 2													
……													

表 C.12　参证气象站最大雪压(g/cm^2)(　年　月—　年　月)

月份	1	2	3	4	5	6	7	8	9	10	11	12	全年
雪压													

表 C.13　参证气象站最大冻土深度(cm)(　年　月—　年　月)

月份	1	2	3	4	5	6	7	8	9	10	11	12	全年
冻土													

表 C.14　参证气象站各月雾凇、雨凇出现次数(　年　月—　年　月)

类别	雾　凇							雨　凇						
月份	1	2	3	…	12	年合计	年平均	1	2	3	…	12	年合计	年平均
站名														
站名														
……														

表 C.15　参证气象站电线结冰资料(　年　月—　年　月)

月份	南北直径(cm)	南北厚度(cm)	南北重量(g/m)	东西直径(cm)	东西厚度(cm)	东西重量(g/m)	出现日期
1							
2							
…							
12							
最大值							

表 C.16　参证气象站累年各月平均蒸发量特征值(mm)(　年　月—　年　月)

月份	1	2	3	4	5	6	7	8	9	10	11	12	全年
站名 1													
站名 2													
……													

表 C.17　参证气象站累年各月平均日照时数特征值(h)(　年　月—　年　月)

月份	1	2	3	4	5	6	7	8	9	10	11	12	全年
站名 1													
站名 2													
……													

表 C.18　参证气象站累年各月日照百分率(%)特征值(　年　月—　年　月)

月份	1	2	3	4	5	6	7	8	9	10	11	12	全年
站名 1													
站名 2													
……													

表 C.19 太阳辐射(MJ/m²)(总辐射 年 月— 年 月,净辐射 年 月— 年 月)

月份	1	2	3	4	5	6	7	8	9	10	11	12	全年
总辐射													
净辐射													

C.2.3 气象灾害特征样表

格式见表 C.20～表 C.30。

表 C.20 论证区域内气象站霜冻情况统计表(年 月— 年 月)

项目	初霜日期	终霜日期	最早初霜日（年月日）	最晚终霜日（年月日）	霜冻期日数
站名 1					
站名 2					
……					

表 C.21 参证气象站霜冻时间分布统计表(年 月— 年 月)

月份	7	8	9	10	11	12	1	2	3	4	5	6	全年	初日	终日	初终间日数
站名 1																
站名 2																
最多																
最少																
平均																

表 C.22 论证区域内气象站累年雾日统计表(单位： 天)(年 月— 年 月)

项目	年平均	最多(年)	最少(年)
站名 1			
站名 2			
……			

表 C.23 参证气象站各月雾日数(年 月— 年 月)

月份	1	2	3	4	5	6	7	8	9	10	11	12	全年
站名 1													
站名 2													
……													

表 C.24　论证范围内冰雹出现总次(　年　月—　年　月)

月份	1	2	3	4	5	6	7	8	9	10	11	12	全年
站名 1													
站名 2													
……													

表 C.25　参证气象站寒潮统计

年	月	日	降温前温度	降温后温度	最低气温	降温幅度

表 C.26　参证气象站寒潮大风[a]统计(风速指极大风速，　年　月—　年　月)

时　间	风速(m/s)	风向
注：以 6 级(相当于 10.8～13.8 m/s)及以上统计大风。		

表 C.27　参证气象站历年各季及全年旱涝等级表(　年　月—　年　月)

季节	春	夏	秋	冬	全年
年份 1					
年份 2					
……					
干旱总年数					

表 C.28　论证区域内雷暴出现次数(　年　月—　年　月)

月份	1	2	3	4	5	6	7	8	9	10	11	12	全年
站名 1													
站名 2													
……													

表 C.29　论证区域内气象站沙尘暴出现时间和次数(　年　月—　年　月)

站名	年	月	次数

表 C.30　论证区域内龙卷灾情记录及等级划分

序号	台站	年份	区域	季节	时间	灾害记录	风力等级	最大风速(m/s)	F 等级

附 录 D
(资料性附录)
气候可行性论证报告中的气象灾害分析

D.1 霜冻

D.1.1 霜冻的地理分布

给出参证气象站霜冻期日数统计表,绘制论证区域内霜冻日数地理分布图,并简要描述。表格格式参见表 C.20。

D.1.2 霜冻的时间分布

给出参证气象站各月霜冻日数,初、终日,累年各月最多、最少日数和最早最晚初终日统计表,并进行简要描述。表格格式参见表 C.21。

D.1.3 霜冻的灾害

选择较典型的霜冻灾害进行描述。

D.2 雾

D.2.1 雾日的地理分布

给出参证气象站累年雾日统计表,绘制论证区内雾日的地理分布图,并简要描述。表格格式参见表 C.22。

D.2.2 雾日的月际变化

给出各参证气象站各月雾日数统计表,并简要描述。表格格式参见表 C.23。

D.2.3 场址区域较重的雾灾害

选择较典型的雾灾害进行描述。

D.3 冰雹

D.3.1 冰雹的地理分布

给出参证气象站各月及年冰雹出现次数统计表,并简要描述。表格格式参见表 C.24。

D.3.2 冰雹的强度

可选择典型情况进行说明。

D.3.3 冰雹的灾害

选择典型的冰雹灾害进行描述。

D.4 寒潮大风

D.4.1 寒潮大风特征

根据 GB/T 20484 对参证气象站历年寒潮情况进行统计，给出参证气象站寒潮气温统计表和参证气象站寒潮大风统计表。并简要描述。表格格式参见表 C.25～表 C.26。

D.4.2 寒潮灾害

选择较典型的寒潮灾害进行描述。

D.5 干旱

D.5.1 干旱分析

给出干旱指标的定义或引用的标准。依据干旱指标，给出参证气象站历年各季及全年旱涝等级表，并进行简要分析。表格格式参见表 C.27。

D.5.2 干旱灾害

选择较典型的干旱灾害进行描述。

D.6 雷暴

D.6.1 雷暴日数的地理分布

论证区域内气象台站历年雷暴日数，给出各气象站雷暴出现次数统计表及区域内雷暴日数的地理分布图，并进行简要描述。表格格式参见表 C.28。

D.6.2 雷暴日数的月际变化

依据上述表格，分析雷暴日数的月际变化。

D.6.3 雷暴灾害

选择较典型的雷暴灾害进行描述。

D.7 沙尘暴

给出论证区域各气象站沙尘暴出现时间和次数统计表，绘制论证区域内沙尘暴历史发生次数空间分布图，并简要描述。表格格式参见表 C.29。

D.8 龙卷

给出论证区域龙卷出现时间、地点以及灾情记录。表格格式参见表 C.30。

参考文献

[1] GB/T 20484—2017 冷空气等级
[2] GB 31221—2014 气象探测环境保护规范 地面气象观测站
[3] QX/T 242—2014 城市总体规划气候可行性论证技术规范
[4] 马鹤年.气象服务学基础[M].北京:气象出版社,2008

ICS 07.060
A 47
备案号：63048—2018

中华人民共和国气象行业标准

QX/T 424—2018

气候可行性论证规范　机场工程气象参数统计

Specifications for climatic feasibility demonstration—Meteorological parameter statistics for airport projects

2018-04-28 发布　　　　2018-08-01 实施

中　国　气　象　局　　发布

前　言

本标准按照 GB/T 1.1—2009 给出的规则起草。

本标准由全国气候与气候变化标准化技术委员会(SAC/TC 540)提出并归口。

本标准起草单位:宁夏回族自治区气候中心、沈阳区域气候中心。

本标准主要起草人:崔洋、孙银川、常倬林、王素艳、左河疆、桑建人、刘春泉、龚强、高娜、朱玲、宋煜。

气候可行性论证规范　机场工程气象参数统计

1　范围

本标准规定了机场工程规划设计和选址的气候可行性论证气象参数统计的内容和方法。

本标准适用于机场工程规划设计和选址的气候可行性论证气象参数的统计和评估。

2　规范性引用文件

下列文件对于本文件的应用是必不可少的。凡是注日期的引用文件，仅注日期的版本适用于本文件。凡是不注日期的引用文件，其最新版本(包括所有修改单)适用于本文件。

QX/T 118—2010　地面气象观测资料质量控制

3　术语和定义

下列术语和定义适用于本文件。

3.1

参证气象站　reference meteorological station

气象分析计算所参照具有长年代气象数据的国家气象观测站。

注：国家气象观测站包括 GB 31221—2014 中定义的国家基准气候站、国家基本气象站、国家一般气象站。

3.2

专用气象站　dedicated meteorological station

为工程项目选址或者其建设项目获取气象要素值而设立的气象观测站。

注：专用气象站的观测项目和年限根据设站目的而定，包括地面气象观测场、观测塔和其他特种观测设施等。

3.3

低云　low cloud

云底为 100 m～2500 m 的云。

注：包括积云、积雨云、层积云、雨层云。

3.4

低空风垂直切变　low-level wind vertical shear

距地面 600 m 以下风向和(或)风速在垂直距离上的变化。

4　参证气象站选取

4.1　选取气象历史序列比较长，与机场拟建区距离较短，下垫面相似，位于同一气候区的国家气象观测站。

4.2　优先选择周围探测环境状况良好，与机场拟建区海拔高度差小、无高大山体、河流阻隔，近 10 年以来气象观测记录完整的气象站。

5 气象资料收集与处理

5.1 气象资料收集

5.1.1 参证气象站30年以上逐日气压、气温、降水、相对湿度、风速、风向等常规气象要素观测记录。
5.1.2 参证气象站10年逐日逐时的气压、气温、降水、相对湿度、风速、风向等常规气象要素观测记录。
5.1.3 参证气象站10年逐日不少于3个时次的能见度、云观测记录。
5.1.4 参证气象站10年逐日轻雾、雾、浮尘、扬沙、沙尘暴、烟幕、霾、结冰、积雪、冻雨、雷暴、闪电、冰雹、热带气旋(台风、强热带风暴、热带风暴、热带低压)、龙卷、飑等天气的观测记录。
5.1.5 机场拟建区专用气象站与参证气象站至少一个完整年的同期气压、气温、降水、相对湿度、风速、风向等气象要素观测资料,以及机场拟建区典型季节代表月低空风廓线观测资料。

5.2 气象资料质量控制

机场拟建区专用气象站观测数据应按照QX/T 118—2010的要求进行质量控制。

6 机场工程气象参数统计内容

6.1 风

6.1.1 专用气象站风

6.1.1.1 统计的内容包括:
——全年、各月的盛行风向,各风向的风速变化情况及日变化、年变化特征;
——全年、各月的平均风速,各风速的风向变化情况及日变化、年变化特征;
——全年、各月大风出现的日数、极值;
——全年不同等级风速的风向频率分布,绘制风力负荷图。
6.1.1.2 统计的表格参见附录A的表A.1至表A.4。

6.1.2 参证气象站风

6.1.2.1 统计的内容包括:
——全年、各月盛行风向,各风向的风速变化情况及日变化、年变化特征;
——全年、各月平均风速,各风速的风向变化情况及日变化、年变化特征;
——全年、各月大风出现的日数、极值;
——不同等级风速的风向频率分布,绘制风力负荷图;
——地方性风的特征。
6.1.2.2 统计的表格参见表A.1至表A.4。

6.2 能见度

6.2.1 专用气象站能见度

6.2.1.1 统计的内容包括:
——能见度的日变化、年变化特征;
——各级能见度出现日数和频率,重点分析1000 m以下各级能见度日数;
——各级能见度频率的分布规律,引起低能见度的主要天气现象;

——各级能见度不同持续时间的出现次数，低能见度现象持续最长时间。

6.2.1.2 统计的表格参见表 A.5 至表 A.7。

6.2.2 参证气象站能见度

6.2.2.1 统计的内容包括：

——平均能见度的日变化、年变化和年际变化特征；

——各级能见度的日变化、年变化和年际变化特征；

——各级能见度出现日数和频率，重点分析小于 1000 m 的日数；

——各级能见度频率的分布规律，引起低能见度的主要天气现象及其特征；

——各级能见度不同持续时间的出现次数，低能见度现象持续最长时间。

6.2.2.2 统计的表格参见表 A.5 至表 A.7。

6.3 低云

6.3.1 专用气象站低云

6.3.1.1 统计的内容包括：

——云量：年平均总云量，低云量的日变化、年变化特征；

——云状：积雨云、浓积云、层积云、碎积云和其他低云的年变化和日变化特点；

——云高：低云云高的日变化、年变化特征，包括各种云状的云底高度和变化特点，着重分析低于 300 m 的云高的变化特征；

——云高低于规定值的频率。

6.3.1.2 统计的表格参见表 A.8 至表 A.10。

6.3.2 参证气象站低云

6.3.2.1 统计的内容包括：

——云量：年平均总云量，低云量的日变化、年变化和年际变化特征；

——云状：积雨云、浓积云、层积云、碎积云和其他低云的日变化、年变化和年际变化特点；

——云高：低云云高的日变化、年变化和年际变化特征，包括各种云状的云底高度和变化特点，着重分析低于机场开放条件的云高的变化特征；

——当地云高低于规定值的频率分布特征。

6.3.2.2 统计的表格参见表 A.8 至表 A.10。

6.4 降水

6.4.1 专用气象站降水

6.4.1.1 统计的内容包括：

——降水量的年变化特征；

——降水日数的年变化特征；

——各月日降水量的变化特征；

——降水极值情况；

——大于某一等级降水量的降水日数情况。

6.4.1.2 统计的表格参见表 A.11。

6.4.2 参证气象站降水

6.4.2.1 统计的内容包括：

——降水量的年变化和年际变化特征；
——降水日数的年变化和年际变化特征；
——各月日降水量的变化特征；
——月、日、时降水极值情况。
——大于某一等级降水量的降水日数情况。

6.4.2.2 统计的表格参见表 A.11。

6.5 气温

6.5.1 专用气象站气温

6.5.1.1 统计的内容包括：

——平均气温、最高气温、最低气温和气温日较差的年变化特征；
——气温的日变化特征；
——全年各月日最高气温和日最低气温在各气温界限内的出现日数。

6.5.1.2 统计的表格参见表 A.12。

6.5.2 参证气象站气温

6.5.2.1 统计的内容包括：

——平均气温、最高气温、最低气温和气温日较差的年变化、年际变化特征；
——全年气温的日变化特征；
——累年各月日最高气温和日最低气温在各气温界限内的出现日数；
——气温的极值情况。

6.5.2.2 统计的表格参见表 A.12。

6.6 相对湿度

6.6.1 专用气象站相对湿度

6.6.1.1 统计的内容包括：

——相对湿度日变化；
——相对湿度年变化；
——相对湿度极值。

6.6.1.2 统计的表格参见表 A.13。

6.6.2 参证气象站相对湿度

6.6.2.1 统计的内容包括：

——相对湿度日变化；
——相对湿度年变化；
——相对湿度年际变化特征；
——相对湿度极值。

6.6.2.2 统计的表格参见表 A.13。

6.7 气压

6.7.1 专用气象站气压

6.7.1.1 统计的内容包括：

——气压的日变化；

——气压的年变化；

——气压的极值。

6.7.1.2 统计的表格参见表 A.14。

6.7.2 参证气象站气压

6.7.2.1 统计的内容包括：

——气压的日变化；

——气压的年变化；

——气压的年际变化特征；

——气压的极值。

6.7.2.2 统计的表格参见表 A.14。

6.8 天气现象

6.8.1 应根据当地气候特征，取以下部分或全部天气现象变化情况为参证气象站统计内容：

——雷暴：发生日数、日数年变化及年际变化；

——闪电：发生日数、日数年变化及年际变化；

——冰雹：发生日数、日数年变化及年际变化；

——雾：出现日数及其年变化、年际变化；

——霜：出现日数及其年变化、年际变化；

——霾：出现日数及其年变化、年际变化；

——沙尘(扬沙、浮尘、沙尘暴)：出现日数及其年变化、年际变化；

——结冰：出现日数、初期和终期及初终间日数；

——降雪：发生日数、日数年变化及年际变化；

——冻雨(雨凇)：发生日数、日数年变化及年际变化；

——积雪：积雪日数、最大积雪深度；

——冻土：冻土深度，最大冻土深度；

——龙卷：次数、各等级龙卷出现次数；

——热带气旋(台风)：次数、不同强度热带气旋出现次数。

6.8.2 统计的表格参见表 A.15。

6.9 重现期

6.9.1 利用参证气象站 30 年以上历史气象要素序列，计算统计下列气象参数内容：

——50 年一遇、20 年一遇的最大风速、极大风速；

——50 年一遇、20 年一遇的日最大降水量、最大积雪深度；

——50 年一遇、20 年一遇的极端最高(低)气温、极端最高(低)气压。

6.9.2 统计的表格参见表 A.16。

6.10 低空风垂直切变

6.10.1 利用专用气象站低空风廓线观测资料，统计低空风垂直切变参数：

——典型季节代表月低空风垂直切变的强度时空分布特征；

——典型季节代表月不同等级强度低空风垂直切变出现频率。

6.10.2 统计的表格参见表 A.17、表 A.18。

6.11 风保障率和跑道方向的确定

6.11.1 利用参证气象站和专用气象站风速、风向观测资料，统计计算机场工程风保障率，统计分析确定跑道方向的内容：

——风观测数据的总数据和风出现的总方向数；

——跑道最大允许侧风要求下的风总数目；

——满足跑道最大允许逆风值要求的风总数目；

——计算不同跑道方向的风保障率；

——比较选择风保障率最大的跑道方向或者所有符合 95%风保障率要求的跑道方向作为机场规划设计参考的对象。

6.11.2 统计的表格参见表 A.19。

7 机场工程气象参数统计

7.1 日平均值

日平均值计算公式见式(1)。

$$A = \frac{1}{n_a} \sum a_n \qquad \cdots\cdots(1)$$

式中：

A ——日平均值；

n_a ——该日有效记录次数；

a_n ——该日各次有效记录。

7.2 月平均值

月平均值计算公式见式(2)。

$$B = \frac{1}{n_b} \sum b_n \qquad \cdots\cdots(2)$$

式中：

B ——某月平均值；

n_b ——该月有效记录日数；

b_n ——该月各有效日平均值。

7.3 累年月平均值

累年月平均值计算公式见式(3)。

$$C = \frac{1}{n_c} \sum c_n \qquad \cdots\cdots(3)$$

式中：

C——累年某月平均值；
n_c——有效记录年数；
c_n——历年该月平均值。

7.4 累年年平均值

累年年平均值计算公式见式(4)。

$$D = \frac{1}{n_d} \sum d_n \quad \cdots\cdots(4)$$

式中：
D——累年年平均值；
n_d——有效记录年数；
d_n——历年年平均值之和。

7.5 时平均值

时平均值计算公式见式(5)。

$$E = \frac{1}{n_e} \sum e_n \quad \cdots\cdots(5)$$

式中：
E——某年某月某时平均值；
n_e——该月该时有效记录次数；
e_n——该月该时各有效记录。

7.6 累年时平均值

累年时平均值计算公式见式(6)。

$$F = \frac{1}{n_f} \sum f_n \quad \cdots\cdots(6)$$

式中：
F——累年某月某时平均值；
n_f——有效记录年数；
f_n——历年该月该时平均值。

7.7 累年出现平均日数(次数)

累年出现平均日数(次数)计算公式见式(7)。

$$G = \frac{1}{n_g} \sum g_n \quad \cdots\cdots(7)$$

式中：
G——累年某月(某时)出现的平均日数(次数)；
n_g——有效记录年数；
g_n——历年该月(该时)出现日数(次数)。

7.8 累年出现频率

累年出现频率计算公式见式(8)。

$$H = \frac{1}{n_h} \sum h_n \times 100\% \quad \cdots\cdots(8)$$

式中：

H ——累年某月(某时)出现的频率；

n_h ——历年该月(该时)有效记录次数；

h_n ——历年该月(该时)出现日数(次数)。

7.9 重现期极值

7.9.1 广义极值分布函数

广义极值分布函数公式见式(9)。

$$\begin{cases} F(x) = \exp\{-[1-k(x-\beta)/\alpha]^{1/k}\} & k \neq 0 \\ F(x) = \exp\{-\exp[-(x-\beta)/\alpha]\} & k = 0 \end{cases} \quad \cdots\cdots(9)$$

式中：

x ——随机变量；

k ——形状参数；

β ——位置参数；

α ——尺度参数。

7.9.2 利用广义极值分布函数计算重现期

7.9.2.1 重现期 T 的分位数 x_T 的分布函数公式见式(10)。

$$F(x_T) = 1 - 1/T \quad \cdots\cdots(10)$$

式中：

x_T ——重现期值；

T ——重现期。

7.9.2.2 重现期 T 的分位数 x_T 的计算公式见式(11)。

$$\begin{cases} x_T = \beta + \dfrac{\alpha}{k}[1-(-\ln(1-1/T))^k] & k \neq 0 \\ x_T = \beta - \alpha\ln[-\ln(1-1/T)] & k = 0 \end{cases} \quad \cdots\cdots(11)$$

式中：

x_T ——重现期值；

T ——重现期。

7.10 低空风垂直切变

7.10.1 在考虑低空风两层风向差异因素时，计算公式见式(12)。

$$\beta = \sqrt{u_1^2 + u_2^2 - 2 \times u_1 \times u_2 \times \cos\theta} \quad \cdots\cdots(12)$$

式中：

β ——风切变指数(强度)；

u_1 ——下层空间点的风速，单位为米每秒(m/s)；

u_2 ——上层空间点的风速，单位为米每秒(m/s)；

θ ——上下层两个空间点之间的风向差。

7.10.2 在不考虑风向时(或者两点风向一致时)，计算公式见式(13)。

$$\beta = |u_2 - u_1| \quad \cdots\cdots(13)$$

式中：

β ——风切变指数(强度)；

u_1 ——下层空间点的风速，单位为(m/s)；

u_2 ——上层空间点的风速，单位为(m/s)。

注：空气层垂直厚度取 30 m，用于计算的风观测资料取 2 分钟的平均值。

7.11 风保障率及跑道方向确定

7.11.1 机场跑道方向为 α 时，风保障率计算公式见式(14)。

$$\varphi = (\sum_{i=1}^{i=m} T_i)/N \quad \cdots\cdots(14)$$

式中：

φ ——跑道方向风保障率；

i ——满足条件的风向数；

m ——满足条件的总风向数；

T_i ——风向上满足最大允许侧风值和最大逆风值要求的风；

N ——风总记录数。

注：选择风保障率最大的跑道方向或所有符合 95%风保障率要求的跑道方向作为机场规划设计参考的对象。

7.11.2 满足最大允许侧风和逆风值要求的风总数计算。

7.11.2.1 当风向为 θ 时，该角度下所允许最大风速值计算公式见式(15)。

$$V_\theta = \left| \frac{V_C}{\sin(\theta - \alpha)} \right| \quad (\theta - \alpha \neq 0°、180° 和 360°) \quad \cdots\cdots(15)$$

式中：

V_θ ——风向 θ 时所允许最大风速值；

V_C ——机场最大允许侧风值；

α ——机场跑道方向。

7.11.2.2 当 $\theta-\alpha\neq0°$、180°和 360°时，对于风向为 θ 的所有 n 个风速观测资料 $V_j(j=1,2,\cdots,n)$，假定初始满足最大允许侧风要求的风数目 $T_j=0$。在不同风速 V_j 下，当 $V_j<V_\theta$，则满足最大允许侧风要求的风数目 $T_j=T_j+1$；将 θ 风向下所有 n 个风速观测资料 $V_j(j=1,2,\cdots,n)$进行对比，求得满足最大侧风要求的风总数目和为 T_j。

7.11.2.3 当 $\theta-\alpha=0°$、180°和 360°时，对于风向为 θ 的所有 n 个风速观测资料 $V_j(j=1,2,\cdots,n)$，假定机场允许最大逆风值为 V_N，初始满足最大允许逆风要求的风数目 $T_j=0$。在不同风速 V_j 下，当 $V_j<V_N$ 时，则满足最大允许逆风要求的风数目 $T_j=T_j+1$；将 θ 风向下所有 n 个风速观测资料 $V_j(j=1,2,\cdots,n)$进行对比，求得满足最大逆风要求的风总数目和为 T_j。

附 录 A
(资料性附录)
机场工程气象参数统计内容与格式

A.1 风速情况统计表

表 A.1 ________专用气象站(参证气象站)风速统计表

要素	时间												
	1 月	2 月	3 月	4 月	5 月	6 月	7 月	8 月	9 月	10 月	11 月	12 月	全年
平均风速 m/s													
最大风速 m/s													
极大风速 m/s													
大风日数 d													
最多大风日数 d													
注:资料年限________年____月____日—________年____月____日。													

A.2 各风向平均风速统计表

表 A.2 ________专用气象站(参证气象站)各风向平均风速统计表

风向	平均风速 m/s												
	1 月	2 月	3 月	4 月	5 月	6 月	7 月	8 月	9 月	10 月	11 月	12 月	全年
北													
北东北													
东北													
东东北													
东													
东东南													
东南													
南东南													

表 A.2 ＿＿＿＿＿专用气象站(参证气象站)各风向平均风速统计表(续)

风向	平均风速 m/s												
	1月	2月	3月	4月	5月	6月	7月	8月	9月	10月	11月	12月	全年
南													
南西南													
西南													
西西南													
西													
西西北													
西北													
北西北													
注:资料年限＿＿＿＿年＿＿月＿＿日—＿＿＿＿年＿＿月＿＿日。													

A.3 不同风速等级风向次数统计表

表 A.3 ＿＿＿＿＿专用气象站(参证气象站)不同风速等级风向次数统计表

风速 m/s	风向次数																	
	北	北东北	东北	东东北	东	东东南	东南	南东南	南	南西南	西南	西西南	西	西西北	西北	北西北	静风	合计
0.0～3.0																		
3.0～5.0																		
5.0～6.5																		
6.5～8.0																		
8.0～10.0																		
10.0～13.0																		
13.0～15.0																		
15.0～18.0																		
≥18.0																		
合计																		

注1:资料年限＿＿＿＿年＿＿月＿＿日—＿＿＿＿年＿＿月＿＿日。

注2:静风是指风速小于或等于 0.2 m/s。

注3:本表统计以次数计算,是每天相同时间间隔观测,次数不少于 8 次;风速栏内风速范围的下限值含本身,上限值不含本身。

A.4 不同风速等级风向频率统计表

表 A.4 ＿＿＿＿＿＿专用气象站(参证气象站)不同风速等级风向频率统计表

风速 m/s	风向频率 %																	
	北	北东北	东北	东东北	东	东东南	东南	南东南	南	南西南	西南	西西南	西	西西北	西北	北西北	静风	合计
0.0～3.0																		
3.0～5.0																		
5.0～6.5																		
6.5～8.0																		
8.0～10.0																		
10.0～13.0																		
13.0～15.0																		
15.0～18.0																		
≥18.0																		

注 1:资料年限＿＿＿＿＿＿年＿＿月＿＿日—＿＿＿＿＿＿年＿＿月＿＿日。

注 2:静风是指风速小于或等于 0.2 m/s。

注 3:本表统计以次数计算,是每天相同时间间隔观测,次数不少于 8 次;风速栏内风速范围的下限值含本身,上限值不含本身。

A.5 不同等级能见度出现频次统计表

表 A.5 ＿＿＿＿＿＿专用气象站(参证气象站)不同等级能见度累计出现频次统计表

能见度 km	累计出现频次												
	1月	2月	3月	4月	5月	6月	7月	8月	9月	10月	11月	12月	备注
≥8.0													
5.0～8.0													
3.0～5.0													
1.5～3.0													
0.8～1.5													
0.6～0.8													
0.4～0.6													
0.2～0.4													
<0.2													

注 1:资料年限＿＿＿＿＿＿年＿＿月＿＿日—＿＿＿＿＿＿年＿＿月＿＿日。

注 2:“备注”内填写造成能见度不好的原因,如是“雾”,还是“沙尘”,或“烟”引起的。

A.6 不同等级能见度出现天数统计表

表 A.6 ＿＿＿＿＿专用气象站(参证气象站)不同等级能见度累计出现日数统计表

能见度 km	累计出现日数 天												
	1月	2月	3月	4月	5月	6月	7月	8月	9月	10月	11月	12月	备注
≥8.0													
5.0～8.0													
3.0～5.0													
1.5～3.0													
0.8～1.5													
0.6～0.8													
0.4～0.6													
0.2～0.4													
<0.2													
注 1:资料年限＿＿＿＿＿年＿＿月＿＿日—＿＿＿＿＿年＿＿月＿＿日。 注 2:“备注”内填写一天常造成能见度不好的原因,如是“雾”,还是“沙尘”,或“烟”引起的。													

A.7 不同等级能见度平均出现日数统计表

表 A.7 ＿＿＿＿＿专用气象站(参证气象站)不同等级能见度平均出现日数统计表

能见度 km	平均出现日数 天												
	1月	2月	3月	4月	5月	6月	7月	8月	9月	10月	11月	12月	备注
≥8.0													
5.0～8.0													
3.0～5.0													
1.5～3.0													
0.8～1.5													
0.6～0.8													
0.4～0.6													
0.2～0.4													
<0.2													
注 1:资料年限＿＿＿＿＿年＿＿月＿＿日—＿＿＿＿＿年＿＿月＿＿日。 注 2:“备注”内填写一天常造成能见度不好的原因,如是“雾”,还是“沙尘”,或“烟”引起的。													

A.8 总云低云年变化情况统计表

表 A.8 ＿＿＿＿专用气象站(参证气象站)总云低云年变化统计表

类别	云量 成												
	1月	2月	3月	4月	5月	6月	7月	8月	9月	10月	11月	12月	全年
总云													
低云													
注:资料年限＿＿＿＿年＿＿月＿＿日—＿＿＿＿年＿＿月＿＿日。													

A.9 晴昙阴天出现日数统计表

表 A.9 ＿＿＿＿专用气象站(参证气象站)晴昙阴天平均出现日数统计表

类别	平均出现日数 天												
	1月	2月	3月	4月	5月	6月	7月	8月	9月	10月	11月	12月	全年
晴天													
昙天													
阴天													
注1:资料年限＿＿＿＿年＿＿月＿＿日—＿＿＿＿年＿＿月＿＿日。 注2:总云量≥8成为阴天,2～8成为昙天,≤2成为晴天。													

A.10 不同类别低云出现频率统计表

表 A.10 ＿＿＿＿专用气象站(参证气象站)不同类别低云出现频率统计表

类别	平均出现频率 %												
	1月	2月	3月	4月	5月	6月	7月	8月	9月	10月	11月	12月	全年
层积云													
积雨云													
浓积云													
碎积云													
注:资料年限＿＿＿＿年＿＿月＿＿日—＿＿＿＿年＿＿月＿＿日。													

A.11 降水情况统计表

表 A.11 ______专用气象站(参证气象站)降水情况统计表

要素	时间												
	1月	2月	3月	4月	5月	6月	7月	8月	9月	10月	11月	12月	全年
降水量 mm													
月最大降水量 mm													
月最小降水量 mm													
日最大降水量 mm													
时最大降水量 mm													
降水日数 d													
日降水量≥25mm 日数 d													
日降水量≥50mm 日数 d													
注:资料年限______年___月___日—______年___月___日。													

A.12 气温情况统计表

表 A.12 ______专用气象站(参证气象站)气温情况统计表

要素	时间												
	1月	2月	3月	4月	5月	6月	7月	8月	9月	10月	11月	12月	全年
平均气温 ℃													
平均最高气温 ℃													
平均最低气温 ℃													

表 A.12 ________专用气象站(参证气象站)气温情况统计表(续)

要素	时间												
	1月	2月	3月	4月	5月	6月	7月	8月	9月	10月	11月	12月	全年
极端最高气温 ℃													
极端最低气温 ℃													
月最大气温日较差 ℃													
最热月日最高平均气温 ℃													
日最高气温≥33℃日数 d													
日最高气温≥35℃日数 d													
日最低气温≤0℃日数 d													
日最低气温≤−20℃日数 d													
日最低气温≤−25℃日数 d													
注:资料年限________年____月____日—________年____月____日。													

A.13 湿度情况统计表

表 A.13 ________专用气象站(参证气象站)湿度情况统计表

单位为百分比(%)

要素	时间												
	1月	2月	3月	4月	5月	6月	7月	8月	9月	10月	11月	12月	全年
平均相对湿度													
最大相对湿度													
最小相对湿度													
注:资料年限________年____月____日—________年____月____日。													

A.14 气压情况统计表

表 A.14 ＿＿＿＿＿专用气象站(参证气象站)气压情况统计表

单位为百帕(hPa)

要素	时间												
	1月	2月	3月	4月	5月	6月	7月	8月	9月	10月	11月	12月	全年
平均气压													
平均最高气压													
平均最低气压													
极端最高气压													
极端最低气压													
注:资料年限＿＿＿＿年＿＿月＿＿日—＿＿＿＿年＿＿月＿＿日。													

A.15 天气现象情况统计表

表 A.15 ＿＿＿＿＿参证气象站天气现象情况统计表

要素		时间												
		1月	2月	3月	4月	5月	6月	7月	8月	9月	10月	11月	12月	全年
雷暴日数 d	平均													
	最多													
闪电日数 d	平均													
	最多													
冰雹日数 d	平均													
	最多													
大雾日数 d	平均													
	最多													
轻雾日数 d	平均													
	最多													
霾日数 d	平均													
	最多													
霜日数 d	平均													
	最多													
雾凇日数 d	平均													
	最多													

表 A.15 ________参证气象站天气现象情况统计表(续)

要素		时间												
		1月	2月	3月	4月	5月	6月	7月	8月	9月	10月	11月	12月	全年
沙尘日数 d	扬沙													
	浮尘													
	沙尘暴													
结冰日数 d	平均													
	最多													
降雪日数 d	平均													
	最多													
冻雨日数 d	平均													
	最多													
积雪日数 d	平均													
	最大													
冻土深度 cm	平均													
	最大													
龙卷个数 个	平均													
	最多													
热带气旋 (台风)个数 个	平均													
	最多													
注:资料年限________年____月____日—________年____月____日。														

A.16 重现期极值情况统计表

表 A.16 ________参证气象站重现期极值情况统计表

重现期	最大风速 m/s	极大风速 m/s	最大降水量 mm	最大积雪深度 cm	最高气温 ℃	最低气温 ℃	最高气压 hPa	最低气压 hPa
20年一遇								
50年一遇								
注:资料年限________年____月____日—________年____月____日。								

A.17 低空风垂直切变情况统计表

表 A.17 ________专用气象站低空风垂直切变情况统计表

时间 UTC	不同高度层低空风垂直切变强度 (m/s)/30m									
	0～30m	30～60m	60～90m	90～120m	120～150m	150～180m	180～210m	210～240m	240～270m	270～300m
00										
01										
02										
03										
04										
05										
06										
07										
08										
09										
10										
11										
12										
13										
14										
15										
16										
17										
18										
19										
20										
21										
22										
23										
注:资料年限________年____月____日—________年____月____日。										

A.18 不同强度低空风垂直切变出现频率统计表

表 A.18 ＿＿＿＿＿专用气象站不同强度低空风垂直切变出现频率统计表

强度等级	划分的数值标准 (m/s)/30m	出现频率 %	对飞行的影响
轻度	0.0～2.0		飞机航迹和空速稍有变化
中度	2.0～4.0		对飞机的操作造成很大的困难
强烈	4.0～6.0		有使飞机失去操纵的危险
严重	≥6.0		会造成严重的危害
注:资料年限＿＿＿＿＿年＿＿月＿＿日—＿＿＿＿＿年＿＿月＿＿日。			

A.19 不同跑道方向风保障率统计表

表 A.19 不同跑道方向风保障率统计表

跑道方向 (°)	侧风 (最大允许侧风值 ×.×× m/s)		逆风 (最大允许逆风值 ×.×× m/s)		合计	
	$T_{侧风}$	$\varphi_{侧风}$ %	$T_{逆风}$	$\varphi_{逆风}$ %	$T_{侧风}+T_{逆风}$	$\varphi_{侧风}+\varphi_{逆风}$ %
1						
2						
3						
4						
5						
…						
…						
…						
…						
178						
179						
180						

注 1:资料年限＿＿＿＿＿年＿＿月＿＿日—＿＿＿＿＿年＿＿月＿＿日。

注 2:$T_{侧风}$ 为满足最大允许侧风值要求的风总数目,$T_{逆风}$ 为满足最大允许逆风值要求的风总数目。

注 3:$\varphi_{侧风}$ 为侧风风保障率,$\varphi_{逆风}$ 为逆风风保障率。

参 考 文 献

[1] GB 31221—2014 气象探测环境保护规范 地面气象观测站

[2] GB/T 35222—2017 地面气象观测规范 云

[3] GB/T 35224—2017 地面气象观测规范 天气现象

[4] GB/T 35225—2017 地面气象观测规范 气压

[5] GB/T 35226—2017 地面气象观测规范 空气温度和湿度

[6] GB/T 35228—2017 地面气象观测规范 降水量

[7] QX/T 65—2007 地面气象观测规范 第21部分:缺测记录的处理和不完整记录的统计

[8] MH/T 4016.7—2008 民用航空气象 第7部分:气候资料整编与分析

[9] MH 5023—2006 民用航空支线机场建设标准

[10] MH/T 5026—2012 通用机场建设规范

[11] 中国民用航空局空管行业管理办公室.民用航空气象地面观测规范[Z],2012年2月28日

[12] 中国民用航空总局空中交通管理局.民用航空气象资料管理办法[Z],2007年5月10日

[13] 中国民用航空总局机场司.民用机场总体规划编制内容及深度要求[Z],2006年8月30日

[14] 中国民用航空局机场司.民用运输机场场址审查暂行办法[Z],2013年7月16日

[15] 中国民用航空总局运输司.民用机场选址报告编制内容及深度要求[Z],2007年7月26日

[16] 中国民用航空总局.中国民用航空气象工作规则:中国民用航空局令第217号[Z],2014年1月1日施行

[17] 中国气象局预报与网络司.机场工程选址气候可行性论证技术指南:第1版[Z],2014

[18] 中国民用航空局飞行标准司.民用机场飞行程序和运行最低标准管理规定[Z],2016年10月28日

[19] 中国民用航空总局发展计划司.民用运输机场建设工程项目(预)可行性研究报告编制办法:民航发〔2008〕6号[Z],2008年1月31日

[20] 史道济.实用极值统计方法[M].天津:天津科学技术出版社,2005

[21] 刘路,种小雷,姚海东,石鑫刚.利用风向风速观测数据的跑道方向确定方法[J].空军工程大学学报(自然科学版),2016,17(2):26-30

ICS 07.060
A 90
备案号：64431—2018

中华人民共和国气象行业标准

QX/T 425—2018

系留气球升放安全规范

Safety specification for releasing captive balloon

2018-06-26 发布　　2018-10-01 实施

中国气象局　发布

前　言

本标准按照 GB/T 1.1—2009 给出的规则起草。

本标准由全国气象防灾减灾标准化技术委员会(SAC/TC 345)提出并归口。

本标准起草单位:重庆市气象局。

本标准主要起草人:李家启、丁海芳、任艳、陈欢、李良福、张玉坤、覃彬全、张强、许伟。

系留气球升放安全规范

1 范围

本标准规定了系留气球升放安全的基本规定和升放要求。

本标准适用于庆典、集会、广告宣传活动中系留气球的升放。

2 规范性引用文件

下列文件对于本文件的应用是必不可少的。凡是注日期的引用文件，仅注日期的版本适用于本文件。凡是不注日期的引用文件，其最新版本（包括所有的修改单）适用于本文件。

GB/T 5099 钢质无缝气瓶

GB/T 28123 工业氦

TSG R0006 气瓶安全技术监察规程

3 术语和定义

下列术语和定义适用于本文件。

3.1

系留气球 captive balloon

利用绳索系留于地面物体上，直径大于 1.8 m 或者体积容量大于 3.2 m^3，轻于空气的充气物体。

4 基本规定

4.1 球皮

球皮应具有产品合格证，无破损、老化、污渍、流痕等现象。

4.2 气体

氦气应符合 GB/T 28123 的规定。

4.3 条幅

条幅应采用不吸水、耐拖拽、阻燃的轻质材料制作，长度不宜超过 15 m，宽度不宜超过 1 m。

4.4 绳索

绳索应耐磨损，且能承受系留气球升放地最大风速下的最大拉力。

4.5 固定物

固定物重量应大于系留气球净举力的 5 倍，系留气球净举力计算方法参见附录 A。

4.6 标识

标识宜选用宽 8 cm、长 12 cm 的防水轻质材料制作，且应符合以下要求：

——醒目、字体清晰、易于辨认,注明升放时间、地点、单位及其联系方式等信息;
——球体下部和条幅下部各设置一份;
——牢固,且不受遮挡。

4.7 气瓶

气瓶应符合 GB/T 5099 规定的技术要求,运输、储存和使用应满足 TSG R0006 要求。

5 升放要求

5.1 准备工作

5.1.1 现场勘察

现场勘察的内容包含:
——场地应满足安全要求,安全范围内无架空电线、油库、油气站等危险设施和易燃易爆场所,无高大建筑物和树木等障碍物;
——场地内人员活动情况对系留气球升放不构成安全影响;
——局地气象环境(如峡谷风、局地高温等)不影响系留气球的安全升放。

5.1.2 制定方案

方案的内容应包含升放系留气球的用途、数量、所需器材、场地布置、时间安排、人员分工及责任、安全制度、应急处置措施等。

5.1.3 其他

5.1.3.1 配备满足升放活动的器材设备和作业人员。
5.1.3.2 关注天气,如遇不利气象条件,应及时取消或者变更升放活动。

5.2 气体灌充

5.2.1 灌充现场条件

5.2.1.1 室外灌充时,现场应满足下列气象条件:
——地面风力小于 4 级;
——降水在中雨以下;
——无雷电天气;
——无冰雹天气;
——地表温度小于 55℃;
——水平能见度大于 50 m,垂直能见度大于 25 m。
5.2.1.2 灌充场地应开阔、平坦,无障碍物,避开人群,并在危险物体、危险设施和易燃易爆场所安全保护区外。
5.2.1.3 灌充场地半径应不小于 10 m,且半径 20 m 内无明火、烟火。
5.2.1.4 灌充区应使用警示带设立灌充警戒区,应禁止非作业人员进入。
5.2.1.5 现场应配备消防器材,设置“严禁烟火”等安全标志。

5.2.2 灌充前检查

5.2.2.1 操作前应全面检查作业现场、设备设施等,并符合安全生产要求。

5.2.2.2　负责操作的作业人员不应携带火柴、打火机等火种。

5.2.3　灌充操作

5.2.3.1　气体灌充至少由三人实施,两人负责操作,一人负责安全。
5.2.3.2　作业人员应位于气瓶出气口侧后方灌充作业。
5.2.3.3　灌充前应检查球皮,球皮应在质保期内,且符合4.1的规定。
5.2.3.4　充气管应可靠连接,充气管一端圈套在气瓶出气口,另一端插入系留气球进气口后,用棉绳扎紧。充气管应使用多层橡胶管(加强型),不应使用塑料管。
5.2.3.5　灌充时应缓慢开启阀门,少量放气,待瓶内气压逐渐降低时,再增加流量,每瓶气体的排放时间不应少于8 min。
5.2.3.6　系留气球能漂浮时,应保持充气管和固定环拉力平衡,防止拉力过大造成充气管脱落。
5.2.3.7　灌充过程中,应随时观察系留气球状态,避免系留气球与其他物品摩擦或碰撞,并根据气温情况确定充气量的多少。当气温较高时,应减少充气量。
5.2.3.8　充气完毕,应立即关闭气瓶阀门,松开系留气球进气口上紧固的棉绳,缓慢抽出充气管,用棉绳扎牢进气口。
5.2.3.9　系上条幅,设置好标识。
5.2.3.10　灌充完毕,应及时将气瓶撤离现场,并清理好场地。
5.2.3.11　需要对系留气球进行补气时,按上述操作进行补气。

5.3　升放

5.3.1　升放现场条件

5.3.1.1　现场气象条件应符合5.2.1.1的要求。
5.3.1.2　系留气球与障碍物之间的安全距离应大于系留气球悬挂高度。
5.3.1.3　两个系留气球间距应大于各自悬挂高度之和。
5.3.1.4　配备必要的消防灭火器材。
5.3.1.5　升放现场应设立警戒区,半径不应小于10 m,禁止非作业人员进入。

5.3.2　升放高度

5.3.2.1　升放系留气球顶部距地面的高度不得高于150 m,当低于距其水平距离50 m范围内建筑物顶部时,可适度升高。
5.3.2.2　升放系留气球高度超过地面50 m的,应加装快速放气装置。

5.3.3　条幅挂法

条幅顶部的横杆不应与系留气球摩擦或碰撞。

5.3.4　绳索系留

绳索和固定物以及球体之间应系留牢固。

5.3.5　看护

5.3.5.1　升放期间设置专人看护。
5.3.5.2　天气条件发生变化,应增加看护人员,或采取回收系留气球等措施。
5.3.5.3　升放的系留气球意外脱离系留时,升放单位、个人应立即将系留气球脱离地点、时间、数量、系留气球外形、移动方向等情况报告飞行管制部门和当地气象主管机构;加装快速放气装置的系留气球,升放单位、个人应当在保证地面人员、财产安全的条件下,快速启动放气装置。

5.3.5.4 需要应急处置回收气球时应符合5.4.2的规定。

5.4 回收

5.4.1 回收现场条件

回收现场气象条件应符合5.2.1.1的要求。

5.4.2 回收及排气方法

5.4.2.1 回收一个系留气球至少由三人实施,两人负责操作,一人负责安全。

5.4.2.2 将系留气球降至可操作高度,解开系留气球排气口,拉住系留气球顶部的放气绳,使放气口敞开朝上,让其自由排放气体。

附 录 A
(资料性附录)
系留气球净举力计算方法

根据气球直径，计算应灌充气球的容积，结合球皮重量，计算气球净举力，计算方法如下：

a) 用称重器对球皮进行称重，得出气球重量。

b) 计算气球容积，容积计算见式(A.1)：

$$v = \frac{4}{3}\pi r^3 \qquad \text{(A.1)}$$

式中：

v ——气球容积；

r ——气球球皮半径。

c) 计算气球的净举力，净举力计算见式(A.2)：

$$A = V(\rho - \rho_{气})g - B \qquad \text{(A.2)}$$

式中：

A ——净举力；

V ——被气球排开的空气体积，与气球容积相当；

ρ ——空气密度；

$\rho_{气}$——气球灌充气体的密度；

g ——重力加速度；

B ——球皮重量。

参 考 文 献

[1] DB11/T 1392—2017 系留气球施放安全规范

[2] DB13/T 2261—2015 升放系留气球技术规范

[3] DB45/T 910—2013 系留气球施放技术规范

[5] DB50/T 581—2015 系留气球安全操作技术规范

[6] 第十二届全国人民代表大会常务委员会.中华人民共和国安全生产法,2014 年 8 月 31 日

[7] 第十一届全国人民代表大会常务委员会.中华人民共和国消防法,2008 年 10 月 28 日

[8] 中华人民共和国国务院,中华人民共和国中央军事委员会.通用航空飞行管制条例,2003 年 1 月 10 日

[9] 中国气象局.施放气球管理办法,2004 年 12 月 16 日

[10] 朱祥瑞.施放气球培训教程[M].北京:气象出版社,2006

ICS 07.060
A 47
备案号：64432—2018

中华人民共和国气象行业标准

QX/T 426—2018

气候可行性论证规范　资料收集

Specifications for climatic feasibility demonstration—data collection

2018-06-26 发布　　2018-10-01 实施

中　国　气　象　局　　发　布

前　言

本标准按照 GB/T 1.1—2009 给出的规则起草。

本标准由全国气候与气候变化标准化技术委员会(SAC/TC 540)提出并归口。

本标准起草单位:江苏省气候中心、江苏省气象科学研究所、南京市气象局、江苏省气象信息中心。

本标准主要起草人:许遐祯、陈兵、王瑞、项瑛、杨杰、黄世成、丁慧、庄智福。

气候可行性论证规范　资料收集

1　范围

本标准规定了气候可行性论证资料收集的内容、流程、方法和资料整理要求。

本标准适用于规划与建设项目的气候可行性论证资料的收集。

2　术语和定义

下列术语和定义适用于本文件。

2.1

气候可行性论证　climatic feasibility demonstration

对与气候条件密切相关的规划和建设项目进行气候适宜性、风险性以及可能对局地气候产生影响的分析、评估活动。

2.2

项目　project

拟开展气候可行性论证的对象。

注：项目主要类型参见附录A中的表A.1。

2.3

参证气象站　reference meteorological station

气象分析计算所参照具有长年代气象数据的国家气象观测站。

注：国家气象观测站包括GB 31221—2014中定义的国家基准气候站、国家基本气象站和国家一般气象站。

2.4

专用气象站　dedicated meteorological station

为获取规划和建设项目场址所在区域气象特征的实际气象资料而设立的专用气象观测站，包括地面气象观测场、观测塔和其他特种观测设施等。

3　资料收集内容

3.1　项目资料

3.1.1　项目的可行性研究报告或项目建议书、所在区域的地理信息和社会经济数据。

3.1.2　所需的行业规范、导则、技术标准。

3.2　气象资料

3.2.1　项目所在地周边的气象站信息，包括：气象站名称、类别、位置、分布、历史沿革、观测项目、观测场高程、探测环境、与项目的距离、方位等。

3.2.2　项目所在区域的参证气象站资料及专用气象站资料。

3.2.3　项目所在区域的气象灾害资料，包括灾害种类、发生频率、影响范围、灾害损失、灾害个例等。

3.2.4　其他资料，包括：影响项目所在区域的天气系统及其相关的天气气候分析资料、再分析气象资料、模式模拟结果、卫星遥感和雷达探测气象资料等。

3.3 相关行业部门资料

相关行业资料包括：民政、能源、海洋、城建、规划、水文、环保、交通等部门相关资料。

4 资料收集流程

资料收集流程见图1。

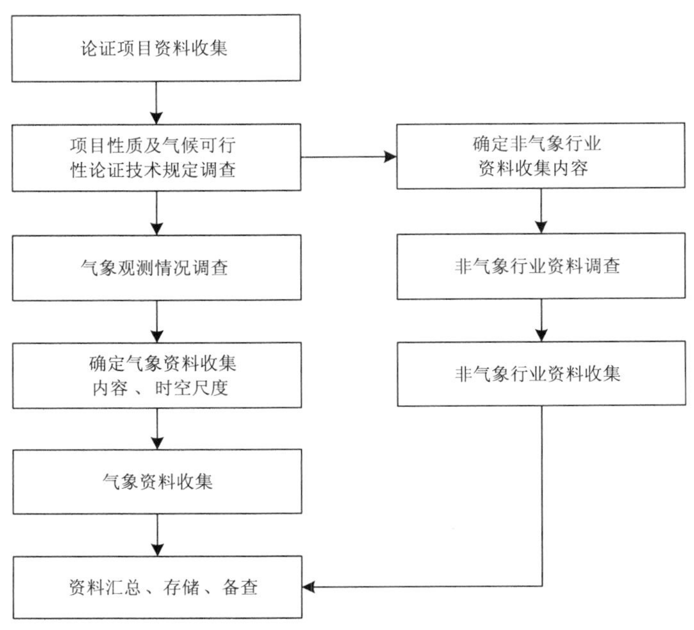

图1 资料收集流程

5 资料收集方法

5.1 项目资料

5.1.1 根据项目性质、种类，对其是否涉及安全进行分类，确定资料收集的内容和范围。

5.1.2 向规划或建设单位收集项目资料，对项目所在地进行现场踏勘，通过文字记载、影音拍摄等方式收集。

5.1.3 可通过文献检索、专家推荐、购买及双方约定等方式，收集论证项目所属行业的规范、导则、技术标准，重点是与气候可行性论证有关的内容。

5.2 气象资料

5.2.1 通过气象报表、台站历史沿革、气象探测档案等收集气象站信息，对气象站探测环境进行实地调查。

5.2.2 根据项目需求和规范要求确定需要收集的气象要素和数据的时空分辨率，并对资料的连续性、完整率进行核查。

5.2.3 现有气象观测资料不能满足气候可行性论证需求时，应建设专用气象站开展连续12个月以上补充观测。

5.2.4 根据项目需求和规范要求收集气象、民政、能源、海洋、城建、规划、水文、环保、交通等部门所掌握的气象灾害资料，选取极端性、代表性强的气象灾害个例，必要时对灾害发生地进行调查。

5.2.5 根据项目需求和规范要求收集3.2.4规定的其他资料。

5.2.6 按要求填写气候可行性论证项目气象资料调查表，参见附录B中的表B.1。

5.3 相关行业部门资料

根据项目需求和规范要求收集民政、能源、海洋、城建、规划、水文、环保、交通等行业部门相关资料。

6 资料整理

6.1 信息化

6.1.1 应将所收集的资料进行核查、登记、编号、存档。

6.1.2 应将所收集的图形图像、音频视频、档案记录、文字记载资料通过人工录入、机器读取等方式进行信息化处理。

6.2 建立数据集

6.2.1 应对信息化资料进行质量控制，以满足项目论证对数据质量的需求。

6.2.2 按照气候可行性论证相关规范的要求，制作项目论证所需的分类数据集，包括图像数据集和文件数据集等。

6.3 资料存储

6.3.1 按要求填写资料存档记录表，参见附录C中的表C.1。

6.3.2 将已整理完成的原始记录和信息化资料分类存档。

6.3.3 制作完成的分类数据集按不同介质分类存储并备份。

附 录 A
（资料性附录）
气候可行性论证主要项目、参数类别和资料来源

表 A.1 气候可行性论证主要项目、参数类别和资料来源

行业分类	具体行业	主要工程气象设计参数	气象要素	高影响气象事件	非气象资料	资料提供单位
交通运输	公路、桥梁、铁路、机场、港口、码头、航运等	气象灾害阈值、抗风参数、湍流参数、采暖通风气象参数、设计基准风速等	气温 降水 风向风速 能见度 天气现象 积雪等	高温 雷电 强降水 大雾 台风 强风 强冷空气等	行业的规范、导则、技术标准；地理信息、土地利用、城镇、村庄；规划、潮位、救灾、环境、社会经济发展等	气象、规划、建设、海洋、民政、交通运输等部门
能源工程	电网工程、核电工程、水电工程、风能、太阳能工程、火电工程等	资源评估参数、抗风参数、抗冰参数、气象灾害阈值等	气温 降水 日照 风向风速 能见度 天气现象 湿球温度等	高温 强降水 大雾 雷电 台风 强风 强冷空气 冰冻 覆冰等	行业的规范、导则、技术标准；地理信息、土地利用、城镇、村庄；规划、排放物、排放方式、排放量、救灾、水文、环境、交通、社会经济发展资料等	气象、规划、建设、电力、民政、能源开发、交通运输等部门
石油化工	石油开采、炼油炼化、油气储运、化工生产等	大气扩散能力、采暖通风气象参数、抗风参数、污染系数等	气温 降水 风向风速 能见度 天气现象等	高温 强降水 强冷空气 雾 霾 台风 强风 雷电 强逆温天气 静稳天气等	行业的规范、导则、技术标准；地理信息、土地利用、城镇、村庄；规划、排放物、排放方式、排放量、救灾、水文、环境、交通、社会经济发展资料等	气象、规划、建设、石化、环境等部门

表 A.1　气候可行性论证主要项目、参数类别和资料来源(续)

行业分类	具体行业	主要工程气象设计参数	气象要素	高影响气象事件	非气象资料	资料提供单位
市政建设	重大市政建筑设施、地铁、供电、供暖、住宅小区环境等	采暖通风气象参数、抗风参数、污染系数、人体舒适度等	气温 降水 湿度 风向风速 天气现象 日照 等	高温 强降水 雾 霾 台风 强风 冰冻 雷电 等	行业的规范、导则、技术标准；地理信息、土地利用、人口、GDP、城镇、村庄；规划、排放物、排放方式、排放量、救灾、水文、环境、交通、社会经济发展资料等	气象、规划、建设、市政等部门
城乡规划	区域功能区规划、城乡布局、城乡道路与设施、园区、重大工程建设项目规划等	城市效应、城市气候扩散能力、年径流总量控制率、设计降雨量、污染系数等	气温 降水 湿度 风向风速 能见度 天气现象 日照 等	高温 强降水 大雾 台风 强风 冰冻 霾 雷电 干旱 等	行业的规范、导则、技术标准；地理信息、土地利用、人口、GDP、城镇、村庄；规划、排放物、排放方式、排放量、救灾、水文、环境、交通、社会经济发展资料等	气象、规划、建设、市政、国土等部门

附　录　B
（资料性附录）
气候可行性论证项目气象资料调查表

表 B.1　气候可行性论证项目气象资料调查表

<table>
<tr><td rowspan="5">项目基本信息</td><td colspan="2">项目名称（编号）</td><td colspan="3"></td></tr>
<tr><td colspan="2">项目地址</td><td colspan="3"></td></tr>
<tr><td colspan="2">项目所在区域经纬度</td><td colspan="3">°　′　″E，　°　′　″N</td></tr>
<tr><td colspan="2">建设单位机构名称</td><td colspan="3"></td></tr>
<tr><td colspan="2">建设单位电话</td><td colspan="3"></td></tr>
<tr><td rowspan="9">气象站信息</td><td colspan="2">气象站名称</td><td colspan="3"></td></tr>
<tr><td colspan="2">气象站类别</td><td colspan="3"></td></tr>
<tr><td colspan="2">气象站地址</td><td colspan="3"></td></tr>
<tr><td colspan="2">气象站经纬度</td><td colspan="3">°　′　″E，　°　′　″N</td></tr>
<tr><td colspan="2">与项目距离方位</td><td colspan="3"></td></tr>
<tr><td colspan="2">观测场高程（m）</td><td></td><td>探测环境</td><td></td></tr>
<tr><td colspan="2">观测项目</td><td colspan="3"></td></tr>
<tr><td colspan="2" rowspan="2">气象站观测资料是否连续完整</td><td colspan="2">□长序列资料为 30 年以上连续观测数据</td><td>□满足资料完整性要求</td></tr>
<tr><td colspan="2">□专用气象观测为 1 年以上连续观测数据</td><td>□满足资料完整性要求</td></tr>
<tr><td rowspan="2">项目所在区域的天气系统</td><td colspan="2">天气系统名称</td><td colspan="3"></td></tr>
<tr><td colspan="2">所在区域气候特征简要描述</td><td colspan="3"></td></tr>
<tr><td rowspan="6">历史主要气象灾害基本信息</td><td>灾害名称</td><td>发生次数</td><td>影响范围</td><td colspan="2">最严重个例简要灾情描述（灾损，受灾人口，成灾面积等）</td></tr>
<tr><td></td><td></td><td></td><td colspan="2"></td></tr>
<tr><td></td><td></td><td></td><td colspan="2"></td></tr>
<tr><td></td><td></td><td></td><td colspan="2"></td></tr>
<tr><td></td><td></td><td></td><td colspan="2"></td></tr>
<tr><td></td><td></td><td></td><td colspan="2"></td></tr>
<tr><td>收集人</td><td colspan="2">（签名）</td><td>单位：</td><td colspan="2">日期：</td></tr>
<tr><td>复核人</td><td colspan="2">（签名）</td><td>单位：</td><td colspan="2">日期：</td></tr>
</table>

附　录　C
（资料性附录）
资料存档记录表

表 C.1　资料存档记录表

项目名称：　　　　　　　　　　　　　　　　　　　　　　　　　　　　编号：

资料名称	气象站名称	气象站区站号	资料收集时间	数量	资料类型	存储格式	存档日期	编号	存储方式	存档人	备注

复核人：　　　　　　　　　　　　　　　　　　　　　　　　　　　　　日期：

参 考 文 献

[1] GB/T 18894—2002 电子文件归档与管理规范

[2] GB 31221—2014 气象探测环境保护规范地面气象观测站

[3] GB 50135—2006 高耸结构设计规范

[4] QX/T 102—2009 气象资料分类编码及命名规范

[5] QX/T 242—2014 城市总体规划气候可行性论证技术规范

[6] 中国气象局.气候可行性论证管理办法:中国气象局令第18号[Z],2008年12月1日发布

[7] 周诗健,王存忠,俞卫平,等.英汉汉英大气科学词汇[M].北京:气象出版社,2007

ICS 07.060
A 47
备案号：64433—2018

中华人民共和国气象行业标准

QX/T 427—2018

地面气象观测数据格式 BUFR编码

Data format for surface meteorological observations—BUFR

2018-06-26发布　　2018-10-01实施

中国气象局　发布

前　　言

本标准按照 GB/T 1.1—2009 给出的规则起草。

本标准由全国气象基本信息标准化技术委员会(SAC/TC 346)提出并归口。

本标准起草单位:国家气象信息中心。

本标准主要起草人:刘乖乖、薛蕾、张苈、王丽霞。

地面气象观测数据格式　BUFR 编码

1　范围

本标准规定了地面气象观测分钟数据、小时数据和日数据的 BUFR 编码构成和规则。

本标准适用于地面气象观测分钟数据、小时数据和日数据的表示和交换。

2　术语和定义

下列术语和定义适用于本文件。

2.1

八位组　octet

计算机领域里 8 个比特位作为一组的单位制。

[QX/T 235—2014，定义 2.1]

2.2

主表　master table

科学学科分类表，每一学科在表中被分配一个代码，并包含该学科下的一系列通用表格。本标准应用气象学科的主表。

3　缩略语

下列缩略语适用于本文件。

BUFR：气象数据的二进制通用表示格式（Binary Universal Form for Representation of meteorological data）

CCITT IA5：国际电报电话咨询委员会国际字母 5 号码

（Consultative Committee on International Telephone and Telegraph International Alphabet No. 5）

UTC：世界协调时（Universal Time Coordinated）

WMO-FM94：世界气象组织定义的第 94 号编码格式（The World Meteorological Orgnization code form FM94 BUFR）

4　编码构成

编码数据由指示段、标识段、选编段、数据描述段、数据段和结束段构成，见图 1。

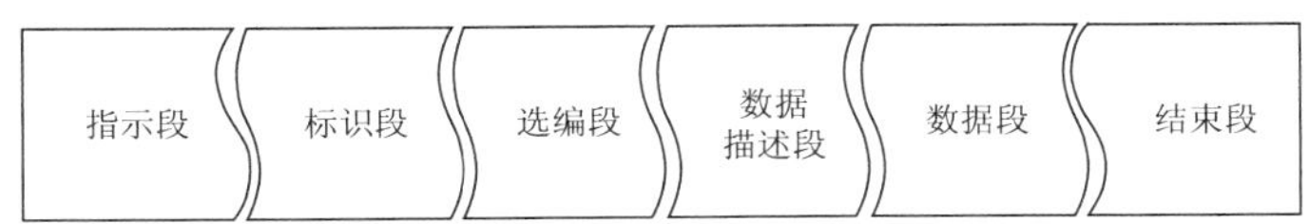

图 1　BUFR 编码数据结构

各段的编码规则见 5.1～5.6，编码中使用的时间除特殊说明外，全部为 UTC。

5　编码规则

5.1　指示段

指示段由 8 个八位组组成，包括 BUFR 数据的起始标志、BUFR 数据长度和 BUFR 版本号。具体编码见表 1。

表 1　指示段编码及说明

八位组序号	含义	值	备注
1	BUFR 数据的起始标志	B	按 CCITT IA5 编码。
2		U	
3		F	
4		R	
5—7	BUFR 数据长度	实际取值	以八位组为单位。
8	BUFR 版本号	4	WMO 发布的 BUFR 版本 4。

5.2　标识段

标识段由 23 个八位组组成，包括标识段段长、主表号、数据加工中心、数据加工子中心、更新序列号、选编段指示、数据类型、数据子类型、本地数据子类型、主表版本号、本地表版本号、数据编码时间等信息。具体编码见表 2。

表 2　标识段编码及说明

八位组序号	含义	值	备注
1—3	标识段段长	23	标识段段长为 23 个八位组。
4	主表号	0	表示使用气象学科的主表。
5—6	数据加工中心	38	根据 WMO 规定，38 表示数据加工中心是北京。
7—8	数据加工子中心	0	表示未经数据加工子中心加工。
9	更新序列号	实际取值	取值为非负整数，初始编号为 0。随资料每次更新，该序列号逐次加 1。
10	选编段指示	0 或 1	0 表示本数据格式不包含选编段，1 表示本数据格式包含选编段。
11	数据类型	0	表示本数据为地面资料—陆地。
12	数据子类型	6 或 7	6：表示地面气象观测小时数据。 7：表示地面气象观测分钟数据。
13	本地数据子类型	0	表示没有定义本地数据子类型。

表 2 标识段编码及说明(续)

八位组序号	含义	值	备注
14	主表版本号	29	表示当前使用的 WMO-FM94 主表的版本号为29。
15	本地表版本号	1	表示本地表版本号为 1。
16—17	年	实际取值	实际数据编码时间:年(4 位公元年)。
18	月	实际取值	实际数据编码时间:月。
19	日	实际取值	实际数据编码时间:日。
20	时	实际取值	实际数据编码时间:时。
21	分	实际取值	实际数据编码时间:分。
22	秒	实际取值	实际数据编码时间:秒。
23	自定义	0	保留。

5.3 选编段

选编段长度不固定,包括选编段段长、保留字段以及数据加工中心或子中心自定义的内容。具体编码见表 3。

表 3 选编段编码及说明

八位组序号	含义	值	备注
1—3	选编段段长	实际取值	以八位组为单位。
4	保留字段	0	
5—	数据加工中心或子中心自定义		

5.4 数据描述段

数据描述段由 9 个八位组组成,包括数据描述段段长、保留字段、观测记录数、数据性质和压缩方式以及描述符序列。具体编码见表 4。

表 4 数据描述段编码及说明

八位组序号	含义	值	备注
1—3	数据描述段段长	9	数据描述段段长为 9 个八位组。
4	保留字段	0	
5—6	观测记录数	实际取值	取值为非负整数,表示本报文包含的观测记录条数。
7	数据性质和压缩方式	128、192	128:表示本数据采用 BUFR 非压缩方式编码。 192:表示本数据采用 BUFR 压缩方式编码。

表 4 数据描述段编码及说明(续)

八位组序号	含义	值	备注
8—9	描述符序列	3 07 192 或 3 07 193	3:表示该描述符为序列描述符。 07:表示地面报告序列(陆地)。 192:表示“地面报告序列(陆地)”中定义的第 192 个类目,即“地面气象观测分钟数据的要素序列”。 193:表示“地面报告序列(陆地)”中定义的第 193 个类目,即“地面气象观测小时数据的要素序列”。

5.5 数据段

5.5.1 地面气象观测分钟数据段

地面气象观测分钟数据段包括数据段段长、保留字段和数据描述段中描述符 3 07 192 包含的气象要素序列对应的编码值,具体编码见表 5。其中数据段段长根据编码时实际包含的气象要素确定。气象要素序列包括测站标识、气压、气温和湿度、降水、风、地温、草面(或雪面)温度、能见度、云、雪深和雪压、天气现象、路面温度和雨滴谱观测。

表 5 地面气象观测分钟数据的数据段编码及说明

内容		含义	单位	比例因子[a]	基准值[b]	数据宽度[c] bit	备注
数据段段长		数据段长度(以八位组为单位)	—	—	—	24	数字。
保留字段		置 0	—	—	—	8	数字。
1. 测站/平台标识							
0 01 001		WMO 区号	—	0	0	7	数字。
0 01 002		WMO 站号	—	0	0	10	数字。
0 02 001		测站类型	—	0	0	2	数字。含义见附录 A 中表 A.1。
0 01 101		国家和地区标识符	—	—	0	10	数字。含义见附录 A 中表 A.2。
0 01 192		本地测站标识	—	—	0	72	字符,非 WMO 区站号的测站使用本描述符表示站号。
3 01 011	0 04 001	年	—	0	0	12	数字。
	0 04 002	月	—	0	0	4	数字。
	0 04 003	日	—	0	0	6	数字。

表 5 地面气象观测分钟数据的数据段编码及说明(续)

内容		含义	单位	比例因子[a]	基准值[b]	数据宽度[c] bit	备注
3 01 012	0 04 004	时	—	0	0	5	数字。
	0 04 005	分	—	0	0	6	数字。
3 01 021	0 05 001	纬度(保留小数点后5位)	°	5	−9000000	25	数字。
	0 06 001	经度(保留小数点后5位)	°	5	−18000000	26	数字。
0 07 030		观测场海拔高度	m	1	−4000	17	数字。相对于海平面。
0 07 031		气压感应器海拔高度	m	1	−4000	17	数字。
0 08 010		地面限定符(温度数据)	—	0	0	5	数字。含义见附录A中表A.3。
1 01 002		1 01 002之后的1个描述符的编码值重复2次	—	—	—	—	无编码值。描述符本身表示对以下1个描述符重复2次:第1次重复针对台站质量控制,第2次重复针对省级质量控制。
0 33 035		人工/自动质量控制	—	0	0	4	数字。含义见附录A中表A.4。
2.气压							
0 02 201		气压传感器标识	—	0	0	6	数字。含义见附录A中表A.5。
1 09 000		0 31 000之后的9个描述符的编码值重复	—	—	—	—	无编码值。描述符本身表示对以下9个描述符(除0 31 000)进行重复。
0 31 000		重复次数	—	0	0	1	数字。表示以下9个描述符重复的次数。
0 04 015		时间增量,表示测站编报频率。如测站10 min编一次报,则原始取值为−10	min	0	−2048	12	数字。
0 04 065		短时间增量,表示观测数据的频率。如观测数据为1 min一条记录,则原始取值为1	min	0	−128	8	数字。

表 5 地面气象观测分钟数据的数据段编码及说明(续)

内容	含义	单位	比例因子[a]	基准值[b]	数据宽度[c] bit	备注
1 05 000	0 31 001 之后的 5 个描述符的编码值重复	—	—	—	—	无编码值。描述符本身表示对以下 5 个描述符(除 0 31 001)进行重复。
0 31 001	重复次数	—	0	0	8	数字。表示以下 5 个描述符重复的次数。
2 04 008	2 04 008 与 2 04 000 之间所有要素描述符编码值前面均增加 8 bit 的附加字段作为质控码字段	—	—	—	—	无编码值。描述符本身表示 2 04 000 之前的描述符(除 0 31 021)需要增加附加字段。
0 31 021	附加字段意义,编码值为 62,表示附加字段为 8 bit,从左至右,前 4 bit 作为省级质控码字段,后 4 bit 作为台站质控码字段	—	0	0	6	数字。含义见附录 A 中表 A.6。
0 10 004	本站气压	Pa	−1	0	14	数字。
0 10 051	海平面气压	Pa	−1	0	14	数字。
2 04 000	取消描述符 2 04 008 的作用域	—	—	—	—	无编码值。结束 2 04 008 的作用域,其后要素不再增加附加字段。
3.气温和湿度						
1 01 002	0 02 201 的编码值重复 2 次	—	—	—	—	无编码值。描述符本身表示对以下 1 个描述符重复 2 次:第 1 次重复表示气温传感器标识,第 2 次重复表示湿度传感器标识。
0 02 201	气温和湿度传感器标识	—	0	0	6	数字。含义见附录 A 中表 A.5。
1 13 000	0 31 000 之后的 13 个描述符的编码值重复	—	—	—	—	无编码值。描述符本身表示对以下 13 个描述符(除 0 31 000)进行重复。
0 31 000	重复次数	—	0	0	1	数字。表示以下 13 个描述符重复的次数。
0 07 032	传感器离本地地面(或海上平台甲板)的高度	m	2	0	16	数字。

表5 地面气象观测分钟数据的数据段编码及说明(续)

内容	含义	单位	比例因子[a]	基准值[b]	数据宽度[c] bit	备注
0 04 015	时间增量,表示测站编报频率。如测站 10 min 编一次报,则原始取值为 −10	min	0	−2048	12	数字。
0 04 065	短时间增量,表示观测数据的频率。如观测数据为 1 min 一条记录,则原始取值为 1	min	0	−128	8	数字。
1 07 000	0 31 001 之后的 7 个描述符的编码值重复	—	—	—	—	无编码值。描述符本身表示对以下 7 个描述符(除 0 31 001)进行重复。
0 31 001	重复次数	—	0	0	8	数字。表示以下 7 个描述符重复的次数。
2 04 008	2 04 008 与 2 04 000 之间所有要素描述符编码值前面均增加 8 bit 的附加字段作为质控码字段	—	—	—	—	无编码值。描述符本身表示 2 04 000 之前的描述符(除 0 31 021)需要增加附加字段。
0 31 021	附加字段意义,编码值为 62,表示附加字段为 8 bit,从左至右,前 4 bit 作为省级质控码字段,后 4 bit 作为台站质控码字段	—	0	0	6	数字。含义见附录 A 中表 A.6。
0 12 001	气温	K	1	0	12	数字。
0 12 003	露点温度	K	1	0	12	数字。
0 13 003	相对湿度	%	0	0	7	数字。
0 13 004	水汽压	Pa	−1	0	10	数字。
2 04 000	取消描述符 2 04 008 的作用域	—	—	—	—	无编码值。结束 2 04 008 的作用域,其后要素不再增加附加字段。
0 07 032	传感器离本地地面(或海上平台甲板)的高度(设为"缺测",取消之前的值)	m	2	0	16	数字。
4.降水						
0 02 201	降水量传感器标识	—	0	0	6	数字。见附录 A 中表 A.5。

表5　地面气象观测分钟数据的数据段编码及说明(续)

内容	含义	单位	比例因子[a]	基准值[b]	数据宽度[c] bit	备注
1 09 000	0 31 000之后的9个描述符的编码值重复	—	—	—	—	无编码值。描述符本身表示对以下9个描述符(除0 31 000)进行重复。
0 31 000	重复次数	—	0	0	1	数字。表示以下9个描述符重复的次数。
0 07 032	传感器离本地地面(或海上平台甲板)的高度	m	2	0	16	数字。
0 02 175	降水量测量方法	—	0	0	4	数字。含义见附录A中表A.7。
1 04 000	0 31 001之后的4个描述符的编码值重复	—	—	—	—	无编码值。描述符本身表示对以下4个描述符(除0 31 001)进行重复。
0 31 001	重复次数	—	0	0	8	数字。表示以下4个描述符重复的次数。
2 04 008	2 04 008与2 04 000之间所有要素描述符编码值前面均增加8 bit的附加字段作为质控码字段	—	—	—	—	无编码值。描述符本身表示2 04 000之前的描述符(除0 31 021)需要增加附加字段。
0 31 021	附加字段意义,编码值为62,表示附加字段为8 bit,从左至右,前4 bit作为省级质控码字段,后4 bit作为台站质控码字段	—	0	0	6	数字。含义见附录A中表A.6。
0 13 011	分钟降水量	kg/m^2	1	−1	14	数字。降水微量时,分钟降水量按照−0.1 kg/m^2编报。
2 04 000	取消描述符2 04 008的作用域	—	—	—	—	无编码值。结束2 04 008的作用域,其后要素不再增加附加字段。
0 07 032	传感器离本地地面(或海上平台甲板)的高度(设为"缺测",取消之前的值)	m	2	0	16	数字。

表 5　地面气象观测分钟数据的数据段编码及说明(续)

内容	含义	单位	比例因子[a]	基准值[b]	数据宽度[c] bit	备注
5.风						
1 01 002	0 02 201 的编码值重复 2 次	—	—	—	—	无编码值。描述符本身表示对以下 1 个描述符重复 2 次:第 1 次重复表示风向传感器标识,第 2 次重复表示风速传感器标识。
0 02 201	风向风速传感器标识	—	0	0	6	数字。含义见附录 A 中表 A.5
1 20 000	0 31 000 之后的 20 个描述符的编码值重复	—	—	—	—	无编码值。描述符本身表示对以下 20 个描述符(除 0 31 000)进行重复。
0 31 000	重复次数	—	0	0	1	数字。表示以下 20 个描述符重复的次数。
0 07 032	传感器离地面(或海上平台甲板)的高度	m	2	0	16	数字。
0 04 015	时间增量,表示测站编报频率。如测站 10 min 编一次报,则原始取值为－10	min	0	－2048	12	数字。
0 04 065	短时间增量,表示观测数据的频率。如观测数据为 1 min 一条记录,则原始取值为 1	min	0	－128	8	数字。
1 14 000	0 31 001 之后的 14 个描述符的编码值重复	—	—	—	—	无编码值。描述符本身表示对以下 14 个描述符(除 0 31 001)进行重复。
0 31 001	重复次数	—	0	0	8	数字。表示以下 14 个描述符重复的次数。
0 08 021	时间意义,编码值为 2,表示时间平均	—	0	0	5	数字。见附录 A 中表 A.8。
1 06 003	1 06 003 之后的 6 个描述符的编码值重复 3 次	—	—	—	—	无编码值。描述符本身表示对以下 6 个描述符重复 3 次:第 1 次重复表示 10 min 平均风向风速,第 2 次重复表示 2 min 平均风向风速,第 3 次重复表示 1 min 平均风向风速。

表 5　地面气象观测分钟数据的数据段编码及说明(续)

内容	含义	单位	比例因子[a]	基准值[b]	数据宽度[c] bit	备注
0 04 025	时间周期	—	0	−2048	12	数字。
2 04 008	2 04 008 与 2 04 000 之间所有要素描述符编码值前面均增加 8 bit 的附加字段作为质控码字段	—	—	—	—	无编码值。描述符本身表示 2 04 000 之前的描述符(除 0 31 021)需要增加附加字段。
0 31 021	附加字段意义,编码值为 62,表示附加字段为 8 bit,从左至右,前 4 bit 作为省级质控码字段,后 4 bit 作为台站质控码字段	—	0	0	6	数字。含义见附录 A 中表 A.6。
0 11 001	风向	°(degree true)	0	0	9	数字。风速为静风时,风向编码值为 0,风向为北风时编码值为 360。
0 11 002	风速	m/s	1	0	12	数字。
2 04 000	取消描述符 2 04 008 的作用域	—	—	—	—	无编码值。
0 08 021	时间意义,编码值为 31,表示编码值为 2 的 0 08 021 的作用域结束	—	0	0	5	数字。含义见附录 A 中表 A.8。
2 04 008	2 04 008 与 2 04 000 之间所有要素描述符编码值前面均增加 8 bit 的附加字段作为质控码字段	—	—	—	—	无编码值。
0 31 021	附加字段意义,编码值为 62,表示附加字段为 8 bit,从左至右,前 4 bit 作为省级质控码字段,后 4 bit 作为台站质控码字段	—	0	0	6	数字。含义见附录 A 中表 A.6。
0 11 043	1 min 内极大风速的风向	°(degree true)	0	0	9	数字。
0 11 041	1 min 内极大风速	m/s	1	0	12	数字。
2 04 000	取消描述符 2 04 008 的作用域	—	—	—	—	无编码值。结束 2 04 008 的作用域,其后要素不再增加附加字段。

表 5　地面气象观测分钟数据的数据段编码及说明(续)

内容	含义	单位	比例因子[a]	基准值[b]	数据宽度[c] bit	备注
0 07 032	传感器离本地地面(或海上平台甲板)的高度(设为"缺测",取消之前的值)	m	2	0	16	数字。
6. 地温						
1 01 009	0 02 201 的编码值重复9次	—	—	—	—	无编码值。描述符本身表示对以下1个描述符重复9次:分别表示地面、5 cm、10 cm、15 cm、20 cm、40 cm、80 cm、160 cm、320 cm深度的温度传感器标识。
0 02 201	地温传感器标识	—	0	0	6	数字。含义见附录A中表A.5。
1 11 000	0 31 000 之后的 11 个描述符的编码值重复	—	—	—	—	无编码值。描述符本身表示对以下11个描述符(除0 31 000)进行重复。
0 31 000	重复次数	—	0	0	1	数字。表示以下11个描述符重复的次数。
0 04 015	时间增量,表示测站编报频率。如测站10 min编一次报,则原始取值为−10	min	0	−2048	12	数字。
0 04 065	短时间增量,表示观测数据的频率。如观测数据为1 min一条记录,则原始取值为1	min	0	−128	8	数字。
1 07 000	0 31 001 之后的 7 个描述符的编码值重复	—	—	—	—	无编码值。描述符本身表示对以下7个描述符(除0 31 001)进行重复。
0 31 001	重复次数	—	0	0	8	数字。表示以下7个描述符重复的次数。
2 04 008	2 04 008 与 2 04 000 之间所有要素描述符编码值前面均增加 8 bit 的附加字段作为质控码字段	—	—	—	—	无编码值。描述符本身表示2 04 000之前的描述符(除0 31 021)需要增加附加字段。

表5　地面气象观测分钟数据的数据段编码及说明(续)

内容	含义	单位	比例因子[a]	基准值[b]	数据宽度[c] bit	备注
0 31 021	附加字段意义,编码值为62,表示附加字段为8 bit,从左至右,前4 bit作为省级质控码字段,后4 bit作为台站质控码字段	—	0	0	6	数字。含义见附录A中表A.6。
0 12 061	地面温度	K	1	0	12	数字。
1 02 008	1 05 008之后的2个描述符重复8次	—	—	—	—	无编码值。描述符本身表示对以下2个描述符重复8次:分别表示5 cm、10 cm、15 cm、20 cm、40 cm、80 cm、160 cm、320 cm的地表下深度以及对应深度的地温。
0 07 061	地表下深度	m	2	0	14	数字。
0 12 030	地温	K	1	0	12	数字。
2 04 000	取消描述符2 04 008的作用域	—	—	—	—	无编码值。结束2 04 008的作用域,其后要素不再增加附加字段。
7.草面(或雪面)温度						
0 02 201	草面(或雪面)温度传感器标识	—	0	0	6	数字。含义见附录A中表A.5。
1 08 000	0 31 000之后的8个描述符的编码值重复	—	—	—	—	无编码值。描述符本身表示对以下8个描述符(除0 31 000)进行重复。
0 31 000	重复次数	—	0	0	1	数字。表示以下8个描述符重复的次数。
0 04 015	时间增量,表示测站编报频率。如测站10 min编一次报,则原始取值为−10	min	0	−2048	12	数字。
0 04 065	短时间增量,表示观测数据的频率。如观测数据为1 min一条记录,则原始取值为1	min	0	−128	8	数字。

表 5　地面气象观测分钟数据的数据段编码及说明(续)

内容	含义	单位	比例因子[a]	基准值[b]	数据宽度[c] bit	备注
1 04 000	0 31 001 之后的 4 个描述符的编码值重复	—	—	—	—	无编码值。描述符本身表示对以下 4 个描述符(除 0 31 001)进行重复。
0 31 001	重复次数	—	0	0	8	数字。表示以下 4 个描述符重复的次数。
2 04 008	2 04 008 与 2 04 000 之间所有要素描述符编码值前面均增加 8 bit 的附加字段作为质控码字段	—	—	—	—	无编码值。描述符本身表示 2 04 000 之前的描述符(除 0 31 021)需要增加附加字段。
0 31 021	附加字段意义,编码值为 62,表示附加字段为 8 bit,从左至右,前 4 bit 作为省级质控码字段,后 4 bit 作为台站质控码字段	—	0	0	6	数字。含义见附录 A 中表 A.6。
0 12 061	草面或雪面温度	K	1	0	12	数字。
2 04 000	取消描述符 2 04 008 的作用域	—	—	—	—	无编码值。结束 2 04 008 的作用域,其后要素不再增加附加字段。
8.能见度						
0 02 201	能见度传感器标识	—	0	0	6	数字。含义见附录 A 中表 A.5。
1 18 000	0 31 000 之后的 18 个描述符的编码值重复	—	—	—	—	无编码值。描述符本身表示对以下 18 个描述符(除 0 31 000)进行重复。
0 31 000	重复次数	—	0	0	1	数字。表示以下 18 个描述符重复的次数。
0 07 032	传感器离地面(或海上平台甲板)的高度	m	2	0	16	数字。
0 04 015	时间增量,表示测站编报频率。如测站 10 min 编一次报,则原始取值为 −10	min	0	−2048	12	数字。

表 5　地面气象观测分钟数据的数据段编码及说明(续)

内容	含义	单位	比例因子[a]	基准值[b]	数据宽度[c] bit	备注
0 04 065	短时间增量,表示观测数据的频率。如观测数据为 1 min 一条记录,则原始取值为 1	min	0	−128	8	数字。
1 12 000	0 31 001 之后的 12 个描述符的编码值重复	—	—	—	—	无编码值。描述符本身表示对以下 12 个描述符(除 0 31 001)进行重复。
0 31 001	重复次数	—	0	0	8	数字。表示以下 12 个描述符重复的次数。
0 08 021	时间意义,编码值为 2,表示时间平均	—	0	0	5	数字。含义见附录 A 中表 A.8。
1 09 002	1 09 002 之后的 9 个描述符的编码值重复 2 次	—	—	—	—	无编码值。描述符本身表示对以下 9 个描述符重复 2 次:第 1 次重复表示 10 min 平均能见度,第 2 次重复表示 1 min 平均能见度。
0 04 025	时间周期	—	0	- 2048	12	数字。
2 04 008	2 04 008 与 2 04 000 之间所有要素描述符编码值前面均增加 8 bit 的附加字段作为质控码字段	—	—	—	—	无编码值。描述符本身表示 2 04 000 之前的描述符(除 0 31 021)需要增加附加字段。
0 31 021	附加字段意义,编码值为 62,表示附加字段为 8 bit,从左至右,前 4 bit 作为省级质控码字段,后 4 bit 作为台站质控码字段	—	0	0	6	数字。含义见附录 A 中表 A.6。
2 01 132	改变 0 20 001 要素描述符的数据宽度(13+4=17)	—	—	—	—	无编码值。
2 02 129	改变 0 20 001 要素描述符的比例因子(−1+1=0)	—	—	—	—	无编码值。
0 20 001	水平能见度	m	−1	0	13	数字。

表 5 地面气象观测分钟数据的数据段编码及说明(续)

内容	含义	单位	比例因子[a]	基准值[b]	数据宽度[c] bit	备注
2 02 000	结束 0 20 001 比例因子的改变操作	—	—	—	—	无编码值。
2 01 000	结束 0 20 001 数据宽度的改变操作	—	—	—	—	无编码值。
2 04 000	取消描述符 2 04 008 的作用域	—	—	—	—	无编码值。
0 08 021	时间意义，编码值为 31，表示编码值为 2 的 0 08 021 的作用域结束	—	0	0	5	数字。含义见附录 A 中表 A.8。
0 07 032	传感器离本地地面(或海上平台甲板)的高度(设为"缺测"，取消之前的值)	m	2	0	16	数字。
9.云						
1 01 002	0 02 201 的编码值重复 2 次	—	—	—	—	无编码值。描述符本身表示对以下 1 个描述符重复 2 次：第 1 次重复表示云量的传感器标识，第 2 次重复表示云高的传感器标识。
0 02 201	云观测传感器标识	—	0	0	6	数字。含义见附录 A 中表 A.5。
1 10 000	0 31 000 之后的 10 个描述符的编码值重复	—	—	—	—	无编码值。描述符本身表示对以下 10 个描述符(除 0 31 000)进行重复。
0 31 000	重复次数	—	0	0	1	数字。表示以下 10 个描述符重复的次数。
0 02 183	云探测系统	—	0	0	4	数字。含义见附录 A 中表 A.9 。
0 04 015	时间增量，表示测站编报频率。如测站 10 min 编一次报，则原始取值为 −10	min	0	−2048	12	数字。
0 04 065	短时间增量，表示观测数据的频率。如观测数据为 1 min 一条记录，则原始取值为 1	min	0	−128	8	数字。

表 5　地面气象观测分钟数据的数据段编码及说明(续)

内容	含义	单位	比例因子[a]	基准值[b]	数据宽度[c] bit	备注
1 05 000	0 31 001 之后的 5 个描述符的编码值重复,重复次数等于 0 31 001 的编码值	—	—	—	—	无编码值。描述符本身表示对以下 5 个描述符(除 0 31 001)进行重复。
0 31 001	延迟描述符重复因子	—	0	0	8	数字。表示以下 5 个描述符重复的次数。
2 04 008	2 04 008 与 2 04 000 之间所有要素描述符编码值前面均增加 8 bit 的附加字段作为质控码字段	—	—	—	—	无编码值。描述符本身表示 2 04 000 之前的描述符(除 0 31 021)需要增加附加字段。
0 31 021	附加字段意义,编码值为 62,表示附加字段为 8 bit,从左至右,前 4 bit 作为省级质控码字段,后 4 bit 作为台站质控码字段	—	0	0	6	数字。含义见附录 A 中表 A.6。
0 20 010	云量	%	0	0	7	数字。
0 20 013	云底高度	m	−1	−40	11	数字。
2 04 000	取消描述符 2 04 008 的作用域	—	—	—	—	无编码值。结束 2 04 008 的作用域,其后要素不再增加附加字段。
10.雪深和雪压						
0 02 201	雪深和雪压传感器标识	—	0	0	6	数字。含义见附录 A 中表 A.5。
1 09 000	0 31 000 之后的 9 个描述符的编码值重复	—	—	—	—	无编码值。描述符本身表示对以下 9 个描述符(除 0 31 000)进行重复。
0 31 000	重复次数	—	0	0	1	数字。表示以下 9 个描述符重复的次数。
0 02 177	积雪深度的测量方法	—	0	0	4	数字。含义见附录 A 中表 A.10。
0 04 015	时间增量,表示测站编报频率。如测站 10 min 编一次报,则原始取值为 −10	min	0	−2048	12	数字。

表 5 地面气象观测分钟数据的数据段编码及说明(续)

内容	含义	单位	比例因子[a]	基准值[b]	数据宽度[c] bit	备注
0 04 065	短时间增量,表示观测数据的频率。如观测数据为 1 min 一条记录,则原始取值为 1	min	0	−128	8	数字。
1 04 000	0 31 001 之后的 4 个描述符的编码值重复	—	—	—	—	无编码值。描述符本身表示对以下 4 个描述符(除 0 31 001)进行重复。
0 31 001	重复次数	—	0	0	8	数字。表示以下 4 个描述符重复的次数。
2 04 008	2 04 008 与 2 04 000 之间所有要素描述符编码值前面均增加 8 bit 的附加字段作为质控码字段	—	—	—	—	无编码值。描述符本身表示 2 04 000 之前的描述符(除 0 31 021)需要增加附加字段。
0 31 021	附加字段意义,编码值为 62,表示附加字段为 8 bit,从左至右,前 4 bit 作为省级质控码字段,后 4 bit 作为台站质控码字段	—	0	0	6	数字。含义见附录 A 中表 A. 6。
0 13 013	积雪深度	m	2	−2	16	数字。积雪深度为微量和雪没有继续覆盖时,分别按照 −1 cm 和 −2 cm 编报。
2 04 000	取消描述符 2 04 008 的作用域	—	—	—	—	无编码值。结束 2 04 008 的作用域,其后要素不再增加附加字段。
11. 天气现象						
1 01 004	0 02 201 的编码值重复 4 次	—	—	—	—	无编码值。描述符本身表示对以下 1 个描述符重复 4 次:分别表示降水类、视程障碍类、凝结类、其他类天气现象的传感器标识。
0 02 201	天气现象传感器标识	—	0	0	6	数字。含义见附录 A 中表 A. 5。

表 5　地面气象观测分钟数据的数据段编码及说明(续)

内容	含义	单位	比例因子[a]	基准值[b]	数据宽度[c] bit	备注
1 09 000	0 31 000 之后的 9 个描述符的编码值重复	—	—	—	—	无编码值。描述符本身表示对以下 9 个描述符(除 0 31 000)进行重复。
0 31 000	重复次数	—	0	0	1	数字。表示以下 9 个描述符重复的次数。
0 02 180	主要天气现象观测系统	—	0	0	4	数字。含义见附录 A 中表 A. 11。
0 04 015	时间增量,表示测站编报频率。如测站 10 min 编一次报,则原始取值为 －10	min	0	－2048	12	数字。
0 04 065	短时间增量,表示观测数据的频率。如观测数据为 1 min 一条记录,则原始取值为 1	min	0	－128	8	数字。
1 04 000	0 31 001 之后的 4 个描述符的编码值重复	—	—	—	—	无编码值。描述符本身表示对以下 4 个描述符(除 0 31 001)进行重复。
0 31 001	重复次数	—	0	0	8	数字。表示以下 4 个描述符重复的次数。
2 04 008	2 04 008 与 2 04 000 之间所有要素描述符编码值前面均增加 8 bit 的附加字段作为质控码字段	—	—	—	—	无编码值。描述符本身表示 2 04 000 之前的描述符(除 0 31 021)需要增加附加字段。
0 31 021	附加字段意义,编码值为 62,表示附加字段为 8 bit,从左至右,前 4 bit 作为省级质控码字段,后 4 bit 作为台站质控码字段	—	0	0	6	数字。含义见附录 A 中表 A. 6。

表 5　地面气象观测分钟数据的数据段编码及说明(续)

内容	含义	单位	比例因子[a]	基准值[b]	数据宽度[c] bit	备注
0 20 211	分钟连续观测天气现象。(1)如果有天气现象,则每种天气现象编码占 2 个字节,天气现象编码之间以半角逗号分隔,剩余的字节填充空格;(2)如果自动仪器无天气现象则编"00",剩余字节填充空格;(3)如果本站无天气现象自动观测任务,则编"--",剩余字节填充空格;(4)如果缺测则所有位置全置为 1	—	0	0	960	字符。
2 04 000	取消描述符 2 04 008 的作用域	—	—	—	—	无编码值。结束 2 04 008 的作用域,其后要素不再增加附加字段。
12. 路面温度						
0 02 201	路面温度传感器标识	—	0	0	6	数字。含义见附录 A 中表 A. 5。
1 08 000	0 31 000 之后的 8 个描述符的编码值重复	—	—	—	—	无编码值。描述符本身表示对以下 8 个描述符(除 0 31 000)进行重复。
0 31 000	重复次数	—	0	0	1	数字。表示以下 8 个描述符重复的次数。
2 04 008	2 04 008 与 2 04 000 之间所有要素描述符编码值前面均增加 8 bit 的附加字段作为质控码字段	—	—	—	—	无编码值。描述符本身表示 2 04 000 之前的描述符(除 0 31 021)需要增加附加字段。
0 31 021	附加字段意义,编码值为 62,表示附加字段为 8 bit,前 4 bit 作为省级质控码字段,后 4 bit 作为台站质控码字段	—	0	0	6	数字。含义见附录 A 中表 A. 6。
0 12 128	路面温度	K	2	0	16	数字。
0 12 196	10 cm 路基温度	K	1	0	12	数字。

表 5 地面气象观测分钟数据的数据段编码及说明(续)

内容	含义	单位	比例因子[a]	基准值[b]	数据宽度[c] bit	备注
0 20 138	路面状况	—	0	0	4	数字。含义见附录A中表A.12。
0 12 132	路面冰点温度	K	2	0	16	数字。
0 20 208	融雪剂浓度	%	0	0	5	数字。
2 04 000	取消描述符 2 04 008 的作用域	—	—	—	—	无编码值。结束 2 04 008 的作用域，其后要素不再增加附加字段。
13. 雨滴谱						
0 02 201	雨滴谱传感器标识	—	0	0	6	数字。含义见附录A中的表A.5。
0 02 240	雨滴谱的设备类型	—	0	0	4	数字。
1 11 000	0 31 000 之后的 11 个描述符的编码值重复	—	—	—	—	无编码值。描述符本身表示对以下 11 个描述符(除 0 31 000)进行重复。
0 31 000	重复次数	—	0	0	1	数字。表示以下 11 个描述符重复的次数。
0 04 015	时间增量，表示测站编报频率。如测站 10 min 编一次报，则原始取值为 −10	min	0	−2048	12	数字。
0 04 065	短时间增量，表示观测数据的频率。如观测数据为 1 min 一条记录，则原始取值为 1	min	0	−128	8	数字。
1 07 000	0 31 001 之后的 7 个描述符的编码值重复	—	—	—	—	无编码值。描述符本身表示对以下 7 个描述符(除 0 31 001)进行重复。
0 31 001	重复次数	—	0	0	8	数字。表示以下 7 个描述符重复的次数。
1 05 000	0 31 002 之后的 5 个描述符的编码值重复	—	—	—	—	无编码值。描述符本身表示对以下 5 个描述符(除 0 31 002)进行重复。

表 5　地面气象观测分钟数据的数据段编码及说明(续)

内容	含义	单位	比例因子[a]	基准值[b]	数据宽度[c] bit	备注
0 31 002	重复次数	—	0	0	16	数字。表示以下 5 个描述符重复的次数。
0 13 205	雨滴粒子级别编号	—	0	0	12	数字。
2 04 008	2 04 008 与 2 04 000 之间所有要素描述符编码值前面均增加 8 bit 的附加字段作为质控码字段	—	—	—	—	无编码值。描述符本身表示 2 04 000 之前的描述符(除 0 31 021)需要增加附加字段。
0 31 021	附加字段意义,编码值为62,表示附加字段为 8 bit,从左至右,前 4 bit 作为省级质控码字段,后 4 bit 作为台站质控码字段	—	0	0	6	数字。含义见附录 A 中表 A.6。
0 13 206	雨滴粒子个数	—	0	0	16	数字。
2 04 000	取消描述符 2 04 008 的作用域	—	—	—	—	无编码值。结束 2 04 008 的作用域,其后要素不再增加附加字段。

注 1:数据段每个要素的编码值=原始观测值×$10^{比例因子}$－基准值。

注 2:要素编码值转换为二进制,并按照数据宽度所定义的比特位数顺序写入数据段,位数不足高位补 0。

注 3:当某要素缺测时,将该要素数据宽度内每个比特置为 1,即为缺测值。

[a] 比例因子用于规定要素观测值的数据精度。要求数据精度等于 $10^{-比例因子}$。例如,比例因子为 2,数据精度等于 10^{-2},即 0.01。

[b] 基准值用于保证要素编码值非负,即要求:要素观测值×$10^{比例因子}$≥基准值。

[c] 数据宽度用于规定二进制的要素编码值在数据段所占用的比特位数,编码值位数不足数据宽度时在高(左)位补 0。

5.5.2　地面气象观测小时数据段

地面气象观测小时数据段包括数据段段长、保留字段和数据描述段中描述符 3 07 193 包含的气象要素序列对应的编码值,具体编码见表 6。其中数据段段长根据编码时实际包含的气象要素确定。气象要素序列包括测站标识、气压、气温和湿度、降水、蒸发、风、地温、草面(或雪面)温度、路面温度、能见度、云、地面状态、路面观测、天气现象和日照等小时观测数据,以及雪深、雪压、冻土、电线积冰等日观测数据。

表 6　地面气象观测小时数据的数据段编码及说明

内容		含义	单位	比例因子[a]	基准值[b]	数据宽度[c] bit	备注
数据段段长		数据段长度（以八位组为单位）	—	0	0	24	数字。
保留字段		置 0	—	0	0	8	数字。
1.测站/平台标识							
0 01 001		WMO 区号	—	0	0	7	数字。
0 01 002		WMO 站号	—	0	0	10	数字。
0 02 001		测站类型	—	0	0	2	数字。含义见附录 A 中表 A.1。
0 01 101		国家和地区标识符	—	0	0	10	数字，含义见附录 A 中表 A.2。
0 01 192		本地测站标识	—	0	0	72	字符，非 WMO 区站号的测站使用本描述符表示站号。
3 01 011	0 04 001	年	—	0	0	12	数字。
	0 04 002	月	—	0	0	4	数字。
	0 04 003	日	—	0	0	6	数字。
3 01 013	0 04 004	时	—	0	0	5	数字。
	0 04 005	分	—	0	0	6	数字。
	0 04 006	秒	—	0	0	6	数字。
3 01 021	0 05 001	纬度（保留小数点后 5 位）	°	5	−9000000	25	数字。
	0 06 001	经度（保留小数点后 5 位）	°	5	−18000000	26	数字。
0 07 030		观测场海拔高度	m	1	−4000	17	数字。
0 07 031		气压感应器海拔高度	m	1	−4000	17	数字。
0 08 010		地面限定符（温度数据）	—	0	0	5	数字。含义见附录 A 中表 A.3。
0 02 207		日照时制方式	—	0	0	3	数字。含义见附录 A 中表 A.13。
1 01 002		1 01 002 之后的 1 个描述符的编码值重复 2 次	—	—	—	—	无编码值。描述符本身表示对以下 1 个描述符重复 2 次：第 1 次重复针对台站质量控制，第 2 次重复针对省级质量控制。

表 6　地面气象观测小时数据的数据段编码及说明(续)

<table>
<tr><th colspan="2">内容</th><th>含义</th><th>单位</th><th>比例因子[a]</th><th>基准值[b]</th><th>数据宽度[c] bit</th><th>备注</th></tr>
<tr><td colspan="2">0 33 035</td><td>人工/自动质量控制</td><td>—</td><td>0</td><td>0</td><td>4</td><td>数字。含义见附录 A 中表 A.4。</td></tr>
<tr><td colspan="8">2.气压</td></tr>
<tr><td colspan="2">0 02 201</td><td>气压传感器标识</td><td>—</td><td>0</td><td>0</td><td>6</td><td>数字。含义见附录 A 中表 A.5。</td></tr>
<tr><td colspan="2">1 22 000</td><td>0 31 000 之后的 22 个描述符的编码值重复</td><td>—</td><td>—</td><td>—</td><td>—</td><td>无编码值。描述符本身表示对以下 22 个描述符(除 0 31 000)进行重复。</td></tr>
<tr><td colspan="2">0 31 000</td><td>重复次数</td><td>—</td><td>0</td><td>0</td><td>1</td><td>数字。表示以下 22 个描述符重复的次数。</td></tr>
<tr><td colspan="2">2 04 008</td><td>2 04 008 与 2 04 000 之间所有要素描述符编码值前面均增加 8 bit 的附加字段作为质控码字段</td><td>—</td><td>—</td><td>—</td><td>—</td><td>无编码值。描述符本身表示 2 04 000 之前的描述符(除 0 31 021)需要增加附加字段。</td></tr>
<tr><td colspan="2">0 31 021</td><td>附加字段意义,编码值为 62,表示附加字段为 8 bit,从左至右,前 4 bit 作为省级质控码字段,后 4 bit 作为台站质控码字段</td><td>—</td><td>0</td><td>0</td><td>6</td><td>数字。含义见附录 A 中表 A.6。</td></tr>
<tr><td rowspan="7">3 02 031</td><td>0 10 004</td><td>本站气压</td><td>Pa</td><td>−1</td><td>0</td><td>14</td><td>数字。</td></tr>
<tr><td>0 10 051</td><td>海平面气压</td><td>Pa</td><td>−1</td><td>0</td><td>14</td><td>数字。</td></tr>
<tr><td>0 10 061</td><td>3 h 变压</td><td>Pa</td><td>−1</td><td>−500</td><td>10</td><td>数字。</td></tr>
<tr><td>0 10 063</td><td>气压倾向特征</td><td>—</td><td>0</td><td>0</td><td>4</td><td>数字。含义见附录 A 中表 A.14。</td></tr>
<tr><td>0 10 062</td><td>24 h 变压</td><td>Pa</td><td>−1</td><td>−1000</td><td>11</td><td>数字。</td></tr>
<tr><td>0 07 004</td><td>气压(标准层)</td><td>Pa</td><td>−1</td><td>0</td><td>14</td><td>数字。</td></tr>
<tr><td>0 10 009</td><td>测站的位势高度</td><td>gpm</td><td>0</td><td>−1000</td><td>17</td><td>数字。</td></tr>
<tr><td colspan="2">2 04 000</td><td>取消描述符 2 04 008 的作用域</td><td>—</td><td>—</td><td>—</td><td>—</td><td>无编码值。结束 2 04 008 的作用域,其后要素不再增加附加字段。</td></tr>
<tr><td colspan="2">0 08 023</td><td>一级统计,编码值为 2,表示最大值</td><td>—</td><td>0</td><td>0</td><td>6</td><td>数字。含义见附录 A 中表 A.15。</td></tr>
</table>

表 6　地面气象观测小时数据的数据段编码及说明(续)

内容	含义	单位	比例因子[a]	基准值[b]	数据宽度[c] bit	备注
0 04 024	时间周期，原始取值为－1，表示统计时段为 1 h	h	0	－2048	12	数字。
2 04 008	2 04 008 与 2 04 000 之间所有要素描述符编码值前面均增加 8 bit 的附加字段作为质控码字段	—	—	—	—	无编码值。描述符本身表示 2 04 000 之前的描述符(除 0 31 021)需要增加附加字段。
0 31 021	附加字段意义，编码值为 62，表示附加字段为 8 bit，从左至右，前 4 bit 作为省级质控码字段，后 4 bit 作为台站质控码字段	—	0	0	6	数字。含义见附录 A 中表 A.6。
0 10 004	本站气压	Pa	－1	0	14	数字。
0 26 195	现象出现的时	—	0	0	5	数字。
0 26 196	现象出现的分	—	0	0	6	数字。
2 04 000	取消描述符 2 04 008 的作用域	—	—	—	—	无编码值。结束 2 04 008 的作用域，其后要素不再增加附加字段。
0 08 023	一级统计，编码值为 63，取消 0 08 023 的作用域	—	0	0	6	数字。含义见附录 A 中表 A.15。
0 08 023	一级统计，编码值为 3，表示最小值。	—	0	0	6	数字。含义见附录 A 中表 A.15。
0 04 024	时间周期，原始取值为－1，表示统计时段为 1 h	h	0	－2048	12	数字。
2 04 008	2 04 008 与 2 04 000 之间所有要素描述符编码值前面均增加 8 bit 的附加字段作为质控码字段	—	—	—	—	无编码值。描述符本身表示 2 04 000 之前的描述符(除 0 31 021)需要增加附加字段。
0 31 021	附加字段意义，编码值为 62，表示附加字段为 8 bit，从左至右，前 4 bit 作为省级质控码字段，后 4 bit 作为台站质控码字段	—	0	0	6	数字。含义见附录 A 中表 A.6。

表 6　地面气象观测小时数据的数据段编码及说明(续)

内容	含义	单位	比例因子[a]	基准值[b]	数据宽度[c] bit	备注
0 10 004	本站气压	Pa	−1	0	14	数字。
0 26 195	现象出现的时	—	0	0	5	数字。
0 26 196	现象出现的分	—	0	0	6	数字。
2 04 000	取消描述符 2 04 008 的作用域	—	—	—	—	无编码值。结束 2 04 008 的作用域,其后要素不再增加附加字段。
0 08 023	一级统计,编码值为 63,取消 0 08 023 的作用域	—	0	0	6	数字。含义见附录 A 中表 A.15。
3.气温和湿度						
1 01 002	0 02 201 的编码值重复 2 次	—	—	—	—	无编码值。描述符本身表示对以下 1 个描述符重复 2 次:第 1 次重复表示气温传感器标识,第 2 次重复表示湿度传感器标识。
0 02 201	气温和湿度传感器标识	—	0	0	6	数字。含义见附录 A 中表 A.5。
1 24 000	0 31 000 之后的 24 个描述符的编码值重复	—	—	—	—	无编码值。描述符本身表示对以下 24 个描述符(除 0 31 000)进行重复。
0 31 000	重复次数	—	0	0	1	数字。表示以下 24 个描述符重复的次数。
0 07 032	传感器离本地地面(或海上平台甲板)的高度	m	2	0	16	数字。
2 04 008	2 04 008 与 2 04 000 之间所有要素描述符编码值前面均增加 8 bit 的附加字段作为质控码字段	—	—	—	—	无编码值。描述符本身表示 2 04 000 之前的描述符(除 0 31 021)需要增加附加字段。
0 31 021	附加字段意义,编码值为 62,表示附加字段为 8 bit,从左至右,前 4 bit 作为省级质控码字段,后 4 bit 作为台站质控码字段	—	0	0	6	数字。含义见附录 A 中表 A.6。
0 12 001	气温	K	1	0	12	数字。
0 12 003	露点温度	K	1	0	12	数字。

表 6　地面气象观测小时数据的数据段编码及说明(续)

内容	含义	单位	比例因子[a]	基准值[b]	数据宽度[c] bit	备注
0 13 003	相对湿度	%	0	0	7	数字。
0 13 004	水汽压	Pa	−1	0	10	数字。
0 04 024	时间周期。原始取值为−1,表示统计时段为 1 h	h	0	−2048	12	数字。
0 12 011	小时内最高气温	K	1	0	12	数字。
0 26 195	现象出现的时	—	0	0	5	数字。
0 26 196	现象出现的分	—	0	0	6	数字。
0 04 024	时间周期。原始取值为−1,表示统计时段为 1 h	h	0	−2048	12	数字。
0 12 012	小时内最低气温	K	1	0	12	数字。
0 26 195	现象出现的时	—	0	0	5	数字。
0 26 196	现象出现的分	—	0	0	6	数字。
0 04 024	时间周期,原始取值为−1,表示统计时段为 1 h	h	0	−2048	12	数字。
0 13 007	小时内最小相对湿度	%	0	0	7	数字。
0 26 195	现象出现的时	—	0	0	5	数字。
0 26 196	现象出现的分	—	0	0	6	数字。
0 12 197	24 h 变温	K	1	−2732	12	数字。
0 12 016	过去 24 h 最高气温	K	1	0	12	数字。
0 12 017	过去 24 h 最低气温	K	1	0	12	数字。
2 04 000	取消描述符 2 04 008 的作用域	—	—	—	—	无编码值。结束 2 04 008 的作用域,其后要素不再增加附加字段。
0 07 032	传感器离本地地面(或海上平台甲板)的高度(设为“缺测”,取消之前的值)	m	2	0	16	数字。
4.降水						
0 02 201	降水量传感器标识	—	0	0	6	数字。含义见附录 A 中表 A.5
1 13 000	0 31 000 之后的 13 个描述符的编码值重复	—	—	—	—	无编码值。描述符本身表示对以下 13 个描述符(除 0 31 000)进行重复。

表 6　地面气象观测小时数据的数据段编码及说明(续)

内容	含义	单位	比例因子[a]	基准值[b]	数据宽度[c] bit	备注
0 31 000	重复次数	—	0	0	1	数字。表示以下 13 个描述符重复的次数。
0 07 032	传感器离本地地面(或海上平台甲板)的高度	m	2	0	16	数字。
0 02 175	降水量测量方法	—	0	0	4	数字。含义见附录 A 中表 A.7
2 04 008	2 04 008 与 2 04 000 之间所有要素描述符编码值前面均增加 8 bit 的附加字段作为质控码字段	—	—	—	—	无编码值。描述符本身表示 2 04 000 之前的描述符(除 0 31 021)需要增加附加字段。
0 31 021	附加字段意义,编码值为 62,表示附加字段为 8 bit,从左至右,前 4 bit 作为省级质控码字段,后 4 bit 作为台站质控码字段	—	0	0	6	数字。含义见附录 A 中表 A.6。
0 13 019	过去 1 h 降水量	kg/m^2	1	−1	14	数字。
0 13 020	过去 3 h 降水量	kg/m^2	1	−1	14	数字。
0 13 021	过去 6 h 降水量	kg/m^2	1	−1	14	数字。
0 13 022	过去 12 h 降水量	kg/m^2	1	−1	14	数字。
0 13 023	过去 24 h 降水量	kg/m^2	1	−1	14	数字。
0 04 024	时间周期(根据加密周期确定)	h	0	−2048	12	数字。
0 13 011	总降水量	kg/m^2	1	−1	14	数字。降水微量时,分钟降水量按照−0.1 kg/m^2 编报
2 04 000	取消描述符 2 04 008 的作用域	—	—	—	—	无编码值。结束 2 04 008 的作用域,其后要素不再增加附加字段。
0 07 032	传感器离本地地面(或海上平台甲板)的高度(设为“缺测”,以取消以前的值)	m	2	0	16	数字。
5.蒸发						
0 02 201	蒸发传感器标识	—	0	0	6	数字。含义见附录 A 中表 A.5。

表 6　地面气象观测小时数据的数据段编码及说明(续)

内容	含义	单位	比例因子[a]	基准值[b]	数据宽度[c] bit	备注
1 07 000	0 31 000 之后的 7 个描述符的编码值重复	—	—	—	—	无编码值。描述符本身表示对以下 7 个描述符(除 0 31 000)进行重复。
0 31 000	重复次数	—	0	0	1	数字。表示以下 7 个描述符重复的次数。
0 04 024	时间周期。原始取值为 −1,表示统计时段为 1 h	h	0	−2048	12	数字。
0 02 004	测量蒸发的仪器类型或作物类型	—	0	0	4	数字。含义见附录 A 中表 A.16。
2 04 008	2 04 008 与 2 04 000 之间所有要素描述符编码值前面均增加 8 bit 的附加字段作为质控码字段	—	—	—	—	无编码值。描述符本身表示 2 04 000 之前的描述符(除 0 31 021)需要增加附加字段。
0 31 021	附加字段意义,编码值为 62,表示附加字段为 8 bit,从左至右,前 4 bit 作为省级质控码字段,后 4 bit 作为台站质控码字段	—	0	0	6	数字。含义见附录 A 中表 A.6。
0 13 033	小时蒸发量	kg/m^2	1	0	10	数字。
0 13 196	蒸发水位	mm	0	0	6	数字。
2 04 000	取消描述符 2 04 008 的作用域	—	—	—	—	无编码值。结束 2 04 008 的作用域,其后要素不再增加附加字段。
0 04 024	时间周期。原始取值为 −24,表示统计时段为 24 h	h	0	−2048	12	数字。
2 04 008	2 04 008 与 2 04 000 之间所有要素描述符编码值前面均增加 8 bit 的附加字段作为质控码字段	—	—	—	—	无编码值。描述符本身表示 2 04 000 之前的描述符(除 0 31 021)需要增加附加字段。
0 31 021	附加字段意义,编码值为 62,表示附加字段为 8 bit,从左至右,前 4 bit 作为省级质控码字段,后 4 bit 作为台站质控码字段	—	0	0	6	数字。含义见附录 A 中表 A.6。

表 6　地面气象观测小时数据的数据段编码及说明(续)

内容	含义	单位	比例因子[a]	基准值[b]	数据宽度[c] bit	备注
0 13 033	过去 24 h 蒸发量	kg/m^2	1	0	10	数字。
2 04 000	取消描述符 2 04 008 的作用域	—	—	—	—	无编码值。结束 2 04 008 的作用域,其后要素不再增加附加字段。
6. 风						
1 01 002	0 02 201 的编码值重复 2 次	—	—	—	—	无编码值。描述符本身表示对以下 1 个描述符重复 2 次:第 1 次重复表示风向传感器标识,第 2 次重复表示风速传感器标识。
0 02 201	风向风速传感器标识	—	0	0	6	数字。含义见附录 A 中表 A.5。
1 35 000	0 31 000 之后的 35 个描述符的编码值重复	—	—	—	—	无编码值。描述符本身表示对以下 35 个描述符(除 0 31 000)进行重复。
0 31 000	重复次数	—	0	0	1	数字。表示以下 35 个描述符重复的次数。
0 07 032	传感器离本地地面(或海上平台甲板)的高度	m	2	0	16	数字。
2 04 008	2 04 008 与 2 04 000 之间所有要素描述符编码值前面均增加 8 bit 的附加字段作为质控码字段	—	—	—	—	无编码值。描述符本身表示 2 04 000 之前的描述符(除 0 31 021)需要增加附加字段。
0 31 021	附加字段意义,编码值为 62,表示附加字段为 8 bit,从左至右,前 4 bit 作为省级质控码字段,后 4 bit 作为台站质控码字段	—	0	0	6	数字。含义见附录 A 中表 A.6。
0 11 001	风向(当前时刻的瞬时风向)	°(degree true)	0	0	9	数字。
0 11 002	风速(当前时刻的瞬时风速)	m/s	1	0	12	数字。
2 04 000	取消描述符 2 04 008 的作用域	—	—	—	—	无编码值。结束 2 04 008 的作用域,其后要素不再增加附加字段。

表 6　地面气象观测小时数据的数据段编码及说明(续)

内容	含义	单位	比例因子[a]	基准值[b]	数据宽度[c] bit	备注
0 08 021	时间意义,编码值为 2,表示时间平均	—	0	0	5	数字。含义见附录 A 中表 A.8。
1 06 002	1 06 002 之后的 6 个描述符的编码值重复 2 次	—	—	—	—	无编码值。描述符本身表示对以下 6 个描述符重复 2 次:第 1 次重复表示 10 min 平均风向风速,第 2 次重复表示 2 min 平均风向风速。
0 04 025	时间周期	min	0	−2048	12	数字。
2 04 008	2 04 008 与 2 04 000 之间所有要素描述符编码值前面均增加 8 bit 的附加字段作为质控码字段	—	—	—	—	无编码值。描述符本身表示 2 04 000 之前的描述符(除 0 31 021)需要增加附加字段。
0 31 021	附加字段意义,编码值为 62,表示附加字段为 8 bit,从左至右,前 4 bit 作为省级质控码字段,后 4 bit 作为台站质控码字段	—	0	0	6	数字。含义见附录 A 中表 A.6。
0 11 001	风向	°(degree true)	0	0	9	数字。
0 11 002	风速	m/s	1	0	12	数字。
2 04 000	取消描述符 2 04 008 的作用域	—	—	—	—	无编码值。结束 2 04 008 的作用域,其后要素不再增加附加字段。
0 08 021	时间意义,编码值为 31,表示编码值为 2 的 0 08 021 的作用域结束	—	0	0	5	数字。含义见附录 A 中表 A.8。
0 04 024	时间周期,原始取值为 −1,表示统计时段为 1 h	h	0	−2048	12	数字。
2 04 008	2 04 008 与 2 04 000 之间所有要素描述符编码值前增加 8 bit 附加字段作为质控码字段	—	—	—	—	无编码值。描述符本身表示 2 04 000 之前的描述符(除 0 31 021)需要增加附加字段。

表 6　地面气象观测小时数据的数据段编码及说明(续)

内容	含义	单位	比例因子[a]	基准值[b]	数据宽度[c] bit	备注
0 31 021	附加字段意义,编码值为62,表示附加字段为 8 bit,从左至右,前 4 bit 作为省级质控码字段,后 4 bit 作为台站质控码字段	—	0	0	6	数字。含义见附录 A 中表 A.6。
0 11 010	小时内最大风速的风向	°(degree true)	0	0	9	数字。
0 11 042	小时内最大风速	m/s	1	0	12	数字。
0 26 195	现象出现的时	—	0	0	5	数字。
0 26 196	现象出现的分	—	0	0	6	数字。
0 11 010	小时内极大风速的风向	°(degree true)	0	0	9	数字。
0 11 046	小时内极大风速	m/s	1	0	12	数字。
0 26 195	现象出现的时	—	0	0	5	数字。
0 26 196	现象出现的分	—	0	0	6	数字。
2 04 000	取消描述符 2 04 008 的作用域	—	—	—	—	无编码值。结束 2 04 008 的作用域,其后要素不再增加附加字段。
1 06 002	1 06 002 之后的 6 个描述符的编码值重复 2 次	—	—	—	—	无编码值。描述符本身表示对以下 6 个描述符重复 2 次:第 1 次重复表示过去 6 h 的极大风向风速,第 2 次重复表示过去 12 h 的极大风向风速。
0 04 024	时间周期	h	0	−2048	12	数字。
2 04 008	2 04 008 与 2 04 000 之间所有要素描述符编码值前面均增加 8 bit 的附加字段作为质控码字段	—	—	—	—	无编码值。描述符本身表示 2 04 000 之前的描述符(除 0 31 021)需要增加附加字段。
0 31 021	附加字段意义,编码值为62,表示附加字段为 8 bit,从左至右,前 4 bit 作为省级质控码字段,后 4 bit 作为台站质控码字段	—	0	0	6	数字。含义见附录 A 中表 A.6。

表 6　地面气象观测小时数据的数据段编码及说明(续)

内容	含义	单位	比例因子[a]	基准值[b]	数据宽度[c] bit	备注
0 11 010	极大风速的风向	°(degree true)	0	0	9	数字。
0 11 046	极大风速	m/s	1	0	12	数字。
2 04 000	取消描述符 2 04 008 的作用域	—	—	—	—	无编码值。结束 2 04 008 的作用域,其后要素不再增加附加字段。
0 07 032	传感器离本地地面(或海上平台甲板)的高度(设为"缺测",取消之前的值)	m	2	0	16	数字。
7. 地温						
1 01 009	0 02 201 编码值重复 9 次	—	—	—	—	无编码值。描述符本身表示对以下 1 个描述符重复 9 次:分别表示地面温度、5 cm 地温、10 cm 地温、15 cm 地温、20 cm 地温、40 cm 地温、80 cm 地温、160 cm 地温、320 cm 地温的传感器标识。
0 02 201	地温传感器标识	—	0	0	6	数字。含义见附录 A 中表 A.5。
1 29 000	0 31 000 之后的 29 个描述符的编码值重复	—	—	—	—	无编码值。描述符本身表示对以下 29 个描述符(除 0 31 000)进行重复。
0 31 000	重复次数	—	0	0	1	数字。表示以下 29 个描述符重复的次数。
2 04 008	2 04 008 与 2 04 000 之间所有要素描述符编码值前面均增加 8 bit 的附加字段作为质控码字段	—	—	—	—	无编码值。描述符本身表示 2 04 000 之前的描述符(除 0 31 021)需要增加附加字段。
0 31 021	附加字段意义,编码值为 62,表示附加字段为 8 bit,从左至右,前 4 bit 作为省级质控码字段,后 4 bit 作为台站质控码字段	—	0	0	6	数字。含义见附录 A 中表 A.6。
0 12 061	地面温度	K	1	0	12	数字。

表 6　地面气象观测小时数据的数据段编码及说明(续)

内容	含义	单位	比例因子[a]	基准值[b]	数据宽度[c] bit	备注
0 12 013	过去 12 h 地面最低温度	K	1	0	12	数字。
2 04 000	取消描述符 2 04 008 的作用域	—	—	—	—	无编码值。结束 2 04 008 的作用域，其后要素不再增加附加字段。
1 05 008	1 05 008 之后的 5 个描述符的编码值重复 8 次	—	—	—	—	无编码值。描述符本身表示对以下 1 个描述符重复 9 次：分别表示 5 cm，10 cm，15 cm，20 cm，40 cm，80 cm，160 cm，320 cm 的地下深度以及对应深度的地温。
2 04 008	2 04 008 与 2 04 000 之间所有要素描述符编码值前面均增加 8 bit 的附加字段作为质控码字段	—	—	—	—	无编码值。描述符本身表示 2 04 000 之前的描述符(除 0 31 021)需要增加附加字段。
0 31 021	附加字段意义，编码值为 62，表示附加字段为 8 bit，从左至右，前 4 bit 作为省级质控码字段，后 4 bit 作为台站质控码字段	—	0	0	6	数字。含义见附录 A 中表 A.6。
0 07 061	地下深度	m	2	0	14	数字。
0 12 030	地温	K	1	0	12	数字。
2 04 000	取消描述符 2 04 008 的作用域	—	—	—	—	无编码值。结束 2 04 008 的作用域，其后要素不再增加附加字段。
0 08 023	一级统计，编码值为 2，表示最大值	—	0	0	6	数字。含义见附录 A 中表 A.15。
0 04 024	时间周期，原始取值为 −1，表示统计时段为 1 h	h	0	−2048	12	数字。
2 04 008	2 04 008 与 2 04 000 之间所有要素描述符编码值前面均增加 8 bit 的附加字段作为质控码字段	—	—	—	—	无编码值。描述符本身表示 2 04 000 之前的描述符(除 0 31 021)需要增加附加字段。

表 6 地面气象观测小时数据的数据段编码及说明（续）

内容	含义	单位	比例因子[a]	基准值[b]	数据宽度[c] bit	备注
0 31 021	附加字段意义，编码值为62，表示附加字段为 8 bit，从左至右，前 4 bit 作为省级质控码字段，后 4 bit 作为台站质控码字段	—	0	0	6	数字。含义见附录 A 中表 A.6。
0 12 061	地面温度	K	1	0	12	数字。
0 26 195	现象出现的时	—	0	0	5	数字。
0 26 196	现象出现的分	—	0	0	6	数字。
2 04 000	取消描述符 2 04 008 的作用域	—	—	—	—	无编码值。结束 2 04 008 的作用域，其后要素不再增加附加字段。
0 08 023	一级统计，编码值为 63，表示取消 0 08 023 的作用域。	—	0	0	6	数字。含义见附录 A 中表 A.15。
0 08 023	一级统计，编码值为 3，表示最小值	—	0	0	6	数字。含义见附录 A 中表 A.15。
0 04 024	时间周期，原始取值为 −1，表示统计时段为 1 h	h	0	−2048	12	数字。
2 04 008	2 04 008 与 2 04 000 之间所有要素描述符编码值前面均增加 8 bit 的附加字段作为质控码字段	—	—	—	—	无编码值。描述符本身表示 2 04 000 之前的描述符（除 0 31 021）需要增加附加字段。
0 31 021	附加字段意义，编码值为62，表示附加字段为 8 bit，从左至右，前 4 bit 作为省级质控码字段，后 4 bit 作为台站质控码字段	—	0	0	6	数字。含义见附录 A 中表 A.6。
0 12 061	小时内最低地面温度	K	1	0	12	数字。
0 26 195	现象出现的时	—	0	0	5	数字。
0 26 196	现象出现的分	—	0	0	6	数字。
2 04 000	取消描述符 2 04 008 的作用域	—	—	—	—	无编码值。结束 2 04 008 的作用域，其后要素不再增加附加字段。

表 6 地面气象观测小时数据的数据段编码及说明(续)

内容	含义	单位	比例因子[a]	基准值[b]	数据宽度[c] bit	备注
0 08 023	一级统计,编码值为 63,表示取消 0 08 023 的作用域	—	0	0	6	数字。含义见附录 A 中表 A.15。
8.草面(或雪面)温度						
0 02 201	草面(或雪面)温度传感器标识	—	0	0	6	数字。含义见附录 A 中表 A.5。
1 19 000	0 31 000 之后的 19 个描述符的编码值重复	—	—	—	—	无编码值。描述符本身表示对以下 19 个描述符(除 0 31 000)进行重复。
0 31 000	重复次数	—	0	0	1	数字。表示以下 19 个描述符重复的次数。
0 12 061	草面或雪面温度	K	1	0	12	数字。
0 08 023	一级统计,编码值为 2,表示最大值	—	0	0	6	数字。含义见附录 A 中表 A.15。
0 04 024	时间周期,原始取值为 −1,表示统计时段为 1 h	h	0	−2048	12	数字。
2 04 008	2 04 008 与 2 04 000 之间所有要素描述符编码值前面均增加 8 bit 的附加字段作为质控码字段	—	—	—	—	无编码值。描述符本身表示 2 04 000 之前的描述符(除 0 31 021)需要增加附加字段。
0 31 021	附加字段意义,编码值为 62,表示附加字段为 8 bit,从左至右,前 4 bit 作为省级质控码字段,后 4 bit 作为台站质控码字段	—	0	0	6	数字。含义见附录 A 中表 A.6。
0 12 061	小时内草面(雪面)最高温度	K	1	0	12	数字。
0 26 195	现象出现的时	—	0	0	5	数字。
0 26 196	现象出现的分	—	0	0	6	数字。
2 04 000	取消描述符 2 04 008 的作用域	—	—	—	—	无编码值。结束 2 04 008 的作用域,其后要素不再增加附加字段。

表 6　地面气象观测小时数据的数据段编码及说明(续)

内容	含义	单位	比例因子[a]	基准值[b]	数据宽度[c] bit	备注
0 08 023	一级统计,编码值为63,表示取消0 08 023的作用域	—	0	0	6	数字。含义见附录A中表A.15。
0 08 023	一级统计,编码值为3,表示最小值	—	0	0	6	数字。含义见附录A中表A.15。
0 04 024	时间周期,原始取值为−1,表示统计时段为1 h	h	0	−2048	12	数字。
2 04 008	2 04 008与2 04 000之间所有要素描述符编码值前面均增加8 bit的附加字段作为质控码字段	—	—	—	—	无编码值。描述符本身表示2 04 000之前的描述符(除0 31 021)需要增加附加字段。
0 31 021	附加字段意义,编码值为62,表示附加字段为8 bit,从左至右,前4 bit作为省级质控码字段,后4 bit作为台站质控码字段	—	0	0	6	数字。含义见附录A中表A.6。
0 12 061	小时内草面(雪面)最低温度	K	1	0	12	数字。
0 26 195	现象出现的时	—	0	0	5	数字。
0 26 196	现象出现的分	—	0	0	6	数字。
2 04 000	取消描述符2 04 008的作用域	—	—	—	—	无编码值。结束2 04 008的作用域,其后要素不再增加附加字段。
0 08 023	一级统计,编码值为63,表示取消0 08 023的作用域	—	0	0	6	数字。含义见附录A中表A.15。
9.路面温度						
0 02 201	路面温度传感器标识	—	0	0	6	数字。含义见附录A中表A.5。
1 21 000	0 31 000之后的21个描述符的编码值重复	—	—	—	—	无编码值。描述符本身表示对以下21个描述符(除0 31 000)进行重复。
0 31 000	重复次数	—	0	0	1	数字。表示以下21个描述符重复的次数。

表 6　地面气象观测小时数据的数据段编码及说明(续)

内容	含义	单位	比例因子[a]	基准值[b]	数据宽度[c] bit	备注
2 04 008	2 04 008 与 2 04 000 之间所有要素描述符编码值前面均增加 8 bit 的附加字段作为质控码字段	—	—	—	—	无编码值。描述符本身表示 2 04 000 之前的描述符(除 0 31 021)需要增加附加字段。
0 31 021	附加字段意义，编码值为 62，表示附加字段为 8 bit，从左至右，前 4 bit 作为省级质控码字段，后 4 bit 作为台站质控码字段	—	0	0	6	数字。含义见附录 A 中表 A.6。
0 12 128	路面温度	K	2	0	16	数字。
0 12 196	10 cm 路基温度	K	1	0	12	数字。
2 04 000	取消描述符 2 04 008 的作用域	—	—	—	—	无编码值。结束 2 04 008 的作用域，其后要素不再增加附加字段。
0 08 023	一级统计，编码值为 2，表示最大值	—	0	0	6	数字。含义见附录 A 中表 A.15。
2 04 008	2 04 008 与 2 04 000 之间所有要素描述符编码值前面均增加 8 bit 的附加字段作为质控码字段	—	—	—	—	无编码值。描述符本身表示 2 04 000 之前的描述符(除 0 31 021)需要增加附加字段。
0 31 021	附加字段意义，编码值为 62，表示附加字段为 8 bit，从左至右，前 4 bit 作为省级质控码字段，后 4 bit 作为台站质控码字段	—	0	0	6	数字。含义见附录 A 中表 A.6。
0 12 128	小时内路面最高温度	K	2	0	16	数字。
0 26 195	现象出现的时	—	0	0	5	数字。
0 26 196	现象出现的分	—	0	0	6	数字。
2 04 000	取消描述符 2 04 008 的作用域	—	—	—	—	无编码值。结束 2 04 008 的作用域，其后要素不再增加附加字段。
0 08 023	一级统计，编码值为 63，表示取消 0 08 023 的作用域	—	0	0	6	数字。含义见附录 A 中表 A.15。

表 6　地面气象观测小时数据的数据段编码及说明(续)

内容	含义	单位	比例因子[a]	基准值[b]	数据宽度[c] bit	备注
0 08 023	一级统计,编码值为 3,表示最小值	—	0	0	6	数字。含义见附录 A 中表 A.15。
2 04 008	2 04 008 与 2 04 000 之间所有要素描述符编码值前面均增加 8 bit 的附加字段作为质控码字段	—	—	—	—	无编码值。描述符本身表示 2 04 000 之前的描述符(除 0 31 021)需要增加附加字段。
0 31 021	附加字段意义,编码值为 62,表示附加字段为 8 bit,从左至右,前 4 bit 作为省级质控码字段,后 4 bit 作为台站质控码字段	—	0	0	6	数字。含义见附录 A 中表 A.6。
0 12 128	小时内路面最低温度	K	2	0	16	数字。
0 26 195	现象出现的时	—	0	0	5	数字。
0 26 196	现象出现的分	—	0	0	6	数字。
2 04 000	取消描述符 2 04 008 的作用域	—	—	—	—	无编码值。结束 2 04 008 的作用域,其后要素不再增加附加字段。
0 08 023	一级统计,编码值为 63,表示取消 0 08 023 的作用域	—	0	0	6	数字。含义见附录 A 中表 A.15。
10. 能见度						
0 02 201	能见度传感器标识	—	0	0	6	数字。含义见附录 A 中表 A.5。
1 36 000	0 31 000 之后的 36 个描述符的编码值重复	—	—	—	—	无编码值。描述符本身表示对以下 36 个描述符(除 0 31 000)进行重复。
0 31 000	重复次数	—	0	0	1	数字。表示以下 36 个描述符重复的次数。
0 07 032	传感器离本地地面(或海上平台甲板)的高度	m	2	0	16	数字。
0 33 041	后面值的属性	—	0	0	2	数字。含义见附录 A 中表 A.17。

表 6 地面气象观测小时数据的数据段编码及说明(续)

内容	含义	单位	比例因子[a]	基准值[b]	数据宽度[c] bit	备注
2 04 008	2 04 008 与 2 04 000 之间所有要素描述符编码值前面均增加 8 bit 的附加字段作为质控码字段	—	—	—	—	无编码值。描述符本身表示 2 04 000 之前的描述符(除 0 31 021)需要增加附加字段。
0 31 021	附加字段意义,编码值为 62,表示附加字段为 8 bit,从左至右,前 4 bit 作为省级质控码字段,后 4 bit 作为台站质控码字段	—	0	0	6	数字。含义见附录 A 中表 A.6。
2 01 132	改变 0 20 001 要素描述符的数据宽度(13+4=17)	—	—	—	—	数字。
2 02 129	改变 0 20 001 要素描述符的比例因子(−1+1=0)	—	—	—	—	数字。
0 20 001	水平能见度(人工观测)	m	−1	0	13	数字。
2 02 000	结束对比例因子的改变操作	—	—	—	—	无编码值。
2 01 000	结束对数据宽度的改变操作	—	—	—	—	无编码值。
2 04 000	取消描述符 2 04 008 的作用域	—	—	—	—	无编码值。结束 2 04 008 的作用域,其后要素不再增加附加字段。
0 08 021	时间意义,编码值为 2,表示时间平均	—	0	0	5	数字。含义见附录 A 中表 A.8。
1 09 002	1 09 002 之后的 9 个描述符的编码值重复 2 次	—	—	—	—	无编码值。描述符本身表示对以下 9 个描述符重复 2 次:第 1 次重复表示 10 min 平均能见度,第 2 次重复表示 1 min 平均能见度。
0 04 025	时间周期	min	0	−2048	12	数字。
2 04 008	2 04 008 与 2 04 000 之间所有要素描述符编码值前面均增加 8 bit 的附加字段作为质控码字段	—	—	—	—	无编码值。描述符本身表示 2 04 000 之前的描述符(除 0 31 021)需要增加附加字段。

表 6　地面气象观测小时数据的数据段编码及说明(续)

内容	含义	单位	比例因子[a]	基准值[b]	数据宽度[c] bit	备注
0 31 021	附加字段意义，编码值为62，表示附加字段为 8 bit，从左至右，前 4 bit 作为省级质控码字段，后 4 bit 作为台站质控码字段	—	0	0	6	数字。含义见附录 A 中表 A.6。
2 01 132	改变 0 20 001 要素描述符的数据宽度(13+4=17)	—	—	—	—	数字。
2 02 129	改变 0 20 001 要素描述符的比例因子(−1+1=0)	—	—	—	—	数字。
0 20 001	水平能见度(人工观测)	m	−1	0	13	数字。
2 02 000	结束对比例因子的改变操作	—	—	—	—	无编码值。
2 01 000	结束对数据宽度的改变操作	—	—	—	—	无编码值。
2 04 000	取消描述符 2 04 008 的作用域	—	—	—	—	无编码值。结束 2 04 008 的作用域，其后要素不再增加附加字段。
0 08 021	时间意义，编码值为 31，表示取消 0 08 021 的作用域	—	0	0	5	数字。含义见附录 A 中表 A.8。
0 08 023	一级统计，编码值为 3，表示最小值	—	0	0	6	数字。含义见附录 A 中表 A.15。
0 04 024	时间周期，原始取值为 −1，表示统计时段为 1 h	h	0	−2048	12	数字。
2 04 008	2 04 008 与 2 04 000 之间所有要素描述符编码值前面均增加 8 bit 的附加字段作为质控码字段	—	—	—	—	无编码值。描述符本身表示 2 04 000 之前的描述符(除 0 31 021)需要增加附加字段。
0 31 021	附加字段意义，编码值为62，表示附加字段为 8 bit，从左至右，前 4 bit 作为省级质控码字段，后 4 bit 作为台站质控码字段	—	0	0	6	数字。含义见附录 A 中表 A.6。

表 6　地面气象观测小时数据的数据段编码及说明(续)

内容	含义	单位	比例因子[a]	基准值[b]	数据宽度[c] bit	备注
2 01 132	改变 0 20 001 要素描述符的数据宽度(13+4=17)	—	—	—	—	数字。
2 02 129	改变 0 20 001 要素描述符的比例因子(−1+1=0)	—	—	—	—	数字。
0 20 001	水平能见度(人工观测)	m	−1	0	13	数字。
2 02 000	结束对比例因子的改变操作	—	—	—	—	无编码值。
2 01 000	结束对数据宽度的改变操作	—	—	—	—	无编码值。
0 26 195	现象出现的时	—	0	0	5	数字。
0 26 196	现象出现的分	—	0	0	6	数字。
2 04 000	取消描述符 2 04 008 的作用域	—	—	—	—	无编码值。结束 2 04 008 的作用域,其后要素不再增加附加字段。
0 08 023	一级统计,编码值为 63,表示取消 0 08 023 的作用域	—	0	0	6	数字。含义见附录 A 中表 A.15。
0 07 032	传感器离本地地面(或海上平台甲板)的高度(设为"缺测",以取消以前的值)	m	2	0	16	数字。
11. 云						
1 02 003	1 02 003 之后的 2 个描述符的编码值重复 3 次	—	—	—	—	无编码值。描述符本身表示对以下 2 个描述符重复 3 次:分别表示云量、云高和云状的传感器标识和探测系统。
0 02 201	云观测传感器标识	—	0	0	6	数字。含义见附录 A 中表 A.5。
0 02 183	云探测系统	—	0	0	4	数字。含义见附录 A 中表 A.9。
1 10 000	0 31 000 之后的 10 个描述符的编码值重复	—	—	—	—	无编码值。描述符本身表示对以下 10 个描述符(除 0 31 000)进行重复。
0 31 000	重复次数	—	0	0	1	数字。表示以下 10 个描述符重复的次数。

表 6　地面气象观测小时数据的数据段编码及说明(续)

内容		含义	单位	比例因子[a]	基准值[b]	数据宽度[c] bit	备注
2 04 008		2 04 008 与 2 04 000 之间所有要素描述符编码值前面均增加 8 bit 的附加字段作为质控码字段	—	—	—	—	无编码值。描述符本身表示 2 04 000 之前的描述符(除 0 31 021)需要增加附加字段。
0 31 021		附加字段意义,编码值为 62,表示附加字段为 8 bit,从左至右,前 4 bit 作为省级质控码字段,后 4 bit 作为台站质控码字段	—	0	0	6	数字。含义见附录 A 中表 A.6。
3 02 004	0 20 010	总云量	%	0	0	7	数字。
	0 08 002	垂直意义	—	0	0	6	数字。含义见附录 A 中表 A.18。
	0 20 011	(低或中云的)云量(对应编报云量)	—	0	0	4	数字。含义见附录 A 中表 A.19。
	0 20 013	云底高(对应云高)	m	−1	−40	11	数字。
	0 20 012	(低云 C_L)云类型	—	0	0	6	数字。含义见附录 A 中表 A.20。
	0 20 012	(中云 C_M)云类型	—	0	0	6	数字。含义见附录 A 中表 A.20。
	0 20 012	(高云 C_H)云类型	—	0	0	6	数字。含义见附录 A 中表 A.20。
0 20 051		低云量	%	0	0	7	数字。
2 04 000		取消描述符 2 04 008 的作用域	—	—	—	—	无编码值。结束 2 04 008 的作用域,其后要素不再增加附加字段。
1 04 008		1 04 008 之后的 4 个描述符的编码值重复 8 次	—	—	—	—	无编码值。描述符本身表示对以下 4 个描述符重复 8 次,表示最多可以报 8 个云状。
2 04 008		2 04 008 与 2 04 000 之间所有要素描述符编码值前面均增加 8 bit 的附加字段作为质控码字段	—	—	—	—	无编码值。描述符本身表示 2 04 000 之前的描述符(除 0 31 021)需要增加附加字段。

表 6　地面气象观测小时数据的数据段编码及说明(续)

内容	含义	单位	比例因子[a]	基准值[b]	数据宽度[c] bit	备注
0 31 021	附加字段意义，编码值为62，表示附加字段为 8 bit，从左至右，前 4 bit 作为省级质控码字段，后 4 bit 作为台站质控码字段	—	0	0	6	数字。含义见附录 A 中表 A.6。
0 20 012	云类型	—	0	0	6	数字。含义见附录 A 中表 A.20。
2 04 000	取消描述符 2 04 008 的作用域	—	—	—	—	无编码值。结束 2 04 008 的作用域，其后要素不再增加附加字段。
12.地面状态						
0 02 201	地面状态传感器标识	—	0	0	6	数字。含义见附录 A 中表 A.5。
1 05 000	0 31 000 之后的 5 个描述符的编码值重复	—	—	—	—	无编码值。描述符本身表示对以下 5 个描述符(除 0 31 000)进行重复。
0 31 000	重复次数	—	0	0	1	数字。表示以下 5 个描述符重复的次数。
0 02 176	地面状态测量方法	—	0	0	4	数字。含义见附录 A 中表 A.21。
2 04 008	2 04 008 与 2 04 000 之间所有要素描述符编码值前面均增加 8 bit 的附加字段作为质控码字段	—	—	—	—	无编码值。描述符本身表示 2 04 000 之前的描述符(除 0 31 021)需要增加附加字段。
0 31 021	附加字段意义，编码值为62，表示附加字段为 8 bit，从左至右，前 4 bit 作为省级质控码字段，后 4 bit 作为台站质控码字段	—	0	0	6	数字。含义见附录 A 中表 A.6。
0 20 062	地面状态	—	0	0	5	数字。含义见附录 A 中表 A.22。
2 04 000	取消描述符 2 04 008 的作用域	—	—	—	—	无编码值。结束 2 04 008 的作用域，其后要素不再增加附加字段。

表 6　地面气象观测小时数据的数据段编码及说明(续)

内容	含义	单位	比例因子[a]	基准值[b]	数据宽度[c] bit	备注
13. 雪深和雪压						
0 02 201	积雪传感器标识	—	0	0	6	数字。含义见附录 A 中表 A.5
1 06 000	0 31 000 之后的 6 个描述符的编码值重复	—	—	—	—	无编码值。描述符本身表示对以下 6 个描述符(除 0 31 000)进行重复。
0 31 000	重复次数	—	0	0	1	数字。表示以下 6 个描述符重复的次数。
0 02 177	积雪深度测量方法	—	0	0	4	数字。含义见附录 A 中表 A.10。
2 04 008	2 04 008 与 2 04 000 之间所有要素描述符编码值前面均增加 8 bit 的附加字段作为质控码字段	—	—	—	—	无编码值。描述符本身表示 2 04 000 之前的描述符(除 0 31 021)需要增加附加字段。
0 31 021	附加字段意义,编码值为 62,表示附加字段为 8 bit,从左至右,前 4 bit 作为省级质控码字段,后 4 bit 作为台站质控码字段	—	0	0	6	数字。含义见附录 A 中表 A.6。
0 13 013	积雪深度	m	2	−2	16	数字。
0 13 195	雪压	g/cm²	0	0	11	数字。
2 04 000	取消描述符 2 04 008 的作用域	—	—	—	—	无编码值。结束 2 04 008 的作用域,其后要素不再增加附加字段。
14. 冻土						
0 02 201	冻土传感器标识	—	0	0	6	数字。含义见附录 A 中表 A.5
1 07 000	0 31 000 之后的 7 个描述符的编码值重复	—	—	—	—	无编码值。描述符本身表示对以下 7 个描述符(除 0 31 000)进行重复。
0 31 000	重复次数	数字	0	0	1	数字。表示以下 7 个描述符重复的次数。

表 6 地面气象观测小时数据的数据段编码及说明(续)

内容	含义	单位	比例因子[a]	基准值[b]	数据宽度[c] bit	备注
2 04 008	2 04 008 与 2 04 000 之间所有要素描述符编码值前面均增加 8 bit 特的附加字段作为质控码字段	—	—	—	—	无编码值。描述符本身表示 2 04 000 之前的描述符(除 0 31 021)需要增加附加字段。
0 31 021	附加字段意义,编码值为 62,表示附加字段为 8 bit,从左至右,前 4 bit 作为省级质控码字段,后 4 bit 作为台站质控码字段	—	0	0	6	数字。含义见附录 A 中表 A.6。
0 20 193	冻土深度第一层上限值	cm	0	0	10	数字。
0 20 194	冻土深度第一层下限值	cm	0	0	10	数字。
0 20 195	冻土深度第二层上限值	cm	0	0	10	数字。
0 20 196	冻土深度第二层下限值	cm	0	0	10	数字。
2 04 000	取消描述符 2 04 008 的作用域	—	—	—	—	无编码值。结束 2 04 008 的作用域,其后要素不再增加附加字段。
15. 电线积冰						
0 02 201	电线积冰传感器标识	—	0	0	6	数字。含义见附录 A 中表 A.5。
1 14 000	0 31 000 之后的 14 个描述符的编码值重复	—	—	—	—	无编码值。描述符本身表示对以下 14 个描述符(除 0 31 000)进行重复。
0 31 000	重复次数	数字	0	0	1	数字。表示以下 14 个描述符重复的次数。
1 01 002	1 01 002 之后的 1 个描述符的编码值重复 2 次	—	—	—	—	无编码值。描述符本身表示对以下 1 个描述符重复 2 次:分别表示电线积冰的天气现象是否是雨凇和雾凇。
0 20 192	电线积冰一天气现象	—	0	0	7	数字。含义见附录 A 中表 A.23。
2 04 008	2 04 008 与 2 04 000 之间所有要素描述符编码值前面均增加 8 bit 的附加字段作为质控码字段	—	—	—	—	无编码值。描述符本身表示 2 04 000 之前的描述符(除 0 31 021)需要增加附加字段。

表 6　地面气象观测小时数据的数据段编码及说明(续)

内容	含义	单位	比例因子[a]	基准值[b]	数据宽度[c] bit	备注
0 31 021	附加字段意义，编码值为62，表示附加字段为 8 bit，从左至右，前 4 bit 作为省级质控码字段，后 4 bit 作为台站质控码字段	—	0	0	6	数字。含义见附录 A 中表 A.6。
0 20 198	电线积冰—南北方向直径	m	3	0	10	数字。
0 20 199	电线积冰—南北方向厚度	m	3	0	10	数字。
0 20 200	电线积冰—南北方向重量	g/m	0	0	14	数字。
0 20 201	电线积冰—东西方向直径	m	3	0	10	数字。
0 20 202	电线积冰—东西方向厚度	m	3	0	10	数字。
0 20 203	电线积冰—东西方向重量	g/m	0	0	14	数字。
0 12 001	电线积冰—温度	K	1	0	12	数字。
0 11 001	电线积冰—风向	°(degree true)	0	0	9	数字。
0 11 002	电线积冰—风速	m/s	1	0	12	数字。
2 04 000	取消描述符 2 04 008 的作用域	—	—	—	—	无编码值。结束 2 04 008 的作用域，其后要素不再增加附加字段。
16. 路面状况						
0 02 201	路面状况传感器标识	—	0	0	6	数字。含义见附录 A 中表 A.5。
1 09 000	0 31 000 之后的 9 个描述符的编码值重复	—	—	—	—	无编码值。描述符本身表示对以下 9 个描述符(除 0 31 000)进行重复。
0 31 000	重复次数	—	0	0	1	数字。表示以下 9 个描述符重复的次数。
0 20 138	路面状况	—	0	0	4	数字。含义见附录 A 中表 A.12。
2 04 008	2 04 008 与 2 04 000 之间所有要素描述符编码值前面均增加 8 bit 的附加字段作为质控码字段	—	—	—	—	无编码值。描述符本身表示 2 04 000 之前的描述符(除 0 31 021)需要增加附加字段。

表 6　地面气象观测小时数据的数据段编码及说明(续)

内容	含义	单位	比例因子[a]	基准值[b]	数据宽度[c] bit	备注
0 31 021	附加字段意义,编码值为62,表示附加字段为 8 bit,从左至右,前 4 bit 作为省级质控码字段,后 4 bit 作为台站质控码字段	—	0	0	6	数字。含义见附录 A 中表 A.6。
0 20 205	路面雪层厚度	mm	0	0	12	数字。
0 20 206	路面水层厚度	mm	1	0	8	数字。
0 20 207	路面冰层厚度	mm	1	0	8	数字。
0 12 132	路面冰点温度	K	2	0	16	数字。
0 20 208	融雪剂浓度	%	0	0	5	数字。
2 04 000	取消描述符 2 04 008 的作用域	—	—	—	—	无编码值。结束 2 04 008 的作用域,其后要素不再增加附加字段。
17.天气现象						
1 01 004	1 01 004 之后的 1 个描述符的编码值重复 4 次	—	—	—	—	无编码值。描述符本身表示对以下 1 个描述符重复 4 次:分别表示降水类、视程障碍类、凝结类、其他类天气现象的传感器标识。
0 02 201	天气现象传感器标识	—	0	0	6	数字。含义见附录 A 中表 A.5。
1 10 000	0 31 000 之后的 10 个描述符的编码值重复	—	—	—	—	无编码值。描述符本身表示对以下 10 个描述符(除 0 31 000)进行重复。
0 31 000	重复次数	—	0	0	1	数字。表示以下 10 个描述符重复的次数。
2 04 008	2 04 008 与 2 04 000 之间所有要素描述符编码值前面均增加 8 bit 的附加字段作为质控码字段	—	—	—	—	无编码值。描述符本身表示 2 04 000 之前的描述符(除 0 31 021)需要增加附加字段。
0 31 021	附加字段意义,编码值为62,表示附加字段为 8 bit,从左至右,前 4 bit 作为省级质控码字段,后 4 bit 作为台站质控码字段	—	0	0	6	数字。含义见附录 A 中表 A.6。

表 6　地面气象观测小时数据的数据段编码及说明(续)

内容		含义	单位	比例因子[a]	基准值[b]	数据宽度[c] bit	备注
0 02 180		主要天气现象观测系统	—	0	0	4	数字。含义见附录 A 中表 A.11。
0 20 197		龙卷、尘卷风距测站距离	m	−3	0	8	数字。
0 20 054		龙卷、尘卷风距测站方位	°(degree true)	0	0	9	数字。
0 20 067		电线积冰(雨凇)直径	mm	3	0	9	数字。
0 20 066		最大冰雹直径	mm	3	0	8	数字。
3 02 074	0 20 003	现在天气	—	0	0	9	数字。含义见附录 A 中表 A.24。
	0 04 025	时间周期(=−60 min)	min	0	−2048	12	数字。
	0 20 004	过去天气(1)	—	0	0	5	数字。含义见附录 A 中表 A.25。
	0 20 005	过去天气(2)	—	0	0	5	数字。含义见附录 A 中表 A.25。
0 20 212		小时连续观测天气现象(按照 0 20 192 国内观测天气现象,A 文件格式规定存入当日 20 时(北京时)至当前时刻的全部天气现象)。(1)如果有天气现象,则每种天气现象编码占 2 个字节,天气现象编码之间以半角逗号分隔,剩余的字节填充空格;(2)如果自动仪器无天气现象则编“00”,剩余字节填充空格;(3)如果台站无天气现象自动观测任务,则编“--”,剩余字节填充空格;(4)如果缺测则所有位置全置为 1。	—	0	0	3600	字符。
2 04 000		取消描述符 2 04 008 的作用域	—	—	—	—	无编码值。结束 2 04 008 的作用域,其后要素不再增加附加字段。

表 6　地面气象观测小时数据的数据段编码及说明(续)

内容		含义	单位	比例因子[a]	基准值[b]	数据宽度[c] bit	备注
18.日照							
0 02 201		日照传感器标识	—	0	0	6	数字。含义见附录 A 中表 A.5
1 07 000		0 31 000 之后的 7 个描述符的编码值重复	—	—	—	—	无编码值。描述符本身表示对以下 7 个描述符(除 0 31 000)进行重复。
0 31 000		重复次数	—	0	0	1	数字。表示以下 7 个描述符重复的次数。
3 01 011	0 04 001	年(地方时)	—	0	0	12	数字。
	0 04 002	月(地方时)	—	0	0	4	数字。
	0 04 003	日(地方时)	—	0	0	6	数字。
1 03 024		3 个描述符重复 24 次	—	—	—	—	无编码值。描述符本身表示对以下 3 个描述符重复 24 次:分别表示前 24 h 之内逐小时的日照数。
0 04 024		时间周期(=−24,−23,…,−1)	h	0	−2048	12	数字。
0 04 024		时间周期(=−23,−22,…,0)	h	0	−2048	12	数字。
0 14 031		小时日照时数	h	0	0	11	数字。
0 04 024		时间周期(=−24)	h	0	−2048	12	数字。
0 14 031		日照时数日合计	h	0	0	11	数字。

注 1:数据段每个要素的编码值=原始观测值×$10^{\text{比例因子}}$−基准值。

注 2:要素编码值转换为二进制,并按照数据宽度所定义的比特位数顺序写入数据段,位数不足高位补 0。

注 3:当某要素缺测时,将该要素数据宽度内每个比特置为 1,即为缺测值。

[a] 比例因子用于规定要素观测值的数据精度。要求数据精度等于 $10^{-\text{比例因子}}$。例如,比例因子为 2,数据精度等于 10^{-2},即 0.01。

[b] 基准值用于保证要素编码值非负,即要求:要素观测值×$10^{\text{比例因子}}$≥基准值。

[c] 数据宽度用于规定二进制的要素编码值在数据段所占用的比特位数,编码值位数不足数据宽度时在高(左)位补 0。

5.6　结束段

结束段由 4 个八位组组成,分别编码为 4 个字符“7”,见表 7。

表 7　结束段编码及说明

八位组序号	含义	值	备注
1	结束段	7	固定取值。按照 CCITT IA5 编码。
2		7	
3		7	
4		7	

附 录 A
（规范性附录）
地面气象观测数据格式 BUFR 编码代码表

表 A.1 代码表 0 02 001 测站类型

代码值	含义
0	自动站
1	人工站
2	混合站(人工和自动)
3	缺测值

表 A.2 代码表 0 01 101 国家和地区标识符

代码值	含义
0—99	保留
205	中国
207	中国香港
235—299	区协Ⅱ保留

表 A.3 代码表 0 08 010 地面限定符

代码值	含义
0	保留
1	裸土
2	裸岩
3	草地
4	水(湖、海)面
5	水下潮
6	雪
7	冰
8	跑道或道路
9	船舶或平台的钢甲板
10	船舶或平台的木甲板
11	船舶或平台局部覆盖橡胶垫的甲板
12—30	保留
31	缺测值

表 A.4　代码表 0 33 035 人工/自动质量控制

代码值	含义
0	通过自动质量控制但没有人工检测
1	通过自动质量控制且有人工检测并通过
2	通过自动质量控制且有人工检测并删除
3	未通过自动质量控制,也没有人工检测
4	自动质量控制失败,但有人工检测并失败
5	自动质量控制失败,但有人工检测并重新插入
6	自动质量控制将数据标志为可疑数据,无人工检测
7	自动质量控制将数据标志为可疑数据,有人工检测,但失败
8	有人工检测,但失败
9—14	保留
15	缺测值

表 A.5　代码表 0 02 201 传感器标识

代码值	含义
0	无观测任务
1	自动观测
2	人工观测
3	加盖期间
4	仪器故障期间
5	仪器维护期间
6	日落后日出前无数据
7—62	保留
63	缺测

表 A.6　代码表 0 31 021 附加字段意义

代码值	含义
0	保留
1	1 位质量指示码,0=质量好,1=质量可疑或差
2	2 位质量指示码,0=质量好,1=稍有可疑,2=高度可疑,3=质量差
3—5	保留

表 A.6 代码表 0 31 021 附加字段意义(续)

代码值	含义
6	根据 GTSPP 的 4 位质量控制指示码： 0＝不合格； 1＝正确值(所有检测通过)； 2＝或许正确,但和统计不一致(与气候值不同)； 3＝或许不正确(有尖峰值、梯度值等,但其他检测通过)； 4＝不正确、不可能的值(超范围、垂直不稳定、等值线恒定)； 5＝在质量控制中被修改过的值； 6－7＝未用(保留)； 8＝内插值； 9＝缺测值
7	置信百分比
8	0＝不可疑;1＝可疑;2＝保留;3＝非所需信息
9－20	保留
21	1 位订正指示符：0＝原始值,1＝替代/订正值
22－61	保留供本地使用
62	8 bit 质量控制指示码： 由高至低(从左到右)1－4 位,表示省级质控码;5－8 位,表示台站质控码。 省级质控码和台站质控码的值均按如下含义： 0＝正确； 1＝可疑； 2＝错误； 3＝订正数据； 4＝修改数据； 5＝预留； 6＝预留； 7＝预留； 8＝缺测； 9＝未作质量控制
63	缺测值

表 A.7 代码表 0 02 175 降水量测量方法

代码值	含义
0	人工测量
1	翻斗式方法
2	称重方法
3	光学方法
4	气压方法

表 A.7　代码表 0 02 175 降水量测量方法(续)

代码值	含义
5	漂浮方法
6	滴谱计算方法
7—13	保留
14	其他
15	缺测值

表 A.8　代码表 0 08 021 时间意义

代码值	含义
0	保留
1	时间序列
2	时间平均
3	累积
4	预报
5	预报时间序列
6	预报时间平均
7	预报累积
8	总体均值
9	总体均值的时间序列
10	总体均值的时间平均
11	总体均值的累积
12	总体均值的预报
13	总体均值预报的时间序列
14	总体均值预报的时间平均
15	总体均值预报的累积
16	分析
17	现象开始
18	探空仪发射时间
19	轨道开始
20	轨道结束
21	上升点时间
22	风切变发生时间
23	监测周期
24	报告接收平均截止时间

表 A.8　代码表 0 08 021 时间意义(续)

代码值	含义
25	标称的报告时间
26	最新获知位置的时间
27	背景场
28	扫描开始
29	扫描结束或时间结束
30	出现时间
31	缺测值

表 A.9　代码表 0 02 183 云探测系统

代码值	含义
0	人工观测
1	测云仪系统
2	红外摄像系统
3	微波视像系统
4	天空图像系统
5	时滞视频系统
6	微脉冲激光雷达(MPL)系统
7—13	保留
14	其他
15	缺测值

表 A.10　代码表 0 02 177 积雪深度测量方法

代码值	含义
0	人工观测
1	超声方法
2	视像方法
3	激光方法
4—13	保留
14	其他
15	缺测值

表 A.11 代码表 0 02 180 主要天气现象观测系统

代码值	含义
0	人工观测
1	结合降水感知系统的光学散射系统
2	可见光前向和/或后向散射系统
3	红外光前向和/或后向散射系统
4	红外光发射二极管系统
5	多普勒雷达系统
6—13	保留
14	其他
15	缺测值

表 A.12 代码表 0 20 138 路面状况

代码值	含义
0	干燥
1	潮湿
2	湿
3	雾凇
4	雪
5	冰
6	雨凇
7	不干
8—14	保留
15	缺测值

表 A.13 代码表 0 02 207 日照时制方式

代码值	含义
0	保留
1	真太阳时,由人工观测仪器测的
2—3	保留
4	地方时,由自动观测仪器测得
5—6	保留

表 A.14　代码表 0 10 063 气压倾向特征

<table>
<tr><th>代码值</th><th colspan="2">含义</th></tr>
<tr><td>0</td><td colspan="2">先上升，然后下降；气压≥3 h 前的</td></tr>
<tr><td>1</td><td>先上升，然后稳定；或先上升，然后缓慢上升</td><td rowspan="3">现在气压高于 3 h 前的</td></tr>
<tr><td>2</td><td>稳定或不稳定上升</td></tr>
<tr><td>3</td><td>先下降或稳定，然后上升；或先上升，然后迅速上升</td></tr>
<tr><td>4</td><td colspan="2">稳定；气压与 3 h 前的相同</td></tr>
<tr><td>5</td><td colspan="2">先下降，然后上升；气压≤3 h 前的</td></tr>
<tr><td>6</td><td>先下降，然后稳定；或先下降，然后缓慢下降</td><td rowspan="3">现在气压低于 3 h 前的</td></tr>
<tr><td>7</td><td>稳定或不稳定下降</td></tr>
<tr><td>8</td><td>先稳定或上升，然后下降；或先下降，然后迅速下降</td></tr>
<tr><td>9—14</td><td colspan="2">保留</td></tr>
<tr><td>15</td><td colspan="2">缺测值</td></tr>
</table>

表 A.15　代码表 0 08 023 一级统计

代码值	含义
0—1	保留
2	最大值
3	最小值
4	平均值
5	中值
6	最常见值
7	平均绝对误差
8	保留
9	标准偏差的最优估计($N-1$)
10	标准偏差(N)
11	调和平均值
12	均方根向量误差
13	均方根
14—31	保留
32	向量平均
33—62	保留给本地使用
63	缺测值

表 A.16　代码表 0 02 004 测量蒸发的仪器类型或作物类型

代码值	含义	数据类型
0	USA 敞开盘式蒸发仪(无盖)	蒸发
1	USA 敞开盘式蒸发仪(网盖)	
2	GGI-3000 蒸发仪(凹陷式)	
3	20 m^2 的蒸发池	
4	其他(蒸发皿)	
5	水稻	蒸散
6	小麦	
7	玉米	
8	高粱	
9	其他农作物(草地)	
10—14	保留	
15	缺测值	

表 A.17　代码表 0 33 041 后面值的属性

代码值	含义
0	后面的值是真值
1	后面的值高于真值(测量结果达到仪器下限)
2	后面的值低于真值(测量结果达到仪器上限)
3	缺测值

表 A.18　代码表 0 08 002 垂直意义(地面观测)

代码值	含义
0	适用于 FM-12 SYNOP、FM-13 SHIP 的云类型和最低云底的观测规则
1	第一特性层
2	第二特性层
3	第三特性层
4	积雨云层
5	云幂
6	没有探测到低于随后高度的云
7	低云
8	中云
9	高云
10	底部在测站以下,顶部在测站以上的云层

表 A.18　代码表 0 08 002 垂直意义(地面观测)(续)

代码值	含义
11	底部和顶部都在测站以上的云层
12—19	保留
20	云探测系统没有探测到云
21	仪器探测到的第一个云层
22	仪器探测到的第二个云层
23	仪器探测到的第三个云层
24	仪器探测到的第四个云层
25—61	保留
62	没有适用的值
63	缺测值

表 A.19　代码表 0 20 011 云量

代码值	含义
0	0
1	≤1/8,≠0
2	2/8
3	3/8
4	4/8
5	5/8
6	6/8
7	≧ 7/8,但≠8/8
8	8/8
9	由于雾和(或)其他天气现象,天空有视程障碍
10	由于雾和(或)其他天气现象,天空有部分视程障碍
11	疏云
12	多云
13	少云
14	保留
15	未进行观测,或者由于雾或其他天气现象之外的原因,云量无法辨认

表 A.20　代码表 0 20 012 扩充的云类型

代码值	含义
0	卷云(Ci)
1	卷积云(Cc)
2	卷层云(Cs)
3	高积云(Ac)
4	高层云(As)
5	雨层云(Ns)
6	层积云(Sc)
7	层云(St)
8	积云(Cu)
9	积雨云(Cb)
10	无高云
11	毛卷云,有时呈钩状,并非逐渐入侵天空
12	密卷云,呈碎片或卷束状,云量往往并不增加,有时看起来像积雨云上部分残余部分;或堡状卷云或絮状卷云
13	积雨云衍生的密卷云
14	钩卷云或毛卷云,或者两者同时出现,逐渐入侵天空,并增厚成一个整体。
15	卷云(通常呈带状)和卷层云,或仅出现卷层云,逐渐入侵天空,并增厚成一个整体;其幕前缘高度角未达到 45°
16	卷云(通常呈带状)和卷层云,或只有卷层云,逐渐入侵天空,但不布满整个天空
17	整个天空布满卷层云
18	卷层云未逐渐入侵天空而且尚未覆盖整个天空
19	只出现卷积云,或卷积云在高云中占主要地位
20	无中云
21	透光高层云
22	蔽光高层云或雨层云
23	单层透光高积云
24	透光高积云碎片(通常呈荚状),持续变化并且出现单层或多层
25	带状透光高积云,或单层或多层透光或蔽光高积云,逐渐入侵天空;其高积云逐渐增厚成一整体
26	积云衍生(或积雨云衍生)的高积云
27	两层或多层透光或蔽光高积云或单层蔽光高积云,不逐渐入侵天空;或伴随高层云或雨层云的高积云
28	堡状或絮状高积云
29	浑乱天空中的高积云,一般出现几层
30	无低云

表 A.20 代码表 0 20 012 扩充的云类型(续)

代码值	含义
31	淡积云或碎积云(恶劣天气[a]除外)或者两者同时出现
32	中积云或浓积云,塔状积云,伴随或不伴随碎积云、淡积云、层积云、所有云的底部均处于同一高度上
33	秃积雨云,有或无积云、层积云或层云
34	积云衍生的层积云
35	积云衍生的层积云以外的层积云
36	簿幕层积云或碎层云(恶劣天气[a]除外),或者两者同时出现
37	碎层云或碎积云(恶劣天气[a]除外)或者两者同时出现
38	积云或层积云(积云性层积云除外)各云底位于不同高度上
39	鬃状积雨云(通常呈砧状),有或无秃积雨云、积云、层积云、层云或碎片云
40	高云(C_H)
41	中云(C_M)
42	低云(C_L)
43—58	保留
59	由于昏暗、雾、尘暴、沙暴或其他类似现象而看不到云
60	由于昏暗、雾、高吹尘、高吹沙或其他类似现象,或者由于低云组成的连续云层,看不到高云
61	由于昏暗、雾、高吹尘、高吹沙或其他类似现象,或者由于低云组成的连续云层,看不到中云
62	由于昏暗、雾、高吹尘、高吹沙或其他类似现象,看不到低云
63	缺测值

a “恶劣天气”表示在降水期间和降水前后一段时间内普遍存在的天气状况。

表 A.21 代码表 0 02 176 地面状态测量方法

代码值	含义
0	人工观测
1	视像方法
2	红外线方法
3	激光方法
4—13	保留
14	其他
15	缺测值

表 A.22 代码表 0 20 062 地面状态

代码值	含义	备注
0	地表干燥(无裂缝,无明显尘土或散沙)	无雪或不可测量覆冰量
1	地表潮湿	
2	地表积水(地面上小的或大的洼中有积水)	
3	被水淹	
4	地表冻结	
5	地面有雨凇	
6	散沙或干的尘土没有完全覆盖地面	
7	一层薄的散沙或干的尘土覆盖整个地面	
8	一层中等或较大厚度的散沙或干的尘土覆盖整个地面	
9	极干燥并出现裂缝	
10	地面主要由冰覆盖	
11	密实雪或湿雪(有或无冰)覆盖不足地面的一半	有雪或可测量覆冰量
12	密实雪或湿雪(有或无水)覆盖地面一半以上,但还未及整个地面	
13	均匀密实雪或湿雪层完全覆盖地面	
14	非均匀密实雪或湿雪层完全覆盖地面	
15	松散的干雪覆盖不足地面的一半	
16	松散的干雪覆盖地面一半以上,但未覆盖整个地面	
17	均匀的松散干雪层覆盖整个地面	
18	非均匀的松散干雪层覆盖整个地面	
19	雪覆盖全部地面;深雪堆	
20—30	保留	
31	缺测值	

表 A.23 代码表 0 20 192 本地观测天气现象

代码值	含义
0	无现象
1	露
2	霜
3	结冰
4	烟幕
5	霾
6	浮尘
7	扬沙

表 A.23 代码表 0 20 192 本地观测天气现象(续)

代码值	含义
8	尘卷风
9	保留
10	轻雾
11—12	保留
13	闪电
14	极光
15	大风
16	积雪
17	雷暴
18	飑
19	龙卷
20—30	保留
31	沙尘暴
32—37	保留
38	吹雪
39	雪暴
40—41	保留
42	雾
43—47	保留
48	雾凇
49	保留
50	毛毛雨
51—55	保留
56	雨凇
57—59	保留
60	雨
61—67	保留
68	雨夹雪
69	保留
70	雪
71—75	保留
76	冰针
77	米雪
78	保留

表 A.23 代码表 0 20 192 本地观测天气现象(续)

代码值	含义
79	冰粒
80	阵雨
81—82	保留
83	阵性雨夹雪
84	保留
85	阵雪
86	保留
87	霰
88	保留
89	冰雹
90—126	保留
127	缺测值

表 A.24 代码表 0 20 003 现在天气

代码值	含义	天气现象
00	未观测或观测不到云的发展	过去 1 h 内没有出现规定要编报 ww 的各种天气现象
01	从总体上看,云在消散或未发展起来	
02	从总体上看,天空状态无变化	
03	从总体上看,云在形成或发展	
05	观测时有霾	烟、霾、尘、沙
06	观测时有浮尘,广泛散布的浮在空中的尘土,不是在观测时由测站或测站附近的风所吹起来的	
07	观测时由测站或测站附近的风吹起来的扬沙或尘土,但还没有发展成完好的尘卷风或沙尘暴;或飞沫吹到观测船上	
09	观测时视区内有沙尘暴,或者观测前 1 h 内测站有沙尘暴	
10	轻雾	观测时有轻雾、浅雾
11	测站有浅雾,呈片状,在陆地上厚度不超过 2 m,在海上不超过 10 m	
12	测站有浅雾,基本连续,在陆地上厚度不超过 2 m,在海上不超过 10 m	
14	视区内有降水,没有到达地面或海面	观测时在视区内出现的天气现象
15	视区内有降水,已经到达地面或海面,但估计距测站 5 km 以外	
16	在测站视区内有降水,已经到达地面或海面,但本站无降水	

表 A.24　代码表 0 20 003 现在天气(续)

<table>
<tr><th>代码值</th><th colspan="2">含义</th><th>天气现象</th></tr>
<tr><td>20</td><td>毛毛雨</td><td rowspan="5">观测前 1 h 内测站有降水、雾或雷暴,但观测时没有这些现象</td><td rowspan="9"></td></tr>
<tr><td>21</td><td>雨</td></tr>
<tr><td>22</td><td>雪、米雪或冰粒</td></tr>
<tr><td>23</td><td>雨夹雪,或雨夹冰粒</td></tr>
<tr><td>24</td><td>毛毛雨或雨,并有雨凇结成</td></tr>
<tr><td>25</td><td colspan="2">阵雨</td></tr>
<tr><td>26</td><td colspan="2">阵雪,或阵性雨夹雪</td></tr>
<tr><td>27</td><td colspan="2">冰雹或霰(伴有或不伴有雨均可)</td></tr>
<tr><td>28</td><td colspan="2">雾</td></tr>
<tr><td>30</td><td colspan="2">轻的或中度的沙尘暴,过去 1 h 内减弱</td><td rowspan="6">观测时有沙尘暴</td></tr>
<tr><td>31</td><td colspan="2">轻的或中度的沙尘暴,过去 1 h 内没有显著的变化</td></tr>
<tr><td>32</td><td colspan="2">轻的或中度的沙尘暴,过去 1 h 内开始或增强</td></tr>
<tr><td>33</td><td colspan="2">强的沙尘暴,过去 1 h 内减弱</td></tr>
<tr><td>34</td><td colspan="2">强的沙尘暴,过去 1 h 内没有显著的变化</td></tr>
<tr><td>35</td><td colspan="2">强的沙尘暴,过去 1 h 内开始或增强</td></tr>
<tr><td>36</td><td colspan="2">轻的或中度的低吹雪,吹雪所达高度一般低于观测员的眼睛(水平视线)</td><td rowspan="2">观测时有吹雪</td></tr>
<tr><td>37</td><td colspan="2">强的低吹雪,吹雪所达高度一般低于观测员的眼睛(水平视线)</td></tr>
<tr><td>40</td><td colspan="2">观测时近处有雾,其高度高于观测员的眼睛(水平视线),但观测前 1 h 内测站没有雾</td><td rowspan="10">观测时有雾</td></tr>
<tr><td>41</td><td colspan="2">散片的雾</td></tr>
<tr><td>42</td><td colspan="2">雾,过去 1 h 内已变薄,天空可辨明</td></tr>
<tr><td>43</td><td colspan="2">雾,过去 1 h 内已变薄,天空不可辨</td></tr>
<tr><td>44</td><td colspan="2">雾,过去 1 h 内强度没有显著的变化,天空可辨明</td></tr>
<tr><td>45</td><td colspan="2">雾,过去 1 h 内强度没有显著的变化,天空不可辨</td></tr>
<tr><td>46</td><td colspan="2">雾,过去 1 h 内开始出现或已变浓,天空可辨明</td></tr>
<tr><td>47</td><td colspan="2">雾,过去 1 h 内开始出现或已变浓,天空不可辨</td></tr>
<tr><td>48</td><td colspan="2">雾,有雾凇结成,天空可辨明</td></tr>
<tr><td>49</td><td colspan="2">雾,有雾凇结成,天空不可辨</td></tr>
<tr><td>50</td><td colspan="2">间歇性轻毛毛雨</td><td rowspan="5">观测时测站有毛毛雨</td></tr>
<tr><td>51</td><td colspan="2">连续性轻毛毛雨</td></tr>
<tr><td>52</td><td colspan="2">间歇性中常毛毛雨</td></tr>
<tr><td>53</td><td colspan="2">连续性中常毛毛雨</td></tr>
<tr><td>54</td><td colspan="2">间歇性浓毛毛雨</td></tr>
</table>

表 A.24 代码表 0 20 003 现在天气(续)

代码值	含义	天气现象
55	连续性浓毛毛雨	观测时测站有毛毛雨
56	轻的毛毛雨,并有雨凇结成	
57	中常的或浓的毛毛雨,并有雨凇结成	
58	毛毛雨和雨,密度小	
59	毛毛雨或雨,密度中等或大	
60	间歇性小雨	观测时测站有非阵性的雨
61	连续性小雨	
62	间歇性中雨	
63	连续性中雨	
64	间歇性大雨	
65	连续性大雨	
66	小雨,并有雨凇结成	
67	中雨或大雨,并有雨凇结成	
68	小的雨夹雪,或轻毛毛雨夹雪	
69	中常的或大的雨夹雪,或中常的或浓的毛毛雨夹雪	
70	间歇性小雪	观测时测站有非阵性固体降水
71	连续性小雪	
72	间歇性中雪	
73	连续性中雪	
74	间歇性大雪	
75	连续性大雪	
78	孤立的星状雪晶(伴有或不伴有雾)	
80	小的阵雨	观测时测站有阵性降水,但观测时和观测前 1 h 内无雷暴
81	中常的阵雨	
82	大的阵雨	
83	小的阵性雨夹雪	
84	中常或大的阵性雨夹雪	
85	小的阵雪	
86	中常或大的阵雪	
89	轻的冰雹,伴有或不伴有雨或雨夹雪。	
90	中常或强的冰雹,伴有或不伴有雨或雨夹雪	
511	缺测值	

表 A.25 代码表 0 20 004/0 20 005 过去天气(1)和(2)

代码值	含义
0	适当的时段内云覆盖天空一半以下
1	部分时段内云覆盖天空一半以上,而在另一些时段覆盖天空一半以下
2	适当的时段内云覆盖天空一半以上
3	沙暴,尘暴或高吹雪
4	雾、冰或浓霾
5	毛毛雨
6	雨
7	雪或雨夹雪
8	阵性降水
9	雷暴(有或无降水)
10	未观测到重要天气
11	能见度下降
12	有高吹现象,能见度下降
13	雾
14	降水
15	毛毛雨
16	雨
17	雪或冰丸
18	阵性或间歇性降水
19	雷暴
20—30	保留
31	缺测值

参考文献

[1] QX/T 235—2014 商用飞机气象观测资料 BUFR 编码
[2] 国家气象信息中心通信台编写组.表格驱动码编码手册[Z],2010
[3] WMO. Manual on Codes(WMO-No. 306)[Z]. Volume I. 2,Geneva,Switzerland, 2011

ICS 07.060
A 47
备案号：64434—2018

中华人民共和国气象行业标准

QX/T 428—2018

暴雨诱发灾害风险普查规范 中小河流洪水

Specifications for risk investigation into disaster induced by rainstorm —Flood in small and medium-sized river basin

2018-06-26 发布　　2018-10-01 实施

中 国 气 象 局　发 布

前　言

本标准按照 GB/T 1.1—2009 给出的规则起草。

本标准由全国气候与气候变化标准化技术委员会(SAC/TC 540)提出并归口。

本标准起草单位:国家气候中心。

本标准主要起草人:高歌、李莹、姜彤、章国材、孟玉婧、赵珊珊、王有民。

暴雨诱发灾害风险普查规范　中小河流洪水

1　范围

本标准规定了中小河流洪水灾害风险普查工作的基本要求、内容、方法、流程。

本标准适用于暴雨诱发的中小河流洪水灾害的风险普查、风险评估和预警、风险区划等业务以及科研工作。

2　规范性引用文件

下列文件对于本文件的应用是必不可少的。凡是注日期的引用文件，仅注日期的版本适用于本文件。凡是不注日期的引用文件，其最新版本(包括所有的修改单)适用于本文件。

GB/T 2260—2007　中华人民共和国行政区划代码

SL 213—2012　水利工程代码编制规范

SL 249—2012　中国河流代码

SL 259—2000　中国水库名称代码

3　术语和定义

下列术语和定义适用于本文件。

3.1

中小河流　small and medium-sized river basin

流域面积大于或等于 200 km^2 且小于 3000 km^2 的河流。

3.2

暴雨诱发的中小河流洪水　flood induced by rainstorm in small and medium-sized river basin

因暴雨造成中小河流在较短时间内发生的流量急骤增加或水位明显上升的水流现象。

3.3

洪水灾害风险　flood disaster risk

洪水对影响区域人民生命财产和社会经济造成损失和伤害的可能性。

3.4

风险普查　risk investigation

对产生风险的致灾因子及其危险性、承灾体及其暴露度和脆弱性、防灾抗灾能力等相关重要信息的收集、调查。

3.5

隐患点　potential danger area

流域内遭受暴雨诱发洪水影响并可能造成较大伤害和损失的地点。

4 基本要求

4.1 普查原则

4.1.1 按照每条中小河流建立档案,全面普查同时侧重中小河流洪水易发区域及隐患点。

4.1.2 应注重相关部门数据信息收集和实地调查相结合。

4.1.3 应对普查河流覆盖全面性,流域边界与内容一一对应性,以及数据准确性、逻辑性、空间一致性等方面进行逐级质量核查,确保数据可靠。

4.2 资料采集

4.2.1 水文和气象观测资料、灾情资料均为有记录以来的资料。

4.2.2 人口及社会经济资料按规定基准年份收集,如:2000 年、2010 年等,如无法收集基准年份数据,应以收集与基准年份接近的最新数据代替。

4.2.3 如没有特殊要求,应收集最新资料。各类资料收集时应记载具体来源及原始制作和收集时间。

4.3 数据更新

4.3.1 自然环境、社会经济、隐患点位置、工程和基础设施发生变化时,应及时收集或实地调查获取最新资料进行信息更新。

4.3.2 行政区划发生变化,应记载变化情况。

5 普查内容

5.1 基础信息

5.1.1 行政区划图,细化到乡镇边界。

5.1.2 河网水系图、地形图或数字地形图、地质图、土地利用图。数字地形图应采用 1 : 5 万分辨率或更高精度。

5.1.3 内容涉及 5.2 中基本情况的基础地理信息图和专业专题图。

5.1.4 中小河流洪水重点防治区高分辨率遥感影像图。

5.2 基本状况

5.2.1 中小河流及流域基本情况,见附录 A 的表 A.1。

5.2.2 流域内乡镇基本情况(见表 A.2)。以乡镇为单位。

5.2.3 流域内人口及社会经济情况(见表 A.3)。以乡镇为单位。

5.2.4 流域内主要基础设施情况(见表 A.4),包括:公路、铁路的类型、总长度和固定资产,桥梁总数和固定资产,通信网、能源、水利设施和市政工程的数量和固定资产等。以乡镇为单位。

5.2.5 流域内隐患点调查情况(见表 A.5),主要为易涝区域敏感承灾体的数量和价值量及地理位置经纬度信息、海拔高度等。

5.2.6 流域内水利工程基本情况(见表 A.6 和表 A.7),主要包括堤防、水库等水利工程的位置、工程建设标准、特征水位值、潜在影响社会经济情况、防汛调度管理措施等。

5.2.7 流域内土地利用情况(见表 A.8)。以乡镇为单位。

5.2.8 流域内土壤类型情况(见表 A.9),包括不同垂直分层的土壤类型、质地、孔隙度、结构、剖面分层情况等。以乡镇为单位。

5.3 气象、水文信息

5.3.1 流域内气象(雨量)站情况(见表 A.10)。

5.3.2 流域内水文(水位)站情况(见表 A.11)。

5.3.3 站点降水、水位、流量以及潮位历史观测数据。时间尺度为分钟、小时、日等。

5.3.4 流域内各站历史上发生的逐场次洪水水文要素摘录。

5.4 历史灾情

5.4.1 流域内历次洪水灾害损失情况(见表 A.12)。

5.4.2 历年洪水灾害损失情况(见表 A.13)。以县级行政区为单位,时间尺度为年。

5.5 预警指标及防灾措施

5.5.1 预警指标(见表 A.14)。

5.5.2 防灾措施情况(见表 A.15)。以乡镇为单位。

6 普查方法

6.1 历史文献检索法。通过对历史文献、部门年鉴进行检索查询获得数据信息、线索。

6.2 成果调研法。通过对已开展的相关工作和研究成果进行调研,通过合作、共享、专家咨询等方式采集信息。

6.3 实地调查法。通过到普查点实地进行观察、测量、咨询、调查问卷等形式获取信息。

6.4 遥感和地理信息分析法。采用科学技术方法从遥感图像、地理信息中识别和提取、加工、分析获取相关信息。

7 普查流程

7.1 对普查工作进行总体设计、安排,按照普查内容进行初步调研,制定数据采集指南及人员分工。

7.2 基于基础地理信息完成中小河流流域边界提取,并结合当地实际情况进行流域边界核查确定。

7.3 对中小河流进行命名和编码。

7.4 根据普查内容、数据采集指南进行数据收集、整理、质量核查、录入、复核、汇交。

附 录 A
（规范性附录）
暴雨诱发的中小河流洪水灾害风险普查信息

表 A.1 至表 A.15 给出了暴雨诱发的中小河流洪水灾害风险普查中使用的各种表格，其中有关行政区代码、中小河流代码、堤防代码、水库代码的编写规则见附录 B。

表 A.1　中小河流及流域基本情况

填表字段	单位	记录	填表说明
中小河流名称			
中小河流代码			
上级河流名称			至少填到可检索到的河流名称，格式为"×河－×河－×河"
跨界类型			单选，A 跨国、B 跨省、或 C 跨县，当同时满足多个条件时，首选 A、次选 B、最后选 C
流域面积	km^2		流域地面分水线与河口断面之间所包围的平面面积，平原水网区河流无法确定流域面积时填"－1"，精确至 0.1 km^2
流域内人口	人		
河流长度	km		干流长度，精确至 0.1 km
河源位置名称			地名，如××乡××村，若河源附近没有村庄，则填写附近的山峰名称
河源位置经度	° ′ ″		格式为×××°××′××″
河源位置纬度	° ′ ″		格式为×××°××′××″
河源位置海拔高度	m		
河口位置名称			地名，如××乡××村，若河口附近没有村庄，则填写附近的山峰名称
河口位置经度	° ′ ″		格式为×××°××′××″
河口位置纬度	° ′ ″		格式为×××°××′××″
河口位置海拔高度	m		
最大安全泄量	m^3/s		不引起河坝崩塌的最大泄量，以范围表示，格式为"×××～×××"
流域水文控制站名称			流域出口或出口附近水文站名称
(一)河道比降	—	—	沿水流方向，单位水平距离河床高程差。不同区域有明显变化的地方分段填写
开始经度	° ′ ″		格式为×××°××′××″
开始纬度	° ′ ″		格式为×××°××′××″
结束经度	° ′ ″		格式为×××°××′××″

表 A.1　中小河流及流域基本情况(续)

填表字段	单位	记录	填表说明
结束纬度	°′″		格式为×××°××′××″
河道比降	‰		
(二)河道糙率	—	—	与河槽边界的粗糙程度和几何特征等有关的各种影响水流阻力的一个综合系数。不同区域有明显变化的地方分段填写
开始经度	°′″		格式为×××°××′××″
开始纬度	°′″		格式为×××°××′××″
结束经度	°′″		格式为×××°××′××″
结束纬度	°′″		格式为×××°××′××″
河道糙率			
(三)横断面	—	—	垂直于河道断面平均流向或中泓线横截河流,以自由水面和湿周为界的剖面。以图片形式给出,文件名命名为“中小河流代码_section_编号.jpg”,不同区域有明显变化的地方分段填写
横断面编号			
开始经度	°′″		格式为×××°××′××″
开始纬度	°′″		格式为×××°××′××″
结束经度	°′″		格式为×××°××′××″
结束纬度	°′″		格式为×××°××′××″
备注			
资料来源			

填表人:__________　复核人:__________　审查人:__________　联系电话:____________________

填写单位:____　填表日期:____年____月____日

表 A.2　中小河流流域内乡镇基本情况

填表字段	单位	记录	填表说明
中小河流名称			
中小河流代码			
省(自治区、直辖市)名			
市(地区、自治州、盟)名			
县(自治县、县级市、市辖区、旗、自治旗)名			
乡(镇、街道、苏木)名			精确到乡镇
行政区代码			精确到乡镇,村补位000
乡(镇、街道、苏木)经度	°′″		格式为×××°××′××″,以乡政府为准
乡(镇、街道、苏木)纬度	°′″		格式为×××°××′××″,以乡政府为准

表 A.2 中小河流流域内乡镇基本情况(续)

填表字段	单位	记录	填表说明
海拔高度	m		以乡政府为准
基本概况			用文字简单描述流域内各乡镇的地理位置、经济、文化、历史以及水文、气象、中小河流洪水防治区、防灾救灾能力、主要交通等情况
备注			
资料来源			

填表人:__________ 复核人:__________ 审查人:__________ 联系电话:____________________

填写单位:____ 填表日期:____年____月____日

表 A.3 中小河流流域内人口及社会经济情况

填表字段	单位	记录	填表说明
中小河流名称			
中小河流代码			
省(自治区、直辖市)名			
市(地区、自治州、盟)名			
县(自治县、县级市、市辖区、旗、自治旗)名			
乡(镇、街道、苏木)名			精确到乡镇
行政区代码			精确到乡镇,村补位000
调查年份			格式为yyyy
土地面积	km^2		国土面积,精确到0.1 km^2
耕地面积	km^2		精确到0.1 km^2
城镇人口数	人		
乡村人口数	人		
总人口数	人		
常住人口数	人		
65岁及以上人口数	人		
65岁及以上人口比例	%		
14岁及以下人口数	人		
14岁及以下人口比例	%		
家庭户数	户		
房屋数	间		
地区生产总值	万元		
工业总产值	万元		

表 A.3 中小河流流域内人口及社会经济情况(续)

填表字段	单位	记录	填表说明
农业总产值	万元		
备注			
资料来源			

填表人：________ 复核人：________ 审查人：________ 联系电话：____________

填写单位：________________________ 填表日期：____年____月____日

表 A.4 中小河流流域内主要基础设施情况

填表字段	单位	记录	填表说明
中小河流名称			
中小河流代码			
省(自治区、直辖市)名			
市(地区、自治州、盟)名			
县(自治县、县级市、市辖区、旗、自治旗)名			
乡(镇、街道、苏木)名			精确到乡镇
行政区代码			精确到乡镇，村补位 000
调查年份			格式为 yyyy
(一)过境公路	—	—	选填项
道路类型			道路类型包括国道、省道、县级以下公路以及高速公路
道路总长度	km		
道路固定资产	万元		如无原始资料，根据单价及长度估算
(二)过境铁路	—	—	选填项
铁路类型			铁路类型包括高速铁路、普通铁路。高速铁路，简称“高铁”，是指通过改造原有线路，使营运速率达到 200 km/h 及以上，或者专门修建新的“高速新线”，使营运速率达到 250 km/h 及以上的铁路系统，高速铁路以外的其他铁路归入普通铁路统计
铁路总长度	km		
铁路固定资产	万元		如无原始资料，根据单价及长度估算
(三)桥梁	—	—	选填项
桥梁总数	座		
桥梁固定资产	万元		如无原始资料，根据单价及座数估算
(四)通信网	—	—	选填项
通信网设备数量	台(套)		通信网设备包括交换设备、接入设备等

表 A.4 中小河流流域内主要基础设施情况(续)

填表字段	单位	记录	填表说明
通信网设备固定资产	万元		
通信传输设备长度	皮长公里		通信传输设备包括光缆、电缆等,1 皮长公里=10^{-2} km
通信传输设备固定资产	万元		
基站数	个		
基站固定资产	万元		
通信网地下管道数量	管孔		
通信网地下管道固定资产	万元		
通信总固定资产	万元		
(五)能源	—	—	选填项
220 千伏及以上电压等级电网长度	km		
220 千伏及以上电压等级电网固定资产	万元		
220 千伏以下电压等级电网长度	km		
220 千伏以下电压等级电网固定资产	万元		
电网总长度	km		
电网总固定资产	万元		
电厂座数	座		包括火电厂、风电厂、水电厂、核电厂、太阳能电厂等
电厂总装机容量	kW		
电厂总固定资产	万元		
气井数量	个		
气井固定资产	万元		
油井数量	个		
油井固定资产	万元		
输油管道长度	km		
输油管道固定资产	万元		
天然气管线长度	km		
天然气管线固定资产	万元		
(六)水利设施	—	—	选填项
人饮设施(备)数量	个		
人饮设施(备)固定资产	万元		
水渠长度	km		

表 A.4　中小河流流域内主要基础设施情况(续)

填表字段	单位	记录	填表说明
水渠固定资产	万元		
水利设施总固定资产	万元		
(七)市政工程	—	—	选填项
交通枢纽数量	座		
交通枢纽固定资产	万元		
水厂数量	座		
水厂固定资产	万元		
供水管网长度	km		
供水管网固定资产	万元		
排水管网长度	km		
排水管网固定资产	万元		
供气管网长度	km		
供气管网固定资产	万元		
备注			
资料来源			

填表人:＿＿＿＿＿　复核人:＿＿＿＿＿　审查人:＿＿＿＿＿　联系电话:＿＿＿＿＿＿＿＿＿＿

填写单位:＿＿＿＿＿＿＿＿＿＿＿＿＿＿＿＿＿＿＿＿＿　填表日期:＿＿年＿＿月＿＿日

表 A.5　中小河流流域内隐患点调查情况

填表字段	单位	记录	填表说明
中小河流名称			
中小河流代码			
省(自治区、直辖市)名			
市(地区、自治州、盟)名			
县(自治县、县级市、市辖区、旗、自治旗)名			
乡(镇、街道、苏木)名			精确到乡镇
行政区代码			精确到乡镇,村补位 000
隐患点名称			可选多个隐患点,按每个隐患点填写:居民区、学校、医院等人群聚集地,工业企业、商铺、停车场等社会经济活动集中点,道路桥梁、电网、通信网等关键生命线等。若为企业,选年产值超过 1000 万元,且具有危险性的、可能带来二次污染的典型大企业

表 A.5 中小河流流域内隐患点调查情况(续)

填表字段	单位	记录	填表说明
隐患点类型			填写:村庄、社区、学校、幼儿园、医院、企业、桥梁、公路、铁路、机场、电网(含变电站等)、通信网、停车场、房屋、农田、其他。若为企业,请单选采矿业、制造业、建筑业或其他。若为公路,请单选高速公路、国道或省道。若为电网,请单选低压或高压。若为房屋,请单选钢筋水泥结构、砖混结构、土木结构、土坯结构。若为桥梁,给出桥梁材质
起点经度	°′″		格式为×××°××′××″。承灾体类型若为线型,如公路、电网、铁路、通信网,则起点、终点信息均填写,可分段;若为点状型,则仅填写起点信息
起点纬度	°′″		格式为×××°××′××″
起点海拔高度	m		
终点经度	°′″		格式为×××°××′××″
终点纬度	°′″		格式为×××°××′××″
终点海拔高度	m		
人口数	人		隐患点涉及的人口数,若为学校则为教职工与学生数之和;若为医院则为医辅职工与平均就医人数之和
固定资产	万元		
年产值	万元		企业应填
危险品名称			选填项,若隐患点涉及危险品,如化学品、放射性物品等,填写其主要种类名称
主要作物类型			
耕种面积	km^2		
防灾减灾措施			用文字简要说明具体措施及运行情况。如:医院可填写床位数。没有填无
备注			隐患点类型为桥梁,说明桥梁抗洪设计标准等
资料来源			

填表人:__________ 复核人:__________ 审查人:__________ 联系电话:__________________

填写单位:______________________________ 填表日期:____年____月____日

表 A.6 中小河流流域内堤防基本情况

填表字段	单位	记录	填表说明
中小河流名称			
中小河流代码			
堤防名称			如果一条堤防的高度和类型有明显变化,要分段填写
堤防(段)代码			

表 A.6 中小河流流域内堤防基本情况(续)

填表字段	单位	记录	填表说明
堤防类型			土堤、石堤、混凝土堤、其他
起点经度	°′″		格式为×××°××′××″
起点纬度	°′″		格式为×××°××′××″
终点经度	°′″		格式为×××°××′××″
终点纬度	°′″		格式为×××°××′××″
堤防长度	m		
堤顶高程	m		给出此段堤顶高程最小值
一般堤高	m		格式为“×××～×××”
设计洪水位	m		指堤防遭遇设计洪水时,在指定断面测点处达到的最高水位
保证洪水位	m		能保证防洪工程或防护区安全运行的最高水位
警戒水位	m		可能造成防洪工程或防护区出现险情的河流和其他水体的水位
设计流量	m^3/s		指设计洪水位对应的流量
保证流量	m^3/s		指保证洪水位对应的流量
警戒流量	m^3/s		指警戒水位对应的流量
保护耕地面积	km^2		指设计洪水位(潮位)以下保护的耕地面积,当两个及以上堤防(段)保护同一地区时,应分别填写
保护人口	人		指设计洪水位(潮位)以下保护的人口,当两个及以上堤防(段)保护同一地区时,应分别填写
备注			
资料来源			

填表人:__________ 复核人:__________ 审查人:__________ 联系电话:____________________

填写单位:____ 填表日期:____年____月____日

表 A.7 中小河流流域内水库基本情况

填表字段	单位	记录	填表说明
中小河流名称			
中小河流代码			
水库名称			分水库填写
水库代码			
水库经度	°′″		格式为×××°××′××″
水库纬度	°′″		格式为×××°××′××″
水库类型			填写大(1)型、大(2)型、中型、小(1)型和小(2)型,见表 B.1 的规定

表 A.7　中小河流流域内水库基本情况(续)

填表字段	单位	记录	填表说明
管理单位			指水库的管理单位
建成年份			格式为 yyyy
集水面积	km^2		指水库坝址以上的水库集水面积,精确到 0.1 km^2
总库容	万 m^3		校核洪水位以下的水库容积,精确到 0.01 万 m^3
设计洪水位	m		指水库遇设计标准洪水时,在坝前达到的最高水位(大中型水库填写,小型水库可不填),精确到 0.01 m
校核洪水位	m		水库遇到校核洪水时,在坝前达到的最高水位,精确到 0.01 m
防洪高水位	m		水库遇到下游防护对象设防洪水时,在坝前达到的最高水位,精确到 0.01 m
死水位	m		水库在正常运行情况下,允许消落到的最低水位,精确到 0.01 m
正常蓄水位	m		也称正常高水位、兴利水位,是指水库在正常运营情况下,为满足设计的兴利要求应蓄到的最高水位,精确到 0.01 m
汛限水位	m		水库防洪限制水位的简称,即水库汛期洪水到来前,坝前允许兴利蓄水的上限水位,精确到 0.01 m
调洪库容	万 m^3		校核洪水位至防洪限制水位之间的水库容积(大中型水库填写,小型水库可不填),精确到 0.01 万 m^3
防洪库容	万 m^3		防洪高水位至防洪限制水位之间的水库容积(大中型水库填写,小型水库可不填),精确到 0.01 万 m^3
坝体类型			指主坝的具体类型,如混凝土重力坝、双曲拱坝、碾压式土石坝、均质土坝、黏土心墙坝、面板堆石坝、水力充填坝、水坠坝等
坝长	m		指水库主坝的坝顶两端之间沿坝轴线计算的长度(如拱坝,指坝顶弧线的长度),精确到 0.1 m
坝高	m		精确到 0.01 m
坝顶高程	m		指水库正常溢洪道的堰顶高程,精确到 0.01 m
溢洪道型式			正槽、侧槽、井式、虹吸等
溢洪道高程	m		精确到 0.01 m
溢洪道最大泄量	m^3/s		精确到 1 m^3/s
设计洪水频率			指水库设计洪水的发生频率,即设计洪水为多少年一遇
校核洪水频率			指水库校核洪水的发生频率,即校核洪水为多少年一遇
现状洪水频率			指水库现状能够防御的最大洪水的发生频率,即现状洪水为多少年一遇

表 A.7　中小河流流域内水库基本情况(续)

填表字段	单位	记录	填表说明
设计泄流能力	m^3/s		指当水库水位到达设计洪水位时所对应的水库最大泄流能力,精确到 1 m^3/s
校核泄流能力	m^3/s		指当水库水位到达校核洪水位时所对应的水库最大泄流能力,精确到 1 m^3/s
安全泄流能力	m^3/s		指水库下游防洪控制站允许的最大安全泄量,精确到 1 m^3/s
调度主管部门			指汛期对水库防洪运营有调度和决策权限的单位名称
近期安全鉴定日期	年月日		指水库大坝最近一次安全鉴定/复核的时间,填写格式为 yyyymmdd
安全类别			指水库大坝安全鉴定/复核后得到的安全类别
水库病险情况			指从大坝、泄洪设施、输水设施、白蚁危害、管理设施等方面阐述水库主要病险情况,以及其他影响水库安全的主要问题
潜在影响社会经济情况			文字描述下游影响人口总数,以及铁路、公路、城镇、人口聚集区、耕地等距水库距离、影响情况等
预警设施手段			指水库与下游之间重要防护目标如城镇、重要设施等的预警手段及设施情况
防汛调度方案			文字描述
备注			
资料来源			

填表人:__________　复核人:__________　审查人:__________　联系电话:____________________

填写单位:__________________________________　填表日期:____年____月____日

表 A.8　中小河流流域内土地利用情况

填表字段	单位	记录	填表说明
中小河流名称			
中小河流代码			
省(自治区、直辖市)名			
市(地区、自治州、盟)名			
县(自治县、县级市、市辖区、旗、自治旗)名			
乡(镇、街道、苏木)名			精确到乡镇
行政区代码			精确到乡镇,村补位 000
调查年份			格式为 yyyy
总面积	km^2		精确到 0.1 km^2,下同
(一)基本农田	—	—	

表 A.8　中小河流流域内土地利用情况(续)

填表字段	单位	记录	填表说明
水田	km^2		
梯坪地	km^2		
坝地	km^2		
坡耕地	km^2		
农田总计	km^2		
(二)林地	—	—	
有林地	km^2		
经果林	km^2		
疏残林	km^2		
幼林	km^2		
林地总计	km^2		
(三)其他	—	—	
草地	km^2		
荒山荒坡	km^2		
水域	km^2		
非生产用地	km^2		作为活动场所和建筑物基地的面积
难利用地	km^2		
林草覆盖率	%		
森林覆盖率	%		
备注			可利用当地的土地利用类型图，按照其面积所占总面积的比例进行估算
资料来源			

填表人：＿＿＿＿＿　复核人：＿＿＿＿＿　审查人：＿＿＿＿＿　联系电话：＿＿＿＿＿＿＿＿＿

填写单位：＿＿＿＿＿＿＿＿＿＿＿＿＿＿＿＿＿＿＿＿　填表日期：＿＿年＿＿月＿＿日

表 A.9　中小河流流域内土壤类型情况

填表字段	单位	记录	填表说明
中小河流名称			
中小河流代码			
省(自治区、直辖市)名			
市(地区、自治州、盟)名			
县(自治县、县级市、市辖区、旗、自治旗)名			
乡(镇、街道、苏木)名			精确到乡镇

表 A.9　中小河流流域内土壤类型情况（续）

填表字段	单位	记录	填表说明
行政区代码			精确到乡镇，村补位 000
表层土壤类型			分为水稻土、潮土、石灰土、紫色土、黄壤、黄棕壤、棕壤等
质地			指土壤颗粒的组合特征，分为沙土、壤土和黏土等
孔隙度			单位土壤总容积中的孔隙容积，反映土壤疏松和紧实的程度
结构			指土壤颗粒胶结情况，分为团粒结构、块状结构、核状结构、柱状结构、棱柱状结构、片状结构等
剖面分层情况			文字描述土壤垂直剖面分层情况，按××～××cm 分类描述每层土壤的类型、质地和结构
备注			
资料来源			

填表人：__________　复核人：__________　审查人：__________　联系电话：____________________

填写单位：____　填表日期：____年____月____日

表 A.10　中小河流流域内气象（雨量）站情况

填表字段	单位	记录	填表说明
中小河流名称			
中小河流代码			
省（自治区、直辖市）名			
市（地区、自治州、盟）名			
县（自治县、县级市、市辖区、旗、自治旗）名			
乡（镇、街道、苏木）名			精确到乡镇
行政区代码			精确到乡镇，村补位 000
站名			
站号			
站点经度	°′″		格式为×××°××′××″
站点纬度	°′″		格式为×××°××′××″
站点海拔高度	m		
台站类型			基准站、基本站、一般站和区域自动站
观测要素			气温、气压、湿度、风、降水量、日照时数、辐射等，变量之间用顿号隔开
建站时间	年月		格式为 yyyymm，不详部分以 00 补位
观测年限			如果仍在观测，填写“建站至今”；如果已经撤站，填写撤站时间，填写格式为 yyyymm，不详部分以 00 补位

表 A.10　中小河流流域内气象(雨量)站情况(续)

填表字段	单位	记录	填表说明
站点归属部门			
备注			观测仪器设备的说明(包括精度),对迁站情况进行详细说明
资料来源			

填表人:__________　复核人:__________　审查人:__________　联系电话:__________________

填写单位:______________________________________　填表日期:____年____月____日

表 A.11　中小河流流域内水文(水位)站情况

填表字段	单位	记录	填表说明
中小河流名称			
中小河流代码			
省(自治区、直辖市)名			
市(地区、自治州、盟)名			
县(自治县、县级市、市辖区、旗、自治旗)名			
乡(镇、街道、苏木)名			精确到乡镇
行政区代码			精确到乡镇,村补位000
站名			
站号			
站点经度	° ′ ″		格式为×××°××′××″
站点纬度	° ′ ″		格式为×××°××′××″
站点海拔高度	m		
流域面积	km^2		
观测要素			流量、水位等,变量之间用顿号隔开
防汛水位	m		
警戒水位	m		
保证水位	m		
基面	m		计算水位和高程的起始面,不同地区所用基面不同
历史最低水位	m		
历史最高水位	m		
5 a 重现期对应的水位	m		
10 a 重现期对应的水位	m		
30 a 重现期对应的水位	m		
50 a 重现期对应的水位	m		
100 a 重现期对应的水位	m		

表 A.11 中小河流流域内水文(水位)站情况(续)

填表字段	单位	记录	填表说明
历史最大流量	m^3/s		
历史最大流量出现的时间	年月日时		格式为 yyyymmddhh;若具体时间不详,可通过反查历史资料确定时间,以 00 补位
雨-洪关系			填写关系式或提供曲线图片,标注图片名称,文件名命名为:中小河流代码_rain_flood.jpg
站点归属部门			
备注			填写水位与流量的关系等;观测仪器设备的说明(包括精度)等相关信息
资料来源			

填表人:________ 复核人:________ 审查人:________ 联系电话:____________

填写单位:____________________ 填表日期:____年____月____日

表 A.12 中小河流流域内历次洪水灾害损失情况

填表字段	单位	记录	填表说明
中小河流名称			
中小河流代码			
洪水发生时间	年月日时		水位超过警戒水位认为是一次洪水的开始,格式为 yyyymmddhh;若具体时间不详,可通过反查历史资料确定具体时间,以 00 补位
洪水结束时间	年月日时		洪水发生后,水位低于警戒水位认为是一次洪水的结束,格式同上
省(自治区、直辖市)名			
市(地区、自治州、盟)名			
县(自治县、县级市、市辖区、旗、自治旗)名			
乡(镇、街道、苏木)名			精确到乡镇
行政区代码			精确到乡镇,村补位 000
(一)淹没信息采集			(一)至(七)为按洪水过程及影响乡镇收集淹没信息和灾情
过程最大淹没面积	km^2		基于乡镇填写,精确到 0.0001 km^2
过程淹没持续时间	h		基于乡镇填写
(二)采集点淹没信息和灾情			如有淹没点调查,可分采集点填写淹没信息和影响情况
采集点名称			遭受淹没的采集点的名称
采集点经度	°′″		格式为×××°××′××″
采集点纬度	°′″		格式为×××°××′××″

表 A.12 中小河流流域内历次洪水灾害损失情况(续)

填表字段	单位	记录	填表说明
采集点海拔高度	m		精确到小数点后两位
采集点最大淹没水深	m		精确到小数点后两位,按照漫水洪痕高度填写
采集点淹没开始时间	年月日时		格式为 yyyymmddhh
采集点淹没结束时间	年月日时		格式为 yyyymmddhh
采集点最大淹没水深出现时间	年月日时		格式为 yyyymmddhh
采集点影响信息描述			文字描述
(三)居民区受灾情况			
居民区受灾面积	km^2		
损坏房屋	间		
倒塌房屋	间		
受灾人口	人		
紧急转移安置人口	人		
死亡人口	人		
失踪人口	人		
当年总人口	人		
受淹村庄(街道)信息			文字描述受淹村庄(街道)名称、受淹程度信息
(四)农业受灾情况			
主要作物类型			
受灾面积	km^2		
绝收面积	km^2		
经济损失	万元		
(五)工业受灾情况			
工业经济损失	万元		
受灾情况			文字描述
主要受灾工业企业信息			文字描述受灾企业名称、位置
(六)基础设施受灾情况			
学校受灾情况			文字描述学校位置、受灾信息
医疗卫生机构受灾情况			文字描述医疗卫生机构位置、受灾信息
(七)受灾情况汇总			
直接经济损失	万元		一次灾情的全部经济损失
雨情水情描述			文字描述降水、水情过程等,包括降水、流量、水位等信息

表 A.12　中小河流流域内历次洪水灾害损失情况(续)

填表字段	单位	记录	填表说明
详细灾情描述			文字描述农业、工业、交通、通信、能源、旅游、基础设施等社会经济各方面的损失和影响，尽量用定量数据描述，以及典型事件的溃口位置(经纬度信息)和发生时间，分蓄洪区的泄洪情况等
备注			
资料来源			

填表人：＿＿＿＿　复核人：＿＿＿＿　审查人：＿＿＿＿　联系电话：＿＿＿＿＿＿

填写单位：＿＿＿＿＿＿＿＿＿＿＿＿　填表日期：＿＿年＿＿月＿＿日

表 A.13　中小河流流域县级历年洪水灾害损失情况

填表字段	单位	记录	填表说明
省(自治区、直辖市)名			
县(自治县、县级市、市辖区、旗、自治旗)名			以县级行政区为单位填写
行政区代码			乡镇、村补位 000000
受灾年份			格式为 yyyy
受灾次数	次		
受灾人口	人次		
死亡人口	人		
损坏房屋	间		
倒塌房屋	间		
农业受灾面积	km^2		
农业绝收面积	km^2		
农业直接经济损失	万元		
总直接经济损失	万元		
当年地区生产总值	万元		
备注			
资料来源			

填表人：＿＿＿＿　复核人：＿＿＿＿　审查人：＿＿＿＿　联系电话：＿＿＿＿＿＿

填写单位：＿＿＿＿＿＿＿＿＿＿＿＿　填表日期：＿＿年＿＿月＿＿日

表 A.14　中小河流流域预警指标

填表字段	单位	记录	填表说明
中小河流名称			
中小河流代码			
预警点名称			每条河流、逐个预警点填写
预警点经度	° ′ ″		格式为×××°××′××″
预警点纬度	° ′ ″		格式为×××°××′××″
准备转移预警指标时效	h		时效选 0.5 h,1 h,…,24 h 等
不同时效准备转移预警指标	mm		各时效准备转移预警指标对应的(面)雨量
准备转移预警指标监测站名及水位	m		格式为:站名(水位米),如:李庄(12.10m),精确到小数点后 2 位
立即转移预警指标时效	h		时效选 0.5 h,1 h,…,24 h 等
不同时效立即转移预警指标	mm		各时效立即转移预警指标对应的(面)雨量
立即转移预警指标监测站名及水位	m		格式为:站名(水位米),如:李庄(12.10 m),精确到小数点后 2 位
区域内人数	人		预警区域内涉及的人数
关联监测站点名称			参与预警降水量计算的站点,给出站名、站号及所属部门,格式如:北京,54511,气象;李庄,……,水文等
指标来源			预警指标来源的部门
备注			
资料来源			

填表人:__________　复核人:__________　审查人:__________　联系电话:__________________

填写单位:______________________________________　填表日期:____年____月____日

表 A.15　中小河流洪水防灾措施情况

填表字段	单位	记录	填表说明
省(自治区、直辖市)名			
市(地区、自治州、盟)名			
县(自治县、县级市、市辖区、旗、自治旗)名			
乡(镇、街道、苏木)名			精确到乡镇
行政区代码			精确到乡镇,村补位 000
有无监测手段			填写有或无
有无预警手段			填写有或无
有无应急救灾预案			填写有或无
有无救灾社会团体			填写有或无

表 A.15　中小河流洪水防灾措施情况(续)

填表字段	单位	记录	填表说明
有无政策法规			填写有或无
备注			文字描述通信网的覆盖范围、尚未覆盖范围，当前的警报措施是否满足中小河流洪水防治需要，以及目前在防治中小河流洪水方面已制定的防灾预案、防灾经验、采取的一些救灾措施、存在的问题等
资料来源			

填表人：＿＿＿＿　复核人：＿＿＿＿　审查人：＿＿＿＿　联系电话：＿＿＿＿＿＿＿＿

填写单位：＿＿＿＿＿＿＿＿＿＿＿＿＿＿＿＿　填表日期：＿＿年＿＿月＿＿日

附 录 B
(规范性附录)
代码编制规范

B.1 行政区划代码

行政区划数字代码共12位。说明如下：

1—6位从左至右按照GB/T 2260—2007的3.2的规定。7—12位参照《统计用区划代码》的规定，7—9位表示乡(镇、街道、苏木)、10—12位表示村、社区。具体参照“统计用区划代码和城乡划分代码”填写。

B.2 中小河流代码

用8位大写英文字母和阿拉伯数字的组合码表示，格式为：BTFFSSDD，要求如下：

BT——2位字母表示流域(水系)分区编码，按照SL 213—2012的附录A的规定。

FF——2位数字或字母，表示一级支流的编号，F取值范围为0～9、A～Y，其中00～09作为干流或干流不同河段的代码。

SS——2位数字或字母，分别表示二级支流、二级以下支流的编号，S取值范围为0～9、A～Y，当是二级支流时，第二个S为0。

DD——2位数字，如果是SL 249—2012的第5章规定的河流，DD取值00，FF和SS均按照SL 213—2012的4.3.1的规定；否则DD取值为省代码，其中SS中第二个S按照以下规则编写：1～5分别表示河流级别数，6表示扩充的六级河流，9表示京杭大运河。

B.3 水库代码

用13位大写英文字母和阿拉伯数字的组合码分别表示水库的工程类别、所在的中小河流、编号及类别，格式为：ABTFFSSDDNNNY，要求如下：

A——1位字母，表示工程类别，取值为S。

BTFFSSDD——所在的中小河流代码，见B.2的规定。

NNN——3位数字或字母，表示该水系分区内某个水库的编号，N取值范围为0～9、A～Y。

Y——1位数字，表示水库类别，取值按表B.1的规定执行。

如果是SL 259—2000第4章(各流域水库名称代码)中规定的水库，NNN、Y可按规定执行。

表B.1 水库代码Y字段规定

码值	说 明
1	大(1)型水库(总库容不小于10亿 m^3)
2	大(2)型水库(总库容为1亿～10亿 m^3)
3	中型水库(总库容为0.1亿～1亿 m^3)
4	小(1)型水库(总库容为0.01亿～0.1亿 m^3)
5	小(2)型水库(总库容为0.001亿～0.01亿 m^3)
9	其 他

B.4 堤防(段)代码

用13位大写英文字母和阿拉伯数字的组合码分别表示堤防(段)的工程类别、所在的中小河流、编号及类别，格式为：ABTFFSSDDNNNY，说明如下：

A——1位字母，表示工程类别，取值为D。

BTFFSSDD——所在的中小河流代码，见B.2的规定。

NNN——3位数字或字母，表示该区域(流域、水系)内某个堤防、堤段的编号。前两个N取值范围为0～9、A～Y，编排顺序按河流从上游到下游进行编码。第三个N取值范围为0～9、A～Y，为0时，表示堤防；其他表示堤段。

Y——1位数字，表示堤防(段)类别，取值按表B.2的规定执行。

表B.2 堤防(段)代码Y字段规定

码值	说明	码值	说明
1	左岸堤防	3	湖堤
2	右岸堤防	9	其他

参 考 文 献

[1] GB/T 50095—2014 水文基本术语和符号标准

[2] 中华人民共和国国家统计局.统计用区划代码:国家统计局令第14号[Z],2010年6月2日

[3] 中华人民共和国国家统计局.统计用区划和城乡划分代码[EB/OL].http://www.stats.gov.cn/tjsj/tjbz/tjyqhdmhcxhfdm/

[4] 周月华,田红,李兰.暴雨诱发的中小河流洪水风险预警服务业务技术指南[M].北京:气象出版社,2015

ICS 07.060
A 47
备案号：64435—2018

中华人民共和国气象行业标准

QX/T 429—2018

温室气体　二氧化碳和甲烷观测规范　离轴积分腔输出光谱法

Greenhouse gases—Observation specification for carbon dioxide and methane —Off-axis integrated cavity output spectroscopy method

2018-06-26 发布　　2018-10-01 实施

中国气象局　发布

前　言

本标准按照 GB/T 1.1—2009 给出的规则起草。

本标准由全国气候与气候变化标准化技术委员会大气成分观测预报预警服务分技术委员会(SAC/TC 540/SC 1)提出并归口。

本标准起草单位:中国气象局气象探测中心、北京市气象局、国家卫星气象中心、湖北省气象局。

本标准主要起草人:张晓春、周怀刚、贾小芳、纪翠玲、王垚、温民、王缅、刘雯、仝琳琳、靳军莉、张兴赢、汤洁。

引　　言

由于温室效应所带来的气候变暖给全球的气候、生态和经济发展等方面带来了显著影响，二氧化碳和甲烷作为大气中主要的温室气体，受到了社会各界的广泛关注。

为规范二氧化碳、甲烷浓度的离轴积分腔输出光谱法观测，特制定本标准。

温室气体　二氧化碳和甲烷观测规范　离轴积分腔输出光谱法

1　范围

本标准规定了利用离轴积分腔输出光谱法观测二氧化碳、甲烷浓度的测量方法及观测系统、安装要求、检漏与测试要求、日常运行和维护要求、溯源以及数据处理要求等。

本标准适用于温室气体二氧化碳、甲烷浓度的离轴积分腔输出光谱法的在线观测和资料处理分析等，其他观测方法可参考本标准。

2　规范性引用文件

下列文件对于本文件的应用是必不可少的。凡是注日期的引用文件，仅注日期的版本适用于本文件。凡是不注日期的引用文件，其最新版本(包括所有的修改单)适用于本文件。

GB/T 2887—2011　计算机场地通用规范

GB/T 34286—2017　温室气体　二氧化碳测量　离轴积分腔输出光谱法

GB/T 34287—2017　温室气体　甲烷测量　离轴积分腔输出光谱法

QX/T 118—2010　地面气象观测资料质量控制

QX/T 174—2012　大气成分站选址要求

3　术语和定义

下列术语和定义适用于本文件。

3.1

二氧化碳　carbon dioxide

分子式为 CO_2，化学性质非常稳定，在大气中的滞留时间(寿命)可达几十年或上百年，是影响地球辐射平衡的主要温室气体。人为来源主要是化石燃料和生物质的燃烧、土地利用变化以及工业过程排放，主要汇是陆地和海洋吸收。

[QX/T 125—2011，定义 4.2]

3.2

甲烷　methane

分子式为 CH_4，属于碳氢化合物，化学性质较稳定，在大气中的滞留时间约 12 年。以 100 年计，其单个分子对温室气体效应的贡献约为二氧化碳的 25 倍。主要来源是湿地、农业生产(主要是稻田排放)、反刍动物饲养、白蚁、海洋与天然气开采和使用等，主要汇是大气光化学过程。

[QX/T 125—2011，定义 4.3]

3.3

标气　standard gas

以干洁空气为底气、目标物质浓度已知的混合气体。

[GB/T 34286—2017，定义 2.1]

3.4

工作标气 working standard gas

用于对样品中目标物质浓度进行定量测量的标气。

［GB/T 34286—2017，定义 2.2］

3.5

目标标气 target standard gas

用于检查和评估测量系统运行状况而被当作样品进行定期和重复测量的标气。

［GB/T 34286—2017，定义 2.3］

4 测量方法及观测系统

4.1 测量方法

4.1.1 根据目标物质的特征吸收光谱，使特定波长的激光偏离光轴入射充有样气的高精密谐振光腔，在高效反射镜的作用下不断反射，通过测量和比较入射光和透射光的强度，从而得到样气中目标物质的浓度。

4.1.2 大气二氧化碳浓度按 GB/T 34286—2017 中 6.2 的规定进行测量。

4.1.3 大气甲烷浓度按 GB/T 34287—2017 中 6.2 的规定进行测量。

4.2 观测系统

4.2.1 系统构成

主要由离轴积分腔输出光谱分析仪、进气及控制单元、标气系列以及数据采集处理单元等构成。其中，进气及控制单元主要由颗粒物过滤装置、除湿装置（包括低温设备、冷阱管等）、抽气泵、流量控制器、控制阀及气路管线（包括空气采样管等）等构成；标气系列由不同浓度的标气构成，包括工作标气和目标标气等；数据采集处理单元由计算机、信号接口模块及相关软件等构成。

4.2.2 主要技术指标

观测系统的主要技术指标见表 1。

表 1 观测系统的主要技术指标

性能指标	参数范围
精度	二氧化碳：小于 0.1×10^{-6} mol/mol 甲烷：小于 2×10^{-9} mol/mol
24 h 漂移（15 min 平均）	二氧化碳：小于 0.2×10^{-6} mol/mol 甲烷：小于 2×10^{-9} mol/mol
测量浓度范围	二氧化碳：$(200\sim1000)\times10^{-6}$ mol/mol 甲烷：$(100\sim5000)\times10^{-9}$ mol/mol

5 安装要求

5.1 站址选择

主要要求如下：

——符合 QX/T 174—2012 中第 5 章的规定；

——观测站应位于主要污染源盛行风的上风向或侧风向；

——应避开陡坡、洼地等不利地形，远离铁路、公路、工矿、烟囱、高大建筑物等；

——观测站周边 50 m 范围或更大距离范围内相对开阔，气流通畅。

5.2 工作室环境

主要要求如下：

——应干燥、清洁、整齐，避免震动、强电磁环境、阳光直射和较大的气流波动；

——具有防雷设施，配置电源过压、过载和漏电保护装置，有良好接地线路，接地电阻应小于 4 Ω；

——温度、湿度应符合 GB/T 2887—2011 中 4.6 的相关要求，并保持相对稳定，温度的日变化应小于 3 ℃；

——供电电源的电压波动应小于 10%，超过时应配备稳压电源或具有稳压滤波功能的不间断电源；

——应配有仪器设备安装的工作台(架)或机柜；

——室内装有空调时，应注意避免空调出风直吹仪器和进气管路。

5.3 仪器安装工作台(架)或机柜

主要要求如下：

——工作台(架)或机柜应结实、稳固、耐磨和阻燃；

——机柜内仪器设备及配套设施等的布设，应兼顾系统的协调与平衡，方便操作；

——机柜内宜配有内置导轨或托盘。

5.4 分析仪

主要要求如下：

——应平稳放置，四周应有不小于 10 cm 的散热空间，并尽量避开其他发热体、电磁干扰和强烈腐蚀的影响，避免震动；

——在分析仪进气口前应连接除湿装置和 2 μm～5 μm 孔径的颗粒物过滤装置；

——样气进入分析仪器之前，应进行温度、压力平衡。

5.5 进气及控制单元

5.5.1 总体要求

主要要求如下：

——采样口高度应高出下垫面 15 m 以上，四周环境应开阔，且保持气流通畅；

——各种气路管线的长度应尽可能短，内部气流应通畅；

——气路管线以及各连接部件、接头处等应连接紧密；

——各种气路管线、电源线和信号线，应分类连接，走向一致、排列整齐，并应有明显的标识；

——抽气泵等有震动的设备或设施，应采取减震和消音措施。

5.5.2 空气采样管

主要要求如下：

——应安装在合适的支撑体上（如一定高度的采样塔）；

——应置于保护槽（管）内，并妥善固定；

——保护槽（管）可架空或通过地下管道引入观测室，架空保护槽（管）高度应视当地实际地形设置；地下管道深度宜在 0.5 m～0.8 m，地下管道内应设采样管线的保护槽（管）；

——在采样管进气口的相同高度处，应安装至少一根备用采样管；备用采样管在不使用期间，应对其两个端口进行密封处理；

——当有多根空气采样管线时，管线走向应一致，保持平行、整齐和美观，并在适当位置进行固定；

——尽可能采用一根完整的采样管，如需要延长连接时，在接头处应连接紧密，避免漏气，接头处应便于日后的检查和更换；

——采样管进气口处应安装颗粒物过滤装置，并做好防尘、防水、防虫和防腐等处理；

——空气从采样管进气口进入分析仪的滞留时间应小于 5 min。

5.5.3 除湿装置

主要要求如下：

——样气进入分析仪进气口前，应经过一级或多级除湿装置去除样气中的水汽，水汽浓度应小于 5×10^{-6} mol/mol；

——采用低温设备去除水汽时，温度应为 −50 ℃～−70 ℃；

——使用冷阱管（玻璃或不锈钢）时，其两端宜使用快速接头连接，以便于更换。

5.6 标气瓶

主要要求如下：

——应设置标气瓶的固定装置；

——标气瓶置于通风散热良好、无强烈直射阳光处，一般应水平放置；

——标气瓶上安装有减压阀、压力传感器时，应便于读数，防止互相碰撞。

5.7 数据采集处理单元

主要要求如下：

——应安装在仪器附近；

——供电线路、信号线路及各部件间的连接应紧密。

6 检漏与测试要求

6.1 检漏

观测系统完成安装后，应对样气流经的各部件、气瓶、管线及接头等部位进行漏气检查，如发现渗漏应及时处理。

6.2 测试

6.2.1 流量

利用流量计对观测系统的标气、空气等的流量进行测试和调节，以确保流量达到规定要求。

6.2.2 基本性能

依据 GB/T 34286—2017 中 5.2 和 GB/T 34287—2017 中 5.2 的有关要求，对观测系统的基本性能进行测试。

7 日常运行和维护要求

7.1 日常运行

要求如下：

——应详细记录观测系统所用各类标气的相关信息，包括瓶号、换上时间、换下时间、二氧化碳及甲烷浓度等；

——应详细记录与观测相关或可能对观测结果造成影响的各种事件和活动（主要包括仪器运行维护情况、仪器设备运行状态、周边污染活动或事件、天气现象等）的开始时间、结束时间和主要内容；

——每日应至少检查并记录一次观测系统的运行状态，包括标气流量、空气流量、光腔压力及温度、衰荡时间、中心波长及空气测量结果、低温设备温度、标气瓶压力等，发现异常应及时采取有效措施；

——当衰荡时间减少 20％以上时，应及时进行光路清洁和必要的检查；

——当仪器显示时间与世界标准时间相差超过±30 s 时，应及时调整仪器时间；

——检查冷阱管状态，发现可能堵塞时应提前更换，并详细记录更换时间；

——检查工作标气、目标标气的测量结果，发现与标气的标称浓度值偏差较大时（二氧化碳浓度偏差大于 2×10^{-6} mol/mol、甲烷浓度偏差大于 40×10^{-9} mol/mol），应及时检查原因并解决；

——检查观测系统控制阀的工作状态、切换时序和时长，发现异常时应及时采取有效措施；

——检查观测系统标气瓶压力，当标气瓶压力低于 3.5 MPa 时应及时更换。

7.2 维护

要求如下：

——每月应对光腔压力进行至少一次检查，当光腔压力变化超出规定范围（一般为 1％）时，应及时查找原因；

——每月应对观测系统的气路进行至少一次漏气检查；

——每月应对观测系统的中心波长进行至少一次检查，当中心波长位置变化超过 1/3 时，应及时进行调节；

——每 6 个月应对抽气泵进行至少一次检查和维护；

——每年应对采样管进气口处的颗粒物过滤装置进行清洁和维护，必要时应进行更换；

——每年应对采样管进行至少一次清洁；

——每年应对观测系统进行一次全面检查和测试。

8 溯源

要求如下：

——工作标气在使用前和换下后，应用标准等级高于工作标气的高等级标气对其进行测量和溯源；

——在工作标气的使用周期内，每两年应与标准等级高于工作标气的高等级标气进行至少一次溯源。

9 数据处理要求

9.1 质量控制

主要要求如下：

——系统处于正常工作状态，各仪器参数处于正常变化范围；

——标气瓶压力应高于 3.5 MPa；

——同一标气中二氧化碳和甲烷浓度的测量结果与标称浓度值相比，二氧化碳浓度偏差应小于 1.0×10^{-6} mol/mol，甲烷浓度偏差应小于 4.0×10^{-9} mol/mol；

——同一标气中二氧化碳和甲烷浓度测量结果的波动，二氧化碳浓度波动应小于 0.2×10^{-6} mol/mol，甲烷浓度波动应小于 10×10^{-9} mol/mol；

——利用工作标气的测量结果对目标标气的测量结果进行拟合订正后，其结果与目标标气标称浓度值相比，二氧化碳浓度偏差应小于 0.2×10^{-6} mol/mol，甲烷浓度偏差应小于 4.0×10^{-9} mol/mol；

——对所获取到的各类数据进行甄别，对明显异常或未能通过质量控制检查的数据进行标记；

——应根据工作标气的标称浓度值和测量结果，对空气测量结果进行拟合订正；

——应给出观测数据的质量控制码标识，质量控制码标识应符合 QX/T 118—2010 的有关规定。

9.2 均值与有效性

主要要求如下：

——均值采用算术平均值方法进行统计，均值数据中应至少包含时间、均值、数据个数、标准偏差、最大值和最小值等数据；

——每小时至少有 45 min 的观测数据时，则该小时平均值有效；

——每日内至少有 18 h 平均值时，则该日平均值有效；

——每月内至少有 23 个日平均值时(2 月至少有 21 个日平均值)，则该月平均值有效；

——每年内有 12 个有效月平均值时，则该年平均值有效。

参 考 文 献

[1] QX/T 67—2007 本底大气二氧化碳浓度瓶采样测定方法——非色散红外法

[2] QX/T 125—2011 温室气体本底观测术语

[3] 中国气象局.大气成分观测业务规范(试行)[M].北京:气象出版社,2012

[4] 中国气象局综合观测司.大气成分观测业务技术手册(第一分册:温室气体及相关微量成分)[M].北京:气象出版社,2014

[5] World Meteorological Organization. Global Atmosphere Watch (GAW) Strategic Plan: 2008—2015 — A Contribution to the Implementation of the WMO Strategic Plan: 2008—2011 (WMO TD No. 1384)[M]. WMO,2007

[6] World Meteorological Organization. Global Atmosphere Watch (GAW) Addendum for the Period 2012—2015 to the WMO Global Atmosphere Watch (GAW) Strategic Plan 2008—2015[M]. WMO,2011

[7] World Meteorological Organization. Guide to Meteorological Instrument and Methods of Observation[M]. WMO,2008

ICS 07.060
A 47
备案号：64436—2018

中华人民共和国气象行业标准

QX/T 430—2018

烟花爆竹生产企业防雷技术规范

Technical specification of lightning protection for firework and firecracker production enterprises

2018-06-26 发布　　　　2018-10-01 实施

中 国 气 象 局　发 布

前　言

本标准按照 GB/T 1.1—2009 给出的规则起草。

本标准由全国雷电灾害防御行业标准化技术委员会提出并归口。

本标准起草单位：湖南省气象灾害防御技术中心(湖南省防雷中心)、湖南省安全生产监督管理局、湖南烟花爆竹产品安全质量监督检测中心、浏阳市气象局、江西省气象灾害防御技术中心、浏阳市东信烟花集团有限公司、长沙普天天籁防雷科技有限公司。

本标准主要起草人：王智刚、何逸、王耀悉、李兵荣、黄茶香、邹用昌、罗孝松、余建华、王道平、粟锴、杨建友、汤宇、陈力强、钟自奇、苏畅。

烟花爆竹生产企业防雷技术规范

1 范围

本标准规定了烟花爆竹生产企业防雷的一般要求和防雷分类、防雷设计、防雷施工、防雷检测等要求。

本标准适用于烟花爆竹生产企业的防雷设计、施工与检测。烟花爆竹仓储企业可参照执行。

2 规范性引用文件

下列文件对于本文件的应用是必不可少的。凡是注日期的引用文件，仅注日期的版本适用于本文件。凡是不注日期的引用文件，其最新版本(包括所有的修改单)适用于本文件。

GB/T 21431—2015 建筑物防雷装置检测技术规范

GB 50057—2010 建筑物防雷设计规范

GB 50149—2010 电气装置安装工程母线装置施工及验收规范

GB 50161—2009 烟花爆竹工程设计安全规范

GB 50601—2010 建筑物防雷工程施工与质量验收规范

AQ 4111—2008 烟花爆竹作业场所机械电器安全规范

3 术语和定义

下列术语和定义适用于本文件。

3.1

危险品 hazardous goods

烟花爆竹生产企业生产过程中使用的烟火药、黑火药、引火线、氧化剂等原材料，以及用其制成的烟花、爆竹等半成品和成品。

[GB 50161—2009，定义 2.0.2]

3.2

危险性建筑物 hazardous goods building

生产或存储危险品的建(构)筑物，包括危险品生产厂房、存储库房(仓库)、晒场、临时存药洞等。

[GB 50161—2009，定义 2.0.9]

3.3

危险品生产区 production area of hazardous goods

生产、制造、加工危险品的生产区域。

4 一般要求

4.1 烟花爆竹生产企业应具有获得雷电监测预警信息的途径。

4.2 烟花爆竹生产企业新(改、扩)建设工程事前应进行雷电灾害风险评估。

4.3 烟花爆竹生产企业的建(构)筑物及设备设施，都应在雷电防护装置的保护范围之内。

4.4 烟花爆竹生产企业第一类防雷建(构)筑物的规划、选址宜避免以下区域：

a）有矿藏的区域；

b）山坡的迎风坡面；

c）近水域区域；

d）高电压输配电线路设施、通信基站、雷达等信号发射、接收塔设施附近。

4.5 烟花爆竹生产企业应有完善的雷电灾害事故应急预案。

5 防雷分类

5.1 根据危险场所等级、建(构)筑物的年预计雷击次数及雷击事故可能造成的危害程度，对烟花爆竹生产企业的原料仓储区、生产区、成品存储区及办公区、生活区的建(构)筑物，划分防雷类别。

5.2 下列情况之一的烟花爆竹生产企业的建(构)筑物应划分为第一类防雷建(构)筑物：

a）属于在 GB 50161—2009 中 3.1 规定的危险性建(构)筑物为 1.1 级危险建(构)筑物；

b）单栋年预计雷击次数达到 0.05 次/a 的为 1.3 级危险性建(构)筑物。

5.3 下列情况之一的建(构)筑物应划分为第二类防雷建筑：

a）属于在 GB 50161—2009 中 3.1 规定的 1.3 级危险性建(构)筑物，且年预计雷击次数小于 0.05 次/a 的建(构)筑物；

b）危险品生产区敞开式或半敞开式通廊。

5.4 烟花爆竹生产企业的建(构)筑物除第一、二类防雷建(构)筑物外的其他建(构)筑物，应按 GB 50057—2010 的要求进行防雷类别的划分。

5.5 建(构)筑物中兼有不同防雷类别的防雷建(构)筑物时，其防雷类别宜按其中最高防雷建(构)筑物的类别进行确定。

6 防雷设计

6.1 直击雷防护

6.1.1 危险品库区、危险品生产区及办公区，在单体建(构)筑物、区域布局的基础上，宜结合雷电活动路径设置区域接闪装置。

注：区域接闪装置是指在需要防雷的特定场所、区域，在雷电发生主要路径上安装的接闪装置，达到提前拦截闪电的目的。雷电发生主要路径可以按照所在地域 30 年雷暴活动的主要方向确定。

6.1.2 第一类防雷建(构)筑物，应安装独立接闪器。钢结构(金属框架)的建(构)筑物，当金属板搭接的过渡电阻值不大于 0.03 Ω，且满足下列要求时，可直接利用金属屋面做接闪装置：

a）钢板厚度不应小于 4 mm；

b）双层彩钢屋面，上层金属板的厚度不小于 0.5 mm，夹层物质应为高级别阻燃物。

6.1.3 独立接闪器应由独立接闪杆、架空接闪线或网的一种或多种组成。接闪器布置应符合表 1 的规定。接闪器保护范围采用滚球法确定。

表 1 接闪器布置

建(构)筑物防雷类别	滚球半径/m	接闪网网格尺寸/m×m
第一类防雷建(构)筑物	30	≤5×5 或≤6×4
第二类防雷建(构)筑物	45	≤10×10 或≤12×8
第三类防雷建(构)筑物	60	≤20×20 或≤24×16

6.1.4 被保护的建(构)筑物、辅助设施等所有突出其屋面及墙体的物体及被保护建(构)筑物外部喷淋水管都应处于直击防护装置保护范围之内。含有排放爆炸危险粉尘的管口或窗口外半径为5 m的半球体空间,也应处于直击雷防护装置保护范围之内。

6.1.5 设置危险品的晒场,宜安装独立接闪装置。

6.1.6 独立接闪杆、架空接闪线(网)宜设独立的接地装置。独立接地装置的接地电阻值应满足GB 50057—2010的要求。

6.1.7 独立接闪杆的杆塔、架空接闪线的端部和架空接闪网的每根支柱处应至少设一根引下线。对用金属制成或有焊接、绑扎连接钢筋网的杆塔、支柱,宜利用金属杆塔或钢筋网作为引下线。

6.1.8 独立接闪杆和架空接闪线(网)的支柱及其接地装置至被保护建(构)筑物及与其有联系的管道、电缆等金属物之间的间隔距离见图1,应符合表2中接地装置的冲击接地电阻值对应的间隔距离要求。

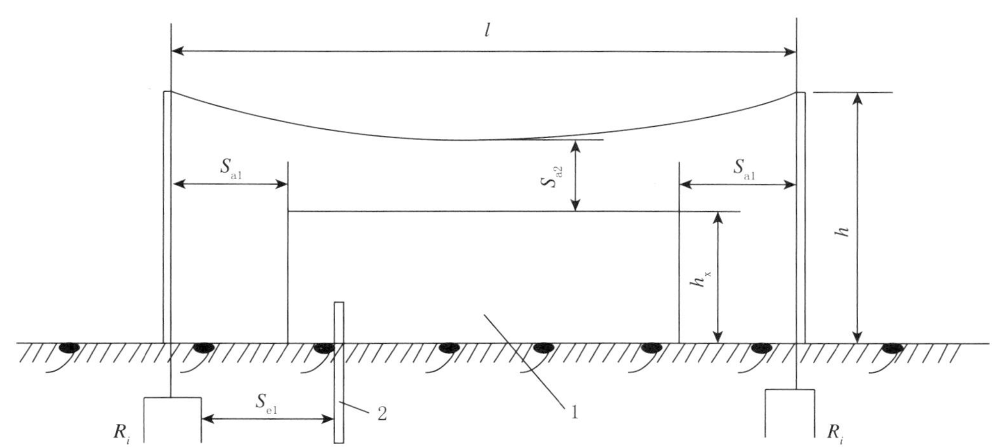

说明:

1——被保护建(构)筑物;2——金属管道。

S_{a1}——独立接闪杆与建(构)筑物的间隔距离(m);

S_{a2}——独立接闪线与建(构)筑物的间隔距离(m);

S_{e1}——接地体的间隔距离(m);

R_i——独立接闪杆、架空接闪线或网支柱处接地装置的冲击接地电阻(Ω);

h_x——被保护建(构)筑物或计算点的高度(m);

h——接闪杆高度(m)。

图1 防雷装置至烟花爆竹生产区建(构)筑物的间隔距离

表2 独立接闪装置与烟花爆竹生产企业保护物的最小间隔距离要求

冲击接地电阻值 /Ω	独立接闪杆与被保护物、金属管道的间隔距离 S_{a1}、S_{e1}/m	接闪线与被保护物的间隔距离 S_{a2}/m
≤30	12	7
≤25	10	6
≤20	8	5
≤15	6	4
≤10	4	3
≤5	3	3

注:如表所示,接地装置电阻值达到30 Ω时,独立接闪杆与被保护物的最小间隔距离为12 m,接闪线与被保护物的间隔距离不应小于7 m。接地电阻值达到10 Ω,独立接闪杆与被保护物的间隔距离不应小于4 m,接闪线与被保护物的间隔距离不应小于3 m。

6.1.9 专设引下线不应少于两根，并沿建(构)筑物四周均匀对称布置，且应符合表3的要求。

表3 不同防雷类别的专设引下线间隔距离及其冲击接地电阻值

建(构)筑物防雷类别	专设引下线间隔距离/m	专设引下线冲击接地电阻值/Ω
第一类防雷建(构)筑物	≤12	10
第二类防雷建(构)筑物	≤18	10
第三类防雷建(构)筑物	≤25	30
注：引下线间隔距离是指沿建(构)筑物外立面周长计算的长度。		

6.1.10 钢结构建(构)筑物的钢梁、钢柱等金属构件，当材料规格满足附录A中表A.2的要求，且其各部件之间电气贯通时可作为引下线。否则，应增设专设引下线。当其垂直支柱均起到引下线的作用时，可不要求满足表3中引下线的间隔要求。

6.1.11 引下线处于易受机械损伤的场所时，应在地面上1.7 m至地面下0.3 m的一段接地线采用暗敷或采用镀锌角钢、改性塑料管或橡胶管等加以保护。

6.1.12 钢结构的防雷建(构)筑物，可利用建(构)筑物的基础钢筋作为接地装置，将基础钢筋进行整体电气贯通。当建(构)筑物的自然接地体如不满足接地电阻值要求，应增设人工接地体，人工接地体宜围绕建(构)筑物敷设成环形接地体。

6.1.13 埋入土壤中的人工垂直接地体宜采用角钢或圆钢的热镀锌材料；埋于土壤中的人工水平接地体宜采用扁钢或圆钢的热镀锌材料。圆钢直径不应小于10 mm；扁钢截面不应小于100 mm^2，其厚度不应小于4 mm；角钢厚度不应小于4 mm。

6.1.14 垂直接地体的长度宜不小于2.5 m。垂直接地体间的距离及人工水平接地体间的距离宜不小于5 m，当受场地限制时可适当减小。

6.1.15 防接触电压应符合下列规定之一：

a) 利用建(构)筑物金属构架和建(构)筑物互相连接的钢筋在电气上是贯通且不少于10处柱子组成的自然引下线，作为自然引下线的柱子包括位于建(构)筑物四周和建(构)筑物内的；
b) 引下线3 m范围内地表层的电阻率不小于50 kΩ·m，或敷设5 cm厚沥青层；
c) 外露引下线，其距地面2.7 m以下的导体用耐1.2/50 μs冲击电压100 kV的绝缘层隔离，或用至少3 mm厚的交联聚乙烯层隔离；
d) 用护栏、警告牌使接触引下线的可能性降至最低限度。

6.1.16 防跨步电压应符合下列规定之一：

a) 利用建(构)筑物金属构架和建(构)筑物互相连接的钢筋在电气上是贯通且不少于10处柱子组成的自然引下线，作为自然引下线的柱子包括位于建(构)筑物四周和建(构)筑物内的；
b) 引下线3 m范围内土壤地表层的电阻率不小于50 kΩ·m，或敷设5 cm厚沥青层或15 cm厚砾石层；
c) 用网状接地装置对地面作均衡电位处理；
d) 用护栏、警告牌使进入距引下线3 m范围内地面的可能性减小到最低限度。

6.1.17 独立接闪杆、架空接闪线、架空接闪网的支柱上、建(构)筑物专设引下线上，严禁悬挂电话线、广播线、电视接收天线及架空线等。

6.1.18 当树木邻近危险区建(构)筑物且不在接闪器保护范围之内时，树木与建(构)筑物之间的净距不应小于5 m。

6.2 屏蔽、等电位与接地

6.2.1 烟花爆竹生产企业的低压配电系统应采用TN-S系统。

6.2.2 建(构)筑物内电气设备的工作接地、保护接地、防雷电感应接地、防静电接地、信息系统接地等应共用接地装置,接地电阻值应按其中接地电阻值要求的最小值确定。

6.2.3 烟花爆竹生产区、原料及成品仓储区、危险品中转区应全线采用电缆埋地敷设,但当全线采用埋地敷设有困难时,应采用一段金属铠装电缆或护套电缆穿钢管直接埋地引入。架空敷设线路架设应符合 GB 50161—2009 中 12.6.4 和 12.6.5 的距离要求。

6.2.4 生产区室外架空金属管线应平均每隔 25 m 接地一次,其冲击接地电阻不应大于 30 Ω。在进出建(构)筑物处应通过等电位连接导体就近与接地装置连接。埋地或地沟内敷设的金属管道或铠装电缆,在进出建(构)筑物处也应通过等电位连接导体就近与接地装置连接。

6.2.5 建(构)筑物内穿电线的钢管、电缆的金属外皮、金属管道、建(构)筑物钢筋等设施均应等电位连接。

6.2.6 危险品机械作业设备间的隔离墙体内钢筋,宜进行良好的电气贯通,并进行接地。

6.2.7 钢结构墙体应进行接地。当危险场所设有多台需要接地的设备且位置分散时,工作间内应设置构成闭合回路的接地干线。接地干线沿厂房内四周不高于地面 0.3 m 处的位置安装,每隔 5 m 就近与接地网连接,危险品机械作业设备安全接地干线的连接处不应少于 2 处。

6.2.8 危险品生产区内的机械设备、管道、构架、电缆金属外皮、钢屋架、钢窗等较大金属物,均应接到接地干线上。

6.2.9 危险品生产区内检测仪表线路的铠装外皮或镀锌焊接钢管应确保其在出线处及设备连接处分别接地。

6.2.10 危险品生产区机械设备的等电位连接应符合下列要求:

a) 危险品生产区内机械设备、自动流水线生产设备的金属构架应平均间隔不大于 12 m 进行接地,且接地连接处不应少于 2 处;

b) 用于粉碎、装药、混药、筑药等工艺的机械设备,其金属主体构架应就近进行等电位连接,流水线上分体安装的机械设备等电位连接处不应少于 2 处;

c) 平行敷设的金属构架和电缆金属外皮等长金属物,其净距小于 100 mm 时,应采用金属线跨接,跨接点的间距不应大于 15 m;交叉净距小于 100 mm 时,其交叉处也应跨接。

6.2.11 等电位连接的导体规格要求,各部件最小截面积应符合表 4、表 5 的要求。

表 4 连接到接地排的连接导线及接地排连接到接地装置的导线的最小截面积

建(构)筑物防雷类别	材料	截面积/mm^2
第一类、第二类防雷建(构)筑物	铜	16
	铝	25
	钢	50

表 5 内部金属装置与接地排的连接导线的最小截面积

建(构)筑物防雷类别	材料	截面积/mm^2
第一类、第二类防雷建(构)筑物	铜	6
	铝	10
	钢	16

6.2.12 第一类防雷建(构)筑物内的金属构架、金属料斗的弯头、阀门、法兰盘等连接处的过渡电阻大于 0.03 Ω 时,连接处应用金属线跨接。

6.2.13 烟花、爆竹成品库的门采用金属材料时应做等电位连接,金属窗户应安装不大于 200 mm×200

mm 的金属屏蔽网格，网格材料截面积不应小于 12 mm^2，金属屏蔽网格应进行可靠接地。

6.2.14　危险品生产区内的自动监控、通信线路等应通过电涌保护器进行等电位连接。

6.2.15　数据传输线缆与配电线缆，金属屋面与建(构)筑物内部的金属构件、电气装置，信号和通信设备间的电气绝缘应保持间隔距离，具体要求见附录 B。

6.3　电涌保护器(SPD)的选择与安装

6.3.1　烟花爆竹生产企业总配电室、总配电箱应选择使用Ⅰ类/T1 试验的 SPD，最大持续运行电压应根据配电网络的系统特征选取，并应符合 GB 50057—2010 的 6.4 的选择要求。

6.3.2　生产区生产线上的分配电箱应选择使用Ⅱ级分类试验的 SPD，有效电压保护水平应小于设备端的耐冲击电压额定值。

6.3.3　设备前端应选择安装电压保护水平低于设备耐冲击电压额定值的 SPD。

6.3.4　在电子信号网络中安装的信号电涌保护器应安装在建(构)筑物入户处的配线架上，当传输线缆直接接至被保护设备的接口时，宜安装在设备接口上。

6.3.5　控制、监控等电子设备的信号线路应加装信号 SPD，SPD 的最大持续运行电压(U_c)应大于线路上的最大工作电压的 1.2 倍，有效电压保护水平($U_{p/f}$)应低于被保护设备的耐冲击电压额定值(U_w)。信号 SPD 的阻抗、插入损耗、工作频段等指标应与设备相匹配。

6.3.6　危险品生产区的电涌保护器连接导线的最小截面积应满足表 6 的要求。

6.3.7　第一类、第二类防雷建(构)筑物场所，应采用防爆型 SPD。

表 6　SPD 连接导线的最小截面积

电涌保护器(SPD)	试验分类	连接至电涌保护器的导线	
		材质	最小截面积/mm^2
电源 SPD	T1	多股绝缘铜导线	16
	T2		6
	T3		1.5
信号 SPD	各类		1.2

注：T1：即Ⅰ类试验，按冲击放电电流 I_{imp} 、峰值等于冲击放电电流 I_{imp} 峰值的 8/20 μs 冲击电流和 1.2/50 μs 冲击电压进行的试验；

T2：即Ⅱ类试验，按标称放电电流 I_n 和 1.2/50 μs 冲击电压进行的试验；

T3：即Ⅲ类试验，按 1.2/50 μs 电压波形和 8/20 μs 电流波形的复合波发生器进行的试验。

6.3.8　电涌保护器前端应安装满足电涌保护器制造商要求的外置过电流保护装置。

6.4　设备控制机房的线路连接

6.4.1　设备控制机房为独立的建(构)筑物时，应按照第二类防雷建(构)筑物进行外部防雷装置的设计。

6.4.2　设备控制机房的屏蔽宜利用建(构)筑物的金属框架、混凝土中的钢筋、金属墙面、金属屋顶等自然金属部件与防雷装置连接构成格栅型大空间屏蔽，墙体内钢筋应形成不大于 200 mm×200 mm 的金属网格并确保其电气贯通，外窗也应加设网孔不大于 200 mm×200 mm 的金属网进行屏蔽，金属板门应与金属门框进行等电位连接，金属门框、窗户的金属网应与附近预留的接地端子连接。

6.4.3　控制设备距外墙、结构柱的距离不宜小于 1 m，条件不允许时应加密墙体及外窗钢筋网格或对设备采取加强的电磁屏蔽措施。

6.4.4　进出设备控制机房及机房内的线缆，应采用屏蔽电缆或套钢管，外层屏蔽或钢管的两端应接地，当系统要求单端接地时，宜采用两层屏蔽或穿钢管敷设。

6.4.5　进入设备机房的光缆的所有金属接头、金属护具、金属挡潮层、金属加强芯等，应在进入机房处直接接地。

6.4.6　机房内应设置闭合回路的接地干线，接地干线接地处不应少于 2 处。

6.4.7　机房内的线缆，均应敷设在做好多次接地并全程敷设在电气贯通的金属屏蔽槽(管)内。线缆与其他干扰源的间距应符合附录 B 的要求。

6.4.8　机房设备采用 M 型等电位连接网络，控制机柜的接地点不应少于 2 处。等电位连接导体的材料、规格应符合表 5 的要求。等电位连接的直流电阻值不应大于 0.2 Ω。

6.4.9　机房电源线路、信号线路的进出处应安装电涌保护器，电涌保护器的选择应满足第 6.3 条的要求。

6.4.10　设备控制机房宜采用共用接地，接地电阻值不应大于 4 Ω。

7　防雷施工

7.1　烟花爆竹生产企业的防雷工程施工应遵守 GB 50601—2010 的规定和要求，进行施工质量控制。

7.2　烟花爆竹生产企业的防雷施工人员应严格遵守烟花爆竹生产企业的安全规定，使用的机电设备设施应符合 AQ 4111—2008 的要求。

7.3　独立接闪装置施工时应充分考虑到因山地滑坡、崩塌、树木等可能造成的影响。

7.4　当金属屋面作为接闪器时，应满足 6.1.2 的要求，金属屋面的连接应采用带有防水导电性能的密封垫圈、镀锌螺栓。

7.5　现场浇灌或用预制构件组成的钢筋混凝土屋面，其钢筋网的交叉点应绑扎或焊接，并应每隔 18 m～24 m 采用引下线接地一次。

7.6　接闪器的牢固程度应符合 GB 50601—2010 中 6.1.1 第 4 款、6.1.2 第 4 款的要求，接闪带(网)固定支架的间距应符合 GB 50601—2010 中表 5.1.2 的要求。

7.7　引下线应与接闪器之间进行良好电气贯通。引下线应垂直安装，并经最短路径接地，避免形成环路。

7.8　预埋件、室外预留接地端子采用扁钢时，厚度不应小于 4 mm。

7.9　通廊金属构件的施工，应先沿支柱架设位置开挖沟槽，敷设热镀锌圆钢、扁钢或铜带等金属带作为接地连接线。

注：通廊为厂区危险品运输通道或生产设施上方防晒、防水使用的罩棚。

7.10　等电位连接应采用铜锌合金焊、熔焊、卷边压接、缝接、螺钉或螺栓连接。

7.11　结鞭机、插引机和装药机等危险品生产车间的工艺设备的接地线应用镀锌螺栓连接，螺栓连接处的接触面应按 GB 50149—2010 的规定处理。

7.12　危险品生产区的电涌保护器的安装导线应与电气线路连接，均应采用压接的方法，与电气设备连接的接线端子宜采用铜鼻子。

7.13　建(构)筑物格栅形大空间屏蔽工程安装工序，应在支模或进行内装修时一并进行，使屏蔽网格埋在混凝土或装修材料之中。

7.14　电涌保护器不应暴露安装，应安装在与防爆等级匹配的配电箱内或具有防爆性能的专用金属盒内。

7.15 低压配电线路中安装多级电涌保护器时，除SPD制造商有特别要求外，开关型SPD与限压型SPD之间的线路长度不应小于10 m，限压型SPD之间的线路长度不应小于5 m，否则在各级电涌保护器之间安装退耦装置。

7.16 电涌保护器连接导线的相线应采用黄、绿、红色，中性线用浅蓝色，保护线用绿/黄双色线。

7.17 埋入土壤中的接地装置应采用放热焊接。当采用通常的焊接方式时，应在焊接处做防腐处理。

7.18 在高土壤电阻率地区，降低防直击雷接地装置接地电阻宜采用下列方法：

a) 采用多支线外引接地装置，外引长度不应大于有效长度，有效长度应符合GB 50057—2010附录C的规定；
b) 接地体埋于较深的低电阻率土壤中；
c) 采用降阻剂；
d) 换土。

8 防雷检测

8.1 一般要求

8.1.1 烟花爆竹生产企业建(构)筑物的防雷装置检测应按规定要求进行检测。

8.1.2 防雷装置的型材规格应符合附录A的要求。

8.1.3 在实施烟花爆竹生产企业防雷装置检测前，应对烟花爆竹企业防雷装置现状进行全面勘察，制作检测方案。现场勘查资料收集应包括且不限于以下内容：

a) 企业周边环境、地理位置、雷暴日及闪电监测资料；
b) 企业各功能区组成、布局，建(构)筑物结构形式及防雷类别判别；
c) 各建(构)筑物外部防雷装置及内部防雷装置状况；
d) 各类型防雷装置的测量要求；
e) 隐蔽工程资料。

8.1.4 防雷装置检测流程应按照图2的要求，检测记录及检测报告等参见附录C的表C.1～表C.8。

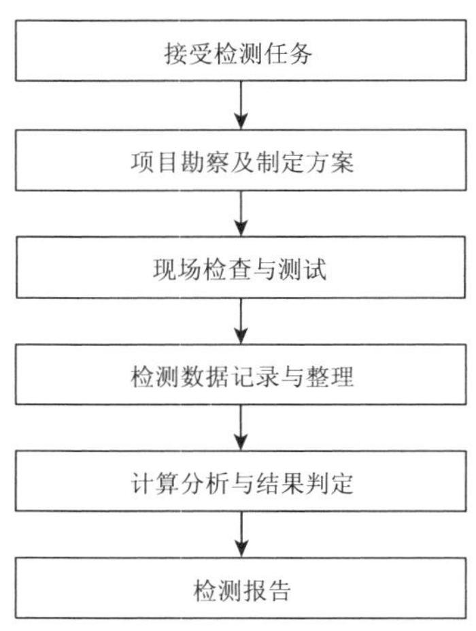

图2 烟花爆竹生产企业防雷装置检测流程图

8.1.5 检测项目：

a) 接闪器；
b) 引下线

c) 接地装置；

d) 屏蔽、等电位连接与接地；

e) SPD。

8.2 接闪器检测

8.2.1 建(构)筑物的直击雷防护装置是否与其防雷类别相匹配。

8.2.2 接闪器的材料、规格尺寸、安装方式是否符合附录A中表A.1、表A.2的要求。

8.2.3 接闪器的锈蚀情况，如截面1/3以上锈蚀，则应更换接闪器。

8.2.4 检查、测量、计算接闪器的保护范围和相关布置是否符合6.1中的相关要求；检查办公楼等办公、生活场所屋面上各种设备是否在接闪装置保护范围内。

8.2.5 作为接闪装置的金属屋面、罩棚的型材规格是否满足6.1.2的要求。

8.2.6 接闪器的牢固程度是否符合GB 50601—2010中6.1.1第4款、6.1.2第4款的要求，检测接闪带(网)固定支架的间距是否符合附录A.3的要求。

8.2.7 第一类防雷建(构)筑物的独立接闪装置与被保护物的间隔距离是否满足表2的要求。

8.2.8 当树木在第一类防雷建(构)筑物接闪器保护范围外时，应检查第一类防雷建(构)筑物与树木之间的净距，其净距应大于5 m。

8.2.9 独立接闪器基础是否存在位移或损坏，树木生长是否影响直击雷接闪效果等。

8.3 引下线检测

8.3.1 引下线的材料、规格尺寸、安装方式是否符合附录A中表A.2的要求。

8.3.2 引下线的锈蚀情况，如截面1/3以上锈蚀，则应更换引下线。

8.3.3 专设引下线的间距、位置是否符合表3的要求。

8.3.4 检测钢筋混凝土结构的第一类防雷建(构)筑物接闪器与接地装置之间、接闪器与均压环之间的过渡电阻值不应大于0.2 Ω，专设引下线与接地装置之间的过渡电阻值不应大于0.2 Ω。

8.3.5 防机械损伤措施是否符合6.1.11的要求。

8.3.6 引下线防接触电压措施是否符合6.1.15的要求。

8.3.7 引下线的支架间距是否符合附录A的A.3的要求。

8.4 接地装置检测

8.4.1 人工接地体的埋设深度不应小于0.5 m，并宜敷设在当地冻土层以下，其距墙或基础不宜小于1 m。

8.4.2 防跨步电压措施是否符合6.1.16的要求。

8.4.3 各类接地网的接地电阻值，其值应符合本标准设计部分的各项要求。

8.5 屏蔽、等电位连接与接地的检测

8.5.1 检查、测量穿过各防雷区界面的金属物和建(构)筑物内系统是否在界面处做等电位连接。

8.5.2 各工作间，机械化生产线厂房的用电设备、机壳、金属底座、屏蔽线槽、走线架等是否均与等电位连接带(端子)连接；走线架各段是否做等电位连接，测量各段走线架之间的过渡电阻值，其值应不大于0.2 Ω，其连接线材料、规格应符合表4、表5的要求，测量过渡电阻是否满足本标准的相关条款要求。

8.5.3 从室外引入的电力线缆是否采用套金属管埋地或采用金属铠装线缆，其中一端应在进入室内前是否接地且金属管或金属屏蔽层两端是否可靠接地。

8.5.4 监控系统线缆是否采用套金属管埋地或采用金属铠装线缆，且金属管或金属屏蔽层两端是否可靠接地。

8.5.5 设备机房和设备屏蔽的安装方法。

8.5.6 机房的屏蔽网格、屏蔽接地是否符合 6.4.2 及 6.4.4 的要求。

8.5.7 进出机房的线缆、进出口等应进行电位连接，接地干线的接地及等电位连接应符合 6.4.6。

8.5.8 机房每台控制柜是否两处接地，等电位连接的要求应满足 6.4.8 的要求。

8.6 电涌保护器(SPD)的检测

8.6.1 SPD 外观，其表面是否平整、光洁无划痕、无裂痕、无灼烧痕和无变形，其标识是否清晰、完整。

8.6.2 并记录各级 SPD 的安装位置、型号、主要性能参数和安装工艺、安装数量。

8.6.3 SPD 是否具备状态指示器，如显示 SPD 已失效应及时更换 SPD。

8.6.4 SPD 是否有内置脱离器，如 SPD 不具备劣化脱离功能，应符合 6.3.8 的要求。

8.6.5 位于危险爆炸环境的 SPD 是否属于防爆阻燃型。

8.6.6 在低压配电线路中安装多级 SPD 时，应检查开关型 SPD 与限压型 SPD 之间的线路长度是否小于 10 m，检查限压型 SPD 之间的线路长度是否小于 5 m，如小于上述值，应检查各级 SPD 之间是否安装了退耦装置，或 SPD 生产厂家是否已采取了退耦措施。

8.6.7 SPD 两端连线的材料和最小截面积等是否符合 GB 50057—2010 中表 5.1.2 的要求。检查 SPD 两端连线的长度，为下一步计算 SPD 的有效电压保护水平准备。

8.6.8 SPD 连接导线是否符合表 6 的要求，相线是否采用黄、绿、红色，中性线是否用浅蓝色，保护线是否用绿/黄双色线。

8.6.9 低压配电系统的 SPD 压敏电压、泄漏电流、绝缘电阻的测试按照 GB/T 21431—2015 中 5.8.5 执行。

8.6.10 设置在天馈线路上的 SPD 是否满足其信息传输要求。

8.6.11 在监控系统监控摄像头接口处和视频分配器前端是否加装有信号 SPD，SPD 阻抗、衰耗、工作频段等指标是否与设备相匹配。

附　录　A
（规范性附录）
防雷装置型材规格技术指标

A.1　防雷装置使用的材料及其使用条件宜符合表 A.1 的要求。

表 A.1　防雷装置的材料及使用条件

材料	使用于大气中	使用于地中	使用于混凝土中	耐腐蚀情况		
				在下列环境中能耐腐蚀	在下列环境中增加腐蚀	与下列材料接触形成直流电耦合可能受到严重腐蚀
铜	单根导体，绞线	单根导体，有镀层的绞线，铜管	单根导体，有镀层的绞线	在许多环境中良好	硫化物有机材料	—
热镀锌钢	单根导体，绞线	单根导体，钢管	单根导体，绞线	敷设于大气、混凝土和无腐蚀性的一般土壤中受到的腐蚀是可接受的	高氯化物含量	铜
电镀铜钢	单根导体	单根导体	单根导体	在许多环境中良好	硫化物	—
不锈钢	单根导体，绞线	单根导体，绞线	单根导体，绞线	在许多环境中良好	高氯化物含量	—
铝	单根导体，绞线	不适合	不适合	在含有低浓度硫和氯化物的大气中良好	碱性溶液	铜
铅	有镀铅层的单根导体	禁止	不适合	在含有高浓度硫酸化合物的大气中良好	—	铜或不锈钢

A.2　接闪器的材料、结构和最小截面应符合表 A.2 的要求。

表 A.2　接闪线（带）、接闪杆和引下线的材料、结构与最小截面

材料	结构	最小截面/mm^2	备注
铜，镀锡铜	单根扁铜	50	厚度 2 mm
	单根圆铜	50	直径 8 mm
	铜绞线	50	每股线直径 1.7 mm
	单根圆铜	176	直径 15 mm

表 A.2 接闪线(带)、接闪杆和引下线的材料、结构与最小截面(续)

材料	结构	最小截面/mm^2	备注
铝	单根扁铝	70	厚度 3 mm
	单根圆铝	50	直径 8 mm
	铝绞线	50	每股线直径 1.7 mm
铝合金	单根扁形导体	50	厚度 2.5 mm
	单根圆形导体	50	直径 8 mm
	绞线	50	每股线直径 1.7 mm
	单根圆形导体	176	直径 15 mm
	外表面镀铜的单根圆形导体	50	直径 8 mm,径向镀铜厚度至少 70 μm,铜纯度 99.9%
热浸镀锌钢	单根扁钢	50	厚度 2.5 mm
	单根圆钢	50	直径 8 mm
	绞线	50	每股线直径 1.7 mm
	单根圆钢	176	直径 15 mm
不锈钢	单根扁钢	50	厚度 2 mm
	单根圆钢	50	直径 8 mm
	绞线	70	每股线直径 1.7 mm
	单根圆钢	176	直径 15 mm
外表面镀铜的钢	单根圆钢(直径 8 mm)	50	镀铜厚度至少 70 μm,铜纯度 99.9%
	单根扁钢(厚 2.5 mm)		

A.3 明敷接闪器和引下线规定支架的间距应符合表 A.3 的要求。

表 A.3 明敷接闪导体和引下线固定支架的间距

布置方式	扁形导体和绞线固定支架的间距/mm	单根圆形导体和固定支架的间距/mm
安装于水平面上的水平导体	500	1000
安装于垂直面上的水平导体	500	1000
安装于从地面至高 20 m 垂直面上的垂直导体	1000	1000
安装在高于 20 m 垂直面上的垂直导体	500	1000

A.4 人工接地体的材料、结构和最小尺寸应符合表 A.4 的要求。

表 A.4　接地体的材料、结构和最小尺寸

<table>
<tr><th rowspan="2">材料</th><th rowspan="2">结构</th><th colspan="3">最小尺寸</th><th rowspan="2">备注</th></tr>
<tr><th>垂直接地体直径/mm</th><th>水平接地体/mm²</th><th>接地板/mm</th></tr>
<tr><td rowspan="6">铜、镀锡铜</td><td>铜绞线</td><td>—</td><td>50</td><td>—</td><td>每股直径 1.7 mm</td></tr>
<tr><td>单根圆铜</td><td>15</td><td>50</td><td>—</td><td>—</td></tr>
<tr><td>单根扁铜</td><td>—</td><td>50</td><td>—</td><td>厚度 2 mm</td></tr>
<tr><td>铜管</td><td>20</td><td>—</td><td>—</td><td>壁厚 2 mm</td></tr>
<tr><td>整块铜板</td><td>—</td><td>—</td><td>500×500</td><td>厚度 2 mm</td></tr>
<tr><td>网格铜板</td><td>—</td><td>—</td><td>600×600</td><td>各网格边截面 25 mm×2 mm，网格网边总长度不少于 4.8 m</td></tr>
<tr><td rowspan="6">热镀锌钢</td><td>圆钢</td><td>14</td><td>78</td><td>—</td><td>—</td></tr>
<tr><td>钢管</td><td>20</td><td>—</td><td>—</td><td>壁厚 2 mm</td></tr>
<tr><td>扁钢</td><td>—</td><td>90</td><td>—</td><td>厚度 3 mm</td></tr>
<tr><td>钢板</td><td>—</td><td>—</td><td>500×500</td><td>厚度 3 mm</td></tr>
<tr><td>网格钢板</td><td>—</td><td>—</td><td>600×600</td><td>各网格边截面 30 mm×3 mm，网格网边总长度不少于 4.8 m</td></tr>
<tr><td>型钢</td><td>—</td><td>—</td><td>—</td><td>—</td></tr>
<tr><td rowspan="3">裸钢</td><td>钢绞线</td><td>—</td><td>70</td><td>—</td><td>每股直径 1.7 mm</td></tr>
<tr><td>圆钢</td><td>—</td><td>78</td><td>—</td><td>—</td></tr>
<tr><td>扁钢</td><td>—</td><td>75</td><td>—</td><td>厚度 3 mm</td></tr>
<tr><td rowspan="2">外表面镀铜的钢</td><td>圆钢</td><td>14</td><td>50</td><td>—</td><td rowspan="2">镀铜厚度至少 250 μm，铜纯度 99.9%</td></tr>
<tr><td>扁钢</td><td>—</td><td>90
（厚 3 mm）</td><td>—</td></tr>
<tr><td rowspan="2">不锈钢</td><td>圆形导体</td><td>15</td><td>78</td><td>—</td><td>—</td></tr>
<tr><td>扁形导体</td><td>—</td><td>100</td><td>—</td><td>厚度 2 mm</td></tr>
</table>

附 录 B
(规范性附录)
数据传输线缆与其他管线的间距

B.1 数据传输线缆与配电线缆的间距应符合表 B.1 的要求。

表 B.1 数据传输线缆与配电线缆的间距

类别	与数据传输线缆接近状况	最小净距/mm
380 V 电力电缆容量小于 2 kV・A	与数据传输线缆平行敷设	130
	有一方在接地的金属线槽或钢管中	70
	双方都在接地的金属线槽或钢管中	10
380 V 电力电缆容量 2～5 kV・A	与信号线缆平行敷设	300
	有一方在接地的金属线槽或钢管中	150
	双方都在接地的金属线槽或钢管中	80
380 V 电力电缆容量大于 5 kV・A	与信号线缆平行敷设	600
	有一方在接地的金属线槽或钢管中	300
	双方都在接地的金属线槽或钢管中	150
注 1:当 380 V 电力电缆的容量小于 2 kV・A,双方都在接地的线槽中,且平行长度≤10 m 时,最小间距可为 10 mm。 注 2:双方都在接地的线槽中,系指两个不同的线槽,也可在同一线槽中用金属板隔开。		

B.2 数据传输线缆与其他管线的间距应符合表 B.2 的要求。

表 B.2 数据传输线缆与其他管线的间距

线缆	其他管线	最小净距/mm	
		最小平行净距	最小交叉净距
数据传输线缆	防雷引下线	1000	300
	保护地线	50	20
	给水管	150	20
	不包封热力管	500	500
	包封热力管	300	300

附　录　C
（资料性附录）
烟花爆竹生产企业防雷装置检测报告

表 C.1　受检单位基本情况

检测日期：　　　　　　　　　　　　档案编号：　　　　　　　　　　　　页数　共　页

<table>
<tr><td colspan="2">单位名称</td><td colspan="3"></td><td>地址</td><td></td></tr>
<tr><td colspan="2">联系人</td><td colspan="3"></td><td>经纬度</td><td></td></tr>
<tr><td colspan="2">联系电话</td><td colspan="3"></td><td>地形地貌[a]</td><td></td></tr>
<tr><td colspan="2">企业类型
（烟花/爆竹）</td><td colspan="3"></td><td>建设阶段[b]</td><td></td></tr>
<tr><td colspan="2">有无发生过雷击事故</td><td colspan="3"></td><td>雷灾概况</td><td></td></tr>
<tr><td colspan="2">附近有无雷电高危环境因素[c]</td><td colspan="3"></td><td>是否进行雷电灾害风险评估</td><td></td></tr>
<tr><td colspan="2">有无雷电防御制度和应急处理预案</td><td colspan="3"></td><td>雷电监测预警方式[d]</td><td></td></tr>
<tr><td colspan="2">首次检测
日期</td><td colspan="3"></td><td>检测类型[e]</td><td></td></tr>
<tr><td colspan="2" rowspan="3">防雷分类（按栋数和建（构）筑物名称）</td><td>一类</td><td>栋</td><td colspan="3"></td></tr>
<tr><td>二类</td><td>栋</td><td colspan="3"></td></tr>
<tr><td>三类</td><td>栋</td><td colspan="3"></td></tr>
<tr><td rowspan="5">建（构）筑物结构形式对应的栋数及栋号</td><td colspan="2">全钢结构</td><td>栋</td><td colspan="3"></td></tr>
<tr><td colspan="2">钢筋混凝土</td><td>栋</td><td colspan="3"></td></tr>
<tr><td colspan="2">金属屋面＋钢筋混凝土结构</td><td>栋</td><td colspan="3"></td></tr>
<tr><td colspan="2">砖混结构</td><td>栋</td><td colspan="3"></td></tr>
<tr><td colspan="2">钢结构通廊</td><td>段</td><td colspan="3"></td></tr>
</table>

表 C.1 受检单位基本情况(续)

防雷相关管理制度及其落实情况(文档或照片)[f]	
厂区建(构)筑物布局图	

[a] 地形地貌包括山区、丘陵、平地、谷地及其他;
[b] 建设阶段分为:新建/改建/扩建/已建;
[c] 雷电高危环境因素具体参见4.4;
[d] 监测方式包括:气象服务机构提供预警服务/自建雷电监测预警系统;
[e] 检测类型分为:跟踪检测/常规检测;
[f] 档案记录及检测报告照片。

表 C.2 防雷装置概况

页数　　共　　页

项目	防雷装置概况	
企业所处地形	□山区　□丘陵　□平地　□谷底　□其他	
雷击大地的年平均密度	根据雷暴日资料	
	根据雷电监测资料	
直击雷防护措施且安装位置	□有　□无	安装位置：
线路布设方式	□架空　□埋地	
屏蔽情况	□铠装线缆　□金属管　□PVC 管　□无屏蔽	
易燃易爆类原料仓库	□接闪杆　□架空接闪线　□接闪带或钢架　□无 LPS	
非易燃易爆类原料仓库	□接闪杆　□架空接闪线　□接闪带或钢架　□无 LPS	
制筒车间	□接闪杆　□架空接闪线　□接闪带或钢架　□无 LPS	
药物粉碎车间	□接闪杆　□架空接闪线　□接闪带或钢架　□无 LPS	
亮珠造粒车间	□接闪杆　□架空接闪线　□接闪带或钢架　□无 LPS	
装药车间	□接闪杆　□架空接闪线　□接闪带或钢架　□无 LPS	
插引车间	□接闪杆　□架空接闪线　□接闪带或钢架　□无 LPS	
晒场	□接闪杆　□架空接闪线　□接闪带或钢架　□无 LPS	
烟花组装车间	□接闪杆　□架空接闪线　□接闪带或钢架　□无 LPS	
鞭炮扎底、捆筒、插引、结鞭车间	□接闪杆　□架空接闪线　□接闪带或钢架　□无 LPS	
中转库	□接闪杆　□架空接闪线　□接闪带或钢架　□无 LPS	
半成品库	□接闪杆　□架空接闪线　□接闪带或钢架　□无 LPS	
成品仓库	□接闪杆　□架空接闪线　□接闪带或钢架　□无 LPS	
生产区运输通廊	□接闪杆　□架空接闪线　□接闪带或钢架　□无 LPS	
成品库区运输通廊	□接闪杆　□架空接闪线　□接闪带或钢架　□无 LPS	
办公及附属用房	□接闪杆　□架空接闪线　□接闪带或钢架　□无 LPS	
注：如有当地的雷电监测资料，可按监测资料填写；如缺乏该方面的资料，可依据雷暴日资料。		

表 C.3　直击雷防护装置检测记录表

检测区域[a]：____________　单体[b]名称及危险等级：____________　建(构)筑物结构形式[c]：____________

页数　共　页

<table>
<tr><th colspan="2">检测项目</th><th>检查情况</th><th>测量情况</th><th>满足要求/整改意见</th></tr>
<tr><td colspan="2">建(构)筑物长、宽、高</td><td colspan="2"></td><td></td></tr>
<tr><td>防雷类别</td><td></td><td></td><td></td><td></td></tr>
<tr><td rowspan="10">接闪器</td><td>形式</td><td colspan="2">□杆　□线　□带　□网　□利用金属屋面</td><td></td></tr>
<tr><td>安装高度</td><td></td><td></td><td></td></tr>
<tr><td>保护范围</td><td></td><td></td><td></td></tr>
<tr><td>材质及型材规格</td><td></td><td></td><td></td></tr>
<tr><td>独立接闪杆与建(构)筑物间隔距离</td><td></td><td></td><td></td></tr>
<tr><td>接闪线弧垂间隔距离</td><td></td><td></td><td></td></tr>
<tr><td>接闪网格规格</td><td></td><td></td><td></td></tr>
<tr><td>金属屋面作为接闪器时的型材规格</td><td></td><td></td><td></td></tr>
<tr><td>作为接闪器的金属屋面的钢板间的搭接及过渡电阻</td><td></td><td></td><td></td></tr>
<tr><td>有无线路附着、抗风强度、安装位置有无潜在风险[d]</td><td colspan="2"></td><td></td></tr>
<tr><td>外部防雷装置与被保护物的示意图</td><td colspan="4">(接闪器与被保护物的俯视图、引下线标注、接地端子及接地网布设标注)</td></tr>
</table>

表 C.3 直击雷防护装置检测记录表(续)

页数　　共　　页

<table>
<tr><td colspan="2">检测项目</td><td colspan="6">检测情况</td><td colspan="4">满足要求/整改意见</td></tr>
<tr><td rowspan="21">引下线</td><td>安装形式</td><td colspan="6">□杆塔支柱　□专设引下线　□钢柱　□结构钢筋</td><td colspan="4"></td></tr>
<tr><td>型材及规格</td><td colspan="6"></td><td colspan="4"></td></tr>
<tr><td>布设间距</td><td colspan="6"></td><td colspan="4"></td></tr>
<tr><td>专设引下线根数及间距</td><td colspan="6"></td><td colspan="4"></td></tr>
<tr><td>专设引下线工频接地电阻</td><td colspan="6"></td><td colspan="4"></td></tr>
<tr><td>引下线和环形导体距离</td><td colspan="6"></td><td colspan="4"></td></tr>
<tr><td>引下线与建(构)筑物间隔距离</td><td colspan="6"></td><td colspan="4"></td></tr>
<tr><td>引下线与危险粉尘区域间隔距离</td><td colspan="6"></td><td colspan="4"></td></tr>
<tr><td>断接卡及保护措施</td><td colspan="6"></td><td colspan="4"></td></tr>
<tr><td>防腐、防接触的电压、阻燃隔热措施</td><td colspan="6"></td><td colspan="4"></td></tr>
<tr><td colspan="11">引下线各测点工频接地电阻值测量</td></tr>
<tr><td>测点编号</td><td>1</td><td>2</td><td>3</td><td>4</td><td>5</td><td>6</td><td>7</td><td>8</td><td>9</td><td>10</td></tr>
<tr><td>工频电阻/Ω</td><td></td><td></td><td></td><td></td><td></td><td></td><td></td><td></td><td></td><td></td></tr>
<tr><td>测点编号</td><td>11</td><td>12</td><td>13</td><td>14</td><td>15</td><td>16</td><td>17</td><td>18</td><td>19</td><td>20</td></tr>
<tr><td>工频电阻/Ω</td><td></td><td></td><td></td><td></td><td></td><td></td><td></td><td></td><td></td><td></td></tr>
<tr><td>测点编号</td><td>21</td><td>22</td><td>23</td><td>24</td><td>25</td><td>26</td><td>27</td><td>28</td><td>29</td><td>30</td></tr>
<tr><td>工频电阻/Ω</td><td></td><td></td><td></td><td></td><td></td><td></td><td></td><td></td><td></td><td></td></tr>
<tr><td>接地体形式</td><td colspan="6">□独立接地　□自然接地　□人工接地
□自然接地＋人工接地</td><td colspan="4"></td></tr>
<tr><td>地质分层/土壤电阻率估算值</td><td colspan="3"></td><td colspan="3"></td><td colspan="4"></td></tr>
<tr><td>土壤电阻率测试深度</td><td colspan="3"></td><td colspan="3"></td><td colspan="4"></td></tr>
<tr><td>土壤电阻率测试值</td><td colspan="3"></td><td colspan="3"></td><td colspan="4"></td></tr>
</table>

表 C.3 直击雷防护装置检测记录表(续)

页数　　共　　页

	季节修正系数及修正值（烘干房的升温影响）			
	人工接地组成			
	水平接地装置			
	垂直接地装置			
	新型接地装置			
	焊接/防腐措施			

		测点编号	1	2	3	4	5	6
	独立接地测点	空气中距离(S_1)						
		地中距离(Sd)						
		接地工频电阻						
		接地冲击电阻(Ri)						
		被保护物高度(hx)						
		合格判定						

检测仪器	编号	仪器名称	仪器型号	仪器号	仪器检定有限期
	1				
	2				
	3				
	4				
	5				
	6				
	7				
	8				
	9				

表 C.3 直击雷防护装置检测记录表(续)

页数　　共　　页

外部防雷装置检测结论			
检测员		校核人	
检测日期		天气状况	
温度		湿度	

[a] 检测区域包括：易燃易爆原料仓储区、非易爆原料仓储区、生产区、半成品存储区、成品存储区、办公及生活区；

[b] 单体名称包括：仓库、车间、运输通廊等单栋、单体名称，危险等级为 1.1 级、1.3 级；

[c] 建(构)筑物形式：砖木、钢筋混凝土、钢筋混凝土＋钢屋面、钢结构；

[d] 安装位置的潜在风险：见本标准 7.3 条，包括山地滑坡、崩塌、树木生产等可能造成的影响。

表 C.4 接地、屏蔽、等电位防护装置检测记录表

页数　　共　　页

<table>
<tr><td colspan="2">检测项目</td><td colspan="10">检测情况</td><td colspan="3">满足要求/整改意见</td></tr>
<tr><td colspan="2">低压供电系统接地形式</td><td colspan="10">□TN-S　□TN-C-S　□TT　□IT</td><td colspan="3"></td></tr>
<tr><td colspan="2">线缆屏蔽</td><td colspan="10">□铠装线缆　□金属管　□PVC 管　□无屏蔽</td><td colspan="3"></td></tr>
<tr><td rowspan="8">共用接地网</td><td>共用地网组成</td><td colspan="10">电气设备工作接地、保护接地、防雷电感应接地、防静电接地、信息系统接地</td><td colspan="3"></td></tr>
<tr><td>公用地网接地电阻值</td><td colspan="10">＿＿＿＿＿＿＿＿ Ω</td><td colspan="3"></td></tr>
<tr><td>第一地网构成及接地电阻</td><td colspan="10"></td><td colspan="3"></td></tr>
<tr><td>第二地网构成及接地电阻</td><td colspan="10"></td><td colspan="3"></td></tr>
<tr><td>第三地网构成及接地电阻</td><td colspan="10"></td><td colspan="3"></td></tr>
<tr><td>材料规格</td><td colspan="10"></td><td colspan="3"></td></tr>
<tr><td>腐蚀情况/防腐措施</td><td colspan="10"></td><td colspan="3"></td></tr>
<tr><td>防跨步电压措施</td><td colspan="10"></td><td colspan="3"></td></tr>
<tr><td rowspan="12">设备接地</td><td>建(构)筑物内部接地</td><td colspan="10">接地测点(进行编号,再根据编号填写接地电阻值)</td><td colspan="3"></td></tr>
<tr><td>接地干线</td><td colspan="10">(安装距地高度：　　)</td><td colspan="3"></td></tr>
<tr><td>仪表线路</td><td colspan="10"></td><td colspan="3"></td></tr>
<tr><td>机械设备</td><td colspan="10"></td><td colspan="3"></td></tr>
<tr><td>喷淋、通风等辅助设备</td><td colspan="10"></td><td colspan="3"></td></tr>
<tr><td>监控设备接地</td><td colspan="10"></td><td colspan="3"></td></tr>
<tr><td>测点编号</td><td>1</td><td>2</td><td>3</td><td>4</td><td>5</td><td>6</td><td>7</td><td>8</td><td>9</td><td colspan="4">10</td></tr>
<tr><td>工频电阻/Ω</td><td></td><td></td><td></td><td></td><td></td><td></td><td></td><td></td><td></td><td colspan="4"></td></tr>
<tr><td>测点编号</td><td>11</td><td>12</td><td>13</td><td>14</td><td>15</td><td>16</td><td>17</td><td>18</td><td>19</td><td colspan="4">20</td></tr>
<tr><td>工频电阻/Ω</td><td></td><td></td><td></td><td></td><td></td><td></td><td></td><td></td><td></td><td colspan="4"></td></tr>
<tr><td>测点编号</td><td>21</td><td>22</td><td>23</td><td>24</td><td>25</td><td>26</td><td>27</td><td>28</td><td>29</td><td colspan="4">30</td></tr>
<tr><td>工频电阻/Ω</td><td></td><td></td><td></td><td></td><td></td><td></td><td></td><td></td><td></td><td colspan="4"></td></tr>
</table>

表 C.4　接地、屏蔽、等电位防护装置检测记录表(续)

页数　　共　　页

<table>
<tr><td rowspan="10">大尺寸金属物或电气设备</td><td>序号</td><td>连接物名称</td><td>外观检查</td><td>连接导体的材料和尺寸</td><td>连接过渡电阻值/Ω</td></tr>
<tr><td>1</td><td></td><td></td><td></td><td></td></tr>
<tr><td>2</td><td></td><td></td><td></td><td></td></tr>
<tr><td>3</td><td></td><td></td><td></td><td></td></tr>
<tr><td>4</td><td></td><td></td><td></td><td></td></tr>
<tr><td>5</td><td></td><td></td><td></td><td></td></tr>
<tr><td>6</td><td></td><td></td><td></td><td></td></tr>
<tr><td>7</td><td></td><td></td><td></td><td></td></tr>
<tr><td>8</td><td></td><td></td><td></td><td></td></tr>
<tr><td>9</td><td></td><td></td><td></td><td></td></tr>
<tr><td rowspan="8">平行敷设长金属物连接</td><td>序号</td><td>长金属物名称和净距</td><td>跨接状况</td><td>跨接导体的材料和尺寸</td><td>跨接过渡电阻值/Ω</td></tr>
<tr><td>1</td><td></td><td></td><td></td><td></td></tr>
<tr><td>2</td><td></td><td></td><td></td><td></td></tr>
<tr><td>3</td><td></td><td></td><td></td><td></td></tr>
<tr><td>4</td><td></td><td></td><td></td><td></td></tr>
<tr><td>5</td><td></td><td></td><td></td><td></td></tr>
<tr><td>6</td><td></td><td></td><td></td><td></td></tr>
<tr><td>7</td><td></td><td></td><td></td><td></td></tr>
<tr><td rowspan="10">长金属物的弯头等电位连接</td><td>序号</td><td>检查对象名称及位置</td><td>螺栓根数</td><td>跨接导体的材料和尺寸</td><td>跨接过渡电阻值/Ω</td></tr>
<tr><td>1</td><td></td><td></td><td></td><td></td></tr>
<tr><td>2</td><td></td><td></td><td></td><td></td></tr>
<tr><td>3</td><td></td><td></td><td></td><td></td></tr>
<tr><td>4</td><td></td><td></td><td></td><td></td></tr>
<tr><td>5</td><td></td><td></td><td></td><td></td></tr>
<tr><td>6</td><td></td><td></td><td></td><td></td></tr>
<tr><td>7</td><td></td><td></td><td></td><td></td></tr>
<tr><td>8</td><td></td><td></td><td></td><td></td></tr>
<tr><td>9</td><td></td><td></td><td></td><td></td></tr>
</table>

表 C.5　控制机房屏蔽效率及等电位连接的检测

页数　　共　　页

<table>
<tr><td rowspan="15">格栅形屏蔽</td><td rowspan="9">磁场强度 H_1 值</td><td colspan="8">A 点所在位置</td></tr>
<tr><td>d_r 值/m</td><td colspan="3"></td><td colspan="2">d_w 值/m</td><td colspan="2"></td></tr>
<tr><td colspan="8">$H_1=0.01\times i_0\times w/(d_w\times\sqrt{d_r})$</td></tr>
<tr><td colspan="8">B 点所在位置</td></tr>
<tr><td>d_r 值/m</td><td colspan="3"></td><td colspan="2">d_w 值/m</td><td colspan="2"></td></tr>
<tr><td colspan="8">$H_1=0.01\times i_0\times w/(d_w\times\sqrt{d_r})$</td></tr>
<tr><td colspan="8">C 点所在位置</td></tr>
<tr><td>d_r 值/m</td><td colspan="3"></td><td colspan="2">d_w 值/m</td><td colspan="2"></td></tr>
<tr><td colspan="8">$H_1=0.01\times i_0\times w/(d_w\times\sqrt{d_r})$</td></tr>
<tr><td rowspan="6">磁场强度 H_2 值</td><td colspan="8">D 点所在位置</td></tr>
<tr><td>屏蔽材料</td><td colspan="3"></td><td colspan="2">材料半径</td><td colspan="2"></td></tr>
<tr><td colspan="8">$H_2=H_1/10^{SF/20}$</td></tr>
<tr><td colspan="8">E 点所在位置</td></tr>
<tr><td>屏蔽材料</td><td colspan="3"></td><td colspan="2">材料半径</td><td colspan="2"></td></tr>
<tr><td colspan="8">$H_2=H_1/10^{SF/20}$</td></tr>
<tr><td rowspan="5">磁场强度实测</td><td rowspan="4">各点实测值</td><td>位置编号</td><td>A</td><td>B</td><td>C</td><td>D</td><td>E</td><td>F</td><td>G</td></tr>
<tr><td>$H/(A/m)$</td><td></td><td></td><td></td><td></td><td></td><td></td><td></td></tr>
<tr><td>S_H/dB</td><td></td><td></td><td></td><td></td><td></td><td></td><td></td></tr>
<tr><td colspan="8"></td></tr>
<tr><td colspan="9">使用仪器说明</td></tr>
<tr><td rowspan="6">等电位连接</td><td>信息设备（设备）概况</td><td colspan="8"></td></tr>
<tr><td>设备名称</td><td colspan="4">连接情况</td><td colspan="4">检测情况</td></tr>
<tr><td></td><td colspan="4"></td><td colspan="4"></td></tr>
<tr><td></td><td colspan="4"></td><td colspan="4"></td></tr>
<tr><td></td><td colspan="4"></td><td colspan="4"></td></tr>
<tr><td></td><td colspan="4"></td><td colspan="4"></td></tr>
<tr><td>屏蔽及等电位检测结论</td><td colspan="9"></td></tr>
<tr><td>检测员</td><td colspan="5"></td><td colspan="2">校核人</td><td colspan="2"></td></tr>
<tr><td>检测日期</td><td colspan="5"></td><td colspan="2">天气状况</td><td colspan="2"></td></tr>
<tr><td>温度</td><td colspan="5"></td><td colspan="2">湿度</td><td colspan="2"></td></tr>
</table>

表 C.6 电涌保护器(SPD)检测表

页数　　共　　页

连接至低压配电系统的电涌保护器检测										
级别	第一级		第二级				第三级			
编号	1	2	1	2	3	4	1	2	3	4
安装位置										
产品型号										
安装数量										
Uc 标称值										
检查电流 I_{imp} 或 I_n										
Up 检查值										
脱离器检查										
Iie 测试值										
U_{1mA} 测试值										
状态指示器										
引线长度										
连线色标										
连线截面/mm^2										
过渡电阻/Ω										
过电流保护										
防爆阻燃型/本质安全型										

表 C.7　信息系统电涌保护器检测

页数　　共　　页

连接至电信和信号网络的 SPD 检测								
安装位置	1	2	3	4	5	6	7	8
产品型号								
安装数量								
Uc 标称值								
电流 I_{imp} 或 I_n								
Up 检查值								
绝缘电阻值								
Iie 测试值								
U_{1mA} 测试值								
引线长度								
连线色标								
连线截面/mm^2								
过渡电阻/Ω								
标称频率范围								
线路对数								
插入损耗								
检测仪器设备	编号	仪器名称		仪器型号	仪器号	仪器检定有限期		
	1							
	2							
	3							

检测结论：

检测员		校核人	
检测日期		天气状况	
温度		湿度	

表 C.8　防雷检测综合评估报告

检测日期：　　　　　　　　　　档案编号：　　　　　　　　　　页数　　共　　页

<table>
<tr><td>单位名称</td><td></td><td>地址</td><td colspan="2"></td></tr>
<tr><td>联系部门</td><td></td><td>联系人</td><td colspan="2"></td></tr>
<tr><td>联系电话</td><td></td><td>邮编</td><td colspan="2"></td></tr>
<tr><td colspan="5">外部防雷装置检测综评：</td></tr>
<tr><td colspan="5">屏蔽效率检测综评：</td></tr>
<tr><td colspan="5">等电位连接检测综评：</td></tr>
<tr><td colspan="5">电涌保护器安装检测综评：</td></tr>
<tr><td colspan="5">总评：

年　　月　　日(公章)</td></tr>
<tr><td>检测员：</td><td>校核人</td><td></td><td>负责人</td><td></td></tr>
</table>

参 考 文 献

[1] GB 12476.2—2010/IEC61241-14:2004 可燃性粉尘环境用电设备 第2部分:选型和安装

[2] GB 16895.22—2004 建筑物电气装置 第5-53部分:电气设备的选择和安装 隔离、开关和控制设备 第534节:过电压保护电器(idt IEC 60364-5-53)

[3] GB/T 21714.4—2015 雷电防护 第4部分:建筑物内电气和电子系统(idt IEC62305-4)

[4] GB 50054—2011 低压配电设计规范

[5] GB 50089—2007 民用爆破器材工厂设计安全规范

[6] GB 50311—2007 合理布线系统工程设计规范

[7] QX 4—2012 气象台站防雷技术规范

[8] QX/T 100—2009 新一代天气雷达站选址技术规范

ICS 07.060
A 47
备案号：64437—2018

中华人民共和国气象行业标准

QX/T 431—2018

雷电防护技术文档分类与编码

Classifying and coding of lightning protection technical documents

2018-06-26 发布 2018-10-01 实施

中 国 气 象 局 发 布

前　　言

本标准按照 GB/T 1.1—2009 给出的规则起草。

本标准由全国雷电灾害防御行业标准化技术委员会提出并归口。

本标准起草单位:江西省气象局。

本标准主要起草人:易高流、杨红、李玉塔、吕振东、余建华、金勇根、付智斌、胡根发、万贵珍、熊千其、李准、杜强、林常青、邓佳蜂、王路亚、张云祥。

雷电防护技术文档分类与编码

1 范围

本标准规定了雷电防护技术文档分类与编码及复分的原则、方法,并给出了代码表。

本标准适用于雷电防护技术文档的分类和编码。

2 规范性引用文件

下列文件对于本文件的应用是必不可少的。凡是注日期的引用文件,仅注日期的版本适用于本文件。凡是不注日期的引用文件,其最新版本(包括所有的修改单)适用于本文件。

QX/T 223—2013 气象档案分类与编码

3 术语和定义

下列术语和定义适用于本文件。

3.1

雷电防护技术文档 lightning protection technical documents

在雷电防护活动中直接形成的具有保存价值的文字、图表、数据、声像等不同形式技术资料的记录。

3.2

复分 secondary classification

在基本分类基础上,对某些具有共性区分的类目进行再分类。

[QX/T 223—2013,定义 3.6]

4 基本原则

4.1 分类应遵循科学、系统、可扩延、兼容和实用的原则,各个类目之间不应存在交叉和重复。

4.2 编码应遵循唯一、合理、可扩充、简明、适用和规范的原则。

5 分类与编码方法

5.1 采用线分类法,将雷电防护技术文档划分为大类、中类和小类三级。

5.2 采用分层次编码方法,大类代码用两位阿拉伯数字表示;中类代码用三位阿拉伯数字表示,前两位为大类代码,第三位为中类顺序码;小类代码用四位阿拉伯数字表示,前三位为中类代码,第四位为小类顺序码。

5.3 中类和小类,根据需要设立带有“其他”字样的收容项。为了便于识别,原则上规定收容项的代码尾数为“9”。

5.4 当中类不再细分时,代码补“0”直至第四位。

5.5 代码结构图如图 1 所示。

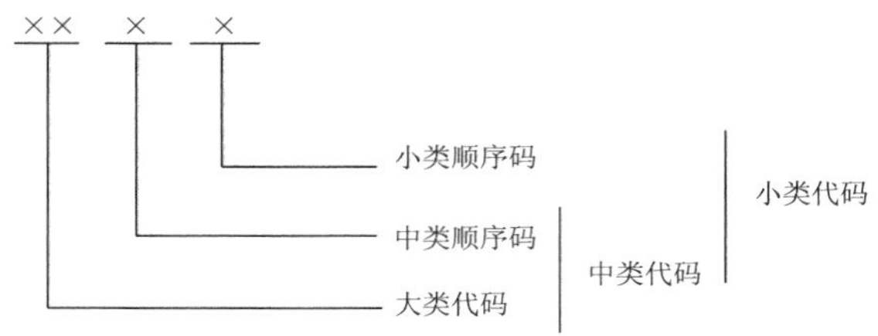

图 1 代码结构图

5.6 雷电防护技术文档分类与代码见附录 A。

5.7 需纳入气象档案管理的文档应符合 QX/T 223—2013 的规定。

6 复分

根据实际需要，可按照表 1 中的一种或几种方式进行复分。复分的连接符号均为半角(占一个字符)。当采用两种及以上方式进行组合复分时，宜按服务项目或产品品牌、载体代码、形成年份和地理位置代码的顺序排列，参见示例。

示例：

南昌市 2012 年东湖区央央春天住宅小区雷电防护装置检测纸质文档(检测机构第 113 个服务项目)复分代码：0639(113)_A01.2012〈360102〉。

表 1 雷电防护技术文档复分表

方式	使用方法	示例
按服务项目或产品品牌复分	使用符号“()”(圆括号)将有关服务项目或产品品牌代码连接在分类代码之后，按阿拉伯数字顺序连续编码	南昌洪城加油站雷电防护装置检测文档(检测机构第 10 个服务项目)按服务项目或产品品牌复分代码 0631(10)
按载体复分	使用符号“_”(下划线)将附录 B 规定的雷电防护技术文档载体代码连接在相关档案代码之后	雷电防护工程设计及施工资料纸质文档按载体复分代码 0530_A01
按形成年份复分	使用符号“.”(英文句号)将用阿拉伯数字表示的档案形成年份连接在相关档案代码之后	2011 年易燃易爆场所雷电防护装置检测文档按形成年份复分代码 0631.2011
按地理位置复分	使用符号“〈〉”(尖括号)将行政区划代码连接在相关档案代码之后，省级行政区划名称与代码见附录 C	南昌滕王阁雷电防护装置设计技术评价记录及报告复分代码 0433〈3601〉

附 录 A
(规范性附录)
雷电防护技术文档分类与代码

表 A.1 给出了雷电防护技术文档分类与代码。

表 A.1 雷电防护技术文档分类与代码

代码			类目名称	说明
大类	中类	小类		
01			雷电监测预警专项服务	
	011	0110	技术规程、工作手册	
	012	0120	技术总结、技术报告	
	013	0130	监测预警数据分析应用服务产品	按服务项目归档,每个项目归档文件包括雷电监测预警数据、观测视频和图片、技术服务报告等。
02			雷电灾害调查、评估、鉴定	
	021	0210	技术规程、工作手册	
	022	0220	技术总结、技术报告	
	023	0230	雷电灾害调查记录及报告	按服务项目归档,每个项目归档文件包括现场调查及勘测记录、数据分析及处理资料、雷电灾害调查报告等。
	024	0240	雷电灾害评估记录及报告	按服务项目归档,每个项目归档文件包括现场调查及勘测记录、数据分析及处理资料、雷电灾害评估报告等。
	025	0250	雷电灾害鉴定记录及报告	按服务项目归档,每个项目归档文件包括现场调查及勘测记录、数据分析及处理资料、雷电灾害鉴定报告等。
	026	0260	运行软件	
	027	0270	技术会议资料	
03			雷电风险分析	
	031	0310	技术规程、工作手册	
	032	0320	技术总结、技术报告	
	033	0330	雷击风险评估记录及报告	指服务单体建筑或服务设施的雷击风险评估,按项目归档,每个项目归档文件包括现场勘测记录、数据分析及处理资料、雷击风险评估报告等。
	034	0340	区域雷击风险评估记录及报告	按服务项目归档,每个项目归档文件包括现场勘测记录、数据分析及处理资料、区域雷击风险评估报告等。

表 A.1 雷电防护技术文档分类与代码(续)

代码			类目名称	说明
大类	中类	小类		
	035	0350	雷电灾害风险区划记录及报告	按服务项目归档,每个项目归档文件包括现场勘测记录、数据分析及处理资料、雷电灾害风险区划报告等。
	036	0360	雷电易发区区划记录及报告	按服务项目归档,每个项目归档文件包括现场勘测记录、数据分析及处理资料、雷电易发区区划报告等。
	037	0370	运行软件	
	038	0380	技术会议资料	
04			雷电防护装置设计技术评价	
	041	0410	技术规程、工作手册	
	042	0420	技术总结、技术报告	
	043		技术评价记录及报告	
		0431	易燃易爆建设工程和场所	按服务项目归档,每个项目归档文件包括雷电防护装置设计方案、设计图纸、数据采集及分析记录、技术评价报告等。
		0432	矿区	按服务项目归档,每个项目归档文件包括雷电防护装置设计方案、设计图纸、数据采集及分析记录、技术评价报告等。
		0433	旅游景点	按服务项目归档,每个项目归档文件包括雷电防护装置设计方案、设计图纸、数据采集及分析记录、技术评价报告等。
		0434	大型工程、重点工程	按服务项目归档,每个项目归档文件包括雷电防护装置设计方案、设计图纸、数据采集及分析记录、技术评价报告等。
		0435	单独安装防雷装置的场所	按服务项目归档,每个项目归档文件包括雷电防护装置设计方案、设计图纸、数据采集及分析记录、技术评价报告等。
		0439	其他工程及场所	按服务项目归档,每个项目归档文件包括雷电防护装置设计方案、设计图纸、数据采集及分析记录、技术评价报告等。
	044	0440	运行软件	
	045	0450	技术会议资料	
05			雷电防护工程	
	051	0510	技术规程、工作手册	
	052	0520	技术总结、技术报告	

表 A.1 雷电防护技术文档分类与代码(续)

代码			类目名称	说明
大类	中类	小类		
	053	0530	雷电防护工程设计与施工资料	按服务项目归档,每个项目归档文件包括雷电防护工程现场勘查资料、数据处理及分析资料、设计图纸、设计方案、设计核准意见书、施工材料购置及领用记录、施工记录、隐蔽工程检测记录、检测报告、验收意见书等。
	054	0540	运行软件	
	055	0550	技术会议资料	
06			雷电防护装置检测	
	061	0610	技术规程、工作手册	
	062	0620	技术总结、技术报告	
	063		检测记录及报告	
		0631	易燃易爆建设工程和场所	按服务项目归档,每个项目归档文件包括雷电防护装置设计方案、设计图纸、检测方案、检测原始记录、不合格项目检测意见书、复检原始记录、检测报告等。
		0632	矿区	按服务项目归档,每个项目归档文件包括雷电防护装置设计方案、设计图纸、检测方案、检测原始记录、不合格项目检测意见书、复检原始记录、检测报告等。
		0633	旅游景点	按服务项目归档,每个项目归档文件包括雷电防护装置设计方案、设计图纸、检测方案、检测原始记录、不合格项目检测意见书、复检原始记录、检测报告等。
		0634	大型工程、重点工程	按服务项目归档,每个项目归档文件包括雷电防护装置设计方案、设计图纸、检测方案、检测原始记录、不合格项目检测意见书、复检原始记录、检测报告等。
		0635	单独安装防雷装置的场所	按服务项目归档,每个项目归档文件包括雷电防护装置设计方案、设计图纸、检测方案、检测原始记录、不合格项目检测意见书、复检原始记录、检测报告等。
		0639	其他工程及场所	按服务项目归档,每个项目归档文件包括雷电防护装置设计方案、设计图纸、检测方案、检测原始记录、不合格项目检测意见书、复检原始记录、检测报告等。
	064	0640	运行软件	
	065	0650	技术会议资料	

表 A.1 雷电防护技术文档分类与代码(续)

代码			类目名称	说明
大类	中类	小类		
07			雷电防护产品	
	071	0710	接闪器	按产品品牌归档,每种品牌归档文件包括产品性能测试数据及报告、产品说明、技术手册等。
	072	0720	电涌保护器	按产品品牌归档,每种品牌归档文件包括产品性能测试数据及报告、产品说明、技术手册等。
	073	0730	等电位连接产品	按产品品牌归档,每种品牌归档文件包括产品性能测试数据及报告、产品说明、技术手册等。
	074	0740	接地产品	按产品品牌归档,每种品牌归档文件包括产品性能测试数据及报告、产品说明、技术手册等。
	079	0790	其他	按产品品牌归档,每种品牌归档文件包括产品性能测试数据及报告、产品说明、技术手册等。
08			雷电防护技术科学研究	
	081		准备阶段文件材料	
		0811	雷电灾害调查、评估、鉴定技术	
		0812	雷电风险分析技术	
		0813	雷电防护工程技术	
		0814	雷电防护装置检测技术	
		0819	其他	
	082		试验阶段文件材料	
		0821	雷电灾害调查、评估、鉴定技术	
		0822	雷电风险分析技术	
		0823	雷电防护工程技术	
		0824	雷电防护装置检测技术	
		0829	其他	
	083		总结鉴定验收文件材料	
		0831	雷电灾害调查、评估、鉴定技术	
		0832	雷电风险分析技术	
		0833	雷电防护工程技术	
		0834	雷电防护装置检测技术	
		0839	其他	
	084		成果奖励申报文件材料	
		0841	雷电灾害调查、评估、鉴定技术	
		0842	雷电风险分析技术	

表 A.1 雷电防护技术文档分类与代码(续)

代码			类目名称	说明
大类	中类	小类		
		0843	雷电防护工程技术	
		0844	雷电防护装置检测技术	
		0849	其他	
	085		成果推广应用阶段文件材料	
		0851	雷电灾害调查、评估、鉴定技术	
		0852	雷电风险分析技术	
		0853	雷电防护工程技术	
		0854	雷电防护装置检测技术	
		0859	其他	
	086		会议文件材料	
		0861	雷电灾害调查、评估、鉴定技术	
		0862	雷电风险分析技术	
		0863	雷电防护工程技术	
		0864	雷电防护装置检测技术	
		0869	其他	
	087		论文、论著及汇编	
		0871	雷电灾害调查、评估、鉴定技术	
		0872	雷电风险分析技术	
		0873	雷电防护工程技术	
		0874	雷电防护装置检测技术	
		0879	其他	
09			雷电防护科普宣传	
	091	0910	技术总结、技术报告	
	092	0920	影视、视频等科普资料	
	093	0930	画册、图片等科普资料	
	094	0940	技术会议材料	
10			雷电仪器设备	
	101	1010	监测预警类设备	按产品品牌归档,每种品牌归档文件包括产品使用说明及使用手册、设备比对资料、检定资料等。
	102	1020	接地电阻、土壤电阻率测试设备	按产品品牌归档,每种品牌归档文件包括产品使用说明及使用手册、设备比对资料、检定资料等。
	103	1030	便携式电压、电流、电阻测试设备	按产品品牌归档,每种品牌归档文件包括产品使用说明及使用手册、设备比对资料、检定资料等。

表 A.1 雷电防护技术文档分类与代码(续)

代码			类目名称	说明
大类	中类	小类		
	104	1040	便携式电涌保护器测试设备	按产品品牌归档,每种品牌归档文件包括产品使用说明及使用手册、设备比对资料、检定资料等。
	105	1050	电磁测试设备	按产品品牌归档,每种品牌归档文件包括产品使用说明及使用手册、设备比对资料、检定资料等。
	106	1060	长度、高度、距离、材料规格等测量设备	按产品品牌归档,每种品牌归档文件包括产品使用说明及使用手册、设备比对资料、检定资料等。
	107	1070	实验室产品测试设备	按产品品牌归档,每种品牌归档文件包括产品使用说明及使用手册、设备比对资料、检定资料等。
	109	1090	其他	按产品品牌归档,每种品牌归档文件包括产品使用说明及使用手册、设备比对资料、检定资料等。
11			雷电防护标准	
	111	1110	雷电防护国际标准	
	112	1120	雷电防护国外标准	
	113	1130	雷电防护国家标准	
	114	1140	雷电防护行业标准	
	115	1150	雷电防护地方标准	
	116	1160	雷电防护团体标准	
	117	1170	雷电防护企业标准	

附 录 B
（规范性附录）
雷电防护技术文档载体名称与代码

表 B.1 给出了雷电防护技术文档载体名称与代码。

表 B.1 雷电防护技术文档载体名称与代码

代码	气象档案载体名称	代码	气象档案载体名称
A01	纸质	H13	8 mm 磁带
B01	缩微胶片	H21	DLT 磁带
C01	照片（含底片）	H22	SDLT 磁带
D01	录音带	H31	LTO1 磁带
E01	录像带	H32	LTO2 磁带
F01	CD-ROM	H33	LTO3 磁带
F02	DVD-ROM	H34	LTO4 磁带
F03	MO 光盘（磁光盘）	H35	LTO5 磁带
F04	蓝光光盘（BD）	H41	AIT 磁带
H01	9840 磁带	L01	磁盘（软盘）
H02	9940 磁带	L02	磁盘（硬盘）
H11	6.35 mm 磁带	M01	U 盘（USB 闪存盘）
H12	4 mm 磁带		

附 录 C
(规范性附录)
省级行政区划名称与代码

表 C.1 给出了省级行政区划名称及代码,各市、县、区使用本地行政区划代码,例如南昌市东湖区代码为 360102。

表 C.1 省级行政区划名称与代码

代码	地区名称	代码	地区名称
11	北京市	43	湖南省
12	天津市	44	广东省
13	河北省	45	广西壮族自治区
14	山西省	46	海南省
15	内蒙古自治区	50	重庆市
21	辽宁省	51	四川省
22	吉林省	52	贵州省
23	黑龙江省	53	云南省
31	上海市	54	西藏自治区
32	江苏省	61	陕西省
33	浙江省	62	甘肃省
34	安徽省	63	青海省
35	福建省	64	宁夏回族自治区
36	江西省	65	新疆维吾尔自治区
37	山东省	71	台湾省
41	河南省	81	香港特别行政区
42	湖北省	82	澳门特别行政区

参 考 文 献

［1］ GB/T 10113—2003 分类与编码通用术语
［2］ QX/T 319—2016 防雷装置检测文件归档整理规范

ICS 07.060
A 47
备案号:64438—2018

中华人民共和国气象行业标准

QX/T 432—2018

气象科技成果认定规范

Specification for identification of meteorological science and technology achievements

2018-06-26 发布 2018-10-01 实施

中 国 气 象 局 发 布

前　言

本标准按照 GB/T 1.1—2009 给出的规则起草。

本标准由全国气象防灾减灾标准化技术委员会(SAC/TC 345)提出并归口。

本标准起草单位:中国气象局气象干部培训学院、中国气象局科技与气候变化司。

本标准主要起草人:成秀虎、闫冠华、高顺年、张文云、薛建军、马春平、赵瑞、黄潇、刘子萌。

气象科技成果认定规范

1 范围

本标准规定了气象科技成果认定的范围、组织与程序、认定规则与条件以及认定结果的应用。

本标准适用于气象科技成果的认定工作。

2 术语和定义

下列术语和定义适用于本文件。

2.1

气象科技成果 meteorological science and technology achievement

通过气象科学研究与技术开发所产生的、具有科学价值或实用价值的成果。

注1:气象科技成果包括基础理论类、应用技术类和软科学类三类成果。

注2:基础理论类成果是指以揭示观察到的现象和事实的基本原理和规律为目的而进行的独创性研究所产生的成果。

注3:应用技术类成果是指针对气象领域某一特定的实际应用目的而进行的创新性研究和开发所产生的成果。

注4:软科学研究类成果是指为推动气象事业发展的决策科学化、管理现代化和解决各种复杂自然现象和社会问题所产生的成果。

2.2

气象科技成果认定 identification of meteorological science and technology achievement

由气象科技管理部门或其委托的第三方机构组织的、对气象科技成果的确认过程。

3 认定范围

3.1 通过气象科学研究与技术开发所产生的气象科技成果,均可申请认定。

3.2 有下列情形之一的,视同经过认定:

——正式发表的论文,正式出版的论著,获得授权的专利和软件著作权,公开发布的标准;

——通过验收、行业准入、第三方评估等方式评价的气象应用技术成果;

——通过验收、结题、评审等方式评价的气象基础理论研究和软科学研究成果。

注:通过验收、结题和评审等方式评价的成果在按照相应程序进行过成果公示的,才可视同认定。

3.3 在气象科学研究、气象工程业务建设和气象服务等过程中形成的系统、平台、设备、软件、数据集、方法、指标、业务技术报告、科普作品以及重大技术标准研究成果等可申请应用技术类成果认定。

3.4 在全面推进气象现代化建设中形成的业务发展报告、决策服务材料、发展战略、规划计划、重大软科学研究成果和培训讲义等可申请软科学类成果认定。

4 认定组织

4.1 气象科技成果的认定分为省级和中国气象局两个层级。

4.2 省级气象科技成果的认定由各省、自治区、直辖市气象局气象科技管理部门或中国气象局直属单位气象科技管理部门负责,面向本地区或本单位开展符合第3章规定范围的成果认定。

4.3 中国气象局气象科技成果的认定由中国气象局气象科技管理部门负责，面向中央财政资金支持的重大气象科学研究计划、气象工程业务建设项目、气象服务创新项目，以及经各省、自治区、直辖市气象局或中国气象局直属单位推荐的，事关气象事业发展核心、重大、关键、共性的科技成果开展认定。

4.4 气象科技管理部门可根据需要委托第三方机构承担气象科技成果认定的实施工作。

5 认定程序

气象科技成果认定应遵循如下程序(程序框架参见附录 A)：

a) 气象科技成果认定组织机构发出认定通知，明确认定所需提交材料及认定要求。
b) 成果完成单位组织成果完成人填写附录 B 所示的气象科技成果认定申请表，提供认定通知中要求的申请材料。
c) 成果完成单位对所提供的材料进行审核并在单位范围内公示，无异议后根据第 4 章要求向相应的认定组织机构提出认定申请。
d) 认定组织机构或委托第三方机构开展形式审查，审查内容应包括成果查重、材料的完整性、格式的规范性等；完整性以认定通知要求为准。
e) 认定组织机构组织认定，认定规则见第 6 章，认定条件见 7.2，认定过程信息应完整、准确填入气象科技成果认定表(见附录 C)。
f) 认定组织机构公示包含气象科技成果认定意见和专家委员会专家名单在内的气象科技成果认定表，公示时间应不少于 5 个工作日。
g) 公示无异议后，认定组织机构批准并发布气象科技成果认定公告。
h) 认定组织机构或委托第三方机构归档。归档内容为附录 C 所示的、内容完整的气象科技成果认定表及认定申请人提交的完整申请材料。

6 认定规则

6.1 气象科技成果认定应以专家委员会会议形式进行认定。

6.2 会议认定结论应获得专家委员会三分之二及以上专家同意。

6.3 中国气象局气象科技成果认定的专家委员会委员数应不少于 7 人；省级气象科技成果认定的专家委员会委员数应不少于 5 人。

6.4 专家委员会由认定组织机构组建，委员应由领域知名专家和经验丰富的科技管理人员组成。委员应满足下列条件：

a) 对被认定科技成果所属专业有较丰富的理论知识和实践经验，熟悉国内外该领域技术发展的情况；
b) 具有良好的科学素养和职业道德；
c) 符合回避原则。

7 认定条件

7.1 申请认定条件

符合下列条件的气象科技成果可申请认定：

a) 符合认定范围；
b) 成果无权属争议；

c） 成果不涉及国家秘密；

d） 材料完整、规范。

7.2 成果认定条件

7.2.1 同时具有以下创新价值、科学价值和应用价值的成果，可认定为应用技术类气象科技成果，其中：

a） 创新价值：指该成果在气象行业相关领域或区域内从未出现，或虽有出现但与已有成果相比有明显的改进和提高；

b） 科学价值：指该成果对气象事业或气象科学技术发展具有推进作用，为解决气象事业发展核心、重大、关键、共性问题提供了方法或奠定了基础；

c） 应用价值：指该成果具有推广应用的价值或潜力。

7.2.2 同时具有以下创新价值和应用价值的成果，可认定为软科学研究类气象科技成果，其中：

a） 创新价值：指成果在气象行业内产生了较大的影响力，对气象事业的创新性发展起到了导向作用；

b） 应用价值：指该成果在推动气象事业发展的决策科学化和管理现代化中具有应用的价值或潜力。

8 认定结果的应用

8.1 经过认定的气象科技成果可作为科技评奖、职称评审、成果登记等的依据，其中应用技术类气象科技成果还可作为科技成果中试、转化应用、业务准入的基础。

8.2 财政资金支持产生的气象科技成果经过认定后，应向气象科技成果登记部门办理登记手续。

附　录　A
（资料性附录）
气象科技成果认定程序

气象科技成果认定程序见图 A.1。

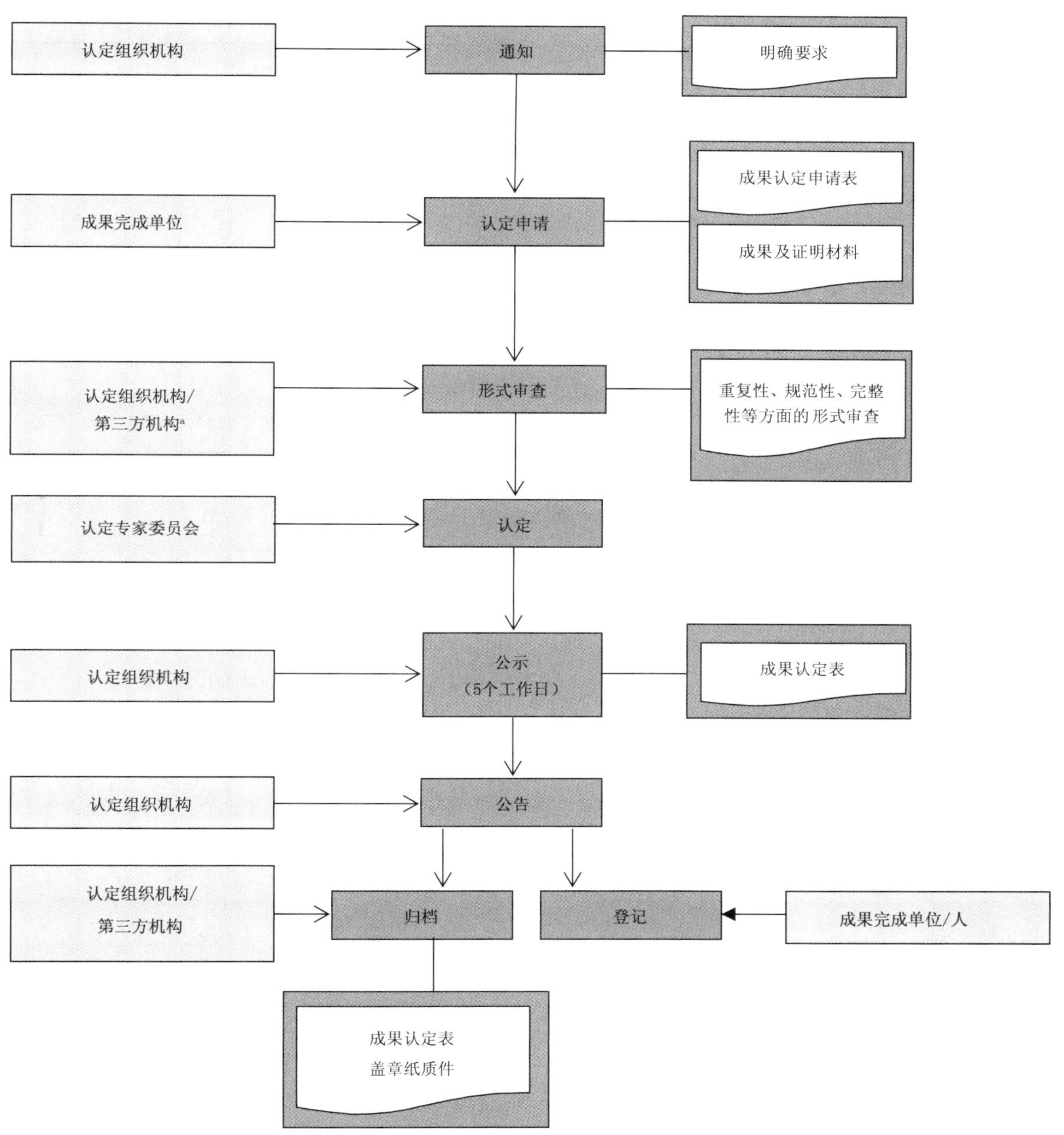

[a] 第三方机构由科技成果认定组织机构根据需要确定。

图 A.1　气象科技成果认定程序

附 录 B
(规范性附录)
气象科技成果认定申请表格式

气象科技成果认定申请表格式见图 B.1。

气象科技成果认定申请表

<table>
<tr><td colspan="2">成果名称</td><td colspan="3"></td></tr>
<tr><td colspan="2">研究起始日期</td><td></td><td>研究终止日期</td><td></td></tr>
<tr><td rowspan="3">申请认定单位</td><td>单位名称</td><td></td><td>联系人</td><td></td></tr>
<tr><td>联系电话</td><td></td><td>联系邮箱</td><td></td></tr>
<tr><td>通信地址</td><td></td><td>邮政编码</td><td></td></tr>
<tr><td colspan="2">成果形式</td><td colspan="3">□应用技术类
□系统 □平台 □设备 □软件 □数据集 □方法 □指标 □科普作品
□重大技术标准研究成果 □其他
□软科学研究类
□业务技术报告 □决策服务材料 □发展战略 □规划计划 □重大软科学研究成果 □其他</td></tr>
<tr><td colspan="2">研究领域*</td><td colspan="3">□天气 □气候 □应用气象 □综合观测 □其他</td></tr>
<tr><td colspan="2">成果属性*</td><td colspan="3">□原始性创新 □国外引进消化吸收创新 □国内技术二次开发 □其他</td></tr>
<tr><td colspan="2">成果所处阶段*</td><td colspan="3">□初期阶段 □中期阶段 □成熟应用阶段 □其他</td></tr>
<tr><td colspan="2">成果应用范围*</td><td colspan="3">□国际范围 □全国范围 □跨区域 □区域内 □直属单位内</td></tr>
<tr><td colspan="2">成果支持情况(可多选)</td><td colspan="3">□有科研计划支持
□国家计划 □部门计划 □地方计划 □本单位计划 □国际合作计划 □其他
□有非科研计划/项目支持
□无项目/经费支持</td></tr>
<tr><td colspan="2" rowspan="4">支持计划/项目名称</td><td>1.</td><td rowspan="4">项目编号</td><td></td></tr>
<tr><td>2.</td><td></td></tr>
<tr><td>3.</td><td></td></tr>
<tr><td>……</td><td></td></tr>
<tr><td colspan="2">成果简介</td><td colspan="3"></td></tr>
</table>

图 B.1 气象科技成果认定申请表格式

成果完成单位情况			
第一完成单位名称		组织机构代码	
统一社会信用代码			
通信地址		邮政编码	
单位联系人		电话	
电子邮箱		传真	

成果合作完成单位情况				
序号	单位名称	通信地址	联系人	联系人电话
1				
2				
3				
4				
5				

成果完成人员名单					
序号	姓名	工作单位	技术职称	所做贡献	签名
1					
2					
3					
4					
5					
6					
7					
8					
9					
10					
11					
12					
13					
14					
15					

注 1:带“*”仅应用技术类成果填报;

注 2:无项目/经费支持的成果,支持项目/项目名称不填;

注 3:成果完成人最多填 15 人;

注 4:成果简介字数控制在 2000 字以内,内容包括课题来源与背景、主要论点与论据、创见与创新、应用情况及存在的问题、历年获奖情况等。

图 B.1 气象科技成果认定申请表格式(续)

附　录　C
（规范性附录）
气象科技成果认定表格式

图 C.1 给出了气象科技成果认定表的格式。

会议认定日期	
编号	

气象科技成果认定表

<table>
<tr><td colspan="2">成果名称</td><td colspan="3"></td></tr>
<tr><td colspan="2">研究起始日期</td><td></td><td>研究终止日期</td><td></td></tr>
<tr><td rowspan="3">申请认定单位</td><td>单位名称</td><td></td><td>联系人</td><td></td></tr>
<tr><td>联系电话</td><td></td><td>联系邮箱</td><td></td></tr>
<tr><td>通信地址</td><td></td><td>邮政编码</td><td></td></tr>
<tr><td colspan="2">成果形式</td><td colspan="3">□应用技术类
□系统 □平台 □设备 □软件 □数据集 □方法 □指标 □科普作品
□重大技术标准研究成果 □其他
□软科学研究类
□业务技术报告 □决策服务材料 □发展战略 □规划计划 □重大软科学研究成果 □其他</td></tr>
<tr><td colspan="2">研究领域 *</td><td colspan="3">□天气 □气候 □应用气象 □综合观测 □其他</td></tr>
<tr><td colspan="2">成果属性 *</td><td colspan="3">□原始性创新 □国外引进消化吸收创新 □国内技术二次开发 □其他</td></tr>
<tr><td colspan="2">成果所处阶段 *</td><td colspan="3">□初期阶段 □中期阶段 □成熟应用阶段 □其他</td></tr>
<tr><td colspan="2">成果应用范围 *</td><td colspan="3">□国际范围 □全国范围 □跨区域 □区域内 □直属单位内</td></tr>
<tr><td colspan="2">成果支持情况（可多选）</td><td colspan="3">□有科研计划/项目支持
□国家计划 □部门计划 □地方计划 □本单位计划 □国际合作计划 □其他
□有非科研计划/项目支持
□无项目/经费支持</td></tr>
<tr><td colspan="2" rowspan="4">支持计划/项目名称</td><td>1.</td><td rowspan="4">项目编号</td><td></td></tr>
<tr><td>2.</td><td></td></tr>
<tr><td>3.</td><td></td></tr>
<tr><td>……</td><td></td></tr>
<tr><td colspan="2">成果简介</td><td colspan="3"></td></tr>
</table>

图 C.1　气象科技成果认定表格式

<table>
<tr><td colspan="4">成果完成单位情况</td></tr>
<tr><td>第一完成单位名称</td><td></td><td>组织机构代码</td><td></td></tr>
<tr><td>统一社会信用代码</td><td colspan="3"></td></tr>
<tr><td>通信地址</td><td></td><td>邮政编码</td><td></td></tr>
<tr><td>单位联系人</td><td></td><td>电话</td><td></td></tr>
<tr><td>电子邮箱</td><td></td><td>传真</td><td></td></tr>
</table>

<table>
<tr><td colspan="5">成果合作完成单位情况</td></tr>
<tr><td>序号</td><td>单位名称</td><td>通信地址</td><td>联系人</td><td>联系人电话</td></tr>
<tr><td>1</td><td></td><td></td><td></td><td></td></tr>
<tr><td>2</td><td></td><td></td><td></td><td></td></tr>
<tr><td>3</td><td></td><td></td><td></td><td></td></tr>
<tr><td>4</td><td></td><td></td><td></td><td></td></tr>
<tr><td>5</td><td></td><td></td><td></td><td></td></tr>
</table>

<table>
<tr><td colspan="6">成果完成人员名单</td></tr>
<tr><td>序号</td><td>姓名</td><td>工作单位</td><td>技术职称</td><td>所做贡献</td><td>签名</td></tr>
<tr><td>1</td><td></td><td></td><td></td><td></td><td></td></tr>
<tr><td>2</td><td></td><td></td><td></td><td></td><td></td></tr>
<tr><td>3</td><td></td><td></td><td></td><td></td><td></td></tr>
<tr><td>4</td><td></td><td></td><td></td><td></td><td></td></tr>
<tr><td>5</td><td></td><td></td><td></td><td></td><td></td></tr>
<tr><td>6</td><td></td><td></td><td></td><td></td><td></td></tr>
<tr><td>7</td><td></td><td></td><td></td><td></td><td></td></tr>
<tr><td>8</td><td></td><td></td><td></td><td></td><td></td></tr>
<tr><td>9</td><td></td><td></td><td></td><td></td><td></td></tr>
<tr><td>10</td><td></td><td></td><td></td><td></td><td></td></tr>
<tr><td>11</td><td></td><td></td><td></td><td></td><td></td></tr>
<tr><td>12</td><td></td><td></td><td></td><td></td><td></td></tr>
<tr><td>13</td><td></td><td></td><td></td><td></td><td></td></tr>
<tr><td>14</td><td></td><td></td><td></td><td></td><td></td></tr>
<tr><td>15</td><td></td><td></td><td></td><td></td><td></td></tr>
</table>

图 C.1　气象科技成果认定表格式(续)

<table>
<tr><td colspan="7">气象科技成果认定专家委员会</td></tr>
<tr><td>序号</td><td>姓名</td><td>专家委员会职务</td><td>技术职称</td><td>工作单位</td><td>签名</td><td>备注</td></tr>
<tr><td>1</td><td></td><td></td><td></td><td></td><td></td><td></td></tr>
<tr><td>2</td><td></td><td></td><td></td><td></td><td></td><td></td></tr>
<tr><td>3</td><td></td><td></td><td></td><td></td><td></td><td></td></tr>
<tr><td>4</td><td></td><td></td><td></td><td></td><td></td><td></td></tr>
<tr><td>5</td><td></td><td></td><td></td><td></td><td></td><td></td></tr>
<tr><td>6</td><td></td><td></td><td></td><td></td><td></td><td></td></tr>
<tr><td>7</td><td></td><td></td><td></td><td></td><td></td><td></td></tr>
<tr><td>8</td><td></td><td></td><td></td><td></td><td></td><td></td></tr>
<tr><td>9</td><td></td><td></td><td></td><td></td><td></td><td></td></tr>
<tr><td>10</td><td></td><td></td><td></td><td></td><td></td><td></td></tr>
<tr><td>11</td><td></td><td></td><td></td><td></td><td></td><td></td></tr>
<tr><td colspan="2">成果公示情况</td><td colspan="5"></td></tr>
<tr><td colspan="2">认定意见</td><td colspan="5">经本专家委员会认定,《××××》成果符合中国气象局气象科技成果认定条件,同意认定为应用技术/软科学类气象科技成果。

专家委员会主任:
年　月　日</td></tr>
</table>

图 C.1　气象科技成果认定表格式(续)

<table>
<tr><td>第三方机构意见</td><td>

签字：单位（盖章）
年　　月　　日</td></tr>
<tr><td>认定组织机构意见</td><td>

签字：单位盖章（司局级）
年　　月　　日</td></tr>
<tr><td colspan="2">注 1：带“＊”仅应用技术类成果填报；
注 2：无项目/经费支持的成果，支持项目/项目名称不填；
注 3：成果完成人最多填 15 人；
注 4：成果简介字数控制在 2000 字以内，内容包括课题来源与背景、主要论点与论据、创见与创新、应用情况及存在的问题、历年获奖情况等；
注 5：专家委员会职务分为主任、副主任或委员；
注 6：第三方机构只在被委托时才需要填写意见。</td></tr>
</table>

图 C.1　气象科技成果认定表格式（续）

参考文献

[1] GB/T 32225—2015 农业科技成果评价技术规范

[2] QX/T 34—2005 气象科技成果鉴定规程

[3] 中国气象局.中国气象局科学技术成果认定办法(试行):气发〔2015〕47号[Z],2015年7月发布

[4] 白春礼.加速科技成果转化,推动科技供给侧改革[N].学习时报,2017-02-13

[5] 中华人民共和国全国人民代表大会常务委员会.中华人民共和国促进科技成果转化法:32号主席令[Z],2015年8月29日

[6] 科学技术部.科技成果登记办法:国科发计字〔2000〕542号[Z],2000年12月7日

ICS 07.060
A 47
备案号：64761—2018

中华人民共和国气象行业标准

QX/T 433—2018

国家突发事件预警信息发布系统与应急广播系统信息交互要求

Information exchange requirement between the national emergency early warning release system and the emergency broadcasting system

2018-07-11 发布　　2018-12-01 实施

中　国　气　象　局　发布

前　言

本标准按照 GB/T 1.1—2009 给出的规则起草。

本标准由全国气象基本信息标准化技术委员会(SAC/TC 346)提出并归口。

本标准起草单位:中国气象局公共气象服务中心(国家预警信息发布中心)。

本标准主要起草人:白静玉、曹之玉、吕宸、韩笑、高晓玲、贺姗姗。

国家突发事件预警信息发布系统与应急广播系统信息交互要求

1 范围

本标准规定了国家突发事件预警信息发布系统与应急广播系统对接预警信息的信息交互流程、信息交互内容、信息交互时效、信息交互方式以及信息交互安全的要求。

本标准适用于国家、省、地、县各级国家突发事件预警信息发布系统与应急广播系统对接，以及预警信息的传输和反馈回执。

2 规范性引用文件

下列文件对于本文件的应用是必不可少的。凡是注日期的引用文件，仅注日期的版本适用于本文件。凡是不注日期的引用文件，其最新版本(包括所有的修改单)适用于本文件。

GB/T 22239—2008 信息安全技术 信息系统安全等级保护基本要求

GB/T 35965.1—2018 应急信息交互协议 第1部分：预警信息

3 术语和定义

下列术语和定义适用于本文件。

3.1

突发事件 emergency

突然发生，造成或者可能造成严重社会危害，需要采取应急处置措施予以应对的自然灾害、事故灾难、公共卫生事件和社会安全事件。

3.2

预警信息 early warning

预警发布责任单位根据事件可能造成的危害程度、紧急程度和发展态势而发布的预先告知或态势通告等警示类信息。一般包括突发事件的类别、预警级别、起始时间、可能影响范围、警示事项、应采取的措施和发布机关等。

[GB/T 34283—2017，定义3.1]

3.3

国家突发事件预警信息发布系统 national emergency early warning release system

根据国家突发事件应急体系建设规划，由中央和地方共同建设的国家、省、地、县四级相互衔接的实现面向应急责任人和社会公众多手段广覆盖精确发布预警信息的突发事件预警信息发布平台。

[GB/T 34283—2017，定义3.3]

3.4

应急广播系统 emergency broadcasting system

一种利用广播电视向公众发布突发事件相关信息的系统。

4 信息交互要求

4.1 信息交互流程

国家突发事件预警信息发布系统应与应急广播系统同级对接。国家突发事件预警信息发布系统将预警信息传输至应急广播系统，应急广播系统收到预警信息后，应反馈每条预警信息的接收回执至国家突发事件预警信息发布系统。

4.2 信息交互内容

4.2.1 预警信息

预警信息内容、格式要求见 GB/T 35965.1—2018 第 5 章。预警信息示例参见附录 A 的 A.1。

4.2.2 回执信息

应急广播系统向国家突发事件预警信息发布系统反馈的收到预警信息的凭据一般应包含：预警信息唯一标识、发送平台、接收平台、接收时间、回执信息发送时间、回执信息 ID、预警信息接收状态。示例参见 A.2，回执信息格式见附录 B 的表 B.1。

4.3 信息交互时效

国家突发事件预警信息发布系统与应急广播系统应保持时间同步，传输时延应小于 10 s。

4.4 信息交互方式

4.4.1 信息交互方式概述

国家突发事件预警信息发布系统的预警信息以 XML 格式封装（详见 4.2.1），根据各级应急广播系统技术架构，采用基于消息通知、基于信息推送或基于轮询接口调用的传输方式，发送至应急广播系统。

4.4.2 基于消息通知的传输方式

传输流程见图 1，具体步骤如下：

a） 国家突发事件预警信息发布系统判断有新预警信息；
b） 国家突发事件预警信息发布系统向应急广播系统推送有新预警的消息通知，消息通知示例参见 A.3，数据格式见表 B.2；
c） 应急广播系统监听到消息后，根据消息内容获取相应新预警信息；
d） 应急广播系统向国家突发事件预警信息发布系统推送回执信息。

国家突发事件预警信息发布系统在推送消息通知后 10 s 内未收到相应回执信息，视为单次信息交互失败，重复 4.4.2b）至 4.4.2d）。累计三次传输失败后停止，并在国家突发事件预警信息发布系统报警。

4.4.3 基于信息推送的传输方式

传输流程见图 2，具体步骤如下：

a） 国家突发事件预警信息发布系统判断有新预警信息；
b） 国家突发事件预警信息发布系统向应急广播系统推送新预警信息；
c） 应急广播系统向国家突发事件预警信息发布系统推送回执信息。

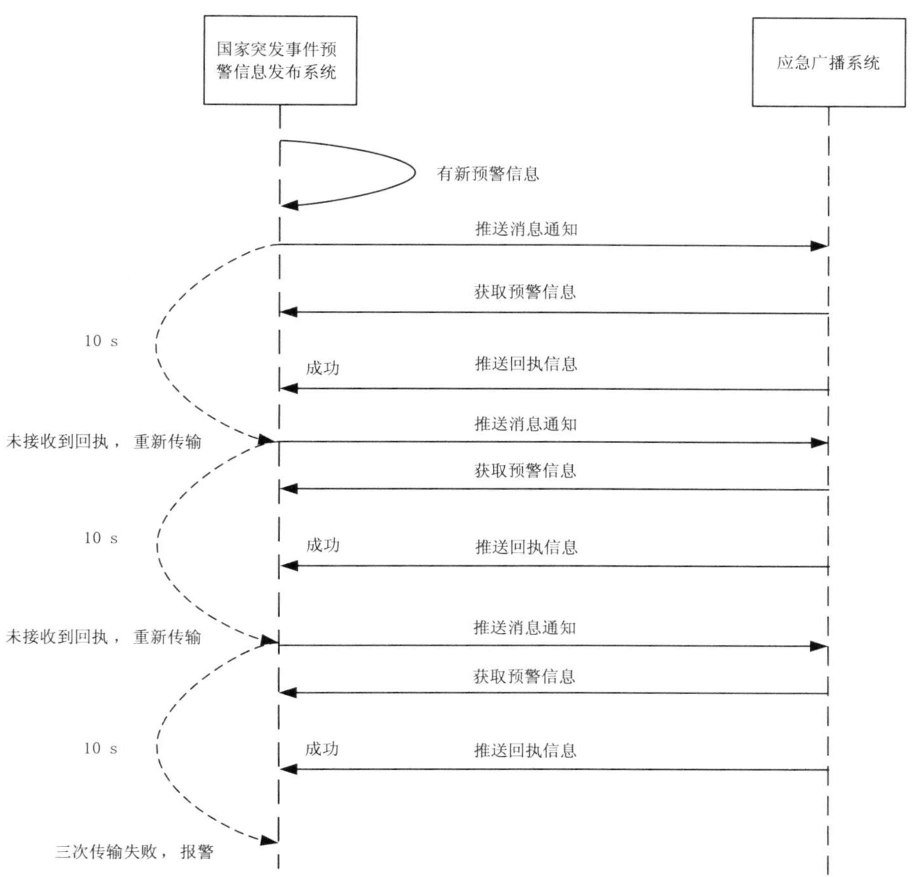

图1　基于消息通知的传输方式

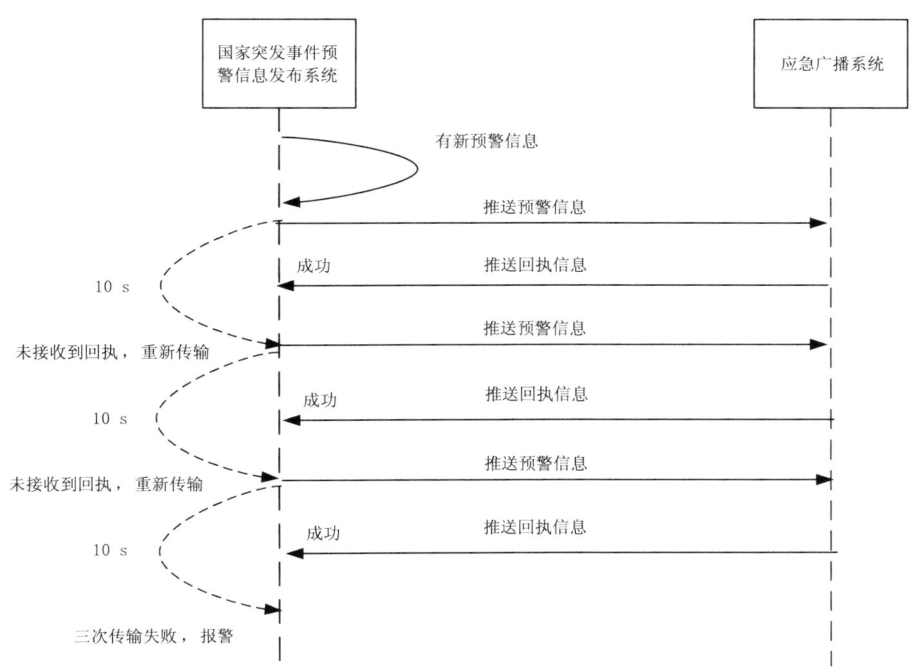

图2　基于信息推送的传输方式

国家突发事件预警信息发布系统在推送预警信息后10 s内未收到相应回执信息，视为单次信息交互失败，重复4.4.3b)至4.4.3c)。累计三次传输失败后停止，并在国家突发事件预警信息发布系统报警。

4.4.4 基于轮询接口调用的传输方式

传输流程见图3，具体步骤如下：

a) 应急广播系统发起，轮询国家突发事件预警信息发布系统；

b) 应急广播系统判断有新预警信息；

c) 应急广播系统通过接口调用获取新预警信息；

d) 应急广播系统向国家突发事件预警信息发布系统推送接口调用回执信息。

从应急广播系统获取预警信息计起，国家突发事件预警信息发布系统10 s内未收到相应回执信息视为信息交互失败，并在国家突发事件预警信息发布系统报警。

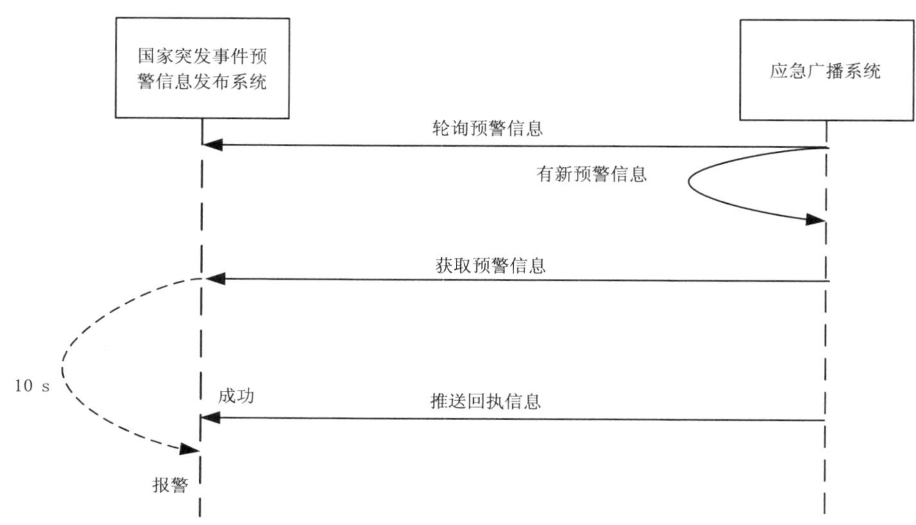

图3 基于轮询接口调用的传输方式

4.5 信息交互安全

4.5.1 身份鉴别

国家突发事件预警信息发布系统与应急广播系统信息交互过程中，应启用身份鉴别，具体身份鉴别要求见GB/T 22239—2008。

4.5.2 安全加密

国家突发事件预警信息发布系统与应急广播系统对接过程中，应对传输数据安全加密，具体安全加密要求见GB/T 22239—2008。

附　录　A
（资料性附录）
信息示例

A.1　预警信息示例


```
<?xml version="1.0" encoding="UTF-8"?>
<alert>
    <identifier>00000041600000_20170822060023</identifier>
    <sender>中央气象台</sender>
    <senderCode>00000041600000</senderCode>
    <sendTime>2017-08-22 05:57:23+08:00</sendTime>
    <status>Actual</status>
    <msgType>Alert</msgType>
    <scope>Public</scope>
    <code>
        -<method>
        <methodName>BROADCAST</methodName>
        <message>中央气象台 8 月 22 日早间发布暴雨蓝色预警：未来一天内甘肃、陕西、山西、河北、北京、天津以及浙江沿海、福建沿海、广东南部沿海等地的部分地区有大到暴雨，局地伴有雷暴大风。建议政府及相关部门做好防御暴雨应急工作，做好城市排涝，注意防范可能引发的山洪、滑坡、泥石流等灾害。在外作业单位应当切断有危险地带的室外电源，最好暂停户外作业。</message>
        <audienceGrp>c593eb41-cf9b-4743-bb9f-cc8a8d24589a</audienceGrp>
        <audienceprt/>
        </method>
      </code>
    <secClassification>None</secClassification>
    <note>  </note>
    <references/>
    -<info>
        <language>zh-CN</language>
        <eventType>11B03</eventType>
        <urgency>Unknown</urgency>
        <severity>Blue</severity>
        <certainty>Unknown</certainty>
        <effective>2017-08-22 06:00:23+08:00</effective>
        <onset/>
        <expires>2017-08-22 18:00:23+08:00</expires>
        <senderName>张芳华</senderName>
        <headline>中央气象台发布暴雨蓝色预警[IV 级/一般]</headline>
```

```
    <description>中央气象台8月22日06时发布暴雨蓝色预警：预计8月22日08时至23日08时，甘肃东北部、陕西中北部、山西大部、河北中北部、北京、天津以及台湾东部和南部、浙江东南部沿海、福建东部沿海、广东南部沿海等地的部分地区有大到暴雨，其中，陕西东部、山西西部、台湾东南部、广东南部沿海等地的局部地区有大暴雨(100毫米～150毫米)；上述大部地区有短时强降水，局地伴有雷暴大风等强对流天气。防御指南：1.建议政府及相关部门按照职责做好防御暴雨应急工作；2.切断有危险地带的室外电源，暂停户外作业；3.做好城市排涝，注意防范可能引发的山洪、滑坡、泥石流等灾害。</description>
    <instruction/>
    <web/>
    -<resource>
        <resourceDesc>00000041600000_20170822060023_11B03_BLUE_ALERT_P_00.doc
        </resourceDesc>
        <size>0.23096</size>
        <digest/>
    </resource>
    -<area>
        <areaDesc>国家</areaDesc>
        <polygon>113.52606328096564 39.59552424991582</polygon>
        <circle/>
        <geocode>000000000000</geocode>
    </area>
  </info>
</alert>
```


A.2 回执信息示例


```
    <?xml version="1.0" encoding="utf-8"?>
  - <msg>
  - <head>
    <identifier>00000041600000_20170822060023</identifier>
    <sender>000000-AIS</sender>
    <receiver>000000</receiver>
    <receiveTime>20170822060028007</receiveTime>
    <feedback>20170822060035027</feedback>
   </head>
  - <rows>
    <dataId>back_00000041600000_20170822060023</dataId>
    <status>0</status>
    </rows>
  </msg>
```